概率论与数理统计解题秘典

李裕奇 编

北京航空航天大学出版社

内 容 简 介

本书是李裕奇等人编写的《概率论与数理统计(第 5 版)》的配套教学用书,内容包括教材中全部基本练习、综合练习与自测题,10 套期末用模拟试题,以及最近 7 年的考研概率统计真题的完全解答。将之分别编入萌动篇、筑基篇、初成篇与破关篇四篇中,意在引导读者走过对概率论与数理统计的接触、初学、逐步熟练到精深的过程。

本书是专为大学本科生学习"概率论与数理统计"课程编写的辅助用书,也可供专业技术人员学习概率论与数理统计知识时参考。

图书在版编目(CIP)数据

概率论与数理统计解题秘典 / 李裕奇编. -- 北京：北京航空航天大学出版社,2018.4

ISBN 978 - 7 - 5124 - 2699 - 3

Ⅰ.①概… Ⅱ.①李… Ⅲ.①概率论－高等学校－题解②数理统计－高等学校－题解 Ⅳ.①O21 - 44

中国版本图书馆 CIP 数据核字(2018)第 084102 号

概率论与数理统计解题秘典

李裕奇 编

责任编辑 张冀青

*

北京航空航天大学出版社出版发行

北京市海淀区学院路 37 号(邮编 100191) http://www.buaapress.com.cn

发行部电话:(010)82317024 传真:(010)82328026

读者信箱:bhpress@263.net 邮购电话:(010)82316936

涿州市新华印刷有限公司印装 各地书店经销

*

开本:710×1 000 1/16 印张:28 字数:597 千字

2018 年 5 月第 1 版 2018 年 5 月第 1 次印刷 印数:3 000 册

ISBN 978 - 7 - 5124 - 2699 - 3 定价:69.00 元

前　言

　　本书为概率论与数理统计习题集与解答类学习书籍，是李裕奇等人编写的《概率论与数理统计（第 5 版）》教材的配套教学用书，采用了教材中的全部习题，并对其进行了完整解答，另外补充了 10 套期末用模拟试题，以及最近 7 年的考研概率论与数理统计真题的解答。本书编排新颖，结构完整，目的明确，由浅入深，分析思路清晰，解题步骤明确，逻辑严谨而不失灵活推导，公式刻板而不失计算技巧，通过阅读、学习本书，使读者在枯燥的数学学习中不仅能学到知识，还会获得一份独特的感受。

　　本书内容分为四篇，分别为萌动篇、筑基篇、初成篇与破关篇。

　　第一篇 萌动：以教材中每个小节内容后的基本练习题为主，给出每小节的关键词、重要概念、基本练习题的解答等内容，主要引导初学者按小节内容一节一节地阅读，一节一节地即时练习，逐步理解概念，熟悉性质，掌握公式，获得单一概念题的解题能力，并养成记忆、思考的良好习惯，促生对概率论与数理统计概念的熟悉与好感，激发出手解决初级问题的萌动。

　　第二篇 筑基：按教材中每章学习内容的基本要求，给出各章解题的特点与要点，以及教材中精选的综合题与自测题的解答，指导训练读者具备每章综合类型、多概念组合习题的解题能力，达到筑好理论与方法坚实基础的目的。

　　第三篇 初成：通过前面的基础学习与训练，进入到模拟实战的训练。本篇给出求解一般概率论与数理统计问题的思路与步骤，精心编排了 10 套期末用模拟试题，并给出完整解答，力图引导读者小试牛刀，增强自信，检查不足，修改提高，使自身水平达到小道初成。

　　第四篇 破关：破关意在势如破竹，无所畏惧，努力向前。有了前面概率论与数理统计的扎实的知识、理论、方法与技巧，充分的习题训练，底气十足，可以试试破解考研概率论与数理统计真题。本篇给出了选择题、填空题与计算题的一般解题思路和分析方法，以及 2012 年以来 7 年的考研概率论与数理统计真题及其详细解答，引导读者进一步提高分析和解决概率论与数理统计问题的能力和素养，这将会使读者在后续课程的学习和工作中受益,在科学认知的道路上越走越远。

从上介绍可知,本书既可作为相关教材的配套教学用书,也可独立学习使用。书中很多内容,如解题思路、解题技巧、分析模式、模拟试卷等是笔者多年教学经验的凝炼,多数是其他书籍中少见的,相信本书是非常适合各专业学生和从事有关概率论与数理统计工作的人士学习之用的,笔者万分乐见本书助力一大批懂概率、用概率的优秀人才涌现。

本书由西南交通大学数学学院统计系李裕奇教授主编。本书的出版得到了西南交通大学数学学院与统计系的热情支持,以及北京航空航天大学出版社的鼎力协助,编者在此表示衷心感谢。

若书中有不足与谬误之处,敬请同行与读者批评指正。

李裕奇

2018 年 1 月

目　录

第 **1** 篇

萌动篇

　　本篇谓之萌动，盖因在当今社会中概率已成为人们的日常用语，各行各业数据统计分析已成日常之必需，但什么是概率？什么是统计？如何计算？又如何应用？当然是学了才知道，用了才知道，这就是学之萌动，用之萌动。

　　对于概率论与数理统计的学习，重在基础，基础重在概念。统计结果表明，基础牢固才是王道，基础牢固才能以不变应万变。可以想象，面对一个概率论与数理统计问题，若是对一个个基本概念都茫然无知，那么指望能蒙对解答的概率几乎等于零。当然选择题除外。因此要想掌握概率论与数理统计的分析思想、解题技术，熟悉并牢记基本概念是非常重要的。为配合《概率论与数理统计(第 5 版)》教材内容的学习，本篇按照教材的章节介绍相关重要概念，并根据每一节的与单一重要概念配套的基本练习题，做出相应的详尽解答。如学习随机试验这个概念，首先确定什么是试验，其次是验证此试验是否具有三个特点，才能据此判别此试验是否为随机试验。学会了判断方法，就可以直接完成基本练习的第一题，对照解答过程，那么就容易理解与掌握随机试验这个最基本的概念了；接下来，自然就是样本空间、基本事件、随机事件等概念的学习掌握。如此这般，按教材内容一节一节地进行学习，掌握一个又一个重要的概念，更要紧的是要及时完成每一节的基本练习，从而熟悉并牢记这一节中的重要概念与基本方法，养成即学即练的良好习惯。

第1章 概率论的基本概念

1.1 随机试验、随机事件及样本空间

关键词

随机试验,样本空间,基本事件,随机事件,事件的运算。

重要概念

(1) 随机试验 E

一般地,对自然现象的观察和进行一次科学实验统称为试验。若一试验具有以下三个特点:① 可以在相同条件下重复进行;② 每次试验的可能结果不止一个,但每次试验只能出现一个,并且事先明确试验的所有可能结果;③ 进行一次试验之前不能确定哪一个结果出现,则称此试验为随机试验。

(2) 样本空间 S

随机试验 E 的所有可能结果组成的集合称为 E 的样本空间。组成样本空间的元素,即 E 的每个可能结果,称为样本点,或称为基本事件。

(3) 随机事件

随机试验 E 的样本空间 S 的子集称为 E 的随机事件。当且仅当事件包含的样本点中至少出现一个时,称这一事件发生。

(4) 事件间的运算

设 A,B,C 为随机事件,则有

交换律: $A \cup B = B \cup A, AB = BA$;

结合律: $A \cup B \cup C = A \cup (B \cup C) = (A \cup B) \cup C, ABC = A(BC) = (AB)C$;

分配律: $A(B \cup C) = AB \cup AC, A \cup (BC) = (A \cup B)(A \cup C)$;

摩根律: $\overline{\bigcup_i A_i} = \bigcap_i \overline{A_i}, \overline{\bigcap_i A_i} = \bigcup_i \overline{A_i}$;

其他: $A - B = A - AB = A\overline{B}, \overline{A} = S - A, A \cup B = A \cup (B - A)$ 。

基本练习 1.1 解答

1. 试判断下列试验是否为随机试验:(1) 在恒力作用下一质点作匀加速运动。(2) 在一定条件下进行射击,观察是否击中靶上的红心。(3) 在 5 个同样的球(标号 1,2,3,4,5)中,任意取一个,观察所取球的标号。(4) 在分析天平上称量一小包白糖,并记录称量结果。

解:判断一个试验是否是随机试验,应检查其是否满足以下三条:① 可以在相同条件下重复进行;② 每次试验的可能结果不止一个,但每次试验只能出现一个,并且事先明确试验的所有可能结果;③ 进行一次试验之前不能确定哪一个结果出现。照

此可判定出：

(1) 不是随机试验，因为这样的试验只有唯一的结果。

(2) 是随机试验，因为射击可在同样条件下进行，每次射击有两个可能结果：击中或不中，且射击之前不能确定是否击中或不中。

(3) 是随机试验，因为取球可在同样条件下进行，每次取球有 5 个可能结果：1，2，3，4，5，且取球之前不能确定取出几号球。

(4) 是随机试验，因为称量可以在同样条件下进行，每次称量的结果用 x 表示，则有 $x \in (a - \varepsilon, a + \varepsilon)$，其中 a 为小包白糖的质量，ε 为称量结果的误差限。易见每次称量会有无穷多个可能结果，在称量之前不能确定哪一个结果会发生。

2. 试写出下列随机试验的样本空间：(1) 记录一个小班(30 人)一次概率考试的平均分数(以百分制记分)；(2) 同时掷 3 颗骰子，记录 3 颗骰子点数之和；(3) 生产某产品直到有 10 件正品为止，记录生产产品的总件数；(4) 对某工厂出厂的产品进行检查，合格的记上"正品"，不合格的记上"次品"，如果连续查出 2 个次品就停止检查，或检查 4 个产品就停止检查，记录检查的结果；(5) 在单位圆内任意取一点，记录它的坐标；(6) 将一尺之棰折成 3 段，观察各段的长度。

解:(1) 显然，若这个小班 30 人中人人都得 0 分，自然该班平均分数为 0；若人人都得 100 分，自然该班平均分数为 100，而班级总分从 0 取到 30×100 都是可能的，故样本空间为 $S_1 = \left\{ \dfrac{0}{30}, \dfrac{1}{30}, \dfrac{2}{30}, \cdots, \dfrac{30 \times 100}{30} \right\}$。

(2) 因为每个骰子的最小点数为 1，故 3 个骰子的最小点数和为 3；而每个骰子的最大点数为 6，故 3 个骰子的最大点数和为 18。而 3 个骰子点数和从 3 取到 18 都是可能的，故此试验的样本空间为 $S_2 = \{3, 4, 5, \cdots, 18\}$。

(3) 由于生产的产品直到有 10 个正品为止，故生产此种产品的总数至少为 10，即全部 10 个为正品；其次为 11，即其中有 1 个次品；同理，生产产品总数可能为 12，13，…，故此试验的样本空间为 $S_3 = \{10, 11, 12, 13, \cdots\}$。

(4) 记正品为"1"，次品为"0"，则此试验的样本空间可用"0"和"1"表示，如"00"表示连续 2 个次品；"010"表示第一次查到次品，第二次查到正品，第三次查到次品。但"010"并不是本试验的一个基本事件，因其不满足试验的要求，而"0100"或"0101"才是本试验的基本事件，故此试验的样本空间可表示为 $S_4 = \{00, 0100, 100, 1010,$ $0101, 0110, 0111, 1110, 1011, 1111, 1100, 1101\}$。

(5) 在单位圆内任取一点，这一点的坐标设为 (x, y)，则 x, y 应满足条件 $x^2 + y^2 \leqslant 1$，故此试验的样本空间为 $S_5 = \{(x, y) \mid x^2 + y^2 \leqslant 1\}$。

(6) 将一尺之棰折为 3 段，设各段长为 x, y, z，则 x, y, z 应满足条件 $x + y + z = 1$，且 $x > 0, y > 0, z > 0$，故此试验的样本空间为

$$S_6 = \{(x, y, z) \mid x + y + z = 1, x > 0, y > 0, z > 0\}$$

3. 设 A, B, C 为三个事件，试将下列事件用 A, B, C 的运算关系表示出来：

(1) 三个事件都发生;(2) 三个事件都不发生;(3) 三个事件至少有一个发生;(4) A 发生,B,C 不发生;(5) A,B 都发生,C 不发生;(6) 三个事件中至少有两个发生;(7) 不多于一个事件发生;(8) 不多于两个事件发生。

解:(1) ABC;(2) $\bar{A}\bar{B}\bar{C}=\overline{A\cup B\cup C}$;

(3) $A\cup B\cup C=\overline{\bar{A}\bar{B}\bar{C}}$,$\overline{\overline{AB}}\bar{C}\cup\overline{AB}\bar{C}\cup A\bar{B}\bar{C}\cup\bar{A}B\bar{C}\cup A\bar{B}C\cup\bar{A}BC\cup ABC$;

(4) $A\bar{B}\bar{C}=A-(B\cup C)$;(5) $AB\bar{C}$ 或 $AB-C=AB=ABC$;

(6) $AB\cup BC\cup CA$;

(7) $\bar{A}\bar{B}C\cup\bar{A}B\bar{C}\cup A\bar{B}\bar{C}\cup\bar{A}\bar{B}\bar{C}$ 或 $\overline{AB\cup BC\cup AC}$;

(8) $\overline{A\cup B\cup C}=ABC$ 或 $\bar{A}\bar{B}\bar{C}\cup A\bar{B}\bar{C}\cup\bar{A}B\bar{C}\cup\bar{A}\bar{B}C\cup AB\bar{C}\cup A\bar{B}C\cup\bar{A}BC$。

4. 设 $S=\{x\,|\,0\leqslant x\leqslant 2\}$,$A=\left\{x\,\Big|\,\dfrac{1}{2}<x\leqslant 1\right\}$,$B=\left\{x\,\Big|\,\dfrac{1}{4}\leqslant x<\dfrac{3}{2}\right\}$,具体写出下

列各事件:(1) $\overline{AB}$;(2) $\overline{A}\cup B$;(3) $\overline{\overline{A}\,\overline{B}}$;(4) AB。

解:将 S,A 与 B 表示为如图所示。

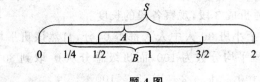

题 4 图

(1) $\overline{AB}=\left\{x\,\Big|\,\dfrac{1}{4}\leqslant x\leqslant\dfrac{1}{2}\text{ 或 }1<x<\dfrac{3}{2}\right\}$;

(2) $\overline{A}\cup B=\{x\,|\,0\leqslant x\leqslant 2\}=S$;

(3) $\overline{\overline{A}\,\overline{B}}=A\cup B=B=\left\{x\,\Big|\,\dfrac{1}{4}\leqslant x<\dfrac{3}{2}\right\}$;

(4) $AB=A=\left\{x\,\Big|\,\dfrac{1}{2}\leqslant x<1\right\}$。

5. 下列各式说明什么包含关系?

(1) $AB=A$;(2) $A\cup B=A$;(3) $A\cup B\cup C=A$。

解:(1) $AB=A$ 表示事件 A 包含于事件 B,事件 B 包含事件 A,即 $A\subset B$,事件 A 发生,导致事件 B 发生;

(2) $A\cup B=A$ 表示事件 B 包含于事件 A,事件 A 包含事件 B,即 $B\subset A$,事件 B 发生,导致事件 A 发生;

(3) $A\cup B\cup C=A$ 表示事件 $B\cup C$ 包含于事件 A,事件 A 包含事件 $B\cup C$,即 $B\cup C\subset A$,事件 B 或 C 发生,都导致事件 A 发生。

6. 证明:对于任意两事件 A 与 B,关系式(1) $A\subset B$;(2) $\overline{A}\supset\overline{B}$;(3) $A\cup B=B$;(4) $AB=A$;(5) $A\bar{B}=\varnothing$ 相互等价。

证明:(1)$\Rightarrow$(2):如果 $A\subset B$,则 $B=A\cup(B-A)$,由德·摩根公式知,$\overline{B}=$

$A \cup (B-A) = \overline{A} \cap (B-A) \subset \overline{A}$，故(1)⇒(2)成立；

(2)⇒(3)：因为 $\overline{B} \subset \overline{A}$，即 $S-B \subset S-A$，表示"B 不发生则 A 一定不发生"，这就是说 A 是 B 的部分事件，即 $A \subset B$，故 $A \cup B = B$；

(3)⇒(4)：显然有 $AB \subset A$，由(3)知 $A \cup B = B$，故 $AB = A(A \cup B) = A \cup AB \supset A$，即由 $AB \subset A$ 且 $AB \supset A$ 得 $AB = A$；

(4)⇒(5)：由(4)知 $AB = A$，故 $A\overline{B} = (AB)\overline{B} = A(B\overline{B}) = \varnothing$，即(5)式成立；

(5)⇒(1)：用反证法：若(1)不成立，则有 $B \subset A$，故 $A-B$ 不是不可能事件，即 $A\overline{B} \neq \varnothing$，这与(5)矛盾，因此(5)⇒(6)得证。

7. 证明下列事件等式成立：

(1) $A \cup B = A\overline{B} \cup B$；(2) $(A-AB) \cup B = A \cup B = \overline{\overline{A}\,\overline{B}}$。

证明：(1) 因为由摩根律知 $\overline{A \cup B} = \overline{A}\,\overline{B}$，而

$$\overline{A\overline{B} \cup B} = \overline{A\overline{B}} \cap \overline{B} = (\overline{A} \cup \overline{\overline{B}})\overline{B} = (\overline{A} \cup B)\overline{B} = \overline{A}\,\overline{B} \cup B\overline{B} = \overline{A}\,\overline{B} \cup \varnothing = \overline{A}\,\overline{B},$$

所以 $\overline{A \cup B} = \overline{A\overline{B} \cup B}$，即 $A \cup B = A\overline{B} \cup B$ 成立；

(2) 因为

$$\overline{(A-AB) \cup B} = \overline{(A-AB)} \cap \overline{B} = \overline{(A\,\overline{AB})}\,\overline{B} = (\overline{A} \cup AB)\overline{B}$$
$$= (\overline{A}\,\overline{B}) \cup (AB)\overline{B} = \overline{A}\,\overline{B} \cup AB\overline{B} = \overline{A}\,\overline{B} \cup \varnothing = \overline{A}\,\overline{B}$$

所以 $\overline{(A-AB) \cup B} = \overline{A}\,\overline{B}$，而 $\overline{A \cup B} = \overline{A}\,\overline{B}$，故有 $A \cup B = \overline{\overline{A \cup B}} = \overline{\overline{A}\,\overline{B}}$，得 $(A-AB) \cup B = A \cup B = \overline{\overline{A}\,\overline{B}}$ 成立。

8. 化简事件算式：$(AB) \cup (A\overline{B}) \cup (\overline{A}B) \cup (\overline{A}\,\overline{B})$。

解：$(AB) \cup (A\overline{B}) \cup (\overline{A}B) \cup (\overline{A}\,\overline{B}) = (AB \cup A\overline{B}) \cup (\overline{A}B \cup \overline{A}\,\overline{B}) = A \cup \overline{A} = S$。

9. 已知 $(A \cup \overline{B})(\overline{A} \cup B) \cup (\overline{A \cup B}) \cup (\overline{\overline{A} \cup B}) = C$，试求 B。

解：因为

$$(A \cup \overline{B})(\overline{A} \cup B) = A\overline{A} \cup AB \cup \overline{B}\,\overline{A} \cup \overline{B}B = \overline{B},$$

$$(\overline{A \cup B}) \cup (\overline{\overline{A} \cup B}) = (\overline{A}\,\overline{B})(\overline{\overline{A}}\,\overline{B}) = A\overline{A} \cup AB \cup B\overline{A} \cup B = B$$

由题设得

$$C = (A \cup \overline{B})(\overline{A} \cup B) \cup (\overline{A \cup B}) \cup (\overline{\overline{A} \cup B})$$
$$= \overline{B} \cup (\overline{A \cup B}) \cup (\overline{\overline{A} \cup B}) = \overline{B} \cup B = \overline{B}$$

所以 $B = \overline{\overline{B}} = \overline{C}$。

10. 若事件 A,B,C 满足等式 $A \cup C = B \cup C$，试问 $A = B$ 是否成立？

解：否，参见示例。设事件 $A = \{1,2,3,4,5,6\}$，$B = \{1,2,3\}$，$C = \{4,5,6\}$，易见：$A \cup C = A = B \cup C$，但是 $A = \{1,2,3,4,5,6\} \neq B = \{1,2,3\}$。

1.2 事件发生的频率和概率

关键词

频率(概率的频率定义),概率,概率的公理化定义,概率的性质。

重要概念

(1)事件 A 发生的频率

$$f_n(A) = \frac{n_A}{n}$$

为 n 次试验中事件 A 发生的次数 n_A 与试验总次数 n 之比。

(2)事件 A 发生的概率 $P(A)$ 具备以下三个特点

① $\forall A \subset S, P(A) \geqslant 0$;

② $P(S) = 1$;

③ 若 $A_1, A_2, \cdots$ 为两两互不相容的事件列,即 $\forall i \neq j, A_i A_j = \varnothing$,则有

$$P(\bigcup_{i=1}^{\infty} A_i) = \sum_{i=1}^{\infty} P(A_i)$$

(3)概率的基本性质。

① $P(\varnothing) = 0$;

② $\forall i \neq j, A_i A_j = \varnothing (i = 1, 2, \cdots, n)$,则有 $P(\bigcup_{i=1}^{n} A_i) = \sum_{i=1}^{n} P(A_i)$;

③ $\forall A \subset B$,则有 $P(A) \leqslant P(B)$,且有 $P(B-A) = P(B) - P(A)$;

④ $\forall A \subset S$,则有 $0 \leqslant P(A) \leqslant 1$;

⑤ $\forall A$,则有 $P(\overline{A}) = 1 - P(A)$;

⑥ $\forall A, B, P(A \cup B) \leqslant P(A) + P(B)$,且有

$$P(A \cup B) = P(A) + P(B) - P(AB)$$

基本练习 1.2 解答

1. 在相似于大田培育的环境下,对某良种麦种子做发芽试验,分别任意抽取 5 粒、10 粒、50 粒、100 粒、300 粒、600 粒种子进行培育,观察并统计其发芽数分别依次为 5,8,44,91,272,542 粒。试由各发芽的频率确定这种小麦的发芽率,其稳定中心当为何值?

解:设 $A = \{$任取这种小麦一粒发芽$\}$,则由频率公式可得

$$f_5(A) = \frac{5}{5} = 1, \quad f_{10}(A) = \frac{8}{10} = 0.8, \quad f_{50}(A) = \frac{44}{50} = 0.88,$$

$$f_{100}(A) = \frac{91}{100} = 0.91, \quad f_{300}(A) = \frac{272}{300} = 0.91, \quad f_{600}(A) = \frac{542}{600} = 0.9$$

(1)利用平均值法确定稳定中心:

$$P(A) = \frac{1+0.8+0.88+0.91+0.91+0.9}{6} = 0.9$$

（2）利用中位数法确定稳定中心。将上述所得频率值按从小到大顺序排列为 $0.8 < 0.88 < 0.9 < 0.91 = 0.91 < 1$，所以取中间两值的平均为

$$P(A) = \frac{0.9 + 0.91}{2} = 0.905$$

2. 已知 $P(A) = P(B) = 1/4, P(C) = 1/2, P(AB) = 1/8, P(BC) = P(CA) = 0$，试求 A, B, C 中至少有一个发生的概率。

解: $\{A, B, C$ 中至少有一个发生$\} = A \cup B \cup C$，而 $ABC \subset BC$，且因 $P(BC) = 0$，所以有 $P(ABC) = 0$，故而

$$P(A \cup B \cup C) = P(A) + P(B) + P(C) - P(AB) - P(BC) - P(CA) + P(ABC)$$

$$= \frac{1}{4} + \frac{1}{4} + \frac{1}{2} - \frac{1}{8} - 0 - 0 + 0 = \frac{7}{8}$$

3. 设 $P(A) = a, P(B) = b, P(A \cup B) = c$，试求 $P(AB), P(A\overline{B}), P(\overline{A}\,\overline{B})$。

解: 由于 $P(A \cup B) = P(A) + P(B) - P(AB)$，所以

$$P(AB) = P(A) + P(B) - P(A \cup B) = a + b - c,$$

$$P(A\overline{B}) = P(A - AB) = P(A) - P(AB) = a - (a + b - c) = c - b,$$

$$P(\overline{A}\,\overline{B}) = 1 - P(\overline{\overline{A}\,\overline{B}}) = 1 - P(A \cup B) = 1 - c$$

4. 已知 $A \supset BC$，证明: $P(A) \geqslant P(B) + P(C) - 1$。

证明: 因为 $A \supset BC$，所以 $P(A) \geqslant P(BC)$，而

$$P(BC) = P(B) + P(C) - P(B \cup C) \geqslant P(B) + P(C) - 1$$

所以有 $P(A) \geqslant P(BC) \geqslant P(B) + P(C) - 1$。

5. 设 A, B 是任意两个互不相容的事件，试求 $P(A - B)$。

解: 由于 $AB = \varnothing$，而 $A - B = A - AB$，故而

$$P(A - B) = P(A - AB) = P(A) - P(AB) = P(A) - P(\varnothing) = P(A)$$

6. 设 A, B 为两事件，$P(A) = 0.5, P(A - B) = 0.2$，试求 $P(\overline{AB})$。

解: $P(A - B) = P(A - AB) = P(A) - P(AB) = 0.2$，所以

$$P(AB) = P(A) - P(A - B) = 0.5 - 0.2 = 0.3$$

故

$$P(\overline{AB}) = 1 - P(AB) = 1 - 0.3 = 0.7$$

7. 某市有 50% 的住户订日报，有 65% 的住户订晚报，有 85% 的住户至少订这两种报纸中的一种。试问同时订这两种报纸的住户百分比是多少？

解: 设 $A = \{$住户订日报$\}, B = \{$住户订晚报$\}$，已知 $P(A) = 0.5, P(B) = 0.65, P(A \cup B) = 0.85, P(AB) = P(A) + P(B) - P(A \cup B) = 0.5 + 0.65 - 0.85 = 0.3$，即同时订两种报纸的住户占 30%。

8. 设 A, B 为两事件，且 $P(A) = p, P(AB) = P(\overline{A}\,\overline{B})$，试求 $P(B)$。

解:由于 $P(\overline{A}\,\overline{B})=P(\overline{A\cup B})=1-P(A\cup B)$,而

$$P(A\cup B)=P(A)+P(B)-P(AB)$$

故

$$P(\overline{A}\,\overline{B})=1-P(A)-P(B)+P(AB)$$

而

$$P(AB)=P(\overline{A}\,\overline{B})$$

得

$$P(A)+P(B)=1$$

所以 $P(B)=1-P(A)=1-p$。

1.3 古典概型(等可能概型)与几何概型

关键词

古典概型,古典概型计算公式,几何概型,几何概型计算公式。

重要概念

(1) 古典概型概念

若试验具有以下两个特点:

① 试验的样本空间中的元素个数只有有限个,不妨设为 n 个,记为 e_1, $e_2,\cdots,e_n$;

② 每个基本事件 $\{e_i\}(i=1,2,\cdots,n)$ 出现的可能性相同,则称此试验为古典概型。

(2) 古典概型计算公式

$$P(A)=\frac{k}{n}=\frac{\text{事件 } A \text{ 包含的基本事件数}}{S \text{ 中基本事件的总数}}$$

(3) 几何概型

若试验具备以下两个特点:

① 每次试验的可能结果有无限多个,且全部可能结果的集合可用一个有度量(如长度、面积、体积等)的几何区域来表示;

② 每次试验中每个可能结果的出现是等可能的,这样的试验被称为几何概型。若样本空间 S 对应于区域 G,事件 A 对应于区域 g,则几何概型计算公式为

$$P(A)=\frac{g \text{ 的几何度量}}{G \text{ 的几何度量}}$$

基本练习 1.3 解答

1. 在 $0,1,2,\cdots,9$ 这 10 个数中任取 4 个,能排成 4 位偶数的概率是多少?

解:基本事件是从 10 个数中任取 4 个作全排列,样本空间 S 的样本点总数为 $n=10\times9\times8\times7=A_{10}^4$。记事件 $A=\{\text{排成 4 位偶数}\}$,则 A 包含基本事件数为以下

两种情况之和：

（1）个位数为 0，前面 3 位数可以从其余 9 个数字中任取 3 个来排列，故排列的总数 $k_1 = 9 \times 8 \times 7 = 504$；

（2）当个位数和首位数都不为 0 时，个位是偶数共有 4 种取法，首位则要从除了 0 之外余下的 8 个数字中任取 1 个，然后中间的两位数从余下的 8 个数字中任取 2 个来排列，故排列的总数 $k_2 = 4 \times 8 \times 8 \times 7 = 1\,792$。所以事件 A 所包含的基本事件总数为 $k_1 + k_2 = 504 + 1\,792 = 2\,296$，故而

$$P(A) = \frac{k_1 + k_2}{n} = \frac{2\,296}{5\,040} = 0.455\,6$$

2．在 11 张卡片上分别写上 probability 中的 11 个字母，从中任意抽取 7 张。试求其排列结果为 ability 的概率。

解：设 $A = \{$抽出的 7 张能排列成 ability$\}$，从 11 张卡片中任意抽取 7 张排成一排，排法总数为 A_{11}^7；而排成 ability 全部可能的排法为

$$C_1^1 C_2^1 C_2^1 C_1^1 C_1^1 C_1^1 C_1^1 = 2 \times 2 = 4$$

故所求概率为

$$P(A) = \frac{4}{A_{11}^7} = 0.000\,002\,4$$

3．10 个螺丝钉有 3 个是坏的，随机抽取 4 个。试问：（1）恰好有两个是坏的概率是多少？（2）4 个全是好的概率是多少？

解：设 $A_k = \{$从 10 个螺丝钉中任取 4 个，其中恰有 k 个坏的$\}$（$k = 0,1,2,3$），则

（1）$P(A_2) = \dfrac{C_3^2 C_7^2}{C_{10}^4} = \dfrac{63}{210} = 0.3$；

（2）$P(A_0) = \dfrac{C_3^0 C_7^4}{C_{10}^4} = \dfrac{35}{210} = 0.166\,7$。

4．10 层楼的一部电梯上同载 7 个乘客，且电梯可停在 10 层楼的每一层。试求不发生两位及两位以上乘客在同一层离开电梯的概率。

解：每一位乘客都可以在 10 层楼的任意一层离开电梯（类似于有放回地取数），所有可能结果总数为 $n = 10^7$，记事件 $A = \{$不发生两位及两位以上的乘客在同一层离开电梯$\}$，当 A 发生时，7 个人不在同一层离开电梯，故所有可能结果总数为 $k = 10 \times 9 \times 8 \times 7 \times 6 \times 5 \times 4 = A_{10}^7$，所以

$$P(A) = \frac{k}{n} = \frac{A_{10}^7}{10^7} = \frac{189}{3\,125} = 0.060\,48$$

5．某商店有 3 桶油漆，分别为红漆、黑漆和白漆，在搬运中所有的标签都脱落，售货员随意将这些漆卖给需要红漆、黑漆和白漆的三位顾客。试问至少有一位顾客买到所需颜色油漆的概率。

解：方法一　设 $A = \{$至少有一位顾客买到所需颜色的油漆$\}$，这是一个配对问

题,因为将 3 桶油漆随意卖给三位顾客的可能结果有 3! 种,可以这样思考,把 3 种油漆编为 1,2,3 号,三位顾客对应编为 1,2,3 号,第 i 号油漆卖给第 i 号顾客,算作一个配对。1,2,3 号的全部排列结果为 3! 种,即 123　132　213　231　312　321,剔除没有一个配对的排列 231 与 312,知至少有一位顾客买到所需油漆的可能结果有 4 个,故所求概率为

$$P(A) = \frac{4}{6} = \frac{2}{3}$$

方法二　利用概率加法公式解决,记事件 $A_i = \{$第 i 位顾客买到所需颜色的油漆$\}$($i = 1, 2, 3$),则 $A_1 \cup A_2 \cup A_3 = \{$至少有一位顾客买到所需颜色的油漆$\}$。

$$P(A_i) = \frac{1}{3}, \quad i = 1, 2, 3,$$

$$P(A_i A_j) = \frac{1}{3 \times 2}, \quad i, j = 1, 2, 3, \quad i < j,$$

$$P(A_1 A_2 A_3) = \frac{1}{3 \times 2 \times 1}$$

$$P(A_1 \cup A_2 \cup A_3) = P(A_1) + P(A_2) + P(A_3) - P(A_1 A_2) -$$
$$P(A_1 A_3) - P(A_2 A_3) + P(A_1 A_2 A_3)$$
$$= 3 \times \frac{1}{3} - 3 \times \frac{1}{3 \times 2} + \frac{1}{3 \times 2 \times 1} = \frac{2}{3}$$

6. 袋中装有编号为 $1, 2, \cdots, n$ 的 n 个球,每次从中任意摸一球。若按下面的方式,试求第 k 次摸球时,首次摸到 1 号球的概率:(1) 有放回方式摸球;(2) 无放回方式摸球。

解:(1) 设 $A = \{$有放回第 k 次摸球时首次摸到 1 号球$\}$,因为有放回时每次摸球都有 n 种可能,故摸 k 次共有 n^k 种可能的结果。若摸第 k 次首次摸到 1 号球,那前面 $k-1$ 次就都是从 1 号以外的 $n-1$ 个球中摸取,从而有利于 A 的结果有 $1 \times (n-1)^{k-1}$ 种,故

$$P(A) = \frac{(n-1)^{k-1}}{n^k}$$

(2) 设 $B = \{$不放回摸球 k 次时首次摸到 1 号球$\}$,显然 $1 \leqslant k \leqslant n$($k > n$ 时为不可能事件)。设想将 k 次摸到的球排成一排,总的结果个数相当于从 n 个球中一次摸取 k 个的排列数 A_n^k,每种结果是等可能的。若第 k 次摸球时,首次摸到 1 号球,那前面的 $k-1$ 次就相当于从 1 号以外的 $n-1$ 个球中一次摸取 $k-1$ 个的排列,从而有利于 B 的结果,有 $1 \times 1 \times A_{n-1}^{k-1}$ 种,故

$$P(B) = \frac{A_{n-1}^{k-1}}{A_n^k} = \frac{1}{n}$$

7. 掷硬币 $2n$ 次,试求出正面次数多于出反面次数的概率。

解:记事件 $A = \{$出正面次数多于出反面次数$\}$,$B = \{$出正面次数少于出反面次

数$\}$, $C=\{$出正面次数等于出反面次数$\}$,则 $A \cup B \cup C=S$,且 A,B,C 两两互不相容,故 $P(A \cup B \cup C)=P(A)+P(B)+P(C)=P(S)=1$。由于

$$P(A)=P(B), \quad P(C)=1-P(A)-P(B)=1-2P(A)$$

所以

$$P(A)=\frac{1}{2}[1-P(C)]=\frac{1}{2}\left(1-\frac{C_{2n}^{n}}{2^{2n}}\right)$$

实际上,由二项式公式可知 $2^{2n}=(1+1)^{2n}=\sum_{k=0}^{2n}C_{2n}^{k}$,即

$$P(A)=\frac{C_{2n}^{n+1}+C_{2n}^{n+2}+\cdots+C_{2n}^{2n}}{2^{2n}}, \quad P(B)=\frac{C_{2n}^{0}+C_{2n}^{1}+\cdots+C_{2n}^{n-1}}{2^{2n}}, \quad P(C)=\frac{C_{2n}^{n}}{2^{2n}}$$

8. 若一年按 365 天计算,试问 500 人中,至少有一个人的生日在 7 月 1 日的概率是多少?

解:此问题属于古典概型中的分房(生日)问题,设 $A=\{$至少有一个人的生日在 7 月 1 日$\}$,可以先考虑问题事件 A 的对立事件的概率为

$$P\{每个人的生日都不在 7 月 1 日\}=P(\overline{A})=\frac{364^{500}}{365^{500}},$$

$$P(A)=1-P(\overline{A})=1-\frac{364^{500}}{365^{500}}=0.746\ 3$$

9. n 个朋友随机地围绕圆桌就坐,试问其中两个人一定要坐在一起(即座位相邻)的概率是多少?

解:显然,当 $n=2$ 时,两个人一定要坐在一起(即座位相邻)的概率是 1;当 $n \geqslant 3$ 时,考虑若一人先坐下,则另外一个人总共可有 $n-1$ 个座位供选择。而要求两个人一定要坐在一起,则此人仅有两种选择,故其概率为 $2/(n-1)$,即

$$P\{两个人一定要坐在一起\}=\begin{cases}\dfrac{2}{n-1}, & n \geqslant 3 \\ 1, & n=2\end{cases}$$

10. 某旅行社 100 人中有 43 人会讲英语,35 人会讲日语,32 人会讲日语和英语,9 人会讲法语、英语和日语,且每人至少会讲英语、日语、法语 3 种语言中的一种。试求:(1) 此人会讲英语和日语,但不会讲法语的概率;(2) 此人只会讲法语的概率。

解:设 A,B,C 分别为会讲英语、日语、法语,则(1) 要求 $P(AB\overline{C})$;(2) 要求 $P(\overline{A}\,\overline{B}C)$。

(1) $P(AB\overline{C})=P(AB)-P(ABC)=\dfrac{32}{100}-\dfrac{9}{100}=\dfrac{23}{100}=0.23$;

(2) 因为 $A \cup B \cup C=S$,故

$$P(\overline{A}\,\overline{B}C)=P(A \cup B \cup C-A \cup B)=P(S)-P(A \cup B)$$

$$=1-\left(\frac{43}{100}+\frac{35}{100}-\frac{32}{100}\right)=\frac{54}{100}=0.54$$

11. 某城有 N 部卡车，车牌号从 1 到 N。有一外地人到该城去，把遇到的 n 部车子的牌号抄下（可能重复抄到某些车牌号）。试求抄到的最大号码正好是 k 的概率（$1 \leqslant k \leqslant N$）。

解：此问题可看作是对 N 个车牌号进行 n 次有放回抽样，样本空间包括样本点的总数为 N^n，而最大号码正好是 k 的取法可用最大号码不大于 k 的抽样总数减去最大号码不大于 $k-1$ 的抽样总数。

设 $A_k = \{n$ 次有放回抽样中抽到最大号码不大于 $k\}$（$k=1,2,\cdots,N$）。当 A_k 发生时，包含的样本点总数为 k^n（$k=1,2,\cdots,N$）。故当 A_{k-1} 发生时，包含的样本点总数为 $(k-1)^n$。因此所求概率为

$$P(A) = \frac{k^n - (k-1)^n}{N^n}$$

12. 设有某产品 40 件，其中有 10 件次品，其余为正品。现从中任取 5 件，试求取出的 5 件产品中至少有 4 件次品的概率。

解：设 $A_k = \{$取出的 5 件产品中的次品数为 $k\}$（$k=0,1,2,3,4,5$），则

$$P(A_k) = \frac{C_{10}^k C_{30}^{5-k}}{C_{40}^5}, \quad k=1,2,\cdots,5$$

所求概率为 $P(A) = P(A_4) + P(A_5) = \dfrac{C_{10}^4 C_{30}^1}{C_{40}^5} + \dfrac{C_{10}^5 C_{30}^0}{C_{40}^5} = \dfrac{91}{9\ 139} = 0.009\ 96$。

13. 某专业研究生复试时，共有 3 张考签，3 个考生应试，一个人抽一张看后立即放回，再让另一个人抽，如此 3 人各抽一次。试求抽签结束后，至少有一张考签没有被抽到的概率。

解：记事件 $A_i = \{$第 i 张考签没有被抽到$\}$（$i=1,2,3$），则
$A_1 \bigcup A_2 \bigcup A_3 = \{$至少有一张考签没有被抽到$\}$，

$$P(A_i) = \frac{2^3}{3^3} = \frac{8}{27}, \quad i=1,2,3,$$

$$P(A_i A_j) = \frac{1^3}{3^3} = \frac{1}{27}, \quad i,j=1,2,3, \quad i<j,$$

$$P(A_1 A_2 A_3) = 0,$$
$$P(A_1 \bigcup A_2 \bigcup A_3) = P(A_1) + P(A_2) + P(A_3) -$$
$$P(A_1 A_2) - P(A_1 A_3) - P(A_2 A_3) + P(A_1 A_2 A_3)$$
$$= 3 \times \frac{8}{27} - 3 \times \frac{1}{27} + 0 = \frac{7}{9}$$

14. 将 10 根绳的 20 个绳头任意两两相接，试求事件 $A = \{$恰结成 10 个圈$\}$，$B = \{$恰结成 1 个圈$\}$ 的概率。

解：将 20 个绳头任意两两相接，相当于将 20 个不同的数作一排列，故有排法总数为 20!。

（1）当 A 发生时，第一次从20个绳头中任取1个，有20种取法，取定一个绳头后，则此绳子的另一绳头就已确定与其相接，以便能结成一个圈；然后再从剩下的9根绳子18个绳头中任取一绳头，有18种取法，然后此绳头与此绳子的另一绳头再结成第二个圈。以此类推，接法总数为 $20 \times 18 \times 16 \times \cdots \times 4 \times 2 = 20!!$，故

$$P(A) = \frac{20!!}{20!} = \frac{1}{19!!}$$

（2）当 B 发生时，第一次从20个绳头中任取1个，取定一个绳头后，则此绳子的另一绳头就已确定将与剩下的9根绳子18个绳头中任取一绳头相接，接法数为 20×18。接好第一个绳头后，仍有9根绳子18个绳头待接，于是又从18个绳头中任取1个，取定这个绳头后，则此绳子的另一绳头就已确定将与剩下的8根绳子16个绳头中任取一绳头相接，接法数为 18×16。以此类推，直到接完最后一根绳，接法总数为 $20 \times 18 \times 18 \times 16 \times \cdots \times 4 \times 4 \times 2 \times 2 = 20!! \times 18!!$，故

$$P(B) = \frac{20!! \times 18!!}{20!} = \frac{18!!}{19!!}$$

15. 随机地向半圆 $0 < y < \sqrt{2ax - x^2}$（a 为正常数）内投一点，点落在半圆内任何区域的概率与区域的面积成正比。试求原点和该点的连线与 x 轴的夹角小于 $\pi/4$ 的概率。

解：由掷点试验知此问题为几何概型。随机点落在半圆内任何区域的概率与该区域的面积成正比，而与该区域的位置及形状无关。

由右图可知，样本空间 S 对应于区域

$$G = \{(x,y) \mid 0 < y < \sqrt{2ax - x^2}\}$$

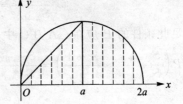

题 15 图

其面积为 $\frac{1}{2}\pi a^2$。事件 A 对应于区域

$$g = \{(x,y) \mid 0 < y < \sqrt{2ax - x^2}, y \leqslant x\}$$

其面积为三角形面积与扇形面积之和，可得

$$\frac{1}{2}a \times a + \frac{1}{4}\pi a^2 = \frac{1}{2}a^2\left(1 + \frac{\pi}{2}\right)$$

或由二重积分得

$$\int_0^a \mathrm{d}x \int_0^x \mathrm{d}y + \int_a^{2a} \mathrm{d}x \int_0^{\sqrt{2ax-x^2}} \mathrm{d}y = \int_0^{\pi/4} \mathrm{d}\theta \int_0^{2a\cos\theta} r\,\mathrm{d}r = \frac{1}{2}a^2\left(1 + \frac{\pi}{2}\right)$$

于是 $P(A) = \dfrac{\dfrac{1}{2}a^2\left(1 + \dfrac{\pi}{2}\right)}{\dfrac{1}{2}\pi a^2} = \dfrac{1}{2} + \dfrac{1}{\pi} = 0.818\,3$。

16. 在 $\triangle ABC$ 内任取一点 P，试证明 $\triangle ABP$ 与 $\triangle ABC$ 的面积之比大于 $\dfrac{n-1}{n}$

的概率为 $\dfrac{1}{n^2}$。

证明： 建立如下图所示坐标系，$A(0,0)$，$B(a,0)$，$C(b,e)$，$P(x,y)$，则

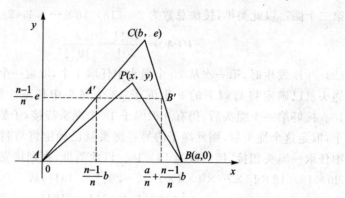

题 16 图

$$S_{\triangle ABC}=\frac{1}{2}a\cdot e,\quad S_{\triangle ABP}=\frac{1}{2}a\cdot y$$

由点 P 可任意落在 $\triangle ABC$ 中，要求

$$\frac{S_{\triangle ABP}}{S_{\triangle ABC}}=\frac{y}{e}>\frac{n-1}{n}\Rightarrow y>\frac{n-1}{n}e$$

满足此条件的 P 应在 $\triangle A'B'C$ 中，由所给坐标点可求出 A'，B' 坐标，所以

$$P\left(\frac{S_{\triangle ABP}}{S_{\triangle ABC}}>\frac{n-1}{n}\right)=\frac{S_{\triangle A'B'C}}{S_{\triangle ABC}}$$

$$=\frac{\dfrac{1}{2}\left(\dfrac{a}{n}+\dfrac{n-1}{n}b-\dfrac{n-1}{n}b\right)\times\left(e-\dfrac{n-1}{n}e\right)}{\dfrac{1}{2}a\times e}=\frac{1}{n^2}$$

17. 在一张印有方格的纸上投一枚直径为 1 的硬币。试问方格边长 a 要多大才能使硬币与边线不相交的概率小于 1%？

解： 由于投掷的等可能性，只需考虑硬币投入一个方格的情况。如右图所示，样本空间 S 对应于面积为 a^2 的区域，若硬币与边线不相交，则硬币中心应落入面积为 $(a-1)^2$ 的中心阴影区域内，故

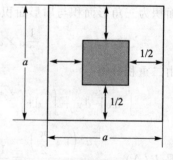

题 17 图

$$P\{\text{硬币与边线不相交}\}=\frac{(a-1)^2}{a^2}<0.01$$

于是有 $a<10/9$。

1.4　条件概率

关键词

条件概率,乘法定理(公式),全概率公式,贝叶斯公式。

重要概念

(1) 条件概率

设 A,B 为两事件,且 $P(A)>0$,则在事件 A 发生条件下事件 B 发生的条件概率为

$$P(B|A)=\frac{P(AB)}{P(A)}$$

(2) 乘法定理(乘法公式)

设 A,B 为两事件,且 $P(A)>0$,则有

$$P(AB)=P(A)P(B|A)$$

(3) 全概率公式

设试验 E 的样本空间为 S,A 为 E 的事件,B_1,B_2,$\cdots$,B_n 为 S 的一个划分(完备事件组),即满足条件:

① B_1,B_2,$\cdots$,B_n 两两互不相容,即 $\forall i\neq j$,$B_iB_j=\varnothing$($i,j=1,2,\cdots,n$);

② $B_1\bigcup B_2\bigcup\cdots\bigcup B_n=S$,且 $P(B_i)>0$ ($i=1,2,\cdots,n$),则有

$$P(A)=\sum_{i=1}^{n}P(B_i)P(A|B_i)$$

(4) 贝叶斯公式

设试验 E 的样本空间为 S,A 为 E 的事件,B_1,B_2,$\cdots$,B_n 为 S 的一个划分,且 $P(A)>0$,$P(B_i)>0$ ($i=1,2,\cdots,n$),则有

$$P(B_i|A)=\frac{P(B_i)P(A|B_i)}{\sum_{j=1}^{n}P(B_j)P(A|B_j)},\quad i=1,2,\cdots,n$$

基本练习 1.4 解答

1. 甲、乙两人,每人手中各有 6 张卡片,上面分别写有 1,2,3,4,5,6。现从两人手中各取一张卡片(取得任何一张卡片的可能性相等),(1) 试求两张卡片的数字之和为 6 的概率。(2) 如果已知从甲手中取出的卡片上的数字为偶数,问两张卡片上数字之和为 6 的概率是多少?

解:记 $A=\{$两张卡片的数字之和为 6$\}$,$B=\{$甲手中取出的卡片上的数字为偶数$\}$。由于甲、乙两人每人手中各有 6 张卡片,故从甲手中可抽得 1,2,3,4,5,6 张卡片中任一张,共有 6 种选择,从乙手中抽取方式亦为 6 种,总抽取方式有 $6\times6=36$ 种,则此试验的样本空间 S 可表示为

$$S = \begin{cases} (1,1) & (1,2) & (1,3) & (1,4) & (1,5) & (1,6) \\ (2,1) & (2,2) & (2,3) & (2,4) & (2,5) & (2,6) \\ (3,1) & (3,2) & (3,3) & (3,4) & (3,5) & (3,6) \\ (4,1) & (4,2) & (4,3) & (4,4) & (4,5) & (4,6) \\ (5,1) & (5,2) & (5,3) & (5,4) & (5,5) & (5,6) \\ (6,1) & (6,2) & (6,3) & (6,4) & (6,5) & (6,6) \end{cases}$$

包含 36 个样本点(基本事件),则 A 发生时,当且仅当样本点 $(1,5),(2,4),(3,3)$,$(4,2),(5,1)$ 发生,故有

(1) $P(A) = \dfrac{5}{6^2} = \dfrac{5}{36}$;

(2) 当 B 发生时,取法总数为 $C_3^1 C_6^1$,故

$$P(B) = \frac{3 \times 6}{6 \times 6} = \frac{1}{2}, \quad P(AB) = \frac{2}{6 \times 6} = \frac{1}{18}, \quad P(A \mid B) = \frac{P(AB)}{P(B)} = \frac{1/18}{1/2} = \frac{1}{9}$$

2. 在空战中,甲机先向乙机开火,击落乙机的概率是 0.2。若乙机未被击落,就进行还击,击落甲机的概率是 0.3;若甲机未被击落,则再攻击乙机,击落乙机的概率是 0.4。试求在这几个回合中,(1) 甲机被击落的概率;(2) 乙机被击落的概率。

解:设在这三次攻击中,"击落敌机"事件分别为 A, B, C,则依题意有

$$P(A) = 0.2, \quad P(B \mid \overline{A}) = 0.3, \quad P(C \mid \overline{A}\,\overline{B}) = 0.4$$

(1) $P\{甲机被击落\} = P(\overline{A}B) = P(\overline{A})P(B \mid \overline{A}) = (1 - 0.2) \times 0.3 = 0.24$;

(2) $P\{乙机被击落\} = P(A \bigcup (\overline{A}\,\overline{B}C)) = P(A) + P(\overline{A}\,\overline{B}C)$

$$= P(A) + P(\overline{A})P(\overline{B} \mid \overline{A})P(C \mid \overline{A}\,\overline{B})$$

$$= 0.2 + (1 - 0.2) \times (1 - 0.3) \times 0.4 = 0.424$$

3. 设 A, B 是两随机事件,已知 $P(B) = 1/3, P(\overline{A} \mid \overline{B}) = 1/4, P(\overline{A} \mid B) = 1/5$,试求 $P(A)$。

解:**方法一** 由题设已知条件概率 $P(\overline{A} \mid \overline{B}) = 1/4, P(\overline{A} \mid B) = 1/5, P(B) = 1/3$,故利用全概率公式可得

$$P(\overline{A}) = P(B)P(\overline{A} \mid B) + P(\overline{B})P(\overline{A} \mid \overline{B}) = \frac{1}{3} \times \frac{1}{5} + \left(1 - \frac{1}{3}\right) \times \frac{1}{4} = \frac{7}{30}$$

于是 $P(A) = 1 - P(\overline{A}) = 1 - \dfrac{7}{30} = \dfrac{23}{30} = 0.766\,7$。

方法二 利用概率加法公式与乘法公式,有

$P(A \bigcup B) = P(A) + P(B) - P(AB)$ 与 $P(AB) = P(B)P(A \mid B)$,

$P(A) = P(A \bigcup B) - P(B) + P(AB) = 1 - P(\overline{A}\,\overline{B}) - P(B) + P(B)P(A \mid B)$

$$= 1 - P(\overline{B})P(\overline{A} \mid \overline{B}) - P(B) + P(B)[1 - P(\overline{A} \mid B)]$$

$$= 1 - \frac{2}{3} \times \frac{1}{4} - \frac{1}{3} + \frac{1}{3} \times \frac{4}{5} = \frac{23}{30} = 0.766\,7$$

4. 两台车床加工同样的零件,第一台出现废品的概率为 0.03,第二台出现废品的概率为 0.02。加工出来的零件放在一起,并且已知第一台加工的零件比第二台加工的零件多 1 倍,试求任意取出的零件是合格品的概率。

解:设 $A_i=\{$取到第 i 台车床加工的零件$\}(i=1,2)$,由题设条件知,$P(A_1)=2P(A_2)$,且因 $P(A_i)\geqslant 0(i=1,2)$,$P(A_1)+P(A_2)=1$,故得 $P(A_1)=2/3$,$P(A_2)=1/3$。又设 $B=\{$取出的零件为合格的$\}$,则由全概率公式知

$$P(B)=P(A_1)P(B|A_1)+P(A_2)P(B|A_2)$$

且其中

$$P(B|A_1)=1-0.03=0.97,\quad P(B|A_2)=1-0.02=0.98$$

故得 $P(B)=\dfrac{2}{3}\times 0.97+\dfrac{1}{3}\times 0.98=0.973$。

5. 按以往概率考试结果分析,努力学习的学生有 90% 可能考试及格,不努力学习的学生有 90% 可能考试不及格。据调查,学生中有 90% 的人是努力学习的,试问:(1) 考试及格的学生中有多大可能是不努力学习的?(2) 考试不及格的学生中有多大可能是努力学习的?

解:设 $A=\{$被调查学生是努力学习的$\}$,则 $\overline{A}=\{$被调查学生是不努力学习的$\}$,由题设条件知 $P(A)=0.90$,$P(\overline{A})=0.10$。又设 $B=\{$被调查学生考试及格$\}$,则 $\overline{B}=\{$被调查学生考试不及格$\}$,且由题设条件知 $P(B|A)=0.90$,$P(\overline{B}|\overline{A})=0.90$。故由逆概公式知:

$$(1)\ P(\overline{A}|B)=\frac{P(\overline{A}B)}{P(B)}=\frac{P(\overline{A})P(B|\overline{A})}{P(A)P(B|A)+P(\overline{A})P(B|\overline{A})}$$

$$=\frac{0.10\times(1-0.90)}{0.90\times 0.90+0.10\times(1-0.90)}=\frac{0.01}{0.82}=0.012\,2$$

即考试及格的学生中不努力学习的学生仅占 1.22%。

$$(2)\ P(A|\overline{B})=\frac{P(A\overline{B})}{P(\overline{B})}=\frac{P(A)P(\overline{B}|A)}{P(A)P(\overline{B}|A)+P(\overline{A})P(\overline{B}|\overline{A})}$$

$$=\frac{0.90\times(1-0.90)}{0.90\times(1-0.90)+0.10\times 0.90}=0.50$$

即考试不及格的学生中努力学习的学生占到 50%。

6. 某人忘记了电话号码的最后一位数字,因而他随意地拨号,求他拨号不超过 3 次而接通所需电话的概率。若已知最后一个数字是奇数,那么此概率是多少?

解:设 $A_i=\{$第 i 次未接通所需电话$\}(i=1,2,3)$,则依题意有

$$P(A_1)=\frac{9}{10},\quad P(A_2|A_1)=\frac{8}{9},\quad P(A_3|A_1A_2)=\frac{7}{8}$$

故

$$P(A_1A_2A_3)=P(A_1)P(A_2|A_1)P(A_3|A_1A_2)=\frac{9}{10}\times\frac{8}{9}\times\frac{7}{8}=0.7,$$

$$P\{3\text{ 次中至少 }1\text{ 次接通}\}=1-0.7=0.3$$

若已知最后一个数字为奇数,则可能的拨号为 1,3,5,7,9,共 5 种可能,类似可得

$$P\{3\text{ 次中至少 }1\text{ 次接通}\}=1-\frac{4}{5}\times\frac{3}{4}\times\frac{2}{3}=0.6$$

7. 已知 10 只晶体管中有两只是次品,在其中取两次,每次任取一只,作不放回抽样,试求下列事件的概率:(1) 两只都是正品;(2) 两只都是次品;(3) 一只是正品,一只是次品;(4) 第二次取出的是次品。

解:设 $A_i=\{$第 i 次取出的是正品$\}(i=1,2)$,则

(1) $P(A_1A_2)=P(A_1)P(A_2|A_1)=\dfrac{8}{10}\times\dfrac{7}{9}=\dfrac{28}{45}$;

(2) $P(\overline{A_1}\,\overline{A_2})=P(\overline{A_1})P(\overline{A_2}|\overline{A_1})=\dfrac{2}{10}\times\dfrac{1}{9}=\dfrac{1}{45}$;

(3) $P(A_1\overline{A_2}\bigcup\overline{A_1}A_2)=P(A_1\overline{A_2})+P(\overline{A_1}A_2)=\dfrac{8}{10}\times\dfrac{2}{9}+\dfrac{2}{10}\times\dfrac{8}{9}=\dfrac{16}{45}$;

(4) $P(\overline{A_2})=P(S\overline{A_2})=P((A_1\bigcup\overline{A_1})\overline{A_2})=P(A_1\overline{A_2})+P(\overline{A_1}\,\overline{A_2})$

$$=\frac{8}{10}\times\frac{2}{9}+\frac{2}{10}\times\frac{1}{9}=\frac{1}{5}\text{。}$$

8. 设一批产品的一、二、三等品各占 60%,30%,10%,现从中任取一件,结果不是三等品,则取得是一等品的概率是多少?

解:设 $A_i=\{$取出的是 i 等品$\}(i=1,2,3),P(A_1)=0.6,P(A_2)=0.3,P(A_3)=0.1,P(\overline{A_3})=1-0.1=0.9,P(A_1\overline{A_3})=0.6$,故由条件概率公式得

$$P(A_1|\overline{A_3})=\frac{P(A_1\overline{A_3})}{P(\overline{A_3})}=\frac{0.6}{0.9}=\frac{2}{3}$$

9. 设 A,B 两厂产品的次品率分别为 1%,2%,现从 A,B 两厂产品分别占 60% 与 40% 的一批产品中任取一件是次品,则此次品是 A 厂生产的概率是多少?

解:记 A,B 分别表示取到的产品来自 A,B 厂,$C=\{$取到的产品是次品$\}$,

$P(A)=0.6,P(B)=0.4,P(C|A)=0.01,P(C|B)=0.02$,故由全概率公式可得

$$P(C)=P(A)P(C|A)+P(B)P(C|B)=0.6\times0.01+0.4\times0.02=0.014,$$

$$P(A|C)=\frac{P(AC)}{P(C)}=\frac{P(A)P(C|A)}{P(C)}=\frac{0.6\times0.01}{0.014}=\frac{3}{7}=0.4268$$

10. 袋中装有 50 个乒乓球,其中 20 个黄的,30 个白的,现有两人依次随机地从袋中各取一次,取后不放回,试求第二次取得黄球的概率。

解:设 $A_i=\{$第 i 次取到黄球$\}(i=1,2)$,且

$$P(A_1)=\frac{20}{50}=\frac{2}{5},\quad P(\overline{A_1})=1-\frac{2}{5}=\frac{3}{5},$$

$$P(A_2 \mid A_1) = \frac{19}{49}, \quad P(A_2 \mid \overline{A}_1) = \frac{20}{49}$$

故由全概率公式可得

$$P(A_2) = P(A_1)P(A_2 \mid A_1) + P(\overline{A}_1)P(A_2 \mid \overline{A}_1) = \frac{2}{5} \times \frac{19}{49} + \frac{3}{5} \times \frac{20}{49} = \frac{2}{5}$$

11. 设考生的报名表来自 3 个地区,各有 10 份,15 份,25 份,其中女生的分别为 3 份,7 份,5 份。随机地从一地区先后任取两份报名表。试求:(1) 先取到的一份报名表是女生的概率 p;(2) 已知后取到的一份报名表是男生的而先取到的一份是女生的概率 q。

解:设 $A_i = \{$报名表来自第 i 个地区$\}$,则

$$P(A_i) = 1/3 \quad (i = 1, 2, 3),$$

$$B_k = \{$第 k 次取得的报名表是女生的$\}(k = 1, 2)$$

故

$$P(B_1 \mid A_1) = \frac{3}{10}, \quad P(B_1 \mid A_2) = \frac{7}{15}, \quad P(B_1 \mid A_3) = \frac{5}{25}$$

则由全概率公式可得

(1) $p = P(B_1) = \sum_{i=1}^{3} P(A_i)P(B_1 \mid A_i) = \frac{1}{3} \times \frac{3}{10} + \frac{1}{3} \times \frac{7}{15} + \frac{1}{3} \times \frac{5}{25} = \frac{29}{90}$;

(2) $P(B_1 \overline{B}_2 \mid A_1) = \frac{3}{10} \times \frac{7}{9} = \frac{7}{30}, P(B_1 \overline{B}_2 \mid A_2) = \frac{7}{15} \times \frac{8}{14} = \frac{8}{30}$,

$$P(B_1 \overline{B}_2 \mid A_3) = \frac{5}{25} \times \frac{20}{24} = \frac{1}{6}。$$

利用全概率公式可得不同地区后取到的一份报名表是男生的概率

$$P(\overline{B}_2 \mid A_1) = \frac{3}{10} \times \frac{7}{9} + \frac{7}{10} \times \frac{6}{9} = \frac{7}{10}, \quad P(\overline{B}_2 \mid A_2) = \frac{8}{15}, \quad P(\overline{B}_2 \mid A_3) = \frac{20}{25}$$

再由全概率公式与条件概率公式可得

$$q = P(B_1 \mid \overline{B}_2) = \frac{\sum\limits_{i=1}^{3} P(A_i)P(B_1 \overline{B}_2 \mid A_i)}{\sum\limits_{i=1}^{3} P(A_i)P(\overline{B}_2 \mid A_i)} = \frac{\frac{1}{3} \times \left(\frac{7}{30} + \frac{8}{30} + \frac{1}{6} \right)}{\frac{1}{3} \times \left(\frac{7}{10} + \frac{8}{15} + \frac{20}{25} \right)}$$

$$= \frac{\frac{2}{3}}{\frac{61}{30}} = \frac{20}{61}$$

12. 有 3 个盒子,在甲盒中装有 2 个红球,4 个白球;乙盒中装有 4 个红球,2 个白球;丙盒中装有 3 个红球,3 个白球。设到 3 个盒中取球的机会相等,试求:(1) 今从中任取一球,它是红球的概率为多少?(2) 若已知取出的球是红球,问它是来自甲盒的概率为多少?

解:用 A,B,C 分别表示球取自甲、乙、丙三个盒子,D 表示取到的是红球,则

$$P(A)=P(B)=P(C)=\frac{1}{3},\quad P(D|A)=\frac{2}{6}=\frac{1}{3},$$

$$P(D|B)=\frac{4}{6}=\frac{2}{3},\quad P(D|C)=\frac{3}{6}=\frac{1}{2}$$

故由全概率公式与条件概率公式可得

(1) $P(D)=P(A)P(D|A)+P(B)P(D|B)+P(C)P(D|C)$

$$=\frac{1}{3}\times\frac{1}{3}+\frac{1}{3}\times\frac{2}{3}+\frac{1}{3}\times\frac{1}{2}=\frac{1}{2};$$

(2) $P(A|D)=\dfrac{P(A)P(D|A)}{P(D)}=\dfrac{\dfrac{1}{3}\times\dfrac{1}{3}}{\dfrac{1}{2}}=\dfrac{2}{9}$。

1.5 事件的独立性

关键词

事件的两两独立性,事件的相互独立性。

重要概念

(1) 两个事件的独立性

设 A,B 是两事件,若有 $P(AB)=P(A)P(B)$,则称 A,B 为相互独立的事件。

(2) 逆事件的独立性

如果四对事件 A 与 B,$\overline{A}$ 与 B,A 与 $\overline{B}$,$\overline{A}$ 与 $\overline{B}$ 中有一对是相互独立的事件,则另外各对也是相互独立的事件。

(3) 多个事件的两两独立性

设 $A_1,A_2,\cdots,A_n$ 为 n 个事件,如果 $\forall i,j,1\leqslant i<j\leqslant n$,具有等式

$$P(A_iA_j)=P(A_i)P(A_j)$$

则称 $A_1,A_2,\cdots,A_n$ 为两两独立事件组。

(4) 多个事件的相互独立性

设 $A_1,A_2,\cdots,A_n$ 为 n 个事件,如果 $\forall k,1\leqslant k\leqslant n,\forall i_1,i_2,\cdots,i_k,1\leqslant i_1<i_2<\cdots<i_k\leqslant n$,具有等式

$$P(A_{i_1}A_{i_2}\cdots A_{i_k})=P(A_{i_1})P(A_{i_2})\cdots P(A_{i_k})$$

则称 $A_1,A_2,\cdots,A_n$ 为相互独立事件组。

(5) 可列多个事件的相互独立性

设 $A_1,A_2,\cdots$ 为可列多个事件,如果其中任意有限个事件是相互独立的,则称这可列多个事件为相互独立事件列。

(6) 相互独立与互不相容的区别和关系

若 $P(A)>0, P(B)>0$，则有：

当 A、B 两事件独立时，$AB \neq \varnothing$，即 A 与 B 相容；

当 $AB = \varnothing$，即 A、B 互不相容时，A 与 B 不独立。

基本练习 1.5 解答

1. 进行摩托车比赛，在地段甲、乙之间设立了 3 个障碍。设骑手在每一个障碍前停车的概率为 0.1，从乙地到终点丙地之间骑手不停车的概率为 0.7，试求在地段甲、丙之间骑手不停车的概率。

解：设 $A = \{$骑手在甲、丙地之间不停车$\}$，$B = \{$骑手在乙、丙地之间不停车$\}$，$A_i = \{$骑手在甲、乙地之间第 i 个障碍前停车$\}$（$i = 1, 2, 3$），则

$$P(A_i) = 0.1, \quad P(B) = 0.7, \quad i = 1, 2, 3$$

又 $A = \overline{A_1}\,\overline{A_2}\,\overline{A_3}B$，故由独立性可得

$$P(A) = P(\overline{A_1}\,\overline{A_2}\,\overline{A_3}B) = P(\overline{A_1})P(\overline{A_2})P(\overline{A_3})P(B) = (1-0.1)^3 \times 0.7 = 0.510\,3$$

2. 常言道："不怕一万，就怕万一。"试用事件的独立性知识证明：若不断重复进行某一试验，则某一小概率事件 A 迟早发生的概率为 1。

解：设小概率事件为 A，且设 $P(A) = \varepsilon$，则事件 $A_i = \{$第 i 次试验 A 发生$\}$（$i = 1, 2, \cdots$）相互独立，$P(A_i) = \varepsilon$，故

$P\{$在 n 次重复试验中，A 至少发生一次$\}$

$= 1 - P\{$在 n 次重复试验中，A 每次都不发生$\}$

$$= 1 - P(\overline{A_1}\,\overline{A_2} \cdots \overline{A_n}) = 1 - P(\overline{A_1})P(\overline{A_2}) \cdots P(\overline{A_n}) = 1 - (1-\varepsilon)^n \xrightarrow{n \to +\infty} 1$$

此即表明不管事件 A 在一次试验中发生的概率如何小，若不断重复进行这一试验，则这一小概率事件 A 迟早会发生的概率为 1。

3. 用 4 个整流二极管组成如图所示的示意系统：设系统各元件能正常工作并是相互独立的，且每个整流二极管的可靠度（即能保持正常工作的概率）为 0.4，试求该系统的可靠度。

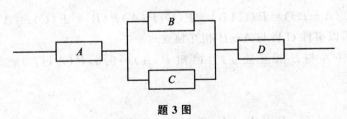

题 3 图

解：以元件代号 A, B, C, D 分别表示对应元件工作正常，则

$$P(A) = P(B) = P(C) = P(D) = 0.4$$

由 A, B, C, D 的相互独立性，知

$$P\{\text{系统正常工作}\} = P(ABD \bigcup ACD) = P(ABD) + P(ACD) - P(ABCD)$$
$$= P(A)P(B)P(D) + P(A)P(C)P(D) -$$

$$P(A)P(B)P(C)P(D)$$
$$= 0.4^3 + 0.4^3 - 0.4^4 = 0.102\ 4$$

4. 有 3 架飞机,一架长机,两架僚机,一同飞往某目的地进行轰炸,但要到达目的地一定要有无线电导航,而只有长机有此设备。一旦到达目的地,各机将独立进行轰炸,且每架飞机炸毁目标的概率均为 0.3。在到达目的地之前,必须经过高射炮阵地上空,此时任一架飞机被击落的概率为 0.2,求目标被炸毁的概率。

解:设 $A = \{$目标被炸毁$\}$,$B_0 = \{$无机到达目的地,即长机被击落$\}$,$B_1 = \{$长机独自到达$\}$,$B_2 = \{$长机与任一僚机到达$\}$,$B_3 = \{$长机与二僚机都到达$\}$,则

$$P(B_0) = 0.2, \quad P(B_1) = 0.8 \times 0.2^2 = 0.032, \quad P(B_2) = 2 \times 0.8^2 \times 0.2 = 0.256,$$
$$P(B_3) = 0.8^3 = 0.512, \quad P(A \mid B_0) = 0, \quad P(A \mid B_1) = 0.3,$$
$$P(A \mid B_2) = 0.3 + 0.3 - 0.3^2 = 0.51,$$
$$P(A \mid B_3) = 3 \times 0.3 - 3 \times 0.3^2 + 0.3^3 = 0.657$$

由全概率公式得

$$P(A) = \sum_{i=0}^{3} P(B_i) P(A \mid B_i)$$
$$= 0.2 \times 0 + 0.032 \times 0.3 + 0.256 \times 0.51 +$$
$$0.512 \times 0.657 = 0.476\ 5$$

5. 设 A, B, C 三事件相互独立,试证明 $A \cup B, AB, A - B$ 皆与 C 相互独立。

证明:由事件 A, B, C 的相互独立性知

(1) $P(C(A \cup B)) = P(AC) + P(BC) - P(ABC)$
$$= P(A)P(C) + P(B)P(C) - P(A)P(B)P(C)$$
$$= P(C)[P(A) + P(B) - P(AB)] = P(C)P(A \cup B)$$

所以事件 C 与 $A \cup B$ 相互独立;

(2) $P(C(AB)) = P(CAB) = P(C)P(A)P(B) = P(C)P(AB)$,所以事件 C 与 AB 相互独立;

(3) $P(C(A - B)) = P(CA\overline{B}) = P(C)P(A)P(\overline{B}) = P(C)P(A\overline{B}) = P(C)P(A - B)$,所以事件 C 皆与 $A - B$ 相互独立。

6. 设事件 A 与 B 相互独立,且已知 $P(A) = 0.4$,$P(A \cup B) = 0.7$,试求概率 $P(\overline{B} \mid A)$。

解:由

$$0.7 = P(A \cup B) = P(A) + P(B) - P(A)P(B)$$
$$= 0.4 + P(B) - 0.4P(B) = 0.4 + 0.6P(B)$$

可得 $P(B) = \dfrac{0.7 - 0.4}{0.6} = 0.5$。又因为 A 与 B 的独立性知

$$P(\overline{B} \mid A) = \frac{P(\overline{B}A)}{P(A)} = \frac{P(\overline{B})P(A)}{P(A)} = P(\overline{B}) = 1 - P(B) = 1 - 0.5 = 0.5$$

7. 设有电路开关如图所示,其中各开关接通与否是相互独立的,且接通的概率均为 $p(0<p<1)$。试分别计算图中两个电路的两端为通路的概率 R_1 与 R_2。

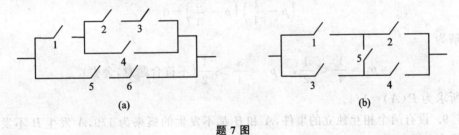

题7图

解: 设 $A_i=\{\text{第 } i \text{ 个开关接通}\}$,则 $P(A_i)=p(i=1,2,\cdots,6)$。由事件的独立性定义和加法公式得

图(a)

$$R_1=P(A_5A_6\bigcup A_1(A_2A_3\bigcup A_4))=P(A_5A_6\bigcup A_1A_2A_3\bigcup A_1A_4)$$
$$=P(A_5A_6)+P(A_1A_2A_3)+P(A_1A_4)-P(A_5A_6A_1A_2A_3)-$$
$$P(A_5A_6A_1A_4)-P(A_1A_2A_3A_4)+P(A_1A_2A_3A_4A_5A_6)$$
$$=p^2+p^3+p^2-p^5-p^4-p^4+p^6=2p^2+p^3-2p^4-p^5+p^6$$

图(b) 可利用全概率公式计算 R_2。

① 当事件 A_5 发生时,图(b)变形为图(b_1);

② 当事件 $\overline{A}_5$ 发生时,图(b)变形为图(b_2)。

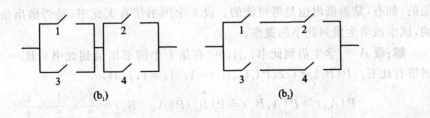

$$R_2=P(A_5A\bigcup\overline{A}_5A)=P(A_5)P(A|A_5)+P(\overline{A}_5)P(A|\overline{A}_5)$$
$$=pP[(A_1\bigcup A_3)(A_2\bigcup A_4)]+(1-p)P(A_1A_2\bigcup A_3A_4)$$
$$=pP(A_1\bigcup A_3)P(A_2\bigcup A_4)+(1-p)[P(A_1A_2)+P(A_3A_4)-$$
$$P(A_1A_2A_3A_4)]$$
$$=p(2p-p^2)^2+(1-p)[2p^2-p^4]=2p^2+2p^3-5p^4+2p^5$$

8. 设有事件 A,B,C 两两独立,且 $ABC=\varnothing$,$P(A)=P(B)=P(C)<1/2$,$P(A\bigcup B\bigcup C)=9/16$,试求概率 $P(A)$。

解: $P(A\bigcup B\bigcup C)=P(A)+P(B)+P(C)-P(AB)-P(BC)-P(CA)+P(ABC)$
$$=3P(A)-3[P(A)]^2$$

令 $P(A)=p$,由题设条件得 $p^2-p+\dfrac{3}{16}=0$,即

$$\left(p-\frac{1}{4}\right)\left(p-\frac{3}{4}\right)=0$$

其解为

$$p_1=\frac{1}{4}<\frac{1}{2},\quad p_2=\frac{3}{4}>\frac{1}{2}\text{(不符合题意,舍去)}$$

故所求为 $P(A)=1/4$。

9. 设有两个相互独立的事件,A 和 B 都不发生的概率为 $1/9$,A 发生 B 不发生的概率与 B 发生 A 不发生的概率相等,试求事件 A 发生的概率。

解:注意差事件的概率公式与题设条件 $P(A\bar B)=P(\bar AB)$,则有

$$P(A-B)=P(A)-P(AB)=P(B-A)=P(B)-P(AB)$$

故得 $P(A)=P(B)$,于是

$$P(\bar A)=P(\bar B),\frac{1}{9}=P(\bar A\bar B)=P(\bar A)P(\bar B)=[P(\bar A)]^2$$

解出 $P(\bar A)=1/3$,得 $P(A)=2/3$。

10. 将一枚均匀的硬币连掷 3 次,试求至少一次出现正面的概率。

解:设 $A_i=\{$第 i 次投掷硬币出现正面$\}$,$P(A_i)=1/2(i=1,2,3)$,$A=\{$连掷一枚均匀的硬币 3 次,至少一次出现正面$\}$,则由概率性质得

$$P(A)=1-P(\bar A)=1-P(\bar A_1\bar A_2\bar A_3)=1-P(\bar A_1)P(\bar A_2)P(\bar A_3)=1-(1/2)^3=7/8$$

11. 一个学生想借一本书,决定到 3 个图书馆去借,每个图书馆有无此书是等可能的,如有,是否借出也是等可能的。设 3 个图书馆有无此书,是否借出是相互独立的,试求该学生借到此书的概率。

解:设 $A=\{$学生借到此书$\}$,$A_i=\{$在第 i 个图书馆借到此书$\}$,$B_i=\{$第 i 个图书馆有此书$\}$,$P(B_i)=1/2$,$P(A_i|B_i)=1/2(i=1,2,3)$,

$$P(A_1)=P(A_1B_1)=P(B_1)P(A_1\mid B_1)=\frac{1}{2}\times\frac{1}{2}=\frac{1}{4}$$

类似的,有

$$P(A_2)=P(A_3)=1/4$$

于是

$$P(\bar A_1)=P(\bar A_2)=P(\bar A_3)=3/4,$$
$$P(A)=P(A_1\cup A_2\cup A_3)=1-P(\bar A_1\bar A_2\bar A_3)$$
$$=1-P(\bar A_1)P(\bar A_2)P(\bar A_3)=1-\frac{3}{4}\times\frac{3}{4}\times\frac{3}{4}=\frac{37}{64}$$

12. 一猎人用猎枪向一只野兔射击,第一次射击时距离野兔 200 m,如果未击中,他追到离野兔 150 m 远处进行第二次射击;如果仍未击中,他追到距离野兔 100 m 远处再进行第三次射击,此时击中的概率为 1/2,如果这个猎人射击的击中率

与他到野兔的距离平方成反比，试求猎人击中野兔的概率。

解：设 $A=\{$猎人击中野兔$\}$，b_i 为猎人第 i 次射击时与野兔的距离，$A_i=\{$第 i 次射击时击中$\}$，则 $A=A_1\cup\overline{A}_1A_2\cup\overline{A}_1\overline{A}_2A_3$。由题设知 $P(A_i)=\dfrac{k}{b_i^2}(i=1,2,3)$，且

$$\frac{1}{2}=P(A_3)=\frac{k}{100^2}, \quad 解得 k=5\,000$$

故

$$P(A_1)=\frac{5\,000}{200^2}=\frac{1}{8}, \quad P(A_2)=\frac{5\,000}{150^2}=\frac{2}{9}, \quad P(A_3)=\frac{5\,000}{100^2}=\frac{1}{2}$$

所以

$$P(A)=P(A_1)+P(\overline{A}_1A_2)+P(\overline{A}_1\overline{A}_2A_3)$$
$$=P(A_1)+P(\overline{A}_1)P(A_2)+P(\overline{A}_1)P(\overline{A}_2)P(A_3)$$
$$=\frac{1}{8}+\frac{7}{8}\times\frac{2}{9}+\frac{7}{8}\times\frac{7}{9}\times\frac{1}{2}=\frac{95}{144}=0.659\,7$$

13. 由以往记录的数据分析，某船只运输某种物品损坏 2‰，10‰，90‰ 的概率分别为 0.8，0.15，0.05。现从中随机取出 3 件，发现这 3 件全是好的，试分析这批物品的损坏率为多少？（这里设物品件数很多，取出一件后不影响下一件的概率。）

解：记 $A=\{$任取三件全是好的$\}$，$B_1=\{$损坏 2‰$\}$，$B_2=\{$损坏 10‰$\}$，$B_3=\{$损坏 90‰$\}$，本问题是已知 A 发生了，要判断导致 A 发生的各原因的可能性大小，即需要比较 $P(B_1|A)$，$P(B_2|A)$，$P(B_3|A)$ 的大小。由题设知

$$P(B_1)=0.8, \quad P(B_2)=0.15, \quad P(B_3)=0.05,$$
$$P(A\mid B_1)=0.98^3=0.941\,2,$$
$$P(A\mid B_2)=0.9^3=0.729,$$
$$P(A\mid B_3)=0.1^3=0.001,$$
$$P(A)=\sum_{i=1}^{3}P(B_i)P(A\mid B_i)=0.8\times0.941\,2+0.15\times0.729+0.05\times0.001$$
$$=0.862\,4,$$
$$P(B_1\mid A)=\frac{P(B_1)P(A\mid B_1)}{P(A)}=\frac{0.8\times0.941\,2}{0.862\,4}=0.873\,1,$$
$$P(B_2\mid A)=\frac{P(B_2)P(A\mid B_2)}{P(A)}=\frac{0.15\times0.729}{0.862\,4}=0.126\,8,$$
$$P(B_3\mid A)=\frac{P(B_3)P(A\mid B_3)}{P(A)}=\frac{0.05\times0.001}{0.862\,4}=0.000\,06$$

可见因为上述 $P(B_1|A)$ 的值显著大于 $P(B_2|A)$ 与 $P(B_3|A)$ 的值，所以可以认定这批物品的损坏率为 2‰。

第2章 随机变量及其分布

2.1 随机变量及其分布函数

关键词

随机变量,分布函数,分布函数性质。

重要概念

(1) 随机变量

如果对于随机试验样本空间 S 中的每一个样本点(基本事件)e,都对应一个实数 $X=X(e)$,则建立在此样本空间 S 上的单值实函数 $X=X(e)$ 称为随机变量。它的定义域为 $S=\{e\}$,值域为 $R_X \subset (-\infty, +\infty)$。

(2) 分布函数

设 X 是一个随机变量,对于任意一个实数 $x \in \mathbf{R}$,称函数 $F(x)=P\{X \leqslant x\}$ 为 X 的分布函数。它满足条件:

① $F(x)$ 是一个不减函数;

② $0 \leqslant F(x) \leqslant 1$,且 $F(-\infty)=\lim\limits_{x \to -\infty} F(x)=0, F(+\infty)=\lim\limits_{x \to +\infty} F(x)=1$;

③ $F(x+0)=F(x)$,即 $F(x)$ 是右连续的。

注意:若定义 $F(x)=P\{X < x\}$,则此 $F(x)$ 是左连续的。

基本练习 2.1 解答

1. 试根据下列试验的样本空间,建立适当的随机变量,并指出随机变量相应的取值范围:(1) 射击 3 次,观察 3 次射击击中的次数;(2) 不停地向一目标射击,直到击中一次为止,观察总射击次数;(3) 从一批含正品和次品的产品中,任意取出 5 个产品,观察其中的正品数;(4) 从一批含有一、二、三、四等品的产品中,任意取出一件,观察产品的等级;(5) 同时掷两颗骰子,记录两颗骰子点数之和。

解:先确定样本空间,并在此空间上建立适当的随机变量,最后确定此随机变量的可能取值。这是计算概率的基础。

(1) 可设 X 为 3 次射击中击中的次数,则 X 的可能值为 $1,2,3$;

(2) 可设 Y 表示总射击数,则 Y 的可能值为 $1,2,3,\cdots$;

(3) 可设 5 个产品中的正品数为 X,则 X 的可能值为 $0,1,2,3,4,5$;

(4) 可设 X 表示取出产品所属的等级,则 X 的可能值为 $1,2,3,4$;

(5) 可设 X 表示两颗骰子的点数之和,则 X 的可能值为 $2,3,\cdots,12$。

2. 以下 4 个函数中,哪个可作为随机变量 X 的分布函数?

(1) $F_1(x)=\begin{cases}0, & x<-2 \\ 1/2, & -2\leqslant x<0; \\ 2, & x\geqslant 0\end{cases}$　(2) $F_2(x)=\begin{cases}0, & x<0 \\ \sin x, & 0\leqslant x<\pi; \\ 1, & x\geqslant\pi\end{cases}$

(3) $F_3(x)=\begin{cases}0, & x<0 \\ \sin x, & 0\leqslant x<\pi/2; \\ 1, & x\geqslant\pi/2\end{cases}$　(4) $F_4(x)=\begin{cases}0, & x<0 \\ x+1/3, & 0\leqslant x<1/2。 \\ 1, & x\geqslant 1/2\end{cases}$

解：对 4 个函数分别验证分布函数的 3 个基本性质是否满足：

(1) 因为 $x>0$ 时，$F_1(x)=2>1$，所以 $F_1(x)$ 不能作为随机变量的分布函数；

(2) 因为对于任意的 $x\in[\pi/2,\pi]$，$F_2(x)=\sin x$ 单调减少，所以 $F_2(x)$ 不可以作为随机变量的分布函数；

(3) $F_3(x)$ 满足分布函数的所有性质，可以作为随机变量 X 的分布函数；

(4) $F_4(x)$ 满足分布函数的所有性质，可以作为随机变量 X 的分布函数。

3. 以下 4 个函数中，哪个不能作为随机变量 X 的分布函数？

(1) $F_1(x)=\begin{cases}0, & x<0 \\ 1/3, & 0\leqslant x<1 \\ 1/2, & 1\leqslant x<2; \\ 1, & x\geqslant 2\end{cases}$　(2) $F_2(x)=\begin{cases}0, & x<0 \\ \dfrac{\ln(1+x)}{1+x}, & x\geqslant 0;\end{cases}$

(3) $F_3(x)=\begin{cases}0, & x<0 \\ \dfrac{1}{4}x^2, & 0\leqslant x<2; \\ 1, & x\geqslant 2\end{cases}$　(4) $F_4(x)=\begin{cases}0, & x<0 \\ 1-e^{-x}, & x\geqslant 0。\end{cases}$

解：$F_1(x)$，$F_3(x)$，$F_4(x)$ 满足分布函数的所有性质，可以作为随机变量 X 的分布函数。又因为 $\lim\limits_{x\to+\infty}\dfrac{\ln(1+x)}{1+x}=0\neq 1$，故 $F_2(x)$ 不满足 $\lim\limits_{x\to+\infty}F_2(x)=1$，即 $F_2(x)$ 不可以作为随机变量 X 的分布函数。

4. 将一个质地均匀的骰子掷一次，用 X 表示骰子朝上的点数，试写出 X 的分布函数。

解：X 的可能值为 $1,2,3,4,5,6$，且取这些值的概率均为 $1/6$，即

$$P\{X=k\}=1/6, \quad k=1,2,3,4,5,6$$

故得 X 的分布函数为

$$F(x)=\begin{cases}0, & x<1 \\ 1/6, & 1\leqslant x<2 \\ 2/6, & 2\leqslant x<3 \\ 3/6, & 3\leqslant x<4 \\ 4/6, & 4\leqslant x<5 \\ 5/6, & 5\leqslant x<6 \\ 1, & x\geqslant 6\end{cases}$$

2.2 离散型随机变量

关键词

离散型随机变量,概率分布,(0-1)分布,二项分布,泊松分布,几何分布,超几何分布。

重要概念

(1) 离散型随机变量

若随机变量 X 的分布函数的可能取值仅有有限或可列多个,则称此随机变量为离散型随机变量。

(2) 概率分布

若离散型随机变量 X 取值为 x_k 的概率为

$$P\{X = x_k\} = p_k, \quad k = 1, 2, \cdots$$

且满足条件:① $p_k \geqslant 0$,② $\sum_{k=1}^{+\infty} p_k = 1$,则称 $P\{X = x_k\} = p_k (k = 1, 2, \cdots)$ 为 X 的概率分布(或分布律)。

概率分布亦可用下表表示:

X	x_1	x_2	x_3	$\cdots$	x_k	$\cdots$
p_k	p_1	p_2	p_3	$\cdots$	p_k	$\cdots$

亦可用图形表示,以 X 为横轴,$P\{X = x_k\} = p_k$ 为纵轴,如下图所示。

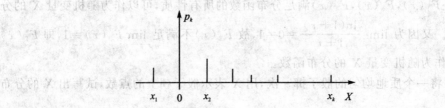

概率分布图

(3) 常见离散型随机变量的概率分布及分布函数

一般离散型随机变量的分布函数为

$$F(x) = P\{X \leqslant x\} = \sum_{x_k \leqslant x} P\{X = x_k\} = \sum_{x_k \leqslant x} p_k$$

$1°$ (0-1)分布(两点分布)

如果随机变量 X 的概率分布为

$$P\{X = k\} = p^k (1-p)^{1-k}, \quad k = 0, 1, \quad 0 < p < 1$$

或用表格形式:

X	0	1
p_k	$1-p$	p

则称此 X 服从 $(0-1)$ 分布,记为 $X \sim (0-1)$ 分布。其分布函数为

$$F(x) = \begin{cases} 0, & x < 0 \\ 1-p, & 0 \leqslant x < 1 \\ 1, & x \geqslant 1 \end{cases}$$

2° 等可能分布(离散型均匀分布)

如果随机变量 X 的概率分布为

$$P\{X = x_k\} = 1/n, \quad k = 1, 2, \cdots, n$$

则称 X 服从参数为 n 的等可能分布或离散型均匀分布,记为 $X \sim U(n)$。其分布函数为

$$F(x) = \begin{cases} 0, & x < x_1, \\ k/n, & x_k \leqslant x < x_{k+1}, \quad k = 1, 2, \cdots, n-1, \quad x_1 < x_2 < \cdots < x_n \\ 1, & x \geqslant x_n, \end{cases}$$

3° 二项分布

如果随机变量 X 的概率分布为

$$P\{X = k\} = C_n^k p^k (1-p)^{n-k}, \quad k = 0, 1, \cdots, n, \quad 0 < p < 1$$

则称 X 服从参数为 n, p 的二项分布,记为 $X \sim B(n, p)$。其分布函数为

$$F(x) = \sum_{k=0}^{[x]} C_n^k p^k (1-p)^{n-k} = \sum_{k \leqslant x} C_n^k p^k (1-p)^{n-k}$$

其中,$[x]$ 为 x 的最大整数部分,下同。

4° 泊松(Poisson)分布

如果随机变量 X 具有概率分布

$$P\{X = k\} = \frac{\lambda^k e^{-\lambda}}{k!}, \quad k = 0, 1, 2, \cdots, \quad \lambda > 0$$

则称 X 服从参数为 λ 的泊松分布,记为 $X \sim \pi(\lambda)$。其分布函数为

$$F(x) = \sum_{k=0}^{[x]} \frac{\lambda^k e^{-\lambda}}{k!} = \sum_{k \leqslant x} \frac{\lambda^k e^{-\lambda}}{k!}$$

5° 几何分布

如果随机变量 X 具有概率分布

$$P\{X = k\} = pq^{k-1}, \quad k = 1, 2, \cdots, \quad 0 < p < 1, \quad q = 1-p$$

则称 X 服从参数为 λ 的几何分布,记为 $X \sim Ge(p)$。其分布函数为

$$F(x) = \sum_{k=1}^{[x]} pq^{k-1} = \sum_{k \leqslant x} pq^{k-1}$$

注意几何分布的另一种表示:$P\{X = k\} = pq^k, k = 0, 1, 2, \cdots$。

6° 帕斯卡分布

如果随机变量 X 具有概率分布

$$P\{X=k\}=C_{k-1}^{r-1}p^r q^{k-r}, \quad k=r,r+1,\cdots, \quad r\geqslant 1, \quad 0<p<1, \quad q=1-p$$

则称 X 服从参数为 p,r 的帕斯卡分布或负二项分布,其分布函数为

$$F(x)=\sum_{k=1}^{[x]}C_{k-1}^{r-1}p^r q^{k-r}=\sum_{k\leqslant x}C_{k-1}^{r-1}p^r q^{k-r}$$

7° 超几何分布

如果随机变量 X 具有概率分布

$$P\{X=k\}=\frac{C_M^k C_{N-M}^{n-k}}{C_N^n}, \quad k=0,1,2,\cdots, \quad r=\min\{n,M\}$$

则称 X 服从参数为 n,M,N 的超几何分布,记为 $X\sim H(n,M,N)$。其分布函数为

$$F(x)=\sum_{k=0}^{[x]}\frac{C_M^k C_{N-M}^{n-k}}{C_N^n}=\sum_{k\leqslant x}\frac{C_M^k C_{N-M}^{n-k}}{C_N^n}$$

基本练习 2.2 解答

1. 设盒中有 5 个球,其中 2 个白球,3 个红球,现从中随机取 3 个球,设 X 为抽得白球数,试求 X 的概率分布及分布函数。

解: X 的可能取值为 $0,1,2$,由抽球模型可知,X 服从 $N=5,M=2,n=3$ 的超几何分布,其概率分布为

$$P\{X=k\}=\frac{C_2^k C_{5-2}^{3-k}}{C_5^3}, \quad k=0,1,2$$

即

$$P\{X=0\}=\frac{C_2^0 C_3^3}{C_5^3}=\frac{1}{10}, \quad P\{X=1\}=\frac{C_2^1 C_3^2}{C_5^3}=\frac{6}{10}, \quad P\{X=2\}=\frac{C_2^2 C_3^1}{C_5^3}=\frac{3}{10}$$

列表为

X	0	1	2
p_k	0.1	0.6	0.3

所求分布函数为

$$F(x)=\begin{cases}0, & x<0\\ 0.1, & 0\leqslant x<1\\ 0.7, & 1\leqslant x<2\\ 1, & x\geqslant 2\end{cases}$$

2. 设某射手每次击中目标的概率为 0.8,现连续地向一目标射击,直到击中为止。设 X 为射击次数,则 X 的可能取值为 $1,2,\cdots$。试求:(1) X 的概率分布与分布函数;(2)概率 $P\{2<X\leqslant 4\}$ 及 $P\{X>3\}$。

解:(1)由题意,知 X 服从几何分布,其概率分布为

$$P\{X=k\}=0.8\times0.2^{k-1},\quad k=1,2,\cdots$$

即

$$P\{X=1\}=P\{第1次就击中\}=0.8,$$

$$P\{X=2\}=P\{第1次不中,第2次击中\}=0.2\times0.8,$$

$$\cdots$$

$$P\{X=k\}=\{前\,k-1\,次不中,第\,k\,次击中\}$$

$$=0.2\times0.2\times\cdots\times0.2\times0.8=0.2^{k-1}\times0.8,\quad k=1,2,\cdots$$

其分布函数为

$$F(x)=\sum_{k\leqslant x}P\{X=k\}=\sum_{k\leqslant x}0.2^{k-1}\times0.8$$

(2) $P\{2<X\leqslant4\}=P\{X=3\}+P\{X=4\}=0.2^2\times0.8+0.2^3\times0.8=0.038\,4,$

$$P\{X>3\}=1-P\{X=1\}-P\{X=2\}-P\{X=3\}$$

$$=1-0.8-0.2\times0.8-0.2^2\times0.8=0.008$$

3. 假设一批稻种内混合 5‰ 的草籽,试求在 1 000 粒稻种中恰有 3 粒草籽的概率及至少有 3 粒草籽的概率。

解: 设 $X=\{1\,000\,粒稻种中的草籽数\}$,则 X 的可能取值为 $0,1,2,\cdots,1\,000$。依题意,X 服从参数为 $n=1\,000,p=0.005$ 的二项分布,故有

$$P\{X=k\}=C_{1\,000}^k\times0.005^k\times0.995^{1\,000-k},\quad k=0,1,\cdots,1\,000$$

故所求概率为

$$P\{X=3\}=C_{1\,000}^3\times0.005^3\times0.995^{997}=0.140\,30,$$

$$P\{X\geqslant3\}=\sum_{k=3}^{1\,000}C_{1\,000}^k\times0.005^k\times0.995^{1\,000-k}$$

$$=1-\sum_{k=0}^{2}C_{1\,000}^k\times0.005^k\times0.995^{1\,000-k}=0.875\,98$$

利用泊松分布近似计算可得

$$\lambda=np=1\,000\times0.005=5,$$

$$P\{X=3\}\approx\frac{5^3\mathrm{e}^{-5}}{3!}=0.140\,37,$$

$$P\{X\geqslant3\}\approx1-\frac{5^0\mathrm{e}^{-5}}{0!}-\frac{5^1\mathrm{e}^{-5}}{1!}-\frac{5^2\mathrm{e}^{-5}}{2!}=0.875\,35$$

4. 设某机场每天有 200 架飞机在此降落,任一飞机在某一时刻降落的概率设为 0.02,且设各飞机降落是相互独立的。试问该机场需配备多少条跑道,才能保证某一时刻飞机需立即降落而没有空闲跑道的概率小于 0.01(每条跑道只能允许一架飞机降落)?

解: 设 $X=\{某一时刻\,200\,架飞机中需立即降落的飞机数\}$,则 X 为离散型随机变量,服从参数 $n=200,p=0.02$ 的伯努利分布,故其概率分布为

$$P\{X=k\}=C_{200}^k\times0.02^k\times0.98^{200-k},\quad k=0,1,\cdots,200$$

依题意,设机场至少需配备 N 条跑道,那么有 $P\{X \geqslant N\} < 0.01$,即

$$P\{X \geqslant N\} = \sum_{k=N}^{200} C_{200}^{k} \times 0.02^{k} \times (0.98)^{200-k} < 0.01$$

利用泊松分布,近似得

$$\lambda = np = 200 \times 0.02 = 4,$$

$$P\{X \geqslant N\} = \sum_{k=N}^{200} C_{200}^{k} \times 0.02^{k} \times (0.98)^{200-k} \approx \sum_{k=N}^{+\infty} \frac{4^{k} e^{-4}}{k!} < 0.01$$

查泊松分布表得 $N \geqslant 9$,故机场至少应配备 9 条跑道,才能使某一时刻飞机需立即降落而没有空闲跑道的概率小于 0.01。

5. 设随机变量 X 的分布函数为

$$F(x) = \begin{cases} 0, & x < -1 \\ 0.4, & -1 \leqslant x < 1 \\ 0.8, & 1 \leqslant x < 3 \\ 1, & x \geqslant 3 \end{cases}$$

试求 X 的概率分布。

解:由题设分布函数可知 X 的可能取值为 $-1, 1, 3$,则

$$P\{X = -1\} = F(-1) - F(-1-0) = 0.4 - 0 = 0.4,$$

$$P\{X = 1\} = F(1) - F(1-0) = 0.8 - 0.4 = 0.4,$$

$$P\{X = 3\} = F(3) - F(3-0) = 1 - 0.8 = 0.2$$

X 的概率分布列表为

X	-1	1	3
p_k	0.4	0.4	0.2

6. 掷两颗骰子,所得点数之和记为 X,试求 X 的概率分布。

解:X 的可能值为 $2, 3, 4, 5, 6, 7, 8, 9, 10, 11, 12$,当掷出的两颗骰子的点数均是 1 点时,有

$$P\{X = 2\} = \frac{1}{36}$$

当掷出的一颗骰子的点数是 1 点,另一颗骰子的点数是 2 点时,有

$$P\{X = 2\} = 2 \times \frac{1}{36} = \frac{2}{36}, \quad \cdots$$

类此计算可得 X 的概率分布列表为

X	2	3	4	5	6	7	8	9	10	11	12
p_k	1/36	2/36	3/36	4/36	5/36	6/36	5/36	4/36	3/36	2/36	1/36

7. 用随机变量描述将一枚硬币连抛 3 次出现正面次数的结果,并写出这个随机

变量的分布律。

解：X 表示正面出现的次数，可能值为 $0,1,2,3$，有

$$P\{X=0\}=\frac{1}{2}\times\frac{1}{2}\times\frac{1}{2}=\frac{1}{8}, \quad P\{X=1\}=C_3^1\left(\frac{1}{2}\right)^3=\frac{3}{8},$$

$$P\{X=2\}=C_3^2\left(\frac{1}{2}\right)^3=\frac{3}{8}, \quad P\{X=3\}=C_3^3\left(\frac{1}{2}\right)^3=\frac{1}{8}$$

则 X 的概率分布为

$$P\{X=k\}=C_3^k\left(\frac{1}{2}\right)^3=\frac{C_3^k}{8}, \quad k=0,1,2,3$$

列表为

X	0	1	2	3
p_k	1/8	3/8	3/8	1/8

8. 某设备由 3 个独立工作的元件构成，该设备在一次试验中每个元件发生故障的概率为 0.1。试求该设备在一次试验中发生故障的元件数的分布律。

解：设 X 表示一次试验中发生故障的元件数，则 X 的可能值为 $0,1,2,3$，其服从参数为 $3,0.1$ 的二项分布 $B(3,0.1)$，概率分布为

$$P\{X=k\}=C_3^k\times0.1^k\times0.9^{3-k}, \quad k=0,1,2,3$$

列表为

X	0	1	2	3
p_k	0.729	0.243	0.027	0.001

9. 将一枚硬币接连抛 5 次，假设 5 次中至少有一次国徽面不出现，试求国徽面出现的次数与不出现次数之比 Y 的概率分布。

解：设 X 为投掷 5 次硬币其中国徽面出现的次数，X 服从参数为 $5,1/2$ 的二项分布 $B(5,1/2)$，则 X 的概率分布为

$$P\{X=k\}=C_5^k\times(1/2)^5, \quad k=0,1,2,3,4,5$$

列表为

X	0	1	2	3	4	5
p_k	1/32	5/32	10/32	10/32	5/32	1/32

当 X 不为 5 时，$Y=\dfrac{X}{5-X}$，其可能值为 $0,1/4,2/3,3/2,4$，显然有

$$P\{Y=0\}=\{X=0\mid X\neq5\}=\frac{1/32}{31/32}=\frac{1}{31},$$

$$P\{Y=1/4\}=\{X=1\mid X\neq5\}=\frac{5/32}{31/32}=\frac{5}{31},$$

$$P\left\{Y=\frac{2}{3}\right\}=\{X=2 \mid X\neq 5\}=\frac{10/32}{31/32}=\frac{10}{31},$$

$$P\left\{Y=\frac{3}{2}\right\}=\{X=3 \mid X\neq 5\}=\frac{10/32}{31/32}=\frac{10}{31},$$

$$P\{Y=4\}=\{X=4 \mid X\neq 5\}=\frac{5/32}{31/32}=\frac{5}{31}$$

列表为

X	0	1/4	2/3	3/2	4
p_k	1/31	5/31	10/31	10/31	5/31

10. 已知患色盲者占 0.25%，试求：(1) 为发现一例患色盲者至少要检查 25 人的概率；(2) 为使发现色盲者的概率不小于 0.9，至少要对多少人的辨色力进行检查？

解： 设 X 为发现一例色盲患者所要检查的人数，X 服从参数为 $p=0.25$ 的几何分布 $Ge(0.25)$，则其概率分布为

$$P\{X=k\}=(1-0.002\,5)^{k-1}\times 0.002\,5=0.997\,5^{k-1}\times 0.002\,5, \quad k=1,2,\cdots$$

(1) $P\{X\geqslant 25\}=\sum_{k=25}^{+\infty}0.997\,5^{k-1}\times 0.002\,5=1-\sum_{k=1}^{24}0.997\,5^{k-1}\times 0.002\,5$

$$=1-\frac{1-0.997\,5^{24}}{1-0.997\,5}\times 0.002\,5=0.997\,5^{24}=0.941\,7。$$

(2) 欲使 $P\{X\leqslant n\}=\sum_{k=1}^{n}0.997\,5^{k-1}\times 0.002\,5=1-0.997\,5^{n}\geqslant 0.9$，则有

$$n\geqslant \frac{\ln 0.1}{\ln 0.997\,5}=919.8$$

于是，为使发现色盲者的概率不小于 0.9，至少要对 920 人的辨色力进行检查。

11. 设某种型号的电阻 1 000 只中，有次品 20 只。现从这些产品中任取 6 只，试求：(1) 6 只产品中次品的概率分布与分布函数；(2) 6 只产品中至少有 2 只次品的概率；(3) 借助二项分布，近似计算"6 只产品中至少有 3 只次品的概率"。

解： 设 X 表示 6 只电阻中次品的只数，由于这是无放回抽取，因此 X 服从参数为 $N=1\,000,M=20,n=6$ 的超几何分布。

(1) X 的概率分布为

$$P\{X=k\}=\frac{C_{20}^{k}C_{980}^{6-k}}{C_{1\,000}^{6}}, \quad k=0,1,2,\cdots,6$$

列表为

X	0	1	2	3	$\geqslant 4$
p_k	0.885 57	0.108 99	0.005 3	0.000 13	0

分布函数为

$$F(x) = \begin{cases} 0, & x < 0 \\ 0.885\,57, & 0 \leqslant x < 1 \\ 0.994\,56, & 1 \leqslant x < 2 \\ 0.999\,86, & 2 \leqslant x < 3 \\ 0.999\,99, & 3 \leqslant x < 4 \\ 1, & x \geqslant 4 \end{cases}$$

(2) $P\{X \geqslant 2\} = 1 - \dfrac{C_{20}^0 C_{980}^6}{C_{1\,000}^6} - \dfrac{C_{20}^1 C_{980}^5}{C_{1\,000}^6} = 1 - 0.885\,57 - 0.108\,99 = 0.005\,44$。

(3) $P\{X \geqslant 3\} = \displaystyle\sum_{k=3}^{6} \dfrac{C_{20}^k C_{980}^{6-k}}{C_{1\,000}^6} \approx \sum_{k=3}^{6} C_6^k \left(\dfrac{20}{1\,000}\right)^k \left(\dfrac{980}{1\,000}\right)^{6-k}$

$= 1 - \displaystyle\sum_{k=0}^{2} C_6^k \times 0.02^k \times 0.98^{6-k}$

$= 1 - 0.98^6 - C_6^1 \times 0.02 \times 0.98^5 - C_6^2 \times 0.02^2 \times 0.98^4$

$= 1 - 0.885\,842 - 0.108\,47 - 0.005\,534 = 0.000\,154$

12. 某数学家有两盒火柴,每盒中各有 5 根火柴,每次使用火柴时他在两盒中任取一盒,并从中任取一根。若用 X 表示他首次摸到空盒时另一盒中剩余的火柴根数,试求 X 的概率分布及剩余不到 2 根的概率。

解:显然 X 的可能取值为 $0, 1, \cdots, 5$,不妨记两盒为甲、乙。由题意知,每次从甲、乙两盒中任取一盒,即取每一盒的概率均为 $1/2$,则利用事件的独立性与二项概率可得

$P\{$甲盒空,乙盒余 k 根$\}$

$= P\{$最后一次取甲盒为空盒,前 $10-k$ 次中恰有 5 次取甲盒,$5-k$ 次取乙盒$\}$

$= P\{$最后一次取甲盒为空盒$\} \times P\{$前 $10-k$ 次中恰有 5 次取甲盒,$5-k$ 次取乙盒$\}$

$= \dfrac{1}{2} \times C_{10-k}^5 \left(\dfrac{1}{2}\right)^5 \left(\dfrac{1}{2}\right)^{5-k} = \dfrac{1}{2} C_{10-k}^5 \left(\dfrac{1}{2}\right)^{10-k}$,$k = 0, 1, 2, 3, 4, 5$

因此事件 $\{X = k\}$ 的概率为 $P\{$甲盒空,乙盒余 k 根$\}$ 与 $P\{$乙盒空,甲盒余 k 根$\}$ 之和,即 X 的概率分布为

$$P\{X = k\} = 2 \times \dfrac{1}{2} C_{10-k}^5 \left(\dfrac{1}{2}\right)^{10-k} = C_{10-k}^5 \left(\dfrac{1}{2}\right)^{10-k},\quad k = 0, 1, 2, 3, 4, 5$$

故剩余不到 2 根的概率为

$$P\{X \leqslant 1\} = C_{10}^5 \left(\dfrac{1}{2}\right)^{10} + C_9^5 \left(\dfrac{1}{2}\right)^9 = \dfrac{63}{128} = 0.492\,188$$

13. 一个平面上的质点从原点出发作随机游动,若每秒走一步,步长为一个单位,向右走的概率为 p,向上走的概率为 $1 - p = q (0 < p < 1)$。若用 X 表示质点游动 8 s 时向右走的步数,试求:(1) X 的概率分布与分布函数;(2) 质点 8 s 走到点 $A(5, 3)$ 的概率;(3) 已知质点 8 s 走到点 $A(5, 3)$,试求它前 5 步均向右走,后 3 步均向上走

到点 $A(5,3)$ 的概率。

解: 由题意可知,此问题属于伯努利概型,即 X 服从二项分布 $B(8,p)$。

(1) X 概率分布为

$$P\{X=k\}=C_8^k p^k(1-p)^{8-k}, \quad k=0,1,2,\cdots,8$$

其分布函数为

$$F(x)=\sum_{k\leqslant x}C_8^k p^k(1-p)^{8-k}$$

(2) $P\{向右走5步\}=P\{X=5\}=C_8^5 p^5(1-p)^3$。

(3) $P\{前5步向右,后3步向上 \mid X=5\}=\dfrac{p^5(1-p)^3}{C_8^5 p^5(1-p)^3}=\dfrac{1}{C_8^5}=\dfrac{1}{56}$。

14. 某小组有 10 台各为 7.5 kW 的机床,如果每台机床使用情况是相互独立的,且每台机床平均每小时开动 12 min,试问全部机床用电超过 48 kW 的可能性有多大?

解: 由题意可知,每台机床任一时刻开动的概率为 $12/60=0.2$,而 $48/7.5=6.4<7$,即全部机床用电超过 48 kW 就意味着至少有 7 台机床开动。令 X 表示 10 台机床中开动的台数,则所求概率为事件 $\{X\geqslant 7\}$ 的概率,且因为 X 服从参数为 $10,0.2$ 的二项分布 $B(10,0.2)$,则其概率分布为

$$P\{X=k\}=C_{10}^k \times 0.2^k \times 0.8^{10-k}, \quad k=0,1,2,\cdots,10$$

所以得

$$P\{X\geqslant 7\}=\sum_{k=7}^{10}C_{10}^k \times 0.2^k \times 0.8^{10-k}$$
$$=C_{10}^7 \times 0.2^7 \times 0.8^3+C_{10}^8 \times 0.2^8 \times 0.8^2+C_{10}^9 \times 0.2^9 \times 0.8^1+0.2^{10}$$
$$=0.000\,864$$

15. 利用一批同类型的仪器做试验,每相隔 5 s 顺次接通一个,每个仪器在接通后 16 s 开始工作,当对任一仪器获得满意结果时立即结束试验。如果对每个仪器获得满意结果的概率为 p,没有获得满意结果的概率为 $1-p=q(0<p<1)$,试求获得满意结果而要接通仪器个数的概率分布,与至少要接通 6 个仪器才能获得满意结果的概率。

解: 设 X 表示为获得满意结果需要接通的仪器的个数,则 X 服从参数为 p 的几何分布,其概率分布为

$$P\{X=k\}=(1-p)^{k-4}p=q^{k-4}p, \quad k=4,5,6,\cdots$$

$$P\{至少要接通6个仪器才能获得满意结果\}=\sum_{k=6}^{+\infty}q^{k-4}p$$
$$=p\sum_{m=0}^{+\infty}q^{m+2}=pq^2\frac{1}{1-q}=q^2$$

或者

$$\sum_{k=6}^{+\infty} q^{k-4}p = \sum_{k=4}^{+\infty} q^{k-4}p - p - pq = 1 - p - pq = q^2$$

2.3 连续型随机变量

关键词

连续型随机变量,概率密度,均匀分布,指数分布,正态分布。

重要概念

(1) 连续型随机变量

如果对于随机变量 X 的分布函数 $F(x)$,存在非负函数 $f(x)$,使对于任意实数 x 均有

$$F(x) = P\{X \leqslant x\} = \int_{-\infty}^{x} f(t)\mathrm{d}t$$

则称 X 为连续型随机变量,其中 $f(x)$ 称为 X 的概率密度函数,简称概率密度。

(2) 概率密度 $f(x)$ 的性质

① $f(x) \geqslant 0$;

② $\int_{-\infty}^{+\infty} f(t)\mathrm{d}t = 1$;

③ $P\{x_1 < X \leqslant x_2\} = F(x_2) - F(x_1) = \int_{x_1}^{x_2} f(x)\mathrm{d}x \ (x_1 \leqslant x_2)$;

④ 若 $f(x)$ 在点 x 处连续,则有 $F'(x) = f(x)$。

(3) 常见连续型随机变量的分布

1° 均匀分布

如果随机变量 X 具有概率密度

$$f(x) = \begin{cases} \dfrac{1}{b-a}, & a < x < b \\ 0, & 其他 \end{cases}$$

则称 X 服从参数为 a,b 的均匀分布,记为 $X \sim U(a,b)$。其分布函数为

$$F(x) = \begin{cases} 0, & x < a \\ \dfrac{x-a}{b-a}, & a \leqslant x < b \\ 1, & x \geqslant b \end{cases}$$

特别地,当 $a=0, b=1$ 时,$U(0,1)$ 称为标准均匀分布。

2° 指数分布

如果随机变量 X 具有概率密度

$$f(x) = \begin{cases} \alpha \mathrm{e}^{-\alpha x}, & x > 0 \\ 0, & x \leqslant 0 \end{cases} (\alpha > 0)$$

则称 X 服从参数为 α 的指数分布,记为 $X \sim Z(\alpha)$。其分布函数为

$$F(x) = \begin{cases} 1 - e^{-ax}, & x > 0 \\ 0, & x \leqslant 0 \end{cases}$$

3° 正态分布

如果随机变量 X 具有概率密度

$$f(x) = \frac{1}{\sqrt{2\pi}\sigma} e^{-\frac{(x-\mu)^2}{2\sigma^2}}, \quad -\infty < x < +\infty$$

则称 X 服从参数为 $\mu, \sigma^2 (\sigma > 0)$ 的正态分布,记为 $X \sim N(\mu, \sigma^2)$。

特别地,当 $\mu = 0, \sigma^2 = 1$ 时,$N(0,1)$ 称为标准正态分布,其概率密度为

$$\varphi(x) = \frac{1}{\sqrt{2\pi}} e^{-\frac{x^2}{2}}, \quad -\infty < x < +\infty$$

其分布函数为

$$\Phi(x) = \int_{-\infty}^{x} \frac{1}{\sqrt{2\pi}} e^{-\frac{t^2}{2}} \, dt$$

因为概率密度 $\varphi(x)$ 关于 y 轴对称,故有

$$\varphi(-x) = \varphi(x), \quad \Phi(-x) = 1 - \Phi(x), \quad \Phi(0) = 0.5$$

若 $X \sim N(\mu, \sigma^2)$,则有

$$F(x) = \int_{-\infty}^{x} \frac{1}{\sqrt{2\pi}\sigma} e^{-\frac{(x-\mu)^2}{2\sigma^2}} \, dx = \Phi\left(\frac{x-\mu}{\sigma}\right),$$

$$P\{x_1 < X \leqslant x_2\} = F(x_2) - F(x_1) = \Phi\left(\frac{x_2 - \mu}{\sigma}\right) - \Phi\left(\frac{x_1 - \mu}{\sigma}\right)$$

因为概率密度 $f(x)$ 关于直线 $x = \mu$ 对称,故有

$$f(\mu - x) = f(\mu + x), \quad F(\mu - x) = 1 - F(\mu + x), \quad F(\mu) = 0.5$$

4° Γ 分布

如果随机变量 X 具有概率密度

$$f(x) = \begin{cases} \dfrac{1}{\beta^a \Gamma(\alpha)} x^{a-1} e^{-x/\beta}, & x > 0 \\ 0, & x \leqslant 0 \end{cases} \quad (\alpha, \beta > 0)$$

则称 X 服从参数为 α, β 的 Γ 分布,记为 $X \sim \Gamma(\alpha, \beta)$。

特别地,当 $\alpha = 1$ 时,其概率密度为

$$f(x) = \begin{cases} \dfrac{1}{\beta} e^{-x/\beta}, & x > 0 \\ 0, & x \leqslant 0 \end{cases}$$

即 X 服从参数为 $1/\beta$ 的指数分布 $Z(1/\beta)$。

基本练习 2.3 解答

1. 设随机变量 X 的概率密度为

(1) $f(x) = a \mathrm{e}^{-\lambda |x|}$, $\lambda > 0$;　　(2) $f(x) = \begin{cases} bx, & 0 < x < 1 \\ 1/x^2, & 1 \leqslant x < 2 \\ 0, & \text{其他} \end{cases}$

试确定常数 a, b, 并试求其分布函数 $F(x)$。

解:(1) 因为概率密度 $f(x)$ 满足等式

$$\int_{-\infty}^{+\infty} f(x) \mathrm{d}x = 1$$

此处有

$$1 = \int_{-\infty}^{+\infty} f(x) \mathrm{d}x = \int_{-\infty}^{+\infty} a \mathrm{e}^{-\lambda |x|} \mathrm{d}x = 2a \int_{0}^{+\infty} \mathrm{e}^{-\lambda x} \mathrm{d}x = 2a \cdot \frac{1}{-\lambda} \mathrm{e}^{-\lambda x} \Big|_{0}^{+\infty} = \frac{2a}{\lambda}$$

所以

$$\frac{2a}{\lambda} = 1, \quad a = \frac{\lambda}{2}$$

即 X 的概率密度为

$$f(x) = \frac{\lambda}{2} \mathrm{e}^{-\lambda |x|} = \begin{cases} \dfrac{\lambda}{2} \mathrm{e}^{\lambda x}, & x \leqslant 0 \\[2mm] \dfrac{\lambda}{2} \mathrm{e}^{-\lambda x}, & x > 0 \end{cases}$$

当 $x \leqslant 0$ 时,

$$F(x) = P\{X \leqslant x\} = \int_{-\infty}^{x} f(x) \mathrm{d}x = \int_{-\infty}^{x} \frac{\lambda}{2} \mathrm{e}^{\lambda x} \mathrm{d}x = \frac{\lambda}{2} \left(\frac{1}{\lambda} \mathrm{e}^{\lambda x} \right) \Big|_{-\infty}^{x} = \frac{1}{2} \mathrm{e}^{\lambda x}$$

当 $x > 0$ 时,

$$F(x) = \int_{-\infty}^{x} f(x) \mathrm{d}x = \int_{-\infty}^{0} \frac{\lambda}{2} \mathrm{e}^{\lambda x} \mathrm{d}x + \int_{0}^{x} \frac{\lambda}{2} \mathrm{e}^{-\lambda x} \mathrm{d}x$$

$$= \frac{1}{2} \mathrm{e}^{\lambda x} \Big|_{-\infty}^{0} + \frac{1}{2} (-\mathrm{e}^{\lambda x}) \Big|_{0}^{x} = \frac{1}{2} + \frac{1}{2} (1 - \mathrm{e}^{-\lambda x}) = 1 - \frac{1}{2} \mathrm{e}^{-\lambda x}$$

故 X 的分布函数为

$$F(x) = \begin{cases} \dfrac{1}{2} \mathrm{e}^{\lambda x}, & x \leqslant 0 \\[3mm] 1 - \dfrac{1}{2} \mathrm{e}^{-\lambda x}, & x > 0 \end{cases}$$

(2) 同理,因为

$$\int_{-\infty}^{+\infty} f(x) \mathrm{d}x = \int_{0}^{1} bx \mathrm{d}x + \int_{1}^{2} \frac{1}{x^2} \mathrm{d}x = \frac{b}{2} + \frac{1}{2}$$

令 $\dfrac{b}{2} + \dfrac{1}{2} = 1$, 得 $b = 1$, 故 X 的概率密度为

$$f(x) = \begin{cases} x, & 0 < x < 1 \\ 1/x^2, & 1 \leqslant x < 2 \\ 0, & \text{其他} \end{cases}$$

又当 $x < 0$ 时，$F(x) = \int_{-\infty}^{x} f(x)\,\mathrm{d}x = 0$；

当 $0 \leqslant x < 1$ 时，$F(x) = \int_{-\infty}^{x} f(x)\,\mathrm{d}x = \int_{-\infty}^{0} 0\,\mathrm{d}x + \int_{0}^{x} x\,\mathrm{d}x = \dfrac{1}{2}x^2$；

当 $1 \leqslant x < 2$ 时，

$$F(x) = \int_{-\infty}^{x} f(x)\,\mathrm{d}x = \int_{-\infty}^{0} 0\,\mathrm{d}x + \int_{0}^{1} x\,\mathrm{d}x + \int_{1}^{x} \frac{1}{x^2}\,\mathrm{d}x = \frac{3}{2} - \frac{1}{x}$$

当 $x \geqslant 2$ 时，$F(x) = 1$。

故得 X 的分布函数为

$$F(x) = \begin{cases} 0, & x < 0 \\[2mm] \dfrac{x^2}{2}, & 0 \leqslant x < 1 \\[2mm] \dfrac{3}{2} - \dfrac{1}{x}, & 1 \leqslant x < 2 \\[2mm] 1, & x \geqslant 2 \end{cases}$$

2. 设有随机变量 $X \sim U(0,10)$，试求方程 $x^2 - Xx + 1 = 0$ 有实根的概率。

解：欲使方程 $x^2 - Xx + 1 = 0$ 有实根，则其判别式应不小于 0，即 $X^2 - 4 \geqslant 0$，即 $X^2 \geqslant 4$。而 $X \sim U(0,10)$，其概率密度为

$$f(x) = \begin{cases} 1/10, & 0 < x < 10 \\ 0, & \text{其他} \end{cases}$$

故所求概率为

$$P\{X^2 \geqslant 4\} = P\{X > 2 \text{ 或 } X < -2\} = P\{X > 2\} + P\{X < -2\}$$
$$= \int_{2}^{10} \frac{1}{10}\,\mathrm{d}x + 0 = \frac{8}{10} = \frac{4}{5} = 0.8$$

3. 设某灯泡厂生产的灯泡寿命 X（单位：h）服从指数分布，其概率密度为

$$f(x) = \begin{cases} \dfrac{1}{1\,200}\mathrm{e}^{\frac{x}{a}}, & x > 0 \\[2mm] 0, & x \leqslant 0 \end{cases}$$

试确定常数 a，并求其分布函数。若灯泡寿命超过 $1\,000$ h 为一级品，试问任取一灯泡测试，其为一级品的概率是多少？

解：由概率密度的性质知

$$1 = \int_{-\infty}^{+\infty} f(x)\,\mathrm{d}x = \int_{0}^{+\infty} \frac{1}{1\,200}\mathrm{e}^{\frac{x}{a}}\,\mathrm{d}x = \frac{1}{1\,200} a\,\mathrm{e}^{\frac{x}{a}}\Big|_{0}^{+\infty} = \frac{1}{1\,200}(-a)$$

得 $a = -1\,200$，故 X 的概率密度为

$$f(x) = \begin{cases} \dfrac{1}{1\,200}\mathrm{e}^{-\frac{x}{1\,200}}, & x > 0 \\[2mm] 0, & x \leqslant 0 \end{cases}$$

当 $x \leqslant 0$ 时，$F(x) = \int_{-\infty}^{x} f(x)\mathrm{d}x = 0$；

当 $x > 0$ 时，$F(x) = \int_{0}^{x} \frac{1}{1\,200} \mathrm{e}^{-\frac{x}{1\,200}} \mathrm{d}x = -\mathrm{e}^{-\frac{x}{1\,200}} \Big|_{0}^{x} = 1 - \mathrm{e}^{-\frac{x}{1\,200}}$。

故 X 的分布函数为

$$F(x) = \begin{cases} 1 - \mathrm{e}^{-\frac{x}{1\,200}}, & x > 0 \\ 0, & x \leqslant 0 \end{cases}$$

由此可得一级品的概率为

$$P\{X > 1\,000\} = 1 - P\{X \leqslant 1\,000\} = 1 - F(1\,000) = 1 - (1 - \mathrm{e}^{-\frac{1\,000}{1\,200}})$$
$$= \mathrm{e}^{-\frac{1\,000}{1\,200}} = \mathrm{e}^{-\frac{5}{6}} \approx 0.434\,60$$

4. 已知随机变量 $X \sim N(1, 0.9^2)$，试求：(1) $P\{2.539 < X < 3.259\}$，$P\{X < -0.9^2\}$，$P\{X > 2.8\}$；(2) $P\{1 - 0.9k < X < 1 + 0.9k\}$（$k = 1, 2, 3$）。

解：(1) $P\{2.539 < X < 3.259\} = \Phi\left(\frac{3.259 - 1}{0.9}\right) - \Phi\left(\frac{2.539 - 1}{0.9}\right)$

$$= \Phi(2.51) - \Phi(1.71)$$
$$= 0.994\,0 - 0.955\,4 = 0.038\,6,$$

$$P\{X < -0.9^2\} = \Phi\left(\frac{-0.9^2 - 1}{0.9}\right) = \Phi(-2.01)$$
$$= 1 - \Phi(2.01) = 1 - 0.977\,8 = 0.022\,2,$$

$$P\{X > 2.8\} = 1 - \Phi\left(\frac{2.8 - 1}{0.9}\right) = 1 - \Phi(2) = 1 - 0.977\,2 = 0.022\,8$$

(2) $P\{1 - 0.9k < X < 1 + 0.9k\} = \Phi\left(\frac{1 + 0.9k - 1}{0.9}\right) - \Phi\left(\frac{1 - 0.9k - 1}{0.9}\right)$

$$= \Phi(k) - \Phi(-k)$$
$$= \Phi(k) - [1 - \Phi(k)] = 2\Phi(k) - 1$$

当 $k = 1$ 时，

$$P\{1 - 0.9 < X < 1 + 0.9\} = 2\Phi(1) - 1 = 2 \times 0.841\,3 - 1 = 0.682\,6$$

当 $k = 2$ 时，

$$P\{1 - 2 \times 0.9 < X < 1 + 2 \times 0.9\} = 2\Phi(2) - 1 = 2 \times 0.977\,2 - 1 = 0.954\,4$$

当 $k = 3$ 时，

$$P\{1 - 3 \times 0.9 < X < 1 + 3 \times 0.9\} = 2\Phi(3) - 1 = 2 \times 0.998\,7 - 1 = 0.997\,4$$

注意：一般地，若 $X \sim N(\mu, \sigma^2)$，则

$$P\{\mu - k\sigma < X < \mu + k\sigma\} = 2\Phi(k) - 1$$

即有

$$P\{|X - \mu| < k\sigma\} = 2\Phi(k) - 1, \quad P\{|X - \mu| < \sigma\} = 0.682\,6,$$

$$P\{\mid X-\mu\mid<2\sigma\}=0.954\ 4,\quad P\{\mid X-\mu\mid<3\sigma\}=0.997\ 4$$

5. 某人从南郊前往北郊火车站乘火车,有两条路可走。第一条路穿过市中心区,路程较短,但交通拥挤,所需时间(单位:min)服从正态分布 $N(35,80)$;第二条路沿环城公路走,路程较长,但意外阻塞较少,所需时间服从正态分布 $N(40,20)$。试问:(1)假如有 50 min 时间可用,应走哪一条路线?(2)若只有 40 min 时间可用,又应走哪条路线?

解:设 $X=\{$某人沿第一条路从南郊到北郊所需时间$\}$,$Y=\{$某人沿第二条路从南郊到北郊所需时间$\}$,依题意,$X\sim N(35,80)$,$Y\sim N(40,20)$。

(1)若有 50 min 可用,则因

$$P\{X\leqslant 50\}=\Phi\left(\frac{50-35}{\sqrt{80}}\right)=\Phi(1.677)\approx 0.953\ 5,$$

$$P\{Y\leqslant 50\}=\Phi\left(\frac{50-40}{\sqrt{20}}\right)=\Phi(2.236)\approx 0.987\ 4$$

易见某人从南郊到北郊沿第二条路走,在 50 min 内到达的概率比沿第一条路走的概率大,故此时应选择走第二条路。

(2)若只有 40 min 可用,则因

$$P\{X\leqslant 40\}=\Phi\left(\frac{40-35}{\sqrt{80}}\right)=\Phi(0.559)\approx 0.712\ 3,$$

$$P\{Y\leqslant 40\}=\Phi\left(\frac{40-40}{\sqrt{20}}\right)=\Phi(0)\approx 0.5$$

即某人从南郊到北郊沿第一条路走,在 40 min 内到达的概率比沿第二条路走的概率大,故此时应选择走第一条路。

6. 设我国某城市男子的身高(单位:cm)服从 $N(168,36)$ 的正态分布,试求:(1)该市男子身高在 170 cm 以上的概率。(2)为使 99% 以上的男子上公共汽车不致在车门上沿碰头,当地的公共汽车门框应设计成多少厘米的高度?

解:设 $X=\{$某城市男子的身高$\}$,依题意,$X\sim N(168,36)$。

(1)该市男子身高在 170 cm 以上的概率为

$$P\{X>170\}=1-P\{X\leqslant 170\}=1-\Phi\left(\frac{170-168}{\sqrt{36}}\right)=1-\Phi(0.33)$$

$$\approx 1-0.629\ 3=0.370\ 7$$

(2)设当地公共汽车门框的高度应为 a(cm),则依题意有

$$P(X\leqslant a)\geqslant 0.99$$

即 $P\{X\leqslant a\}=\Phi\left(\dfrac{a-168}{\sqrt{36}}\right)\geqslant 0.99$。查标准正态分布表知,

$$a-168\geqslant 6\times 2.33,\quad a\geqslant 168+6\times 2.33\approx 182$$

即公共汽车门框的高度至少应为 182 cm。

7. 在下列函数中,哪个可以作为连续型随机变量的概率密度:

(1) $f_1(x) = \begin{cases} \sin x, & \pi \leqslant x \leqslant \dfrac{3}{2}\pi; \\ 0, & \text{其他} \end{cases}$ (2) $f_2(x) = \begin{cases} -\sin x, & \pi \leqslant x \leqslant \dfrac{3}{2}\pi; \\ 0, & \text{其他} \end{cases}$

(3) $f_3(x) = \begin{cases} \cos x, & \pi \leqslant x \leqslant \dfrac{3}{2}\pi; \\ 0, & \text{其他} \end{cases}$ (4) $f_4(x) = \begin{cases} 1-\cos x, & \pi \leqslant x \leqslant \dfrac{3}{2}\pi. \\ 0, & \text{其他} \end{cases}$

解: 因为当 $\pi \leqslant x \leqslant (3/2)\pi$ 时,$\sin x < 0$,$\cos x < 0$,所以 $f_1(x) < 0$,$f_3(x) < 0$,因此,它们不能作为连续型随机变量的概率密度;而当 $\pi \leqslant x \leqslant (3/2)\pi$ 时,虽然 $f_4(x) = 1 - \cos x > 0$,但是

$$\int_{-\infty}^{+\infty} f_4(x)\mathrm{d}x = \int_{\pi}^{\frac{3}{2}\pi} (1 - \cos x)\mathrm{d}x = \frac{\pi}{2} + 1 \neq 1$$

所以它也不能作为连续型随机变量的概率密度。

由于 $\pi \leqslant x \leqslant (3/2)\pi$ 时,$-\sin x > 0$,且满足条件

$$\int_{-\infty}^{+\infty} f_3(x)\mathrm{d}x = \int_{\pi}^{\frac{3}{2}\pi} (-\sin x)\mathrm{d}x = 1$$

所以只有 $f_2(x)$ 可以作为连续型随机变量的概率密度。

8. 在数字计算中,由于四舍五入引起的误差 X 服从均匀分布,如果小数点后第五位按四舍五入处理,试求:(1) X 的概率密度和分布函数;(2) 误差在 $0.000\,03 \sim 0.000\,06$ 之间的概率。

解: 由题意知,$X \sim U(-0.000\,05, 0.000\,05)$。

(1) X 的概率密度为

$$f(x) = \begin{cases} \dfrac{1}{0.000\,1}, & -0.000\,05 < x < 0.000\,05 \\ 0, & \text{其他} \end{cases}$$

X 的分布函数为

$$F(x) = \begin{cases} 0, & x < -0.000\,05 \\ \dfrac{x + 0.000\,05}{0.000\,1}, & -0.000\,05 \leqslant x < 0.000\,05 \\ 1, & x \geqslant 0.000\,05 \end{cases}$$

(2) $P\{0.000\,03 < X < 0.000\,06\} = F(0.000\,06) - F(0.000\,03)$

$$= \int_{0.000\,03}^{0.000\,06} f(x)\mathrm{d}x = \int_{0.000\,03}^{0.000\,06} \frac{1}{0.000\,1}\mathrm{d}x = 0.3$$

9. 设随机变量 X 在 $[2,5]$ 上服从均匀分布,现对 X 进行 3 次独立观测,试求至少 2 次观测值大于 3 的概率。

解: 由题意知,$X \sim U(2,5)$,其概率密度函数为

$$f_X(x) = \begin{cases} 1/3, & 2 < x < 5 \\ 0, & 其他 \end{cases}$$

每次观察时观测值大于 3 的概率为

$$P\{X > 3\} = \int_3^5 \frac{1}{3} \mathrm{d}x = \frac{2}{3}$$

再记 Y 为 3 次观察中观察值大于 3 的次数，Y 服从参数为 $n=3,p=2/3$ 的二项分布，即 $Y \sim B(3, 2/3)$，则其概率分布为

$$P\{Y = k\} = C_3^k \left(\frac{2}{3}\right)^k \left(\frac{1}{3}\right)^{3-k}, \quad k = 0, 1, 2, 3$$

故所求概率为 $P\{Y \geqslant 2\} = P\{Y = 2\} + P\{Y = 3\} = C_3^2 \left(\frac{2}{3}\right)^2 \left(\frac{1}{3}\right) + C_3^3 \left(\frac{2}{3}\right)^3 = \frac{20}{27}$。

10. 设某型号的电灯泡使用时间（单位：h）为一随机变量，其概率密度为

$$f(x) = \begin{cases} \dfrac{1}{5\,000} \mathrm{e}^{-\frac{x}{5\,000}}, & x > 0 \\ 0, & x \geqslant 0 \end{cases}$$

试求 3 个这种型号的电灯泡使用了 1 000 h 后至少有 2 个仍可继续使用的概率。

解：设 X 为灯泡的使用时间，由题意知，每个电灯泡在使用了 1 000 h 后仍可继续使用的概率为

$$P\{X > 1\,000\} = \int_{1\,000}^{+\infty} \frac{1}{5\,000} \mathrm{e}^{-\frac{x}{5\,000}} \mathrm{d}x = \left(-\mathrm{e}^{-\frac{x}{5\,000}}\right)\Big|_{1\,000}^{+\infty} = \mathrm{e}^{-0.2} = 0.818\,7$$

再设 Y 为 3 个灯泡中使用 1 000 h 以后仍然可用的灯泡数，则 Y 服从参数为 $n=3$，$p=0.818\,7$ 的二项分布，即 $Y \sim B(3, 0.818\,7)$，其概率分布为

$$P\{Y = k\} = C_3^k \times 0.818\,7^k \times 0.181\,3^{3-k}, \quad k = 0, 1, 2, 3$$

故所求概率为

$$P\{Y \geqslant 2\} = P\{Y = 2\} + P\{Y = 3\} = C_3^2 \times 0.818\,7^2 \times 0.181\,3 + C_3^3 \times 0.818\,7^3$$
$$= 0.913\,3$$

11. 对某地抽样的结果表明，考生的外语成绩 X（按百分制计）近似服从正态分布，平均分为 72 分，96 分以上的考生占 2.28%，试求考生外语成绩在 60～84 分之间的概率。

解：由题设知 X 服从正态分布，即 $X \sim N(72, \sigma^2)$，且有

$$0.022\,8 = P\{X > 96\} = 1 - P\{X \leqslant 96\} = 1 - \Phi\left(\frac{96 - 72}{\sigma}\right) = 1 - \Phi\left(\frac{24}{\sigma}\right)$$

因此 $\Phi\left(\dfrac{24}{\sigma}\right) = 1 - 0.022\,8 = 0.977\,2$。查标准正态分布表得 $24/\sigma = 2$，故得 $\sigma = 12$。于是

$$P\{60 < X < 80\} = \Phi\left(\frac{84 - 72}{12}\right) - \Phi\left(\frac{60 - 72}{12}\right)$$

$$= \Phi(1) - \Phi(-1) = 2\Phi(1) - 1 = 2 \times 0.841\,3 - 1 = 0.682\,6$$

12. 某种电子元件在电源电压不超过 220 V,200～240 V 及超过 240 V 的 3 种情况下,损坏率依次为 0.1,0.001,0.2。设电源电压 $X \sim N(220, 25^2)$,试求:(1) 此种电子元件的损坏率。(2) 此种电子元件损坏时,电源电压在 200～240 V 的概率。

解:设 $A = \{X \leqslant 200\}, B = \{200 \leqslant X < 240\}, C = \{X > 240\}, D = \{$此种电子元件损坏$\}$,而 D 的发生与 A, B, C 有关。由于 X 服从正态分布 $N(220, 25^2)$,故

$$P(A) = P\{X \leqslant 200\} = \Phi\left(\frac{200 - 220}{25}\right) = \Phi(-0.8) = 1 - \Phi(0.8)$$

$$= 1 - 0.788\,1 = 0.211\,9,$$

$$P(B) = P\{200 < X \leqslant 240\} = \Phi\left(\frac{240 - 220}{25}\right) - \Phi\left(\frac{200 - 220}{25}\right)$$

$$= \Phi(0.8) - \Phi(-0.8) = 2\Phi(0.8) - 1 = 2 \times 0.788\,1 - 1 = 0.576\,2,$$

$$P(C) = P\{X > 240\} = 1 - \Phi\left(\frac{240 - 220}{25}\right) = 1 - \Phi(0.8) = 1 - 0.788\,1 = 0.211\,9$$

且由题设可知,$P(D|A) = 0.1, P(D|B) = 0.001, P(D|C) = 0.2$,故

(1) 由全概率公式可得

$$P(D) = P(A)P(D \mid A) + P(B)P(D \mid B) + P(C)P(D \mid C)$$

$$= 0.211\,9 \times 0.1 + 0.576\,2 \times 0.001 + 0.211\,9 \times 0.2 = 0.064\,146$$

(2) 由条件概率公式可得

$$P(B \mid D) = \frac{P(B)P(D \mid B)}{P(D)} = \frac{0.576\,2 \times 0.001}{0.064\,146} = 0.008\,983$$

13. 设测量误差 $X \sim N(0, 10^2)$,试求 100 次独立重复测量中至少有 3 次测量误差的绝对值大于 19.6 的概率,并用泊松分布求其近似值(精确到 0.01)。

解:由题设 $X \sim N(0, 10^2)$,则每次测量中误差的绝对值大于 19.6 的概率为

$$P\{\mid X \mid > 19.6\} = 1 - P\{-19.6 \leqslant X \leqslant 19.6\}$$

$$= 1 - \left[\Phi\left(\frac{19.6}{10}\right) - \Phi\left(-\frac{19.6}{10}\right)\right]$$

$$= 2[1 - \Phi(1.96)] = 2 \times (1 - 0.975) = 0.05$$

再设 Y 为 100 次测量中测量误差的绝对值大于 19.6 的次数,则 Y 服从参数为 $n = 100, p = 0.05$ 的二项分布,即 $Y \sim B(100, 0.05)$,其概率分布为

$$P\{Y = k\} = C_{100}^k \times 0.05^k \times 0.95^{100-k}, \quad k = 0, 1, 2, \cdots, 100$$

故所求概率为

$$P\{Y \geqslant 3\} = 1 - P\{Y = 0\} - P\{Y = 1\} - P\{Y = 2\}$$

$$= 1 - 0.95^{100} - C_{100}^1 \times 0.05 \times 0.95^{99} - C_{100}^2 \times 0.05^2 \times 0.95^{98}$$

$$= 1 - 0.005\,921 - 0.031\,161 - 0.081\,182 = 0.881\,737$$

利用泊松分布计算近似值为

$$P\{Y \geqslant 3\} \approx \sum_{k=3}^{+\infty} \frac{5^k}{k!} e^{-5} = 1 - \sum_{k=0}^{2} \frac{5^k}{k!} e^{-5} = 0.875\,348$$

14. 某单位招聘 2 500 人，按考试成绩从高分到低分依次录用，共有 10 000 人报名。假设报名者的成绩 $X \sim N(\mu, \sigma^2)$，已知 90 分以上的有 359 人，60 分以下的有 1 151 人，试问录用者中最低分为多少？

解：由题设报名者的成绩 $X \sim N(\mu, \sigma^2)$，先确定参数 μ 与 σ^2 的值。因为

$$\frac{359}{10\,000} = P\{X > 90\} = 1 - P\{X \leqslant 90\} = 1 - \Phi\left(\frac{90-\mu}{\sigma}\right)$$

于是 $\Phi\left(\dfrac{90-\mu}{\sigma}\right) = 1 - 0.035\,9 = 0.9641$。查表得

$$\frac{90-\mu}{\sigma} = 1.8, \quad \mu + 1.8\sigma = 90$$

又因为

$$\frac{1\,151}{10\,000} = P\{X \leqslant 60\} = \Phi\left(\frac{60-\mu}{\sigma}\right)$$

于是

$$\Phi\left(\frac{60-\mu}{\sigma}\right) = 0.115\,1, \quad \Phi\left(\frac{\mu-60}{\sigma}\right) = 1 - 0.115\,1 = 0.884\,9$$

查表得

$$\frac{\mu-60}{\sigma} = 1.2, \quad \mu - 1.2\sigma = 60$$

从而得到方程组

$$\begin{cases} \mu + 1.8\sigma = 90 \\ \mu - 1.2\sigma = 60 \end{cases} \Rightarrow \begin{cases} \mu = 72 \\ \sigma = 10 \end{cases}$$

再设被录用者中的最低分为 x 分，此时由题设

$$\frac{2\,500}{10\,000} = P\{X > x\} = 1 - P\{X \leqslant x\} = 1 - \Phi\left(\frac{x-72}{10}\right)$$

即 $\Phi\left(\dfrac{x-72}{10}\right) = 1 - 0.25 = 0.75$，查表得 $\dfrac{x-72}{10} = 0.675$。故所求录用者中最低分为

$$x = 72 + 10 \times 0.675 = 78.75 \approx 79$$

15. 一大型设备在任何长为 t 的时间内，发生故障的次数 $N(t)$ 服从参数为 λt 的泊松分布，试求：(1) 相继两次故障之间的时间间隔 T 的概率密度；(2) 在设备已无故障工作 8 h 的情况下，再无故障运行 8 h 的概率。

解：由题设知，在 $[0, t]$ 时段内发生故障的次数 $N(t) \sim \pi(\lambda t)$，其概率分布为

$$P\{N(t) = k\} = \frac{(\lambda t)^k}{k!} e^{-\lambda t}, \quad k = 0, 1, 2, \cdots$$

（1）因为 T 表示相继两次故障之间的时间间隔,故对于任意的时刻 $t > 0$ 时,若 $T > t$,表示在 $[0, t)$ 时段内无故障发生,即相应的概率为

$$P\{T > t\} = P\{N(t) = 0\} = \frac{(\lambda t)^0}{0!} e^{-\lambda t} = e^{-\lambda t}$$

所以当 $t > 0$ 时,

$$P\{T \leqslant t\} = 1 - P\{N(t) = 0\} = 1 - e^{-\lambda t}$$

当 $t \leqslant 0$ 时,因 $T \geqslant 0$,故有 $P\{T \leqslant t\} = 0$。

于是随机变量 T 的分布函数为

$$F(t) = P\{T \leqslant t\} = \begin{cases} 1 - e^{-\lambda t}, & t > 0 \\ 0, & t \leqslant 0 \end{cases}$$

故其概率密度为

$$f(t) = \begin{cases} \lambda e^{-\lambda t}, & t > 0 \\ 0, & t \leqslant 0 \end{cases}, \quad 即 \ T \sim Z(\lambda)$$

（2）所求条件概率为

$$P\{T > 8 + 8 \mid T > 8\} = \frac{P\{T > 16, T > 8\}}{P\{T > 8\}} = \frac{P\{T > 16\}}{P\{T > 8\}} = \frac{e^{-16\lambda}}{e^{-8\lambda}} = e^{-8\lambda}$$

2.4　随机变量的函数的分布

关键词

随机变量函数,离散型随机变量函数的分布,连续型随机变量函数的分布。

重要概念

（1）离散型随机变量函数的概率分布

情形 1　若已知离散型随机变量 X 的概率分布为

$$P\{X = x_k\} = p_k, \quad k = 1, 2, \cdots$$

对于所有的 $k, g(x_k) = y_k$ 全不相同时,$Y = g(X)$ 的概率分布为

$$P\{Y = y_k\} = P\{X = x_k\} = p_k, \quad k = 1, 2, \cdots$$

情形 2　若知某个 $i \neq j$,而有 $g(x_i) = g(x_j) = y_k$ 时,则由概率可加性知

$$P\{Y = y_k\} = P\{X = x_i \ 或 \ X = x_j\} = P\{X = x_i\} + P\{X = x_j\} = p_i + p_j$$

一般地,$Y = g(X)$ 的概率分布为

$$P\{Y = y_k\} = \sum_{g(x_i) = y_k} P\{X = x_i\} = \sum_{g(x_i) = y_k} p_i, \quad k = 1, 2, \cdots$$

（2）连续型随机变量函数的概率密度

情形 1　若已知连续型随机变量 X 的概率密度为 $f_X(x)$,当 $a < x < b$ 时,$f_X(x) > 0, y = g(x)$ 处处可导,且恒有 $g'(x) > 0$（或 $g'(x) < 0$）,则随机变量 X 的函数 $Y = g(X)$ 的概率密度为

$$f_Y(y) = \begin{cases} f_X[h(y)] \mid h'(y) \mid, & c < y < d \\ 0, & \text{其他} \end{cases}$$

其中 $x = h(y)$ 为 $y = g(x)$ 的反函数，$c = \min\{g(a), g(b)\}$，$d = \max\{g(a), g(b)\}$。

情形 2 若非恒有 $g'(x) > 0$（或 $g'(x) < 0$），则求 $Y = g(x)$ 的概率密度的步骤如下：

① 设法利用 X 的分布函数求出 Y 的分布函数 $F_Y(y)$。

② 求 $F_Y(y)$ 对变量 y 的导数得 Y 的概率密度 $f_Y(y)$。

③ 按 $y = g(x)$ 的定义域所决定的值域，确定出能使 $f_X(x) > 0$ 的 y 值，即得随机变量 Y 的可能取值。

基本练习 2.4 解答

1. 设随机变量 X 的概率分布如下：

X	$-\pi/2$	0	$\pi/2$
p_k	0.2	0.3	0.5

试求：(1) $Y = \dfrac{2}{3} X$ 的概率分布及分布函数。(2) $Z = \cos X$ 的概率分布及分布函数。

解：(1) X 的可能取值为 $-\dfrac{\pi}{2}, 0, \dfrac{\pi}{2}$，故 $Y = \dfrac{2}{3} X$ 的可能取值为 $-\dfrac{\pi}{3}, 0, \dfrac{\pi}{3}$，相应的概率为

$$P\left\{Y = -\frac{\pi}{3}\right\} = P\left\{X = -\frac{\pi}{2}\right\} = 0.2,$$

$$P\{Y = 0\} = P\{X = 0\} = 0.3,$$

$$P\left\{Y = \frac{\pi}{3}\right\} = P\left\{X = \frac{\pi}{2}\right\} = 0.5$$

则 Y 的概率分布列表为

Y	$-\pi/3$	0	$\pi/3$
p_k	0.2	0.3	0.5

故其分布函数为

$$F(y) = \begin{cases} 0, & y < -\pi/3 \\ 0.2, & -\pi/3 \leqslant y < 0 \\ 0.5, & 0 \leqslant y < \pi/3 \\ 1, & y \geqslant \pi/3 \end{cases}$$

(2) $Z = \cos X$ 的可能取值为 $0, 1$，相应的概率为

$$P\{Z=0\}=P\left\{X=-\frac{\pi}{2} \text{ 或 } X=\frac{\pi}{2}\right\}=P\left\{X=-\frac{\pi}{2}\right\}+P\left\{X=\frac{\pi}{2}\right\}$$
$$=0.2+0.5=0.7,$$
$$P\{Z=1\}=P\{X=0\}=0.3$$

则 Z 的概率分布列表为

Z	0	1
p_k	0.7	0.3

故其分布函数为

$$F(z)=\begin{cases}0, & z<0 \\ 0.7, & 0\leqslant z<1 \\ 1, & z\geqslant 1\end{cases}$$

2. 设随机变量 X 具有概率密度为

$$f_X(x)=\begin{cases}2\mathrm{e}^{-2x}, & x>0 \\ 0, & x\leqslant 0\end{cases}$$

试求：(1) $Y=1/X$ 的概率密度及分布函数；(2) $Z=\mathrm{e}^{-X}$ 的概率密度及分布函数，且求 $P\{-1/2<Z<1/2\}$。

解：X 的分布函数为

$$F_X(x)=\begin{cases}1-\mathrm{e}^{-2x}, & x>0 \\ 0, & x\leqslant 0\end{cases}$$

(1) $F_Y(y)=P\{Y\leqslant y\}=P\left\{\dfrac{1}{X}\leqslant y\right\}$。

当 $y\leqslant 0$ 时，$F_Y(y)=0$；

当 $y>0$ 时，

$$F_Y(y)=P\{Y\leqslant y\}=P\left\{\frac{1}{X}\leqslant y\right\}=P\left\{X\geqslant\frac{1}{y}\right\}=1-F_X\left(\frac{1}{y}\right)$$

所以 Y 的概率密度为

$$f_Y(y)=\begin{cases}0, & y\leqslant 0 \\ f_X\left(\dfrac{1}{y}\right)\dfrac{1}{y^2}, & y>0\end{cases}=\begin{cases}0, & y\leqslant 0 \\ 2\mathrm{e}^{-\frac{2}{y}}\dfrac{1}{y^2}, & y>0\end{cases}$$

得 Y 的分布函数为

$$F_Y(y)=\begin{cases}0, & y\leqslant 0 \\ \mathrm{e}^{-\frac{2}{y}}, & y>0\end{cases}$$

(2) $Z=\mathrm{e}^{-X}$ 的分布函数为

$$F_Z(z)=P\{Z\leqslant z\}=P\{\mathrm{e}^{-X}\leqslant z\}$$

当 $z \leqslant 0$ 时,$P\{e^{-X} \leqslant z\} = 0$,即 $F_Z(z) = 0$;

当 $0 < z < 1$ 时,$F_Z(z) = P\{X \geqslant -\ln z\} = 1 - F_X(-\ln z)$;

当 $z \geqslant 1$ 时,$F_Z(z) = P\{e^{-X} \leqslant 1\} + P\{1 < e^{-X} \leqslant z\} = 1$。

故

$$F_Z(z) = \begin{cases} 0, & z < 0 \\ e^{-2(-\ln z)} = z^2, & 0 \leqslant z < 1 \\ 1, & z \geqslant 1 \end{cases}$$

其概率密度为

$$f_Z(z) = \begin{cases} 2z, & 0 < z < 1 \\ 0, & \text{其他} \end{cases},$$

$$P\left\{-\frac{1}{2} < Z < \frac{1}{2}\right\} = F\left(\frac{1}{2}\right) - F\left(-\frac{1}{2}\right) = \left(\frac{1}{2}\right)^2 - 0 = \frac{1}{4}$$

3. 设连续型随机变量 X 的概率密度为

$$f_X(x) = \begin{cases} 2, & 0 < x < 1/2 \\ 0, & \text{其他} \end{cases}$$

试求 $Y = 4X^2 - 1$ 的概率密度。

解:因为 $\quad y = 4x^2 - 1, \quad y' = 8x > 0, \quad 0 < x < 1/2,$

$$x = h(y) = \frac{\sqrt{y+1}}{2}, \quad -1 < y < 0,$$

$$h'(y) = \frac{1}{4\sqrt{y+1}}$$

由公式可得

$$f_Y(y) = \begin{cases} f_X[h(y)] \, |h'(y)| = 2 \times \dfrac{1}{4\sqrt{y+1}} = \dfrac{1}{2\sqrt{y+1}}, & -1 < y < 0 \\ 0, & \text{其他} \end{cases}$$

注意检查:

$$\int_{-1}^{0} \frac{1}{2\sqrt{y+1}} \mathrm{d}y = \sqrt{y+1} \,\Big|_{-1}^{0} = 1$$

4. 已知随机变量 X 的概率密度为

$$f_X(x) = \frac{2}{\pi} \cdot \frac{1}{e^x + e^{-x}}, \quad -\infty < x < +\infty$$

试求随机变量 $Y = g(X)$ 的概率分布,其中函数

$$g(x) = \begin{cases} -1, & x < 0 \\ 1, & x \geqslant 0 \end{cases}$$

解:注意,由 $g(x)$ 的定义知,Y 为离散型随机变量,只取 -1 和 1 两个值,且

$$P\{Y = -1\} = P\{X < 0\} = \int_{-\infty}^{0} \frac{2}{\pi} \cdot \frac{1}{e^{-x} + e^{x}} \mathrm{d}x = \frac{2}{\pi} \int_{-\infty}^{0} \frac{e^x}{1 + e^{2x}} \mathrm{d}x$$

$$= \frac{2}{\pi} \arctan e^x \Big|_{-\infty}^{0} = \frac{2}{\pi} \times \frac{\pi}{4} = \frac{1}{2},$$

$$P\{Y=1\} = 1 - P\{Y=-1\} = 1 - \frac{1}{2} = \frac{1}{2}$$

即

Y	-1	1
p_k	$1/2$	$1/2$

5. 设随机变量 X 的概率密度为

$$f_X(x) = \begin{cases} \dfrac{2}{\pi(1+x^2)}, & x > 0 \\ 0, & x \leqslant 0 \end{cases}$$

试求：(1) $Y_1 = 2X^3$ 的概率密度；(2) $Y_2 = \log_{1/2} X$ 的概率密度。

解：(1) $y = 2x^3, y' = 6x^2 > 0, x = h(y) = \dfrac{y^{1/3}}{2^{1/3}}$ $(y > 0), h'(y) = \dfrac{y^{-2/3}}{3 \times 2^{1/3}}$, 利用

公式可得

$$f_{Y_1}(y) = \begin{cases} f_X[h(y)] \mid h'(y) \mid = \dfrac{2}{\pi\left(1 + \dfrac{\sqrt[3]{y^2}}{\sqrt[3]{4}}\right)} \times \dfrac{1}{3 \times \sqrt[3]{2y^2}}, & y > 0 \\ 0, & y \leqslant 0 \end{cases}$$

即

$$f_{Y_1}(y) = \begin{cases} \dfrac{2\sqrt[3]{2}}{3\pi(\sqrt[3]{y^4} + \sqrt[3]{4y^2})}, & y > 0 \\ 0, & y \leqslant 0 \end{cases}$$

(2) $y = \log_{1/2} x, y' = \dfrac{1}{x \ln 1/2} < 0, x = h(y) = \dfrac{1}{2^y} = 2^{-y}$ $(-\infty < y < +\infty)$,

$h'(y) = 2^{-y} \ln 2$, 利用公式可得

$$f_Y(y) = f_X[h(y)] \mid h'(y) \mid$$

$$= \frac{2}{\pi(1 + 2^{-2y})} \times 2^{-y} \ln 2$$

$$= \frac{2\ln 2}{\pi(2^{-y} + 2^y)} (-\infty < y < +\infty)$$

6. 设一点随机地落在以原点为中心，以 R 为半径的圆周上，并且对弧长是均匀分布的。试求这个点横坐标的概率密度。

解：(1) 设这个点的横坐标为 X，取值为 x，且为一随机变量；极角 Θ 为一随机变量，取值为 θ。X 与 Θ 的函数关系为

$$X = R\cos\Theta$$

如右图所示。其中 Θ 服从 $(-\pi,\pi)$ 区间上的均匀分布。其概率密度为

$$f_\Theta(\theta) = \begin{cases} 1/2\pi, & -\pi < \theta < \pi \\ 0, & \text{其他} \end{cases}$$

而 $X = R\cos\Theta$ 的分布函数为

$$F_X(x) = P\{X \leqslant x\} = P\{R\cos\Theta \leqslant x\}$$

易见，当 $x \leqslant -R$ 时，$F_X(x) = 0$；当 $x \geqslant R$ 时，$F_X(x) = 1$；当 $-R < x < R$ 时，由余弦函数的对称性知

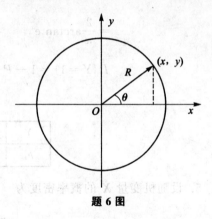

题 6 图

$$F_X(x) = P\{X \leqslant x\} = P\{R\cos\Theta \leqslant x\}$$

$$= P\left\{-\pi < \Theta < -\arccos\frac{x}{R}\right\} + P\left\{\arccos\frac{x}{R} < \Theta < \pi\right\}$$

$$= F_\Theta\left(-\arccos\frac{x}{R}\right) + 1 - F_\Theta\left(\arccos\frac{x}{R}\right)$$

于是求导可得 $X = R\cos\Theta$ 的概率密度为

$$f_X(x) = \begin{cases} f_\Theta\left(-\arccos\dfrac{x}{R}\right) \times \dfrac{1}{\sqrt{R^2 - x^2}} + f_\Theta\left(\arccos\dfrac{x}{R}\right) \times \dfrac{1}{\sqrt{R^2 - x^2}}, & |x| < R \\ 0, & \text{其他} \end{cases}$$

$$= \begin{cases} \dfrac{1}{\pi\sqrt{R^2 - x^2}}, & |x| < R \\ 0, & \text{其他} \end{cases}$$

7. 在 $\triangle ABC$ 中，任取一点 P，P 到 AB 的距离为 X。试求 X 的分布函数及概率密度。

解：如右图所示，设 AB 边上的高为 h，即 C 到 AB 的距离为 h，用几何概率的方法得：

当 $x < 0$ 时，$F(x) = P\{X \leqslant x\} = 0$；

当 $x > h$ 时，$F(x) = P\{X \leqslant x\} = 1$；

当 $0 < x < h$ 时，

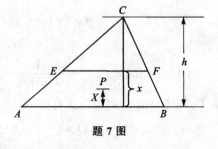

题 7 图

$$F(x) = P\{X \leqslant x\} = \frac{S_{\triangle ABC} - S_{\triangle EFC}}{S_{\triangle ABC}}$$

$$= \frac{\dfrac{1}{2}\overline{AB} \cdot h - \dfrac{1}{2}\overline{EF}(h-x)}{\dfrac{1}{2}\overline{AB} \cdot h} = \frac{h - \dfrac{\overline{EF}}{\overline{AB}}(h-x)}{h}$$

而由图所示的相似三角形得

$$\frac{EF}{AB} = \frac{h-x}{h}$$

所以当 $0 < x < h$ 时，

$$F(x) = \frac{1 - \frac{1}{h^2}(h-x)^2}{1} = 1 - \frac{(h-x)^2}{h^2}$$

即其分布函数为

$$F(x) = \begin{cases} 0, & x < 0 \\ 1 - \frac{(h-x)^2}{h^2}, & 0 \leqslant x < h \\ 1, & x \geqslant h \end{cases}$$

其概率密度为

$$f(x) = \begin{cases} \frac{2(h-x)}{h^2}, & 0 < x < h \\ 0, & \text{其他} \end{cases}$$

8. 设随机变量 X 的概率密度为

$$f_X(x) = \begin{cases} A\cos x, & |x| \leqslant \pi/2 \\ 0, & \text{其他} \end{cases}$$

试求：(1) 常数 A；(2) $Y = \sin X$ 的概率密度；(3) $P\{|\sin X| < 1/2\}$。

解：(1) $1 = \int_{-\infty}^{+\infty} f(x)\mathrm{d}x = \int_{-\pi/2}^{\pi/2} A\cos x\,\mathrm{d}x = A\sin x\,\Big|_{-\pi/2}^{\pi/2} = 2A$，故 $A = 1/2$。

(2) 因为

$$f_X(x) = \begin{cases} \frac{1}{2}\cos x, & |x| < \pi/2 \\ 0, & \text{其他} \end{cases},$$

$$y = \sin x, \quad y' = \cos x > 0 \quad (|x| < \pi/2),$$

$$x = h(y) = \arcsin y, \quad h'(y) = \frac{1}{\sqrt{1-y^2}} \quad (-1 < y < 1)$$

由公式可得

$$f_Y(y) = \begin{cases} f_X[h(y)]\,|\,h'(y)\,| = \frac{1}{2}\cos(\arcsin y)\dfrac{1}{\sqrt{1-y^2}}, & -1 < y < 1 \\ 0, & \text{其他} \end{cases}$$

(3) $P\left\{|\sin X| < \dfrac{1}{2}\right\} = P\left\{|Y| < \dfrac{1}{2}\right\} = \int_{-1/2}^{1/2} \dfrac{1}{2\sqrt{1-y^2}}\cos(\arcsin y)\mathrm{d}y$

$$= \frac{1}{2}\sin(\arcsin y)\Big|_{-1/2}^{1/2} = \frac{1}{2}(0.5 + 0.5) = 0.5$$

第 3 章　多维随机变量及其分布

3.1　二维随机变量

关键词

二维随机变量,二维离散型随机变量,二维概率分布,边缘分布,二维连续型随机变量,二维概率密度,边缘密度,二维两点分布,二维等可能分布,二维均匀分布,二维正态分布。

重要概念

(1) 二维随机变量的定义

设 E 为一个随机试验,它的样本空间 $S=\{e\}$,并设 $X=X(e),Y=Y(e)$ 是定义在 S 上的随机变量,由它们两个构成的联合变量 (X,Y) 称为二维随机变量或二维随机向量。

(2) 二维随机变量 (X,Y) 的分布函数

$$F(x,y)=P\{X\leqslant x,Y\leqslant y\},\forall x,y\in \mathbf{R}$$

$F(x,y)$ 具有以下性质:

① $F(x,y)$ 是关于 x 和 y 的不减函数。

② $0\leqslant F(x,y)\leqslant 1$,且 $\forall y\in \mathbf{R},F(-\infty,y)=0;\forall x\in \mathbf{R},F(x,-\infty)=0;$ $F(-\infty,-\infty)=0,F(+\infty,+\infty)=1$。

③ $F(x,y)$ 关于 x,y 右连续,即满足下式:

$$F(x+0,y)=F(x,y)=F(x,y+0)$$

④ $\forall x_1<x_2,y_1<y_2$,下述不等式成立:

$$F(x_2,y_2)-F(x_2,y_1)-F(x_1,y_2)+F(x_1,y_1)\geqslant 0$$

(3) 二维离散型随机变量及分布函数

如果二维随机变量 (X,Y) 的所有可能取值是有限多对或可列多对,则称 (X,Y) 为二维离散型随机变量。二维离散型随机变量的概率分布或分布律(随机变量 X 与 Y 的联合概率分布或分布律)为

$$P\{X=x_i,Y=y_j\}=p_{ij},\quad i,j=1,2,\cdots$$

满足性质:

① $p_{ij}\geqslant 0$;

② $\sum_{i=1}^{\infty}\sum_{j=1}^{\infty}p_{ij}=1$。

或用二维概率分布的表格形式表示:

X \ Y	y_1	y_2	$\cdots$	y_j	$\cdots$	$p_{i\cdot} = \sum\limits_{j=1}^{\infty} p_{ij}$
x_1	p_{11}	p_{12}	$\cdots$	p_{1j}	$\cdots$	$p_1\cdot$
x_2	p_{12}	p_{22}	$\cdots$	p_{2j}	$\cdots$	$p_2\cdot$
$\vdots$	$\vdots$	$\vdots$	$\vdots$	$\vdots$	$\vdots$	$\vdots$
x_i	p_{i1}	p_{i2}	$\cdots$	p_{ij}	$\cdots$	$p_i\cdot$
$\vdots$	$\vdots$	$\vdots$	$\vdots$	$\vdots$	$\vdots$	$\vdots$
$p_{\cdot j} = \sum\limits_{j=1}^{\infty} p_{ij}$	$p_{\cdot 1}$	$p_{\cdot 2}$	$\cdots$	$p_{\cdot j}$	$\cdots$	1

二维离散型随机变量的分布函数：

$$F(x,y) = P\{X \leqslant x, Y \leqslant y\} = \sum_{x_i \leqslant x} \sum_{y_j \leqslant y} P\{X = x_i, Y = y_j\} = \sum_{x_i \leqslant x} \sum_{y_j \leqslant y} p_{ij}$$

（4）二维离散型随机变量的边缘分布

① 关于 X 的边缘分布函数与边缘概率分布为

$$F_X(x) = P\{X \leqslant x\} = \sum_{x_i \leqslant x} \left(\sum_{j=1}^{\infty} p_{ij} \right) = \sum_{x_i \leqslant x} p_{i\cdot},$$

$$p_{i\cdot} = P\{X = x_i\} = \sum_{j=1}^{\infty} p_{ij}, \quad i = 1, 2, \cdots$$

② 关于 Y 的边缘分布函数与边缘概率分布为

$$F_Y(y) = P\{Y \leqslant y\} = \sum_{y_j \leqslant y} \left(\sum_{i=1}^{\infty} p_{ij} \right) = \sum_{y_j \leqslant y} p_{\cdot j},$$

$$p_{\cdot j} = P\{Y = y_j\} = \sum_{i=1}^{\infty} p_{ij}, \quad j = 1, 2, \cdots$$

二维离散型随机变量的边缘分布可表示在上述二维概率分布表的边缘上。

（5）二维两点分布

如果 (X, Y) 具有如下概率分布：

X \ Y	0	1
0	$1-p$	0
1	0	p

其中 $0 < p < 1$，则称 (X, Y) 服从二维两点分布。

（6）二维等可能分布

如果 (X, Y) 具有如下概率分布：

$$P\{X = x_i, Y = y_j\} = \frac{1}{mn}, \quad i = 1, 2, \cdots, m, \quad j = 1, 2, \cdots, n$$

则称(X,Y)服从等可能分布。

(7) 二维连续型随机变量及概率密度

如果二维随机变量(X,Y)的分布函数为$F(x,y)$,存在一个非负可积的二元函数$f(x,y)$,使它对于任意的实数x,y都有

$$F(x,y) = \int_{-\infty}^{x} \int_{-\infty}^{y} f(u,v) \mathrm{d}u \mathrm{d}v$$

则称(X,Y)是二维连续型随机变量;函数$f(x,y)$称为二维随机变量(X,Y)的概率密度,或称为随机变量X和Y的联合概率密度。

$f(x,y)$具有以下性质:

① $f(x,y) \geqslant 0$。

② $\int_{-\infty}^{+\infty} \int_{-\infty}^{+\infty} f(x,y) \mathrm{d}x \mathrm{d}y = 1$。

③ 若$f(x,y)$在点(x,y)处连续,则有

$$\frac{\partial^2 F(x,y)}{\partial x \partial y} = f(x,y)$$

④ 随机点(X,Y)落在平面区域D上的概率为

$$P\{(X,Y) \in D\} = \iint_{D} f(x,y) \mathrm{d}x \mathrm{d}y$$

(8) 二维连续型随机变量的边缘分布

① 关于X的边缘分布函数与边缘概率密度为

$$F_X(x) = P\{X \leqslant x\} = \int_{-\infty}^{x} \left[\int_{-\infty}^{+\infty} f(x,y) \mathrm{d}y \right] \mathrm{d}x = \int_{-\infty}^{x} f_X(x) \mathrm{d}x,$$

$$f_X(x) = \int_{-\infty}^{+\infty} f(x,y) \mathrm{d}y$$

② 关于Y的边缘分布函数与边缘概率密度为

$$F_Y(y) = P\{Y \leqslant y\} = \int_{-\infty}^{y} \left[\int_{-\infty}^{+\infty} f(x,y) \mathrm{d}x \right] \mathrm{d}y = \int_{-\infty}^{y} f_Y(y) \mathrm{d}y,$$

$$f_Y(y) = \int_{-\infty}^{+\infty} f(x,y) \mathrm{d}x$$

(9) 二维均匀分布

如果(X,Y)具有如下概率密度:

$$f(x,y) = \begin{cases} 1/A, & (x,y) \in D \\ 0, & \text{其他} \end{cases}$$

其中A为平面区域D的面积值,则称此二维连续型随机变量(X,Y)在区域D内服从二维均匀分布,记作$(X,Y) \sim U(D)$。

(10) 二维正态分布

如果(X,Y)具有如下概率密度:

$$f(x,y) = \frac{1}{2\pi\sigma_1\sigma_2\sqrt{1-\rho^2}} \times$$

$$\exp\left\{\frac{-1}{2(1-\rho^2)}\left[\frac{(x-\mu_1)^2}{\sigma_1^2}-2\rho\frac{(x-\mu_1)(y-\mu_2)}{\sigma_1\sigma_2}+\frac{(y-\mu_2)^2}{\sigma_2^2}\right]\right\}$$

其中，$\mu_1,\mu_2,\sigma_1^2,\sigma_2^2,\rho$ 均为常数，且 $\sigma_1>0,\sigma_2>0,-1<\rho<1$，则称 (X,Y) 服从参数为 $\mu_1,\mu_2,\sigma_1^2,\sigma_2^2,\rho$ 的二维正态分布，记作 $(X,Y)\sim N(\mu_1,\mu_2,\sigma_1^2,\sigma_2^2,\rho)$。

基本练习 3.1 解答

1. 设袋中有 5 只黑球和 3 只红球，随机取 2 次，一次抽取 1 只，设

$$X=\begin{cases}0,&\text{第一次取黑球}\\1,&\text{第一次取红球}\end{cases},\quad Y=\begin{cases}0,&\text{第二次取黑球}\\1,&\text{第二次取红球}\end{cases}$$

试按有放回地抽取和不放回地抽取两种方式，求 (X,Y) 的分布律及边缘分布律。

解：(1) 有放回地抽取，则有

$$P\{X=0,Y=0\}=\frac{5}{8}\times\frac{5}{8}=\frac{25}{64},\quad P\{X=0,Y=1\}=\frac{5}{8}\times\frac{3}{8}=\frac{15}{64},$$

$$P\{X=1,Y=0\}=\frac{3}{8}\times\frac{5}{8}=\frac{15}{64},\quad P\{X=1,Y=1\}=\frac{3}{8}\times\frac{3}{8}=\frac{9}{64}$$

故概率分布表与边缘分布律为

Y \\ X	0	1	$P\{X=i\}$
0	25/64	15/64	40/60
1	15/64	9/64	24/64
$P\{Y=j\}$	40/60	24/64	1

(2) 不放回地抽取，则有

$$P\{X=0,Y=0\}=\frac{5}{8}\times\frac{4}{7}=\frac{20}{56},\quad P\{X=0,Y=1\}=\frac{5}{8}\times\frac{3}{7}=\frac{15}{56},$$

$$P\{X=1,Y=0\}=\frac{3}{8}\times\frac{5}{7}=\frac{15}{56},\quad P\{X=1,Y=1\}=\frac{3}{8}\times\frac{2}{7}=\frac{6}{56}$$

故概率分布表与边缘分布律为

Y \\ X	0	1	$P\{X=i\}$
0	20/56	15/56	35/56
1	15/56	6/56	21/56
$P\{Y=j\}$	35/56	21/56	1

2. 设二维连续型随机变量 (X,Y) 的概率密度为

(1) $f(x,y)=\begin{cases} x+y, & 0<x<1,0<y<1 \\ 0, & \text{其他} \end{cases}$;

(2) $f(x,y)=\begin{cases} 2, & (x,y)\in D \\ 0, & \text{其他} \end{cases}$,其中 D 为直线 $x=0,y=0,x+y=1$ 所围成的封闭区域;

(3) $f(x,y)=\begin{cases} 4xy, & 0<x<1,0<y<1 \\ 0, & \text{其他} \end{cases}$。

试求:(X,Y) 的分布函数及 X,Y 的边缘概率密度。

解:(1) 先将 R^2 按 (X,Y) 取值的边界 $x=0,x=1,y=0,y=1$ 划分成 5 个区域:

① 当 $x<0$ 或 $y<0$ 时,

$$F(x,y)=\int_{-\infty}^{x}\int_{-\infty}^{y}f(x,y)\mathrm{d}x\mathrm{d}y=\int_{-\infty}^{x}\int_{-\infty}^{y}0\mathrm{d}x\mathrm{d}y=0$$

② 当 $0\leqslant x<1,0\leqslant y<1$ 时,

$$F(x,y)=\int_{-\infty}^{x}\int_{-\infty}^{y}f(x,y)\mathrm{d}x\mathrm{d}y=\int_{0}^{x}\int_{0}^{y}(x+y)\mathrm{d}x\mathrm{d}y=\frac{1}{2}(x^2y+xy^2)$$

③ 当 $0\leqslant x<1,y\geqslant 1$ 时,

$$F(x,y)=\int_{-\infty}^{x}\int_{-\infty}^{y}f(x,y)\mathrm{d}x\mathrm{d}y=\int_{0}^{x}\int_{0}^{1}(x+y)\mathrm{d}x\mathrm{d}y=\frac{1}{2}(x^2+x)$$

④ 当 $x\geqslant 1,0\leqslant y<1$ 时,

$$F(x,y)=\int_{-\infty}^{x}\int_{-\infty}^{y}f(x,y)\mathrm{d}x\mathrm{d}y=\int_{0}^{1}\int_{0}^{y}(x+y)\mathrm{d}x\mathrm{d}y=\frac{1}{2}(y^2+y)$$

⑤ 当 $x\geqslant 1,y\geqslant 1$ 时,

$$F(x,y)=\int_{-\infty}^{x}\int_{-\infty}^{y}f(x,y)\mathrm{d}x\mathrm{d}y=\int_{0}^{1}\int_{0}^{1}(x+y)\mathrm{d}x\mathrm{d}y=1$$

综合上述可得 (X,Y) 的分布函数为

$$F(x,y)=\begin{cases} 0, & x<0 \text{ 或 } y<0 \\ \dfrac{1}{2}(x^2y+xy^2), & 0\leqslant x<1,0\leqslant y<1 \\ \dfrac{1}{2}(x^2+x), & 0\leqslant x<1,y\geqslant 1 \\ \dfrac{1}{2}(y^2+y), & x\geqslant 1,0\leqslant y<1 \\ 1, & x\geqslant 1,y\geqslant 1 \end{cases}$$

关于 X 的边缘概率密度函数为

$$f_X(x)=\begin{cases} \displaystyle\int_{0}^{1}(x+y)\mathrm{d}y=x+\dfrac{1}{2}, & 0<x<1 \\ 0, & \text{其他} \end{cases}$$

关于 Y 的边缘概率密度函数为

$$f_Y(y) = \begin{cases} \int_0^1 (x+y)\mathrm{d}x = y + \dfrac{1}{2}, & < y < 1 \\ 0, & \text{其他} \end{cases}$$

（2）由题意知，此时 (X,Y) 服从二维均匀分布，其概率密度函数为

$$f(x,y) = \begin{cases} \dfrac{1}{1/2} = 2, & 0 < x < 1, 0 < y < 1, x + y < 1 \\ 0, & \text{其他} \end{cases}$$

再将 R^2 按 (X,Y) 取值的边界 $x=0, x=1, y=0, y=1, x+y=1$ 划分成 6 个区域，并利用平面面积计算公式，可得：

① 当 $x<0$ 或 $y<0$ 时，

$$F(x,y) = \int_{-\infty}^x \int_{-\infty}^y f(x,y)\mathrm{d}x\mathrm{d}y = \int_{-\infty}^x \int_{-\infty}^y 0\mathrm{d}x\mathrm{d}y = 0$$

② 当 $0 \leqslant x < 1, 0 \leqslant y < 1, x + y < 1$ 时，

$$F(x,y) = \int_{-\infty}^x \int_{-\infty}^y f(x,y)\mathrm{d}x\mathrm{d}y = \int_0^x \int_0^y 2\mathrm{d}x\mathrm{d}y = 2xy$$

③ 当 $0 \leqslant x < 1, 0 \leqslant y < 1, x + y \geqslant 1$ 时，

$$F(x,y) = \int_{-\infty}^x \int_{-\infty}^y f(x,y)\mathrm{d}x\mathrm{d}y = 2\left[\frac{1}{2} - \frac{1}{2}(1-x)^2 - \frac{1}{2}(1-y)^2\right]$$
$$= 1 - (1-x)^2 - (1-y)^2$$

④ 当 $0 \leqslant x < 1, y \geqslant 1$ 时，

$$F(x,y) = \int_{-\infty}^x \int_{-\infty}^y f(x,y)\mathrm{d}x\mathrm{d}y = 2\left[\frac{1}{2} - \frac{1}{2}(1-x)^2\right] = 1 - (1-x)^2$$

⑤ 当 $x \geqslant 1, 0 \leqslant y < 1$ 时，

$$F(x,y) = \int_{-\infty}^x \int_{-\infty}^y f(x,y)\mathrm{d}x\mathrm{d}y = 2\left[\frac{1}{2} - \frac{1}{2}(1-y)^2\right] = 1 - (1-y)^2$$

⑥ 当 $x \geqslant 1, y \geqslant 1$ 时，

$$F(x,y) = \int_{-\infty}^x \int_{-\infty}^y f(x,y)\mathrm{d}x\mathrm{d}y = 2 \times \frac{1}{2} = 1$$

综合上述可得 (X,Y) 的分布函数为

$$F(x,y) = \begin{cases} 0, & x < 0 \text{ 或 } y < 0 \\ xy, & 0 \leqslant x < 1, 0 \leqslant y < 1, x + y < 1 \\ 1-(1-x)^2-(1-y)^2, & 0 \leqslant x < 1, 0 \leqslant y < 1, x + y \leqslant 1 \\ 1-(1-x)^2, & 0 \leqslant x < 1, y \geqslant 1 \\ 1-(1-y)^2, & x \geqslant 1, 0 \leqslant y < 1 \\ 1, & x \geqslant 1, y \geqslant 1 \end{cases}$$

关于 X 的边缘概率密度函数为

$$f_X(x) = \begin{cases} \int_0^{1-x} 2\mathrm{d}y = 2(1-x), & 0 < x < 1 \\ 0, & 其他 \end{cases}$$

关于 Y 的边缘概率密度函数为

$$f_Y(x) = \begin{cases} \int_0^{1-y} 2\mathrm{d}x = 2(1-y), & 0 < y < 1 \\ 0, & 其他 \end{cases}$$

(3) 先将 R^2 按 (X,Y) 取值的边界 $x=0, x=1, y=0, y=1$ 划分成 5 个区域：

① 当 $x<0$ 或 $y<0$ 时，

$$F(x,y) = \int_{-\infty}^{x} \int_{-\infty}^{y} f(x,y)\mathrm{d}x\mathrm{d}y = \int_{-\infty}^{x} \int_{-\infty}^{y} 0\mathrm{d}x\mathrm{d}y = 0$$

② 当 $0 \leqslant x < 1, 0 \leqslant y < 1$ 时，

$$F(x,y) = \int_{-\infty}^{x} \int_{-\infty}^{y} f(x,y)\mathrm{d}x\mathrm{d}y = \int_0^x \int_0^y 4xy\mathrm{d}x\mathrm{d}y = x^2 y^2$$

③ 当 $0 \leqslant x < 1, y \geqslant 1$ 时，

$$F(x,y) = \int_{-\infty}^{x} \int_{-\infty}^{y} f(x,y)\mathrm{d}x\mathrm{d}y = \int_0^x \int_0^1 4xy\mathrm{d}x\mathrm{d}y = x^2$$

④ 当 $x \geqslant 1, 0 \leqslant y < 1$ 时，

$$F(x,y) = \int_{-\infty}^{x} \int_{-\infty}^{y} f(x,y)\mathrm{d}x\mathrm{d}y = \int_0^1 \int_0^y 4xy\mathrm{d}x\mathrm{d}y = y^2$$

⑤ 当 $x \geqslant 1, y \geqslant 1$ 时，

$$F(x,y) = \int_{-\infty}^{x} \int_{-\infty}^{y} f(x,y)\mathrm{d}x\mathrm{d}y = \int_0^1 \int_0^1 4xy\mathrm{d}x\mathrm{d}y = 1$$

综合上述可得 (X,Y) 的分布函数为

$$F(x,y) = \begin{cases} 0, & x < 0 \text{ 或 } y < 0 \\ x^2 y^2, & 0 \leqslant x < 1, 0 \leqslant y < 1 \\ x^2, & 0 \leqslant x < 1, y \geqslant 1 \\ y^2, & x \geqslant 1, 0 \leqslant y < 1 \\ 1, & x \geqslant 1, y \geqslant 1 \end{cases}$$

关于 X 的边缘概率密度函数为

$$f_X(x) = \begin{cases} \int_0^1 4xy\mathrm{d}y = 2x, & 0 < x < 1 \\ 0, & 其他 \end{cases}$$

关于 Y 的边缘概率密度函数为

$$f_Y(x) = \begin{cases} \int_0^1 4xy\mathrm{d}x = 2y, & 0 < y < 1 \\ 0, & 其他 \end{cases}$$

3. 设连续型二维随机变量 (X,Y) 的概率密度为

$$f(x,y) = \begin{cases} C(1-x)y, & 0 \leqslant x \leqslant 1, 0 \leqslant y \leqslant x \\ 0, & \text{其他} \end{cases}$$

试确定常数 C，并求 (X,Y) 的边缘概率密度及概率 $P\left\{\dfrac{1}{4} < X < \dfrac{1}{2}, Y < \dfrac{1}{2}\right\}$。

解：由概率密度性质知

$$1 = \int_{-\infty}^{+\infty}\int_{-\infty}^{+\infty} f(x,y)\,\mathrm{d}x\,\mathrm{d}y = \int_0^1 \mathrm{d}x \int_0^x C(1-x)y\,\mathrm{d}y = C\int_0^1 (1-x)\cdot \frac{x^2}{2}\,\mathrm{d}x$$

$$= C\left(\frac{1}{6} - \frac{1}{8}\right) = \frac{C}{24}$$

即 $C = 24$，于是 (X,Y) 的概率密度为

$$f(x,y) = \begin{cases} 24(1-x)y, & 0 \leqslant x \leqslant 1, 0 \leqslant y < x \\ 0, & \text{其他} \end{cases}$$

X 的边缘概率密度为

$$f_X(x) = \int_{-\infty}^{+\infty} f(x,y)\,\mathrm{d}y = \begin{cases} \displaystyle\int_0^x 24(1-x)y\,\mathrm{d}y = 12x^2(1-x), & 0 < x < 1 \\ 0, & \text{其他} \end{cases}$$

Y 的边缘概率密度为

$$f_Y(x) = \int_{-\infty}^{+\infty} f(x,y)\,\mathrm{d}x = \begin{cases} \displaystyle\int_y^1 24(1-x)y\,\mathrm{d}x = 12y(1-y)^2, & < y < 1 \\ 0, & \text{其他} \end{cases},$$

$$P\left\{\frac{1}{4} < X < \frac{1}{2}, Y < \frac{1}{2}\right\} = \int_{1/4}^{1/2}\int_0^x 24(1-x)y\,\mathrm{d}x\,\mathrm{d}y$$

$$= 24\int_{1/4}^{1/2}(1-x)\,\mathrm{d}x\int_0^x y\,\mathrm{d}y$$

$$= 12\int_{1/4}^{1/2}(1-x)x^2\,\mathrm{d}x$$

$$= 12\left(\frac{1}{3}x^3\Big|_{1/4}^{1/2} - \frac{1}{4}x^4\Big|_{1/4}^{1/2}\right)$$

$$= 4\left(\frac{1}{8} - \frac{1}{64}\right) - 3\left(\frac{1}{16} - \frac{1}{256}\right)$$

$$= 4\times\frac{7}{64} - 3\times\frac{15}{256} = \frac{67}{256}$$

4. 设 (X,Y) 的分布函数为

$$F(x,y) = \frac{1}{\pi^2}\left(\frac{\pi}{2} + \arctan\frac{x}{2}\right)\left(\frac{\pi}{2} + \arctan\frac{y}{3}\right)$$

试求：(1) (X,Y) 的概率密度及 X, Y 的边缘概率密度。(2) $P\{0 \leqslant X < 2, Y < 3\}$。

解：(1) 对 $F(x,y)$ 求偏导即得 (X,Y) 的概率密度为

$$f(x,y) = \frac{1}{\pi^2}\cdot\frac{2}{2^2 + x^2}\cdot\frac{3}{3^2 + y^2} = \frac{6}{\pi^2(4 + x^2)(9 + y^2)},$$

$$-\infty < x < +\infty, -\infty < y < +\infty$$

故 X 的边缘概率密度为

$$f_X(x) = \int_{-\infty}^{+\infty} f(x,y)\mathrm{d}y = \int_{-\infty}^{+\infty} \frac{6}{\pi^2(4+x^2)(9+y^2)}\mathrm{d}y = \frac{6}{\pi^2(4+x^2)}\int_{-\infty}^{+\infty} \frac{\mathrm{d}y}{9+y^2}$$

$$= \frac{2}{\pi^2(4+x^2)}\arctan\frac{y}{3}\Big|_{-\infty}^{+\infty} = \frac{2}{\pi^2(4+x^2)}\left[\frac{\pi}{2} - \left(-\frac{\pi}{2}\right)\right] = \frac{2}{\pi(4+x^2)}$$

另解 因为

$$F_X(x) = F(x,+\infty) = \frac{1}{\pi^2}\left(\frac{\pi}{2} + \arctan\frac{x}{2}\right)\left(\frac{\pi}{2} + \frac{\pi}{2}\right) = \frac{1}{\pi}\left(\frac{\pi}{2} + \arctan\frac{x}{2}\right)$$

所以

$$f_X(x) = F'_X(x) = \frac{1}{\pi} \cdot \frac{1/2}{1 + \left(\frac{x}{2}\right)^2} = \frac{2}{\pi(4+x^2)}$$

同理

$$f_Y(y) = \frac{3}{\pi(9+y^2)}$$

(2) $\quad P\{0 \leqslant X < 2, Y < 3\}$

$$= F(2,3) - F(2,-\infty) - F(0,3) + F(0,-\infty)$$

$$= \frac{1}{\pi^2}\left(\frac{\pi}{2} + \arctan\frac{2}{2}\right)\left(\frac{\pi}{2} + \arctan\frac{3}{3}\right) - 0 -$$

$$\frac{1}{\pi^2}\left(\frac{\pi}{2} + \arctan\frac{0}{2}\right)\left(\frac{\pi}{2} + \arctan\frac{3}{3}\right) + 0$$

$$= \frac{1}{\pi^2}\left(\frac{\pi}{2} + \frac{\pi}{4}\right)^2 - \frac{1}{\pi^2} \cdot \frac{\pi}{2} \cdot \left(\frac{\pi}{2} + \frac{\pi}{4}\right) = \frac{3^2}{4^2} - \frac{3}{8} = \frac{3}{16} = 0.1875$$

5. 设 (X,Y) 的概率密度为

$$f(x,y) = \begin{cases} Ce^{-(3x+4y)}, & x>0, y>0 \\ 0, & 其他 \end{cases}$$

(1) 试确定常数 C。(2) 求 (X,Y) 的分布函数及 X,Y 的边缘分布。(3) 计算 $P\{0 < X \leqslant 1, 0 < Y \leqslant 2\}$。

解:(1) 由概率密度性质得

$$1 = \int_{-\infty}^{+\infty}\int_{-\infty}^{+\infty} f(x,y)\mathrm{d}x\mathrm{d}y = \int_0^{+\infty}\int_0^{+\infty} Ce^{-(3x+4y)}\mathrm{d}x\mathrm{d}y = C\int_0^{+\infty} e^{-3x}\mathrm{d}x\int_0^{+\infty} e^{-4y}\mathrm{d}y$$

$$= C\left(-\frac{1}{3}e^{-3x}\right)\Big|_0^{+\infty}\left(-\frac{1}{4}e^{-4y}\right)\Big|_0^{+\infty} = C \cdot \frac{1}{3} \cdot \frac{1}{4} = \frac{C}{12}$$

故 $C = 12$，于是得 (X,Y) 的概率密度为

$$f(x,y) = \begin{cases} 12e^{-(3x+4y)}, & x>0, y>0 \\ 0, & 其他 \end{cases}$$

（2）(X,Y) 的分布函数为

$$F(x,y)=P\{X\leqslant x,Y\leqslant y\}=\int_{-\infty}^{x}\int_{-\infty}^{y}f(x,y)\mathrm{d}x\mathrm{d}y$$

当 $x\leqslant 0$ 或 $y\leqslant 0$ 时，$F(x,y)=0$；当 $x>0$ 且 $y>0$ 时，

$$F(x,y)=\int_{0}^{x}\int_{0}^{y}12\mathrm{e}^{-(3x+4y)}\mathrm{d}x\mathrm{d}y=(1-\mathrm{e}^{-3x})(1-\mathrm{e}^{-4y})$$

即

$$F(x,y)=\begin{cases}(1-\mathrm{e}^{-3x})(1-\mathrm{e}^{-4y}),& x>0,y>0\\0,& \text{其他}\end{cases}$$

X 的边缘概率密度为

$$f_X(x)=\int_{-\infty}^{+\infty}f(x,y)\mathrm{d}y=\begin{cases}\int_{0}^{+\infty}12\mathrm{e}^{-(3x+4y)}\mathrm{d}y=3\mathrm{e}^{-3x},& x>0\\0,& x\leqslant 0\end{cases}$$

其分布函数为

$$F_X(x)=\begin{cases}1-\mathrm{e}^{-3x},& x>0\\0,& x\leqslant 0\end{cases}$$

类似可得 Y 的边缘概率密度为

$$f_Y(y)=\begin{cases}4\mathrm{e}^{-4y},& y>0\\0,& y\leqslant 0\end{cases}$$

其分布函数为

$$F_Y(y)=\begin{cases}1-\mathrm{e}^{-4y},& y>0\\0,& y\leqslant 0\end{cases}$$

（3）$P\{0<X\leqslant 1,0<Y\leqslant 2\}=\int_{0}^{1}\int_{0}^{2}12\mathrm{e}^{-(3x+4y)}\mathrm{d}x\mathrm{d}y=\int_{0}^{1}3\mathrm{e}^{-3x}\mathrm{d}x\int_{0}^{2}4\mathrm{e}^{-4y}\mathrm{d}y$

$$=(-\mathrm{e}^{-3x})\Big|_{0}^{1}(-\mathrm{e}^{-4y})\Big|_{0}^{2}=(1-\mathrm{e}^{-3})(1-\mathrm{e}^{-8})$$

6. 设二维正态随机变量 (X,Y) 的概率密度为

$$f(x,y)=\frac{1}{2\pi}\mathrm{e}^{-\frac{x^2+y^2}{2}},\quad -\infty<x<+\infty,-\infty<y<+\infty$$

试求 X,Y 的边缘分布和 $P\{X\leqslant Y\}$ 的值。

解：X 的边缘概率密度为

$$f_X(x)=\int_{-\infty}^{+\infty}f(x,y)\mathrm{d}y=\int_{-\infty}^{+\infty}\frac{1}{2\pi}\mathrm{e}^{-\frac{x^2+y^2}{2}}\mathrm{d}y$$

$$=\frac{1}{\sqrt{2\pi}}\mathrm{e}^{-\frac{x^2}{2}}\int_{-\infty}^{+\infty}\frac{1}{\sqrt{2\pi}}\mathrm{e}^{-\frac{y^2}{2}}\mathrm{d}y=\frac{1}{\sqrt{2\pi}}\mathrm{e}^{-\frac{x^2}{2}}$$

即 $X\sim N(0,1)$。类似可得 $Y\sim N(0,1)$，概率

$$P\{X\leqslant Y\}=\iint\limits_{x\leqslant y}\frac{1}{2\pi}\mathrm{e}^{-\frac{x^2+y^2}{2}}\mathrm{d}x\mathrm{d}y$$

因为 $f(x,y)$ 关于 (x,y) 对称, $P\{X \leqslant Y\} = P\{X > Y\}$, 且 $P\{X \leqslant Y\} + P\{X > Y\} = 1$, 即得

$$P\{X \leqslant Y\} = 1/2$$

7. 二元函数

$$F(x,y) = \begin{cases} 0, & x+y < 0 \\ 1, & x+y \geqslant 0 \end{cases}$$

是否可成为某一个二维随机变量的联合分布函数? 为什么?

解: 取 $x_1 = y_1 = -0.1, x_2 = y_2 = 1$, 则

$$F(-0.1, -0.1) = 0, \quad F(1, -0.1) = 1, \quad F(-0.1, 1) = 1, \quad F(1,1) = 1$$

故

$$F(x_2, y_2) - F(x_1, y_2) - F(x_2, y_1) + F(x_1, y_1) = 1 - 1 - 1 + 0 = -1 < 0$$

不满足分布函数性质, 故此 $F(x,y)$ 不能作为分布函数。

8. 一口袋中有 4 个球, 依次标有数字 1, 2, 3, 2。从这个袋中任取一个球后, 不放回袋中, 以 X, Y 分别记第 1, 2 次取得的球上标有的数字, 试求 (X, Y) 的概率分布及边缘分布律。

解: X 的可能值为 $1, 2, 3$, Y 的可能值也为 $1, 2, 3$, 且

$$P\{X=1, Y=1\} = P\{X=1\}P\{Y=1 \mid X=1\} = \frac{1}{4} \times 0 = 0,$$

$$P\{X=1, Y=2\} = P\{X=1\}P\{Y=2 \mid X=1\} = \frac{1}{4} \times \frac{2}{3} = \frac{1}{6}$$

同理可得如下联合分布与边缘分布表:

X \ Y	1	2	3	$P\{Y=k\}$
1	0	1/6	1/12	1/4
2	1/6	1/6	1/6	1/2
3	1/12	1/6	0	1/4
$P\{X=k\}$	1/4	1/2	1/4	1

9. 掷骰子 2 次, 得偶数点 (2, 4 或 6) 的次数记为 X, 得 3 点或 6 点的次数记为 Y, 试求 (X, Y) 的概率分布及边缘分布。

解: 由题意知, X 的可能取值为 $0, 1, 2$, Y 的可能取值为 $0, 1, 2$, 且

$$P\{X=0, Y=0\} = P\{两次只能掷出 1 点或 5 点\} = \frac{2 \times 2}{6 \times 6} = \frac{4}{36} = \frac{1}{9}$$

$$P\{X=0, Y=1\} = P\{两次应掷出 3 点一次, 1 点或 5 点一次\}$$
$$= P\{掷骰子两次的可能结果为 13, 31, 35, 53\}$$
$$= \frac{2 \times 1 \times 2}{6 \times 6} = \frac{4}{36} = \frac{1}{9},$$

$$P\{X=1,Y=0\}=P\{两次应掷出偶数点一次,且 3,6 点不出现\}$$

$$=P\{只能出现 21,12,25,52,41,14,45,54 等结果\}$$

$$=\frac{2\times2\times2}{6\times6}=\frac{8}{36}=\frac{2}{9}$$

类似得出其他各值:

X \ Y	0	1	2	$P\{Y=j\}$
0	4/36	4/36	1/36	1/4
1	8/36	8/36	2/36	1/2
2	4/36	4/36	1/36	1/4
$P\{X=i\}$	4/9	4/9	1/9	1

10. 设 X 与 Y 都是整值随机变量,(X,Y) 的分布列为

$$P\{X=n,Y=m\}=\begin{cases}\dfrac{\lambda^n p^m (1-p)^{n-m}}{m!\,(n-m)!}e^{-\lambda}, & m\leqslant n \\ 0, & m>n\end{cases}, \quad \lambda>0, \quad 0<p<1$$

试求 X 与 Y 的边缘分布律。

解: $P\{X=n\}=\displaystyle\sum_{m=0}^{\infty}P\{X=n,Y=m\}=\sum_{m\leqslant n}\frac{\lambda^n p^m (1-p)^{n-m}}{m!\,(n-m)!}e^{-\lambda}$

$$=\frac{\lambda^n}{n!}e^{-\lambda}\sum_{m=0}^{n}\frac{n!}{m!\,(n-m)!}p^m (1-p)^{n-m}$$

$$=\frac{\lambda^n}{n!}e^{-\lambda}\sum_{m=0}^{n}C_n^m p^m (1-p)^{n-m}$$

$$=\frac{\lambda^n}{n!}e^{-\lambda}[p+(1-p)]^n=\frac{\lambda^n}{n!}e^{-\lambda}, \quad n=0,1,2,\cdots,$$

$$P\{Y=m\}=\sum_{n=m}^{+\infty}\frac{\lambda^n p^m (1-p)^{n-m}}{m!\,(n-m)!}e^{-\lambda}=\frac{e^{-\lambda}p^m\lambda^m}{m!}\sum_{n=m}^{+\infty}\frac{\lambda^{n-m}(1-p)^{n-m}}{(n-m)!}$$

$$=\frac{e^{-\lambda}p^m\lambda^m}{m!}\sum_{n=m}^{+\infty}\frac{[\lambda(1-p)]^{n-m}}{(n-m)!}=\frac{e^{-\lambda}p^m\lambda^m}{m!}e^{\lambda(1-p)}$$

$$=\frac{(\lambda p)^m}{m!}e^{\lambda p}, \quad m=0,1,2,\cdots$$

11. 一批产品中有一等品 30%、二等品 50%、三等品 20%,从这批产品中有放回地每次取一件,共抽取 5 次,X,Y 分别表示取出的 5 件产品中一等品、二等品的件数,试求 (X,Y) 的分布律及 X 与 Y 的边缘分布律。

解: 类似于二项分布求法,可得多项分布

$$P\{X=i,Y=j\}=\frac{5!}{i!\,j!\,(5-i-j)!}\left(\frac{3}{10}\right)^{i}\left(\frac{5}{10}\right)^{j}\left(\frac{2}{10}\right)^{5-i-j}$$

$$i,j=0,1,2,3,4,5;\quad i+j\leqslant5,$$

$$P\{X=i\}=\sum_{j=0}^{5-i}P\{X=i,Y=j\}=\sum_{j=0}^{5-i}\frac{5!}{i!\,j!\,(5-i-j)!}0.3^{i}\times0.5^{j}\times0.2^{5-i-j}$$

$$=\frac{5!}{i!\,(5-i)!}0.3^{i}\sum_{j=0}^{5-i}\frac{(5-i)!}{j!\,(5-i-j)!}0.5^{j}\times0.2^{5-i-j}$$

$$=\frac{5!}{i!\,(5-i)!}0.3^{i}(0.5+0.2)^{5-i}$$

得 $\qquad P\{X=i\}=C_5^i\times0.3^i\times0.7^{5-i},\quad i=0,1,2,\cdots,5$

即 X 服从二项分布，$X\sim B(5,0.3)$。

类似得出 Y 服从二项分布，$Y\sim B(5,0.5)$，

$$P\{Y=i\}=C_5^i\times0.5^i\times0.5^{5-i}=C_5^i\times0.5^5,\quad i=0,1,2,\cdots,5$$

12. 给定非负函数 $g(x)$，它满足 $\int_0^{+\infty}g(x)\mathrm{d}x=1$，又设

$$f(x,y)=\begin{cases}\dfrac{2g(\sqrt{x^2+y^2})}{\pi\sqrt{x^2+y^2}},&0\leqslant x,y<+\infty\\0,&\text{其他}\end{cases}$$

试问：$f(x,y)$ 是否为某二维连续型随机变量 (X,Y) 的概率密度？

解：是。因为

① $g(x)$ 为非负函数，即 $g(x)\geqslant0$，则显然有 $f(x,y)\geqslant0$。

② 因为 $\int_0^{+\infty}g(x)\mathrm{d}x=1$，故有

$$\int_{-\infty}^{+\infty}\int_{-\infty}^{+\infty}f(x,y)\mathrm{d}x\mathrm{d}y=\int_0^{+\infty}\int_0^{+\infty}\frac{2g(\sqrt{x^2+y^2})}{\pi\sqrt{x^2+y^2}}\mathrm{d}x\mathrm{d}y$$

令 $x=r\cos\theta,y=r\sin\theta,0<r<+\infty,0<\theta<\pi/2$，换元即得

$$\int_{-\infty}^{+\infty}\int_{-\infty}^{+\infty}f(x,y)\mathrm{d}x\mathrm{d}y=\int_0^{\pi/2}\mathrm{d}\theta\int_0^{+\infty}\frac{2g(r)}{\pi\sqrt{r^2}}r\mathrm{d}r=\frac{2}{\pi}\times\frac{\pi}{2}\times\int_0^{+\infty}g(r)\mathrm{d}r=1$$

所以此 $f(x,y)$ 可作为某二维连续型随机变量 (X,Y) 的概率密度。

13. 设二维随机变量 (X,Y) 的概率密度为

$$f(x,y)=\begin{cases}A(R-\sqrt{x^2+y^2}),&x^2+y^2\leqslant R^2\\0,&\text{其他}\end{cases}$$

试求：(1) 系数 A；(2) 随机点 (X,Y) 落在圆 $x^2+y^2=r^2(r<R)$ 内的概率。

解：(1) 由概率密度性质知

$$1=\int_{-\infty}^{+\infty}\int_{-\infty}^{+\infty}f(x,y)\mathrm{d}x\mathrm{d}y=A\iint\limits_{x^2+y^2\leqslant R^2}(R-\sqrt{x^2+y^2})\mathrm{d}x\mathrm{d}y$$

$$\xlongequal[y=r\sin\theta]{x=r\cos\theta} A\int_0^{2\pi}\mathrm{d}\theta\int_0^R (R-r)\cdot r\,\mathrm{d}r = A\cdot 2\pi\cdot\left(\frac{Rr^2}{2}-\frac{r^3}{3}\right)\Big|_0^R = A\cdot\frac{\pi R^3}{3}$$

故得 $A=\dfrac{3}{\pi R^3}$。

(2) $P\{X^2+Y^2\leqslant r^2\}=\displaystyle\iint_{x^2+y^2\leqslant r^2}\frac{3}{\pi R^3}(R-\sqrt{x^2+y^2})\mathrm{d}x\,\mathrm{d}y$

$$\xlongequal[y=r\sin\theta]{x=r\cos\theta}\frac{3}{\pi R^3}\int_0^{2\pi}\mathrm{d}\theta\int_0^r (R-r)\cdot r\,\mathrm{d}r$$

$$=\frac{3}{\pi R^3}\cdot 2\pi\cdot\left(\frac{Rr^2}{2}-\frac{r^3}{3}\right)\Big|_0^r=\frac{3r^2}{R^2}\left(1-\frac{2r}{3R}\right)$$

14. 设二维随机变量 (X,Y) 的概率密度为
$$f(x,y)=\begin{cases}Cx\mathrm{e}^{-x(y+1)}, & x>0,y>0\\ 0, & \text{其他}\end{cases}$$

试求:(1) 常数 C。(2) 关于 X,Y 的边缘概率密度。

解:(1)
$$1=\int_0^{+\infty}\int_0^{+\infty}Cx\mathrm{e}^{-x(y+1)}\mathrm{d}x\,\mathrm{d}y=\int_0^{+\infty}Cx\mathrm{e}^{-x}\mathrm{d}x\int_0^{+\infty}\mathrm{e}^{-xy}\mathrm{d}y$$

$$=C\int_0^{+\infty}x\mathrm{e}^{-x}\left(-\frac{1}{x}\mathrm{e}^{-xy}\right)\Big|_0^{+\infty}\mathrm{d}x=C\int_0^{+\infty}x\mathrm{e}^{-x}\frac{1}{x}\mathrm{d}x=C\int_0^{+\infty}\mathrm{e}^{-x}\mathrm{d}x=C$$

所以得 $C=1$,(X,Y) 的概率密度函数为
$$f(x,y)=\begin{cases}x\mathrm{e}^{-x(y+1)}, & x>0,y>0\\ 0, & \text{其他}\end{cases}$$

(2) 关于 X 的边缘概率密度函数为
$$f_X(x)=\begin{cases}\displaystyle\int_0^{+\infty}x\mathrm{e}^{-x(y+1)}\mathrm{d}y=x\mathrm{e}^{-x}\int_0^{+\infty}\mathrm{e}^{-xy}\mathrm{d}y=x\mathrm{e}^{-x}\left(-\frac{1}{x}\mathrm{e}^{-xy}\right)\Big|_0^{+\infty}=\mathrm{e}^{-x}, & x>0\\ 0, & x\leqslant 0\end{cases}$$

关于 Y 的边缘概率密度函数为
$$f_Y(y)=\begin{cases}\displaystyle\int_0^{+\infty}x\mathrm{e}^{-x(y+1)}\mathrm{d}x=-\frac{x}{y+1}\mathrm{e}^{-x(y+1)}\Big|_0^{+\infty}+\frac{1}{y+1}\int_0^{+\infty}\mathrm{e}^{-x(y+1)}\mathrm{d}x\\ \qquad\qquad\qquad =\frac{1}{(y+1)^2}, & y>0\\ 0, & y\leqslant 0\end{cases}$$

15. 设二维随机变量 (X,Y) 服从正态分布 $N(\mu_1,\mu_2,\sigma_1^2,\sigma_2^2,\rho)$,其概率密度为
$$f(x,y)=\frac{1}{2\pi\sqrt{3}}\exp\left[-\frac{1}{6}(4x^2+2xy+y^2-8x-2y+4)\right]$$

确定常数 $\mu_1,\mu_2,\sigma_1^2,\sigma_2^2,\rho$。

解:因为二维正态分布 $N(\mu_1,\mu_2,\sigma_1^2,\sigma_2^2,\rho)$ 的概率密度的标准形式为

$$f(x,y)=\frac{1}{2\pi\sigma_1\sigma_2\sqrt{1-\rho^2}}\exp\left\{\frac{-1}{2(1-\rho^2)}\left[\frac{(x-\mu_1)^2}{\sigma_1^2}-\right.\right.$$

$$\left.\left.2\rho\frac{(x-\mu_1)(y-\mu_2)}{\sigma_1\sigma_2}+\frac{(y-\mu_2)^2}{\sigma_2^2}\right]\right\}$$

$$=\frac{1}{2\pi\sigma_1\sigma_2\sqrt{1-\rho^2}}\exp\left\{\left[-\frac{x^2-2\mu_1 x+\mu_1^2}{2(1-\rho^2)\sigma_1^2}+\right.\right.$$

$$\left.\left.2\rho\frac{xy-\mu_1 y-\mu_2 x+\mu_1\mu_2}{2(1-\rho^2)\sigma_1\sigma_2}-\frac{y^2-2\mu_2 y+\mu_2^2}{2(1-\rho^2)\sigma_2^2}\right]\right\}$$

将之与题设 $f(x,y)$ 对比相应系数可得下列关系式:

$$\begin{cases}2\pi\sigma_1\sigma_2\sqrt{1-\rho^2}=2\pi\sqrt{3}\\-\dfrac{1}{2(1-\rho^2)\sigma_1^2}=-\dfrac{4}{6}=-\dfrac{2}{3}\\\dfrac{2\rho}{2(1-\rho^2)\sigma_1\sigma_2}=-\dfrac{2}{6}=-\dfrac{1}{3}\\-\dfrac{1}{2(1-\rho^2)\sigma_2^2}=-\dfrac{1}{6}\end{cases}\Rightarrow\begin{cases}\sigma_1\sigma_2\sqrt{1-\rho^2}=\sqrt{3}\\\dfrac{1}{2(1-\rho^2)\sigma_1^2}=\dfrac{2}{3}\\\dfrac{\rho}{(1-\rho^2)}=-\dfrac{\sigma_1\sigma_2}{3}\\\dfrac{1}{2(1-\rho^2)\sigma_2^2}=\dfrac{1}{6}\end{cases}$$

解之得出 $\dfrac{-\rho}{\sqrt{1-\rho^2}}=\dfrac{1}{\sqrt{3}}$,即 $\rho<0,-\sqrt{3}\rho=\sqrt{1-\rho^2}$,$3\rho^2=1-\rho^2$,得

$$\rho=-1/2,\quad 2(1-\rho^2)=3/2$$

于是可得

$$\sigma_1^2=\frac{1}{2(1-\rho^2)\times\frac{2}{3}}=\frac{1}{\frac{3}{2}\times\frac{2}{3}}=1,\quad \sigma_2^2=\frac{1}{2(1-\rho^2)\times\frac{1}{6}}=\frac{1}{\frac{3}{2}\times\frac{1}{6}}=4$$

将此 $\rho=-1/2,\sigma_1^2=1,\sigma_2^2=4$ 代入标准式中,可得

$$\begin{cases}\dfrac{2\mu_1}{2(1-\rho^2)\sigma_1^2}-\dfrac{2\rho\mu_2}{2(1-\rho^2)\sigma_1\sigma_2}=\dfrac{8}{6}=\dfrac{4}{3}\\\dfrac{2\mu_2}{2(1-\rho^2)\sigma_2^2}-\dfrac{2\rho\mu_1}{2(1-\rho^2)\sigma_1\sigma_2}=\dfrac{2}{6}=\dfrac{1}{3}\end{cases}\Rightarrow\begin{cases}\dfrac{2\mu_1}{\frac{3}{2}\times1}-\dfrac{-1\mu_2}{\frac{3}{2}\times1\times2}=\dfrac{4}{3}\\\dfrac{2\mu_2}{\frac{3}{2}\times4}-\dfrac{-1\mu_1}{\frac{3}{2}\times1\times2}=\dfrac{1}{3}\end{cases}$$

得关系式

$$\begin{cases}4\mu_1+\mu_2=4\\\mu_1+\mu_2=1\end{cases}\Rightarrow\begin{cases}\mu_1=1\\\mu_2=0\end{cases}$$

因此 $(X,Y)\sim N(1,0,1,4,-1/2)$。

16. 分别写出下列 3 个二维正态随机变量的联合概率密度与边缘概率密度:

(1) $(X,Y) \sim N\left(3,0,1,1,\dfrac{1}{2}\right)$;

(2) $(X,Y) \sim N\left(1,1,\dfrac{1}{4},\dfrac{1}{4},\dfrac{1}{2}\right)$;

(3) $(X,Y) \sim \left(1,2,1,\dfrac{1}{4},0\right)$。

解：由二维正态分布 $N(\mu_1,\mu_2,\sigma_1^2,\sigma_2^2,\rho)$ 的概率密度的标准形式

$$f(x,y) = \frac{1}{2\pi\sigma_1\sigma_2\sqrt{1-\rho^2}}\exp\left\{\frac{-1}{2(1-\rho^2)}\left[\frac{(x-\mu_1)^2}{\sigma_1^2} - \right.\right.$$

$$\left.\left. 2\rho\frac{(x-\mu_1)(y-\mu_2)}{\sigma_1\sigma_2} + \frac{(y-\mu_2)^2}{\sigma_2^2}\right]\right\}$$

可得 $X \sim N(\mu_1,\sigma_1^2)$，$Y \sim N(\mu_2,\sigma_2^2)$。

(1) $f(x,y) = \dfrac{1}{2\pi\sqrt{1-\left(\frac{1}{2}\right)^2}}\exp\left\{\dfrac{-1}{2[1-(1/2)^2]}\left[\dfrac{(x-3)^2}{1} - 2\times\right.\right.$

$$\left.\left.\frac{1}{2}\times\frac{(x-3)(y-0)}{1} + \frac{(y-0)^2}{1}\right]\right\}$$

$$= \frac{1}{\pi\sqrt{3}}\exp\left\{\frac{-2}{3}\left[(x-3)^2 - (x-3)y + y^2\right]\right\}$$

$X \sim N(3,1)$，

$$f_X(x) = \frac{1}{\sqrt{2\pi}}e^{-\frac{(x-3)^2}{2}}$$

$Y \sim N(0,1)$，

$$f_Y(y) = \frac{1}{\sqrt{2\pi}}e^{-\frac{y^2}{2}}$$

(2) $f(x,y) = \dfrac{1}{2\pi\frac{1}{2}\times\frac{1}{2}\sqrt{1-\left(\frac{1}{2}\right)^2}}\exp\left\{\dfrac{-1}{2[1-(1/2)^2]}\left[\dfrac{(x-1)^2}{1/4} - 2\times\right.\right.$

$$\left.\left.\frac{1}{2}\times\frac{(x-1)(y-1)}{1/2\times1/2} + \frac{(y-1)^2}{1/4}\right]\right\}$$

$$= \frac{4}{\pi\sqrt{3}}\exp\left\{\frac{-8}{3}\left[(x-1)^2 - (x-1)(y-1) + (y-1)^2\right]\right\}$$

$X \sim N(1,1/4)$，

$$f_X(x) = \sqrt{\frac{2}{\pi}}e^{-\frac{(x-1)^2}{2\times1/4}} = \sqrt{\frac{2}{\pi}}e^{-2(x-1)^2}$$

$Y \sim N(1,1/4)$，

$$f_Y(y) = \sqrt{\frac{2}{\pi}} e^{-\frac{(y-1)^2}{2 \times 1/4}} = \sqrt{\frac{2}{\pi}} e^{-2(y-1)^2}$$

(3) $f(x,y) = \dfrac{1}{2\pi \times 1 \times \frac{1}{2}\sqrt{1-0^2}} \exp\left\{ \dfrac{-1}{2(1-0^2)} \left[\dfrac{(x-1)^2}{1} - \right.\right.$

$$2 \times 0 \times \frac{(x-1)(y-2)}{1 \times 1/2} + \frac{(y-2)^2}{1/4} \Bigg]\Bigg\}$$

$$= \frac{1}{\pi} \exp\left\{ \frac{-1}{2} \left[(x-1)^2 + 4(y-2)^2 \right] \right\}$$

$X \sim N(1,1)$,

$$f_X(x) = \frac{1}{\sqrt{2\pi}} e^{-\frac{(x-1)^2}{2}}$$

$Y \sim N(2,1/4)$,

$$f_Y(y) = \frac{1}{\sqrt{2\pi} \cdot 1/2} e^{-\frac{(y-2)^2}{2 \times 1/4}} = \sqrt{\frac{2}{\pi}} e^{-2(y-2)^2}$$

3.2 条件分布

关键词

条件分布律,条件分布函数,条件概率密度。

重要概念

(1) 条件分布律与条件分布函数

设 (X,Y) 是离散型随机变量,可能取值为 (x_i, y_j) $(i,j = 1,2,\cdots)$,其分布律及边缘分布律分别为 $P\{X = x_i, Y = y_j\} = p_{ij}$,$P\{X = x_i\} = p_i.$,$P\{Y = y_j\} = p._j$。

① 对于固定的 i,若 $P\{X = x_i\} > 0$,则称

$$P\{Y = y_j \mid X = x_i\} = \frac{P\{X = x_i, Y = y_j\}}{P\{X = x_i\}} = \frac{p_{ij}}{p_i.} \overset{\triangle}{=} p_{j|i}, \quad j = 1,2,\cdots$$

为在 $X = x_i$ 条件下 Y 的条件分布律。

根据条件概率的性质,条件分布律也具有分布律的两条基本性质:

● $P\{Y = y_j \mid X = x_i\} \geqslant 0$;

● $\displaystyle\sum_{j=1}^{\infty} P\{Y = y_j \mid X = x_i\} = 1$。

在 $X = x_i$ 条件下 Y 的条件分布函数为

$$F_{Y|X}(y \mid x_i) = \sum_{y_j \leqslant y} P\{Y = y_j \mid X = x_i\} = \sum_{y_j \leqslant y} p_{j|i}$$

② 对于固定的 j,若 $P\{Y = y_j\} > 0$,则称

$$P\{X = x_i \mid Y = y_j\} = \frac{P\{X = x_i, Y = y_j\}}{P\{Y = y_j\}} = \frac{p_{ij}}{p._j} \overset{\triangle}{=} p_{i|j}, \quad i = 1,2,3,\cdots$$

为在 $Y=y_j$ 条件下 X 的条件分布律。

在 $Y=y_j$ 条件下 X 的条件分布函数为

$$F_{X|Y}(x \mid y_j) = \sum_{x_i \leqslant x} P\{X=x_i \mid Y=y_j\} = \sum_{x_i \leqslant x} p_{i|j}$$

(2) 条件概率密度与条件分布函数

设 (X,Y) 为连续型随机变量，其概率密度为 $f(x,y)$。

① 若 $f(x,y)$ 在点 (x,y) 处连续，边缘概率密度 $f_Y(y)$ 连续，且 $f_Y(y)>0$，则在 $Y=y$ 条件下 X 的条件概率密度为

$$f_{X|Y}(x|y) = \frac{f(x,y)}{f_Y(y)}$$

在 $Y=y$ 条件下 X 的条件分布函数为

$$F_{X|Y}(x|y) = \int_{-\infty}^{x} \frac{f(u,y)}{f_Y(y)} \mathrm{d}u$$

② 若 $f(x,y)$ 在点 (x,y) 处连续，边缘概率密度 $f_X(x)$ 连续，且 $f_X(x)>0$，则在 $X=x$ 条件下 Y 的条件概率密度为

$$f_{Y|X}(y|x) = \frac{f(x,y)}{f_X(x)}$$

在 $X=x$ 条件下 Y 的条件分布函数为

$$F_{Y|X}(y|x) = \int_{-\infty}^{y} \frac{f(x,v)}{f_X(x)} \mathrm{d}v$$

基本练习 3.2 解答

1. 设离散型随机变量 X 和 Y 的联合分布律如下：

X＼Y	0	1	2
0	1/4	1/6	1/8
1	1/4	1/8	1/12

试求：X 在 $Y=0,1,2$ 及 Y 在 $X=0,1$ 各个条件下的条件分布律。

解： 由题设得知 X 和 Y 的边缘分布律分别如下：

X	0	1
$p_i.$	13/24	11/24

Y	0	1	2
$p._j$	1/2	7/24	5/24

$$P\{X=0 \mid Y=0\} = \frac{P\{X=0,Y=0\}}{P\{Y=0\}} = \frac{1/4}{1/2} = \frac{1}{2},$$

$$P\{X=1 \mid Y=0\} = 1 - \frac{1}{2} = \frac{1}{2},$$

$$P\{X=0 \mid Y=1\} = \frac{P\{X=0,Y=1\}}{P\{Y=1\}} = \frac{1/6}{7/24} = \frac{4}{7},$$

$$P\{X=1 \mid Y=1\} = 1 - \frac{4}{7} = \frac{3}{7},$$

$$P\{X=0 \mid Y=2\} = \frac{P\{X=0,Y=2\}}{P\{Y=2\}} = \frac{1/8}{5/24} = \frac{3}{5},$$

$$P\{X=1 \mid Y=2\} = 1 - \frac{3}{5} = \frac{2}{5},$$

$$P\{Y=0 \mid X=0\} = \frac{P\{X=0,Y=0\}}{P\{X=0\}} = \frac{1/4}{13/24} = \frac{6}{13},$$

$$P\{Y=1 \mid X=0\} = \frac{P\{X=0,Y=1\}}{P\{X=0\}} = \frac{1/6}{13/24} = \frac{4}{13},$$

$$P\{Y=2 \mid X=0\} = \frac{P\{X=0,Y=2\}}{P\{X=0\}} = \frac{1/8}{13/24} = \frac{3}{13},$$

$$P\{Y=0 \mid X=1\} = \frac{P\{X=1,Y=0\}}{P\{X=1\}} = \frac{1/4}{11/24} = \frac{6}{11},$$

$$P\{Y=1 \mid X=1\} = \frac{P\{X=1,Y=1\}}{P\{X=1\}} = \frac{1/8}{11/24} = \frac{3}{11},$$

$$P\{Y=2 \mid X=1\} = \frac{P\{X=1,Y=2\}}{P\{X=1\}} = \frac{1/12}{11/24} = \frac{2}{11}.$$

2. 设二维连续型随机变量(X,Y)的概率密度为

$$f(x,y) = \begin{cases} 1, & |y| < x, 0 < x < 1 \\ 0, & \text{其他} \end{cases}$$

试求条件概率密度$f_{X|Y}(x|y)$和$f_{Y|X}(y|x)$及$P\{Y>1/2 \mid X>1/2\}$

解：由题设知(X,Y)服从区域$D=\{(x,y)\,|\,|y|<x,0<x<1\}$上的均匀分布(见下图)，利用图所示$D$的图形容易确定$X$与$Y$的边缘概率密度：

$$f_X(x) = \int_{-\infty}^{+\infty} f(x,y)\mathrm{d}y$$

$$= \begin{cases} \int_{-x}^{x} 1\mathrm{d}y = 2x, & 0 < x < 1 \\ 0, & \text{其他} \end{cases}$$

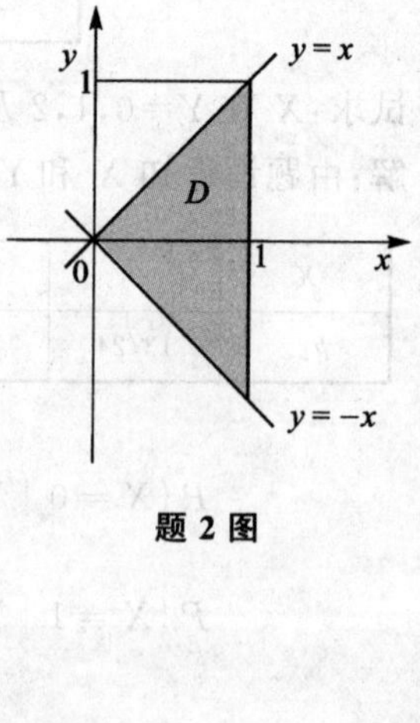

$$f_Y(y) = \int_{-\infty}^{+\infty} f(x,y)\mathrm{d}x$$

$$= \begin{cases} \int_{y}^{1} 1\mathrm{d}x = 1-y, & 0 < y < 1 \\ \int_{-y}^{1} 1\mathrm{d}x = 1+y, & -1 < y < 0 \\ 0, & \text{其他} \end{cases}$$

题2图

故当$0<x<1$时，在$X=x$条件下Y的条件概率密度为

$$f_{Y|X}(y \mid x) = \frac{f(x,y)}{f_X(x)} = \frac{1}{2x}, \quad |y| < x$$

当 $-1 < y < 1$ 时,在 $Y=y$ 条件下 X 的条件概率密度为

$$f_{X|Y}(x \mid y) = \frac{f(x,y)}{f_Y(y)} = \frac{1}{1-|y|}, \quad 0 < x < 1,$$

$$P\left\{X > \frac{1}{2}\right\} = \int_{1/2}^{1} 2x\,\mathrm{d}x = x^2 \Big|_{1/2}^{1} = 1 - \left(\frac{1}{2}\right)^2 = \frac{3}{4},$$

$$P\left\{Y > \frac{1}{2} \,\Big|\, X > \frac{1}{2}\right\} = \frac{P\{Y > 1/2, X > 1/2\}}{P\{X > 1/2\}} = \frac{\int_{1/2}^{1}\mathrm{d}x \int_{1/2}^{x}\mathrm{d}y}{3/4} = \frac{1/8}{3/4} = \frac{1}{6}$$

3. 设二维连续型随机变量 (X,Y) 的概率密度函数为

$$f(x,y) = \begin{cases} A\mathrm{e}^{-(2x+3y)}, & x>0, y>0 \\ 0, & \text{其他} \end{cases},$$

试确定常数 A,且求条件概率密度 $f_{X|Y}(x|y)$ 和 $f_{Y|X}(y|x)$。

解:由

$$1 = \int_0^{+\infty}\int_0^{+\infty} A\mathrm{e}^{-(2x+3y)}\,\mathrm{d}x\,\mathrm{d}y = A\int_0^{+\infty}\mathrm{e}^{-2x}\,\mathrm{d}x\int_0^{+\infty}\mathrm{e}^{-3y}\,\mathrm{d}y$$

$$= A\left(-\frac{1}{2}\mathrm{e}^{-2x}\right)\Big|_0^{+\infty}\left(-\frac{1}{3}\mathrm{e}^{-3y}\right)\Big|_0^{+\infty} = A\times\frac{1}{2}\times\frac{1}{3} = \frac{A}{6}$$

得 $A=6$。于是 (X,Y) 的概率密度函数为

$$f(x,y) = \begin{cases} 6\mathrm{e}^{-(2x+3y)}, & x>0, y>0 \\ 0, & \text{其他} \end{cases},$$

$$f_X(x) = \int_{-\infty}^{+\infty} f(x,y)\,\mathrm{d}y = \begin{cases} \int_0^{+\infty} 6\mathrm{e}^{-(2x+3y)}\,\mathrm{d}y = 2\mathrm{e}^{-2x}\int_0^{+\infty} 3\mathrm{e}^{-3y}\,\mathrm{d}y = 2\mathrm{e}^{-2x}, & x>0 \\ 0, & x\leq 0 \end{cases},$$

$$f_Y(y) = \int_{-\infty}^{+\infty} f(x,y)\,\mathrm{d}x = \begin{cases} \int_0^{+\infty} 6\mathrm{e}^{-(2x+3y)}\,\mathrm{d}x = 3\mathrm{e}^{-3y}\int_0^{+\infty} 2\mathrm{e}^{-2x}\,\mathrm{d}y = 3\mathrm{e}^{-3y}, & y>0 \\ 0, & y\leq 0 \end{cases}$$

所以,当 $y>0$ 时,在 $Y=y$ 条件下 X 的条件概率密度为

$$f_{X|Y}(x \mid y) = \frac{f(x,y)}{f_Y(y)} = \begin{cases} \dfrac{6\mathrm{e}^{-(2x+3y)}}{3\mathrm{e}^{-3y}} = 2\mathrm{e}^{-2x}, & x>0 \\ 0, & \text{其他} \end{cases}$$

当 $x>0$ 时,在 $X=x$ 条件下 Y 的条件概率密度为

$$f_{Y|X}(y \mid x) = \frac{f(x,y)}{f_X(x)} = \begin{cases} \dfrac{6\mathrm{e}^{-(2x+3y)}}{2\mathrm{e}^{-2x}} = 3\mathrm{e}^{-3y}, & y>0 \\ 0, & \text{其他} \end{cases}$$

4. 已知 $(X,Y) \sim N(0,0,1,1,\rho)$,试求 X 和 Y 的条件分布。

解:因为 $(X,Y) \sim N(0,0,1,1,\rho)$,故其概率密度为

$$f(x,y) = \frac{1}{2\pi\sqrt{1-\rho^2}}\exp\left\{-\frac{1}{2(1-\rho^2)}\left[x^2-2\rho xy+y^2\right]\right\}$$

由于二维正态分布的两个边缘分布均为一维正态分布,故知:$X \sim N(0,1), Y \sim N(0,1)$,其边缘概率密度分别为

$$f_X(x) = \frac{1}{\sqrt{2\pi}}e^{-\frac{x^2}{2}}, \quad f_Y(y) = \frac{1}{\sqrt{2\pi}}e^{-\frac{y^2}{2}}$$

在 $Y=y$ 条件下 X 的条件概率密度为

$$f_{X|Y}(x \mid y) = \frac{f(x,y)}{f_Y(y)} = \frac{1}{\sqrt{2\pi}\sqrt{1-\rho^2}}e^{-\frac{1}{2(1-\rho^2)}(x^2-2\rho xy+\rho^2 y^2)}$$

$$= \frac{1}{\sqrt{2\pi}\sqrt{1-\rho^2}}e^{-\frac{(x-\rho y)^2}{2(1-\rho^2)}}$$

在 $X=x$ 条件下 Y 的条件概率密度为

$$f_{Y|X}(y \mid x) = \frac{f(x,y)}{f_X(x)} = \frac{1}{\sqrt{2\pi}\sqrt{1-\rho^2}}e^{-\frac{1}{2(1-\rho^2)}(\rho^2 x^2-2\rho xy+y^2)}$$

$$= \frac{1}{\sqrt{2\pi}\sqrt{1-\rho^2}}e^{-\frac{(\rho x-y)^2}{2(1-\rho^2)}}$$

5. 设二维随机变量 (X,Y) 关于 Y 的边缘概率密度及在 $Y=y$ 条件下的条件概率密度分别为

$$f_Y(y) = \begin{cases} 5y^4, & 0<y<1 \\ 0, & \text{其他} \end{cases}, \quad f_{X|Y}(x \mid y) = \begin{cases} 3x^2/y^3, & 0<x<y \\ 0, & \text{其他} \end{cases}$$

试求:(1) $f_{Y|X}(y|x)$;(2) $P\{X>1/2\}$。

解:(1) $f(x,y) = f_Y(y)f_{X|Y}(x|y) = \begin{cases} 15x^2 y, & 0<x<y, 0<y<1 \\ 0, & \text{其他} \end{cases}$,于是

$$f_X(x) = \int_{-\infty}^{+\infty} f(x,y)\mathrm{d}y$$

$$= \begin{cases} \int_x^1 15x^2 y\mathrm{d}y = 15x^2\left(\frac{1}{2}y^2\right)\Big|_x^1 = \frac{15}{2}x^2(1-x^2), & 0<x<1 \\ 0, & \text{其他} \end{cases}$$

所以,当 $0<x<1$ 时,在 $X=x$ 条件下 Y 的条件概率密度为

$$f_{Y|X}(y \mid x) = \frac{f(x,y)}{f_X(x)} = \begin{cases} \dfrac{15x^2 y}{\dfrac{15}{2}x^2(1-x^2)} = \dfrac{2y}{1-x^2}, & x<y<1 \\ 0, & \text{其他} \end{cases}$$

(2) $P\left\{X>\dfrac{1}{2}\right\} = \int_{1/2}^1 \dfrac{15}{2}x^2(1-x^2)\mathrm{d}x = \dfrac{15}{2}\left(\dfrac{1}{3}x^3-\dfrac{1}{5}x^5\right)\Big|_{1/2}^1 = \dfrac{15}{2}\times\dfrac{17}{480} = \dfrac{17}{64}$。

6. 设二维随机变量 (X,Y) 的概率密度为

$$f(x,y) = \begin{cases} 24(1-x)y, & 0 < x < 1, 0 < y < x \\ 0, & \text{其他} \end{cases}$$

试求条件概率密度 $f_{X|Y}(x|y)$ 及 $f_{Y|X}(y|x)$。

解：因为 X 与 Y 的边缘概率密度分别为

$$f_X(x) = \int_{-\infty}^{+\infty} f(x,y)\mathrm{d}y$$

$$= \begin{cases} \int_0^x 24(1-x)y\mathrm{d}y = 24(1-x)\left(\frac{1}{2}y^2\right)\Big|_0^x = 12x^2(1-x), & 0 < x < 1 \\ 0, & \text{其他} \end{cases}$$

$$f_Y(y) = \int_{-\infty}^{+\infty} f(x,y)\mathrm{d}x$$

$$= \begin{cases} \int_y^1 24(1-x)y\mathrm{d}x = 24y\left[-\frac{1}{2}(1-x)^2\right]\Big|_y^1 = 12y(1-y)^2, & 0 < y < 1 \\ 0, & \text{其他} \end{cases}$$

故当 $0 < y < 1$ 时，在 $Y = y$ 条件下 X 的条件概率密度为

$$f_{X|Y}(x \mid y) = \frac{f(x,y)}{f_Y(y)} = \begin{cases} \dfrac{24(1-x)y}{12y(1-y)^2} = \dfrac{2(1-x)}{(1-y)^2}, & y < x < 1 \\ 0, & \text{其他} \end{cases}$$

当 $0 < x < 1$ 时，在 $X = x$ 条件下 Y 的条件概率密度为

$$f_{Y|X}(y \mid x) = \frac{f(x,y)}{f_X(x)} = \begin{cases} \dfrac{24(1-x)y}{12x^2(1-x)} = \dfrac{2y}{x^2}, & 0 < y < x \\ 0, & \text{其他} \end{cases}$$

7. 设随机变量 X 与 Y 的联合概率密度为

$$f(x,y) = \begin{cases} \dfrac{1}{y}\mathrm{e}^{-y-\frac{x}{y}}, & x > 0, y > 0 \\ 0, & \text{其他} \end{cases}$$

试求条件概率密度 $f_{X|Y}(x|y)$。

解：因为边缘概率密度为

$$f_Y(y) = \int_{-\infty}^{+\infty} f(x,y)\mathrm{d}x$$

$$= \begin{cases} \int_0^{+\infty} \dfrac{1}{y}\mathrm{e}^{-y-\frac{x}{y}}\mathrm{d}x = \dfrac{1}{y}\mathrm{e}^{-y}\int_0^{+\infty}\mathrm{e}^{-\frac{x}{y}}\mathrm{d}x = \mathrm{e}^{-y}(-\mathrm{e}^{-\frac{x}{y}})\Big|_0^{+\infty} = \mathrm{e}^{-y}, & y > 0 \\ 0, & y \leqslant 0 \end{cases}$$

故当 $y > 0$ 时，在 $Y = y$ 条件下 X 的条件概率密度为

$$f_{X|Y}(x \mid y) = \frac{f(x,y)}{f_Y(y)} = \begin{cases} \dfrac{\dfrac{1}{y}e^{-\frac{x}{y}}}{e^{-y}} = \dfrac{1}{y}e^{-\frac{x}{y}}, & x > 0 \\ 0, & \text{其他} \end{cases}$$

8. 设随机变量 X 服从 $N(m, T^2)$，在 $X = x$ 条件下随机变量 Y 的条件分布为 $N(x, \sigma^2)$。试求 Y 的概率密度。

解：因为 $X \sim N(m, T^2)$，其概率密度为

$$f_X(x) = \frac{1}{\sqrt{2\pi}\,T} e^{-\frac{(x-m)^2}{2T^2}}, \quad -\infty < x < +\infty$$

在 $X = x$ 条件下随机变量 Y 的条件概率密度为

$$f_{Y|X}(y \mid x) = \frac{1}{\sqrt{2\pi}\,\sigma} e^{-\frac{(y-x)^2}{2\sigma^2}}, \quad -\infty < y < +\infty$$

于是 (X, Y) 的概率密度为

$$\begin{aligned}
f(x,y) &= f_X(x) f_{Y|X}(y \mid x) \\
&= \frac{1}{\sqrt{2\pi}\,T} \exp\left[-\frac{(x-m)^2}{2T^2}\right] \frac{1}{\sqrt{2\pi}\,\sigma} \exp\left[-\frac{(y-x)^2}{2\sigma^2}\right] \\
&= \frac{1}{2\pi T\sigma} \exp\left[-\frac{(x-m)^2}{2T^2} - \frac{(y-x)^2}{2\sigma^2}\right],
\end{aligned}$$

$$\begin{aligned}
f_Y(y) &= \int_{-\infty}^{+\infty} f(x,y)\,\mathrm{d}x = \int_{-\infty}^{+\infty} \frac{1}{2\pi T\sigma} \exp\left[-\frac{(x-m)^2}{2T^2} - \frac{(y-x)^2}{2\sigma^2}\right] \mathrm{d}x \\
&= \int_{-\infty}^{+\infty} \frac{1}{2\pi T\sigma} \exp\left[-\frac{\sigma^2(x-m)^2 + T^2(y-x)^2}{2T^2\sigma^2}\right] \mathrm{d}x
\end{aligned}$$

而

$$\begin{aligned}
&\sigma^2(x-m)^2 + T^2(y-x)^2 \\
&= \sigma^2 x^2 - 2m\sigma^2 x + m^2\sigma^2 + T^2 y^2 - 2T^2 xy + T^2 x^2 \\
&= (\sigma^2 + T^2)x^2 - 2(m\sigma^2 + T^2 y)x + m^2\sigma^2 + T^2 y^2 \\
&= (\sigma^2 + T^2)\left[x^2 - 2\left(\frac{m\sigma^2 + T^2 y}{\sigma^2 + T^2}\right)x + \left(\frac{m\sigma^2 + T^2 y}{\sigma^2 + T^2}\right)^2\right] + \\
&\quad\; m^2\sigma^2 + T^2 y^2 - \frac{(m\sigma^2 + T^2 y)^2}{\sigma^2 + T^2} \\
&= (\sigma^2 + T^2)\left(x - \frac{m\sigma^2 + T^2 y}{\sigma^2 + T^2}\right)^2 + \frac{(\sigma^2 + T^2)(m^2\sigma^2 + T^2 y^2) - (m\sigma^2 + T^2 y)^2}{\sigma^2 + T^2}
\end{aligned}$$

其中

$$\frac{(\sigma^2 + T^2)(m^2\sigma^2 + T^2 y^2) - (m\sigma^2 + T^2 y)^2}{\sigma^2 + T^2}$$

$$= \frac{m^2\sigma^4 + T^2\sigma^2 y^2 + m^2 T^2\sigma^2 + T^4 y^2 - m^2\sigma^4 - 2mT^2\sigma^2 y - T^4 y^2}{\sigma^2 + T^2}$$

$$= \frac{T^2\sigma^2 y^2 + m^2 T^2\sigma^2 - 2mT^2\sigma^2 y}{\sigma^2 + T^2} = \frac{T^2\sigma^2(y-m)^2}{\sigma^2 + T^2}$$

于是

$$\sigma^2(x-m)^2 + T^2(y-x)^2 = (\sigma^2 + T^2)\left(x - \frac{m\sigma^2 + T^2 y}{\sigma^2 + T^2}\right)^2 + \frac{T^2\sigma^2(y-m)^2}{\sigma^2 + T^2}$$

$$f_Y(y) = \int_{-\infty}^{+\infty} \frac{1}{2\pi T\sigma} \exp\left[-\frac{\sigma^2(x-m)^2 + T^2(y-x)^2}{2T^2\sigma^2}\right]\mathrm{d}x$$

$$= \int_{-\infty}^{+\infty} \frac{1}{2\pi T\sigma} \exp\left[-\frac{(\sigma^2 + T^2)\left(x - \dfrac{m\sigma^2 + T^2 y}{\sigma^2 + T^2}\right)^2 + \dfrac{T^2\sigma^2(y-m)^2}{\sigma^2 + T^2}}{2T^2\sigma^2}\right]\mathrm{d}x$$

$$= \frac{1}{2\pi T\sigma} \exp\left[-\frac{(y-m)^2}{2(\sigma^2 + T^2)}\right] \int_{-\infty}^{+\infty} \frac{1}{2\pi T\sigma} \exp\left[-\frac{\left(x - \dfrac{m\sigma^2 + T^2 y}{\sigma^2 + T^2}\right)^2}{2T^2\sigma^2/(\sigma^2 + T^2)}\right]\mathrm{d}x$$

再作换元

$$t = \frac{x - \dfrac{m\sigma^2 + T^2 y}{\sigma^2 + T^2}}{T\sigma/\sqrt{\sigma^2 + T^2}}$$

微分

$$\mathrm{d}t = \frac{\mathrm{d}x}{T\sigma/\sqrt{\sigma^2 + T^2}} = \frac{\sqrt{\sigma^2 + T^2}\,\mathrm{d}x}{T\sigma}$$

则得 Y 的边缘概率密度为

$$f_Y(y) = \frac{1}{2\pi} \exp\left[-\frac{(y-m)^2}{2(\sigma^2 + T^2)}\right] \int_{-\infty}^{+\infty} \frac{1}{\sqrt{\sigma^2 + T^2}} \mathrm{e}^{-\frac{t^2}{2}}\mathrm{d}t,$$

$$f_Y(y) = \frac{1}{\sqrt{2\pi}\sqrt{\sigma^2 + T^2}} \exp\left[-\frac{(y-m)^2}{2(\sigma^2 + T^2)}\right] \int_{-\infty}^{+\infty} \frac{1}{\sqrt{2\pi}} \mathrm{e}^{-\frac{t^2}{2}}\mathrm{d}t$$

$$= \frac{1}{\sqrt{2\pi}\sqrt{\sigma^2 + T^2}} \exp\left[-\frac{(y-m)^2}{2(\sigma^2 + T^2)}\right]$$

3.3　相互独立的随机变量

关键词

随机变量的相互独立性，独立性判别。

重要概念

（1）两个随机变量独立性定义

如果(X,Y)的分布函数$F(x,y)$与边缘分布函数$F_X(x)$，$F_Y(y)$对所有的x,y满足下式：

$$F(x,y)=F_X(x)F_Y(y)$$

即

$$P\{X\leqslant x,Y\leqslant y\}=P\{X\leqslant x\}P\{Y\leqslant y\}$$

则称随机变量X与Y相互独立。

（2）两个离散型随机变量独立性的判别

若(X,Y)的概率分布为$P\{X=x_i,Y=y_j\}=p_{ij}$，与其边缘概率分布

$$p_{i\cdot}=P\{X=x_i\},\quad p_{\cdot j}=P\{Y=y_j\}$$

满足下式：

$$p_{ij}=p_{i\cdot}\cdot p_{\cdot j},\quad i,j=1,2,\cdots$$

则离散型随机变量X与Y相互独立。

（3）两个连续型随机变量独立性的判别

若(X,Y)为二维连续型随机变量，它的概率密度$f(x,y)$与边缘概率密度$f_X(x)$，$f_Y(y)$满足下式：

$$f(x,y)=f_X(x)f_Y(y),\quad \forall x,y\in \mathbf{R}$$

则连续型随机变量X与Y相互独立。

基本练习3.3解答

1. 设离散型随机变量(X,Y)具有下述分布律，问X与Y是否独立？

（1）

X \ Y	−1	0	1
1	1/4	1/6	1/12
4	1/8	1/12	1/24
9	1/8	1/12	1/24

（2）

X \ Y	−1	0	1
−1	1/2	0	1/6
−2	0	1/3	0

解：利用随机变量独立性的定义，应分别对以上两个分布表进行验证，$\forall i,j$，

存在
$$P\{X=x_i,Y=y_j\}=P\{X=x_i\}P\{Y=y_j\}$$
即 $p_{ij}=p_i.\ p._j$ 是否成立。

(1) 先求出关于 X 与 Y 的边缘分布律，

Y X	−1	0	1	$p_i.$
1	1/4	1/6	1/12	1/2
4	1/8	1/12	1/24	1/4
9	1/8	1/12	1/24	1/4
$p._j$	1/2	1/3	1/6	1

再检查得知此分布表满足条件：
$$\forall i,j,\exists P\{X=x_i,Y=y_j\}=P\{X=x_i\}P\{Y=y_j\}$$
例如
$$\frac{1}{4}=P\{X=1,Y=-1\}=P\{X=1\}P\{Y=-1\}=\frac{1}{2}\times\frac{1}{2},$$

$$\frac{1}{6}=P\{X=1,Y=0\}=P\{X=1\}P\{Y=0\}=\frac{1}{2}\times\frac{1}{3},$$

$$\frac{1}{8}=P\{X=4,Y=-1\}=P\{X=4\}P\{Y=-1\}=\frac{1}{4}\times\frac{1}{2}$$

...

所以在此 X 与 Y 相互独立。

(2) 先求出关于 X 与 Y 的边缘分布律，

Y X	−1	0	1	$p_i.$
−1	1/2	0	1/6	2/3
−2	0	1/3	0	1/3
$p._j$	1/2	1/3	1/6	1

因为
$$0=P\{X=-1,Y=0\}\neq P\{X=-1\}P\{Y=0\}=\frac{2}{3}\times\frac{1}{2}$$

不满足条件 $\forall i,j,\exists P\{X=x_i,Y=y_j\}=P\{X=x_i\}P\{Y=y_j\}$，因此 X 与 Y 不独立。

可以验证，只要联合分布表中有 0 出现，则 X 与 Y 必然不独立。

2. 设随机变量 X 与 Y 相互独立，且 X 与 Y 的联合分布律及关于 X,Y 的边缘分布律的部分值列表如下，试填出表中未知数值。

X \ Y	y_1	y_2	y_3	$P\{X=x_i\}$
x_1		1/8		
x_2	1/8			
$P\{Y=y_j\}$	1/6			1

解: 利用边缘分布关系

$$1/6 = P\{Y=y_1\} = P\{X=x_1, Y=y_1\} + P\{X=x_2, Y=y_1\}$$
$$= P\{X=x_1, Y=y_1\} + 1/8$$

得

$$P\{X=x_1, Y=y_1\} = \frac{1}{6} - \frac{1}{8} = \frac{1}{24}$$

再利用独立性条件可得

$$\frac{1}{24} = P\{X=x_1, Y=y_1\} = P\{X=x_1\}P\{Y=y_1\} = P\{X=x_1\} \times \frac{1}{6}$$

所以得

$$P\{X=x_1\} = \frac{1}{24} \times 6 = \frac{1}{4}$$

于是

$$\frac{1}{8} = P\{X=x_1, Y=y_2\} = P\{X=x_1\}P\{Y=y_2\} = \frac{1}{4} \times P\{Y=y_2\},$$

$$P\{Y=y_2\} = \frac{1}{8} \times 4 = \frac{1}{2}$$

其余值可类似得出:

X \ Y	y_1	y_2	y_3	$P\{X=x_i\}$
x_1	1/24	1/8	1/12	1/4
x_2	1/8	3/8	1/4	3/4
$P\{Y=y_j\}$	1/6	1/2	1/3	1

3. 设随机变量 X 与 Y 的边缘分布律如下:

X	-1	0	1
$p_i.$	1/4	1/2	1/4

Y	0	1
$p._j$	1/2	1/2

且有 $P\{XY=0\}=1$。试求:(1) X 与 Y 的联合分布律。(2) X 与 Y 是否相互独立,为什么?

解：(1) 由题设条件，利用 $P\{XY=0\}=1$，即 $P\{XY\neq0\}=0$，写出 X 与 Y 的联合分布表：因为当 $X=-1,Y=1$ 时，$XY=-1\neq0$，因此其概率应为 0，即 $P\{X=-1,Y=1\}=0$；又当 $X=1,Y=1$ 时，$XY=1\neq0$，因此其概率也应为 0，即 $P\{X=1,Y=1\}=0$。填入 X 与 Y 的联合分布表，得其余诸值。

Y \ X	0	1	$P\{X=x_i\}$
-1	1/4	0	1/4
0	0	1/2	1/2
1	1/4	0	1/4
$P\{Y=y_j\}$	1/2	1/2	1

(2) 利用独立性定义验证 X 与 Y 的独立性。因为

$$P\{X=0,Y=0\}=0\neq P\{X=0\}P\{Y=0\}=\frac{1}{2}\times\frac{1}{2}$$

所以 X 与 Y 不独立。

4. 设连续型随机变量 (X,Y) 具有下述概率密度：

(1) $f(x,y)=\begin{cases}\dfrac{x\mathrm{e}^{-x}}{(1+y)^2}, & x>0,y>0\\0, & \text{其他}\end{cases}$；

(2) $f(x,y)=\begin{cases}3/2, & -(x-1)^2<y<(x-1)^2,0<x<1\\0, & \text{其他}\end{cases}$。

试求 X 与 Y 的边缘概率密度，并判断 X 与 Y 是否相互独立？

解：(1) $f(x,y)=\begin{cases}x\mathrm{e}^{-x}\cdot\dfrac{1}{(1+y)^2}, & x>0,y>0\\0, & \text{其他}\end{cases}$，容易得出：

当 $x\leqslant0$ 时，$f_X(x)=0$；当 $x>0$ 时，

$$f_X(x)=\int_{-\infty}^{+\infty}f(x,y)\mathrm{d}y=\int_0^{+\infty}x\mathrm{e}^{-x}\frac{1}{(1+y)^2}\mathrm{d}y=x\mathrm{e}^{-x}\left(-\frac{1}{1+y}\Big|_0^{+\infty}\right)=x\mathrm{e}^{-x}$$

当 $y\leqslant0$ 时，$f_Y(y)=0$；而当 $y>0$ 时，

$$f_Y(y)=\int_{-\infty}^{+\infty}f(x,y)\mathrm{d}x=\int_0^{+\infty}x\mathrm{e}^{-x}\frac{1}{(1+y)^2}\mathrm{d}x$$

$$=\frac{1}{(1+y)^2}\int_0^{+\infty}x\mathrm{e}^{-x}\mathrm{d}x=\frac{1}{(1+y)^2}$$

所以有 $f(x,y)=f_X(x)f_Y(y)$，故由定义知 X 与 Y 相互独立。

(2) 当 $x\leqslant0$ 或 $x\geqslant1$ 时，$f_X(x)=0$；而当 $0<x<1$ 时，

$$f_X(x)=\int_{-\infty}^{+\infty}f(x,y)\mathrm{d}y=\int_{-(x-1)^2}^{(x-1)^2}\frac{3}{2}\mathrm{d}y=3(x-1)^2$$

当 $y \leqslant -1$ 或 $y \geqslant 1$ 时，$f_Y(y)=0$；当 $0<y<1$ 时，

$$f_Y(y)=\int_{-\infty}^{+\infty}f(x,y)\mathrm{d}x=\int_0^{1-\sqrt{y}}\frac{3}{2}\mathrm{d}y=\frac{3}{2}(1-\sqrt{y})$$

当 $-1<y\leqslant 0$ 时，

$$f_Y(y)=\int_{-\infty}^{+\infty}f(x,y)\mathrm{d}x=\int_0^{1-\sqrt{-y}}\frac{3}{2}\mathrm{d}y=\frac{3}{2}(1-\sqrt{-y})$$

显然有 $f(x,y)\neq f_X(x)f_Y(y)$，故知此 X 与 Y 不独立。

5. 设连续型随机变量 X 与 Y 相互独立，且均服从标准正态分布 $N(0,1)$，试求概率 $P\{X^2+Y^2\leqslant 1\}$。

解：因为 X 与 Y 独立，且均服从标准正态分布，即它们的概率密度分别为

$$f_X(x)=\frac{1}{\sqrt{2\pi}}\mathrm{e}^{-\frac{x^2}{2}},\quad f_Y(y)=\frac{1}{\sqrt{2\pi}}\mathrm{e}^{-\frac{y^2}{2}}$$

则 X,Y 的联合概率密度为

$$f(x,y)=f_X(x)\cdot f_Y(y)=\frac{1}{2\pi}\mathrm{e}^{-\frac{x^2+y^2}{2}}$$

于是所求概率

$$P\{X^2+Y^2\leqslant 1\}=\iint_{x^2+y^2\leqslant 1}\frac{1}{2\pi}\mathrm{e}^{-\frac{x^2+y^2}{2}}\mathrm{d}x\mathrm{d}y$$

$$\xlongequal[y=r\sin\theta]{x=r\cos\theta}\int_0^{2\pi}\mathrm{d}\theta\int_0^1\frac{1}{2\pi}\mathrm{e}^{-\frac{r^2}{2}}r\mathrm{d}r$$

$$=2\pi\cdot\frac{1}{2\pi}\cdot(-\mathrm{e}^{-\frac{r^2}{2}})\Big|_0^1=1-\mathrm{e}^{-\frac{1}{2}}$$

6. 某公司经理到达办公室的时间均匀分布在 8:00～12:00 时间内，他的秘书到达办公室的时间均匀分布在 7:00～9:00 时间内。设他们两人到达的时间是相互独立的，试求他们到达办公室的时间相差不超过 5 min(1/12 h)的概率。

解：设 X,Y 分别表示经理和秘书到达办公室的时间，依题意，$X\sim U(8,12)$，$Y\sim U(7,9)$，即它们的概率密度为

$$f_X(x)=\begin{cases}1/4,&8<x<12\\0,&\text{其他}\end{cases},\quad f_Y(y)=\begin{cases}1/2,&7<y<9\\0,&\text{其他}\end{cases}$$

因为 X,Y 相互独立，故 (X,Y) 的概率密度为

$$f(x,y)=f_X(x)f_Y(y)=\begin{cases}1/8,&8<x<12,7<y<9\\0,&\text{其他}\end{cases}$$

所求概率为

$$P\left\{|X-Y|\leqslant\frac{1}{12}\right\}=\iint_D\frac{1}{8}\mathrm{d}x\mathrm{d}y=\frac{1}{8}\times D\text{ 的面积}$$

其中

$$D = \left\{ (x, y) \mid 8 < x < 12, 7 < y < 9, \mid x - y \mid \leqslant \frac{1}{12} \right\}$$

如图所示,在 $8 < x < 12, 7 < y < 9$ 的矩形区域内,由

$$\mid x - y \mid \leqslant 1/12$$

得

$$-\frac{1}{12} \leqslant x - y \leqslant \frac{1}{12}$$

知 D 由边界 $y = 9, x = 8, y = x + \frac{1}{12}, y = x - \frac{1}{12}$

题 6 图

所围成,即图中阴影部分,故得

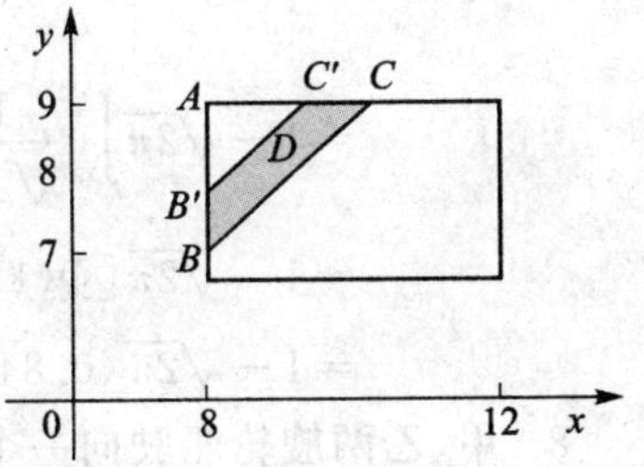

$$S_D = S_{\triangle ABC} - S_{\triangle AB'C'} = \frac{1}{2}\left(\frac{13}{12}\right)^2 - \frac{1}{2}\left(\frac{11}{12}\right)^2 = \frac{1}{6}$$

于是

$$P\left\{ \mid X - Y \mid \leqslant \frac{1}{12} \right\} = \frac{1}{8} \times \frac{1}{6} = \frac{1}{48}$$

即经理和秘书到达办公室的时间相差不超过 5 min 的概率为 1/48。

7. 设 X 和 Y 是两个相互独立的随机变量,X 在 $(0,1)$ 上服从均匀分布,Y 的概率密度为

$$f_Y(y) = \begin{cases} \dfrac{1}{2}e^{-\frac{y}{2}}, & y > 0 \\ 0, & y \leqslant 0 \end{cases}$$

(1) 试求 X 和 Y 的联合概率密度。(2) 设含有 a 的二次方程为 $a^2 + 2Xa + Y = 0$,试求 a 有实根的概率。

解:(1) X 服从 $U(0,1)$,故其概率密度为

$$f_X(x) = \begin{cases} 1, & 0 < x < 1 \\ 0, & 其他 \end{cases}$$

由于 X 与 Y 相互独立,所以它们的联合概率密度等于它们的边缘概率密度之积,即

$$f(x, y) = \begin{cases} \dfrac{1}{2}e^{-\frac{y}{2}}, & 0 < x < 1, y > 0 \\ 0, & 其他 \end{cases}$$

(2) 若 $a^2 + 2Xa + Y = 0$ 有实根,则判别式

$$(2X)^2 - 4Y \geqslant 0$$

即 $X^2 \geqslant Y$。概率应为

$$P\{X^2 \geqslant y\} = \iint_D f(x, y) \, dx \, dy$$

其中 $D = \{(x, y) \mid x^2 \geqslant y, 0 < x < 1, y > 0\}$,如下图阴影部分所示。故

$$P\{X^2 \geqslant Y\} = \int_0^1 dx \int_0^{x^2} \frac{1}{2} e^{-\frac{y}{2}} dy = \int_0^1 (-e^{-\frac{y}{2}}) \Big|_0^{x^2} dx$$

$$= \int_0^1 (1 - e^{-\frac{x^2}{2}}) dx = 1 - \int_0^1 e^{-\frac{x^2}{2}} dx$$

$$= 1 - \sqrt{2\pi} \int_0^1 \frac{1}{\sqrt{2\pi}} e^{-\frac{x^2}{2}} dx$$

$$= 1 - \sqrt{2\pi} [\Phi(1) - \Phi(0)]$$

$$= 1 - \sqrt{2\pi} (0.841\,3 - 0.5) = 0.144\,5$$

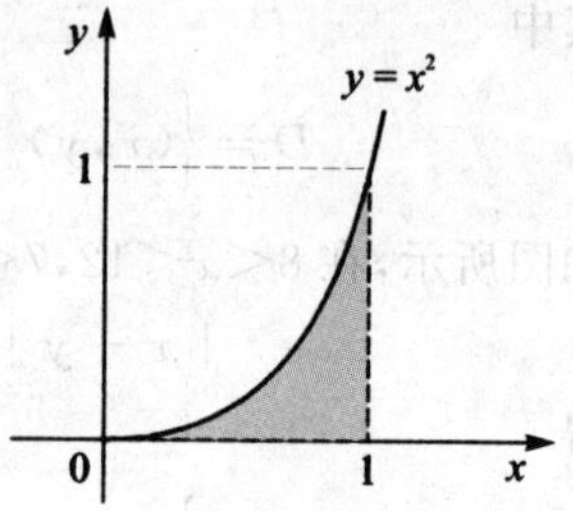

题 7 图

8. 甲、乙两艘轮船驶向一个不能同时停泊两艘轮船的码头停泊,它们在一昼夜内到达的时刻是等可能的。如果甲船的停泊时间是 1 h,乙船的停泊时间为 2 h,试求两艘轮船中任何一艘船都不需要等待码头空出的概率。

解:设自当天零时算起,甲、乙两船到达码头的时刻分别为 X 及 Y,它们为随机变量,且均服从区间 $[0,24]$ 上的均匀分布,即概率密度分别为

$$f_X(x) = \begin{cases} 1/24, & 0 < x < 24 \\ 0, & \text{其他} \end{cases}, \quad f_Y(y) = \begin{cases} 1/24, & 0 < y < 24 \\ 0, & \text{其他} \end{cases}$$

联合概率密度由独立性可得

$$f(x,y) = f_X(x) f_Y(y) = \begin{cases} 1/24^2, & 0 < x < 24, 0 < y < 24 \\ 0, & \text{其他} \end{cases}$$

这样,轮船不需要空出码头时,若为甲船先到情况则应有 $Y - X \geqslant 1$,即 $Y \geqslant X + 1$;若为乙船先到情况则应有 $X - Y \geqslant 2$,即 $Y \leqslant X - 2$,故所求概率为

$$P\{Y \geqslant X + 1 \text{ 或 } Y \leqslant X - 2\} = P\{Y \geqslant X + 1\} + P\{Y \leqslant X - 2\}$$

$$= \iint\limits_{y \geqslant x+1} f(x,y) dx dy + \iint\limits_{y \leqslant x-2} f(x,y) dx dy$$

$$= \int_0^{23} dx \int_{x+1}^{24} \frac{1}{24^2} dy + \int_2^{24} dx \int_0^{x-2} \frac{1}{24^2} dy$$

$$= \frac{1}{24^2} \int_0^{23} (23 - x) dx + \frac{1}{24^2} \int_2^{24} (x - 2) dx$$

$$= \frac{1}{24^2} \left[\left(23x - \frac{x^2}{2}\right) \Big|_0^{23} + \left(\frac{1}{2}x^2 - 2x\right) \Big|_2^{24} \right]$$

$$= \frac{1}{24^2} \left[\frac{23^2}{2} + \frac{1}{2}(24^2 - 4) - 2 \times 22 \right]$$

$$= \frac{1}{24^2} \left(\frac{529}{2} + 242 \right)$$

$$= \frac{1013}{1152} = 0.879\,3$$

3.4　两个随机变量的函数的分布

关键词

函数 $Z=g(X,Y)$ 的分布,随机变量和的分布,极值的分布。

重要概念

(1) 两个离散型随机变量函数 $Z=g(X,Y)$ 的分布

若 (X,Y) 的概率分布为 $P\{X=x_i,Y=y_j\}=p_{ij}(i,j=1,2,\cdots)$,则求函数 $Z=g(X,Y)$ 的概率分布的步骤如下:

① 确定 $Z=g(X,Y)$ 的所有可能的取值 $z_1,z_2,\cdots$;

② 确定 $P\{Z=g(x_i,y_j)=z_k\}=P\{X=x_i,Y=y_j\}=p_{ij}$;

③ 确定 $Z=g(X,Y)$ 中相同的值合并,将其相应概率相加;

④ 将 z_k 值按从小到大的顺序重新排列列表写出 $Z=g(X,Y)$ 的分布律。

(2) 两个离散型随机变量和 $Z=X+Y$ 的分布

若 (X,Y) 的概率分布为 $P\{X=x_i,Y=y_j\}=p_{ij}(i,j=1,2,\cdots)$,则 $Z=X+Y$ 的概率分布为

$$P\{Z=z_k\}=\sum_i P\{X=x_i,Y=z_k-x_i\}=\sum_j P\{X=z_k-y_j,Y=y_j\}$$

其中 i,j,k 均为自然数;$\sum_i$,$\sum_j$ 是对所有有序自然数对 (i,j),使得 $x_i+y_j=z_k$ 求和。

(3) 两个离散型随机变量 X 与 Y 相互独立时 $Z=X+Y$ 的概率分布

$$P\{Z=z_k\}=\sum_i P\{X=x_i\}P\{Y=z_k-x_i\}=\sum_j P\{X=z_k-y_j\}P\{Y=y_j\}$$

其中 i,j,k 均为自然数;$\sum_i$,$\sum_j$ 是对所有有序自然数对 (i,j),使得 $x_i+y_j=z_k$ 求和。

特别地,若 X 与 Y 相互独立,且 X 与 Y 均取值 $0,1,2,\cdots$,则有

$$P\{Z=k\}=\sum_{i=0}^k P\{X=i\}P\{Y=k-i\}=\sum_{j=0}^k P\{X=k-j\}P\{Y=j\}$$

(4) 两个连续型随机变量和 $Z=X+Y$ 的概率密度

若连续型随机变量 (X,Y) 的概率密度为 $f(x,y)$,则 $Z=X+Y$ 的概率密度为

$$f_Z(z)=\int_{-\infty}^{+\infty}f(x,z-x)\mathrm{d}x=\int_{-\infty}^{+\infty}f(z-y,y)\mathrm{d}y$$

(5) 两个连续型随机变量 X 与 Y 相互独立时 $Z=X+Y$ 的概率密度为

$$f_Z(z)=\int_{-\infty}^{+\infty}f_X(x)f_Y(z-x)\mathrm{d}x=\int_{-\infty}^{+\infty}f_X(z-y)f_Y(y)\mathrm{d}y$$

(6) 两个连续型随机变量 X 与 Y 的极大值 $M=\max\{X,Y\}$ 的分布函数

$$F_M(z)=P\{M\leqslant z\}=P\{\max\{X,Y\}\leqslant z\}=P\{X\leqslant z,Y\leqslant z\}$$

特别地,若 X 与 Y 相互独立,则极大值 M 的分布函数与概率密度为

$$F_M(z)=F_X(z)F_Y(z), \quad f_M(z)=f_X(z)F_Y(z)+F_X(z)f_Y(z)$$

(7)两个连续型随机变量 X 与 Y 的极小值 $N=\min\{X,Y\}$ 的分布函数

$$F_N(z)=P\{N\leqslant z\}=P\{\min(X,Y)\leqslant z\}$$
$$=1-P\{\min\{X,Y\}>z\}=1-P\{X>z,Y>z\}$$

特别地,若 X 与 Y 相互独立,则极小值 N 的分布函数与概率密度为

$$F_N(z)=1-P\{X>z,Y>z\}=1-[1-F_X(z)][1-F_Y(z)],$$
$$f_N(z)=[1-F_Y(z)]f_X(z)+[1-F_X(z)]f_Y(z)$$

基本练习 3.4 解答

1. 设随机变量 X 与 Y 相互独立,且都在 $(0,1)$ 上服从均匀分布 $U(0,1)$,试求:
(1) $Z=X+Y$ 的概率密度;(2) $M=\max(X,Y)$ 的概率密度;(3) $N=\min(X,Y)$ 的概率密度。

解:因为 $X\sim U(0,1),Y\sim U(0,1)$,故其概率密度为

$$f_X(x)=\begin{cases}1, & 0<x<1 \\ 0, & \text{其他}\end{cases}, \quad f_Y(y)=\begin{cases}1, & 0<y<1 \\ 0, & \text{其他}\end{cases}$$

因为 X 与 Y 相互独立,则其联合概率密度为

$$f(x,y)=\begin{cases}1, & 0<x<1,0<y<1 \\ 0, & \text{其他}\end{cases}$$

(1) $Z=X+Y$ 的概率密度为

$$f_Z(z)=\int_{-\infty}^{+\infty}f_X(x)f_Y(z-x)\mathrm{d}x$$

由概率密度知,当 $0<x<1$ 且 $0<z-x<1$ 时,即当 $0<x<1$ 且 $z-1<x<z$ 时,才有 $f_X(x)f_Y(z-x)>0$,于是应按 z 的取值分段讨论,确定 x 的上下限,注意此时 x 有两个下限 $0,z-1$,两个上限 $1,z$,在取交集时,下限中取大者,上限中取小者,于是得:

① 当 $z\leqslant 0$ 时,$f_Z(z)=0$;

② 当 $0<z<1$ 时,$0<x<z$,则 $f_Z(z)=\int_0^z 1\mathrm{d}x=z$;

③ 当 $1\leqslant z<2$ 时,$z-1<x<1$,则 $f_Z(z)=\int_{z-1}^1 1\mathrm{d}x=2-z$;

④ 当 $z\geqslant 2$ 时,$f_Z(z)=0$,即

$$f_Z(z)=\begin{cases}z, & 0<z<1 \\ 2-z, & 1\leqslant z<2 \\ 0, & \text{其他}\end{cases}$$

(2)因为 $M=\max\{X,Y\}$ 的分布函数为

$$F_M(z)=F_X(z)F_Y(z)$$

故
$$f_M(z) = f_X(z)F_Y(z) + f_Y(z)F_X(z)$$

而
$$F_X(x) = \begin{cases} 0, & x < 0 \\ x, & 0 \leqslant x < 1, \\ 1, & x \geqslant 1 \end{cases} \quad F_Y(y) = \begin{cases} 0, & y < 0 \\ y, & 0 \leqslant y < 1 \\ 1, & y \geqslant 1 \end{cases}$$

故得
$$F_M(z) = \begin{cases} 0, & z < 0 \\ z^2, & 0 \leqslant z < 1, \\ 1, & z \geqslant 1 \end{cases} \quad f_M(z) = \begin{cases} 2z, & 0 < z < 1 \\ 0, & \text{其他} \end{cases}$$

（3）因为 $N = \min(X, Y)$ 的分布函数为
$$F_N(z) = 1 - [1 - F_X(z)][1 - F_Y(z)]$$

而 $F_X(z) = F_Y(z)$，故
$$F_N(z) = 1 - [1 - F_X(z)]^2 = \begin{cases} 0, & z < 0 \\ 1 - (1 - z)^2, & 0 \leqslant z < 1 \\ 1, & z \geqslant 1 \end{cases}$$

于是
$$f_N(z) = 2[1 - F_X(z)]f_X(z) = \begin{cases} 2(1 - z), & 0 < z < 1 \\ 0, & \text{其他} \end{cases}$$

2. 设 X 与 Y 是两个相互独立的随机变量，分别服从泊松分布 $\pi(\lambda_1)$ 和 $\pi(\lambda_2)$，其分布律为

$$P\{X = i\} = \frac{\lambda_1^i e^{-\lambda_1}}{i!}, \quad i = 0, 1, 2, \cdots$$

$$P\{Y = j\} = \frac{\lambda_2^j e^{-\lambda_2}}{j!}, \quad j = 0, 1, 2, \cdots$$

试求 $Z = X + Y$ 的分布律。

解：
$$P\{Z = k\} = \sum_{i=0}^{k} P_X\{X = i\}P_Y\{Y = k - i\}$$

$$= \sum_{i=0}^{k} \frac{\lambda_1^i e^{-\lambda_1}}{i!} \cdot \frac{\lambda_2^{k-i} e^{-\lambda_2}}{(k - i)!}$$

$$= e^{-(\lambda_1 + \lambda_2)} \frac{1}{k!} \sum_{i=0}^{k} \frac{k!}{i!(k - i)!} \lambda_1^i \cdot \lambda_2^{k-i}$$

$$= \frac{1}{k!} e^{-(\lambda_1 + \lambda_2)} \cdot (\lambda_1 + \lambda_2)^k$$

$$= \frac{(\lambda_1 + \lambda_2)^k}{k!} e^{-(\lambda_1 + \lambda_2)}, \quad k = 0, 1, 2, \cdots$$

易见此结果表明,如果 X 与 Y 相互独立且服从泊松分布 $\pi(\lambda_1)$ 与 $\pi(\lambda_2)$,则其和服从泊松分布 $\pi(\lambda_1+\lambda_2)$。可以按数学归纳法证明:若 $X_1,X_2,\cdots,X_n$ 均为分别服从泊松分布 $\pi(\lambda_i)(i=1,2,\cdots,n)$ 的随机变量,当它们相互独立时,其和 $\sum\limits_{i=1}^{n}X_i$ 服从参数为 $\sum\limits_{i=1}^{n}\lambda_i$ 的泊松分布。

3. 设连续型二维随机变量 (X,Y) 的概率密度为

$$f(x,y)=\begin{cases} 3x, & 0<x<1,0<y<x \\ 0, & \text{其他} \end{cases}$$

试求 $Z=X+Y$ 的概率密度。

解:$Z=X+Y$ 的概率密度为 $f_Z(z)=\int_{-\infty}^{+\infty}f(x,z-x)\mathrm{d}x$,由于 $0<x<1,0<z-x<x$,即 $0<x<1,\dfrac{z}{2}<x<z$ 时,$f(x,z-x)>0$,故有:

① 当 $z<0$ 时,$f_Z(z)=0$;

② 当 $0<z<1$ 时,$f_Z(z)=\int_{z/2}^{z}3x\mathrm{d}x=\dfrac{3}{2}x^2\big|_{z/2}^{z}=\dfrac{3}{2}\left(z^2-\dfrac{z^2}{4}\right)=\dfrac{9}{8}z^2$;

③ 当 $1<z<2$ 时,$f_Z(z)=\int_{z/2}^{1}3x\mathrm{d}x=\dfrac{3}{2}x^2\big|_{z/2}^{1}=\dfrac{3}{2}\left(1-\dfrac{z^2}{4}\right)=\dfrac{3}{8}(4-z^2)$;

④ 当 $z\geqslant2$ 时,$f_Z(z)=0$。

即 $Z=X+Y$ 的概率密度为

$$f_Z(z)=\begin{cases} \dfrac{9}{8}z^2, & 0<z<1 \\ \dfrac{3}{8}(4-z^2), & 1\leqslant z<2 \\ 0, & \text{其他} \end{cases}$$

4. 设 X 和 Y 是两个相互独立的连续型随机变量。已知 X 服从均匀分布 $U(0,1)$,Y 服从指数分布 $Z(3)$,试求出:(1) $Z=X+Y$;(2) $M=\max(X,Y)$;(3) $N=\min(X,Y)$ 的概率密度。

解:因为 $X\sim U(0,1)$,即其概率密度及分布函数分别为

$$f_X(x)=\begin{cases} 1, & 0<x<1 \\ 0, & \text{其他} \end{cases}, \quad F_x(x)=\begin{cases} 0, & x<0 \\ x, & 0\leqslant x<1 \\ 1, & x\geqslant1 \end{cases}$$

$Y\sim Z(3)$,即其概率密度及分布函数分别为

$$f_Y(y)=\begin{cases} 3\mathrm{e}^{-3y}, & y>0 \\ 0, & y\leqslant0 \end{cases}, \quad F_Y(y)=\begin{cases} 1-\mathrm{e}^{-3y}, & y>0 \\ 0, & y\leqslant0 \end{cases}$$

(1) $Z=X+Y$ 的概率密度为

$$f_Z(z) = \int_{-\infty}^{+\infty} f_X(x) f_Y(z-x) \mathrm{d}x$$

而当 $0 < x < 1, z - x > 0$ 时,即 $0 < x < 1, x \leqslant z$ 时,$f_X(x) f_Y(z-x) \geqslant 0$。故有:

① 当 $z \leqslant 0$ 时,$f_Z(z) = 0$;

② 当 $0 < z < 1$ 时,

$$f_Z(z) = \int_0^z 1 \cdot 3\mathrm{e}^{-3(z-x)} \mathrm{d}x = \mathrm{e}^{-3z} \int_0^z 3\mathrm{e}^{3x} \mathrm{d}x = \mathrm{e}^{-3z} \cdot \mathrm{e}^{3x} \Big|_0^z = \mathrm{e}^{-3z}(\mathrm{e}^{3z} - 1) = 1 - \mathrm{e}^{-3z}$$

③ 当 $z \geqslant 1$ 时,

$$f_Z(z) = \int_0^1 3\mathrm{e}^{-3(z-x)} \mathrm{d}x = \mathrm{e}^{-3z} \int_0^1 3\mathrm{e}^{3x} \mathrm{d}x = \mathrm{e}^{-3z} \cdot \mathrm{e}^{3x} \Big|_0^1 = \mathrm{e}^{-3z}(\mathrm{e}^3 - 1)$$

故 $Z = X + Y$ 的概率密度为

$$f_Z(z) = \begin{cases} 0, & z < 0 \\ 1 - \mathrm{e}^{-3z}, & 0 \leqslant z < 1 \\ (\mathrm{e}^3 - 1)\mathrm{e}^{-3z}, & z \geqslant 1 \end{cases}$$

(2) $M = \max\{X, Y\}$ 的分布函数为

$$F_M(z) = F_X(z) F_Y(z) = \begin{cases} 0, & z < 0 \\ z(1 - \mathrm{e}^{-3z}), & 0 \leqslant z < 1 \\ 1 - \mathrm{e}^{-3z}, & z \geqslant 1 \end{cases}$$

故

$$f_M(z) = \begin{cases} 0, & z < 0 \\ 1 - \mathrm{e}^{-3z} + 3z\mathrm{e}^{-3z}, & 0 \leqslant z < 1 \\ 3\mathrm{e}^{-3z}, & z \geqslant 1 \end{cases}$$

(3) $N = \min(X, Y)$ 的分布函数为

$$F_N(z) = 1 - [1 - F_X(z)][1 - F_Y(z)] = \begin{cases} 0, & z < 0 \\ 1 - (1 - z)\mathrm{e}^{-3z}, & 0 \leqslant z < 1 \\ 1, & z \geqslant 1 \end{cases}$$

故

$$f_N(z) = \begin{cases} 4\mathrm{e}^{-3z} - 3z\mathrm{e}^{-3z}, & 0 < z < 1 \\ 0, & \text{其他} \end{cases}$$

5. 设二维随机变量 (X, Y) 的概率密度为

$$f(x, y) = \begin{cases} 2\mathrm{e}^{-(x+2y)}, & x > 0, y > 0 \\ 0, & \text{其他} \end{cases}$$

试求 $Z = X + 2Y$ 的概率密度。

解:方法一　先求 $Z = X + 2Y$ 的分布函数,再求其概率密度函数。

$$F_Z(z) = P\{Z \leqslant z\} = P\{X + 2Y \leqslant z\} = \iint\limits_{x+2y \leqslant z} f(x, y) \mathrm{d}x \mathrm{d}y$$

当 $z \leqslant 0$ 时,

$$F_X(z) = \iint\limits_{x+2y\leqslant z} f(x,y)\mathrm{d}x\,\mathrm{d}y = \iint\limits_{x+2y\leqslant z} 0\mathrm{d}x\,\mathrm{d}y = 0$$

当 $z>0$ 时，

$$F_X(z) = \iint\limits_{x+2y\leqslant z} f(x,y)\mathrm{d}x\,\mathrm{d}y = \iint\limits_{D} 2e^{-(x+2y)}\mathrm{d}x\,\mathrm{d}y$$

其中区域 $D = \left\{0<x<z, 0<y<\dfrac{z-x}{2}, z>0\right\}$，如下图所示。

$$\begin{aligned}
F_Z(z) &= \iint\limits_{x+2y\leqslant z} f(x,y)\mathrm{d}x\,\mathrm{d}y \\
&= \int_0^z \mathrm{d}x \int_0^{\frac{z-x}{2}} 2e^{-(x+2y)}\mathrm{d}y \\
&= \int_0^z e^{-x}\mathrm{d}x \int_0^{\frac{z-x}{2}} 2e^{-2y}\mathrm{d}y \\
&= \int_0^z e^{-x}(1-e^{-(z-x)})\mathrm{d}x \\
&= 1-e^{-z}-ze^{-z}
\end{aligned}$$

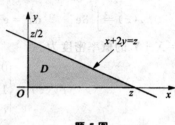

题 5 图

综述为

$$F_Z(z) = \begin{cases} 1-e^{-z}-ze^{-z}, & z>0 \\ 0, & z\leqslant 0 \end{cases}$$

于是其概率密度函数为

$$f_Z(z) = F_Z'(z) = \begin{cases} ze^{-z}, & z>0 \\ 0, & z\leqslant 0 \end{cases}$$

方法二 由题设 (X,Y) 的联合密度函数，易知 X 与 Y 是相互独立的，且其边缘概率密度分别为

$$f_X(x) = \begin{cases} e^{-x}, & x>0 \\ 0, & x\leqslant 0 \end{cases}, \quad f_Y(y) = \begin{cases} 2e^{-2y}, & y>0 \\ 0, & y\leqslant 0 \end{cases}$$

现令 $T=2Y$，则

$$t=2y, \quad y=h(t)=\frac{t}{2}, \quad h'(t)=\frac{1}{2}, \quad t>0$$

由函数的密度公式可得

$$f_T(t) = \begin{cases} f_Y[h(t)]\,|\,h'(t)| = 2e^{-2(\frac{t}{2})}\frac{1}{2} = e^{-t}, & t>0 \\ 0, & t\leqslant 0 \end{cases}$$

再由 $Z=X+2Y=X+T$，且因为 X 与 $T=2Y$ 相互独立，所以由卷积公式求出 Z 的概率密度函数为

$$f_Z(z) = \int_{-\infty}^{+\infty} f_X(x)f_T(z-x)\mathrm{d}x = \begin{cases} \int_0^z e^{-x}e^{-(z-x)}\mathrm{d}x = ze^{-z}, & z>0 \\ 0, & z\leqslant 0 \end{cases}$$

6. 设随机变量 X 与 Y 的联合分布律为

X ＼ Y	-1	0	1
1	0.07	0.28	0.15
2	0.09	0.22	0.19

试求：(1) $Z_1 = X + Y$；(2) $Z_2 = X - Y$；(3) $Z_3 = XY$；(4) $Z_4 = Y/X$；(5) $Z_5 = X^Y$ 的分布律，且问 Z_1 与 Z_2 是否相互独立？

解：先求出 $Z_i (i = 1, 2, 3, 4, 5)$ 的所有可能取值，然后求出相应的概率。

(1) $Z_1 = X + Y$，其可能取值为 $0, 1, 2, 3$，则

$P\{Z_1 = 0\} = P\{X = 1, Y = -1\} = 0.07$，

$P\{Z_1 = 1\} = P\{X = 1, Y = 0\} + P\{X = 2, Y = -1\} = 0.28 + 0.09 = 0.37$，

$P\{Z_1 = 2\} = P\{X = 1, Y = 1\} + P\{X = 2, Y = 0\} = 0.15 + 0.22 = 0.37$，

$P\{Z_1 = 3\} = P\{X = 2, Y = 1\} = 0.19$

于是得 $Z_1 = X + Y$ 的概率分布律如下：

$Z_1 = X + Y$	0	1	2	3
p_k	0.07	0.37	0.37	0.19

(2) $Z_2 = X - Y$，其可能取值为 $0, 1, 2, 3$，则

$P\{Z_2 = 0\} = P\{X = 1, Y = 1\} = 0.15$，

$P\{Z_2 = 1\} = P\{X = 1, Y = 0\} + P\{X = 2, Y = 1\} = 0.28 + 0.19 = 0.47$，

$P\{Z_2 = 2\} = P\{X = 1, Y = -1\} + P\{X = 2, Y = 0\} = 0.07 + 0.22 = 0.29$，

$P\{Z_2 = 3\} = P\{X = 2, Y = -1\} = 0.09$

于是得 $Z_2 = X - Y$ 的概率分布律如下：

$Z_2 = X - Y$	0	1	2	3
p_k	0.15	0.47	0.29	0.09

(3) $Z_3 = XY$，其可能取值为 $-2, -1, 0, 1, 2$，则

$P\{Z_3 = -2\} = P\{X = 2, Y = -1\} = 0.09$，

$P\{Z_3 = -1\} = P\{X = 1, Y = -1\} = 0.07$，

$P\{Z_3 = 0\} = P\{X = 1, Y = 0\} + P\{X = 2, Y = 0\} = 0.28 + 0.22 = 0.5$，

$P\{Z_3 = 1\} = P\{X = 1, Y = 1\} = 0.15$，

$P\{Z_3 = 2\} = P\{X = 2, Y = 1\} = 0.19$

于是得 $Z_3 = XY$ 的概率分布律如下：

$Z_3 = XY$	-2	-1	0	1	2
p_k	0.09	0.07	0.5	0.15	0.19

(4) $Z_4 = Y/X$, 其可能取值为 $-1, -0.5, 0, 0.5, 1$, 则

$$P\{Z_4 = -1\} = P\{X=1, Y=-1\} = 0.07,$$

$$P\{Z_4 = -0.5\} = P\{X=2, Y=-1\} = 0.09,$$

$$P\{Z_4 = 0\} = P\{X=1, Y=0\} + P\{X=2, Y=0\} = 0.28 + 0.22 = 0.5,$$

$$P\{Z_4 = 0.5\} = P\{X=2, Y=1\} = 0.19,$$

$$P\{Z_4 = 1\} = P\{X=1, Y=1\} = 0.15$$

于是得 $Z_4 = Y/X$ 的概率分布律如下:

$Z_4 = Y/X$	-1	-0.5	0	0.5	1
p_k	0.07	0.09	0.5	0.19	0.15

(5) $Z_5 = X^Y$, 其可能取值为 $0.5, 1, 2$, 则

$$P\{Z_5 = 2^{-1} = 0.5\} = P\{X=2, Y=-1\} = 0.09,$$

$$P\{Z_5 = 1\} = P\{X=1, Y=0\} + P\{X=2, Y=0\} +$$

$$P\{X=1, Y=-1\} P\{X=1, Y=1\}$$

$$= 0.28 + 0.22 + 0.07 + 0.15 = 0.72,$$

$$P\{Z_5 = 2\} = P\{X=2, Y=1\} = 0.19$$

于是得 $Z_5 = X^Y$ 的概率分布律如下:

$Z_5 = X^Y$	0.5	1	2
p_k	0.09	0.72	0.19

因为 $Z_1 = X+Y$ 的可能取值为 $0,1,2,3$, $Z_2 = X-Y$ 的可能取值亦为 $0,1,2,3$, (Z_1, Z_2) 的可能取值为 $(0,0),(0,1),(1,0),(1,1),\cdots,(3,3)$, 而 $P\{Z_1 = 0, Z_2 = 0\} = 0 \neq P\{Z_1 = 0\} P\{Z_2 = 0\} = 0.07 \times 0.28$, 不满足独立性条件, 所以 X 与 Y 不独立。

7. 设随机变量 $U_i (i=1,2,3)$ 相互独立且服从参数为 p 的 $(0-1)$ 分布。令

$$X = \begin{cases} 1, & \text{若 } U_1 + U_2 \text{ 为奇数} \\ 0, & \text{若 } U_1 + U_2 \text{ 为偶数} \end{cases}, \quad Y = \begin{cases} 1, & \text{若 } U_2 + U_3 \text{ 为奇数} \\ 0, & \text{若 } U_2 + U_3 \text{ 为偶数} \end{cases}$$

试求 X 和 Y 的联合分布律。

解: 由题设知 $U_i (i=1,2,3)$ 的概率分布为

U_i	0	1
p_k	$q = 1-p$	p

其中 $0 < p < 1$。显然 (X, Y) 的可能取值为 $(0,0),(0,1),(1,0),(1,1)$, 则

$$P\{X=0,Y=0\}=P\{U_1+U_2=偶数,U_2+U_3=偶数\}$$
$$=P\{U_1=0,U_2=0,U_3=0\}+P\{U_1=1,U_2=1,U_3=1\}$$
$$=P\{U_1=0\}P\{U_2=0\}P\{U_3=0\}+$$
$$\quad P\{U_1=1\}P\{U_2=1\}P\{U_3=1\}$$
$$=q^3+p^3,$$
$$P\{X=0,Y=1\}=P\{U_1+U_2=偶数,U_2+U_3=奇数\}$$
$$=P\{U_1=0,U_2=0,U_3=1\}+P\{U_1=1,U_2=1,U_3=0\}$$
$$=P\{U_1=0\}P\{U_2=0\}P\{U_3=1\}+$$
$$\quad P\{U_1=1\}P\{U_2=1\}P\{U_3=0\}$$
$$=q^2p+p^2q=pq(q+p)=pq,$$
$$P\{X=1,Y=0\}=P\{U_1+U_2=奇数,U_2+U_3=偶数\}$$
$$=P\{U_1=0,U_2=1,U_3=1\}+P\{U_1=1,U_2=0,U_3=0\}$$
$$=P\{U_1=0\}P\{U_2=1\}P\{U_3=1\}+$$
$$\quad P\{U_1=1\}P\{U_2=0\}P\{U_3=0\}$$
$$=qp^2+pq^2=pq(p+q)=pq,$$
$$P\{X=1,Y=1\}=P\{U_1+U_2=奇数,U_2+U_3=奇数\}(X,Y)\in D$$
$$=P\{U_1=0,U_2=1,U_3=0\}+P\{U_1=1,U_2=0,U_3=1\}$$
$$=P\{U_1=0\}P\{U_2=1\}P\{U_3=0\}+$$
$$\quad P\{U_1=1\}P\{U_2=0\}P\{U_3=1\}$$
$$=q^2p+p^2q=qp(q+p)=pq$$

即得 X 和 Y 的联合分布律如下：

X＼Y	0	1
0	p^3+q^3	pq
1	pq	pq

8. 设二维随机变量(X,Y)的概率密度为

$$f(x,y)=\begin{cases}e^{-(x+y)}, & x>0,y>0\\0, & 其他\end{cases}$$

试求随机变量 $Z=X-Y$ 的分布函数与概率密度。

解:方法一　先求 $Z=X-Y$ 的分布函数

$$F_Z(z)=P\{Z\leqslant z\}=P\{X-Y\leqslant z\}$$

当 $z>0$ 时,由图可知

$$F_Z(z)=\int_0^z dx\int_0^{+\infty}e^{-(x+y)}dy+\int_z^{+\infty}dx\int_{x-z}^{+\infty}e^{-(x+y)}dy$$

$$= \int_0^z \mathrm{e}^{-x}\,\mathrm{d}x \int_0^{+\infty} \mathrm{e}^{-y}\,\mathrm{d}y + \int_z^{+\infty} \mathrm{e}^{-x}\,\mathrm{d}x \int_{x-z}^{+\infty} \mathrm{e}^{-y}\,\mathrm{d}y$$

$$= 1 - \mathrm{e}^{-z} + \mathrm{e}^z \int_z^{+\infty} \mathrm{e}^{-2x}\,\mathrm{d}x = 1 - \mathrm{e}^{-z} + \frac{1}{2}\mathrm{e}^{-z} = 1 - \frac{1}{2}\mathrm{e}^{-z}$$

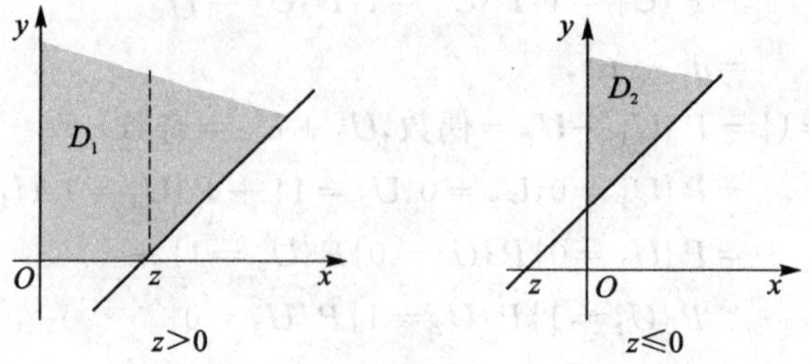

题 8 图

当 $z \leqslant 0$ 时，由图可知

$$F_Z(z) = \int_0^{+\infty} \mathrm{d}x \int_{x-z}^{+\infty} \mathrm{e}^{-(x+y)}\,\mathrm{d}y = \mathrm{e}^z \int_0^{+\infty} \mathrm{e}^{-2x}\,\mathrm{d}x = \frac{1}{2}\mathrm{e}^z$$

综述为

$$F_Z(z) = \begin{cases} 1 - \dfrac{1}{2}\mathrm{e}^{-z}, & z > 0 \\[2mm] \dfrac{1}{2}\mathrm{e}^z, & z \leqslant 0 \end{cases}$$

再得概率密度为

$$f_Z(z) = F_Z'(z) = \begin{cases} \dfrac{1}{2}\mathrm{e}^{-z}, & z > 0 \\[2mm] \dfrac{1}{2}\mathrm{e}^z, & z \leqslant 0 \end{cases} = \frac{1}{2}\mathrm{e}^{-|z|}, \quad -\infty < z < +\infty$$

方法二　由题设 (X, Y) 的联合密度函数，易知 X 与 Y 是相互独立的，且其边缘概率密度分别为

$$f_X(x) = \begin{cases} \mathrm{e}^{-x}, & x > 0 \\ 0, & x \leqslant 0 \end{cases}, \quad f_Y(y) = \begin{cases} \mathrm{e}^{-y}, & y > 0 \\ 0, & y \leqslant 0 \end{cases}$$

现令 $T = -Y$，则 $t = -y, y = h(t) = -t, h'(t) = -1(t < 0)$，由函数的密度公式可得

$$f_T(t) = \begin{cases} f_Y[h(t)] \mid h'(t) \mid = \mathrm{e}^{-(-t)} \mid -1 \mid = \mathrm{e}^t, & t < 0 \\ 0, & t \geqslant 0 \end{cases}$$

再由 $Z = X - Y = X + T$，且因为 X 与 $T = -Y$ 相互独立，所以由卷积公式求出 Z 的概率密度函数为

$$f_Z(z) = \int_{-\infty}^{+\infty} f_X(x) f_T(z-x)\,\mathrm{d}x = \begin{cases} \displaystyle\int_z^{+\infty} \mathrm{e}^{-x}\,\mathrm{e}^{-(z-x)}\,\mathrm{d}x = \frac{1}{2}\mathrm{e}^{-z}, & z > 0 \\[3mm] \displaystyle\int_0^{+\infty} \mathrm{e}^{-x}\,\mathrm{e}^{-(z-x)}\,\mathrm{d}x = \frac{1}{2}\mathrm{e}^z, & z \leqslant 0 \end{cases}$$

即 $f_Z(z)=\dfrac{1}{2}\mathrm{e}^{-|z|}$，$-\infty<z<+\infty$。

9. 设二维随机变量 (X,Y) 服从二维均匀分布，其概率密度为

$$f(x,y)=\begin{cases}1/4, & 0\leqslant x\leqslant 2,0\leqslant y\leqslant 2\\0, & \text{其他}\end{cases}$$

试求 $Z=X-Y$ 的概率密度。

解：方法一　与上题类似，参见下图，先求 $Z=X-Y$ 的分布函数

$$F_Z(z)=P\{Z\leqslant z\}=P\{X-Y\leqslant z\}=\iint\limits_{x-y\leqslant z}f(x,y)\mathrm{d}x\,\mathrm{d}y$$

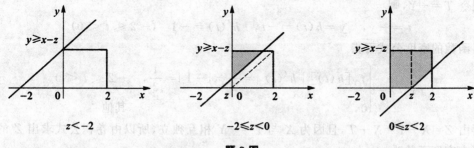

题 9 图

当 $z<-2$ 时，$F_Z(z)=P\{X-Y\leqslant z\}=\iint\limits_{x-y\leqslant z}0\mathrm{d}x\,\mathrm{d}y=0$；

当 $-2\leqslant z<0$ 时，

$$F_Z(z)=\int_0^{2+z}\mathrm{d}x\int_{x-z}^2\frac{1}{4}\mathrm{d}y=\frac{1}{4}\int_0^{2+z}(2-x+z)\mathrm{d}x=\frac{1}{8}(2+z)^2$$

当 $0\leqslant z<2$ 时，

$$F_Z(z)=\int_0^z\mathrm{d}x\int_0^2\frac{1}{4}\mathrm{d}y+\int_z^2\mathrm{d}x\int_{x-z}^2\frac{1}{4}\mathrm{d}y$$

$$=\frac{1}{4}\left[2z+\int_z^2(2-x+z)\mathrm{d}x\right]=\frac{1}{4}\left[2z+\frac{1}{2}(4-z^2)\right]=1-\frac{1}{8}(2-z)^2$$

当 $z\geqslant 2$ 时，$F_Z(z)=P\{Z\leqslant z\}=P\{X-Y\leqslant z\}=1$。

综述为

$$F_Z(z)=\begin{cases}0, & z\leqslant -2\\[2mm]\dfrac{1}{8}(2+z)^2, & -2\leqslant z<0\\[2mm]1-\dfrac{1}{8}(2-z)^2, & 0\leqslant z<2\\[2mm]1, & z\geqslant 2\end{cases}$$

再得概率密度为

$$f_Z(z) = F_Z'(z) = \begin{cases} \dfrac{1}{4}(2+z), & -2 \leqslant z < 0 \\[2mm] \dfrac{1}{4}(2-z), & 0 \leqslant z < 2 \\[2mm] 0, & \text{其他} \end{cases}$$

方法二 由题设 (X,Y) 的联合密度函数,易知 X 与 Y 是相互独立的,且其边缘概率密度分别为

$$f_X(x) = \begin{cases} 1/2, & 0 \leqslant x \leqslant 2 \\ 0, & \text{其他} \end{cases}, \quad f_Y(y) = \begin{cases} 1/2, & 0 \leqslant y \leqslant 2 \\ 0, & \text{其他} \end{cases}$$

现令 $T = -Y$,则

$$t = -y, \quad y = h(t) = -t, \quad h'(t) = -1 \quad (-2 \leqslant t < 0)$$

由函数的密度公式可得

$$f_T(t) = \begin{cases} f_Y[h(t)] \mid h'(t) \mid = \dfrac{1}{2} \times \mid -1 \mid = \dfrac{1}{2}, & -2 < t < 0 \\[2mm] 0, & \text{其他} \end{cases}$$

再由 $Z = X - Y = X + T$,且因为 X 与 $T = -Y$ 相互独立,所以由卷积公式求出 Z 的概率密度函数为

$$f_Z(z) = \int_{-\infty}^{+\infty} f_X(x) f_T(z-x)\,\mathrm{d}x = \begin{cases} 0, & z \leqslant -2 \\[2mm] \displaystyle\int_0^{2+z} \dfrac{1}{4}\,\mathrm{d}x = \dfrac{1}{2}(2+z), & -2 \leqslant z < 0 \\[2mm] \displaystyle\int_z^2 \dfrac{1}{4}\,\mathrm{d}x = \dfrac{1}{4}(2-z), & 0 \leqslant z < 2 \\[2mm] 0, & z \geqslant 2 \end{cases}$$

即

$$f_Z(z) = \begin{cases} \dfrac{1}{4}(2+z), & -2 \leqslant z < 0 \\[2mm] \dfrac{1}{4}(2-z), & 0 \leqslant z < 2 \\[2mm] 0, & \text{其他} \end{cases} = \begin{cases} \dfrac{1}{4}(2-\mid z \mid), & \mid z \mid \leqslant 2 \\[2mm] 0, & \mid z \mid > 2 \end{cases}$$

10. 设随机变量 X 与 Y 相互独立,其概率密度分别为

$$f_X(x) = \begin{cases} 1, & 0 < x < 1 \\ 0, & \text{其他} \end{cases}, \quad f_Y(y) = \begin{cases} 2y, & 0 < y < 1 \\ 0, & \text{其他} \end{cases}$$

试求:(1) $Z = X + Y$;(2) $M = \max\{X, Y\}$;(3) $N = \min\{X, Y\}$ 的概率密度。

解:(1) 由和的概率密度公式知 $Z = X + Y$ 的概率密度为

$$f_Z(z) = \int_{-\infty}^{+\infty} f_X(x) f_Y(z-x)\,\mathrm{d}x$$

而当 $0 < x < 1, 0 < z - x < 1$ 时,即 $0 < x < 1, z - 1 < x < z$ 时,$f_X(x) f_Y(z-x) > 0$,

故有：

① 当 $z<0$ 时，$f_Z(z)=0$；

② 当 $0 \leqslant z<1$ 时，$f_Z(z)=\int_0^z 1 \cdot 2(z-x)\mathrm{d}x=z^2$；

③ 当 $1 \leqslant z<2$ 时，$f_Z(z)=\int_{z-1}^1 1 \cdot 2(z-x)\mathrm{d}x=1-(z-1)^2=2z-z^2$；

④ 当 $z \geqslant 2$ 时，$f_Z(z)=0$。

故 $Z=X+Y$ 的概率密度为

$$f_Z(z)=\begin{cases}z^2, & 0 \leqslant z<1 \\ 2z-z^2, & 1 \leqslant z<2 \\ 0, & \text{其他}\end{cases}$$

(2) 因为 X 与 Y 相互独立，且其分布函数分别为

$$F_X(x)=\begin{cases}0, & x<0 \\ x, & 0 \leqslant x \leqslant 1, \\ 1, & x \geqslant 1\end{cases} F_Y(y)=\begin{cases}0, & y<0 \\ y^2, & 0 \leqslant y \leqslant 1 \\ 1, & y \geqslant 1\end{cases}$$

故 $M=\max\{X,Y\}$ 的分布函数与密度函数分别为

$$F_M(z)=F_X(z)F_Y(z)=\begin{cases}0, & z<0 \\ z^3, & 0 \leqslant z \leqslant 1, \\ 1, & z \geqslant 1\end{cases} f_M(z)=\begin{cases}3z^2, & 0 \leqslant z \leqslant 1 \\ 0, & \text{其他}\end{cases}$$

(3) 因为 X 与 Y 相互独立，故 $N=\min\{X,Y\}$ 的分布函数与密度函数分别为

$$F_N(z)=1-[1-F_X(z)][1-F_Y(z)]=\begin{cases}0, & z<0 \\ z+z^2-z^3, & 0 \leqslant z \leqslant 1, \\ 1, & z \geqslant 1\end{cases}$$

$$f_N(z)=\begin{cases}1+2z-3z^2, & 0 \leqslant z \leqslant 1 \\ 0, & \text{其他}\end{cases}$$

3.5　$n(\geqslant 2)$ 维随机变量概念

关键词

n 维随机变量(向量)，联合分布函数，联合概率分布，联合概率密度，边缘分布函数，边缘概率分布，边缘概率密度，n 维均匀分布，随机变量的独立性，和的分布，极值的分布。

重要概念

(1) n 维随机变量及分布函数

设 $X_i=X_i(e)(1 \leqslant i \leqslant n)$ 是定义在样本空间 $S=\{e\}$ 上的 n 个随机变量，则 $(X_1,X_2,\cdots,X_n)=(X_1(e),X_2(e),\cdots,X_n(e))$ 为建立在 S 上的 n 维随机变量或 n 维随机向量，其分布函数为

$$F(x_1, x_2, \cdots, x_n) = P\{X_1 \leqslant x_1, X_2 \leqslant x_2, \cdots, X_n \leqslant x_n\}$$

亦称此函数为随机变量 $X_1, X_2, \cdots, X_n$ 的联合分布函数。而

$$F_{X_1}(x_1) = F(x_1, +\infty, \cdots, +\infty),$$

$$F_{X_1 X_2}(x_1, x_2) = F(x_1, x_2, +\infty, \cdots, +\infty),$$

$$\cdots$$

等函数称为关于 $X_1, (X_1, X_2), \cdots$ 的边缘分布函数。

(2) n 维离散型随机变量

如果 $(X_1, X_2, \cdots, X_n)$ 的可能取值为 $(x_{1j_1}, x_{2j_2}, \cdots, x_{nj_n})(j_i = 1, 2, \cdots; i = 1, 2, \cdots, n)$,则 $(X_1, X_2, \cdots, X_n)$ 为离散型随机变量或随机向量,其概率分布为

$$P\{X_1 = x_{1j_1}, X_2 = x_{2j_2}, \cdots, X_n = x_{nj_n}\} = p_{j_1 j_2 \cdots j_n}$$

$$j_i = 1, 2, \cdots, \quad i = 1, 2, \cdots, n$$

满足① $p_{j_1 j_2 \cdots j_n} \geqslant 0$;② $\sum\limits_{j_1=1}^{\infty} \sum\limits_{j_2=1}^{\infty} \cdots \sum\limits_{j_n=1}^{\infty} p_{j_1 j_2 \cdots j_n} = 1$。

(3) n 维连续型随机变量

若存在非负函数 $f(x_1, x_2, \cdots, x_n), \forall x_1, x_2, \cdots, x_n \in \mathbf{R}$,有

$$F(x_1, x_2, \cdots, x_n) = \int_{-\infty}^{x_1} \int_{-\infty}^{x_2} \cdots \int_{-\infty}^{x_n} f(x_1, x_2, \cdots, x_n) \mathrm{d}x_1 \mathrm{d}x_2 \cdots \mathrm{d}x_n$$

则称 $f(x_1, x_2, \cdots, x_n)$ 为 $(X_1, X_2, \cdots, X_n)$ 的概率密度,此时 $(X_1, X_2, \cdots, X_n)$ 称为连续型随机变量或随机向量。

$$f_{X_1}(x_1) = \int_{-\infty}^{+\infty} \cdots \int_{-\infty}^{+\infty} f(x_1, x_2, \cdots, x_n) \mathrm{d}x_2 \cdots \mathrm{d}x_n,$$

$$f_{X_1 X_2}(x_1, x_2) = \int_{-\infty}^{+\infty} \cdots \int_{-\infty}^{+\infty} f(x_1, x_2, \cdots, x_n) \mathrm{d}x_3 \cdots \mathrm{d}x_n,$$

$$\cdots$$

等称为 $X_1, (X_1, X_2), \cdots$ 的边缘概率密度。

(4) 随机变量的独立性

① 若对于所有的 $x_1, x_2, \cdots, x_n \in \mathbf{R}$,均有

$$F(x_1, x_2, \cdots, x_n) = F_{X_1}(x_1) F_{X_2}(x_2) \cdots F_{X_n}(x_n)$$

则称 $X_1, X_2, \cdots, X_n$ 相互独立。

若 $(X_1, X_2, \cdots, X_n)$ 的概率密度为 $f(x_1, x_2, \cdots, x_n)$,单个 X_i 的边缘概率密度为 $f_{X_i}(x_i)(1 \leqslant i \leqslant n)$,则 $X_1, X_2, \cdots, X_n$ 相互独立的充分必要条件为

$$f(x_1, x_2, \cdots, x_n) = f_{X_1}(x_1) f_{X_2}(x_2) \cdots f_{X_n}(x_n)$$

② $(X_1, X_2, \cdots, X_m)$ 与 $(Y_1, Y_2, \cdots, Y_n)$ 相互独立。

若它们的分布函数满足下式:对所有的 $x_1, x_2, \cdots, x_m; y_1, y_2, \cdots, y_n \in \mathbf{R}$,

$$F(x_1, x_2, \cdots, x_m; y_1, y_2, \cdots, y_n) = F_X(x_1, x_2, \cdots, x_m) F_Y(y_1, y_2, \cdots, y_n)$$

则称 $(X_1, X_2, \cdots, X_m)$ 与 $(Y_1, Y_2, \cdots, Y_n)$ 相互独立。

③ 若 $(X_1, X_2, \cdots, X_m)$ 与 $(Y_1, Y_2, \cdots, Y_n)$ 相互独立，则 $X_i(i=1,2,\cdots,m)$ 与 $Y_j(j=1,2,\cdots,n)$ 相互独立。又若 h,g 是连续函数，则 $h(X_1, X_2, \cdots, X_m)$ 与 $g(Y_1, Y_2, \cdots, Y_n)$ 相互独立。

（5）n 维随机变量的函数的分布

设 $(X_1, X_2, \cdots, X_n)$ 为 n 维连续型随机变量，概率密度为 $f(x_1, x_2, \cdots, x_n)$，$g(x_1, x_2, \cdots, x_n)$ 为 n 元连续函数，则对任意实数 $z \in \mathbf{R}$，有 $Z = g(X_1, X_2, \cdots, X_n)$ 的分布函数为

$$P[g(X_1, X_2, \cdots, X_n) \leqslant z] = \iint_{D_z} \cdots \int f(x_1, x_2, \cdots, x_n) \mathrm{d}x_1 \mathrm{d}x_2 \cdots \mathrm{d}x_n$$

其中 $D_z = \{(x_1, x_2, \cdots, x_n) \mid g(x_1, x_2, \cdots, x_n) \leqslant z\}$。

① n 个相互独立的正态随机变量的线性组合仍为正态随机变量。即若 $X_i \sim N(\mu_i, \sigma_i^2)(i=1,2,\cdots,n)$，$a_1, a_2, \cdots, a_n$ 为任意常数，且 $X_1, X_2, \cdots, X_n$ 相互独立，则

$$\sum_{i=1}^{n} a_i X_i \sim N\left(\sum_{i=1}^{n} a_i \mu_i, \sum_{i=1}^{n} a_i^2 \sigma_i^2\right)$$

② n 个相互独立的服从 Γ 分布的随机变量之和仍为服从 Γ 分布的随机变量。即若 $X_i \sim \Gamma(\alpha_i, \beta)(i=1,2,\cdots,n)$，且相互独立，则

$$\sum_{i=1}^{n} X_i \sim \Gamma\left(\sum_{i=1}^{n} \alpha_i, \beta\right)$$

③ n 个相互独立的随机变量的最大值 $M = \max\{X_1, X_2, \cdots, X_n\}$ 的分布函数为

$$F_M(z) = \prod_{i=1}^{n} F_{X_i}(z)$$

④ n 个相互独立的随机变量的最小值 $N = \min\{X_1, X_2, \cdots, X_n\}$ 的分布函数为

$$F_N(z) = 1 - \prod_{i=1}^{n} [1 - F_{X_i}(z)]$$

（6）n 维均匀分布

如果 (X, Y) 具有如下概率密度：

$$f(x_1, x_2, \cdots, x_n) = \begin{cases} 1/A, & (x_1, x_2, \cdots, x_n) \in D \\ 0, & \text{其他} \end{cases}$$

其中 A 为 n 维空间封闭区域 D 的体积值，则称此 n 维连续型随机变量在区域 D 内服从 n 维均匀分布。

基本练习 3.5 解答

1. 设连续型三维随机变量 (X, Y, Z) 的概率密度为

$$f(x, y, z) = \begin{cases} (x+y)\mathrm{e}^{-z}, & 0 < x < 1, 0 < y < 1, z > 0 \\ 0, & \text{其他} \end{cases}$$

试求其全部边缘分布，X, Y, Z 是否独立？

解：当 $0 < x < 1$ 时，

$$f_X(x) = \int_{-\infty}^{+\infty}\int_{-\infty}^{+\infty} f(x,y,z)\mathrm{d}y\mathrm{d}z = \int_0^1\int_0^{+\infty}(x+y)\mathrm{e}^{-z}\mathrm{d}y\mathrm{d}z$$

$$= \int_0^1(x+y)\mathrm{d}y\int_0^{+\infty}\mathrm{e}^{-z}\mathrm{d}z = x + \frac{1}{2}$$

当 $x \leqslant 0$ 或 $x \geqslant 1$ 时,$f_X(x) = 0$,故得 X 的边缘概率密度为

$$f_X(x) = \begin{cases} x + \dfrac{1}{2}, & 0 < x < 1 \\ 0, & \text{其他} \end{cases}$$

再由 X 与 Y 的对称性知,Y 的边缘概率密度为

$$f_Y(y) = \begin{cases} y + \dfrac{1}{2}, & 0 < y < 1 \\ 0, & \text{其他} \end{cases}$$

且

$$f_Z(z) = \int_{-\infty}^{+\infty}\int_{-\infty}^{+\infty} f(x,y,z)\mathrm{d}x\mathrm{d}y = \begin{cases} \mathrm{e}^{-z}\int_0^1\int_0^1(x+y)\mathrm{d}x\mathrm{d}y = \mathrm{e}^{-z}, & z > 0 \\ 0, & z \leqslant 0 \end{cases},$$

$$f_{XY}(x,y) = \int_{-\infty}^{+\infty} f(x,y,z)\mathrm{d}z$$

$$= \begin{cases} (x+y)\int_0^{+\infty}\mathrm{e}^{-z}\mathrm{d}z = x + y, & 0 < x < 1, 0 < y < 1 \\ 0, & \text{其他} \end{cases},$$

$$f_{XZ}(x,z) = \int_{-\infty}^{+\infty} f(x,y,z)\mathrm{d}y$$

$$= \begin{cases} \mathrm{e}^{-z}\int_0^1(x+y)\mathrm{d}y = \mathrm{e}^{-z}\left(x + \dfrac{1}{2}\right), & 0 < x < 1, z > 0 \\ 0, & \text{其他} \end{cases},$$

$$f_{YZ}(x,z) = \int_{-\infty}^{+\infty} f(x,y,z)\mathrm{d}x$$

$$= \begin{cases} \mathrm{e}^{-z}\int_0^1(x+y)\mathrm{d}x = \mathrm{e}^{-z}\left(y + \dfrac{1}{2}\right), & 0 < y < 1, z > 0 \\ 0, & \text{其他} \end{cases}$$

由上述诸式可知,因为 $f(x,y,z) \neq f_X(x)f_Y(y)f_Z(z)$,所以 X, Y, Z 不是相互独立的。但是有 $f(x,y,z) = f_{XY}(x,y)f_Z(z)$,即 Z 与 (X,Y) 是相互独立的。

2. 设独立同分布的 n 个随机变量 $X_1, X_2, \cdots, X_n$ 都在区间 $(0,\alpha)(\alpha > 0)$ 上服从均匀分布。试分别求出 $M = \max(X_1, X_2, \cdots, X_n)$ 和 $N = \min(X_1, X_2, \cdots, X_n)$ 的概率密度。

解:因为 $X_i \sim U(0,\alpha)(i=1,2,\cdots,n)$,所以其概率密度和分布函数均为

$$f(x) = \begin{cases} 1/\alpha, & 0 < x < \alpha \\ 0, & \text{其他} \end{cases}, \quad F(x) = \begin{cases} 0, & x \leqslant 0 \\ x/\alpha, & 0 < x < \alpha \\ 1, & x \geqslant \alpha \end{cases}$$

由 $X_1, X_2, \cdots, X_n$ 的独立同分布性可知 $M = \max(X_1, X_2, \cdots, X_n)$ 的分布函数为

$$F_M(z) = [F(z)]^n = \begin{cases} 0, & z < 0 \\ \dfrac{z^n}{\alpha^n}, & 0 \leqslant z < \alpha \\ 1, & z > \alpha \end{cases}$$

M 的概率密度为

$$f_M(z) = F_M'(z) = n[F(z)]^{n-1} f(z) = \begin{cases} \dfrac{nz^{n-1}}{\alpha^n}, & 0 \leqslant z < \alpha \\ 0, & \text{其他} \end{cases}$$

$N = \min(X_1, X_2, \cdots, X_n)$ 的分布函数为

$$F_N(z) = 1 - [1 - F(z)]^n = \begin{cases} 0, & z < 0 \\ 1 - \left(1 - \dfrac{z}{\alpha}\right)^n, & 0 \leqslant z < \alpha \\ 1, & z \geqslant \alpha \end{cases}$$

N 的概率密度为

$$f_N(z) = F_N'(z) = n[1 - F(z)]^{n-1} f(z) = \begin{cases} \dfrac{n}{\alpha}\left(1 - \dfrac{z}{\alpha}\right)^{n-1}, & 0 < z < \alpha \\ 0, & \text{其他} \end{cases}$$

3. 设某种电子元件的使用寿命（以 h 计）近似地服从 $N(160, 20^2)$ 的正态分布，试求有没有可能从中任取 4 个元件的寿命都不小于 180 h?

解：方法一　设某种电子元件的使用寿命用 X 表示，则 $X \sim N(160, 20^2)$，故使用寿命不小于 180 h 的概率为

$$P\{X > 180\} = 1 - P\{X \leqslant 180\} = 1 - \Phi\left(\frac{180 - 160}{20}\right)$$

$$= 1 - \Phi(1) = 1 - 0.841\,3 = 0.158\,7$$

再令 Y 表示任取的 4 个电子元件中使用寿命不小于 180 h 的个数，则 Y 服从二项分布 $B(4, 0.158\,7)$，所以

$$P\{Y = 4\} = 0.158\,7^4 = 0.000\,634$$

即任取 4 个元件的寿命都不小于 180 h 的概率非常之小。

方法二　设 $X_i(i=1,2,3,4)$ 为第 i 个电子元件的使用寿命，则 X_1, X_2, X_3, X_4 相互独立且同正态分布 $N(160, 20^2)$，故所求概率为

$$P\{X_1 > 180, X_2 > 180, X_3 > 180, X_4 > 180\}$$
$$= P\{X_1 > 180\} P\{X_2 > 180\} P\{X_3 > 180\} P\{X_4 > 180\}$$

$$=[P\{X>180\}]^4=[1-F(180)]^4=\left[1-\Phi\left(\frac{180-160}{20}\right)\right]^4$$

$$=[1-\Phi(1)]^4=[1-0.8413]^4=0.000\ 634$$

4. 对某种电子装置的输出独立地测量 5 次,得到的一组观测值 $x_1,x_2,\cdots,x_5$,可以看作是 5 个独立同分布的随机变量 $X_1,X_2,\cdots,X_5$ 的一组可能取值。已知各 X_i 都服从参数为 2 的瑞利分布 $R(2)$,即其概率密度为

$$f(x)=\begin{cases}\dfrac{x}{4}\mathrm{e}^{-\frac{x^2}{8}}, & x>0\\[2mm] 0, & x\leqslant 0\end{cases}$$

令 $X=\max\{X_1,X_2,X_3,X_4,X_5\}$,试求 $P\{X>4\}$。

解:因为 $X_i(i=1,2,\cdots,5)$ 的分布函数相同,均为

$$F(t)=\begin{cases}1-\mathrm{e}^{-\frac{t^2}{8}}, & t>0\\[2mm] 0, & t\leqslant 0\end{cases}$$

由 $X_1,X_2,\cdots,X_5$ 的独立同分布性可知 $X=\max\{X_1,X_2,\cdots,X_5\}$ 的分布函数为

$$F_X(x)=[F(x)]^5=\begin{cases}\left(1-\mathrm{e}^{-\frac{x^2}{8}}\right)^5, & x>0\\[2mm] 0, & x\leqslant 0\end{cases}$$

于是所求概率为

$$P\{X>4\}=1-P\{X\leqslant 4\}=1-F_X(4)=1-\left(1-\mathrm{e}^{-\frac{4^2}{8}}\right)^5$$

$$=1-(1-\mathrm{e}^{-2})^5=0.516\ 676$$

第 4 章 随机变量的数字特征

4.1 数学期望

关键词

数学期望,数学期望的性质,随机变量的函数的数学期望,重要随机变量的数学期望与方差。

重要概念

(1) 离散型随机变量的数学期望

若离散型随机变量 X 的分布律为 $P\{X=x_k\}=p_k,k=1,2,\cdots$,且级数 $\displaystyle\sum_{k=1}^{\infty}x_kp_k$ 绝对收敛,则称级数 $\displaystyle\sum_{k=1}^{\infty}x_kp_k$ 的值为离散型随机变量 X 的**数学期望**,记为 $E(X)$,即

$$E(X) = \sum_{k=1}^{\infty} x_k p_k$$

（2）连续型随机变量的数学期望

若连续型随机变量 X 的概率密度为 $f(x)$，且积分 $\int_{-\infty}^{+\infty} x f(x) \mathrm{d}x$ 绝对收敛，则称积分 $\int_{-\infty}^{+\infty} x f(x) \mathrm{d}x$ 的值为连续型随机变量 X 的数学期望，记为 $E(X)$，即

$$E(X) = \int_{-\infty}^{+\infty} x f(x) \mathrm{d}x$$

（3）随机变量函数的数学期望

① 若 X 为离散型随机变量，其概率分布为 $P\{X = x_k\} = p_k, k = 1, 2, \cdots$，级数 $\sum_{k=1}^{\infty} g(x_k) p_k$ 绝对收敛，则 $Y = g(X)$ 的数学期望为

$$E(Y) = E[g(X)] = \sum_{k=1}^{\infty} g(x_k) p_k$$

② 若 X 为连续型随机变量，其概率密度为 $f(x)$，积分 $\int_{-\infty}^{+\infty} g(x) f(x) \mathrm{d}x$ 绝对收敛，则 $Y = g(X)$ 的数学期望为

$$E(Y) = \int_{-\infty}^{+\infty} g(x) f(x) \mathrm{d}x$$

（4）数学期望的简单性质

① （线性法则）$E(aX + b) = aE(X) + b, a, b$ 为任意常数。

② （加法法则）$E(X + Y) = E(X) + E(Y)$。

③ （乘法法则）若 X, Y 相互独立，则 $E(XY) = E(X)E(Y)$。

④ （柯西–许瓦兹不等式）$|E(XY)|^2 \leqslant E(X^2) E(Y^2)$。

基本练习 4.1 解答

1. 设随机变量 X 具有概率密度

$$f(x) = \begin{cases} \dfrac{1}{2} \mathrm{e}^x, & x \leqslant 0 \\[2mm] \dfrac{1}{2} \mathrm{e}^{-x}, & x > 0 \end{cases}$$

试求 $|X|$ 的数学期望。

解： 实际上

$$f(x) = \frac{1}{2} \mathrm{e}^{-|x|}, \quad -\infty < x < +\infty,$$

$$E(|X|) = \int_{-\infty}^{+\infty} |x| f(x) \mathrm{d}x = \int_{-\infty}^{+\infty} |x| \cdot \frac{1}{2} \mathrm{e}^{-|x|} \mathrm{d}x = \int_0^{+\infty} x \mathrm{e}^{-x} \mathrm{d}x$$

$$= -x \mathrm{e}^{-x} \Big|_0^{+\infty} + \int_0^{+\infty} \mathrm{e}^{-x} \mathrm{d}x = -\mathrm{e}^{-x} \Big|_0^{+\infty} = 1$$

2. 甲、乙两种车床生产同一种零件,一天中次品数的概率分别为

甲	0	1	2	3
p_k	0.4	0.3	0.2	0.1
乙	0	1	2	3
p_k	0.3	0.5	0.2	0

如果两种车床的产量相同,问哪台车床的性能好?

解:X,Y 分别为甲、乙两种车床一天中的次品数,依题意

$$E(X) = 0 \times 0.4 + 1 \times 0.3 + 2 \times 0.2 + 3 \times 0.1 = 1,$$
$$E(Y) = 0 \times 0.3 + 1 \times 0.5 + 2 \times 0.2 + 3 \times 0 = 0.9$$

易见 $E(Y) < E(X)$,即说明乙车床的平均出次品数低于甲车床,故而乙车床的性能比甲车床要好。

3. 设 X,Y 为相互独立的随机变量,其概率密度分别为

$$f_X(x) = \begin{cases} \dfrac{3}{2} - x, & 0 < x < 1 \\ 0, & \text{其他} \end{cases}, \qquad f_Y(y) = \begin{cases} 2y, & 0 < y < 1 \\ 0, & \text{其他} \end{cases}$$

试求:(1) $E[2X + 3YE(X)]$;(2) $E(4XY)$。

解:因为

$$E(X) = \int_{-\infty}^{+\infty} x f_X(x)\,\mathrm{d}x = \int_0^1 x\left(\frac{3}{2} - x\right)\mathrm{d}x = \frac{3}{2} \times \frac{1}{2} - \frac{1}{3} = \frac{5}{12}$$

而

$$E(Y) = \int_{-\infty}^{+\infty} y f_Y(y)\,\mathrm{d}y = \int_0^1 y \cdot 2y\,\mathrm{d}y = \frac{2}{3}$$

(1) $E[2X + 3YE(X)] = 2E(X) + 3E(X)E(Y) = 2 \times \dfrac{5}{12} + 3 \times \dfrac{5}{12} \times \dfrac{2}{3} = \dfrac{5}{3}$;

(2) 因为 X 与 Y 相互独立,故

$$E(4XY) = 4E(X)E(Y) = 4 \times \frac{5}{12} \times \frac{2}{3} = \frac{10}{9}$$

4. 设离散型随机变量 X 服从几何分布,即分布律为

$$P\{X = k\} = pq^k \quad (k = 0, 1, 2, \cdots; 0 < p < 1; q = 1 - p)$$

试求 $E(X)$ 及 $E(X^2)$。

解:① 由离散型随机变量的数学期望计算公式,得

$$E(X) = \sum_{k=0}^{+\infty} kP\{X = k\} = \sum_{k=1}^{+\infty} kpq^k = pq \sum_{k=1}^{+\infty} kq^{k-1}$$

注意,函数 $\dfrac{1}{1-x}$($|x| < 1$)的麦克劳林展开式为 $\displaystyle\sum_{k=0}^{+\infty} x^k$,即有等式

$$\sum_{k=0}^{+\infty} x^k = \frac{1}{1-x}, \quad |x| < 1$$

将上式两端对 x 求导，即得

$$\sum_{k=0}^{+\infty} kx^{k-1} = \frac{1}{(1-x)^2}$$

再令上式中 $x=q$，立得

$$\sum_{k=0}^{+\infty} kq^{k-1} = \frac{1}{(1-q)^2} = \frac{1}{p^2}$$

于是得

$$E(X) = pq \sum_{k=1}^{+\infty} kq^{k-1} = pq \times \frac{1}{p^2} = \frac{q}{p}$$

② 注意

$$E(X^2) = E(X^2 - X + X) = E(X^2 - X) + E(X) = E[X(X-1)] + E(X)$$

而

$$E[X(X-1)] = \sum_{k=0}^{+\infty} k(k-1)P\{X=k\} = \sum_{k=2}^{+\infty} k(k-1)pq^k = pq^2 \sum_{k=2}^{+\infty} k(k-1)q^{k-2}$$

此时对等式两端 $\sum\limits_{k=0}^{+\infty} x^k = \dfrac{1}{1-x}$ 求二阶导数，得

$$\sum_{k=2}^{+\infty} k(k-1)x^{k-2} = \frac{2}{(1-x)^3}$$

再令上式中 $x=q$，立得

$$\sum_{k=2}^{+\infty} k(k-1)q^{k-2} = \frac{2}{(1-q)^3} = \frac{2}{p^3}$$

于是得

$$E(X^2) = E[X(X-1)] + E(X) = pq^2 \times \frac{2}{p^3} + \frac{q}{p} = \frac{q(q+1)}{p^2}$$

5. 设随机变量 X 具有概率密度

$$f_X(x) = \begin{cases} 2(x-1), & 1 < x < 2 \\ 0, & \text{其他} \end{cases}$$

试求 $Y = e^X$ 及 $Z = 1/X$ 的数学期望。

解：① $Y = e^X$ 的数学期望为

$$E(Y) = E(e^X) = \int_{-\infty}^{+\infty} e^x f_X(x) \mathrm{d}x$$

$$= \int_1^2 e^x \cdot 2(x-1)\mathrm{d}x = 2\left(\int_1^2 x e^x \mathrm{d}x - \int_1^2 e^x \mathrm{d}x\right)$$

$$= 2(x e^x - e^x - e^x)\Big|_1^2 = 2(x e^x - 2e^x)\Big|_1^2 = 2e$$

② $Z = 1/X$ 的数学期望为

$$E(Z) = E\left(\frac{1}{X}\right) = \int_{-\infty}^{+\infty} \frac{1}{x} f_X(x)\,\mathrm{d}x = \int_1^2 \frac{1}{x} 2(x-1)\,\mathrm{d}x$$

$$= 2\int_1^2 \left(1 - \frac{1}{x}\right)\mathrm{d}x = 2(x - \ln x)\Big|_1^2 = 2(1 - \ln 2)$$

6. 设 10 只同种电器元件中有 2 只废品。装配仪器时,从这批元件中任取一只,若是废品,则扔掉重新任取一只;若仍是废品,则再扔掉重新任取一只。试求:在取到正品之前已取出的废品数 X 的概率分布与数学期望。

解: $X = \{$取到正品之前已取出的废品数$\}$,故其可能取值为 $0, 1, 2$。

① $P\{X=0\} = \frac{8}{10} = \frac{4}{5}$,$P\{X=1\} = \frac{2}{10} \times \frac{8}{9} = \frac{8}{45}$,$P\{X=2\} = \frac{2}{10} \times \frac{1}{9} \times \frac{8}{8} = \frac{1}{45}$,故得 X 的概率分布为

X	0	1	2
$P\{X=k\}$	4/5	8/45	1/45

② $E(X) = 0 \times \frac{4}{5} + 1 \times \frac{8}{45} + 2 \times \frac{1}{45} = \frac{10}{45} = \frac{2}{9}$。

7. 设随机变量 X 服从参数为 2 的泊松分布,且 $Z = 3X - 2$,试求 $E(3Z+2)$。

解: 因为 $X \sim \pi(2)$,所以其数学期望为 $E(X) = 2$,因此

$$E(3Z+2) = E[3(3X-2)+2] = E(9X-4) = 9E(X) - 4 = 9 \times 2 - 4 = 14$$

8. 设随机变量 X 服从参数为 1 的指数分布,试求 $X + e^{-2X}$ 的数学期望。

解: 因为 $X \sim Z(1)$,其概率密度为

$$f_X(x) = \begin{cases} e^{-x}, & x > 0 \\ 0, & x \leqslant 0 \end{cases}$$

其数学期望为 $E(X) = 1$,而 X 的函数 e^{-2X} 的数学期望为

$$E(e^{-2X}) = \int_0^{+\infty} e^{-2x} \cdot e^{-x}\,\mathrm{d}x = \int_0^{+\infty} e^{-3x}\,\mathrm{d}x = \left(-\frac{1}{3} e^{-3x}\right)\Big|_0^{+\infty} = \frac{1}{3}$$

所以

$$E(X + e^{-2X}) = E(X) + E(e^{-2X}) = 1 + \frac{1}{3} = \frac{4}{3}$$

9. 某设备由三大部件构成,设备运转时,各部件需调整的概率为 $0.1, 0.2, 0.3$。若各部件的状态相互独立,试求同时需要调整的部件数 X 的数学期望。

解:方法一 设 $X = \{$同时需要调整的部件数$\}$,故其可能值为 $0, 1, 2, 3$,且

$P\{X=0\} = 0.9 \times 0.8 \times 0.7 = 0.504$,

$P\{X=1\} = 0.1 \times 0.8 \times 0.7 + 0.9 \times 0.2 \times 0.7 + 0.9 \times 0.8 \times 0.3 = 0.398$,

$P\{X=2\} = 0.1 \times 0.2 \times 0.7 + 0.9 \times 0.2 \times 0.3 + 0.1 \times 0.8 \times 0.3 = 0.092$,

$P\{X=3\} = 0.1 \times 0.2 \times 0.3 = 0.006$,

$$E(X) = \sum_{k=0}^{3} kP\{X=k\} = 0 \times 0.504 + 1 \times 0.398 + 2 \times 0.092 + 3 \times 0.006 = 0.6$$

方法二　设随机变量

$$X_i = \begin{cases} 1, & \text{第 } i \text{ 个部件需调整} \\ 0, & \text{否} \end{cases}, \quad i = 1, 2, 3$$

则 $X = X_1 + X_2 + X_3$，而 X_i 服从两点分布：

X_1	0	1
$P\{X_1=k\}$	0.9	0.1

X_2	0	1
$P\{X_2=k\}$	0.8	0.2

X_3	0	1
$P\{X_3=k\}$	0.7	0.3

所以

$$E(X_1) = 0 \times 0.9 + 1 \times 0.1 = 0.1,$$
$$E(X_2) = 0 \times 0.8 + 1 \times 0.2 = 0.2,$$
$$E(X_3) = 0 \times 0.7 + 1 \times 0.3 = 0.3$$

故 $E(X) = E(X_1 + X_2 + X_3) = 0.1 + 0.2 + 0.3 = 0.6$。

10. 设随机变量 X 与 Y 同分布，均具有概率密度

$$f(x) = \begin{cases} \dfrac{3}{8} x^2, & 0 < x < 2 \\ 0, & \text{其他} \end{cases}$$

令 $A = \{X > a\}$，$B = \{Y > a\}$，已知 A 与 B 相互独立，且 $P(A \cup B) = 3/4$，试求：(1) a 的值。(2) $1/X^2$ 的数学期望。

解：(1) 显然，$0 < a < 2$，故

$$P\{X > a\} = \int_a^2 \frac{3}{8} x^2 \mathrm{d}x = \frac{3}{8} \cdot \frac{x^3}{3} \Big|_a^2 = \frac{1}{8}(8 - a^3) = 1 - \frac{a^3}{8}$$

于是由 $P(A) = P(B) = 1 - \dfrac{a^3}{8}$ 和 A 与 B 的相互独立性知

$$\frac{3}{4} = P(A \cup B) = P(A) + P(B) - P(A)P(B)$$

$$= 2\left(1 - \frac{a^3}{8}\right) - \left(1 - \frac{a^3}{8}\right)^2 = 1 - \frac{a^6}{64}$$

得 $a^6 = 16$，即 $a = \sqrt[3]{4}$。

(2) $E\left(\dfrac{1}{X^2}\right) = \displaystyle\int_{-\infty}^{+\infty} \frac{1}{x^2} f(x) \mathrm{d}x = \int_0^2 \frac{1}{x^2} \cdot \frac{3}{8} x^2 \mathrm{d}x = \int_0^2 \frac{3}{8} \mathrm{d}x = \frac{3}{8} \cdot x \Big|_0^2 = \frac{3}{4}$。

11. 将 n 个球放入 M 个盒子中，设每个球落入各个盒子是等可能的，试求有球的盒子数 X 的数学期望。

解：设 $X = \{$有球的盒子数$\}$，其可能取值为 $1, 2, \cdots, M$，设

$$X_i = \begin{cases} 0, & \text{第 } i \text{ 个盒子中没有球} \\ 1, & \text{第 } i \text{ 个盒子中有球} \end{cases}, \quad i = 1, 2, \cdots, M$$

则

$$P\{X_i=0\}=\frac{(M-1)^n}{M^n},\quad P\{X_i=1\}=1-\frac{(M-1)^n}{M^n}=1-\left(1-\frac{1}{M}\right)^n$$

故

$$E(X_i)=1-\left(1-\frac{1}{M}\right)^n,\quad i=1,2,\cdots,M$$

而

$$X=\sum_{i=1}^{M}X_i,\quad E(X)=E\left(\sum_{i=1}^{M}X_i\right)=\sum_{i=1}^{M}E(X_i)=M\left[1-\left(1-\frac{1}{M}\right)^n\right]$$

12. 游客乘电梯从底层到电视塔顶层观光,电梯于每个整点的第 5 min、25 min 和 55 min 从底层起行,假设一游客是在早 8 点的第 X min 到达底层楼梯处,且 X 在 $[0,60]$ 上服从均匀分布,试求游客等候时间 Y 的数学期望。

解:由题设条件知,游客等候时间 Y 为到达时间 X 的函数,即

$$Y=g(X)=\begin{cases}5-X, & 0<X<5\\25-X, & 5\leqslant X<25\\55-X, & 25\leqslant X<55\\60-X+5, & 55\leqslant X<60\end{cases}$$

而 X 在 $[0,60]$ 上服从均匀分布,其概率密度为

$$f_X(x)=\begin{cases}1/60, & 0<x<60\\0, & 其他\end{cases}$$

故游客的平均等候时间(min)为

$$E(Y)=E[g(X)]=\int_{-\infty}^{+\infty}g(x)f_X(x)\mathrm{d}x$$

$$=\int_0^5(5-x)\frac{1}{60}\mathrm{d}x+\int_5^{25}(25-x)\frac{1}{60}\mathrm{d}x+$$

$$\int_{25}^{55}(55-x)\frac{1}{60}\mathrm{d}x+\int_{55}^{60}(65-x)\frac{1}{60}\mathrm{d}x$$

$$=\frac{1}{60}\left(5\times5-\frac{5^2}{2}+25\times20-\frac{25^2-5^2}{2}+55\times30-\right.$$

$$\left.\frac{55^2-25^2}{2}+65\times5-\frac{60^2-55^2}{2}\right)$$

$$=\frac{1}{60}\left(\frac{25}{2}+500-300+1650-1200+325-\frac{575}{2}\right)$$

$$=\frac{1}{60}(200+450+325-275)=\frac{700}{60}=\frac{35}{3}\approx11.67$$

13. 对球的直径作近似测量,设其值均匀分布于区间 $[a,b]$ 内,试求球的体积的数学期望值。

解：由题设，球的直径 X 服从区间 $[a, b]$ 上的均匀分布，其概率密度为

$$f_X(x) = \begin{cases} \dfrac{1}{b-a}, & a < x < b \\ 0, & \text{其他} \end{cases}$$

而球的体积 $V = \dfrac{4}{3}\pi\left(\dfrac{X}{2}\right)^3 = \dfrac{\pi}{6}X^3$，于是 V 的数学期望为

$$E(V) = E\left(\frac{\pi}{6}X^3\right) = \int_a^b \frac{\pi}{6}x^3 \frac{1}{b-a}\mathrm{d}x = \frac{\pi}{6} \cdot \frac{1}{b-a} \cdot \frac{b^4 - a^4}{4}$$

$$= \frac{\pi}{24}(b^3 + b^2a + ba^2 + a^3) = \frac{\pi}{24}(a+b)(a^2 + b^2)$$

14. 由自动生产线加工的某种零件的内径 $X(\text{mm})$ 服从正态分布 $N(\mu, 1)$，内径小于 10 或大于 12 的为不合格品，其余为合格品。销售每件合格品获利，销售每件不合格品亏损。设销售利润 $L(\text{元})$ 与销售零件的内径 X 的关系为

$$L = \begin{cases} -1, & X < 10 \\ 20, & 10 \leqslant X \leqslant 12 \\ -5, & X > 12 \end{cases}$$

试问平均内径 μ 取何值时，销售一个零件的平均利润最大？

解：由题设，零件的内径 X 服从正态分布 $N(\mu, 1)$，于是

$$P\{L = -1\} = P\{X < 10\} = F(10) = \Phi\left(\frac{10-\mu}{1}\right) = \Phi(10-\mu),$$

$$P\{L = 20\} = P\{10 \leqslant X \leqslant 12\} = F(12) - F(10) = \Phi(12-\mu) - \Phi(10-\mu),$$

$$P\{L = -5\} = P\{X > 12\} = 1 - F(12) = 1 - \Phi(12-\mu),$$

$$E(L) = -\Phi(10-\mu) + 20[\Phi(12-\mu) - \Phi(10-\mu)] - 5[1 - \Phi(12-\mu)]$$

$$= 25\Phi(12-\mu) - 21\Phi(10-\mu) - 5$$

可见，$E(L)$ 是 μ 的函数，欲求 μ 值使平均利润 $E(L)$ 达到最大，即求 $E(L)$ 的极大值点，这可由驻点得出，即是求满足等式

$$\frac{\mathrm{d}[E(L)]}{\mathrm{d}\mu} \overset{令}{=} 0$$

的 μ 值。注意分布函数 $\Phi(x)$ 的导数为

$$\Phi'(x) = \varphi(x) = \frac{1}{\sqrt{2\pi}}\mathrm{e}^{-\frac{x^2}{2}}$$

则

$$\frac{\mathrm{d}[E(L)]}{\mathrm{d}\mu} = -25\varphi(12-\mu) + 21\varphi(10-\mu) \overset{令}{=} 0$$

得

$$\frac{21}{25} = \mathrm{e}^{\frac{(10-\mu)^2}{2} - \frac{(12-\mu)^2}{2}} = \mathrm{e}^{\frac{4\mu-44}{2}} = \mathrm{e}^{2\mu-22},$$

$$2\mu - 22 = \ln \frac{21}{25} = -0.174\,4$$

于是有 $\mu = 11 - \dfrac{0.174\,4}{2} = 10.912\,8$ 时,平均利润 $E(L)$ 达到最大。

15. 设一部机器在一天内发生故障的概率为 0.2,机器发生故障时,全天停止工作,一周 5 个工作日。若无故障,可获利 10 万元;若发生一次故障,仍可获利 5 万元;若发生 2 次故障,获利为 0;若至少发生 3 次故障,要亏损 2 万元。试求一周内利润的数学期望。

解:设 X 为一周 5 个工作日中机器发生故障的天数,服从参数为 5,0.2 的二项分布,即 $X \sim B(5, 0.2)$,其概率分布为

$$P\{X = k\} = C_5^k \times 0.2^k \times 0.8^{5-k}, \quad k = 0,1,2,3,4,5$$

由题设,利润 $Y = g(X)$ 为 X 的函数

$$Y = g(X) = \begin{cases} 10, & X = 0 \\ 5, & X = 1 \\ 0, & X = 2 \\ -2, & X \geqslant 3 \end{cases}$$

而

$$P\{X = 0\} = 0.8^5 = 0.327\,7,$$
$$P\{X = 1\} = C_5^1 \times 0.2 \times 0.8^4 = 0.409\,6,$$
$$P\{X = 2\} = C_5^2 \times 0.2^2 \times 0.8^3 = 0.204\,8,$$
$$P\{X \geqslant 3\} = \sum_{k=3}^{5} C_5^k \times 0.2^k \times 0.8^{5-k} = 0.057\,9$$

于是

$$E(Y) = E[g(X)] = \sum_{k=0}^{5} g(k) P\{X = k\}$$
$$= 10 \times 0.327\,7 + 5 \times 0.409\,6 + 0 \times 0.204\,8 - 2 \times 0.057\,9 = 5.209\,2$$

16. 从学校乘汽车到火车站的途中有 3 个交通岗,设在各交通岗遇到红灯的事件是相互独立的,其概率均为 2/5,用 X 表示途中遇到红灯的次数,试求 X 的分布律、分布函数和数学期望。

解:设 X 为途中遇到红灯的次数,则 X 服从参数为 3,2/5 的二项分布 $B(3, 2/5)$,其概率分布为

$$P\{X = k\} = C_3^k \left(\frac{2}{5}\right)^k \left(\frac{4}{5}\right)^{3-k}, \quad k = 0,1,2,3$$

即

X	0	1	2	3
$P\{X = k\}$	27/125	54/125	36/125	8/125

分布函数为

$$F(x) = \sum_{k \leqslant x} P\{X = k\} = \sum_{k \leqslant x} C_3^k \left(\frac{2}{5}\right)^k \left(\frac{3}{5}\right)^{3-k}$$

数学期望为

$$E(X) = 3 \times \frac{2}{5} = \frac{6}{5}$$

17. 设某一商店经销某种商品的每周需要量 X 服从区间 $[10,30]$ 上的均匀分布,而进货量为区间 $[10,30]$ 中的某一整数,商店每销售一单位商品可获利 500 元。若供大于求,则削价处理,每处理一单位商品亏损 100 元;若供不应求,则从外部调剂供应,此时每销售一单位商品获利 300 元。试求此商店经销这种商品的每周进货量最少为多少,可使获利的数学期望不少于 9 280 元。

解:由题设,商品的每周需要量 $X \sim U[10,30]$,其概率分布为

$$f(x) = \begin{cases} 1/20, & 10 < x < 30 \\ 0, & \text{其他} \end{cases}$$

设 m 表示该商品的进货量 $(10 \leqslant m \leqslant 30)$,则利润量 Y 为 X 的函数为

$$Y = g(X) = \begin{cases} 500m + 300(X - m) = 200m + 300X, & m \leqslant X < 30 \\ 500X - 100(m - X) = 600X - 100m, & 10 \leqslant X < m \end{cases}$$

利润量 Y 的数学期望为

$$E(Y) = E[g(X)] = \int_{-\infty}^{+\infty} g(x)f(x)\mathrm{d}x$$

$$= \int_{10}^{m} \frac{1}{20}(600x - 100m)\mathrm{d}x + \int_{m}^{30} \frac{1}{20}(200m + 300x)\mathrm{d}x$$

$$= \frac{1}{20}\big[300(m^2 - 100) - 100m^2 + 1\,000m +$$

$$6\,000m - 200m^2 + 150 \times 30^2 - 150m^2\big]$$

$$= \frac{1}{20}(7\,000m + 105\,000 - 150m^2) = 350m + 5\,250 - 7.5m^2 \xrightarrow{\text{令}} h(m),$$

$$h'(m) = 350 - 15m \xrightarrow{\text{令}} 0$$

得 $m = 23.3$,即最佳进货量为 23 件。计算可得

m	20	21	22	23	24	25	26	27
$E(Y)$	9 250	9 292	9 320	9 332	9 330	9 312	9 280	9 232

易见,满足要求 $E(Y) > 9\,280$ 的进货量应为 21～26 件,最小量为 21 件。

4.2　方　差

关键词

方差,方差的计算公式,方差的性质。

重要概念

(1) 随机变量 X 的方差为

$$D(X) = \text{Var}(X) = E[X - E(X)]^2$$

$\sigma(X) = \sqrt{D(X)}$ 称为标准差或均方差。

① 若 X 为离散型随机变量，其概率分布为 $P\{X = x_k\} = p_k, k = 1, 2, \cdots,$ 则

$$D(X) = \sum_{k=1}^{\infty} [x_k - E(X)]^2 p_k$$

② 若 X 为连续型随机变量，其概率密度为 $f(x)$，则

$$D(X) = \int_{-\infty}^{+\infty} [x - E(X)]^2 f(x) \mathrm{d}x$$

(2) 方差的计算公式

$$D(X) = E(X^2) - [E(X)]^2$$

(3) 方差的简单性质

① $D(aX + b) = a^2 D(X)$，a, b 为任意常数。

② 如果 X 与 Y 相互独立，则 $D(X + Y) = D(X) + D(Y)$。

③ (切比雪夫不等式) 如果随机变量 X 的数学期望 $E(X) = \mu$，方差 $D(X) = \sigma^2$，则对任意的正数 $\varepsilon > 0$，有

$$P\{|X - \mu| \geqslant \varepsilon\} \leqslant \frac{\sigma^2}{\varepsilon^2}$$

④ $D(X) = 0$ 的充分必要条件是 X 以概率 1 取常数 $\mu = E(X)$，即

$$P\{X = \mu\} = 1$$

(4) 重要随机变量的数学期望与方差

① 若 X 服从参数为 p 的两点分布，其分布律为

X	0	1
p_k	$1-p$	p

其中 $0 < p < 1$，则 $E(X) = p$，$D(X) = p(1-p)$。

② 若 X 服从参数 n, p 的二项分布 $B(n, p)$，其概率分布为

$$P\{X = k\} = C_n^k p^k (1-p)^{n-k}, \quad 0 < p < 1, \quad k = 0, 1, 2, \cdots, n$$

则 $E(X) = np$，$D(X) = np(1-p)$。

③ 若 X 服从参数为 λ 的泊松分布 $\pi(\lambda)$，其概率分布为

$$P(X = k) = \frac{\lambda^k \mathrm{e}^{-\lambda}}{k!}, \quad k = 0, 1, 2, \cdots$$

则 $E(X) = \lambda$，$D(X) = \lambda$。

④ 若 X 服从参数为 a, b 的均匀分布 $U(a, b)$，其概率密度为

$$f(x) = \begin{cases} \dfrac{1}{b-a}, & a < x < b \\ 0, & \text{其他} \end{cases}$$

则 $E(X) = \dfrac{a+b}{2}, D(X) = \dfrac{(b-a)^2}{12}$。

⑤ 若 X 服从参数为 α 的指数分布 $Z(\alpha)$，其概率密度为

$$f(x) = \begin{cases} \alpha e^{-\alpha x}, & x > 0 \\ 0, & x \leqslant 0 \end{cases}$$

其中 $\alpha > 0$，则 $E(X) = \dfrac{1}{\alpha}, D(X) = \dfrac{1}{\alpha^2}$。

⑥ 若 X 服从参数为 μ, σ^2 的正态分布 $N(\mu, \sigma^2)$，其概率密度为

$$f(x) = \dfrac{1}{\sqrt{2\pi}\sigma} e^{-\frac{(x-\mu)^2}{2\sigma^2}}, \quad -\infty < x < +\infty$$

则 $E(X) = \mu, D(X) = \sigma^2$。

基本练习 4.2 解答

1. 试求下列随机变量的数学期望及方差。

(1) X 具有分布函数

$$F(x) = \begin{cases} 0, & x \leqslant 1 \\ 1 - \dfrac{1}{x^3}, & x > 1 \end{cases}$$

(2) X 具有概率密度

$$f(x) = \begin{cases} \dfrac{1}{2}\cos x, & |x| < \dfrac{\pi}{2} \\ 0, & \text{其他} \end{cases}$$

解：(1) $f(x) = F'(x) = \begin{cases} 0, & x \leqslant 1 \\ \dfrac{3}{x^4}, & x > 1 \end{cases}$，故

$$E(X) = \int_{-\infty}^{+\infty} x f(x)\,dx = \int_1^{+\infty} x \cdot \dfrac{3}{x^4}\,dx = \int_1^{+\infty} \dfrac{3}{x^3}\,dx = -\dfrac{3}{2} \cdot \dfrac{1}{x^2}\Big|_1^{+\infty} = \dfrac{3}{2},$$

$$E(X^2) = \int_{-\infty}^{+\infty} x^2 f(x)\,dx = \int_1^{+\infty} x^2 \cdot \dfrac{3}{x^4}\,dx = \int_1^{+\infty} \dfrac{3}{x^2}\,dx = -\dfrac{3}{x}\Big|_1^{+\infty} = 3$$

故

$$D(X) = 3 - \left(\dfrac{3}{2}\right)^2 = \dfrac{3}{4}$$

(2) $E(X) = \int_{-\infty}^{+\infty} x f(x)\,dx = \int_{-\frac{\pi}{2}}^{\frac{\pi}{2}} x \cdot \dfrac{1}{2}\cos x\,dx = 0$（$x\cos x$ 为奇函数），

$$E(X^2) = \int_{-\infty}^{+\infty} x^2 f(x) \, \mathrm{d}x = \int_{-\frac{\pi}{2}}^{\frac{\pi}{2}} x^2 \cdot \frac{1}{2} \cos x \, \mathrm{d}x$$

$$= \int_0^{\frac{\pi}{2}} x^2 \cos x \, \mathrm{d}x = x^2 \sin x \Big|_0^{\frac{\pi}{2}} - 2 \int_0^{\frac{\pi}{2}} x \sin x \, \mathrm{d}x$$

$$= \left(\frac{\pi}{2}\right)^2 + 2x \cos x \Big|_0^{\frac{\pi}{2}} - 2 \int_0^{\frac{\pi}{2}} \cos x \, \mathrm{d}x$$

$$= \left(\frac{\pi}{2}\right)^2 - 2 \sin x \Big|_0^{\frac{\pi}{2}} = \frac{\pi^2}{4} - 2,$$

$$D(X) = E(X^2) - [E(X)]^2 = \frac{\pi^2}{4} - 2 - 0 = \frac{\pi^2}{4} - 2$$

2. 设离散型随机变量 X 服从几何分布,即其分布律为

$$P(X = k) = pq^{k-1}, \quad k = 1, 2, \cdots, \quad 0 < p < 1, \quad q = 1 - p$$

试求 $E(X)$ 及 $D(X)$。

解: $E(X) = \sum_{k=1}^{\infty} kP\{X = k\} = \sum_{k=1}^{\infty} k \cdot pq^{k-1} = p \sum_{k=1}^{\infty} kq^{k-1}$。

注意函数 $\dfrac{1}{1-x}$($|x| < 1$)的麦克劳林展开式为 $\sum_{k=0}^{\infty} x^k$,即

$$\frac{1}{1-x} = \sum_{k=0}^{\infty} x^k, \quad |x| < 1$$

两端逐项求导可得

$$\sum_{k=1}^{\infty} kx^{k-1} = \left(\sum_{k=1}^{\infty} x^k\right)' = \left(\frac{1}{1-x} - 1\right)' = \frac{1}{(1-x)^2}$$

当 $x = q$ 时,即得

$$E(X) = p \sum_{k=1}^{\infty} kq^{k-1} = p \frac{1}{(1-q)^2} = \frac{1}{p},$$

$$E(X^2) = \sum_{k=0}^{\infty} k^2 P\{X = k\} = \sum_{k=1}^{\infty} k^2 pq^{k-1} = \sum_{k=1}^{\infty} k(k-1)pq^{k-1} + \sum_{k=1}^{\infty} kpq^{k-1}$$

而

$$\sum_{k=1}^{\infty} k(k-1)x^{k-1} = x \sum_{k=2}^{\infty} k(k-1)x^{k-2} = x \sum_{k=2}^{\infty} (x^k)'' = x \left(\sum_{k=2}^{\infty} x^k\right)''$$

$$= x \left(\frac{1}{1-x} - 1 - x\right)'' = \frac{2x}{(1-x)^3}$$

则

$$E(X^2) = p \sum_{k=2}^{\infty} k(k-1)q^{k-1} + \sum_{k=1}^{\infty} kpq^{k-1} = p \cdot \frac{2q}{(1-q)^3} + \frac{1}{p} = \frac{2q}{p^2} + \frac{1}{p}$$

故

$$D(X) = E(X^2) - [E(X)]^2 = \frac{2q}{p^2} + \frac{1}{p} - \left(\frac{1}{p}\right)^2 = \frac{q}{p^2}$$

3. 正常男性成人的每一毫升血液中,白细胞数 X 的数学期望是 7 300,均方差为 700。试利用切比雪夫不等式估计每毫升血液含白细胞数在 5 200~9 400 之间的概率 p。若现知 X 近似服从正态分布 $N(7\ 300,700^2)$,则上述概率 p 又为多少?试加以说明。

解:① 已知 $E(X)=7\ 300,\sqrt{D(X)}=700$,由切比雪夫不等式知

$$p=P\{5\ 200<X<9\ 400\}=P\{|X-7\ 300|<2\ 100\}$$

$$=P\{|X-7\ 300|<3\times 700\}$$

$$=P\{|X-E(X)|<3\sqrt{D(X)}\}>1-\frac{1}{3^2}=1-\frac{1}{9}=0.888\ 9$$

② 若 $X\sim N(7\ 300,700^2)$,则

$$p=P\{5\ 200<X<9\ 400\}=P\left\{-3<\frac{X-7\ 300}{700}<3\right\}$$

$$=\Phi(3)-\Phi(-3)=\Phi(3)-[1-\Phi(3)]$$

$$=2\Phi(3)-1=2\times 0.998\ 7-1=0.997\ 4$$

从上可见,当我们对 X 的分布情况除了 $E(X),D(X)$ 外一无所知时,切比雪夫不等式是一个可用的估计,但当确定 X 服从某分布时,上述估计就显得粗略得多。因此若知道分布函数,就应通过分布函数来求相关的概率。

4. 设随机变量 X 与 Y 相互独立,且分别具有下列概率密度

$$f_X(x)=\frac{1}{\sqrt{2}\ \pi}e^{-\frac{(x-7)^2}{2\pi}},\quad f_Y(y)=\frac{1}{2\sqrt{\pi}}e^{-\frac{(y-6)^2}{4}}$$

试求:(1) $E[5X+3Y^2E(Y)]$;(2) $E(2X^2-3XY)$;(3) $D[2X(E(X))^2-7Y]$。

解:因为 X 的概率密度为

$$f_X(x)=\frac{1}{\sqrt{2}\ \pi}e^{-\frac{(x-7)^2}{2\pi}}=\frac{1}{\sqrt{2\pi}\ \sqrt{\pi}}e^{-\frac{(x-7)^2}{2(\sqrt{\pi})^2}}$$

故正态变量 $X\sim N(7,\pi)$,即得

$$E(X)=7,D(X)=\pi,\quad E(X^2)=D(X)+[E(X)]^2=\pi+7^2=\pi+49$$

又

$$f_Y(y)=\frac{1}{2\sqrt{\pi}}e^{-\frac{(y-6)^2}{4}}=\frac{1}{\sqrt{2\pi}\ \sqrt{2}}e^{-\frac{(y-6)^2}{2(\sqrt{2})^2}}$$

故正态变量 $Y\sim N(6,2)$,即得

$$E(Y)=6,D(Y)=2,E(Y^2)=D(Y)+[E(Y)]^2=2+6^2=38$$

于是由数学期望与方差的性质可得

(1) $E[5X+3Y^2E(Y)]=5E(X)+3E(Y)E(Y^2)$

$$=5\times 7+3\times 6\times 38=719;$$

(2) $E(2X^2-3XY)=2E(X^2)-3E(XY)$

$$=2\times(\pi+49)-3E(X)E(Y)$$
$$=2\pi+98-3\times7\times6=2(\pi-14);$$
$$(3)\ D[2X(E(X))^2-7Y]=4[E(X)]^4D(X)+49D(Y)$$
$$=4\times7^4\times\pi+49\times2=98(98\pi+1)。$$

5. 设随机变量 X 的概率密度函数为

$$f(x)=\frac{1}{\sqrt{\pi}}e^{-x^2+2x-1},\quad-\infty<x<\infty$$

试求 X 的数学期望及均方差。

解：因为

$$f(x)=\frac{1}{\sqrt{\pi}}e^{-x^2+2x-1}=\frac{1}{\sqrt{\pi}}e^{-(x-1)^2}=\frac{1}{\sqrt{2\pi}\cdot\frac{1}{\sqrt{2}}}e^{-\frac{(x-1)^2}{2\cdot\frac{1}{2}}}$$

即得正态变量 $X\sim N\left(1,\frac{1}{2}\right)$，其数学期望、方差及均方差分别为

$$E(X)=1,\quad D(X)=\frac{1}{2},\quad\sqrt{D(X)}=\frac{1}{\sqrt{2}}$$

6. 设随机变量 X_1,X_2,X_3 相互独立，且 X_1 服从区间 $(0,6)$ 上的均匀分布，X_2 服从正态分布 $N(0,4)$，X_3 服从参数为 3 的泊松分布。试求 $Y=X_1-2X_2+3X_3$ 的方差。

解：因为

$$X_1\sim U(0,6),E(X_1)=3,D(X_1)=6^2/12=3;$$
$$X_2\sim N(0,4),E(X_2)=0,D(X_2)=4;$$
$$X_3\sim\pi(3),E(X_3)=3,D(X_3)=3$$

且由随机变量 X_1,X_2 与 X_3 的相互独立性与方差的性质得

$$D(Y)=D(X_1-2X_2+3X_3)=D(X_1)+4D(X_2)+9D(X_3)$$
$$=3+4\times4+9\times3=46$$

7. 随机变量 X 与 Y 相互独立，均服从均值为 0，方差为 1/2 的正态分布。试求 $|X-Y|$ 的方差。

解：由题设知，X 与 Y 相互独立，$X\sim N\left(0,\frac{1}{2}\right)$，$X\sim N\left(0,\frac{1}{2}\right)$。则由正态分布的线性不变性知 $Z=X-Y$ 亦服从正态分布，且其数学期望与方差分别为

$$E(Z)=E(X-Y)=E(X)-E(Y)=0-0=0,$$
$$D(Z)=D(X-Y)=D(X)+D(Y)=\frac{1}{2}+\frac{1}{2}=1$$

故有

$$Z=X-Y\sim N(0,1),\quad E(Z)=0,\quad D(Z)=1,$$

$$E(|Z|) = E(|X-Y|) = \int_{-\infty}^{+\infty} |z| \varphi(z)\mathrm{d}z = \int_{-\infty}^{+\infty} |z| \cdot \frac{1}{\sqrt{2\pi}} e^{-\frac{z^2}{2}}\mathrm{d}z$$

$$= 2\int_0^{+\infty} z \frac{1}{\sqrt{2\pi}} e^{-\frac{z^2}{2}}\mathrm{d}z = \frac{2}{\sqrt{2\pi}}(-e^{-\frac{z^2}{2}})\Big|_0^{+\infty} = \sqrt{\frac{2}{\pi}},$$

$$D(|Z|) = E(Z^2) - [E(|Z|)]^2 = E(|X-Y|^2) - [E(|X-Y|)]^2$$

$$= D(Z) + [E(Z)]^2 - \left(\sqrt{\frac{2}{\pi}}\right)^2 = 1 + 0 - \frac{2}{\pi} = 1 - \frac{2}{\pi}$$

8. 设随机变量 X 的数学期望 $E(X)$ 为一非负值,且 $E\left(\dfrac{X^2}{2}-1\right)=2$,

$D\left(\dfrac{X}{2}-1\right)=\dfrac{1}{2}$,试求 $E(X)$ 的值。

解:由题设,$E\left(\dfrac{X^2}{2}-1\right)=2$ 得 $\dfrac{1}{2}E(X^2)-1=2$,即得 $E(X^2)=6$。

又 $D\left(\dfrac{X}{2}-1\right)=\dfrac{1}{2}$,得 $\dfrac{1}{4}D(X)=\dfrac{1}{2}$,即 $D(X)=2$,而

$$[E(X)]^2 = E(X^2) - D(X) = 6 - 2 = 4$$

且 $E(X)$ 为一非负值,故得 $E(X)=2$ 为所求。

9. 设随机变量 X 与 Y 相互独立,其概率密度分别为

$$f_X(x) = \begin{cases} 2x, & 0 < x < 1 \\ 0, & \text{其他} \end{cases}, \quad f_Y(y) = \begin{cases} e^{-(y-5)}, & y > 5 \\ 0, & y \leqslant 5 \end{cases}$$

试求 $Z=XY$ 的数学期望与方差。

解:由题设 X 与 Y 的概率密度,可以计算相应的数学期望与方差,得

$$E(X) = \int_{-\infty}^{+\infty} xf_X(x)\mathrm{d}x = \int_0^1 x \cdot 2x\,\mathrm{d}x = \frac{2}{3},$$

$$E(X^2) = \int_{-\infty}^{+\infty} x^2 f_X(x)\mathrm{d}x = \int_0^1 x^2 \cdot 2x\,\mathrm{d}x = \frac{2}{4} = \frac{1}{2},$$

$$E(Y) = \int_{-\infty}^{+\infty} yf_Y(y)\mathrm{d}x = \int_5^{+\infty} y \cdot e^{-(y-5)}\mathrm{d}x = -y \cdot e^{-(y-5)}\Big|_5^{+\infty} + \int_5^{+\infty} e^{-(y-5)}\mathrm{d}x = 6,$$

$$E(Y^2) = \int_{-\infty}^{+\infty} y^2 f_Y(y)\mathrm{d}x = \int_5^{+\infty} y^2 \cdot e^{-(y-5)}\mathrm{d}x$$

$$= -y^2 \cdot e^{-(y-5)}\Big|_5^{+\infty} + 2\int_5^{+\infty} y \cdot e^{-(y-5)}\mathrm{d}x$$

$$= 25 + 2 \times E(Y) = 25 + 2 \times 6 = 37$$

再由 X 与 Y 的相互独立性可得

$$E(Z) = E(XY) = E(X)E(Y) = (2/3) \times 6 = 4,$$

$$D(Z) = D(XY) = E[(XY)^2] - [E(XY)]^2 = E(X^2Y^2) - 4^2$$

$$= E(X^2)E(Y^2) - 16 = (1/2) \times 37 - 16 = 5/2$$

10. 设随机变量 X 与 Y 相互独立,且 $X \sim N(1,(\sqrt{2})^2)$,$Y \sim N(0,1)$,试求随机变量 $Z = 2X - Y + 3$ 的概率密度。

解: 因为随机变量 X 与 Y 相互独立,且 $X \sim N(1,(\sqrt{2})^2)$,$Y \sim N(0,1)$,其期望与方差分别为 $E(X)=1$,$D(X)=2$,$E(Y)=0$,$D(Y)=1$,再由正态分布的线性不变性知 Z 仍然是正态变量,且其数学期望与方差分别为

$$E(Z) = E(2X - Y + 3) = 2E(X) - E(Y) + 3 = 2 + 3 = 5,$$
$$D(Z) = D(2X - Y + 3) = 4D(X) + D(Y) = 4 \times 2 + 1 = 9$$

故有

$$Z = 2X - Y + 3 \sim N(5, 3^2)$$

所以 Z 的概率密度函数为

$$f_Z(z) = \frac{1}{\sqrt{2\pi} \cdot 3} e^{-\frac{(z-5)^2}{2 \times 3^2}} = \frac{1}{3\sqrt{2\pi}} e^{-\frac{(z-5)^2}{18}}, \quad -\infty < z < +\infty$$

4.3 协方差与相关系数

关键词

协方差,协方差的性质,相关系数,相关系数的性质,不相关性。

重要概念

(1) 协方差

$$\mathrm{Cov}(X,Y) = E\{[X - E(X)][Y - E(Y)]\} = E(XY) - E(X)E(Y)$$

① 若 (X,Y) 为离散型随机变量,其概率分布为

$$P\{X = x_i, Y = y_j\} = p_{ij}, \quad i,j = 1,2,\cdots$$

则其协方差为

$$\mathrm{Cov}(X,Y) = \sum_{i=1}^{+\infty} \sum_{j=1}^{+\infty} x_i y_j p_{ij} - \sum_{i=1}^{+\infty} x_i p_i. \sum_{j=1}^{+\infty} y_j p_{\cdot j}$$

② 若 (X,Y) 为连续型随机变量,其概率密度为 $f(x,y)$,则其协方差为

$$\mathrm{Cov}(X,Y) = \int_{-\infty}^{+\infty} \int_{-\infty}^{+\infty} xy f(x,y) \mathrm{d}x \mathrm{d}y - \int_{-\infty}^{+\infty} x f_X(x) \mathrm{d}x \int_{-\infty}^{+\infty} y f_Y(y) \mathrm{d}y$$

(2) 协方差的性质

① $\mathrm{Cov}(X,Y) = \mathrm{Cov}(Y,X)$;

② $\mathrm{Cov}(X+a, Y+b) = \mathrm{Cov}(X,Y)$;

③ $\mathrm{Cov}(aX, bY) = ab\mathrm{Cov}(X,Y)$;

④ $\mathrm{Cov}(X_1 + X_2, Y) = \mathrm{Cov}(X_1, Y) + \mathrm{Cov}(X_2, Y)$;

⑤ $|\mathrm{Cov}(X,Y)| \leqslant \sqrt{D(X)} \sqrt{D(Y)}$。

（3）相关系数

$$\rho_{XY} = \frac{\mathrm{Cov}(X,Y)}{\sqrt{D(X)}\ \sqrt{D(Y)}}$$

此时协方差 $\mathrm{Cov}(X,Y) = \rho_{XY} \sqrt{D(X)} \sqrt{D(Y)}$。

（4）相关系数的性质

① $|\rho_{XY}| \leqslant 1$，特别地，$|\rho_{XY}| = 1$ 的充分必要条件为：存在常数 a,b，使

$$P\{Y = aX + b\} = 1$$

② 若 X 与 Y 相互独立，且 $D(X) > 0, D(Y) > 0$ 存在，则

$$\mathrm{Cov}(X,Y) = \rho_{XY} = 0$$

（5）不相关性

如果随机变量 X 与 Y 的相关系数 $\rho_{XY} = 0$，则称 X 与 Y 不相关。

基本练习 4.3 解答

1. 已知 X 和 Y 的联合概率密度为

$$f(x,y) = \begin{cases} (x+y)/8, & 0 \leqslant x \leqslant 2, 0 \leqslant y \leqslant 2 \\ 0, & \text{其他} \end{cases}$$

试求 X,Y 的协方差及相关系数。

解：$\mathrm{Cov}(X,Y) = E(XY) - E(X)E(Y)$，而

$$E(XY) = \int_{-\infty}^{+\infty} \int_{-\infty}^{+\infty} xy f(x,y)\mathrm{d}x\mathrm{d}y = \int_0^2 \mathrm{d}x \int_0^2 xy \frac{1}{8}(x+y)\mathrm{d}y$$

$$= \frac{1}{8}\left[\int_0^2 \mathrm{d}x \int_0^2 x^2 y\mathrm{d}y + \int_0^2 \mathrm{d}x \int_0^2 xy^2 \mathrm{d}y\right] = \frac{1}{4}\int_0^2 x^2 \mathrm{d}x \int_0^2 y\mathrm{d}y$$

$$= \frac{1}{4}\left(\frac{1}{3}x^3 \Big|_0^2\right)\left(\frac{1}{2}y^2 \Big|_0^2\right) = \frac{1}{4} \times \frac{8}{3} \times \frac{4}{2} = \frac{4}{3},$$

$$E(X) = \int_{-\infty}^{+\infty} \int_{-\infty}^{+\infty} xf(x,y)\mathrm{d}x\mathrm{d}y$$

$$= \int_0^2 x\mathrm{d}x \int_0^2 \frac{1}{8}(x+y)\mathrm{d}y$$

$$= \frac{1}{8}\left(\int_0^2 x\mathrm{d}x \int_0^2 x\mathrm{d}y + \int_0^2 x\mathrm{d}x \int_0^2 y\mathrm{d}y\right)$$

$$= \frac{1}{8}\left[\left(\frac{1}{3}x^3 \Big|_0^2\right)(y\Big|_0^2) + \left(\frac{1}{2}x^2 \Big|_0^2\right)\left(\frac{1}{2}y^2 \Big|_0^2\right)\right]$$

$$= \frac{1}{8}\left(\frac{8}{3} \times 2 + \frac{4}{2} \times \frac{4}{2}\right) = \frac{7}{6}$$

同理 $E(Y) = \int_{-\infty}^{+\infty} \int_{-\infty}^{+\infty} yf(x,y)\mathrm{d}x\mathrm{d}y = \frac{7}{6}$，所以

$$\mathrm{Cov}(X,Y) = \frac{4}{3} - \frac{7}{6} \times \frac{7}{6} = -\frac{1}{36}$$

又

$$E(X^2) = \int_{-\infty}^{+\infty} \int_{-\infty}^{+\infty} x^2 f(x,y) \mathrm{d}x \mathrm{d}y = \int_0^2 \int_0^2 x^2 \frac{1}{8}(x+y) \mathrm{d}x \mathrm{d}y$$

$$= \frac{1}{8} \left(\int_0^2 \int_0^2 x^3 \mathrm{d}x \mathrm{d}y + \int_0^2 \int_0^2 x^2 y \mathrm{d}x \mathrm{d}y \right)$$

$$= \frac{1}{8} \left[\left(\frac{1}{4} x^4 \Big|_0^2 \right) \left(y \Big|_0^2 \right) + \left(\frac{1}{3} x^3 \Big|_0^2 \right) \left(\frac{1}{2} y^2 \Big|_0^2 \right) \right]$$

$$= \frac{1}{8} \left(\frac{1}{4} \times 16 \times 2 + \frac{8}{3} \times \frac{4}{2} \right) = \frac{5}{3}$$

同理 $E(Y^2) = 5/3$，故

$$D(X) = E(X^2) - [E(X)]^2 = \frac{5}{3} - \left(\frac{7}{6} \right)^2 = \frac{11}{36}, \quad D(Y) = \frac{11}{36}$$

故相关系数

$$\rho_{XY} = \frac{\mathrm{Cov}(X,Y)}{\sqrt{D(X)} \sqrt{D(Y)}} = \frac{-1/36}{\sqrt{\frac{11}{36}} \sqrt{\frac{11}{36}}} = -\frac{1}{11}$$

2. 设随机变量 (X,Y) 的概率密度为

$$f(x,y) = \begin{cases} 1/4, & |x| < y, 0 < y < 2 \\ 0, & \text{其他} \end{cases}$$

试验证：X 与 Y 不相关，但它们不独立。

解：由独立性命题判断，知 X 与 Y 不独立，因为

$$f_X(x) = \int_{-\infty}^{+\infty} f(x,y) \mathrm{d}y = \begin{cases} \int_x^2 \frac{1}{4} \mathrm{d}y = \frac{2-x}{4}, & 0 < x < 2 \\ \int_{-x}^2 \frac{1}{4} \mathrm{d}y = \frac{2+x}{4}, & -2 < x \leqslant 0, \\ 0, & \text{其他} \end{cases}$$

$$f_Y(y) = \int_{-\infty}^{+\infty} f(x,y) \mathrm{d}x = \begin{cases} \int_{-y}^y \frac{1}{4} \mathrm{d}x = \frac{y}{2}, & 0 < y < 2 \\ 0, & \text{其他} \end{cases}$$

易见 $f_X(x) \cdot f_Y(y) \neq f(x,y)$，所以 X 与 Y 不独立。

又因为

$$E(X) = \int_{-\infty}^{+\infty} x f_x(x) \mathrm{d}x = \int_0^2 x \frac{2-x}{4} \mathrm{d}x + \int_{-2}^0 x \frac{2+x}{4} \mathrm{d}x$$

$$= \frac{1}{4} \left[\left(x^2 - \frac{1}{3} x^3 \right) \Big|_0^2 + \left(x^2 + \frac{x^3}{3} \right) \Big|_{-2}^0 \right]$$

$$= \frac{1}{4} \left[4 - \frac{8}{3} - \left(4 - \frac{8}{3} \right) \right] = 0,$$

$$E(XY)=\int_{-\infty}^{+\infty}\int_{-\infty}^{+\infty}xyf(x,y)\mathrm{d}x\mathrm{d}y=\int_0^2\mathrm{d}y\int_{-y}^{y}xy\ \frac{1}{4}\mathrm{d}x=\frac{1}{4}\int_0^2y\cdot\frac{x^2}{2}\bigg|_{-y}^{y}\mathrm{d}y=0$$

即

$$E(XY)-E(X)E(Y)=0$$

即

$$\mathrm{Cov}(X,Y)=0$$

故 $\rho_{XY}=\dfrac{\mathrm{Cov}(X,Y)}{\sqrt{D(X)}\sqrt{D(Y)}}=0$，$X$ 与 Y 不相关。

3. 证明：若 $Y=aX+b$，$a\neq0$，则

$$\rho_{XY}=\begin{cases}1,&a>0\\-1,&a\leqslant0\end{cases}$$

证明：因为

$$E(Y)=E(aX+b)=aE(X)+b,$$
$$D(Y)=D(aX+b)=a^2D(X),$$
$$E(XY)=E[X(aX+b)]=aE(X^2)+bE(X)$$

故

$$\begin{aligned}\mathrm{Cov}(X,Y)&=E(XY)-E(X)E(Y)\\&=aE(X^2)+bE(X)-E(X)[aE(X)+b]\\&=aE(X^2)+bE(X)-a[E(X)]^2-bE(X)\\&=aE(X^2)-a[E(X)]^2=aD(X)\end{aligned}$$

故

$$\rho_{XY}(X,Y)=\frac{\mathrm{Cov}(X,Y)}{\sqrt{D(X)}\sqrt{D(Y)}}=\frac{aD(X)}{\sqrt{D(X)}\sqrt{a^2D(X)}}$$
$$=\frac{a}{|a|}=\begin{cases}1,&a>0\\-1,&a<0\end{cases}$$

4. 设 X,Y 为随机变量，已知 $D(X)=9$，$D(Y)=4$，$\rho_{XY}=-\dfrac{1}{6}$，试求：(1) $D(X+Y)$；(2) $D(X-Y+4)$。

解：因为

$$\rho_{XY}=-1/6,\quad D(X)=9,\quad D(Y)=4$$

则协方差

$$\mathrm{Cov}(X,Y)=\rho_{XY}\sqrt{D(X)}\sqrt{D(Y)}=-\frac{1}{6}\times3\times2=-1$$

(1) $D(X+Y)=D(X)+D(Y)+2\mathrm{Cov}(X,Y)=9+4+2\times(-1)=11$；

(2) $D(X-Y+4)=D(X-Y)=D(X)+D(Y)-2\mathrm{Cov}(X,Y)=9+4-2\times(-1)=15$。

5. 设二维随机变量 (X,Y) 的概率分布如下：

X \ Y	1	2	3	4	5
1	1/12	1/24	0	1/24	1/30
2	1/24	1/24	1/24	1/24	1/30
3	1/12	1/24	1/24	0	1/30
4	1/12	0	1/24	1/24	1/30
5	1/24	1/24	1/24	1/24	1/30

试求 $E(X),E(Y),D(X),D(Y),\rho_{XY}$。

解：先求出 X,Y 的边缘分布列，然后求出数学期望和方差。边缘分布列如下：

X \ Y	1	2	3	4	5	$p_{i\cdot}$
1	1/12	1/24	0	1/24	1/30	1/5
2	1/24	1/24	1/24	1/24	1/30	1/5
3	1/12	1/24	1/24	0	1/30	1/5
4	1/12	0	1/24	1/24	1/30	1/5
5	1/24	1/24	1/24	1/24	1/30	1/5
$p_{\cdot j}$	1/3	1/6	1/6	1/6	1/6	1

X 的数学期望为

$$E(X) = \frac{1}{5} \times (1+2+3+4+5) = 3,$$

$$E(X^2) = \frac{1}{5} \times (1^2+2^2+3^2+4^2+5^2) = 11$$

X 的方差为

$$D(X) = E(X^2) - [E(X)]^2 = 11 - 3^2 = 2$$

Y 的数学期望为

$$E(Y) = \frac{1}{3} \times 1 + \frac{1}{6} \times (2+3+4+5) = \frac{8}{3},$$

$$E(Y^2) = \frac{1}{3} \times 1^2 + \frac{1}{6} \times (2^2+3^2+4^2+5^2) = \frac{28}{3}$$

Y 的方差为

$$D(Y) = E(Y^2) - [E(Y)]^2 = \frac{38}{3} - \left(\frac{8}{3}\right)^2 = \frac{20}{9},$$

$$E(XY) = 1 \times \frac{1}{12} + 2 \times \frac{1}{24} + 4 \times \frac{1}{24} + 5 \times \frac{1}{30} + 2 \times \frac{1}{24} + 4 \times \frac{1}{24} +$$

$$6 \times \frac{1}{24} + 8 \times \frac{1}{24} + 10 \times \frac{1}{30} + 3 \times \frac{1}{12} + 6 \times \frac{1}{24} + 9 \times \frac{1}{24} +$$

$$15 \times \frac{1}{30} + 4 \times \frac{1}{12} + 12 \times \frac{1}{24} + 16 \times \frac{1}{24} + 20 \times \frac{1}{30} + 5 \times \frac{1}{24} +$$

$$10 \times \frac{1}{24} + 15 \times \frac{1}{24} + 20 \times \frac{1}{24} + 25 \times \frac{1}{30} = \frac{195}{24}$$

所以 X 与 Y 的协方差为

$$\mathrm{Cov}(X,Y) = E(XY) - E(X)E(Y) = \frac{195}{24} - \frac{8}{3} \times 3 = \frac{1}{8}$$

X 与 Y 的相关系数为

$$\rho_{XY} = \frac{\mathrm{Cov}(X,Y)}{\sqrt{D(X)} \ \sqrt{D(Y)}} = \frac{1/8}{\sqrt{2} \times \sqrt{20/9}} = \frac{3\sqrt{10}}{160}$$

6. 设二维随机变量 (X,Y) 的概率密度为

$$f(x,y) = \begin{cases} \dfrac{1}{2}\sin(x+y), & 0 \leqslant x \leqslant \dfrac{\pi}{2}, 0 \leqslant y \leqslant \dfrac{\pi}{2} \\ 0, & \text{其他} \end{cases}$$

试求协方差 $\mathrm{Cov}(X,Y)$ 与相关系数 ρ_{XY}。

解：X 的边缘概率密度为

$$f_X(x) = \int_{-\infty}^{+\infty} f(x,y)\mathrm{d}y = \begin{cases} \displaystyle\int_0^{\frac{\pi}{2}} \dfrac{1}{2}\sin(x+y)\mathrm{d}y, & 0 < x < \dfrac{\pi}{2} \\ 0, & \text{其他} \end{cases}$$

而

$$\int_0^{\frac{\pi}{2}} \frac{1}{2}\sin(x+y)\mathrm{d}y = \frac{1}{2}\big[-\cos(x+y)\big]_0^{\frac{\pi}{2}} = \frac{1}{2}(\sin x + \cos x)$$

于是

$$f_X(x) = \begin{cases} \dfrac{1}{2}(\sin x + \cos x), & 0 < x < \dfrac{\pi}{2} \\ 0, & \text{其他} \end{cases}$$

由 X 与 Y 的对称性得出 Y 的边缘概率密度为

$$f_Y(y) = \begin{cases} \dfrac{1}{2}(\sin y + \cos y), & 0 < y < \dfrac{\pi}{2} \\ 0, & \text{其他} \end{cases}$$

X 的数学期望为

$$E(X) = \int_{-\infty}^{+\infty} x f_X(x)\mathrm{d}x = \int_0^{\frac{\pi}{2}} x \cdot \frac{1}{2}(\sin x + \cos x)\mathrm{d}x$$

而

$$\int_0^{\frac{\pi}{2}} x\sin x\,\mathrm{d}x = (-x\cos x)\Big|_0^{\frac{\pi}{2}} + \int_0^{\frac{\pi}{2}} \cos x\,\mathrm{d}x = 1,$$

$$\int_0^{\frac{\pi}{2}} x \cos x \, \mathrm{d}x = (x \sin x) \Big|_0^{\frac{\pi}{2}} - \int_0^{\frac{\pi}{2}} \sin x \, \mathrm{d}x = \frac{\pi}{2} - 1$$

所以

$$E(X) = \frac{1}{2}\left(1 + \frac{\pi}{2} - 1\right) = \frac{\pi}{4}$$

同理,得 Y 的数学期望为

$$E(Y) = \pi/4,$$

$$E(X^2) = \int_{-\infty}^{+\infty} x^2 f_X(x) \, \mathrm{d}x = \int_0^{\frac{\pi}{2}} x^2 \cdot \frac{1}{2}(\sin x + \cos x) \, \mathrm{d}x$$

而

$$\int_0^{\frac{\pi}{2}} x^2 \sin x \, \mathrm{d}x = (-x^2 \cos x) \Big|_0^{\frac{\pi}{2}} + 2\int_0^{\frac{\pi}{2}} x \cos x \, \mathrm{d}x = 2\left(\frac{\pi}{2} - 1\right) = \pi - 2,$$

$$\int_0^{\frac{\pi}{2}} x^2 \cos x \, \mathrm{d}x = (x^2 \sin x) \Big|_0^{\frac{\pi}{2}} - 2\int_0^{\frac{\pi}{2}} x \sin x \, \mathrm{d}x = \frac{\pi^2}{4} - 2 \times 1 = \frac{\pi^2}{4} - 2,$$

$$E(X^2) = \frac{1}{2}\left(\pi - 2 + \frac{\pi^2}{4} - 2\right) = \frac{1}{8}(\pi^2 + 4\pi - 16)$$

X 的方差为

$$D(X) = E(X^2) - [E(X)]^2 = \frac{1}{8}(\pi^2 + 4\pi - 16) - \frac{\pi^2}{16} = \frac{1}{16}(\pi^2 + 8\pi - 32)$$

同理得 Y 的方差为

$$D(Y) = \frac{1}{16}(\pi^2 + 8\pi - 32),$$

$$E(XY) = \int_{-\infty}^{+\infty}\int_{-\infty}^{+\infty} xy f(x,y) \, \mathrm{d}x \, \mathrm{d}y = \int_0^{\frac{\pi}{2}}\int_0^{\frac{\pi}{2}} xy \frac{1}{2}\sin(x+y) \, \mathrm{d}x \, \mathrm{d}y$$

$$= \frac{1}{2}\int_0^{\frac{\pi}{2}}\int_0^{\frac{\pi}{2}} xy(\sin x \cos y + \cos x \sin y) \, \mathrm{d}x \, \mathrm{d}y$$

$$= \frac{1}{2}\int_0^{\frac{\pi}{2}}\int_0^{\frac{\pi}{2}} xy \sin x \cos y \, \mathrm{d}x \, \mathrm{d}y + \frac{1}{2}\int_0^{\frac{\pi}{2}}\int_0^{\frac{\pi}{2}} xy \cos x \sin y \, \mathrm{d}x \, \mathrm{d}y$$

$$= \frac{1}{2}\int_0^{\frac{\pi}{2}} x \sin x \, \mathrm{d}x \int_0^{\frac{\pi}{2}} y \cos y \, \mathrm{d}y + \frac{1}{2}\int_0^{\frac{\pi}{2}} x \cos x \int_0^{\frac{\pi}{2}} y \sin y \, \mathrm{d}y$$

$$= \frac{1}{2} \times 1 \times \left(\frac{\pi}{2} - 1\right) + \frac{1}{2} \times \left(\frac{\pi}{2} - 1\right) \times 1 = \frac{1}{2}(\pi - 2)$$

所以 X 与 Y 的协方差为

$$\mathrm{Cov}(X,Y) = E(XY) - E(X)E(Y) = \frac{1}{2}(\pi - 2) - \frac{\pi}{4} \times \frac{\pi}{4} = -\frac{1}{16}(\pi - 4)^2$$

X 与 Y 的相关系数为

$$\rho_{XY} = \frac{\text{Cov}(X,Y)}{\sqrt{D(X)}\sqrt{D(Y)}} = \frac{-\dfrac{1}{16}(\pi-4)^2}{\dfrac{1}{16}(\pi^2+8\pi-32)} = -\frac{(\pi-4)^2}{\pi^2+8\pi-32}$$

7. 对二维随机变量 (X,Y)，设 X 服从区间 $(-1,1)$ 上的均匀分布，$Y=X^2$。试问 X 与 Y 是否相关？为什么？

解： 因为 X 服从 $(-1,1)$ 上的均匀分布，其概率密度函数为

$$f_X(x) = \begin{cases} 1/2, & -1 < x < 1 \\ 0, & \text{其他} \end{cases}$$

故其数学期望为

$$E(X) = \int_{-\infty}^{+\infty} x f_X(x)\mathrm{d}x = \int_{-1}^{1} x \cdot \frac{1}{2}\mathrm{d}x = 0,$$

$$E(X^2) = \int_{-\infty}^{+\infty} x^2 f_X(x)\mathrm{d}x = \int_{-1}^{1} x^2 \cdot \frac{1}{2}\mathrm{d}x = \frac{1}{3},$$

$$E(X^3) = \int_{-\infty}^{+\infty} x^3 f_X(x)\mathrm{d}x = \int_{-1}^{1} x^3 \cdot \frac{1}{2}\mathrm{d}x = 0$$

所以 X 与 Y 的协方差为

$$\text{Cov}(X,Y) = E(XY) - E(X)E(Y) = E(XX^2) - E(X)E(X^2)$$

$$= E(X^3) - E(X)E(X^2) = 0 - 0 \times \frac{1}{3} = 0$$

于是 X 与 Y 的相关系数 $\rho_{XY}=0$，即 X 与 Y 不相关。

8. 已知随机变量 X 与 Y 的联合分布为二维正态分布，其边缘分布分别为正态分布 $N(1,3^2)$，$N(0,4^2)$，它们的相关系数 $\rho_{XY} = -\dfrac{1}{2}$。设 $Z = \dfrac{X}{3} + \dfrac{Y}{2}$，试求：
(1) Z 的数学期望和方差；(2) X 与 Z 的相关系数 ρ_{XZ}；(3) X 与 Z 是否相互独立？为什么？

解： (1) 由题设知

$$E(X) = 1, \quad D(X) = 3^2, \quad E(Y) = 0, \quad D(Y) = 4^2$$

故

$$E(Z) = E\left(\frac{1}{3}X + \frac{1}{2}Y\right) = \frac{1}{3}E(X) + \frac{1}{2}E(Y) = \frac{1}{3} \times 1 + \frac{1}{2} \times 0 = \frac{1}{3},$$

$$D(Z) = D\left(\frac{1}{3}X + \frac{1}{2}Y\right) = \frac{1}{9}D(X) + \frac{1}{4}D(Y) + \frac{1}{3}\text{Cov}(X,Y)$$

而

$$\text{Cov}(X,Y) = \rho_{XY}\sqrt{D(X)}\sqrt{D(Y)} = -\frac{1}{2} \times 3 \times 4 = -6$$

所以

$$D(Z) = \frac{1}{9} \times 3^2 + \frac{1}{4} \times 4^2 + \frac{1}{3} \times (-6) = 3$$

(2) $\mathrm{Cov}(X,Z) = \mathrm{Cov}\left(X, \frac{1}{3}X + \frac{1}{2}Y\right) = \mathrm{Cov}\left(X, \frac{1}{3}X\right) + \mathrm{Cov}\left(X, \frac{1}{2}Y\right)$

$$= \frac{1}{3}\mathrm{Cov}(X,X) + \frac{1}{2}\mathrm{Cov}(X,Y)$$

$$= \frac{1}{3} \times 3^2 + \frac{1}{2} \times \left(-\frac{1}{2}\right) \times 3 \times 4 = 0$$

于是有 $\rho_{XZ} = \dfrac{\mathrm{Cov}(X,Z)}{\sqrt{D(X)}\sqrt{D(Z)}} = 0$。

(3) X 与 Z 独立,因对于任意不全为 0 的常数 α_1, α_2,X 与 Z 的线性组合

$$\alpha_1 X + \alpha_2 Z = \alpha_1 X + \alpha_2 \left(\frac{1}{3}X + \frac{1}{2}Y\right) = \left(\alpha_1 + \frac{\alpha_2}{3}\right)X + \frac{\alpha_2}{2}Y$$

实为 X 与 Y 的线性组合。而已知 (X,Y) 服从二维正态分布,故由二维正态分布的性质可知,X 与 Y 的任意线性组合均服从一维正态分布。于是,X 与 Z 的任意线性组合均应服从一维正态分布。又由(2)的结果知,X 与 Z 的相关系数 $\rho_{XZ} = 0$,即 X 与 Y 不相关。再由正态变量的独立性与不相关性等价性质可知,此 X 与 Z 是相互独立的。

9. 设随机变量 (X,Y) 在圆域 $D = \{(x,y): x^2 + y^2 \leqslant r^2\}$ 上服从均匀分布。试求:(1) X 与 Y 的相关系数 ρ_{XY}。(2) X 与 Y 是否相互独立?为什么?

解:(1) 因为 (X,Y) 服从圆域 D 上的均匀分布,其概率密度函数为

$$f(x,y) = \begin{cases} \dfrac{1}{\pi r^2}, & x^2 + y^2 \leqslant r^2 \\ 0, & \text{其他} \end{cases}$$

则 X 的边缘概率密度函数为

$$f_X(x) = \int_{-\infty}^{+\infty} f(x,y)\mathrm{d}y = \begin{cases} \displaystyle\int_{-\sqrt{r^2-x^2}}^{\sqrt{r^2-x^2}} \frac{1}{\pi r^2}\mathrm{d}y = \frac{2}{\pi r^2}\sqrt{r^2-x^2}, & |x| < r \\ 0, & |x| \geqslant r \end{cases}$$

由 X 与 Y 的对称性得出 Y 的边缘概率密度为

$$f_Y(y) = \int_{-\infty}^{+\infty} f(x,y)\mathrm{d}x = \begin{cases} \displaystyle\int_{-\sqrt{r^2-y^2}}^{\sqrt{r^2-y^2}} \frac{1}{\pi r^2}\mathrm{d}y = \frac{2}{\pi r^2}\sqrt{r^2-y^2}, & |y| < r \\ 0, & |y| \geqslant r \end{cases}$$

则 X 的数学期望为

$$E(X) = \int_{-\infty}^{+\infty} x f_X(x)\mathrm{d}x = \int_{-r}^{r} x \cdot \frac{2}{\pi r^2}\sqrt{r^2-x^2}\,\mathrm{d}x = 0$$

则 Y 的数学期望为

$$E(Y) = \int_{-\infty}^{+\infty} y f_Y(y) \mathrm{d}y = \int_{-r}^{r} y \cdot \frac{2}{\pi r^2} \sqrt{r^2 - y^2}\, \mathrm{d}y = 0$$

而

$$E(XY) = \int_{-\infty}^{+\infty} \int_{-\infty}^{+\infty} xy f(x,y) \mathrm{d}x \mathrm{d}y = \int_{-r}^{r} \int_{-\sqrt{r^2-x^2}}^{\sqrt{r^2-x^2}} xy \frac{1}{\pi r^2} \mathrm{d}x \mathrm{d}y = 0$$

所以有 $\mathrm{Cov}(X,Y) = 0, \rho_{XY} = 0$。

（2）因为

$$f(x,y) = \frac{1}{\pi r^2} \neq \frac{2}{\pi r^2} \sqrt{r^2 - x^2} \times \frac{2}{\pi r^2} \sqrt{r^2 - y^2} = f_X(x) f_Y(y)$$

所以 X 与 Y 不独立。

10. 设随机变量 X 具有概率密度

$$f(x) = \frac{1}{2} \mathrm{e}^{-|x|}, \quad -\infty < x < \infty$$

试求：(1) $E(X)$ 与 $D(X)$。(2) X 与 $|X|$ 的协方差，且判定 X 与 $|X|$ 是否不相关。(3) 判定 X 与 $|X|$ 是否相互独立。

解：(1) $E(X) = \int_{-\infty}^{+\infty} x f(x) \mathrm{d}x = \int_{-\infty}^{+\infty} x \cdot \frac{1}{2} \mathrm{e}^{-|x|}\, \mathrm{d}x = 0$,

$$E(X^2) = \int_{-\infty}^{+\infty} x^2 f(x) \mathrm{d}x = \int_{-\infty}^{+\infty} x^2 \cdot \frac{1}{2} \mathrm{e}^{-|x|}\, \mathrm{d}x = \int_{0}^{+\infty} x^2 \mathrm{e}^{-x}\, \mathrm{d}x$$

$$= -x^2 \mathrm{e}^{-x} \Big|_0^{+\infty} + 2 \int_0^{+\infty} x \mathrm{e}^{-x}\, \mathrm{d}x = 2,$$

$$D(X) = E(X^2) - [E(X)]^2 = 2 - 0 = 2$$

（2）因为

$$E(X|X|) = \int_{-\infty}^{+\infty} x|x| f(x) \mathrm{d}x = \int_{-\infty}^{+\infty} x|x| \cdot \frac{1}{2} \mathrm{e}^{-|x|}\, \mathrm{d}x = 0$$

所以

$$\mathrm{Cov}(X, |X|) = E(X|X|) - E(X)E(|X|) = 0$$

得 $\rho_{XY} = 0$，因而 X 与 $|X|$ 不相关。

（3）$\forall a > 0, P\{X \leqslant a\} = \int_{-\infty}^{a} f(x) \mathrm{d}x = \frac{1}{2} \left(\int_{-\infty}^{0} \mathrm{e}^{x}\, \mathrm{d}x + \int_{0}^{a} \mathrm{e}^{-x}\, \mathrm{d}x \right)$

$$= \frac{1}{2}(1 + 1 - \mathrm{e}^{-a}),$$

$$P\{|X| \leqslant a\} = P\{-a \leqslant X \leqslant a\} = \frac{1}{2} \left(\int_{-a}^{0} \mathrm{e}^{x}\, \mathrm{d}x + \int_{0}^{a} \mathrm{e}^{-x}\, \mathrm{d}x \right) = 1 - \mathrm{e}^{-a},$$

$$P\{X \leqslant a, |X| \leqslant a\} = P\{|X| \leqslant a\} = 1 - \mathrm{e}^{-a} \neq P\{X \leqslant a\} P\{|X| \leqslant a\}$$

所以 X 与 Y 不独立。

11. 设随机变量 (X,Y) 服从矩形区域 $D = \{(x,y) : 0 \leqslant x \leqslant 2, 0 \leqslant y \leqslant 1\}$ 上的均

匀分布,且设随机变量

$$U = \begin{cases} 0, & X \leqslant Y \\ 1, & X > Y \end{cases}, \quad V = \begin{cases} 0, & X \leqslant Y \\ 1, & X > 2Y \end{cases}$$

试求 U 和 V 的联合分布律及相关系数。

解: 由题设条件得

$$f(x,y) = \begin{cases} 1/2, & 0 \leqslant x \leqslant 2, 0 \leqslant y \leqslant 1 \\ 0, & 其他 \end{cases}$$

U, V 的可能值为 $(0,0), (0,1), (1,0), (1,1)$,且

$$P\{U=0, V=0\} = P\{X \leqslant Y, X \leqslant 2Y\} = P\{X \leqslant Y\}$$

$$= \iint\limits_{x \leqslant y} f(x,y) \mathrm{d}x \mathrm{d}y = \int_0^1 \mathrm{d}y \int_0^y \frac{1}{2} \mathrm{d}x = \int_0^1 \frac{1}{2} y \mathrm{d}y = \frac{1}{4},$$

$$P\{U=0, V=1\} = P\{X \leqslant Y, X > 2Y\} = 0,$$

$$P\{U=1, V=0\} = P\{X > Y, X \leqslant 2Y\} = P\{Y < X \leqslant 2Y\}$$

$$= \iint\limits_{y < x \leqslant 2y} f(x,y) \mathrm{d}x \mathrm{d}y = \int_0^1 \mathrm{d}y \int_y^{2y} \frac{1}{2} \mathrm{d}x = \int_0^1 \frac{1}{2} y \mathrm{d}y = \frac{1}{4},$$

$$P\{U=1, V=1\} = P\{X > Y, X > 2Y\} = P\{X > 2Y\}$$

$$= \iint\limits_{x > 2y} f(x,y) \mathrm{d}x \mathrm{d}y = \int_0^2 \mathrm{d}x \int_0^{\frac{x}{2}} \frac{1}{2} \mathrm{d}y = \int_0^2 \frac{1}{4} x \mathrm{d}x = \frac{1}{2}$$

故 U 与 V 的联合分布律为

U \ V	0	1	$p_i.$
0	1/4	0	1/4
1	1/4	1/2	3/4
$p._j$	1/2	1/2	1

U 的数学期望为

$$E(U) = 0 \times \frac{1}{4} + 1 \times \frac{3}{4} = \frac{3}{4}, \quad E(U^2) = 0^2 \times \frac{1}{4} + 1^2 \times \frac{3}{4} = \frac{3}{4}$$

U 的方差为

$$D(U) = E(U^2) - [E(U)]^2 = \frac{3}{4} - \left(\frac{3}{4}\right)^2 = \frac{3}{16}$$

V 的数学期望为

$$E(V) = 0 \times \frac{1}{2} + 1 \times \frac{1}{2} = \frac{1}{2}, \quad E(V^2) = 0^2 \times \frac{1}{2} + 1^2 \times \frac{1}{2} = \frac{1}{2}$$

V 的方差为

$$D(V) = E(V^2) - [E(V)]^2 = \frac{1}{2} - \left(\frac{1}{2}\right)^2 = \frac{1}{4},$$

$$E(UV) = 0 \times \frac{1}{4} + 0 \times \frac{1}{4} + 0 \times 0 + 1 \times \frac{1}{2} = \frac{1}{2}$$

所以 U 与 V 的协方差为

$$\mathrm{Cov}(U,V) = E(UV) - E(U)E(V) = \frac{1}{2} - \frac{3}{4} \times \frac{1}{2} = \frac{1}{8}$$

X 与 Y 的相关系数为

$$\rho_{UV} = \frac{\mathrm{Cov}(U,V)}{\sqrt{D(U)}\sqrt{D(V)}} = \frac{1/8}{\sqrt{3/16}\sqrt{1/4}} = \frac{1}{\sqrt{3}}$$

4.4　矩与协方差矩阵

关键词

原点矩,中心矩,混合矩,协方差矩阵,n 维正态随机变量。

重要概念

(1) 矩的概念

设 X, Y 为随机变量,k, l 为正整数,

① X 的 k 阶原点矩:$\mu_k = E(X^k)$;

② X 的 k 阶中心矩:$\sigma_k = E[(X - E(X))^k]$;

③ X 和 Y 的 $k+l$ 阶混合原点矩:$\mu_{kl} = E(X^k Y^l)$;

④ X 和 Y 的 $k+l$ 阶混合中心矩:$\sigma_{kl} = E[(X - E(X))^k (Y - E(Y))^l]$;

⑤ X 的 k 阶绝对原点矩:$B_k = E(|X|^k)$。

(2) 协方差矩阵

设 n 维随机变量 $(X_1, X_2, \cdots, X_n)$ 的二阶混合中心矩 $C_{ij} = \mathrm{Cov}(X_i, X_j) = E[(X_i - E(X_i))(X_j - E(X_j))](i,j = 1,2,\cdots,n)$ 都存在,则称矩阵

$$\boldsymbol{C} = \begin{bmatrix} C_{11} & C_{12} & \cdots & C_{1n} \\ C_{21} & C_{22} & \cdots & C_{2n} \\ \vdots & \vdots & & \vdots \\ C_{n1} & C_{n2} & \cdots & C_{nn} \end{bmatrix}$$

为 n 维随机变量 $(X_1, X_2, \cdots, X_n)$ 的协方差矩阵,由于 $C_{ij} = C_{ji}(i,j = 1,2,\cdots,n)$,所以矩阵 $\boldsymbol{C}$ 为一对称矩阵,主对角线上元素为 $X_1, X_2, \cdots, X_n$ 的方差。

(3) n 维正态随机变量

若 n 维随机变量 $\boldsymbol{X} = (X_1, X_2, \cdots, X_n)$ 的概率密度为

$$f(x_1, x_2, \cdots, x_n) = \frac{1}{(2\pi)^{\frac{n}{2}} |\boldsymbol{C}|^{\frac{1}{2}}} \exp\left[-\frac{1}{2}(\boldsymbol{x} - \boldsymbol{\mu})^{\mathrm{T}} \boldsymbol{C}^{-1} (\boldsymbol{x} - \boldsymbol{\mu})\right]$$

其中 $x=(x_1,x_2,\cdots,x_n)^{\mathrm{T}}$；$\boldsymbol{\mu}=(\mu_1,\mu_2,\cdots,\mu_n)^{\mathrm{T}}=[E(X_1),E(X_2),\cdots,E(X_n)]^{\mathrm{T}}$；$C$ 为(2)中的协方差矩阵,则称$(X_1,X_2,\cdots,X_n)$服从 n 维正态分布,记为 $\boldsymbol{X}\sim N(\boldsymbol{\mu},\boldsymbol{C})$。此时$(X_1,X_2,\cdots,X_n)$称为 n 维正态变量。

(4) n 维正态随机变量的重要性质

① $(X_1,X_2,\cdots,X_n)$服从 n 维正态分布的充要条件是：$X_1,X_2,\cdots,X_n$ 的任意线性组合

$$\sum_{i=1}^{n}l_iX_i=l_1X_1+l_2X_2+\cdots+l_nX_n$$

服从一维正态分布。

② 线性变换不变性：若$(X_1,X_2,\cdots,X_n)$服从 n 维正态分布,$Y_1,Y_2,\cdots,Y_k$ 是 $X_j(j=1,2,\cdots,n)$的线性函数,则$(Y_1,Y_2,\cdots,Y_k)$也服从多维正态分布。

③ 若$(X_1,X_2,\cdots,X_n)$服从 n 维正态分布,则"$X_1,X_2,\cdots,X_n$ 相互独立"与"$X_1,X_2,\cdots,X_n$ 两两不相关"是等价的。

基本练习 4.4 解答

1. 设随机变量(X,Y)服从二维两点分布：

X \ Y	0	1
0	$1-p$	0
1	0	p

其中 $0<p<1$,试求 X,Y 的协方差矩阵。

解：X,Y 的边缘概率分布为

X	0	1
p_k	$1-p$	p

Y	0	1
p_k	$1-p$	p

则

$$E(X)=p=E(Y),\quad D(X)=D(Y)=p(1-p),$$

$$E(XY)=p,\quad \mathrm{Cov}(X,Y)=E(XY)-E(X)E(Y)=p-p^2=p(1-p)$$

故 X,Y 的协方差矩阵为

$$C=\begin{bmatrix} p(1-p) & p(1-p) \\ p(1-p) & p(1-p) \end{bmatrix}$$

2. 设随机变量(X,Y)服从二维均匀分布,其概率密度为

$$f(x,y)=\begin{cases} 1/(b-a)(d-c), & a<x<b c<y<d \\ 0, & \text{其他} \end{cases}$$

试求 X,Y 的协方差矩阵。

解： 由于

$$f_X(x) = \int_{-\infty}^{+\infty} f(x,y)\mathrm{d}y = \begin{cases} \int_c^d \dfrac{1}{(b-a)(d-c)}\mathrm{d}y = \dfrac{1}{b-a}, & a < x < b \\ 0, & \text{其他} \end{cases},$$

$$f_Y(y) = \int_{-\infty}^{+\infty} f(x,y)\mathrm{d}x = \begin{cases} \int_a^b \dfrac{1}{(b-a)(d-c)}\mathrm{d}x = \dfrac{1}{d-c}, & c < y < d \\ 0, & \text{其他} \end{cases}$$

易见 X 与 Y 相互独立，故 $\mathrm{Cov}(X,Y) = 0$。而

$$X \sim U(a,b), \quad E(X) = \frac{a+b}{2}, \quad D(X) = \frac{(b-a)^2}{12};$$

$$Y \sim U(c,d), \quad E(Y) = \frac{c+d}{2}, \quad D(Y) = \frac{(d-c)^2}{12}.$$

故得 X,Y 的协方差矩阵为

$$\boldsymbol{C} = \begin{bmatrix} \dfrac{(b-a)^2}{12} & 0 \\ 0 & \dfrac{(d-c)^2}{12} \end{bmatrix}$$

3. 设 (X,Y) 服从二维正态分布，且其协方差矩阵为

$$\boldsymbol{C} = \begin{bmatrix} 4 & 1 \\ 1 & 9 \end{bmatrix}$$

试求 X 与 Y 的相关系数。

解： 因为二维正态随机变量 (X,Y) 的协方差矩阵是

$$\boldsymbol{C} = \begin{bmatrix} D(X) & \rho_{XY}\sqrt{D(X)}\,\sqrt{D(Y)} \\ \rho_{XY}\sqrt{D(X)}\,\sqrt{D(Y)} & D(Y) \end{bmatrix}$$

$$= \begin{bmatrix} \sigma_X^2 & \rho_{XY}\sigma_X\sigma_Y \\ \rho_{XY}\sigma_X\sigma_Y & \sigma_Y^2 \end{bmatrix} = \begin{bmatrix} 4 & 1 \\ 1 & 9 \end{bmatrix}$$

所以 $\sigma_X^2 = 4, \sigma_Y^2 = 9, \rho_{XY}\sigma_X\sigma_Y = 1$，故

$$\rho_{XY} = \frac{1}{\sigma_X\sigma_Y} = \frac{1}{\sqrt{4}\times\sqrt{9}} = \frac{1}{6}$$

4. 设随机变量 (X,Y) 具有概率密度

$$f(x,y) = \begin{cases} 2\mathrm{e}^{-(x+2y)}, & x > 0, y > 0 \\ 0, & \text{其他} \end{cases}$$

试求 $E(X^k), E(X^k Y^l)$（k,l 为正整数）及 $E[X - E(X)]^3$。

解： 因为 X 的边缘概率密度为

$$f_X(x) = \int_{-\infty}^{+\infty} f(x,y)\mathrm{d}y = \begin{cases} \int_0^{+\infty} 2\mathrm{e}^{-x} \cdot \mathrm{e}^{-2y}\mathrm{d}y = \mathrm{e}^{-x}, & x > 0 \\ 0, & x \leqslant 0 \end{cases}$$

(1) $E(X^k) = \int_{-\infty}^{+\infty} x^k f_X(x) \mathrm{d}x = \int_0^{+\infty} x^k \mathrm{e}^{-x} \mathrm{d}x = \Gamma(k+1) = k!, \quad k = 1, 2, \cdots;$

(2) $E(X^k Y^l) = \int_{-\infty}^{+\infty} \int_{-\infty}^{+\infty} x^k y^l f(x, y) \mathrm{d}x \mathrm{d}y = \int_0^{+\infty} \int_0^{+\infty} x^k y^l \cdot 2\mathrm{e}^{-(x+2y)} \mathrm{d}x \mathrm{d}y$

$$= \int_0^{+\infty} x^k \mathrm{e}^{-x} \mathrm{d}x \int_0^{+\infty} 2y^l \mathrm{e}^{-2y} \mathrm{d}y = \frac{k!}{2^l} \int_0^{+\infty} (2y)^l \mathrm{e}^{-2y} \mathrm{d}(2y)$$

$$= \frac{k!}{2^l} \Gamma(l+1) = \frac{k! \, l!}{2^l} k, \quad l = 1, 2, \cdots$$

注意 Γ 函数：$\Gamma(\alpha) = \int_0^{+\infty} x^{\alpha-1} \mathrm{e}^{-x} \mathrm{d}x \, (\alpha > -1)$，当 $\alpha = k+1$ 时，$\Gamma(k+1) = k!$。

(3) 因为

$$E(X) = \int_{-\infty}^{+\infty} x f_X(x) \mathrm{d}x = \int_0^{+\infty} x \cdot \mathrm{e}^{-x} \mathrm{d}x = -x\mathrm{e}^{-x} \Big|_0^{+\infty} + \int_0^{+\infty} \mathrm{e}^{-x} \mathrm{d}x = 1$$

故

$$E[(X - E(X))^3] = \int_0^{+\infty} (x-1)^3 \mathrm{e}^{-x} \mathrm{d}x$$

$$= -(x-1)^3 \mathrm{e}^{-x} \Big|_0^{+\infty} + 3 \int_0^{+\infty} (x-1)^2 \mathrm{e}^{-x} \mathrm{d}x$$

$$= -1 - 3(x-1)^2 \mathrm{e}^{-x} \Big|_0^{+\infty} + 6 \int_0^{+\infty} (x-1) \mathrm{e}^{-x} \mathrm{d}x$$

$$= -1 + 3 - 6(x-1)\mathrm{e}^{-x} \Big|_0^{+\infty} + 6 \int_0^{+\infty} \mathrm{e}^{-x} \mathrm{d}x = 2$$

或

$$E[(X - E(X))^3] = \int_0^{+\infty} (x^3 - 3x^2 + 3x - 1) \mathrm{e}^{-x} \mathrm{d}x$$

$$= \int_0^{+\infty} x^3 \mathrm{e}^{-x} \mathrm{d}x - \int_0^{+\infty} 3x^2 \mathrm{e}^{-x} \mathrm{d}x + \int_0^{+\infty} 3x \mathrm{e}^{-x} \mathrm{d}x - \int_0^{+\infty} \mathrm{e}^{-x} \mathrm{d}x$$

$$= \Gamma(4) - 3\Gamma(3) + 3\Gamma(2) - \Gamma(1)$$

$$= 3! - 3 \times 2! + 3 \times 1! - 1 = 2$$

5. 设二维离散型随机变量 (X, Y) 的分布律为

X \ Y	−1	1
−1	1/6	1/4
1	1/4	1/3

试求 $E(X^3 + Y^3)$。

解： 因为 $E(X^3 + Y^3) = E(X^3) + E(Y^3)$，故先求 X 与 Y 的边缘分布律：

X	−1	1
$p_i.$	5/12	7/12

Y	−1	1
$p_{.j}$	5/12	7/12

于是得

$$E(X^3) = (-1)^3 \times \frac{5}{12} + 1^3 \times \frac{7}{12} = \frac{1}{6},$$

$$E(Y^3) = (-1)^3 \times \frac{5}{12} + 1^3 \times \frac{7}{12} = \frac{1}{6}$$

所以

$$E(X^3 + Y^3) = \frac{1}{6} + \frac{1}{6} = \frac{1}{3}$$

6. 已知三维随机变量 (X, Y, Z) 的协方差矩阵为

$$\mathbf{C} = \begin{bmatrix} 9 & 1 & -2 \\ 1 & 20 & 3 \\ -2 & 3 & 12 \end{bmatrix},$$

令 $\xi = 2X + 3Y + Z, \eta = X - 2Y + 5Z, \zeta = Y - Z$,试求 (ξ, η, ζ) 的协方差矩阵。

解:由 (X, Y, Z) 的协方差矩阵可知

$$D(X) = 9, \quad D(Y) = 20, \quad D(Z) = 12,$$
$$\mathrm{Cov}(X, Y) = 1, \quad \mathrm{Cov}(X, Z) = -2, \quad \mathrm{Cov}(Y, Z) = 3$$

所以

$$\begin{aligned}
D(\xi) &= D(2X + 3Y + Z) \\
&= 4D(X) + 9D(Y) + D(Z) + 12\mathrm{Cov}(X, Y) \\
&\quad + 4\mathrm{Cov}(X, Z) + 6\mathrm{Cov}(Y, Z) \\
&= 36 + 180 + 12 + 12 - 8 + 18 = 250, \\
D(\eta) &= D(X - 2Y + 5Z) \\
&= D(X) + 4D(Y) + 25D(Z) - 4\mathrm{Cov}(X, Y) + \\
&\quad 10\mathrm{Cov}(X, Z) - 20\mathrm{Cov}(Y, Z) \\
&= 9 + 80 + 300 - 4 - 20 - 60 = 305, \\
D(\zeta) &= D(Y - Z) = D(Y) + D(Z) - 2\mathrm{Cov}(Y, Z) = 20 + 12 - 6 = 26, \\
\mathrm{Cov}(\xi, \eta) &= \mathrm{Cov}(2X + 3Y + Z, X - 2Y + 5Z) \\
&= 2D(X) - \mathrm{Cov}(X, Y) + 11\mathrm{Cov}(X, Z) - 6D(Y) + \\
&\quad 13\mathrm{Cov}(Y, Z) + 5D(Z) \\
&= 18 - 1 - 22 - 120 + 39 + 60 = -26, \\
\mathrm{Cov}(\xi, \zeta) &= \mathrm{Cov}(2X + 3Y + Z, Y - Z) \\
&= 2\mathrm{Cov}(X, Y) - 2\mathrm{Cov}(X, Z) + 3D(Y) - 2\mathrm{Cov}(Y, Z) - D(Z) \\
&= 2 + 4 + 60 - 6 - 12 = 48, \\
\mathrm{Cov}(\eta, \zeta) &= \mathrm{Cov}(X - 2Y + 5Z, Y - Z) \\
&= \mathrm{Cov}(X, Y) - \mathrm{Cov}(X, Z) - 2D(Y) + 7\mathrm{Cov}(Y, Z) - 5D(Z) \\
&= 1 + 2 - 40 + 21 - 60 = -76
\end{aligned}$$

于是得(ξ,η,ζ)的协方差矩阵为

$$C_{(\xi,\eta,\zeta)} = \begin{bmatrix} 250 & -26 & 48 \\ -26 & 305 & -76 \\ 48 & -76 & 26 \end{bmatrix}$$

7. 设 X,Y 为两个随机变量,已知 $D(X)=1,D(Y)=4,\mathrm{Cov}(X,Y)=1$,记 $\xi=X-2Y,\eta=2X-Y$,试求 ξ 与 η 的相关系数。

解:因为

$$\mathrm{Cov}(\xi,\eta) = \mathrm{Cov}(X-2Y,2X-Y)$$
$$= 2D(X)-5\mathrm{Cov}(X,Y)+2D(Y) = 2-5+8=5,$$
$$D(\xi) = D(X-2Y) = D(X)+4D(Y)-4\mathrm{Cov}(X,Y) = 1+16-4=13,$$
$$D(\eta) = D(2X-Y) = 4D(X)+D(Y)-4\mathrm{Cov}(X,Y) = 4+4-4=4$$

所以 ξ 与 η 的相关系数为

$$\rho_{\xi\eta} = \frac{\mathrm{Cov}(\xi,\eta)}{\sqrt{D(\xi)}\sqrt{D(\eta)}} = \frac{5}{\sqrt{13}\sqrt{4}} = \frac{5}{2\sqrt{13}}$$

第5章 大数定律与中心极限定理

5.1 大数定律

关键词

大数定律,伯努利大数定理,切比雪夫大数定理,辛钦大数定理。

重要概念

(1) 大数定律

设 $X_1,X_2,\cdots,X_k$ 是随机变量序列,其数学期望 $E(X_k)(k=1,2,\cdots)$ 存在,令 $\overline{X}_n = \frac{1}{n}\sum_{k=1}^{n}X_k$,若对于任意给定的正数 $\varepsilon>0$,有

$$\lim_{n\to\infty}P\{|\overline{X}_n-E(\overline{X}_n)|\geqslant\varepsilon\}=0 \quad 或 \quad \lim_{n\to\infty}P\{|\overline{X}_n-E(\overline{X}_n)|<\varepsilon\}=1$$

则称随机变量列 $\{X_k\}$ 服从大数定律或称大数法成立。

(2) 伯努利大数定理

设 n_A 是 n 次独立重复试验中事件 A 的发生次数,p 是事件 A 在每次试验中发生的概率,则对于任意的正数 $\varepsilon>0$,有

$$\lim_{n\to\infty}P\left\{\left|\frac{n_A}{n}-p\right|\geqslant\varepsilon\right\}=0 \quad 或 \quad \lim_{n\to\infty}P\left\{\left|\frac{n_A}{n}-p\right|<\varepsilon\right\}=1$$

(3) 切比雪夫大数定理

设随机变量 $X_1,X_2,\cdots,X_k,\cdots$ 相互独立,且具有相同的期望与方差:

$$E(X_k) = \mu, \quad D(X_k) = \sigma^2, \quad k = 1, 2, \cdots$$

则对任意正数 $\varepsilon > 0$，有

$$\lim_{n \to \infty} P(|\overline{X}_n - \mu| \geqslant \varepsilon) = 0 \quad 或 \quad \lim_{n \to \infty} P(|\overline{X}_n - \mu| < \varepsilon) = 1$$

（4）辛钦大数定理

设随机变量 $X_1, X_2, \cdots, X_k, \cdots$ 相互独立，且均服从相同的分布，具有相同的数学期望

$$E(X_k) = \mu, \quad k = 1, 2, \cdots$$

则对于任意正数 $\varepsilon > 0$，有

$$\lim_{n \to \infty} P\{|\overline{X}_n - \mu| \geqslant \varepsilon\} = 0 \quad 或 \quad \lim_{n \to \infty} P\{|\overline{X}_n - \mu| < \varepsilon\} = 1$$

基本练习 5.1 解答

1. 设随机变量序列 $X_1, X_2, X_3, \cdots, X_n, \cdots$ 相互独立，其均值 $E(X_k)$ 一致有界，即存在常数 A, B，使 $E(X_k) < A, D(X_k) < B (k = 1, 2, \cdots)$。试证 $X_1, X_2, \cdots, X_n, \cdots$ 服从大数定律（此即切比雪夫定理）。

证明：由题设 X_k 的数学期望 $E(X_k) < A$，方差 $D(X_k) < B$，故 $\overline{X} = \dfrac{1}{n}\sum_{k=1}^{n} X_k$ 的数学期望为

$$E(\overline{X}) = E\left(\frac{1}{n}\sum_{k=1}^{n} X_k\right) = \frac{1}{n}\sum_{k=1}^{n} E(X_k) \leqslant \frac{1}{n}\sum_{k=1}^{n} A \leqslant A$$

方差为

$$D(\overline{X}) = D\left(\frac{1}{n}\sum_{k=1}^{n} X_k\right) = \frac{1}{n^2}\sum_{k=1}^{n} D(X_k) \leqslant \frac{1}{n^2}\sum_{k=1}^{n} B \leqslant \frac{B}{n}$$

再利用切比雪夫不等式得

$$P\{|\overline{X} - E(\overline{X})| \geqslant \varepsilon\} \leqslant \frac{D(\overline{X})}{\varepsilon^2} \leqslant \frac{B}{n\varepsilon^2} \xrightarrow{n \to +\infty} 0$$

由大数定律定义可知，此随机变量列 $X_1, X_2, \cdots, X_n, \cdots$ 服从大数定律。

2. 设 $X_1, X_2, \cdots, X_k, \cdots$ 为相互独立的随机变量，且

$$P\{X_k = 1\} = p_k, \quad P\{X_k = 0\} = q_k, \quad p_k + q_k = 1, \quad 0 < p_k < 1; k = 1, 2, \cdots$$

试证 $X_1, X_2, \cdots, X_k, \cdots$ 服从大数定律。

证明：因为 X_k 的分布律为

$$P\{X_k = 1\} = p_k, \quad P\{X_k = 0\} = q_k, \quad p_k + q_k = 1, \quad k = 1, 2, \cdots$$

故数学期望为

$$E(X_k) = P(X_k = 1) = p_k, \quad k = 1, 2, \cdots$$

方差为

$$D(X_k) = p_k q_k, \quad k = 1, 2, \cdots$$

于是 $\overline{X}_n = \dfrac{1}{n}\sum_{i=1}^{n} X_i$ 的数学期望为

$$E(\overline{X}_n) = E\left(\frac{1}{n}\sum_{i=1}^{n}X_i\right) = \frac{1}{n}\sum_{i=1}^{n}E(X_k) = \frac{1}{n}\sum_{i=1}^{n}p_k,$$

$$D(\overline{X}_n) = D\left(\frac{1}{n}\sum_{i=1}^{n}X_i\right) = \frac{1}{n^2}\sum_{i=1}^{n}D(X_k) = \frac{1}{n^2}\sum_{i=1}^{n}p_kq_k$$

因为 $0 < p_k < 1$,故

$$0 < \sum_{k=1}^{n}p_k < n, \quad 0 < E(\overline{X}_n) < 1,$$

$$0 < \sum_{k=1}^{n}p_kq_k < n, \quad D(\overline{X}_n) < \frac{1}{n^2}\cdot n = \frac{1}{n}$$

再利用切比雪夫不等式得

$$P\{|\overline{X} - E(\overline{X})| \geqslant \varepsilon\} \leqslant \frac{D(\overline{X})}{\varepsilon^2} \leqslant \frac{1}{n\varepsilon^2} \xrightarrow{n \to +\infty} 0$$

故此随机变量列 $X_1, X_2, \cdots, X_k, \cdots$ 服从大数定律。

3. 设 $X_1, X_2, \cdots, X_k, \cdots$ 为独立同分布随机变量,X_k 的分布律为

$$P\left\{X_k = \frac{2^i}{i^2}\right\} = \frac{1}{2^i}, \quad i = 1, 2, \cdots$$

则 $X_1, X_2, \cdots, X_k, \cdots$ 服从大数定律。

证明:因为 X_k 的分布律为

$$P\left\{X_k = \frac{2^i}{i^2}\right\} = \frac{1}{2^i}, \quad i = 1, 2, \cdots$$

其数学期望为

$$E(X_k) = \sum_{i=1}^{\infty}\frac{2^i}{i^2}\cdot\frac{1}{2^i} = \sum_{i=1}^{\infty}\frac{1}{i^2} = \frac{\pi^2}{6}, \quad k = 1, 2, \cdots$$

故由辛钦大数定理知,此随机变量列服从大数定律。

4. 设 $X_1, X_2, \cdots, X_n, \cdots$ 为独立且同分布随机变量序列,$E(X_k) = a$,$D(X_k) = \sigma^2$。令 $Y_n = \dfrac{2}{n(n+1)}\sum_{k=1}^{n}kX_k$,试证 $Y_1, Y_2, \cdots, Y_n, \cdots$ 依概率收敛于 a。

证明:因为 $E(X_k) = a$,$D(X_k) = \sigma^2 (k = 1, 2, \cdots)$ 故 $Y_n = \dfrac{2}{n(n+1)}\sum_{k=1}^{n}kX_k$ 的数学期望和方差如下:

$$E(Y_n) = E\left(\frac{2}{n(n+1)}\sum_{k=1}^{n}kX_k\right) = \frac{2}{n(n+1)}\sum_{k=1}^{n}E(kX_k) = \frac{2a}{n(n+1)}\sum_{k=1}^{n}k$$

$$= \frac{2a}{n(n+1)}\times\frac{n(n+1)}{2} = a,$$

$$D(Y_n) = D\left(\frac{2}{n(n+1)}\sum_{k=1}^{n}kX_k\right) = \frac{4}{n^2(n+1)^2}\sum_{k=1}^{n}D(kX_k) = \frac{4\sigma^2}{n^2(n+1)^2}\sum_{k=1}^{n}k^2$$

$$= \frac{4\sigma^2}{n^2(n+1)^2}\times\frac{n(n+1)(2n+1)}{6} = \frac{2\sigma^2(2n+1)}{3n(n+1)}$$

再利用切比雪夫不等式得

$$P\{|Y_n - a| \geqslant \varepsilon\} = P\{|Y_n - E(Y_n)| \geqslant \varepsilon\}$$

$$\leqslant \frac{D(Y_n)}{\varepsilon^2} = \frac{2\sigma^2(2n+1)}{3n(n+1)\varepsilon^2} \xrightarrow{n \to +\infty} 0$$

即此随机变量列 $Y_1, Y_2, \cdots, Y_n, \cdots$ 依概率收敛于 a。

5. 设 $X_2, X_3, \cdots, X_n, \cdots$ 为相互独立的随机变量序列,$P\{X_n = \pm\sqrt{n}\} = 1/n$,$P\{X_n = 0\} = 1 - 2/n$,$n = 2, 3, \cdots$,试证 $X_2, X_3, \cdots, X_n, \cdots$ 服从大数定律。

证明: 由题设知 $X_n(n=2,3,\cdots)$ 的概率分布为

X_n	$-\sqrt{n}$	0	$+\sqrt{n}$
$P\{X_n = x_k\}$	$1/n$	$1-2/n$	$1/n$

故 X_n 的数学期望为

$$E(X_n) = (-\sqrt{n}) \times \frac{1}{n} + 0 \times \left(1 - \frac{2}{n}\right) + \sqrt{n} \times \frac{1}{n} = 0$$

X_n 的方差为

$$D(X_n) = E(X_n^2) = (-\sqrt{n})^2 \times \frac{1}{n} + 0^2 \times \left(1 - \frac{2}{n}\right) + (\sqrt{n})^2 \times \frac{1}{n} = 2$$

故 $\overline{X} = \frac{1}{N}\sum_{n=2}^{N+1} X_n$ 的数学期望为

$$E(\overline{X}) = E\left(\frac{1}{N}\sum_{n=2}^{N+1} X_n\right) = \frac{1}{N}\sum_{n=2}^{N+1} E(X_n) = 0$$

方差为

$$D(\overline{X}) = D\left(\frac{1}{N}\sum_{n=1}^{N} X_n\right) = \frac{1}{N^2}\sum_{n=2}^{N+1} D(X_n) = \frac{1}{N^2}\sum_{n=2}^{N+1} 2 = \frac{2}{N}$$

再利用切比雪夫不等式得

$$P\{|\overline{X} - E(\overline{X})| \geqslant \varepsilon\} \leqslant \frac{D(\overline{X})}{\varepsilon^2} = \frac{2}{N\varepsilon^2} \xrightarrow{N \to +\infty} 0$$

因此随机变量列 $X_2, X_3, \cdots, X_n, \cdots$ 服从大数定律。

5.2　中心极限定理

关键词

中心极限定理,隶莫佛-拉普拉斯定理,独立同分布中心极限定理(列维定理)。

重要概念

(1) 中心极限定理概念

凡是在一定条件下,断定随机变量列 $X_1, X_2, \cdots, X_k, \cdots$ 的部分和 $Y_n = \sum_{k=1}^{n} X_k$ 的

极限分布为正态分布的定理,均称为中心极限定理。

（2）隶莫佛-拉普拉斯定理

设随机变量列 $Y_n(n=1,2,\cdots)$ 服从参数为 n,p 的二项分布 $B(n,p)(0<p<1)$,则对于任意 x,有

$$\lim_{n\to\infty}P\left\{\frac{Y_n-np}{\sqrt{np(1-p)}}\leqslant x\right\}=\Phi(x)$$

（3）独立同分布中心极限定理（列维定理）

设随机变量 $X_1,X_2,\cdots,X_k,\cdots$ 相互独立且同分布,具有相同的数学期望与方差:

$$E(X_k)=\mu,\quad D(X_k)=\sigma^2\neq 0,\quad k=1,2,\cdots$$

则随机变量和 $Y_n=\sum_{k=1}^{n}X_k$ 近似服从正态分布 $N(n\mu,n\sigma^2)$,即对任意的 x,有

$$\lim_{n\to\infty}P\left\{\frac{Y_n-n\mu}{\sqrt{n\sigma^2}}\leqslant x\right\}=\Phi(x)$$

（4）李雅普诺夫定理

设随机变量 $X_1,X_2,\cdots,X_k,\cdots$ 相互独立,它们具有数学期望及方差:

$$E(X_k)=\mu_k,\quad D(X_k)=\sigma_k^2\neq 0,\quad k=1,2,\cdots$$

设 $B_n^2=\sum_{k=1}^{n}\sigma_k^2$,若存在正数 $\delta>0$,使得当 $n\to\infty$ 时

$$B_n^{-(2+\delta)}\sum_{k=1}^{n}E|X_k-\mu_k|^{2+\delta}\to 0$$

则随机变量 $Y_n=\sum_{k=1}^{n}X_k$ 近似服从正态分布 $N\left(\sum_{k=1}^{n}\mu_k,B_n^2\right)$,即对于任意的 x 有

$$\lim_{n\to\infty}P\left\{\frac{Y_n-\sum_{k=1}^{n}\mu_k}{B_n}\leqslant x\right\}=\Phi(x)$$

（5）利用中心极限定理作近似的计算

如果随机变量列 $X_1,X_2,\cdots,X_k,\cdots$ 服从中心极限定理,$E(X_k)=\mu,D(X_k)=\sigma^2$,

则前 n 项和 $Y_n=\sum_{k=1}^{n}X_k$ 近似服从正态分布,即当 n 足够大时,有

$$\frac{Y_n-n\mu}{\sqrt{n}\sigma}\sim N(0,1)$$

故

$$P\{a<Y_n\leqslant b\}=P\left\{\frac{a-n\mu}{\sqrt{n}\sigma}<\frac{Y_n-n\mu}{\sqrt{n}\sigma}\leqslant\frac{b-n\mu}{\sqrt{n}\sigma}\right\}$$

$$\overset{\text{CLT}}{\approx} \Phi\left(\frac{b-n\mu}{\sqrt{n}\sigma}\right) - \Phi\left(\frac{a-n\mu}{\sqrt{n}\sigma}\right)$$

基本练习 5.2 解答

1. 对一枚匀称的硬币，至少要掷多少次才能使正面出现的频率在 $0.4\sim0.6$ 之间的概率不小于 0.9？试按下列两种方法确定：(1) 用切比雪夫不等式确定；(2) 用中心极限定理确定。

解：设随机变量

$$X_i = \begin{cases} 1, & \text{出现正面} \\ 0, & \text{出现反面} \end{cases}, \quad i=1,2,\cdots$$

则 $\sum\limits_{i=1}^{n} X_i$ 为 n 次投掷这枚硬币时正面出现的次数，即 $\overline{X}_n = \frac{1}{n}\sum\limits_{i=1}^{n} X_i$ 为 n 次投掷正面出现的频率，由题意应使 $P\{0.4 < \overline{X}_n < 0.6\} \geqslant 0.9$，因为 $X_1, X_2, \cdots$ 独立同分布，且对任意的 $i=1,2,\cdots,n$，

$$P\{X_i=1\} = P\{X_i=0\} = 0.5, \quad E(X_i)=0.5, \quad D(X_i)=0.5\times0.5=0.25$$

(1) 用切比雪夫不等式确定

$$P\{0.4 < \overline{X}_n < 0.6\} = P\{|\overline{X}_n - 0.5| < 0.1\} > 1 - \frac{D(\overline{X}_n)}{0.1^2}$$

而

$$D(\overline{X}_n) = D\left(\frac{1}{n}\sum_{i=1}^{n} X_i\right) = \frac{1}{n^2}\sum_{i=1}^{n} D(X_i) = \frac{1}{n^2}\sum_{i=1}^{n} 0.5^2 = \frac{0.25}{n}$$

即要求

$$1 - \frac{0.25/n}{0.1^2} \geqslant 0.9, \quad \text{即 } n \geqslant \frac{0.25}{0.1^2} = 250$$

至少应掷 250 次才满足要求。

(2) 用中心极限定理确定

$$P\{0.4 < \overline{X}_n < 0.6\} = P\left\{\frac{0.4-0.5}{0.5/\sqrt{n}} < \frac{\overline{X}_n - 0.5}{0.5/\sqrt{n}} < \frac{0.6-0.5}{0.5/\sqrt{n}}\right\}$$

$$\overset{\text{CLT}}{\approx} \Phi\left(\frac{\sqrt{n}}{5}\right) - \Phi\left(-\frac{\sqrt{n}}{5}\right) = 2\Phi\left(\frac{\sqrt{n}}{5}\right) - 1 \geqslant 0.90$$

得

$$\Phi\left(\frac{\sqrt{n}}{5}\right) \geqslant \frac{1+0.90}{2} = 0.95$$

查标准正态分布表得

$$\sqrt{n}/5 \geqslant 1.645, \quad \sqrt{n} \geqslant 5\times1.645 = 8.225$$

所以 $n \geqslant 8.225^2 = 67.65 \approx 68$，即此种情况下至少应掷 68 次才满足要求。

2. 一计算机系统有 120 个终端，每个终端平均只有 5% 的时间在使用。如果各

个终端的使用与否相互独立,试求在任一时刻有 10 个以上的终端在使用的概率。

解:设随机变量

$$X_i = \begin{cases} 1, & \text{第 } i \text{ 个终端在使用} \\ 0, & \text{否} \end{cases}, \quad i=1,2,\cdots,120$$

由题设条件知 $X_1,X_2,\cdots,X_{120}$ 相互独立,且对任意的 $i=1,2,\cdots,120$

$$P\{X_i=1\}=0.05, \quad P\{X_i=0\}=1-0.05=0.95$$

$$E(X_i)=0.05, \quad D(X_i)=0.05\times0.95=0.047\,5$$

则 120 个终端在某时刻使用的个数为 $\sum\limits_{i=1}^{120}X_i$,其数学期望与方差分别为

$$E\left(\sum_{i=1}^{120}X_i\right)=\sum_{i=1}^{120}E(X_i)=\sum_{i=1}^{120}P\{X_i=1\}=120\times0.05=6$$

$$D\left(\sum_{i=1}^{120}X_i\right)=\sum_{i=1}^{120}D(X_i)=120\times0.047\,5=5.7$$

故所求在某时刻有 10 个以上终端在使用的概率为 $P\left\{\sum\limits_{i=1}^{120}X_i\geq10\right\}$。

因为 $X_1,X_2,\cdots,X_{120}$ 独立且同分布,相等期望、相等方差,故知这样的随机变量列服从中心极限定理,因而上述概率可利用正态分布来近似求出,即

$$P\left\{\sum_{i=1}^{120}X_i\geq10\right\}=P\left\{\frac{\sum\limits_{i=1}^{120}X_i-6}{\sqrt{5.7}}\geq\frac{10-6}{\sqrt{5.7}}\right\}=1-P\left\{\frac{\sum\limits_{i=1}^{120}X_i-6}{\sqrt{5.7}}<\frac{10-6}{\sqrt{5.7}}\right\}$$

$$\overset{\text{CLT}}{\approx}1-\Phi\left(\frac{4}{\sqrt{5.7}}\right)=1-\Phi(1.675)=1-0.953=0.047$$

3. 某仪器上的一个易损元件坏了,现买回 80 个这种元件,更换一个后,其余作后备用,以便再损坏时,能当即更换。已知买回的这批元件中每一个的使用寿命(单位:h)都服从指数分布 $Z(0.2)$,试求这批元件使用的总时数能超过 500 h 的概率。

解:设第 i 个元件的寿命为 $X_i(i=1,2,\cdots,80)$,则 $X_i\sim Z(0.2)$,即 $X_1,X_2,\cdots,$ X_{80} 独立同分布,且有期望 $E(X_i)=1/0.2=5$,方差 $D(X_i)=1/0.2^2=25$,应用独立同分布的中心极限定理近似计算,所求概率为

$$P\left\{\sum_{i=1}^{80}X_i>500\right\}=1-P\left\{\sum_{i=1}^{80}X_i\leq500\right\}$$

$$=1-P\left\{\frac{\sum\limits_{i=1}^{80}X_i-80\times5}{\sqrt{80\times25}}\leq\frac{500-80\times5}{\sqrt{80\times25}}\right\}$$

$$\overset{\text{CLT}}{\approx}1-\Phi(2.236)=1-0.987\,2=0.012\,8$$

4. 计算器在进行加法计算时,将每个加数舍入最靠近它的整数。设所有舍入误

差是独立的,且在 $(-0.5,0.5)$ 上服从均匀分布。(1) 若将 1 500 个数相加,问误差总和的绝对值超过 15 的概率是多少?(2) 最多可有几个数相加,使得误差总和的绝对值小于 10 的概率不小于 0.90?

解:设 $X_i = \{$每个加数的舍入误差$\}$,$X_i \sim U(-0.5,0.5)$,则
$$E(X_i)=0, \quad D(X_i)=1/12, \quad i=1,2,\cdots$$
故由独立同分布中心极限定理知 $X_1,X_2,\cdots$ 服从中心极限定理。

(1) $P\left\{\left|\sum_{i=1}^{1\,500}X_i\right|>15\right\}=1-P\left\{\left|\sum_{i=1}^{1\,500}X_i\right|\leqslant 15\right\}=1-P\left\{-15\leqslant\sum_{i=1}^{1\,500}X_i\leqslant 15\right\}$

$$=1-P\left\{\frac{-15-1\,500\times 0}{\sqrt{1\,500\times\dfrac{1}{12}}}\leqslant\frac{\sum_{i=1}^{1\,500}X_i-1\,500\times 0}{\sqrt{1\,500\times\dfrac{1}{12}}}\leqslant\frac{15-1\,500\times 0}{\sqrt{1\,500\times\dfrac{1}{12}}}\right\}$$

$$\overset{\text{CLT}}{\approx}1-[\Phi(1.34)-\Phi(-1.34)]=1-[2\Phi(1.34)-1]=2[1-\Phi(1.34)]$$
$$=2\times(1-0.909\,9)=0.180\,2$$

(2) $P\left\{\left|\sum_{i=1}^{n}X_i\right|<10\right\}=P\left\{-10<\sum_{i=1}^{n}X_i<10\right\}$

$$=P\left\{\frac{-10}{\sqrt{n\times(1/12)}}<\frac{\sum_{i=1}^{n}X_i}{\sqrt{n\times(1/12)}}<\frac{10}{\sqrt{n\times(1/12)}}\right\}$$

$$\overset{\text{CLT}}{\approx}\Phi\left(\frac{10}{\sqrt{n/12}}\right)-\Phi\left(-\frac{10}{\sqrt{n/12}}\right)=2\Phi\left(\frac{10\sqrt{12}}{\sqrt{n}}\right)-1\geqslant 0.9$$

即 $\Phi\left(\dfrac{10\sqrt{12}}{\sqrt{n}}\right)\geqslant\dfrac{0.9+1}{2}=0.95$,查标准正态分布表得

$$\frac{10\sqrt{12}}{\sqrt{n}}\geqslant 1.645$$

故

$$\sqrt{n}\leqslant\frac{10\sqrt{12}}{1.645}=21.06, \quad n\leqslant 21.06^2=443.52$$

所以,最多可能有 443 个数相加时,其误差总和的绝对值小于 10 的概率,不小于 0.90。

5. 某单位设置一电话总机,其有 200 架电话分机。设每个电话分机是否使用外线通话是相互独立的,每时刻每个分机有 5% 的概率要用外线通话,试问总机需要多少外线才能以不低于 90% 的概率保证每个分机要使用外线时可供使用?

解:设随机变量
$$X_i=\begin{cases}1, & \text{第 } i \text{ 个分机要用外线}\\0, & \text{否}\end{cases}, \quad i=1,2,\cdots,200$$

则 $X_1, X_2, \cdots, X_{200}$ 独立同分布,

$$P\{X_i=1\}=0.05, \quad P\{X_i=0\}=0.95, \quad E(X_i)=0.05$$

$$D(X_i)=0.05\times0.95=0.047\,5, \quad i=1,2,\cdots,200$$

若总机需用 n 根外线,则利用中心极限定理可知

$$P\left\{\sum_{i=1}^{200}X_i\leqslant n\right\}=P\left\{\frac{\sum\limits_{i=1}^{200}X_i-200\times0.05}{\sqrt{200\times0.047\,5}}\leqslant\frac{n-200\times0.05}{\sqrt{200\times0.047\,5}}\right\}$$

$$\overset{\text{CLT}}{\approx}\Phi\left(\frac{n-10}{3.082\,21}\right)\geqslant0.90$$

查标准正态分布表得

$$\frac{n-10}{3.082\,21}\geqslant1.28$$

即 $n\geqslant10+1.28\times3.082\,21=13.945\approx14$,至少要设 14 条外线才能以 90% 的概率保证每个分机要使用外线时可供使用。

6. 某保险公司经过多年的资料统计表明,在索赔户中被盗赔户占 20%,在随意抽查的 100 家索赔户中被盗的索赔户数为随机变量 X,(1) 试写出 X 的概率分布;(2) 利用隶莫佛-拉普拉斯定理,求被盗的索赔户数不少于 14 户且不多于 30 户的概率的近似值。

解:设随机变量

$$X_i=\begin{cases}1, & \text{第 } i \text{ 户索赔户是被盗户} \\ 0, & \text{第 } i \text{ 户索赔户不是被盗户}\end{cases}, \quad i=1,2,\cdots,100$$

则 $P\{X_i=1\}=0.2, P\{X_i=0\}=0.8, E(X_i)=0.2, D(X_i)=0.16$。

(1) 可见 $X=\sum\limits_{i=1}^{100}X_i\sim B(100,0.2)$,其概率分布为

$$P\{X=k\}=C_{100}^k\times0.2^k\times0.8^{100-k}, \quad k=0,1,2,\cdots,100$$

(2) 利用隶莫佛-拉普拉斯中心极限定理,所求概率为

$$P\{14\leqslant X\leqslant30\}=\sum_{k=14}^{30}C_{100}^k0.2^k0.8^{100-k}$$

$$\overset{\text{CLT}}{\approx}\Phi\left(\frac{30-100\times0.2}{\sqrt{100\times0.2\times0.8}}\right)-\Phi\left(\frac{14-100\times0.2}{\sqrt{100\times0.2\times0.8}}\right)$$

$$=\Phi(2.5)-\Phi(-1.5)=0.993\,8-(1-0.933\,2)=0.927$$

7. 设 $X_1, X_2, \cdots, X_n$ 相互独立且同分布,$E(X_i^k)=a_k(k=1,2,3,4;i=1,2,\cdots)$,试证:当 n 充分大时,$Y_n=\dfrac{1}{n}\sum\limits_{i=1}^{n}X_i^2$ 近似服从正态分布,指出其参数。

证明:因为 $X_1, X_2, \cdots, X_n$ 相互独立且同分布,所以 $X_1^2, X_2^2, \cdots, X_n^2$ 相互独立且同分布,且有相同的数学期望与方差:

$$E(X_i^2) = a_2, \quad D(X_i^2) = E(X_i^4) - [E(X_i^2)]^2 = a_4 - (a_2)^2 \triangleq \sigma^2 \neq 0$$

满足独立同分布中心极限定理条件,所以 $\sum\limits_{i=1}^{n} X_i^2$ 近似服从正态分布 $N(na_2, n\sigma^2)$,故

得 $Y_n = \dfrac{1}{n} \sum\limits_{i=1}^{n} X_i^2$ 的数学期望与方差为

$$E(Y_n) = E\left(\frac{1}{n} \sum_{i=1}^{n} X_i^2\right) = \frac{1}{n} \sum_{i=1}^{n} E(X_i^2) = \frac{1}{n} \sum_{i=1}^{n} a_2 = a_2,$$

$$D(Y_n) = D\left(\frac{1}{n} \sum_{i=1}^{n} X_i^2\right) = \frac{1}{n^2} \sum_{i=1}^{n} D(X_i^2) = \frac{1}{n^2} \sum_{i=1}^{n} (a_4 - a_2^2) = \frac{a_4 - a_2^2}{n}$$

所以,当 n 足够大时,此 Y_n 近似服从正态分布 $N\left(a_2, \dfrac{a_4 - a_2^2}{n}\right)$。

8. 将重为 a 的物品,在天平上重复称量 n 次,若各次称量的结果 $X_1, X_2, \cdots, X_n$ 相互独立,且 $X_i \sim N(a, 0.2^2)(i=1, 2, \cdots, n)$,则 n 的最小值不小于多少时有 $P\{|\overline{X} - a| < 0.1\} \geqslant 0.95$。

解:由题设知,每次称量的结果 $X_1, X_2, \cdots, X_n$ 相互独立且服从正态分布,且 $E(X_i) = a, D(X_i) = 0.04(i=1, 2, \cdots, n)$,则 $\overline{X} = \dfrac{1}{n} \sum\limits_{i=1}^{n} X_i$ 的期望与方差为

$$E(\overline{X}) = E\left(\frac{1}{n} \sum_{i=1}^{n} X_i\right) = \frac{1}{n} \sum_{i=1}^{n} E(X_i) = \frac{1}{n} \sum_{i=1}^{n} a = a,$$

$$D(\overline{X}) = D\left(\frac{1}{n} \sum_{i=1}^{n} X_i\right) = \frac{1}{n^2} \sum_{i=1}^{n} D(X) = \frac{1}{n^2} \sum_{i=1}^{n} 0.04 = \frac{0.04}{n}$$

故由正态分布性质可知 $\overline{X} = \dfrac{1}{n} \sum\limits_{i=1}^{n} X_i$ 服从正态分布 $N\left(a, \dfrac{0.04}{n}\right)$,于是

$$P(|\overline{X} - a| < 0.1) = P\left\{\frac{|\overline{X} - a|}{0.2/\sqrt{n}} < \frac{0.1}{0.2/\sqrt{n}}\right\}$$

$$= \Phi\left(\frac{0.1\sqrt{n}}{0.2}\right) - \Phi\left(-\frac{0.1\sqrt{n}}{0.2}\right) = 2\Phi(0.5\sqrt{n}) - 1 \geqslant 0.95$$

得 $\Phi(0.5\sqrt{n}) \geqslant 0.975$,查表得 $0.5\sqrt{n} \geqslant 1.96, n \geqslant 15.3664$,因此至少重复称量 16 次,才能保证 $P\{|\overline{X} - a| < 0.1\} \geqslant 0.95$。

9. 一学校有 100 名住校生,每人都以 80% 的概率去图书馆自习,试问图书馆至少应设多少个座位,才能以 99% 的概率保证去上自习的同学都有座位。

解:设需设 n 个座位,令 $X = \{100$ 名住校生中去图书馆自习的人数$\}$,则有 $X \sim B(100, 0.8)$,其概率分布为

$$P\{X = k\} = C_{100}^k \times 0.8^k \times 0.2^{100-k}, \quad k = 0, 1, 2, \cdots, 100$$

利用隶莫佛-拉普拉斯中心极限定理得

$$P\{X \leqslant n\} = \sum_{k=0}^{n} C_{100}^{k} \times 0.8^{k} \times 0.2^{100-k}$$

$$\overset{\text{CLT}}{\approx} \Phi\left(\frac{n - 100 \times 0.8}{\sqrt{100 \times 0.8 \times 0.2}}\right) = \Phi\left(\frac{n-80}{4}\right) \geqslant 0.99$$

查表得 $\dfrac{n-80}{4} \geqslant 2.33$，$n \geqslant 89.32$，所以该图书馆至少应设 90 个座位。

10. 现有一批种子，其中良种占 1/6，今取 6 000 粒种子，问能以 0.99 的概率保证在这 6 000 粒种子中良种所占的比例与 1/6 的差不超过多少？相应的良种数在哪个范围内？

解：设 $X = \{6\,000$ 粒种子中的良种数$\}$，则 X 近似服从参数为 6 000，1/6 的二项分布，即 $X \sim B(6\,000, 1/6)$，其概率分布为

$$P\{X = k\} = C_{6\,000}^{k}\left(\frac{1}{6}\right)^{k}\left(\frac{5}{6}\right)^{100-k}, \quad k = 0, 1, 2, \cdots, 6\,000$$

(1) 在 6 000 粒种子中良种所占的比例为 $X/6\,000$，设良种所占的比例与 1/6 的差不超过 a，由题设 $P\left\{\left|\dfrac{X}{6\,000} - \dfrac{1}{6}\right| < a\right\} = 0.99$，确定 a 值。利用隶莫佛-拉普拉斯中心极限定理可得

$$0.99 = P\left\{\left|\frac{X}{6\,000} - \frac{1}{6}\right| < a\right\} = P\{|X - 1\,000| < 6\,000a\}$$

$$= P\left\{\left|\frac{X - 1\,000}{\sqrt{6\,000 \times \frac{1}{6} \times \frac{5}{6}}}\right| < \frac{6\,000a}{\sqrt{6\,000 \times \frac{1}{6} \times \frac{5}{6}}}\right\}$$

$$\overset{\text{CLT}}{\approx} \Phi\left(\frac{6\,000a}{\sqrt{6\,000 \times \frac{1}{6} \times \frac{5}{6}}}\right) - \Phi\left(\frac{-6\,000a}{\sqrt{6\,000 \times \frac{1}{6} \times \frac{5}{6}}}\right)$$

$$= 2\Phi\left(\frac{6\,000a}{\sqrt{6\,000 \times \frac{1}{6} \times \frac{5}{6}}}\right) - 1 = 0.995$$

查表得

$$\frac{6\,000a}{\sqrt{6\,000 \times \frac{1}{6} \times \frac{5}{6}}} = 2.575$$

得

$$a = \frac{2.575\sqrt{6\,000 \times \frac{1}{6} \times \frac{5}{6}}}{6\,000} = 0.012\,4$$

(2) 由 $a = 0.012\,4$ 得相应的良种数的可能范围为

$$(1\,000-6\,000a\,,1\,000+6\,000a)=(925\,,1\,075)$$

11. 设 $X_1,X_2,\cdots,X_k,\cdots$ 为一列相互独立的随机变量,对每个 $k\geqslant1$,X_k 服从区间 $(-k,k)$ 上的均匀分布,试证明:对于任意的实数 x,

$$\lim_{n\to+\infty}P\left\{\sum_{k=1}^{n}X_k\leqslant\frac{x}{6}\sqrt{2n(n+1)(2n+1)}\right\}=\frac{1}{\sqrt{2\pi}}\int_{-\infty}^{x}\mathrm{e}^{-\frac{t^2}{2}}\mathrm{d}t$$

证明: 因为 $X_1,X_2,\cdots,X_k,\cdots$ 为一列相互独立的随机变量,且 $X_k\sim U(-k,k)$,则有

$$E(X_k)=0,\quad D(X_k)=\frac{(2k)^2}{12}=\frac{k^2}{3},\quad k=1,2,\cdots$$

且

$$\sum_{k=1}^{n}E(X_k)=0,\quad B_n^2=\sum_{k=1}^{n}\frac{k^2}{3}=\frac{n(n+1)(2n+1)}{3\times6}=\frac{2n(n+1)(2n+1)}{36}$$

取 $\delta=1>0$ 时,

$$E(\mid X_k-E(X_k)\mid^{2+1})=E(\mid X_k\mid^3)=\int_{-k}^{k}\mid x\mid^3\frac{1}{2k}\mathrm{d}x=2\int_{0}^{k}x^3\frac{1}{2k}\mathrm{d}x=\frac{k^3}{4},$$

$$\sum_{k=1}^{n}E(\mid X_k-E(X_k)\mid^3)=\sum_{k=1}^{n}\frac{k^3}{4}=\frac{n^2(n+1)^2}{4\times4},$$

$$\frac{1}{B_n^3}\sum_{k=1}^{n}E(\mid X_k-E(X_k)\mid^3)=\frac{n^2(n+1)^2}{16}\Big/\left[\frac{1}{18}n(n+1)(2n+1)\right]^{3/2}\xrightarrow{n\to+\infty}0$$

可见,相互独立的随机变量序列 $X_1,X_2,\cdots,X_n,\cdots$ 满足李雅普诺夫条件,因此, $\sum_{k=1}^{n}X_k$ 近似服从正态分布 $N(0,B_n^2)$,即得

$$\lim_{n\to+\infty}P\left\{\frac{\displaystyle\sum_{k=1}^{n}X_k}{\dfrac{1}{6}\sqrt{2n(n+1)(2n+1)}}\leqslant x\right\}=\frac{1}{\sqrt{2\pi}}\int_{-\infty}^{x}\mathrm{e}^{-\frac{t^2}{2}}\mathrm{d}t$$

第 6 章　数理统计的基本概念

6.1　总体与样本

关键词

总体,个体,简单样本,样本的分布,统计量,顺序统计量,样本均值,样本中位数,样本众数,样本极差,样本方差,样本标准差,样本变异系数,样本矩,标准误差,样本协方差,样本相关系数。

重要概念

(1) 总体与个体

　　研究对象的全体元素的集合称为总体,组成总体的每一个元素称为个体。一般地,将总体的某项数量指标 X 看作一个随机变量,即作为总体 X,而相应的个体即指所研究对象的每个个体的这项指标,即 $X_1,X_2,\cdots$。

　　(2) 简单随机样本(样本或子样)

　　若 $X_1,X_2,\cdots,X_n$ 是来自总体 X 的容量为 n 的样本,如果 $X_1,X_2,\cdots,X_n$ 满足下列两个条件:

　　① $X_1,X_2,\cdots,X_n$ 相互独立;

　　② $X_1,X_2,\cdots,X_n$ 与 X 有相同分布,

则称 $X_1,X_2,\cdots,X_n$ 为总体 X 的简单随机样本,简称为样本或子样。

　　对样本 $(X_1,X_2,\cdots,X_n)$ 作一次观察,所得实数值 $(x_1,x_2,\cdots,x_n)$ 称为样本值或观察值。

　　(3) 样本的分布

　　若总体 X 的分布函数为 $F(x)$,则样本 $(X_1,X_2,\cdots,X_n)$ 的分布函数为

$$F(x_1,x_2,\cdots,x_n) = \prod_{i=1}^{n} F(x_i)$$

　　① 若总体 X 具有概率分布 $P\{X=x_i\}=p_i(i=1,2,\cdots)$,则样本 $X_1,X_2,\cdots,X_n$ 的联合概率分布为

$$P\{X_1=x_{i_1},X_2=x_{i_2},\cdots,X_n=x_{i_n}\} = \prod_{k=1}^{n} P\{X_i=x_{i_k}\} = \prod_{k=1}^{n} p_{i_k}$$
$$i_k=1,2,\cdots,k=1,2,\cdots,n$$

　　② 若总体 X 具有概率密度 $f(x)$,则样本 $X_1,X_2,\cdots,X_n$ 的联合概率密度为

$$f(x_1,x_2,\cdots,x_n) = \prod_{i=1}^{n} f(x_i)$$

　　(4) 统计量

　　设 $X_1,X_2,\cdots,X_n$ 为总体的一个样本,若样本的函数 $g(X_1,X_2,\cdots,X_n)$ 中不包含任何未知参数,则称 $g(X_1,X_2,\cdots,X_n)$ 为统计量。

　　若 $(x_1,x_2,\cdots,x_n)$ 是样本 $(X_1,X_2,\cdots,X_n)$ 的一次观察值,则 $g(x_1,x_2,\cdots,x_n)$ 是统计量 $g(X_1,X_2,\cdots,X_n)$ 的观察值,称为统计值。

　　(5) 顺序统计量

　　设 $X_1,X_2,\cdots,X_n$ 为总体 X 的样本,把它们按从小到大的次序排列为 $X_{(1)} \leqslant X_{(2)} \leqslant \cdots \leqslant X_{(n)}$,则称 $X_{(1)},X_{(2)},\cdots,X_{(n)}$ 为原样本 $X_1,X_2,\cdots,X_n$ 的顺序统计量,$X_{(k)}$ 称为第 k 个顺序统计量 $(1 \leqslant k \leqslant n)$。

　　若样本值为 $x_1,x_2,\cdots,x_n$,则按从小到大顺序排到后得到顺序统计值

$$x_{(1)} \leqslant x_{(2)} \leqslant \cdots \leqslant x_{(n)}$$

　　若已知总体 X 具有分布函数 $F(x)$,$X_{(1)}=\min\{X_1,X_2,\cdots,X_n\}$ 的分布函数为

$$F_N(x) = 1 - [1-F(x)]^n$$

则 $X_{(n)} = \max\{X_1, X_2, \cdots, X_n\}$ 的分布函数为 $F_M(x) = [F(x)]^n$。

(6) 样本均值

$$\overline{X} = \frac{1}{n} \sum_{i=1}^{n} X_i, \quad \text{观察值 } \overline{x} = \frac{1}{n} \sum_{i=1}^{n} x_i$$

(7) 样本中位数

$$M_n = \begin{cases} X_{(k+1)}, & n = 2k+1 \\ \dfrac{1}{2}(X_{(k)} + X_{(k+1)}), & n = 2k \end{cases},$$

观察值

$$m_n = \begin{cases} x_{(k+1)}, & n = 2k+1 \\ \dfrac{1}{2}(x_{(k)} + x_{(k+1)}), & n = 2k \end{cases}$$

(8) 样本众数(mod)

数据中最常出现的值,即为众数,是样本中出现可能性最大的值。

(9) 样本极差

$$R = X_{(n)} - X_{(1)}$$

观察值

$$r = x_{(n)} - x_{(1)}$$

(10) 样本方差

$$S^2 = \frac{1}{n-1} \sum_{i=1}^{n} (X_i - \overline{X})^2, \quad \text{观察值 } s^2 = \frac{1}{n-1} \sum_{i=1}^{n} (s_i - \overline{x})^2$$

或为

$$S_n^2 = \frac{1}{n} \sum_{i=1}^{n} (X_i - X_i)^2, \quad \text{观察值 } s^2 = \frac{1}{n} \sum_{i=1}^{n} (s_i - \overline{x})^2$$

(11) 样本标准差

$$S = \sqrt{S^2}, \quad \text{观察值 } s = \sqrt{s^2}$$

(12) 样本变异系数

$$C_V = \frac{S}{X}, \quad \text{观察值 } c_V = \frac{s}{\overline{x}}$$

(13) 样本矩

对不同的总体矩,对应有相应的样本矩:

① $\overline{X^k} = \dfrac{1}{n} \sum\limits_{i=1}^{n} X_i^k$ 为样本 k 阶原点矩,观察值 $\overline{x^k} = \dfrac{1}{n} \sum\limits_{i=1}^{n} x_i^k$;

② $S_n^k = \dfrac{1}{n} \sum\limits_{i=1}^{n} (X_i - \overline{X})^k$ 为样本 k 阶中心矩,观察值 $s_n^k = \dfrac{1}{n} \sum\limits_{i=1}^{n} (x_i - \overline{x})^k$;

③ $\overline{X^k Y^l} = \dfrac{1}{n} \sum\limits_{i=1}^{n} X_i^k Y_i^l$ 为样本 $k+l$ 阶混合原点矩,观察值 $\overline{x^k y^l} = \dfrac{1}{n} \sum\limits_{i=1}^{n} x_i^k y_i^l$;

④ $S_{XY}^{k+l} = \dfrac{1}{n}\sum\limits_{i=1}^{n}(X_i - \overline{X})^k(Y_i - \overline{Y})^l$ 为样本 $k+l$ 阶混合中心矩, 观察值 $s_{XY}^{k+l} =$

$\dfrac{1}{n}\sum\limits_{i=1}^{n}(x_i - \overline{x})^k(y_i - \overline{y})^l$。

注意: 若用 $|X_i|$ 代替上式中 X_i, 所得式称为样本绝对矩, 如 $\dfrac{1}{n}\sum\limits^{n}|X_i|^k$ 为样

本 k 阶绝对原点矩, 观察值为 $\dfrac{1}{n}\sum\limits^{n}|x_i|^k$。

(14) 样本协方差

$$S_{XY}^{1+1} = \frac{1}{n}\sum_{i=1}^{n}(X_i - \overline{X})(Y_i - \overline{Y}), \quad 观察值\ s_{XY}^{1+1} = \frac{1}{n}\sum_{i=1}^{n}(x_i - \overline{x})(y_i - \overline{y})$$

(15) 样本相关系数

$$\hat{\rho}_{XY} = \frac{\sum\limits_{i=1}^{n}(X_i - \overline{X})(Y_i - \overline{Y})}{\sqrt{\sum\limits_{i=1}^{n}(X_i - \overline{X})^2}\sqrt{\sum\limits_{i=1}^{n}(Y_i - \overline{Y})^2}},$$

观察值

$$\hat{\rho}_{XY} = \frac{\sum\limits_{i=1}^{n}(x_i - \overline{x})(y_i - \overline{y})}{\sqrt{\sum\limits_{i=1}^{n}(x_i - \overline{x})^2}\sqrt{\sum\limits_{i=1}^{n}(y_i - \overline{y})^2}}$$

基本练习 6.1 解答

1. 为了解某专业本科毕业生的就业情况, 我们调查了某地区 50 名 2008 年毕业的该专业本科毕业生的实习期满后的月薪情况, 试问: (1) 什么是总体与个体? (2) 什么是样本? (3) 样本容量是多少?

解: 由题意得, (1) 我们研究的对象是某专业本科毕业生实习期满后的月薪, 因此该专业本科毕业生的实习期满后的月薪为总体 X, 每个被调查的专业本科毕业生的实习期满后的月薪为个体 $X_1, X_2, \cdots$; (2) 从该地区众多 2008 年毕业的该专业本科毕业生中被调查的 50 名学生的月薪 $X_1, X_2, \cdots, X_{50}$ 构成一个样本; (3) 样本容量 $n = 50$。

2. 设总体 $X \sim N(\mu, \sigma^2)$, $X_1, X_2, \cdots, X_n$ 是来自总体 X 的一个容量为 n 的样本, 试写出 $X_1, X_2, \cdots, X_n$ 的联合概率密度函数。

解: 因为 $X_1, X_2, \cdots, X_n$ 是来自总体 X 的一个容量为 n 的样本, 而 $X \sim N(\mu, \sigma^2)$, 故 X_i 的概率密度函数为

$$f(x_i) = \frac{1}{\sqrt{2\pi}\sigma}e^{-\frac{(x_i - \mu)^2}{2\sigma^2}}, \quad 1 \leqslant i \leqslant n$$

于是 $X_1, X_2, \cdots, X_n$ 的联合概率密度函数为

$$f(x_1, x_2, \cdots, x_n) = f(x_1) f(x_2) \cdots f(x_n)$$

$$= \prod_{i=1}^{n} f(x_i)$$

$$= \prod_{i=1}^{n} \frac{1}{\sqrt{2\pi}\sigma} e^{-\frac{(x_i - \mu)^2}{2\sigma^2}}$$

$$= \frac{1}{(2\pi\sigma^2)^{n/2}} e^{-\frac{1}{2\sigma^2} \sum_{i=1}^{n} (x_i - \mu)^2}, \quad -\infty < x_i < +\infty$$

3. 设总体 $X \sim U(a, b)$，$X_1, X_2, \cdots, X_n$ 是来自总体 X 的一个容量为 n 的样本，试写出 $X_1, X_2, \cdots, X_n$ 的联合概率密度函数。

解：因为 $X_1, X_2, \cdots, X_n$ 是来自总体 X 的一个容量为 n 的样本，而 $X \sim U(a, b)$，故 X_i 的概率密度函数为

$$f(x_i) = \begin{cases} \dfrac{1}{b-a}, & a < x < b \\ 0, & \text{其他} \end{cases}, 1 \leqslant i \leqslant n$$

于是 $X_1, X_2, \cdots, X_n$ 的联合概率密度函数为

$$f(x_1, x_2, \cdots, x_n) = f(x_1) f(x_2) \cdots f(x_n) = \prod_{i=1}^{n} f(x_i)$$

$$= \begin{cases} \displaystyle\prod_{i=1}^{n} \dfrac{1}{(b-a)}, & a < x_i < b \\ 0, & \text{其他} \end{cases} = \begin{cases} \dfrac{1}{(b-a)^n}, & a < x_i < b \\ 0, & \text{其他} \end{cases}$$

4. 在总体 $X \sim N(12, 2^2)$ 中随机抽取一个容量为 5 的样本 $X_1, X_2, \cdots, X_5$，其顺序统计量为 $X_{(1)}, X_{(2)}, \cdots, X_{(5)}$，试求：(1) $P\{X_{(5)} < 15\}$；(2) $P\{X_{(1)} < 10\}$。

解：因为 $X_1, X_2, \cdots, X_5$ 是来自总体 X 的一个样本，而 $X \sim N(12, 2^2)$，故 $X_i \sim N(12, 2^2)(1 \leqslant i \leqslant 5)$。

(1) $P\{X_{(5)} < 15\} = P\{\max_{1 \leqslant i \leqslant 5}\{X_i\} < 15\} = [P\{X < 15\}]^5 = [F(15)]^5$

$$= \left[\Phi\left(\frac{15-12}{2}\right)\right]^5 = [\Phi(1.5)]^5 = 0.9332^5 = 0.7077$$

(2) $P\{X_{(1)} < 10\} = P\{\min_{1 \leqslant i \leqslant 5}\{X_i\} < 10\} = 1 - [1 - P\{X < 10\}]^5$

$$= 1 - [1 - F(10)]^5$$

$$= 1 - \left[1 - \Phi\left(\frac{10-12}{2}\right)\right]^5 = 1 - [\Phi(1)]^5 = 1 - 0.8413^5 = 0.5785$$

5. 为调查土壤中的营养成分，随机抽取土壤样品 8 个，测得其质量（单位：g）分别为

230　243　185　240　228　196　246　200

(1) 试写出总体、样本、样本值、样本容量；

(2) 试求样本均值、样本方差及均方差；

(3) 试求样本极差、中位数及变异系数。

解: (1) 我们研究的对象为土壤中的营养成分的质量,此为总体 X,随机抽取的 8 个土壤样品的质量构成一个容量为 8 的样本 $X_1, X_2, \cdots, X_8$,样本值为所给数据:
$x_1 = 230, x_2 = 243, x_3 = 185, x_4 = 240, x_5 = 228, x_6 = 196, x_7 = 246, x_8 = 200$;

(1) 样本均值

$$\overline{x} = \frac{1}{8} \sum_{i=1}^{8} x_i = \frac{1}{8}(230 + 243 + 185 + \cdots + 200) = 221$$

样本方差

$$s^2 = \frac{1}{8-1} \sum_{i=1}^{8} (x_i - \overline{x})^2$$

$$= \frac{1}{7} \left[(230 - 221)^2 + (243 - 221)^2 + \cdots + (200 - 221)^2 \right] = 566$$

均方差

$$s = \sqrt{s^2} = \sqrt{566} = 23.790\ 8$$

(2) 样本极差

$$D_n = x_{(8)} - x_{(1)} = 246 - 185 = 61$$

样本中位数

$$m_n = \frac{1}{2}(228 + 230) = 229$$

变异系数

$$C_r = \frac{s}{\overline{x}} = \frac{23.790\ 8}{221} = 0.107\ 7$$

6. 在某大学抽样调查 100 名男学生的身高,测得数据如下:

身高/cm	150~160	160~170	170~180	180~190
人数	8	44	36	12

试求样本均值 $\overline{x}$ 与样本方差 s^2。

解: 由于记录数据为分组数据,故计算样本均值 $\overline{x}$ 与样本方差 s^2 要分组进行。首先确定各组的组中值,再利用加权平均公式进行计算,列表如下:

组中值 x_i	155	165	175	185
人数 n_i	8	44	36	12

得样本均值

$$\overline{x} = \frac{\sum_{i=1}^{4} x_i n_i}{\sum_{i=1}^{4} n_i} = \frac{155 \times 8 + 165 \times 44 + 175 \times 36 + 185 \times 12}{8 + 44 + 36 + 12} = 170.2$$

样本方差

$$s^2 = \frac{\sum\limits_{i=1}^{4}(x_i - \overline{x})^2 n_i}{\sum\limits_{i=1}^{4} n_i - 1}$$

$$= \frac{1}{99}\left[(155-170.2)^2 \times 8 + (165-170.2)^2 \times 44 + \right.$$

$$\left. (175-100)^2 \times 36 + (185-170.2)^2 \times 12\right] = 65.616\,2$$

6.2　经验分布函数和直方图

关键词

经验分布函数,分布函数 $F(x)$ 的估计,概率的近似估计,概率密度的直方图估计。

重要概念

(1) 经验分布函数

设 $X_1, X_2, \cdots, X_n$ 为来自总体 X 的样本,观察值 $x_1, x_2, \cdots, x_n$, $X_{(1)}, X_{(2)}, \cdots,$ $X_{(n)}$ 为其顺序统计量,$x_{(1)}, x_{(2)}, \cdots, x_{(n)}$ 为顺序统计值,对于任意实 x,称函数

$$F_n(x) = \begin{cases} 0, & x < x_{(1)} \\ \dfrac{k}{n}, & x_{(k)} \leqslant x < x_{(k+1)}, \quad k = 1, 2, \cdots, n-1 \\ 1, & x \geqslant x_{(n)} \end{cases}$$

为总体 X 的经验分布函数。

(2) 分布函数 $F(x)$ 的估计

设 $F_n(x)$ 是由 X 的样本值 $x_1, x_2, \cdots, x_n$ 所得的经验分布函数,则由格列汶科定理得知,对于足够大的 n,对任意实数 x,$F(x) = P\{X \leqslant x\} \approx F_n(x)$。

(3) 概率的近似估计

对任意实数 a, b,足够大的 n 有

$$P\{a < X \leqslant b\} = F(b) - F(a) \approx F_n(b) - F_n(a)$$

(4) 概率密度的直方图估计

设 $x_1, x_2, \cdots, x_n$ 是总体 X 的样本 $X_1, X_2, \cdots, X_n$ 的观察值,用直方图法求近似概率密度估计的作法步骤如下:

① 从样本值 $x_1, x_2, \cdots, x_n$ 中找出最小值 $x_{(1)}$ 与最大值 $x_{(n)}$。

② 选取适当的两数 a, b,使 $a \leqslant x_{(1)} < x_{(n)} \leqslant b$,且使 (a, b) 易于等分,再将 (a, b) 等分为 m 个子区间,分点记为 $a = t_0 < t_1 < \cdots < t_{i-1} < t_i < \cdots < t_m = b$。

③ 记录样本值 $x_1, x_2, \cdots, x_n$ 落入小区间 $[t_{i-1}, t_i)$ 的个数,即频数 v_i,则 X 落入

$[t_{i-1}, t_i)$的频率f_i的近似值为$f_i \approx \dfrac{v_i}{n}$。

④ 在坐标平面上,自左向右各个小区间$[t_{i-1}, t_i)(i=1,2,\cdots,n)$上画竖直的长方形,对第$i$个长方形,以$X$轴上小区间$[t_{i-1}, t_i)$的一段为底,以$y_i = \dfrac{f_i}{t_i - t_{i-1}}$为高,画出图形即是所谓直方图。

⑤ 用光滑曲线描出直方图的外廓曲线,即为总体X的近似密度曲线。此时概率密度函数的直方图估计为

$$\hat{f}(x) \approx \begin{cases} \dfrac{v_i}{n(t_i - t_{i-1})} = \dfrac{f_i}{t_i - t_{i-1}}, & t_{i-1} < x < t_i (i=1,2,\cdots,m) \\ 0 & \text{其他} \end{cases}$$

基本练习 6.2 解答

1. 从一个总体中抽取容量为 10 的一个样本,具体观察值为

$$-1.8 \quad -2.2 \quad 2.8 \quad 1.5 \quad -2.1 \quad 2.1 \quad 1.8 \quad 0.9 \quad 2.4 \quad 1.1$$

试求:(1) 顺序统计值与经验分布函数;(2) 概率$P\{-2 < X \leqslant 1.5\}$的近似值。

解:(1) 将数据按从小到大顺序排列得顺序统计值:

$$-2.2 \quad -2.1 \quad -1.8 \quad 0.9 \quad 1.1 \quad 1.5 \quad 1.8 \quad 2.1 \quad 2.4 \quad 2.8$$

由定义得经验分布函数为

$$F_{10}(x) = \begin{cases} 0, & x < -2.8 \\ 0.1, & -2.8 \leqslant x < -2.1 \\ 0.2, & -2.1 \leqslant x < -1.8 \\ 0.3, & -1.8 \leqslant x < 0.9 \\ 0.4, & 0.9 \leqslant x < 1.1 \\ 0.5, & 1.1 \leqslant x < 1.5 \\ 0.6, & 1.5 \leqslant x < 1.8 \\ 0.7, & 1.8 \leqslant x < 2.1 \\ 0.8, & 2.1 \leqslant x < 2.4 \\ 0.9, & 2.4 \leqslant x < 2.8 \\ 1, & x \geqslant 2.8 \end{cases}$$

(2) $P\{-2 < X \leqslant 1.5\} = F(1.5) - F(-2) \approx F_{10}(1.5) - F_{10}(-2) = 0.6 - 0.2 = 0.4$。

2. 设一个容量为 50 的一个样本观察值为

x_i	1	4	6
频数 n_i	10	15	25

试求样本均值$\overline{x}$与经验分布函数$F_{50}(x)$。

解：样本均值

$$\overline{x} = \frac{1}{50} \sum_{i=1}^{3} x_i n_i = \frac{1}{50}[1 \times 10 + 4 \times 15 + 6 \times 25] = 4.4$$

由定义得经验分布函数为

$$F_{50}(x) = \begin{cases} 0, & x < 1 \\ 10/50, & 1 \leqslant x < 4 \\ 25/50, & 4 \leqslant x < 6 \\ 1, & x \geqslant 6 \end{cases}$$

3. 某食品厂为增强质量管理，对某日生产的罐头抽查 100 个样品，它们的净重数据（单位：g）如下：

340	339	341	337	343	340	338	347	343	339
337	339	342	338	343	341	339	351	346	340
336	339	338	337	343	341	342	348	344	340
337	341	343	338	343	341	339	352	346	339
336	339	342	337	343	341	338	349	345	340
338	339	342	337	343	339	338	350	345	340
336	339	342	338	343	341	339	351	345	340
335	340	341	337	343	341	338	348	344	339
336	339	342	337	343	341	338	348	344	340
336	339	342	337	343	341	336	350	345	335

（1）试求罐头净重 X 的经验分布函数；（2）试画出直方图（取间距为 3），它近似服从什么分布？

解：（1）由原数据按间距 3 统计可得频数分布表：

x_i	335~338	338~341	341~344	344~347	347~350	350~353
频数 n_i	17	34	30	9	5	5

故 X 的经验分布函数为

$$F_{100}(x) = \begin{cases} 0, & x < 335 \\ 0.17, & 335 \leqslant x < 338 \\ 0.51, & 338 \leqslant x < 341 \\ 0.81, & 341 \leqslant x < 344 \\ 0.90, & 344 \leqslant x < 347 \\ 0.95, & 347 \leqslant x < 350 \\ 1, & x \geqslant 350 \end{cases}$$

（2）由上述频数分布表，利用 Excel 画出频数直方图：

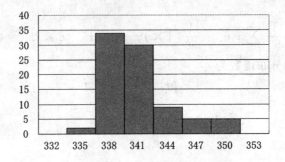

观察易知，它近似服从正态分布，需进一步考证。

4. 某射手进行 20 次重复独立射击，其成绩如下：

环数 x_i	4	5	6	7	8	9	10
频数 n_i	2	0	4	9	0	3	2

试写出射击成绩 X 的经验分布函数 $F_{20}(x)$，并计算 $F(6.5)$ 的近似值。

解：由上述频数分布表，按定义可得射击成绩 X 的经验分布函数 $F_{20}(x)$ 为

$$F_{20}(x) = \begin{cases} 0, & x < 4 \\ 2/20, & 4 \leqslant x < 6 \\ 6/20, & 6 \leqslant x < 7 \\ 15/20, & 7 \leqslant x < 9 \\ 18/20, & 9 \leqslant x < 10 \\ 1, & x \geqslant 10 \end{cases}$$

$$F(6.5) \approx F_{20}(6.5) = 6/20 = 0.3$$

6.3 常用统计量的分布

关键词

样本均值的分布，χ^2 分布，t 分布，F 分布，正态总体下样本均值差与样本方差比的分布。

重要概念

(1) 单个正态总体下的样本均值的分布

设总体 X 服从正态分布 $N(\mu, \sigma^2)$，$X_1, X_2, \cdots, X_n$ 为来自 X 的一个样本，则样本均值 $\overline{X} = \dfrac{1}{n} \sum\limits_{i=1}^{n} X_i$ 服从均值为 μ，方差为 $\dfrac{\sigma^2}{n}$ 的正态分布，即

$$\overline{X} = \frac{1}{n} \sum_{i=1}^{n} X_i \sim N\left(\mu, \frac{\sigma^2}{n}\right)$$

（2）两个正态总体下的样本均值的分布

设有两个正态总体 $X \sim N(\mu_1, \sigma_1^2), Y \sim N(\mu_2, \sigma_2^2)$，$X$ 与 Y 相互独立，$(X_1, X_2, \cdots, X_{n_1})$ 与 $(Y_1, Y_2, \cdots, Y_{n_2})$ 为分别来自 X 与 Y 的样本，$\overline{X}, \overline{Y}$ 分别为它们样本均值，则

$$\overline{X} \pm \overline{Y} \sim N\left(\mu_1 \pm \mu_2, \frac{\sigma_1^2}{n_1} + \frac{\sigma_2^2}{n_2}\right)$$

即

$$\frac{\overline{X} \pm \overline{Y} - (\mu_1 \pm \mu_2)}{\sqrt{\dfrac{\sigma_1^2}{n_1} + \dfrac{\sigma_2^2}{n_2}}} \sim N(0,1)$$

（3）非正态总体下的样本均值的近似分布

设总体 X 服从任意分布，其数学期望为 $E(X) = \mu$，方差为 $D(X) = \sigma^2$，$X_1, X_2, \cdots, X_n$ 为来自总体 X 的一个样本，则当 n 较大时，由中心极限定理可知，近似地有

$$\overline{X} \sim N\left(\mu, \frac{\sigma^2}{n}\right), \quad 即 \frac{\overline{X} - \mu}{\sigma / \sqrt{n}} \sim N(0,1)$$

（4）χ^2 分布

若随机变量 $X_1, X_2, \cdots, X_n$ 相互独立，且都服从标准正态分布 $N(0,1)$，则称随机变量

$$\chi_n^2 = \sum_{i=1}^{n} X_i^2$$

服从自由度为 n 的 χ^2 分布，记为 $X \sim \chi^2(n)$，其概率密度为

$$f_n(x) = \begin{cases} \dfrac{1}{2^{n/2}\Gamma(n/2)} x^{n/2-1} e^{-x/2}, & x > 0 \\ 0, & x \leqslant 0 \end{cases}$$

注意：χ^2 分布实际上为参数是 $n/2, 1/2$ 的 Γ 分布 $\Gamma(n/2, 1/2)$。

χ^2 分布的性质：

① χ^2 分布的数字特征：$E[\chi^2(n)] = n, D[\chi^2(n)] = 2n$。

② χ^2 分布对参数 n 具有可加性，即若 $\chi_1^2 \sim \chi_1^2(n_1), \chi_2^2 \sim \chi_2^2(n_2)$，且相互独立，由 $\Gamma(\alpha, \beta)$ 分布性质立得 $\chi_1^2 + \chi_2^2 \sim \chi_1^2(n_1 + n_2)$。

③ χ^2 分布的上 α 分位点：对于给定的正数 α，$0 < \alpha < 1$，称满足条件

$$P\{\chi^2(n) > \chi_\alpha^2(n)\} = \alpha$$

的数 $\chi_\alpha^2(n)$ 为 $\chi^2(n)$ 分布的上 α 分位点。

（5）t 分布

设 $X \sim N(0,1), Y \sim \chi^2(n)$，且 X 与 Y 相互独立，则称随机变量

$$T = \frac{X}{\sqrt{Y/n}}$$

服从自由度为 n 的 t 分布,记为 $T \sim t(n)$。其概率密度为

$$f_{t(n)}(x) = \frac{\Gamma((n+1)/2)}{\sqrt{n\pi}\,\Gamma(n/2)}\left(1 + \frac{x^2}{n}\right)^{-\frac{n+1}{2}}, \quad -\infty < x < +\infty$$

t 分布的性质:

① t 分布的密度曲线关于 y 轴对称,即有: $f(-x) = f(x)$。

② $t(n)$ 的极限分布为标准正态分布,即

$$\lim_{n\to\infty} f_{t(n)}(x) = \frac{1}{\sqrt{2\pi}}e^{-\frac{x^2}{2}}$$

③ t 分布的数字特征: $E[t(n)] = 0$, $D[t(n)] = \dfrac{n}{n-2}$。

④ t 分布的上 α 分位点:对于给定的正数 α, $0 < \alpha < 1$,称满足条件

$$P\{t(n) > t_\alpha(n)\} = \alpha$$

的数 $t_\alpha(n)$ 为 t 分布的上 α 分位点。

(6) F 分布

设随机变量 U 和 V 相互独立,分别服从自由度为 n_1 和 n_2 的 χ^2 分布,即 $U \sim \chi^2(n_1)$, $V \sim \chi^2(n_2)$,则称随机变量

$$F = \frac{U/n_1}{V/n_2}$$

服从自由度为 (n_1, n_2) 的 F 分布,记作 $F \sim F(n_1, n_2)$,其概率密度为

$$f_F(x) = \begin{cases} \dfrac{\Gamma((n_1 + n_2)/2)}{\Gamma(n_1/2)\Gamma(n_2/2)}\left(\dfrac{n_1}{n_2}\right)^{\frac{n_1}{2}} x^{\frac{n_1}{2}-1}\left(1 + \dfrac{n_1}{n_2}x\right)^{-\frac{n_1+n_2}{2}}, & x > 0 \\ 0, & x \leq 0 \end{cases}$$

F 分布的性质:

① 若 F 服从 $F(n_1, n_2)$ 分布,则 F 的倒数 $\dfrac{1}{F}$ 服从 $F(n_2, n_1)$ 分布。

② F 分布的数字特征:

$$E[F(n_1, n_2)] = \frac{n_2}{n_2 - 2}, \quad n_2 > 2,$$

$$D[F(n_1, n_2)] = \frac{n_2^2(2n_1 + 2n_2 - 4)}{n_1(n_2 - 2)^2(n_2 - 4)}, \quad n_2 > 4$$

③ F 分布的上 α 分位点:对于给定的正数 α, $0 < \alpha < 1$,称满足条件

$$P\{F(n_1, n_2) > F_\alpha(n_1, n_2)\} = \alpha$$

的数 $F_\alpha(n_1, n_2)$ 为 F 分布的上 α 分位点。

注意: 由 F 分布性质可知:

$$F_{1-\alpha}(n_1, n_2) = \frac{1}{F_\alpha(n_2, n_1)}$$

(7) 单个正态总体下样本均值与样本方差的分布

设 $X_1, X_2, \cdots, X_n$ 是来自正态总体 $N(\mu, \sigma^2)$ 的样本,则有

① $\dfrac{\overline{X}-\mu}{\sigma/\sqrt{n}} \sim N(0,1)$;

② $\dfrac{(n-1)S^2}{\sigma^2} \sim \chi^2(n-1)$;

③ $\overline{X}$ 与 S^2 相互独立;

④ $\dfrac{\overline{X}-\mu}{S/\sqrt{n}} \sim t(n-1)$;

⑤ $\dfrac{1}{\sigma^2} \sum\limits_{i=1}^{n} (X_i - \mu)^2 \sim \chi^2(n)$。

(8) 两个正态总体下样本均值差与样本方差比的分布

设 $X_1, X_2, \cdots, X_{n_1}$ 与 $Y_1, Y_2, \cdots, Y_{n_2}$ 分别为取自正态总体 $N(\mu_1, \sigma_1^2)$ 和 $N(\mu_2, \sigma_2^2)$ 的样本,且它们相互独立,则有:

① $\dfrac{\overline{X}-\overline{Y}-(\mu_1-\mu_2)}{\sqrt{\dfrac{\sigma_1^2}{n_1}+\dfrac{\sigma_2^2}{n_2}}} \sim N(0,1)$;

② 当 $\sigma_1 = \sigma_2$ 时,

$$T = \dfrac{\overline{X}-\overline{Y}-(\mu_1-\mu_2)}{S_{\mathrm{w}}\sqrt{\dfrac{1}{n_1}+\dfrac{1}{n_2}}} \sim t(n_1+n_2-2)$$

其中 $S_{\mathrm{w}}^2 = \dfrac{(n_1-1)S_1^2+(n_2-1)S_2^2}{n_1+n_1-2}$;

③ $F = \dfrac{S_1^2/\sigma_1^2}{S_2^2/\sigma_2^2} \sim F(n_1-1, n_2-1)$;

④ $\dfrac{n_2\sigma_2^2 \sum\limits_{i=1}^{n_1} (X_i-\mu_1)^2}{n_1\sigma_1^2 \sum\limits_{i=1}^{n_2} (X_i-\mu_2)^2} \sim F(n_1, n_2)$。

基本练习 6.3 解答

1. 设总体 X 的概率密度为

$$f(x;\theta) = \begin{cases} (\theta+1)x^{\theta}, & 0 < x < 1 \\ 0, & \text{其他} \end{cases} \quad (\theta > -1)$$

$X_1, X_2, \cdots, X_n$ 是来自该总体的简单随机样本,试求 $E(\overline{X})$, $D(\overline{X})$。

解: 因为总体 X 的数学期望为

$$E(X) = \int_{-\infty}^{+\infty} x f(x;\theta) \mathrm{d}x = \int_0^1 x(\theta+1)x^\theta \mathrm{d}x = \int_0^1 (\theta+1)x^{\theta+1} \mathrm{d}x = \frac{\theta+1}{\theta+2}$$

总体 X 的二阶原点矩为

$$E(X^2) = \int_{-\infty}^{+\infty} x^2 f(x;\theta) \mathrm{d}x = \int_0^1 x^2(\theta+1)x^\theta \mathrm{d}x = \int_0^1 (\theta+1)x^{\theta+2} \mathrm{d}x = \frac{\theta+1}{\theta+3}$$

总体 X 的方差为

$$D(X) = E(X^2) - [E(X)]^2 = \frac{\theta+1}{\theta+3} - \left(\frac{\theta+1}{\theta+2}\right)^2 = \frac{\theta+1}{(\theta+3)(\theta+2)^2}$$

于是样本均值的数学期望与方差分别为

$$E(\overline{X}) = \frac{\theta+1}{\theta+2}, \quad D(\overline{X}) = \frac{D(X)}{n} = \frac{\theta+1}{n(\theta+3)(\theta+2)^2}$$

2. 设某厂加工的齿轮轴的直径 X 服从正态分布 $N(20,0.05^2)$,现从这种齿轮轴中任取 36 个检验,试问样本均值 $\overline{X}$ 落在区间 $(19.98,20.02)$ 的概率是多少?

解:因为总体 $X \sim N(20,0.05^2)$,所以样本均值 $\overline{X} \sim N(20,0.05^2/36)$,故

$$P\{19.98 < \overline{X} < 20.02\} = \Phi\left(\frac{20.02-20}{0.05/\sqrt{36}}\right) - \Phi\left(\frac{19.98-20}{0.05/\sqrt{36}}\right)$$

$$= \Phi(2.4) - \Phi(-2.4) = 2\Phi(2.4) - 1$$

$$= 2 \times 0.991\,8 - 1 = 0.983\,6$$

3. 已知某种纱的单纱强力 X 服从正态分布 $N(240,20^2)$,(1) 现从这种纱中随机抽取容量为 100 的一个样本,试问样本均值与总体均值之差的绝对值大于 5 的概率是多少? (2) 若独立进行两次抽样,容量分别是 36 与 64,试问这两个样本均值的差的绝对值大于 10 的概率是多少?

解:(1) 因为总体 $X \sim N(240,20^2)$,所以样本均值 $\overline{X} \sim N(240,20^2/100)$,故样本均值与总体均值之差的绝对值大于 5 的概率为

$$P\{|\overline{X}-240| > 5\} = 1 - P\left\{\frac{|\overline{X}-240|}{20/\sqrt{100}} \leqslant \frac{5}{20/\sqrt{100}}\right\}$$

$$= 1 - \left[\Phi\left(\frac{5}{2}\right) - \Phi\left(-\frac{5}{2}\right)\right]$$

$$= 2[1 - \Phi(2.5)] = 2 \times (1 - 0.993\,8) = 0.012\,4$$

(2) 如果独立进行两次抽样,那么两样本均值 $\overline{X} \sim N(240,20^2/36)$,$\overline{Y} \sim N(240,20^2/64)$,且相互独立,于是两个样本均值的差

$$\overline{X} - \overline{Y} \sim N\left(0, \frac{20^2}{36} + \frac{20^2}{64}\right) = N\left(0, \frac{20^2 \times 100}{36 \times 64}\right) = N\left(0, \left(\frac{25}{6}\right)^2\right)$$

所以这两个样本均值 $\overline{X}$ 与 $\overline{Y}$ 的差的绝对值大于 10 的概率为

$$P\{|\overline{X}-\overline{Y}| > 10\} = 1 - P\left\{\frac{|\overline{X}-\overline{Y}|}{25/6} \leqslant \frac{10}{25/6}\right\}$$

$$= 1 - [\Phi(2.4) - \Phi(-2.4)]$$

$$= 2[1 - \Phi(2.4)] = 2 \times (1 - 0.991\ 8) = 0.016\ 4$$

4. 某工厂生产的灯泡的使用寿命 $X \sim N(2\ 250, 250^2)$，现进行质量检查，方法如下：任意挑选若干个灯泡，如果这些灯泡的平均寿命超过 2 200 小时，就认为该厂生产的灯泡质量合格，若要使检查能通过的概率超过 0.997，问至少要检查多少个灯泡。

解：设至少要检查 n 个灯泡，$X_i (i = 1, 2, \cdots, n)$ 为第 i 个灯泡的使用寿命，则这些灯泡的平均寿命为 $\overline{X} = \dfrac{1}{n} \sum\limits_{i=1}^{n} X_i \sim N(2\ 250, 250^2/n)$，由题意，应有概率

$$P\{\overline{X} > 2\ 200\} \geqslant 0.997$$

而

$$P\{\overline{X} > 2\ 200\} = 1 - P\{\overline{X} \leqslant 2\ 200\} = 1 - \Phi\left(\frac{2\ 200 - 2\ 250}{250/\sqrt{n}}\right)$$

$$= 1 - \Phi\left(\frac{-1}{5/\sqrt{n}}\right) = \Phi\left(\frac{\sqrt{n}}{5}\right) \geqslant 0.997$$

查标准正态分布表可得

$$\frac{\sqrt{n}}{5} \geqslant 2.75, \text{故} \sqrt{n} \geqslant 5 \times 2.75 = 13.75, n \geqslant 13.75^2 = 189.062\ 5$$

所以至少要检查 190 个灯泡，才能使概率 $P\{\overline{X} > 2\ 200\} \geqslant 0.997$。

5. 设总体 $X \sim N(1, 2^2)$，$X_1, X_2, \cdots, X_{25}$ 是来自 X 的简单随机样本，$\overline{X} = \dfrac{1}{25} \sum\limits_{i=1}^{25} X_i$。若 $Y = a\overline{X} + b (a > 0)$ 服从标准正态分布，试求：(1) a 和 b 的值；(2) $P\{-0.5 < Y < 0.5\}$。

解：(1) 因为 $X \sim N(1, 2^2)$，故样本均值 $\overline{X} \sim N(1, 2^2/25) = N(1, 0.4^2)$，即有 $E(\overline{X}) = 1$，$D(\overline{X}) = 0.4^2$，故若 $Y = a\overline{X} + b \sim N(0, 1)$，则应有

$$E(Y) = E(a\overline{X} + b) = aE(\overline{X}) + b = a \times 1 + b = a + b = 0,$$

$$D(Y) = D(a\overline{X} + b) = a^2 D(\overline{X}) = a^2 \times 0.4^2 = 1$$

从上两式中解得：$a = 2.5 (>0)$，$b = -2.5$。

(2) 由于 $Y = 2.5\overline{X} - 2.5 \sim N(0, 1)$，故得

$$P\{-0.5 < Y < 0.5\} = \Phi(0.5) - \Phi(-0.5) = 2\Phi(0.5) - 1$$

$$= 2 \times 0.691\ 5 - 1 = 0.383$$

6. 设总体 $X \sim N(0, 1)$，$X_1, X_2, \cdots, X_6$ 是来自 X 的简单随机样本。若

$$Y = (X_1 + X_2 + X_3)^2 + (X_4 + X_5 + X_6)^2$$

试确定常数 C，使得 CY 服从 χ^2 分布。

解：因为 $X_i \sim N(0, 1)$，$i = 1, 2, \cdots, 6$，且相互独立，故有

$$X_1 + X_2 + X_3 \sim N(0, 3), \quad X_4 + X_5 + X_6 \sim N(0, 3),$$

$$\frac{X_1+X_2+X_3}{\sqrt{3}} \sim N(0,1), \qquad \frac{X_4+X_5+X_6}{\sqrt{3}} \sim N(0,1),$$

$$\left(\frac{X_1+X_2+X_3}{\sqrt{3}}\right)^2 \sim \chi^2(1), \qquad \left(\frac{X_4+X_5+X_6}{\sqrt{3}}\right)^2 \sim \chi^2(1).$$

于是,再由 χ^2 分布的可加性得

$$\left(\frac{X_1+X_2+X_3}{\sqrt{3}}\right)^2 + \left(\frac{X_4+X_5+X_6}{\sqrt{3}}\right)^2 \sim \chi^2(2).$$

可见,应取常数 $C=1/3$,可使得 CY 服从 $\chi^2(2)$ 分布。

7. 在总体 $N(\mu,\sigma^2)$ 中抽取一个容量为 16 的样本,分别对下列两种情况求样本均值与总体平均的差的绝对值小于 2 的概率:(1) 已知 $\sigma^2=25$;(2) σ^2 未知,但已知样本方差 $s^2=20.8$。

解:(1) 当已知 $\sigma^2=25$ 时,总体 $X \sim N(\mu,5^2)$,样本均值 $\overline{X} \sim N(\mu,5^2/16)=$ $N(\mu,1.25^2)$,故样本均值与总体平均的差的绝对值小于 2 的概率为

$$P\{|\overline{X}-\mu|<2\}=P\left\{\frac{|\overline{X}-\mu|}{1.25}<\frac{2}{1.25}\right\}$$

$$=\Phi(1.6)-\Phi(-1.6)$$

$$=2\Phi(1.6)-1=2\times 0.945\ 2-1=0.890\ 4$$

(2) σ^2 未知,但已知样本方差 $s^2=20.8$ 时,样本均值

$$\frac{\overline{X}-\mu}{s/\sqrt{n}}=\frac{\overline{X}-\mu}{\sqrt{20.8/16}} \sim t(16-1)=t(15)$$

故此时样本均值与总体平均的差的绝对值小于 2 的概率为

$$P\{|\overline{X}-\mu|<2\}=P\left\{\frac{|\overline{X}-\mu|}{\sqrt{20.8}/4}<\frac{2}{\sqrt{20.8}/4}\right\}$$

$$=2\left(1-P\left\{\frac{|\overline{X}-\mu|}{\sqrt{20.8}/4}\geqslant\frac{8}{\sqrt{20.8}}\right\}\right)$$

$$=2(1-P\{t(15)\geqslant 1.754\ 1\})$$

$$=2(1-0.05)=0.9$$

8. 设总体 X 服从正态分布 $N(\mu,\sigma^2)$,σ^2 已知,从该总体中随机抽取一个容量为 $n=40$ 的样本 $X_1,X_2,\cdots,X_{40}$,试求 $P\left\{0.5\sigma^2<\frac{1}{n}\sum_{i=1}^{n}(X_i-\overline{X})^2<1.453\sigma^2\right\}$。

解:因为

$$\frac{\sum_{i=1}^{n}(X_i-\overline{X})^2}{\sigma^2}=\frac{(n-1)S^2}{\sigma^2} \sim \chi^2(n-1)$$

故所求概率:

$$P\left\{0.5\sigma^2 < \frac{1}{n}\sum_{i=1}^{n}(X_i - \overline{X})^2 < 1.453\sigma^2\right\}$$

$$= P\left\{0.5n < \frac{1}{\sigma^2}\sum_{i=1}^{n}(X_i - \overline{X})^2 < 1.453n\right\}$$

$$= P\{0.5n < \chi^2(n-1) < 1.453n\}$$

$$= P\{0.5 \times 40 < \chi^2(39) < 1.453 \times 40\}$$

$$= P\{20 < \chi^2(39) < 58.12\}$$

$$= P\{\chi^2(39) \geqslant 20\} - P\{\chi^2(39) \geqslant 58.12\}$$

$$= 0.995 - 0.025 = 0.97$$

9. 设 $X_1, X_2, \cdots, X_{n_1}, X_{n_1+1}, \cdots, X_{n_2}$ 为来自正态总体 $N(0, \sigma^2)$ 的容量为 $n_1 + n_2$ 的样本,试求下列统计量的分布:

$$(1)\ Y = \frac{\sqrt{n_2}\sum_{i=1}^{n_1}X_i}{\sqrt{n_1}\sqrt{\sum_{j=n_1+1}^{n_1+n_2}X_j^2}}\ ;\qquad (2)\ Z = \frac{n_2\sum_{i=1}^{n_1}X_i^2}{n_1\sum_{j=n_1+1}^{n_1+n_2}X_j^2}。$$

解:(1) 因为 $X_i \sim N(0, \sigma^2), i = 1, 2, \cdots, n_1, n_1+1, \cdots, n_1+n_2$,且相互独立,故

$$\sum_{i=1}^{n_1}X_i \sim N(0, n_1\sigma^2),\qquad \frac{\sum_{i=1}^{n_1}X_i}{\sqrt{n_1\sigma^2}} \sim N(0,1),$$

$$\frac{X_j}{\sigma} \sim N(0,1),\qquad \sum_{j=n_1+1}^{n_1+n_2}\left(\frac{X_j}{\sigma}\right)^2 \sim \chi^2(n_2)$$

且它们相互独立,于是由 t 分布定义可得

$$Y = \frac{\sqrt{n_2}\sum_{i=1}^{n_1}X_i}{\sqrt{n_1}\sqrt{\sum_{j=n_1+1}^{n_1+n_2}X_j^2}} = \frac{\sum_{i=1}^{n_1}X_i \big/ \sqrt{n_1\sigma^2}}{\sqrt{\sum_{j=n_1+1}^{n_1+n_2}\left(\frac{X_j}{\sigma}\right)^2 \big/ n_2}} \sim t(n_2)$$

(2) $\dfrac{X_i}{\sigma} \sim N(0,1),\ \displaystyle\sum_{i=+1}^{n_1}\left(\frac{X_i}{\sigma}\right)^2 \sim \chi^2(n_1),\ \frac{X_j}{\sigma} \sim N(0,1),\ \displaystyle\sum_{j=n_1+1}^{n_1+n_2}\left(\frac{X_j}{\sigma}\right)^2 \sim$

$\chi^2(n_2)$,且它们相互独立,于是由 F 分布定义可得

$$Z = \frac{n_2\sum_{i=1}^{n_1}X_i^2}{n_1\sum_{j=n_1+1}^{n_1+n_2}X_j^2} = \frac{\sum_{i=1}^{n_1}\left(\frac{X_i}{\sigma}\right)^2 \big/ n_1}{\sum_{j=n_1+1}^{n_1+n_2}\left(\frac{X_j}{\sigma}\right)^2 \big/ n_2} \sim F(n_1, n_2)$$

第 7 章 参数估计

7.1 点估计

关键词

总体参数，参数的点估计量，点估计值，矩估计，极大似然估计。

重要概念

（1）总体参数

总体 X 的分布参数，理论概率分布参数，统称为总体参数。

（2）参数的点估计

设总体 X 的分布函数为 $F(x;\theta)$，其中 θ 为未知参数，$X_1, X_2, \cdots, X_n$ 是来自总体 X 的样本，$x_1, x_2, \cdots, x_n$ 是其一个样本值，若用统计值 $\hat{\theta}(x_1, x_2, \cdots, x_n)$ 作为 θ 的估计值，则称 $\hat{\theta}(X_1, X_2, \cdots, X_n)$ 为 θ 的点估计量，$\hat{\theta}(x_1, x_2, \cdots, x_n)$ 为 θ 的点估计值，统称为参数 θ 的点估计，记作 $\hat{\theta}$。

（3）单个参数的矩估计

设总体 X 的分布函数 $F(x;\theta)$ 中未知数 θ 为待定参数，假定总体 X 的数学期望 $E(X)$ 存在，则求参数 θ 的矩估计的步骤为：

① 由概率分布或概率密度计算总体 X 的数学期望 $E(X)$；

② 由样本得出样本均值 $\overline{X} = \dfrac{1}{n}\sum\limits_{i=1}^{n} X_i$；

③ 令 X 的均值与样本均值相等，即令

$$E(X) = \frac{1}{n}\sum_{i=1}^{n} X_i = \overline{X}$$

④ 从上述等式中解出的 $\hat{\theta} = \hat{\theta}(X_1, X_2, \cdots, X_n)$，即为 θ 的矩估计量，而 $\hat{\theta} = \hat{\theta}(x_1, x_2, \cdots, x_n)$ 为 θ 的矩估计值。

注意：若有 $E(X) = 0$，则用 $E(X^2)$ 或 $E(|X|)$ 代替，且将样本函数转换为相应的二阶原点矩或绝对矩，即令

$$E(X^2) = \frac{1}{n}\sum_{i=1}^{n} X_i^2 = \overline{X^2}, \quad \text{或} \quad E(|X|) = \frac{1}{n}\sum_{i=1}^{n} |X_i| = |\overline{X}|$$

解得相应的 $\hat{\theta} = \hat{\theta}(X_1, X_2, \cdots, X_n)$ 与 $\hat{\theta} = \hat{\theta}(x_1, x_2, \cdots, x_n)$。

（4）两个参数的矩估计

设总体 X 的分布函数 $F(x;\theta_1, \theta_2)$ 中未知数 θ_1, θ_2 为待定参数，假定总体 X 的一阶与二阶原点矩 $E(X), E(X^2)$ 存在，则求参数 θ_1, θ_2 的矩估计的步骤为：

① 由概率分布或概率密度计算总体 X 的原点矩 $E(X),E(X^2)$；

② 由样本得出样本均值 $\overline{X}=\dfrac{1}{n}\sum\limits_{i=1}^{n}X_i$，$\overline{X^2}=\dfrac{1}{n}\sum\limits_{i=1}^{n}X_i^2$；

③ 令总体原点矩与样本原点矩相等，即令

$$E(X)=\frac{1}{n}\sum_{i=1}^{n}X_i=\overline{X},\quad E(X^2)=\frac{1}{n}\sum_{i=1}^{n}X_i^2=\overline{X^2}$$

④ 从方程组中解出的 $\hat{\theta}_i=\hat{\theta}_i(X_1,X_2,\cdots,X_n)(i=1,2)$，即为 θ_1,θ_2 的矩估计量，而 $\hat{\theta}_i=\hat{\theta}_i(x_1,x_2,\cdots,x_n)(i=1,2)$ 为 θ_1,θ_2 的矩估计值。

（5）总体均值与方差的矩估计

无论总体 X 服从什么分布，样本均值 $\overline{X}$ 总是总体均值 μ 的矩估计，S_n^2 总是总体方差 $D(X)$ 的矩估计，即

$$\hat{\mu}=\overline{X},\quad \hat{\sigma}^2=S_n^2=\frac{1}{n}\sum_{i=1}^{n}(X_i-X_i)^2$$

（6）参数函数的矩估计

若 $\hat{\theta}$ 为 θ 的矩估计量，$g(\theta)$ 为 θ 的连续函数，则 $g(\hat{\theta})$ 为 $g(\theta)$ 的矩估计。

（7）利用求导法求单个参数 θ 的极大似然估计

设总体 X 具有分布函数 $F(x_i;\theta)$，样本值为 $x_1,x_2,\cdots,x_n$，θ 为待估参数，则

① 建立似然函数 $L(\theta)$：由总体的概率分布或概率密度及样本值 $x_1,x_2,\cdots,x_n$，当总体 X 为离散型时，

$$L(\theta)=\prod_{i=1}^{n}p(x_i;\theta),\quad \theta\in\Theta$$

当总体 X 为连续型时，

$$L(\theta)=\prod_{i=1}^{n}f(x_i;\theta),\quad \theta\in\Theta$$

② 取对数：

当总体 X 为离散型时，

$$\ln L(\theta)=\sum_{i=1}^{n}\ln p(x_i;\theta)$$

当总体 X 为连续型时，

$$\ln L(\theta)=\sum_{i=1}^{n}\ln f(x_i;\theta)$$

③ 对 θ 求导数并令其为零，得对数似然方程（又称为似然方程）：

$$\frac{\mathrm{d}\ln L(\theta)}{\mathrm{d}\theta}=0$$

④ 从对数似然方程（或似然方程）解出的 $\hat{\theta}=\hat{\theta}(x_1,x_2,\cdots,x_n)$ 即为 θ 的极大似然估计值，而相应的统计量 $\hat{\theta}=\hat{\theta}(X_1,X_2,\cdots,X_n)$ 为 θ 的极大似然估计量。

（8）利用求导法求两个未知参数的极大似然估计

设总体 X 具有分布函数 $F(x_i;\theta_1,\theta_2)$，样本值为 $x_1,x_2,\cdots,x_n$，θ_1,θ_2 为待估参数，则

① 建立含两个未知参数 θ_1,θ_2 的似然函数 $L(\theta_1,\theta_2)$：

当总体 X 为离散型时，

$$L(\theta_1,\theta_2)=\prod_{i=1}^{n}p(x_i;\theta_1,\theta_2),\quad \theta=(\theta_1,\theta_2)\in\Theta$$

当总体 X 为连续型时，

$$L(\theta_1,\theta_2)=\prod_{i=1}^{n}f(x_i;\theta_1,\theta_2),\quad \theta=(\theta_1,\theta_2)\in\Theta$$

② 取对数：

当总体 X 为离散型时，

$$\ln L(\theta_1,\theta_2)=\sum_{i=1}^{n}\ln p(x_i;\theta_1,\theta_2)$$

当总体 X 为连续型时，

$$\ln L(\theta_1,\theta_2)=\sum_{i=1}^{n}\ln f(x_i;\theta_1,\theta_2)$$

③ 对 θ_1,θ_2 求偏导并令其为零，得对数似然方程组（又称为似然方程组）：

$$\begin{cases}\dfrac{\partial\ln L(\theta_1,\theta_2)}{\partial\theta_1}\overset{\text{令}}{=}0\\[3mm]\dfrac{\partial\ln L(\theta_1,\theta_2)}{\partial\theta_2}\overset{\text{令}}{=}0\end{cases}$$

④ 从对数似然方程组中解出的 $\hat{\theta}_j=\hat{\theta}_j(x_1,x_2,\cdots,x_n)(j=1,2)$ 即为 θ_1,θ_2 的极大似然估计值，而相应的统计量 $\hat{\theta}_j=\hat{\theta}_j(X_1,X_2,\cdots,X_n)(j=1,2)$ 为 θ_1,θ_2 的极大似然估计量。

（9）利用顺序统计量求两个未知参数的极大似然估计

设总体 X 具有分布函数 $F(x_i;\theta_1,\theta_2)$，样本值为 $x_1,x_2,\cdots,x_n$，θ_1,θ_2 为待估参数，若用求导数方法失效，则直接用确定似然函数的最大值点得出 θ 的极大似然估计。步骤如下：

① 建立似然函数 $L(x_1,x_2,\cdots,x_n;\theta_1,\theta_2)=\prod_{i=1}^{n}f(x_i;\theta_1,\theta_2)$；

② 由 $x_1,x_2,\cdots,x_n$ 确定顺序统计值：$x_{(1)}\leqslant x_{(2)}\leqslant\cdots\leqslant x_{(n)}$；

③ 应用顺序统计值的函数作出 θ_1,θ_2 的相应估计 $\hat{\theta}_1,\hat{\theta}_2$，使其满足条件：

$$L(x_1,x_2,\cdots,x_n;\hat{\theta}_1,\hat{\theta}_2)=\max_{\theta\in\Theta}L(x_1,x_2,\cdots,x_n;\theta_1,\theta_2)$$

④ 若总体概率密度 $f(x;\theta_1,\theta_2)\begin{cases}>0,&\theta_1<x<\theta_2\\=0,&\text{其他}\end{cases}$，则常取估计值为 $\hat{\theta}_1=x_{(1)}$，

$\hat{\theta}_2 = x_{(n)}$，即 $\hat{\theta}_1 = X_{(1)}$，$\hat{\theta}_2 = X_{(n)}$ 为 θ_1, θ_2 的极大似然估计量。

基本练习 7.1 解答

1. 从一批铆钉中随机抽取 8 只，测得它们的头部直径（单位：mm）数据如下：

　　13.30　13.38　13.40　13.43　13.32　13.48　13.54　13.31

试求总体均值、总体方差与标准差的矩估计值。

解：因为不论总体 X 服从什么分布，样本均值 $\overline{X}$ 总是总体数学期望 $E(X)$ 的矩估计，样本二阶中心矩 S_n^2 亦总是总体方差 $D(X)$ 的矩估计；又由上述数据计算得

$$\overline{x} = 13.395, \quad s_8^2 = 0.006\,45, \quad s_8 = \sqrt{s_8^2} = \sqrt{0.006\,45} = 0.080\,31$$

所以，均值 $E(X)$ 的矩估计值为 $\overline{x} = 13.395$，方差 $D(X)$ 的矩估计值为 $s_8^2 = 0.006\,45$，标准差 $\sqrt{D(X)}$ 的矩估计值为 $s_8 = 0.080\,31$。

2. 设总体 X 的概率分布为

$$P\{X = k\} = \frac{1}{\theta}, \quad k = 1, 2, \cdots, \theta$$

试求参数 θ 的矩估计量。

解：① 由总体 X 的概率分布计算可得其数学期望为

$$E(X) = \sum_{k=1}^{\theta} kP\{X = k\} = \sum_{k=1}^{\theta} k \times \frac{1}{\theta} = \frac{\theta + 1}{2}$$

② 设 $X_1, X_2, \cdots, X_n$ 为来自该总体 X 的一个样本，得样本均值 $\overline{X}$；

③ 令总体均值与样本均值相等，即得

$$\frac{\theta + 1}{2} = E(X) = \overline{X}$$

④ 解上述等式，可得 θ 的矩估计量为 $\hat{\theta} = 2\overline{X} - 1$。

3. 设总体 X 的概率分布为

X	0	1	2	3
p_k	θ^2	$2\theta(1-\theta)$	θ^2	$1-2\theta$

其中 $\theta(0 < \theta < 1/2)$ 是未知参数。已知取得了样本值 $x_1 = 3, x_2 = 1, x_3 = 3, x_4 = 0$，$x_5 = 3, x_6 = 1, x_7 = 2, x_8 = 3$。试求参数 θ 的矩估计值和极大似然估计值。

解：(1) 求参数 θ 的矩估计值：

① 因为总体 X 的概率分布如上，计算其数学期望为

$$E(X) = 0 \times \theta^2 + 1 \times 2\theta(1-\theta) + 2 \times \theta^2 + 3(1-2\theta) = 3 - 4\theta$$

② 设 $X_1, X_2, \cdots, X_8$ 为来自该总体 X 的一个样本，得样本均值 $\overline{X}$；

③ 令总体均值与样本均值相等，即得

$$E(X) = 3 - 4\theta = \overline{X}$$

④ 解上述等式，得 θ 的矩估计量：

$$\hat{\theta} = (3 - \overline{X})/4$$

⑤ 再由实际数据计算得 $\overline{x} = \dfrac{1}{8}(3+1+\cdots+3) = 2$，即得 θ 的矩估计值为

$$\hat{\theta} = \frac{3 - \overline{x}}{4} = \frac{3-2}{4} = \frac{1}{4} = 0.25$$

（2）求参数 θ 的极大似然估计值：

① 由总体 X 的概率分布与样本值 $(x_1, x_2, \cdots, x_8)$ 建立似然函数：

$$L(\theta) = \prod_{i=1}^{8} p(x_i;\theta) = (1-2\theta)^4 [2\theta(1-\theta)]^2 \theta^2 \theta^2 = 4\theta^6 (1-\theta)^2 (1-2\theta)^4$$

② 取对数：$\ln L(\theta) = \ln 4 + 6\ln\theta + 2\ln(1-\theta) + 4\ln(1-2\theta)$；

③ 对 θ 求导数并令其为 0：

$$\frac{d\ln L(\theta)}{d\theta} = \frac{6}{\theta} - \frac{2}{1-\theta} - \frac{8}{1-2\theta} = \frac{2(3-14\theta+12\theta^2)}{\theta(1-\theta)(1-2\theta)} = 0$$

即令 $3 - 14\theta + 12\theta^2 = 0$；

④ 解上述等式得

$$\theta = \frac{14 \pm \sqrt{14^2 - 4 \times 12 \times 3}}{2 \times 12} = \frac{7 \pm \sqrt{13}}{12}$$

其中 $\theta = \dfrac{7+\sqrt{13}}{12} > \dfrac{1}{2}$，不符合题意舍去，所以得 θ 的极大似然估计值 $\hat{\theta} = \dfrac{7-\sqrt{13}}{12}$。

4. 设总体 X 的概率密度为

$$f(x;a) = \begin{cases} \dfrac{6x}{a^3}(a-x), & 0 < x < a \\ 0, & \text{其他} \end{cases}$$

$X_1, X_2, \cdots, X_n$ 是一个样本，试求：（1）参数 a 的矩估计量 $\hat{a}$；（2）$\hat{a}$ 的方差 $D(\hat{a})$。

解：（1）求 a 的矩估计量：

① 由总体 X 的概率密度计算可得其数学期望为

$$E(X) = \int_{-\infty}^{+\infty} x f(x) dx = \int_0^a x \frac{6x}{a^3}(a-x) dx = \frac{a}{2}$$

② 设 $X_1, X_2, \cdots, X_8$ 为来自该总体 X 的一个样本，得样本均值 $\overline{X}$；

④ 令总体均值与样本均值相等，即得

$$\frac{a}{2} = E(X) = \overline{X}$$

⑤ 解上述等式，可得 a 的矩估计量为 $\hat{a} = 2\overline{X} = \dfrac{2}{n}\sum_{i=1}^{n} X_i$。

（2）因为 $\hat{a}$ 的方差 $D(\hat{a}) = D(2\overline{X}) = \dfrac{4}{n}D(X)$，而

$$E(X^2) = \int_{-\infty}^{+\infty} x^2 f(x) \mathrm{d}x = \int_0^a x^2 \frac{6x}{a^3}(a-x)\mathrm{d}x = \frac{3a^2}{10},$$

$$D(X) = E(X^2) - [E(X)]^2 = \frac{3a^2}{10} - \frac{a^2}{4} = \frac{a^2}{20}, \text{故 } D(\hat{a}) = \frac{4}{n} \times \frac{a^2}{20} = \frac{a^2}{5n}$$

5. 设总体 X 服从参数为 λ 的泊松分布，$X_1, X_2, \cdots, X_n$ 是来自 X 的一个样本，试求：(1) λ 的矩估计量与极大似然估计量；(2) $P\{X=0\}$ 的矩估计量与极大似然估计量。

解：(1) 因为 $X \sim \pi(\lambda)$，其概率分布为

$$P\{X=x; \lambda\} = \frac{\lambda^x}{x!}\mathrm{e}^{-\lambda}, \quad x = 0, 1, 2, \cdots$$

其数学期望 $E(X) = \lambda$，令 $E(X) = \overline{X}$，即得 λ 的矩估计量为 $\hat{\lambda} = \overline{X}$；又设 $x_1, x_2, \cdots,$ x_n 是 X 的样本值，由概率分布建立似然函数 $L(\lambda)$：

$$L(\lambda) = L(x_1, x_2, \cdots, x_n; \lambda) = \prod_{i=1}^{n} \frac{\lambda^{x_i}}{x_i!}\mathrm{e}^{-\lambda} = \frac{\lambda^{\sum\limits_{i=1}^{n} x_i}\mathrm{e}^{-n\lambda}}{\prod\limits_{i=1}^{n} x_i!}$$

$$x_i = 0, 1, 2, \cdots, \quad i = 1, 2, \cdots, n$$

取对数：

$$\ln L(\lambda) = \sum_{i=1}^{n} x_i \ln \lambda - n\lambda - \ln \prod_{i=1}^{n} x_i!$$

再对 λ 求导数并令其为 0，得对数似然方程：

$$\frac{\mathrm{d}\ln L(\lambda)}{\mathrm{d}\lambda} = \frac{\sum\limits_{i=1}^{n} x_i}{\lambda} - n = 0$$

最后求解对数似然方程，得 λ 的极大似然估计值为

$$\hat{\lambda} = \frac{1}{n}\sum_{i=1}^{n} x_i = \overline{x}$$

从而得 λ 的极大似然估计量 $\hat{\lambda} = \overline{X}$。

(2) 利用矩估计量与极大似然估计量的性质，且 $P\{X=0\} = \mathrm{e}^{-\lambda}$ 为 λ 的单调连续函数，因此，$P\{X=0\}$ 的矩估计量与极大似然估计量均为

$$\hat{P}\{X=0\} = \mathrm{e}^{-\overline{X}}$$

6. 设 $X_1, X_2, \cdots, X_n$ 是来自总体 X 的一个样本，X 的概率密度为

$$f(x) = \begin{cases} \dfrac{1}{2\theta}, & -\theta < x < \theta \\ 0, & \text{其他} \end{cases}$$

其中 $\theta(\theta > 0)$ 为未知参数。试求：(1) 参数 θ 的矩估计量；(2) 参数 θ 的极大似然估计量。

解:(1) 由总体 X 的概率密度计算可得其数学期望为

$$E(X) = \int_{-\infty}^{+\infty} x f(x) \mathrm{d}x = \int_{-\theta}^{\theta} x \frac{1}{2\theta} \mathrm{d}x = 0$$

与 θ 无关,故考虑 X 的一阶绝对原点矩

$$E(|X|) = \int_{-\infty}^{+\infty} |x| f(x) \mathrm{d}x = \int_{-\theta}^{\theta} |x| \frac{1}{2\theta} \mathrm{d}x = \frac{\theta}{2}$$

再令其等于 X 的样本一阶绝对原点矩 $\overline{|X|} = \frac{1}{n} \sum_{i=1}^{n} |X_i|$,则得参数 θ 的矩估计量为

$$\hat{\theta} = \frac{2}{n} \sum_{i=1}^{n} |X_i|$$

或可求 X 的二阶原点矩

$$E(X^2) = \int_{-\infty}^{+\infty} x^2 f(x) \mathrm{d}x = \int_{-\theta}^{\theta} x^2 \frac{1}{2\theta} \mathrm{d}x = \frac{\theta^2}{3}$$

再令其等于 X 的样本二阶原点矩 $\overline{X^2} = \frac{1}{n} \sum_{i=1}^{n} X_i^2$,则可得参数 θ 的另一个矩估计量

$$\tilde{\theta} = \sqrt{3\overline{X^2}} = \sqrt{\frac{3}{n} \sum_{i=1}^{n} X_i^2}.$$

(2) 设 $x_1, x_2, \cdots, x_n$ 是 X 的一个样本值,由概率密度建立似然函数:

$$L(\theta) = L(x_1, x_2, \cdots, x_n; \theta) = \prod_{i=1}^{n} \frac{1}{2\theta} = \frac{1}{2^n \theta^n}, \quad -\theta < x_i < \theta \, (1 \leqslant i \leqslant n)$$

显然无法利用求导法确定极值,故利用顺序统计值方法。首先将 $x_1, x_2, \cdots, x_n$ 按从小到大的顺序排列为 $x_{(1)} \leqslant x_{(2)} \leqslant \cdots \leqslant x_{(n)}$,再令 $-\hat{\theta} = x_{(1)}, \hat{\theta} = x_{(n)}$,则得参数 θ 的极大似然估计值 $\hat{\theta} = \frac{x_{(n)} - x_{(1)}}{2}$,于是 θ 的极大似然估计量 $\hat{\theta} = \frac{X_{(n)} - X_{(1)}}{2}$。

7. 设 $X_1, X_2, \cdots, X_n$ 为来自总体 X 的一个样本,X 的概率密度为

$$f(x; \theta) = \begin{cases} \theta, & 0 < x < 1 \\ 1 - \theta, & 1 \leqslant x < 2 \\ 0, & \text{其他} \end{cases}$$

其中 θ 是未知参数($0 < \theta < 1$),记 k 为样本值 $x_1, x_2, \cdots, x_n$ 中小于 1 的个数,试求:
(1) θ 的矩估计量;(2) θ 的极大似然估计量。

解:(1) 由总体 X 的概率密度计算可得其数学期望为

$$E(X) = \int_{-\infty}^{+\infty} x f(x) \mathrm{d}x = \int_{0}^{1} x\theta \mathrm{d}x + \int_{1}^{2} x(1-\theta) \mathrm{d}x = \frac{\theta}{2} + \frac{3}{2}(1-\theta) = \frac{3}{2} - \theta$$

设 $X_1, X_2, \cdots, X_n$ 为来自该总体的一个样本,其样本均值为 $\overline{X}$,则令

$$\frac{3}{2} - \theta = E(X) = \overline{X}$$

解之可得 θ 的矩估计量为

$$\hat{\theta} = \frac{3}{2} - \overline{X} = \frac{3}{2} - \frac{1}{n}\sum_{i=1}^{n} X_i$$

(2) 记 k 为样本值 $x_1, x_2, \cdots, x_n$ 中小于 1 的个数,由概率密度建立似然函数

$$L(\theta) = \prod_{i=1}^{n} f(x_i ; \theta) = \underbrace{\theta \cdots \theta}_{k} \underbrace{(1-\theta) \cdots (1-\theta)}_{n-k} = \theta^k (1-\theta)^{n-k}$$

取对数得

$$\ln L(\theta) = k \ln \theta + (n-k)\ln(1-\theta)$$

对 θ 求导数并令其为 0,得对数似然方程:

$$\frac{\mathrm{d}\ln L(\theta)}{\mathrm{d}\theta} = \frac{k}{\theta} - \frac{n-k}{1-\theta} \overset{令}{=} 0$$

解上述方程即得 θ 的极大似然估计值 $\hat{\theta} = \dfrac{k}{n}$。

若记 K 是样本 $X_1, X_2, \cdots, X_n$ 中小于 1 的个数,则 $\hat{\theta} = \dfrac{K}{n}$ 为 θ 的极大似然估计量。

8. 设总体 X 服从正态分布 $N(\mu, \sigma^2)$,$X_1, X_2, \cdots, X_n$ 是来自 X 的一个样本,试求使得 $P\{X \geqslant \theta\} = 0.05$ 的参数 θ 的极大似然估计量。

解: 因为总体 $X \sim N(\mu, \sigma^2)$,参数 μ 的极大似然估计量为 $\hat{\mu} = \overline{X}$,参数 σ^2 的极大似然估计量为 $\hat{\sigma}^2 = S_n^2$,要求

$$0.05 = P\{X \geqslant \theta\} = 1 - P\{X < \theta\} = 1 - \Phi\left(\frac{\theta - \mu}{\sigma}\right)$$

则有 $\Phi\left(\dfrac{\theta - \mu}{\sigma}\right) = 0.95, \dfrac{\theta - \mu}{\sigma} = 1.645, \theta = \mu + 1.645\sigma$,它是参数 μ, σ^2 的单调连续函数,所以 $\hat{\theta} = \overline{X} + 1.645 S_n$ 为 $\theta = \mu + 1.645\sigma$ 的极大似然估计量。

9. 设总体 X 服从 $\Gamma(k, \beta)$ 分布,其概率密度为

$$f(x) = \begin{cases} \dfrac{\beta^k}{(k-1)!} x^{k-1} \mathrm{e}^{-\beta x}, & x > 0 \\ 0, & x \leqslant 0 \end{cases}$$

其中 k 为正整数,试求 β 的极大似然估计量。

解: 设 $x_1, x_2, \cdots, x_n$ 是 X 的一个样本值,由总体 X 的概率密度建立似然函数:

$$L(\beta) = \prod_{i=1}^{n} f(x_i ; \beta) = \prod_{i=1}^{n} \frac{\beta^k}{(k-1)!} x_i^{k-1} \mathrm{e}^{-\beta x_i}$$

$$= \frac{\beta^{nk}}{[(k-1)!]^n} \left(\prod_{i=1}^{n} x_i\right)^{k-1} \exp\left(-\beta \sum_{i=1}^{n} x_i\right)$$

取对数

$$\ln L(\beta) = nk\ln\beta - n\ln\left[(k-1)!\right] + (k-1)\ln\left(\prod_{i=1}^{n}x_i\right) - \beta\sum_{i=1}^{n}x_i$$

再对 β 求导数并令其为 0：

$$\frac{\mathrm{d}\ln L(\beta)}{\mathrm{d}\beta} = \frac{nk}{\beta} - \sum_{i=1}^{n}x_i = 0$$

解之得 $\hat{\beta} = \dfrac{nk}{\sum\limits_{i=1}^{n}x_i} = \dfrac{k}{\bar{x}}$，为 β 的极大似然估计值。

若 $X_1, X_2, \cdots, X_n$ 为来自该总体的一个样本，则 $\hat{\beta} = \dfrac{nk}{\sum\limits_{i=1}^{n}X_i} = \dfrac{k}{\bar{x}}$ 为 β 的极大似然估计量。

10. 设总体 X 服从 Pareto 分布，其分布函数为

$$F(x;\theta_1,\theta_2) = \begin{cases} 1 - \left(\dfrac{\theta_1}{x}\right)^{\theta_2}, & x > \theta_1 \\ 0, & \text{其他} \end{cases}$$

其中参数 $\theta_1 > 0, \theta_2 > 0$，若 $X_1, X_2, \cdots, X_n$ 是来自 X 的一个样本，试求参数 θ_1 与 θ_2 的极大似然估计量。

解：设 $x_1, x_2, \cdots, x_n$ 是 X 的一个样本值，而总体 X 的概率密度为

$$f(x;\theta_1,\theta_2) = \begin{cases} \dfrac{\theta_2\theta_1^{\theta_2}}{x^{\theta_2+1}}, & x > \theta_1 > 0, \theta_2 > 0 \\ 0, & \text{其他} \end{cases}$$

建立似然函数：

$$L(\theta_1,\theta_2) = \prod_{i=1}^{n}f(x_i;\theta_1,\theta_2) = \prod_{i=1}^{n}\frac{\theta_2\theta_1^{\theta_2}}{x_i^{\theta_2+1}} = \frac{\theta_2^n\theta_1^{n\theta_2}}{\left(\prod\limits_{i=1}^{n}x_i\right)^{\theta_2+1}}$$

$$x_i > \theta_1 > 0, \quad \theta_2 > 0 (1 \leqslant i \leqslant n)$$

取对数

$$\ln L(\theta_1,\theta_2) = n\ln\theta_2 + n\theta_2\ln\theta_1 - (\theta_2+1)\ln\left(\prod_{i=1}^{n}x_i\right)$$

$$0 < \theta_1 \leqslant x_i, \quad \theta_2 > 0 (1 \leqslant i \leqslant n)$$

再对 θ_1 求偏导数，得

$$\frac{\partial\ln L(\theta_1,\theta_2)}{\partial\theta_1} = \frac{n\theta_2}{\theta_1} \neq 0$$

于是利用顺序统计值 $x_{(1)} \leqslant x_{(2)} \leqslant \cdots \leqslant x_{(n)}$，考虑 $x_i > \theta_1 > 0, \theta_2 > 0 (1 \leqslant i \leqslant n)$，故取 $\hat{\theta}_1 = x_{(1)} = \min\limits_{1 \leqslant i \leqslant n}\{x_i\}$ 时 $L(\theta_1,\theta_2)$ 最大，即 $\hat{\theta}_1 = x_{(1)}$ 为 θ_1 的极大似然估计值；

又对 θ_2 求偏导数并令其为 0,得

$$\frac{\partial \ln L(\theta_1,\theta_2)}{\partial \theta_1} = \frac{n}{\theta_2} + n \ln \theta_1 - \ln\left(\prod_{i=1}^{n} x_i\right) \overset{\text{令}}{=} 0$$

解之得

$$\theta_2 = \frac{n}{\ln\left(\prod\limits_{i=1}^{n} x_i\right) - n \ln \theta_1} = \frac{n}{\sum\limits_{i=1}^{n} \ln x_i - n \ln \theta_1}$$

代入 $\hat{\theta}_1 = x_{(1)}$,即得 θ_2 的极大似然估计值

$$\hat{\theta}_2 = \frac{n}{\sum\limits_{i=1}^{n} \ln x_i - n \ln x_{(1)}}$$

因此,若 $X_1, X_2, \cdots, X_n$ 为来自该总体的一个样本,则

$$\hat{\theta}_1 = X_{(1)}, \quad \hat{\theta}_2 = \frac{n}{\sum\limits_{i=1}^{n} \ln X_i - n \ln X_{(1)}}$$

为 θ_1 与 θ_2 的极大似然估计量。

7.2 估计量的评选标准

关键词

无偏性,有效性,一致性。

重要概念

(1) 无偏性

设 $\hat{\theta} = \hat{\theta}(X_1, X_2, \cdots, X_n)$ 为未知参数 θ 的一个估计量,若

$$E(\hat{\theta}) = \theta$$

则称 $\hat{\theta}$ 为 θ 的无偏估计量,否则称为有偏估计量。

一般地,若 $g(X_1, X_2, \cdots, X_n)$ 为 $g(\theta)$ 的估计量,满足

$$E[g(X_1, X_2, \cdots, X_n)] = g(\theta)$$

则称 $g(X_1, X_2, \cdots, X_n)$ 为 $g(\theta)$ 的无偏估计量。

(2) 样本原点矩是相应总体原点矩的无偏估计

若总体矩存在有限,则其相应的样本矩为其无偏估计量,即有

$$E(\overline{X^k}) = E(X^k)$$

特别地,有 $E(\overline{X}) = E(X)$,即样本均值是总体均值的无偏估计。样本方差 S^2 是总体方差 $D(X)$ 的无偏估计,但样本二阶中心矩 S_n^2 是总体方差 $D(X)$ 的有偏估计。

（3）渐近无偏估计量

若 $\hat{\theta}_n$ 为 θ 的有偏估计量，但有 $\lim\limits_{n \to \infty} E(\hat{\theta}_n) = \theta$，则称 $\hat{\theta}_n$ 为 θ 的渐近无偏估计量。

（4）有效性

设 $\hat{\theta}_1$ 与 $\hat{\theta}_2$ 是 θ 的无偏估计量，若

$$D(\hat{\theta}_1) < D(\hat{\theta}_2)$$

则称 $\hat{\theta}_1$ 较 $\hat{\theta}_2$ 有效。

（5）一致最小方差无偏估计量

若 $\hat{g}(X_1, X_2, \cdots, X_n)$ 为待估参数 $g(\theta)$ 的一个无偏估计量，若对固定的 n，$g(\theta)$ 的任意一个无偏估计量 $\hat{g}_1(X_1, X_2, \cdots, X_n)$，均有

$$D[\hat{g}(X_1, X_2, \cdots, X_n)] \leqslant D[\hat{g}_1(X_1, X_2, \cdots, X_n)]$$

则称 $\hat{g}(X_1, X_2, \cdots, X_n)$ 是 $g(\theta)$ 的一个一致最小方差无偏估计量。

（6）一致性

设 $\hat{\theta}_n = \hat{\theta}(X_1, X_2, \cdots, X_n)$ 为未知参数 θ 的估计量，若 $\hat{\theta}$ 依概率收敛于 θ，即对于任意的 $\varepsilon > 0$，

$$\lim\limits_{n \to \infty} P\{|\hat{\theta}_n - \theta| \geqslant \varepsilon\} = 0$$

则称 $\hat{\theta}$ 为 θ 的一致估计量，也称相合估计量，记为 $\hat{\theta}_n \xrightarrow{P} \theta$。

（7）总体矩的一致估计

若总体矩存在有限，则其相应的一致估计量为样本矩，即有

$$\overline{X^k} \xrightarrow{P} E(X^k), \quad S_n^k \xrightarrow{P} E[(X - E(X)^k]$$

特别地，有 $\overline{X} \xrightarrow{P} E(X), S_n^2 \xrightarrow{P} D(X), S^2 \xrightarrow{P} D(X)$，即样本均值是总体均值的一致估计；样本二阶中心矩 S_n^2 与样本方差 S^2 均是总体方差 $D(X)$ 的一致估计。

基本练习 7.2 解答

1. 从一批电子元件中随机抽取 10 件，测得其寿命（单位：小时）数据如下：

1 293　1 380　1 614　1 497　1 340　1 643　1 466　1 627　1 387　1 711

试求电子元件寿命总体 X 的均值与方差的无偏估计值。

解：因为无论总体 X 服从什么分布，样本均值 $\overline{X}$ 总是总体均值 $E(X)$ 的无偏估计；样本方差 S^2 亦总是总体方差 $D(X)$ 的无偏估计；又由上述数据计算得

$$\overline{x} = \frac{1}{10}[1\ 293 + 1\ 380 + \cdots + 1\ 711] = 1\ 495.8,$$

$$s^2 = \frac{1}{10 - 1}[(1\ 293 - 1\ 495.8)^2 + \cdots + (1\ 711 - 1\ 495.8)^2] = 21\ 189.07$$

所以，均值 $E(X)$ 的无偏估计值为 $\overline{x} = 1\ 495.8$，方差 $D(X)$ 的无偏估计值为 $s^2 =$

21 189.07。

 2. 从某总体抽得一个容量为 50 的样本值数据如下：

样本值 x_i	2	5	7	10
出现次数	16	12	8	14

试求总体 X 均值与方差的无偏估计值。

 解：因为样本均值 $\overline{X}$ 是总体均值 $E(X)$ 的无偏估计，样本方差 S^2 是总体方差 $D(X)$ 的无偏估计，且又由上述数据计算得

$$\overline{x}=\frac{1}{50}[2\times 16+5\times 12+7\times 8+10\times 14]=5.76,$$

$$s^2=\frac{1}{50-1}[(2-5.76)^2\times 16+(5-5.76)^2\times 12+$$

$$(7-5.76)^2\times 8+(10-5.76)^2\times 14]=10.145\ 3$$

所以，均值 $E(X)$ 的无偏估计值为 $\overline{x}=5.76$，方差 $D(X)$ 的无偏估计值为

$$s^2=10.145\ 3$$

 3. 设总体 X 的数学期望为 μ，方差为 σ^2，$X_1,X_2,\cdots,X_n$ 和 $Y_1,Y_2,\cdots,Y_m$ 分别是来自 X 的两个独立样本，试证明样本方差

$$S^2=\frac{1}{n+m-2}\left[\sum_{i=1}^{n}(X_i-\overline{X})^2+\sum_{j=1}^{m}(Y_j-\overline{Y})^2\right]$$

是 σ^2 的无偏估计量。

 证明：因为 $X_1,X_2,\cdots,X_n$ 是来自 X 的样本，所以样本方差

$$S_1^2=\frac{1}{n-1}\sum_{i=1}^{n}(X_i-\overline{X})^2$$

是方差 $\sigma^2=D(X)$ 的无偏估计，即 $E(S_1^2)=\sigma^2$，故有

$$E\left[\sum_{i=1}^{n}(X_i-\overline{X})^2\right]=(n-1)\sigma^2$$

同理可得 $E\left[\sum_{j=1}^{m}(Y_j-\overline{Y})^2\right]=(m-1)\sigma^2$，于是

$$E(S^2)=E\left\{\frac{1}{n+m-2}\left[\sum_{i=1}^{n}(X_i-\overline{X})^2+\sum_{i=1}^{m}(Y_i-\overline{Y})^2\right]\right\}$$

$$=\frac{1}{n+m-2}\left\{E\left[\sum_{i=1}^{n}(X_i-\overline{X})^2\right]+E\left[\sum_{i=1}^{m}(Y_i-\overline{Y})^2\right]\right\}$$

$$=\frac{1}{n+m-2}[(n-1)\sigma^2+(m-1)\sigma^2]=\sigma^2$$

即此样本方差 S^2 是 σ^2 的无偏估计量。

 4. 设 X_1,X_2,X_3 是来自总体 X 的样本，如果 X 的均值 $\mu=E(X)$ 与方差 $\sigma^2=$

$D(X)$ 都存在,试证明估计量

$$T_1 = \frac{2}{3}X_1 + \frac{1}{6}X_2 + \frac{1}{6}X_3,$$

$$T_2 = \frac{1}{4}X_1 + \frac{1}{8}X_2 + \frac{5}{8}X_3,$$

$$T_3 = \frac{1}{7}X_1 + \frac{3}{14}X_2 + \frac{9}{14}X_3$$

均是总体 X 的均值 $E(X)$ 的无偏估计量,并判断哪一个估计量更有效。

解:因为 X_1, X_2, X_3 是来自总体 X 的样本,所以 $E(X_i) = \mu$,$D(X_i) = \sigma^2 (i=1, 2,3)$,故有

$$E(T_1) = E\left(\frac{2}{3}X_1 + \frac{1}{6}X_2 + \frac{1}{6}X_3\right) = \frac{2}{3}E(X_1) + \frac{1}{6}E(X_2) + \frac{1}{6}E(X_3)$$

$$= \frac{2}{3}\mu + \frac{1}{6}\mu + \frac{1}{6}\mu = \mu,$$

$$E(T_2) = E\left(\frac{1}{4}X_1 + \frac{1}{8}X_2 + \frac{5}{8}X_3\right) = \frac{1}{4}E(X_1) + \frac{1}{8}E(X_2) + \frac{5}{8}E(X_3)$$

$$= \frac{1}{4}\mu + \frac{1}{8}\mu + \frac{5}{8}\mu = \mu,$$

$$E(T_3) = E\left(\frac{1}{7}X_1 + \frac{3}{14}X_2 + \frac{9}{14}X_3\right) = \frac{1}{7}E(X_1) + \frac{3}{14}E(X_2) + \frac{9}{14}E(X_3)$$

$$= \frac{1}{7}\mu + \frac{3}{14}\mu + \frac{9}{14}\mu = \mu$$

所以 T_1, T_2, T_3 均是总体 X 的均值 $E(X)$ 的无偏估计量。又因为

$$D(T_1) = D\left(\frac{2}{3}X_1 + \frac{1}{6}X_2 + \frac{1}{6}X_3\right) = \frac{4}{9}D(X_1) + \frac{1}{36}D(X_2) + \frac{1}{36}D(X_3)$$

$$= \frac{4}{9}\sigma^2 + \frac{1}{36}\sigma^2 + \frac{1}{36}\sigma^2 = \frac{1}{2}\sigma^2,$$

$$D(T_2) = D\left(\frac{1}{4}X_1 + \frac{1}{8}X_2 + \frac{5}{8}X_3\right) = \frac{1}{16}D(X_1) + \frac{1}{64}D(X_2) + \frac{25}{64}D(X_3)$$

$$= \frac{1}{16}\sigma^2 + \frac{1}{64}\sigma^2 + \frac{25}{64}\sigma^2 = \frac{15}{32}\sigma^2,$$

$$D(T_3) = D\left(\frac{1}{7}X_1 + \frac{3}{14}X_2 + \frac{9}{14}X_3\right) = \frac{1}{49}D(X_1) + \frac{9}{196}D(X_2) + \frac{81}{196}D(X_3)$$

$$= \frac{1}{49}\sigma^2 + \frac{9}{196}\sigma^2 + \frac{81}{196}\sigma^2 = \frac{47}{98}\sigma^2$$

而 $D(T_2) < D(T_3) < D(T_1)$,所以估计量 T_2 更有效。

5. 设总体 $X \sim N(\mu, \sigma^2)$,$X_1, X_2, \cdots, X_n$ 是来自 X 的一个样本。(1) 求 K,使 $\hat{\sigma}^2 = \frac{1}{K}\sum_{i=1}^{n-1}(X_{i+1} - X_i)^2$ 是 σ^2 的无偏估计量。(2) 求 K,使 $\hat{\sigma} = \frac{1}{K}\sum_{i=1}^{n}|X_i - \overline{X}|$

是 σ 的无偏估计量。

解:(1) 因为 $\hat{\sigma}^2 = \dfrac{1}{K} \sum\limits_{i=1}^{n-1} (X_{i+1} - X_i)^2$，所以

$$E(\hat{\sigma}^2) = \frac{1}{K} \sum_{i=1}^{n-1} E(X_{i+1}^2 - 2X_i X_{i+1} + X_i^2)$$

$$= \frac{1}{K} \sum_{i=1}^{n-1} \left[E(X_i^2) - 2E(X_i X_{i+1}) + E(X_i^2) \right]$$

$$= \frac{1}{K} \sum_{i=1}^{n-1} \left[E(X^2) - 2\left[E(X) \right]^2 + E(X^2) \right]$$

$$= \frac{1}{K} \sum_{i=1}^{n-1} 2D(X) = \frac{2(n-1)\sigma^2}{K} = \sigma^2$$

因此,应取 $K = 2(n-1)$。

(2) 因为 $E(X_i) = E(X) = E(\overline{X})$,故 $E(X_i - \overline{X}) = 0$,又

$$X_i - \overline{X} = \frac{n-1}{n} X_i - \frac{1}{n} \sum_{j \neq i} X_j$$

且 $X_1, X_2, \cdots, X_n$ 相互独立且同分布,所以 $X_i - \overline{X}$ 服从正态分布,其方差为

$$D(X_i - \overline{X}) = D\left(\frac{n-1}{n} X_i - \frac{1}{n} \sum_{j \neq i} X_j \right) = \left[\frac{(n-1)^2}{n^2} + \frac{n-1}{n^2} \right] \sigma^2 = \frac{n-1}{n} \sigma^2$$

则

$$Y = \frac{X_i - \overline{X}}{\sqrt{D(X_i - \overline{X})}} = \frac{X_i - \overline{X}}{\sqrt{\dfrac{n-1}{n}} \sigma} \sim N(0,1)$$

于是

$$E(|Y|) = \int_{-\infty}^{+\infty} |y| \frac{1}{\sqrt{2\pi}} e^{-\frac{y^2}{2}} \, dy = 2 \int_{0}^{+\infty} y \frac{1}{\sqrt{2\pi}} e^{-\frac{y^2}{2}} \, dy = \sqrt{\frac{2}{\pi}}$$

所以

$$E(|X_i - \overline{X}|) = E\left[\sqrt{\frac{n-1}{n}} \sigma |Y| \right] = \sqrt{\frac{n-1}{n}} \sigma E(|Y|) = \sqrt{\frac{2(n-1)}{n\pi}} \sigma$$

所以

$$E(\hat{\sigma}) = \frac{1}{K} \sum_{i=1}^{n} E(|X_i - \overline{X}|) = \frac{1}{K} \sum_{i=1}^{n} \sqrt{\frac{2(n-1)}{n\pi}} \sigma = \frac{1}{K} \sqrt{\frac{2n(n-1)}{\pi}} \sigma = \sigma$$

因此,应取 $K = \sqrt{\dfrac{2n(n-1)}{\pi}}$。

6. 设总体 $X \sim \pi(\lambda), \lambda > 0, X_1, X_2, \cdots, X_n$ 是来自 X 的一个样本。(1)试证明对一切 $a(0 \leqslant a \leqslant 1), a\overline{X} + (1-a)S^2$ 均为 λ 的无偏估计量;(2)试求 λ^2 的无偏估计量。

解:(1) 因为 $X \sim \pi(\lambda)$,所以 $E(X) = \lambda = D(X)$,

$$E[a\overline{X}+(1-a)S^2]=E(a\overline{X})+E[(1-a)S^2]$$
$$=aE(\overline{X})+(1-a)E(S^2)=a\lambda+(1-a)\lambda=\lambda$$

即 $a\overline{X}+(1-a)S^2$ 是 λ 的无偏估计量。

（2）又因为 $D(X)=E(X^2)-[E(X)]^2$，故有

$$\lambda^2=[E(X)]^2=E(X^2)-D(X), \quad E(X_i^2)=E(X^2)(1\leqslant i\leqslant n)$$

因而 $E(\overline{X^2})=E\left(\dfrac{1}{n}\sum_{i=1}^{n}X_i^2\right)=E(X^2)$，$E(S^2)=D(X)$，所以 λ^2 的无偏估计量为

$$\hat{\lambda}^2=\overline{X^2}-S^2=\dfrac{1}{n}\sum_{i=1}^{n}X_i^2-\dfrac{1}{n-1}\sum_{i=1}^{n}(X_i-\overline{X})^2$$

7. 设总体 X 在 $(0,\theta)$ 上服从均匀分布，其中 $\theta(>0)$ 为未知参数，X_1,X_2,X_3 是来自该总体 X 的一个样本。（1）试证 $\hat{\theta}_1=\dfrac{4}{3}\max\limits_{1\leqslant i\leqslant 3}\{X_i\}$，$\hat{\theta}_2=4\min\limits_{1\leqslant i\leqslant 3}\{X_i\}$ 都是 θ 的无偏估计；（2）比较两个估计中哪一个的方差更小，哪一个更有效。

解：因为 $X\sim U(0,\theta)$，则其概率密度与分布函数分别为

$$f(x;\theta)=\begin{cases}\dfrac{1}{\theta}, & 0<x<\theta \\ 0, & \text{其他}\end{cases}, \quad F(x;\theta)=\begin{cases}0, & x<0 \\ \dfrac{x}{\theta}, & 0\leqslant x<\theta \\ 1, & x\geqslant\theta\end{cases}$$

（1）$M=\max\limits_{1\leqslant i\leqslant 3}\{X_i\}$ 的分布函数与概率密度分别为

$$F_{\max}(x;\theta)=F^3(x;\theta)=\begin{cases}0, & x<0 \\ \dfrac{x^3}{\theta^3}, & 0\leqslant x<\theta, \\ 1, & x\geqslant\theta\end{cases} \quad f_{\max}(x;\theta)=\begin{cases}\dfrac{3x^2}{\theta^3}, & 0<x<\theta \\ 0, & \text{其他}\end{cases}$$

所以 $E(\hat{\theta}_1)=\dfrac{4}{3}E(\max\limits_{1\leqslant i\leqslant 3}\{X_i\})=\dfrac{4}{3}\int_0^\theta x\,\dfrac{3x^2}{\theta^3}\mathrm{d}x=\theta$，即 $\hat{\theta}_1$ 是 θ 的无偏估计。

又 $N=\min\limits_{1\leqslant i\leqslant 3}\{X_i\}$ 的分布函数与概率密度分别为

$$F_{\min}(x;\theta)=1-[1-F(x;\theta)]^3=\begin{cases}0, & x<0 \\ 1-\left(1-\dfrac{x}{\theta}\right)^3, & 0\leqslant x<\theta, \\ 1, & x\geqslant\theta\end{cases}$$

$$f_{\min}(x;\theta)=\begin{cases}\dfrac{3}{\theta}\left(1-\dfrac{x}{\theta}\right)^2=\dfrac{3(\theta-x)^2}{\theta^3}, & 0<x<\theta \\ 0, & \text{其他}\end{cases}$$

于是

$$E(\hat{\theta}_2)=4E(\min\limits_{1\leqslant i\leqslant 3}\{X_i\})=4\int_0^\theta x\,\dfrac{3(\theta-x)^2}{\theta^3}\mathrm{d}x=\dfrac{12}{\theta^3}\int_0^\theta(\theta^2 x-2\theta x^2+x^3)\mathrm{d}x=\theta$$

即 $\hat{\theta}_2$ 是 θ 的无偏估计;

　　(2) $M = \max\limits_{1 \leqslant i \leqslant 3} \{X_i\}$ 的方差为

$$D(M) = E(M^2) - [E(M)]^2 = \int_0^\theta x^2 \frac{3x^2}{\theta^3} dx - \left(\frac{3}{4}\theta\right)^2 = \frac{3}{5}\theta^2 - \frac{9}{16}\theta^2 = \frac{3}{80}\theta^2$$

故 $\hat{\theta}_1$ 的方差为

$$D(\hat{\theta}_1) = D\left(\frac{4}{3}M\right) = \frac{16}{9}D(M) = \frac{16}{9} \times \frac{3}{80}\theta^2 = \frac{1}{15}\theta^2$$

$N = \min\limits_{1 \leqslant i \leqslant 3} \{X_i\}$ 的方差为

$$D(N) = E(N^2) - [E(N)]^2 = \int_0^\theta x^2 \frac{3(\theta - x)^2}{\theta^3} dx - \left(\frac{1}{4}\theta\right)^2$$

$$= \frac{1}{10}\theta^2 - \frac{1}{16}\theta^2 = \frac{3}{80}\theta^2$$

故 $\hat{\theta}_2$ 的方差为

$$D(\hat{\theta}_2) = D(4N) = 16D(M) = 16 \times \frac{3}{80}\theta^2 = \frac{3}{5}\theta^2$$

可见 $D(\hat{\theta}_1) < D(\hat{\theta}_2)$, $\hat{\theta}_1$ 比 $\hat{\theta}_2$ 更有效。

7.3　区间估计

关键词

区间估计,置信区间,正态总体均值与方差的区间估计,正态总体均值差与方差比的区间估计。

重要概念

(1) 区间估计(置信区间)

设 $X_1, X_2, \cdots, X_n$ 是来自总体的一个样本,总体 X 的分布函数 $F(x; \theta)$ 中的 θ 为未知参数,对于给定的值 α ($0 < \alpha < 1$),如果由样本确定两个统计量 $\underline{\theta} = \underline{\theta}(X_1, X_2, \cdots, X_n)$ 及 $\overline{\theta} = \overline{\theta}(X_1, X_2, \cdots, X_n)$,使其满足不等式:

$$P\{\underline{\theta} < \theta < \overline{\theta}\} \geqslant 1 - \alpha$$

则称 $1 - \alpha$ 为置信水平(或置信度),随机区间 $(\underline{\theta}, \overline{\theta})$ 为未知参数 θ 的置信水平为 $1 - \alpha$ 的双侧置信区间,$\underline{\theta}$ 与 $\overline{\theta}$ 分别称为置信下限与置信上限。

　　(2) 求置信区间的一般步骤

① 明确区间估计问题,即明确求什么参数的置信区间,置信水平是多少;

② 参照未知参数 θ 的点估计 $\hat{\theta}$,构造包含 θ 且不包含其他未知参数的样本的函数:

$$T = T(X_1, X_2, \cdots, X_n; \theta)$$

并需确定此样本函数 T 服从已知的分布；

③ 由此样本函数 T 的分布与其上 α 分位点确定 a,b 值，使概率

$$P\{a < T(X_1,X_2,\cdots,X_n;\theta) < b\} = 1-\alpha$$

④ 利用不等式变形，从 $a < T(X_1,X_2,\cdots,X_n;\theta) < b$ 解出：

$$\underline{\theta}(X_1,X_2,\cdots,X_n) < \theta < \overline{\theta}(X_1,X_2,\cdots,X_n)$$

即得所求置信区间 $(\underline{\theta},\overline{\theta})$。

若 $x_1,x_2,\cdots,x_n$ 为样本 $X_1,X_2,\cdots,X_n$ 的观察值,则得未知参数 θ 的置信水平为 $1-\alpha$ 的一个具体的双侧置信区间：

$$(\underline{\theta},\overline{\theta}) = (\underline{\theta}(x_1,x_2,\cdots,x_n),\overline{\theta}(x_1,x_2,\cdots,x_n))$$

（3）单个正态总体均值与方差的区间估计

设 $X_1,X_2,\cdots,X_n$ 来自正态总体 $X \sim N(\mu,\sigma^2)$, $\overline{X}$ 为其样本均值, S^2 为样本方差。

① 当方差 σ^2 已知时, μ 的置信水平为 $1-\alpha$ 的置信区间为

$$(\underline{\mu},\overline{\mu}) = \left(\overline{X} - \frac{\sigma}{\sqrt{n}}z_{\alpha/2}, \overline{X} + \frac{\sigma}{\sqrt{n}}z_{\alpha/2}\right) = \left(\overline{X} \pm \frac{\sigma}{\sqrt{n}}z_{\alpha/2}\right)$$

此置信区间的长度为

$$d_n = \frac{2\sigma}{\sqrt{n}}z_{\alpha/2}$$

② 当方差 σ^2 未知时, μ 的置信水平为 $1-\alpha$ 的置信区间为

$$(\underline{\mu},\overline{\mu}) = \left(\overline{X} - \frac{S}{\sqrt{n}}t_{\alpha/2}(n-1), \overline{X} + \frac{S}{\sqrt{n}}t_{\alpha/2}(n-1)\right) = \left(\overline{X} \pm \frac{S}{\sqrt{n}}t_{\alpha/2}(n-1)\right)$$

此置信区间的长度为

$$d_n = \frac{2S}{\sqrt{n}}t_{\alpha/2}(n-1)$$

③ 总体方差 σ^2 的置信水平为 $1-\alpha$ 的置信区间为

$$\left(\frac{(n-1)S^2}{\chi_{\alpha/2}^2(n-1)}, \frac{(n-1)S^2}{\chi_{1-\alpha/2}^2(n-1)}\right)$$

④ 总体标准差 σ 的置信水平为 $1-\alpha$ 的置信区间为

$$\left(\frac{\sqrt{n-1}\,S}{\sqrt{\chi_{\alpha/2}^2(n-1)}}, \frac{\sqrt{n-1}\,S}{\sqrt{\chi_{1-\alpha/2}^2(n-1)}}\right)$$

（4）两个正态总体均值差与方差比的区间估计

设 $X_1,X_2,\cdots,X_{n_1}$ 是来自总体 X 的容量为 n_1 的样本,总体 $X \sim N(\mu_1,\sigma_1^2)$, $Y_1, Y_2,\cdots,Y_{n_2}$ 是来自总体 Y 的容量为 n_2 的样本,总体 $Y \sim N(\mu_2,\sigma_2^2)$,且这两个样本相互独立,样本均值分别为 $\overline{X}$ 与 $\overline{Y}$,样本方差分别为 S_1^2 与 S_2^2。

① 若 σ_1^2 与 σ_2^2 均已知，均值差 $\mu_1-\mu_2$ 的置信水平为 $1-\alpha$ 的置信区间为

$$\left(\overline{X}-\overline{Y}\pm z_{\alpha/2}\sqrt{\frac{\sigma_1^2}{n_1}+\frac{\sigma_2^2}{n_2}}\right)$$

② 若 $\sigma_1^2=\sigma_2^2=\sigma^2$ 为未知，均值差 $\mu_1-\mu_2$ 的置信水平为 $1-\alpha$ 的置信区间为

$$\left(\overline{X}-\overline{Y}\pm t_{\alpha/2}(n_1+n_2-2)S_{\mathrm{w}}\sqrt{\frac{1}{n_1}+\frac{1}{n_2}}\right)$$

其中联合方差为

$$S_{\mathrm{w}}^2=\frac{(n_1-1)S_1^2+(n_2-1)S_2^2}{n_1+n_2-2}$$

③ 两个正态总体方差比 $\dfrac{\sigma_1^2}{\sigma_2^2}$ 的置信水平为 $1-\alpha$ 的置信区间为

$$\left(\frac{S_1^2/S_2^2}{F_{\alpha/2}(n_1-1,n_2-1)},\frac{S_1^2/S_2^2}{F_{1-\alpha/2}(n_1-1,n_2-1)}\right)$$

基本练习 7.3 解答

1. 从某面粉厂生产的袋装面粉中抽取 5 袋,测得质量(单位:kg)如下:

$$24.6\quad 25.4\quad 24.8\quad 25.2\quad 25.3$$

若假定袋装面粉的质量 X 服从正态分布 $N(\mu,0.3^2)$,试求未知参数 μ 的置信水平为 0.95 的置信区间。

解:本题为在单个正态总体方差 $\sigma^2=0.3^2$ 已知的条件下,求均值 μ 的置信水平为 0.95 的置信区间问题。所以由统计量:

$$U=\frac{\overline{X}-\mu}{\sigma/\sqrt{n}}\sim N(0,1)$$

得 $P\left\{\left|\dfrac{\overline{X}-\mu}{\sigma/\sqrt{n}}\right|<z_{\alpha/2}\right\}=1-\alpha$,于是均值 μ 的置信水平为 $1-\alpha$ 的置信区间为

$$\left(\overline{x}-\frac{\sigma}{\sqrt{n}}z_{\alpha/2},\overline{x}-\frac{\sigma}{\sqrt{n}}z_{\alpha/2}\right)=\left(\overline{x}\pm\frac{\sigma}{\sqrt{n}}z_{\alpha/2}\right)$$

而由本题数据得

$$\sigma=0.3,\quad 1-\alpha=0.95,\quad \alpha=0.05,\quad z_{0.05/2}=z_{0.025}=1.96,\quad n=5,\quad \overline{x}=25.06$$

代入上式,于是得到一个具体的均值 μ 的置信水平为 0.95 的置信区间:

$$\left(25.06-\frac{0.3}{\sqrt{5}}\times1.96,25.06+\frac{0.3}{\sqrt{5}}\times1.96\right)=(24.8,25.32)$$

2. 随机抽取某种清漆的 9 个样品,其干燥时间(单位:h)分别为

$$6.0\quad 5.7\quad 5.8\quad 6.5\quad 7.0\quad 6.3\quad 5.6\quad 6.1\quad 5.0$$

设干燥时间总体 X 服从正态分布 $N(\mu,\sigma^2)$。针对以下两种条件,试求 μ 的置信度为 0.95 的置信区间。(1) 若由以往经验知 $\sigma=0.6$;(2) 若 σ 为未知。

解:(1) 若 $\sigma=0.6$,则考虑统计量

$$U = \frac{\overline{X} - \mu}{\sigma/\sqrt{n}} \sim N(0,1)$$

由 $P\left\{\left|\dfrac{\overline{X}-\mu}{\sigma/\sqrt{n}}\right| < z_{\alpha/2}\right\} = 1-\alpha$，得均值 μ 的置信水平为 $1-\alpha$ 的置信区间为

$$\left(\overline{x} - \frac{\sigma}{\sqrt{n}}z_{\alpha/2},\ \overline{x} - \frac{\sigma}{\sqrt{n}}z_{\alpha/2}\right) = \left(\overline{x} \pm \frac{\sigma}{\sqrt{n}}z_{\alpha/2}\right)$$

依本题数据可得

$$\sigma = 0.6, \quad \alpha = 0.05, \quad z_{0.05/2} = z_{0.025} = 1.96, \quad n = 9, \quad \overline{x} = 6$$

故得均值 μ 的置信水平为 0.95 的置信区间为

$$\left(6 - \frac{0.6}{\sqrt{9}} \times 1.96,\ 6 + \frac{0.6}{\sqrt{9}} \times 1.96\right) = (5.668, 6.332)$$

（2）若 σ 为未知，则考虑统计量

$$T = \frac{\overline{X} - \mu}{S/\sqrt{n}} \sim t(n-1)$$

由 $P\left\{\left|\dfrac{\overline{X}-\mu}{S/\sqrt{n}}\right| < t_{\alpha/2}(n-1)\right\} = 1-\alpha$，得均值 μ 的置信水平为 $1-\alpha$ 的置信区间为

$$\left(\overline{x} - \frac{s}{\sqrt{n}}t_{\alpha/2}(n-1),\ \overline{x} - \frac{s}{\sqrt{n}}t_{\alpha/2}(n-1)\right) = \left(\overline{x} \pm \frac{s}{\sqrt{n}}t_{\alpha/2}(n-1)\right)$$

依本题数据可得

$$\alpha = 0.05, \quad n = 9, \quad t_{0.05/2}(8) = 2.306, \quad \overline{x} = 6, \quad s = 0.57$$

故得均值 μ 的置信水平为 0.95 的置信区间为

$$\left(6 - \frac{0.6}{\sqrt{9}} \times 2.306,\ 6 + \frac{0.6}{\sqrt{9}} \times 2.306\right) = (5.5388, 6.4612)$$

3. 从自动车床加工的一批零件中随机抽取 10 个，测得其尺寸与规定尺寸的偏差（单位：μm）分别为

$$2 \quad 1 \quad -2 \quad 3 \quad 2 \quad 4 \quad -2 \quad 5 \quad 3 \quad 4$$

记零件的尺寸偏差为 X，假定 $X \sim N(\mu, \sigma^2)$，试求未知参数 μ, σ^2, σ 的置信度为 0.95 的区间估计。

解：（1）方差未知时，均值 μ 的置信水平为 $1-\alpha = 0.95$ 的置信区间为

$$\left(\overline{x} \pm \frac{s}{\sqrt{n}}t_{\alpha/2}(n-1)\right)$$

由本题中数据得

$$\alpha = 0.05, \quad n = 10, \quad t_{0.05/2}(9) = 2.2622, \quad \overline{x} = 2, \quad s = 2.4037$$

故所求置信区间为

$$\left(2 - \frac{2.4037}{\sqrt{10}} \times 2.2622,\ 6 + \frac{2.4037}{\sqrt{10}} \times 2.2622\right) = (0.2805, 3.7195)$$

（2）方差 σ^2 的置信水平为 $1-\alpha=0.95$ 的置信区间为

$$\left(\frac{(n-1)s^2}{\chi_{\alpha/2}^2(n-1)},\frac{(n-1)s^2}{\chi_{1-\alpha/2}^2(n-1)}\right)$$

由本题中数据得

$$\alpha=0.05,\quad n=10,\chi_{0.025}^2(9)=19.023,\quad \chi_{0.975}^2(9)=2.7,\quad s^2=5.777\ 8$$

故所求置信区间为

$$\left(\frac{9\times5.777\ 8}{19.023},\frac{9\times5.777\ 8}{2.7}\right)=(2.733\ 5,19.259\ 3)$$

（3）均方差 σ 的置信水平为 $1-\alpha=0.95$ 的置信区间为

$$\left(\sqrt{\frac{(n-1)s^2}{\chi_{\alpha/2}^2(n-1)}},\sqrt{\frac{(n-1)s^2}{\chi_{1-\alpha/2}^2(n-1)}}\right)$$

由本题中数据得

$$\alpha=0.05,\quad n=9,\quad \chi_{0.025}^2(9)=19.023,\quad \chi_{0.975}^2(9)=2.7,\quad s^2=5.777\ 8$$

故所求置信区间为

$$\left(\sqrt{\frac{9\times5.777\ 8}{19.023}},\sqrt{\frac{9\times5.777\ 8}{2.7}}\right)=(1.653\ 3,4.388\ 5)$$

4. 设总体 $X\sim N(\mu,\sigma^2)$，已知 $\sum\limits_{i=1}^{15}x_i=18.7,\sum\limits_{i=1}^{15}x_i^2=25.05$，试求 μ 和 σ 的置信度为 0.95 的区间估计。

解：（1）因为方差未知时，均值 μ 的置信水平为 $1-\alpha=0.95$ 的置信区间为

$$\left(\overline{x}\pm\frac{s}{\sqrt{n}}t_{\alpha/2}(n-1)\right)$$

而由题设知 $n=15,\sum\limits_{i=1}^{15}x_i=18.7,\sum\limits_{i=1}^{15}x_i^2=25.05$，故得

$$\overline{x}=\frac{1}{15}\sum_{i=1}^{15}x_i=\frac{18.7}{15}=1.246\ 7$$

$$s^2=\frac{1}{14}\sum_{i=1}^{15}(x_i-\overline{x})^2=\frac{1}{14}\left(\sum_{i=1}^{15}x_i^2-15\overline{x}^2\right)$$

$$=\frac{1}{14}(25.05-15\times1.246\ 7^2)=0.124\ 1$$

则 $s=\sqrt{0.124\ 1}=0.352\ 3$，且 $\alpha=0.05,t_{0.05/2}(14)=2.144\ 8$，故所求置信区间为

$$\left(\overline{x}\pm\frac{s}{\sqrt{n}}t_{\alpha/2}(n-1)\right)=\left(1.246\ 7\pm\frac{0.352\ 3}{\sqrt{15}}\times2.144\ 8\right)$$

$$=(1.246\ 7\pm0.195\ 1)=(1.050\ 6,1.441\ 8)$$

（2）均方差 σ 的置信水平为 $1-\alpha=0.95$ 的置信区间为

$$\left(\sqrt{\frac{(n-1)s^2}{\chi_{\alpha/2}^2(n-1)}},\sqrt{\frac{(n-1)s^2}{\chi_{1-\alpha/2}^2(n-1)}}\right)$$

由本题中数据得

$$\alpha = 0.05, \quad n = 15, \quad \chi^2_{0.025}(14) = 26.119, \quad \chi^2_{0.975}(14) = 5.629, \quad s^2 = 0.124\,1$$

故所求置信区间为

$$\left(\sqrt{\frac{14 \times 0.124\,1}{26.119}}, \sqrt{\frac{14 \times 0.124\,1}{5.629}} \right) = (0.267\,9, 0.555\,6)$$

5. 设一批零件的长度服从正态分布 $N(\mu, \sigma^2)$，其中 μ, σ^2 均未知，现从中随机抽取 16 个零件，测得样本均值 $\overline{x} = 20$ cm 与样本方差 $s = 1$ cm，试求 μ 与 σ^2 的置信度为 0.90 的置信区间。

解：(1) 因为方差未知时，均值 μ 的置信水平为 $1 - \alpha = 0.90$ 的置信区间为

$$\left(\overline{x} \pm \frac{s}{\sqrt{n}} t_{\alpha/2}(n-1) \right)$$

而由题设得

$$\alpha = 0.1, \quad n = 16, \quad t_{0.1/2}(15) = 1.753\,1, \quad \overline{x} = 20, \quad s = 1$$

所以得所求置信区间为

$$\left(\overline{x} \pm \frac{s}{\sqrt{n}} t_{\alpha/2}(n-1) \right) = \left(20 \pm \frac{1}{\sqrt{16}} 1.753\,1 \right)$$

$$= (20 \pm 0.438\,3) = (19.561\,7, 20.438\,3)$$

(2) 方差 σ^2 的置信水平为 $1 - \alpha = 0.90$ 的置信区间为

$$\left(\frac{(n-1)s^2}{\chi^2_{\alpha/2}(n-1)}, \frac{(n-1)s^2}{\chi^2_{1-\alpha/2}(n-1)} \right)$$

由本题中数据得

$$\alpha = 0.1, \quad n = 16, \quad \chi^2_{0.05}(15) = 24.996, \quad \chi^2_{0.95}(15) = 7.261, \quad s^2 = 1$$

故所求置信区间为

$$\left(\frac{15 \times 1}{24.996}, \frac{15 \times 1}{7.261} \right) = (0.600\,1, 2.065\,8)$$

6. 设自正态总体 $X \sim N(\mu_1, 5^2)$ 中抽取一个容量为 $n_1 = 10$ 的样本，又自正态总体 $Y \sim N(\mu_2, 6^2)$ 中抽取一个容量为 $n_2 = 12$ 的样本，由它们的样本观察值计算得到样本均值分别为 $\overline{x} = 19.8, \overline{y} = 24.0$，假定两个样本是相互独立的，试求这两个总体均值差 $\mu_1 - \mu_2$ 的置信水平为 0.95 的置信区间。

解：由题设知：$n_1 = 10, n_2 = 12, \overline{x} = 19.8, \overline{y} = 24.0, \sigma_1^2 = 5^2, \sigma_2^2 = 6^2, 1 - \alpha = 0.95,$ $\alpha = 0.05, z_{0.05/2} = z_{0.025} = 1.96$，则两个正态总体均值差 $\mu_1 - \mu_2$ 的置信水平为 0.95 的置信区间为

$$\left(\overline{x} - \overline{y} \pm z_{\alpha/2} \sqrt{\frac{\sigma_1^2}{n_1} + \frac{\sigma_2^2}{n_2}} \right) = \left(19.8 - 24.0 \pm 1.96 \sqrt{\frac{5^2}{10} + \frac{6^2}{12}} \right)$$

$$= (-4.2 \pm 4.596\,6) = (-8.796\,6, 0.396\,6)$$

7. 设某地区成年男子身高 X（单位：cm）服从正态分布 $N(\mu_1, \sigma_1^2)$，成年女子身

高 Y（单位：cm）服从正态分布 $N(\mu_2,\sigma_2^2)$。现从中随机抽取成年男女各 100 名，测量其身高。得到男子身高数据的平均值为 $\overline{x}=171$，样本标准差 $s_1=3.5$。女子身高数据的平均值为 $\overline{y}=167$，样本标准差 $s_2=3.8$。试求男、女身高平均值之差的置信度为 $1-\alpha=0.95$ 的置信区间。

解：由于本题中方差未知，所以可按下列两种方法求男、女身高平均值之差的置信度为 $1-\alpha=0.95$ 的渐近置信区间。

方法一　因为本题中样本容量 $n_1=n_2=100$ 较大，所以，可用样本方差 s_1^2,s_2^2 代替总体方差 σ_1^2 与 σ_2^2，且 $z_{0.025}=1.96$，可得 $\mu_1-\mu_2$ 的置信度为 $1-\alpha=0.95$ 的渐近置信区间为

$$\left(\overline{x}-\overline{y}\pm z_{\alpha/2}\sqrt{\frac{s_1^2}{n_1}+\frac{s_2^2}{n_2}}\right)=\left(171-167\pm 1.96\sqrt{\frac{3.5^2}{100}+\frac{3.8^2}{100}}\right)$$

$$=(4\pm 0.516\,6)=(3.483\,4,4.516\,6)$$

方法二　因为本题中样本标准差 $s_1=3.5$ 与 $s_2=3.8$ 很接近，可以假定（事实上可通过方差齐性检验确定）两独立总体的方差相等，即 $\sigma_1^2=\sigma_2^2$，可得 $\mu_1-\mu_2$ 的置信度为 $1-\alpha=0.95$ 的置信区间为

$$\left(\overline{x}-\overline{y}\pm s_{\text{w}}t_{\alpha/2}(n_1+n_2-2)\sqrt{\frac{1}{n_1}+\frac{1}{n_2}}\right)$$

其中查表得 $t_{0.025}(198)\approx z_{0.025}=1.96$，计算

$$s_{\text{w}}^2=\frac{(n_1-1)s_1^2+(n_2-1)s_2^2}{n_1+n_2-2}=\frac{99\times 3.5^2+99\times 3.8^2}{198}=13.345,\quad s_{\text{w}}=3.659$$

于是所求渐近置信区间为

$$\left(171-167\pm 3.659\times 1.96\sqrt{\frac{1}{100}+\frac{1}{100}}\right)=(4\pm 1.014\,2)=(2.985\,8,5.014\,2)$$

8. 为了比较甲、乙两类试验田的收获量，随机抽取甲类试验田 8 块，乙类试验田 10 块，测得收获量（单位：kg）为

甲类	12.6	10.2	11.7	12.3	11.1	10.5	10.6	12.2	
乙类	8.6	7.9	9.3	10.7	11.2	11.4	9.8	9.5	10.1	8.5

假定这两类试验田的收获量都服从正态分布，且方差相同。试求两类试验田的收获量均值差的置信水平为 $1-\alpha=0.95$ 的置信区间。

解：设甲类试验田的收获量 $X\sim N(\mu_1,\sigma_1^2)$，乙类试验田的收获量 $Y\sim N(\mu_2,\sigma_2^2)$，其中方差 $\sigma_1^2=\sigma_2^2$ 未知，故 $\mu_1-\mu_2$ 的置信度为 $1-\alpha=0.95$ 的置信区间为

$$\left(\overline{x}-\overline{y}\pm s_{\text{w}}t_{\alpha/2}(n_1+n_2-2)\sqrt{\frac{1}{n_1}+\frac{1}{n_2}}\right)$$

其中查表得 $t_{0.025}(16)=2.119\,9$，计算得

$$\overline{x} = 11.4, \quad \overline{y} = 9.7, \quad s_1^2 = 0.851\,4, \quad s_2^2 = 1.377\,8,$$

$$s_W^2 = \frac{(n_1-1)s_1^2 + (n_2-1)s_2^2}{n_1+n_2-2} = \frac{7 \times 0.851\,4 + 9 \times 1.377\,8}{16} = 1.147\,5,$$

$$s_W = 1.071\,2$$

于是所求置信区间为

$$\left(11.4 - 9.7 \pm 1.071\,2 \times 2.119\,9\sqrt{\frac{1}{8} + \frac{1}{10}}\right) = (1.7 \pm 1.077\,2)$$

$$= (0.622\,8, 2.777\,2)$$

9. 为研究由机器 A 和机器 B 生产的钢管内径(单位:mm),随机抽取机器 A 生产的钢管 16 根,测其内径,得样本方差 $s_1^2 = 0.34$,抽取机器 B 生产的钢管 13 根,测其内径,得样本方差 $s_2^2 = 0.29$。设两样本相互独立,且设机器 A 和机器 B 生产的钢管内径分别服从正态分布 $N(\mu_1, \sigma_1^2)$ 与 $N(\mu_2, \sigma_2^2)$,其中参数 μ_1, μ_2, σ_1^2 与 σ_2^2 均为未知。试求方差比 σ_1^2/σ_2^2 的置信水平为 $1 - \alpha = 0.9$ 的置信区间。

解:由教材中定理 6.3.6 知:

$$F = \frac{S_1^2/S_2^2}{\sigma_1^2/\sigma_2^2} \sim F(n_1-1, n_2-1)$$

给定置信水平为 $1 - \alpha = 0.9$ 时,满足等式:

$$P\left\{F_{1-\alpha/2}(n_1-1, n_2-1) < \frac{S_1^2/S_2^2}{\sigma_1^2/\sigma_2^2} < F_{\alpha/2}(n_1-1, n_2-1)\right\} = 1 - \alpha$$

于是由不等式 $F_{1-\alpha/2}(n_1-1, n_2-1) < \dfrac{S_1^2/S_2^2}{\sigma_1^2/\sigma_2^2} < F_{\alpha/2}(n_1-1, n_2-1)$,得方差比 σ_1^2/σ_2^2 的置信水平为 $1 - \alpha$ 的置信区间为

$$\left(\frac{S_1^2/S_2^2}{F_{\alpha/2}(n_1-1, n_2-1)}, \frac{S_1^2/S_2^2}{F_{1-\alpha/2}(n_1-1, n_2-1)}\right)$$

由 $\alpha = 0.1, n_1 = 16, n_2 = 13, F_{0.05}(15, 12) = 2.62, F_{0.95}(15, 12) = \dfrac{1}{F_{0.05}(12, 15)} = \dfrac{1}{2.48}$,得所求方差比 σ_1^2/σ_2^2 的置信水平为 $1 - \alpha = 0.9$ 的置信区间为

$$\left(\frac{s_1^2/s_2^2}{F_{0.05}(15, 12)}, \frac{s_1^2/s_2^2}{F_{0.95}(15, 12)}\right) = \left(\frac{0.34/0.29}{2.62}, \frac{0.34/0.29}{1/2.48}\right)$$

$$= (0.447\,5, 2.907\,6)$$

7.4 (0-1)分布参数的区间估计

关键词

(0-1)分布参数 p 的渐近置信区间,均值差 $p_1 - p_2$ 的渐近置信区间。

重要概念

(1) 单总体(0-1)分布未知参数 p 的渐近置信区间

设总体 $X \sim B(1,p)$，样本 $X_1, X_2, \cdots, X_n$ 来自总体 X，$\sum_{i=1}^{n} X_i = k$，样本均值 $\overline{X} = \dfrac{k}{n}$ 为 p 的点估计，在样本容量 n 较大时($n\overline{x} > 5$)，未知参数 p 的置信水平为 $1-\alpha$ 的渐近置信区间为

$$\left(\overline{X} \pm z_{\alpha/2} \sqrt{\overline{X}(1-\overline{X})/n} \right) \quad \text{或} \quad (\hat{p}_1, \hat{p}_2)$$

其中

$$\hat{p}_1 = \frac{1}{2a}(-b - \sqrt{b^2 - 4ac}), \quad \hat{p}_2 = \frac{1}{2a}(-b + \sqrt{b^2 - 4ac})$$

此处

$$a = n + z_{\alpha/2}^2, \quad b = -(2n\overline{X} + z_{\alpha/2}^2), \quad c = n\overline{X}^2$$

(2) 两个(0-1)分布总体的均值差 $p_1 - p_2$ 的渐近置信区间

设 $X_1, X_2, \cdots, X_{n_1}$ 是来自总体 X 的容量为 n_1 的样本，总体 $X \sim B(1, p_1)$，Y_1，$Y_2, \cdots, Y_{n_2}$ 是来自总体 Y 的容量为 n_2 的样本，总体 $Y \sim B(1, p_2)$，且这两个样本相互独立，样本均值分别为 $\overline{X}$ 与 $\overline{Y}$，它们的联合样本均值为

$$\hat{p} = \frac{n_1 \overline{X} + n_2 \overline{Y}}{n_1 + n_2}$$

则两个(0-1)分布总体均值差 $p_1 - p_2$ 的置信水平为 $1-\alpha$ 的渐近置信区间为

$$\left(\overline{X} - \overline{Y} \pm z_{\alpha/2} \sqrt{\hat{p}(1-\hat{p})\left(\frac{1}{n_1} + \frac{1}{n_2}\right)} \right)$$

基本练习 7.4 解答

1. 在经济学中，将食品支出占生活消费支出的比重称为恩格尔系数，通过这个系数可以反映人民生活水平的高低。现在某市郊区调查了 100 家农户，计算得恩格尔系数为 49.3%，试求该市郊区农民家庭恩格尔系数的置信水平为 $1-\alpha = 0.95$ 的置信区间。

解：设该市郊区农民家庭恩格尔系数为 p，则本题是求单总体(0-1)分布未知参数 p 的渐近置信区间的问题。已知置信水平为 $1-\alpha = 0.95$，$\alpha = 0.05$，$z_{0.05/2} = 1.96$，样本均值 $\overline{x} = 0.4903$，可按教材中讲述的两种方法求恩格尔系数 p 的渐近置信区间。

方法一　利用教材中式(7.4.5)、式(7.4.6)、式(7.4.7)可得渐近置信下限与上限。分别为

$$\hat{p}_1 = \frac{1}{2a}(-b - \sqrt{b^2 - 4ac}), \quad \hat{p}_2 = \frac{1}{2a}(-b + \sqrt{b^2 - 4ac})$$

其中

$$a = n + z_{\alpha/2}^2 = 100 + 1.96^2 = 103.841\ 6,$$
$$b = -(2n\overline{x} + z_{\alpha/2}^2) = -(2 \times 100 \times 0.490\ 3 + 1.96^2) = -101.901\ 6,$$
$$c = n\overline{x}^2 = 100 \times 0.490\ 3^2 = 24.039\ 4$$

所以得

$$\hat{p}_1 = \frac{1}{2 \times 103.841\ 6}(101.901\ 6 - \sqrt{101.901\ 6^2 - 4 \times 103.841\ 6 \times 24.039\ 4})$$

$$= \frac{81.932\ 2}{207.683\ 2} = 0.394\ 5,$$

$$\hat{p}_2 = \frac{1}{2 \times 103.841\ 6}(101.901\ 6 + \sqrt{101.901\ 6^2 - 4 \times 103.841\ 6 \times 24.039\ 4})$$

$$= \frac{121.871}{207.683\ 2} = 0.587\ 6$$

即得 p 的置信水平为 $1 - \alpha = 0.95$ 的渐近置信区间为

$$(\hat{p}_1, \hat{p}_2) = (0.394\ 5, 0.587\ 6)$$

方法二 利用教材中式(7.4.9)得 p 的置信水平为 $1 - \alpha = 0.95$ 的渐近置信区间为

$$\left(\overline{x} \pm z_{\alpha/2}\sqrt{\frac{\overline{x}(1 - \overline{x})}{n}}\right) = \left(0.490\ 3 \pm 1.96\sqrt{\frac{0.490\ 3 \times (1 - 0.490\ 3)}{100}}\right)$$

$$= (0.490\ 3 \pm 0.097\ 4) = (0.392\ 9, 0.587\ 7)$$

2. 从一批批量很大的某种产品中随机抽出 100 件产品,检查发现其中有 22 件次品,试求这批产品的次品率 p 的置信水平为 $1 - \alpha = 0.95$ 的置信区间。

解:本题亦是求单总体 (0-1) 分布未知参数 p 的渐近置信区间的问题。已知置信水平为 $1 - \alpha = 0.95, \alpha = 0.05, z_{0.05/2} = 1.96$,样本均值 $\overline{x} = 22/100 = 0.22$,亦可按教材中讲述的两种方法求次品率 p 的渐近置信区间。

方法一 次品率 p 的置信水平为 $1 - \alpha = 0.95$ 的渐近置信下限与上限分别为

$$\hat{p}_1 = \frac{1}{2a}(-b - \sqrt{b^2 - 4ac}), \quad \hat{p}_2 = \frac{1}{2a}(-b + \sqrt{b^2 - 4ac})$$

其中

$$a = n + z_{\alpha/2}^2 = 100 + 1.96^2 = 103.841\ 6,$$
$$b = -(2n\overline{x} + z_{\alpha/2}^2) = -(2 \times 100 \times 0.22 + 1.96^2) = -47.841\ 6,$$
$$c = n\overline{x}^2 = 100 \times 0.22^2 = 4.84$$

所以得

$$\hat{p}_1 = \frac{1}{2 \times 103.841\ 6}(47.841\ 6 - \sqrt{47.841\ 6^2 - 4 \times 103.841\ 6 \times 4.84})$$

$$= \frac{31.154\ 9}{207.683\ 2} = 0.15,$$

$$\hat{p}_2 = \frac{1}{2 \times 103.841\,6}\left(47.841\,6 + \sqrt{47.841\,6^2 - 4 \times 103.841\,6 \times 4.84}\right)$$

$$= \frac{64.523\,3}{207.683\,2} = 0.310\,7$$

即得 p 的置信水平为 $1 - \alpha = 0.95$ 的渐近置信区间为

$$(\hat{p}_1, \hat{p}_2) = (0.15, 0.310\,7)$$

方法二　利用教材中式(7.4.9)得 p 的置信水平为 $1 - \alpha = 0.95$ 的渐近置信区间为

$$\left(\overline{x} \pm z_{\alpha/2}\sqrt{\frac{\overline{x}(1-\overline{x})}{n}}\right) = \left(0.22 \pm 1.96\sqrt{\frac{0.22 \times (1 - 0.22)}{100}}\right)$$

$$= (0.22 \pm 0.081\,2) = (0.138\,8, 0.301\,2)$$

3. 从甲、乙两个车间生产的同类型产品中,分别抽出 100 个、120 个产品,其中甲车间生产的 100 个产品中,有 60 个一级品;乙车间生产的 120 个配件中,有 55 个一级品。试求两车间的一级品率之差的置信水平为 0.95 的渐近置信区间。

解:设甲、乙两个车间生产的产品一级品率分别为 p_1 与 p_2,本题可视为两个独立同 $(0-1)$ 分布总体的参数之差 $p_1 - p_2$ 的渐近置信区间,由题设得样本均值分别为

$$\overline{x} = \frac{60}{100} = 0.6, \quad \overline{y} = \frac{55}{120} = 0.458\,3$$

则它们的联合样本均值为

$$\hat{p} = \frac{n_1\overline{x} + n_2\overline{y}}{n_1 + n_2} = \frac{60 + 55}{100 + 120} = 0.522\,7$$

给定置信水平 $1 - \alpha = 0.95, \alpha = 0.05, z_{0.05/2} = 1.96$,故由教材中式(7.4.11)得均值差 $p_1 - p_2$ 的置信水平为 0.95 的渐近置信区间为

$$\left(\overline{x} - \overline{y} \pm z_{\alpha/2}\sqrt{\hat{p}(1-\hat{p})\left(\frac{1}{n_1} + \frac{1}{n_2}\right)}\right)$$

$$= \left(0.6 - 0.458\,3 \pm 1.96\sqrt{0.522\,7(1 - 0.522\,7)\left(\frac{1}{100} + \frac{1}{120}\right)}\right)$$

$$= (0.141\,7 \pm 0.132\,6)$$

$$= (0.009\,1, 0.274\,3)$$

此置信区间不包含零值在内,可以认为两个车间的一级品率有较大的差距。

7.5　单侧置信区间

关键词

单侧置信区间,正态总体均值与方差的单侧置信区间,正态总体均值差与方差比的单侧置信区间。

重要概念

(1) 单侧置信区间

设 $X_1, X_2, \cdots, X_n$ 是来自总体的一个样本,总体 X 的分布函数 $F(x; \theta)$ 中的 θ 为未知参数,对于给定的值 $\alpha(0 < \alpha < 1)$,

① 如果有统计量 $\underline{\theta} = \underline{\theta}(X_1, X_2, \cdots, X_n)$ 满足不等式:

$$P\{\theta > \underline{\theta}\} \geqslant 1 - \alpha$$

则称 $1 - \alpha$ 为置信水平(或置信度),随机区间 $(\underline{\theta}, +\infty)$ 为未知参数 θ 的置信水平为 $1 - \alpha$ 的单侧置信区间,$\underline{\theta}$ 称为相应的单侧置信下限。

② 如果有统计量 $\overline{\theta} = \overline{\theta}(X_1, X_2, \cdots, X_n)$ 满足不等式:

$$P\{\theta < \overline{\theta}\} \geqslant 1 - \alpha$$

则称随机区间 $(-\infty, \overline{\theta})$ 为未知参数 θ 的置信水平为 $1 - \alpha$ 的单侧置信区间,$\overline{\theta}$ 称为相应的单侧置信上限。

(2) 单个正态总体方差未知时均值的单侧置信区间

单侧置信下限 $\underline{\mu}$ 和单侧置信区间为

$$(\underline{\mu}, +\infty) = \left(\overline{X} - \frac{S}{\sqrt{n}} t_\alpha(n-1), +\infty \right)$$

单侧置信上限 $\overline{\mu}$ 和单侧置信区间为

$$(-\infty, \overline{\mu}) = \left(-\infty, \overline{X} + \frac{S}{\sqrt{n}} t_\alpha(n-1) \right)$$

其余单侧置信区间可参照下表得出。

总体	待估参数	其他参数	单侧置信下限	单侧置信上限
单个正态总体	μ	σ^2 已知	$\overline{X} - \dfrac{\sigma}{\sqrt{n}} z_\alpha$	$\overline{X} + \dfrac{\sigma}{\sqrt{n}} z_\alpha$
	μ	σ^2 未知	$\overline{X} - \dfrac{S}{\sqrt{n}} t_\alpha(n-1)$	$\overline{X} + \dfrac{S}{\sqrt{n}} t_\alpha(n-1)$
	σ^2	μ 未知	$\dfrac{(n-1)S^2}{\chi_\alpha^2(n-1)}$	$\dfrac{(n-1)S^2}{\chi_{1-\alpha}^2(n-1)}$
两个正态总体	$\mu_1 - \mu_2$	σ_1^2, σ_2^2 已知	$\overline{X} - \overline{Y} - z_\alpha \sqrt{\dfrac{\sigma_1^2}{n_1} + \dfrac{\sigma_2^2}{n_2}}$	$\overline{X} - \overline{Y} + z_\alpha \sqrt{\dfrac{\sigma_1^2}{n_1} + \dfrac{\sigma_2^2}{n_2}}$
	$\mu_1 - \mu_2$	$\sigma_1^2 = \sigma_2^2$ 未知	$\overline{X} - \overline{Y} - t_\alpha(n_1 + n_2 - 2)S_w \sqrt{\dfrac{1}{n_1} + \dfrac{1}{n_2}}$	$\overline{X} - \overline{Y} + t_\alpha(n_1 + n_2 - 2)S_w \sqrt{\dfrac{1}{n_1} + \dfrac{1}{n_2}}$
	$\dfrac{\sigma_1^2}{\sigma_2^2}$	μ_1, μ_2 未知	$\dfrac{S_1^2/S_2^2}{F_\alpha(n_1 - 1, n_2 - 1)}$	$\dfrac{S_1^2/S_2^2}{F_{1-\alpha}(n_1 - 1, n_2 - 1)}$

基本练习 7.5 解答

1. 为估计制造某种产品所需的单件平均工时(单位:h),记录制造 5 件产品的工时如下:

$$10.5 \quad 11 \quad 11.2 \quad 12.5 \quad 12.8$$

设制造单件产品所需工时 X 服从正态分布,给定置信水平 $1-\alpha=0.95$,试求单件平均工时的单侧置信上限。

解: 由题设,总体 $X \sim N(\mu, \sigma^2)$ 的方差 σ^2 未知,计算得 $\overline{x}=11.60, s^2=0.995$,给定置信度 $1-\alpha=0.95, \alpha=0.05, t_{0.05}(4)=2.132$,则有

$$(0, \overline{\mu}) = \left(0, \overline{x} + \frac{s}{\sqrt{n}} t_\alpha(n-1)\right)$$

其中

$$\overline{\mu} = \overline{x} + \frac{s}{\sqrt{n}} t_\alpha(n-1) = 11.6 + \frac{\sqrt{0.995}}{\sqrt{5}} \times 2.132 = 12.551\,1$$

为所求单件平均工时 μ 的置信度为 0.95 的单侧置信上限。

2. 已知某地区农户人均生产蔬菜量 X(单位:kg)服从正态分布 $N(\mu, \sigma^2)$,其中参数 μ 与 σ^2 均为未知。现随机抽取 9 家农户,统计并计算人均蔬菜量数据如下:

$$75 \quad 143 \quad 156 \quad 340 \quad 400 \quad 287 \quad 256 \quad 244 \quad 249$$

试问该地区农户人均生产蔬菜量至少为多少? $(1-\alpha=0.95)$

解: 本题为正态总体 $N(\mu, \sigma^2)$ 的方差 σ^2 未知时,求总体均值 μ 的单侧置信下限的问题,由题设数据计算得 $\overline{x}=238.888\,9, s^2=1\,0230.111$,给定置信水平 $1-\alpha=0.95, \alpha=0.05, t_{0.05}(8)=1.859\,5$,则有

$$(\underline{\mu}, +\infty) = \left(\overline{x} - \frac{s}{\sqrt{n}} t_\alpha(n-1), +\infty\right)$$

其中

$$\underline{\mu} = \overline{x} - \frac{s}{\sqrt{n}} t_\alpha(n-1) = 238.888\,9 - \frac{\sqrt{10\,230.111}}{\sqrt{9}} \times 1.859\,5 = 176.196\,5$$

为所求该地区农户人均生产蔬菜量 μ 的置信度为 0.95 的单侧置信下限,即在置信水平 $1-\alpha=0.95$ 下,该地区农户人均生产蔬菜量至少为 176.196 5 kg。

3. 从某种型号的一批电子元件中随机抽出容量为 10 的一个样本做寿命试验,记录寿命(单位:h)数据如下:

1 075　1 143　1 056　1 340　1 400　1 287　1 256　1 214　1 115　1 249

设该批电子元件的寿命 X 服从正态分布 $N(\mu, \sigma^2)$,试求这批电子元件的寿命 X 的标准差 σ 的置信水平为 0.95 的单侧置信上限。

解: 因为 $X \sim N(\mu, \sigma^2), X_1, X_2, \cdots, X_n$ 为来自 X 的一个样本,S^2 为样本方差,则有

$$\frac{(n-1)S^2}{\sigma^2} \sim \chi^2(n-1)$$

若给定置信水平为 $1-\alpha$，则有

$$P\left\{\frac{(n-1)S^2}{\sigma^2} > \chi_{1-\alpha}^2(n-1)\right\} = 1-\alpha$$

可得 σ^2 的置信水平为 $1-\alpha$ 的一个单侧置信区间为

$$\left(0, \frac{(n-1)S^2}{\chi_{1-\alpha}^2(n-1)}\right)$$

而此处 $1-\alpha=0.95,\alpha=0.05,n=10,\chi_{0.95}^2(9)=3.325,s^2=13\ 101.611$，可得 σ^2 的置信水平为 0.95 的一个单侧置信上限为

$$\overline{\sigma^2} = \frac{(n-1)s^2}{\chi_\alpha^2(n-1)} = \frac{9 \times 13\ 101.611}{3.325} = 35\ 463.007\ 2$$

开方即得 σ 的置信水平为 0.95 的一个单侧置信上限为

$$\bar{\sigma} = \sqrt{\frac{(n-1)s^2}{\chi_\alpha^2(n-1)}} = \sqrt{\frac{9 \times 13\ 101.611}{3.325}} = \sqrt{35\ 463.007\ 2} = 188.316\ 2$$

4. 为比较 Ⅰ，Ⅱ 两种型号步枪弹的枪口速度（单位：m/s），随机抽取 Ⅰ 型子弹 10 发，得到枪口速度的平均值为 $\bar{x}=500$，标准差 $s_1=1.1$；随机抽取 Ⅱ 型子弹 20 发，得到枪口速度的平均值为 $\bar{y}=496$，标准差 $s_2=1.2$。假设两种型号子弹的枪口速度分别服从正态分布 $N(\mu_1,\sigma_1^2)$ 和 $N(\mu_2,\sigma_2^2)$，且相互独立，若由生产过程认为其方差相等($\sigma_1^2=\sigma_2^2$)，试求两种型号子弹的枪口速度的均值差 $\mu_1-\mu_2$ 的置信水平为 0.95 的单侧置信下限。

解：因为 Ⅰ 型子弹枪口速度 $X \sim N(\mu_1,\sigma_1^2)$，$X_1,X_2,\cdots,X_{n_1}$ 为来自 X 的一个样本，其样本均值为 $\overline{X}$，样本方差为 S_1^2；Ⅱ 型子弹枪口速度 $Y \sim N(\mu_2,\sigma_2^2)$，$Y_1,Y_2,\cdots,Y_{n_2}$ 为来自 Y 的一个样本，其样本均值为 $\overline{X}$，样本方差为 S_1^2，联合样本方差为

$$S_{\mathrm{w}}^2 = \frac{(n_1-1)S_1^2 + (n_2-1)S_2^2}{n_1+n_2-2}$$

且 X 与 Y 相互独立，$\sigma_1^2=\sigma_2^2$，所以有

$$\frac{\overline{X}-\overline{Y}-(\mu_1-\mu_2)}{S_{\mathrm{w}}\sqrt{\dfrac{1}{n_1}+\dfrac{1}{n_2}}} \sim t(n_1+n_2-2)$$

若给定置信水平为 $1-\alpha$，则有

$$P\left\{\frac{\overline{X}-\overline{Y}-(\mu_1-\mu_2)}{S_{\mathrm{w}}\sqrt{\dfrac{1}{n_1}+\dfrac{1}{n_2}}} < t_\alpha(n_1+n_2-2)\right\} = 1-\alpha$$

可得 $\mu_1-\mu_2$ 的置信水平为 $1-\alpha$ 的一个单侧置信区间为

$$\left(\overline{X}-\overline{Y}-t_{\alpha}(n_1+n_2-2)S_{\mathrm{w}}\sqrt{\frac{1}{n_1}+\frac{1}{n_2}},+\infty\right)$$

而此处

$$1-\alpha=0.95,\quad \alpha=0.05,\quad n_1=10,\quad n_2=20,\quad t_{0.05}(28)=1.7011,$$

$$\overline{x}=500,\quad s_1^2=1.1^2,\quad \overline{y}=496,\quad s_2^2=1.2^2,$$

$$s_{\mathrm{w}}=\sqrt{\frac{9\times1.1^2+19\times1.2^2}{28}}=1.1688$$

可得 $\mu_1-\mu_2$ 的置信水平为 0.95 的一个单侧置信下限为

$$\overline{x}-\overline{y}-t_{0.05}(28)s_{\mathrm{w}}\sqrt{\frac{1}{10}+\frac{1}{20}}=500-496-1.7011\times1.1688\times\sqrt{\frac{3}{20}}=3.23$$

第 8 章　假设检验

8.1　假设检验的基本概念

关键词

统计假设，假设检验，小概率原理，显著性水平，两类错误，显著性检验，拒绝域。

重要概念

（1）统计假设与假设检验

关于总体分布或总体参数的诊断与推测,假定或设想统称为统计假设,简称为假设。按一定统计规律由样本推断所作假设是否成立的过程,即统计假设的检验,称为假设检验。

（2）小概率原理

小概率原理又称为实际推断原理,此原理表明,如果一个事件发生的概率很小,那么它具有在一次试验中几乎是不可能发生的,而在多次重复试验中却几乎是必然发生的事实。因此人们可对这类小概率事件提出相应的假设,并作一次抽样观察,若事件发生,则说明此事件发生的概率不会小,从而拒绝假设,否则接受假设,这就是小概率原理的推断过程。可见小概率原理的推断方法实际上是统计意义下的反证法。

（3）两类错误与显著性检验

在对原假设 H_0 的真伪进行判断时,由于样本的随机性,导致依据样本统计量作出的判断会不可避免地产生两类错误:

第 I 类错误:在假设 H_0 实际上为真时,拒绝 H_0 的错误,谓之"弃真"错误,其概率记为

$$P\{拒绝H_0 \mid H_0 \text{ 真}\} \leqslant \alpha$$

第Ⅱ类错误:在假设 H_0 实际上不真时,接受 H_0 的错误,谓之"取伪"错误,其概率记为

$$P\{接受H_0 \mid H_0 \text{ 不真}\} \leqslant \beta$$

其中 α 称为显著性水平,基于 α 的检验即称为显著性检验。

(4) H_0 的拒绝域

H_0 的拒绝域是指样本空间中的一个区域,当样本值落入其中时否定 H_0,即拒绝 H_0。通常是借助于一个检验统计量 $T=T(X_1,X_2,\cdots,X_n)$ 来构造这样的拒绝域,其步骤为:

① 选择适当统计量 T,并在"H_0 成立"这一前提下确定其统计分布;

② 根据 T 的分布,引用相应的分布数值表,找出 T 在显著性水平 α 下的临界值 λ_1,λ_2,得拒绝域为

$$\{T \leqslant \lambda_1\} \bigcup \{T \geqslant \lambda_2\}$$

若分别满足 $P\{T \geqslant \lambda\}=\alpha$ 或 $P\{T \leqslant \lambda\}=\alpha$,或 $P\{T \leqslant \lambda_1 \text{ 或 } T \geqslant \lambda_2\}=\alpha$,前两种情况为单侧检验的拒绝域,后一种情况为双侧检验的拒绝域。

(5) 假设检验的一般步骤

假设检验是一个科学的检验过程,一般步骤为:

① 根据实际问题的要求,提出适当的原假设 H_0 及备择假设 H_1;

② 给定显著性水平 α 以及样本容量 n;

③ 选择适当的检验统计量,明确在 H_0 真时统计量的分布;

④ 查表得相应的上 α 分位点,由概率 $P\{拒绝H_0 \mid H_0 \text{ 真}\}=\alpha$ 确定 H_0 的拒绝域(注意区分单侧或双侧);

⑤ 判断:根据样本观察值计算检验统计量的观察值,根据此观察值是否落在拒绝域内作出拒绝还是接受 H_0 的判断。

基本练习 8.1 解答

1. 某自动机床生产一种铆钉,尺寸误差 $X \sim N(\mu,1)$,该机床正常工作与否的标志是检验 $\mu=0$ 是否成立。一日抽检了一个容量 $n=10$ 的样本,测得样本均值 $\bar{x}=1.01$,试问在给定显著性水平 $\alpha=0.05$ 下,该日自动机床工作是否正常?

解:① 为检验该日自动机床工作是否正常,即需检验假设

$$H_0:\mu=0; \quad H_1:\mu \neq 0$$

② 给定显著性水平 $\alpha=0.05$ 以及样本容量 $n=10$。

③ 由于总体 $X \sim N(\mu,1)$,其中方差 $\sigma^2=1$ 已知,所以构造检验统计量:

$$U=\frac{\bar{X}-\mu}{\sigma/\sqrt{n}}$$

当 H_0 真时,即 $\mu=0$,则有 $U=\dfrac{\bar{X}}{1/\sqrt{n}} \sim N(0,1)$。

④ 查正态分布表得 $z_{0.025} = 1.96$，确定 H_0 的拒绝域：

$$P\{拒绝 H_0 | H_0 真\} = P\{|U| \geqslant z_{0.025}\} = P\left\{\left|\frac{\overline{X}}{1/\sqrt{n}}\right| \geqslant z_{0.025}\right\} = 0.05$$

得到 H_0 的拒绝域为

$$\left|\frac{\overline{X}}{1/\sqrt{n}}\right| \geqslant 1.96$$

⑤ 判断，根据样本观察值计算得

$$\overline{x} = 1.01, \quad \left|\frac{\overline{X}}{1/\sqrt{n}}\right| = \left|\frac{1.01}{1/\sqrt{10}}\right| = 3.1939 > 1.96$$

其值落在拒绝域内，因此应拒绝 H_0，即认为 $\mu \neq 0$，说明该日自动机床工作显著不正常。

2. 假设检验过程的重要步骤是什么？

答：假设检验过程主要包括下列五个步骤：

① 提出假设：根据实际问题提出统计原假设 H_0 与备择假设 H_1，或者是参数假设，或者是分布假设；

② 选择显著性水平 α 的值，确定样本容量 n；

③ 选择适当的检验统计量，并确定这个检验统计量当 H_0 真时服从的分布；

④ 查表得相应的上 α 分位点，根据概率 $P\{拒绝 H_0 | H_0 真\} = \alpha$ 确定 H_0 的拒绝域（注意区分单侧或双侧）；

⑤ 判断：观察由已知数据计算的检验统计值是否落入拒绝域内，判断是否拒绝 H_0。

3. 设从正态总体 $X \sim N(\mu, 1)$ 中随机抽出一个容量 $n = 16$ 的样本，由观察值计算得 $\overline{x} = 5.2$，试求参数 μ 的置信水平为 $1 - \alpha = 0.95$ 的置信区间，并借此判断能否在显著性水平 $\alpha = 0.05$ 下接受假设 $H_0: \mu = 5.5$。

解：在方差 $\sigma^2 = 1$ 已知条件下参数 μ 的置信水平为 $1 - \alpha = 0.95$ 的置信区间为

$$\left(\overline{x} \pm \frac{1}{\sqrt{n}} z_{\alpha/2}\right) = \left(5.2 \pm \frac{1}{\sqrt{16}} z_{0.05}\right) = \left(5.2 \pm \frac{1}{4} \times 1.96\right) = (4.71, 5.69)$$

实际上可以看出数值 $5.5 \in (4.71, 5.69)$，落在参数 μ 的置信水平为 0.95 的置信区间内，所以应接受 H_0。

另一方面，在显著性水平 $\alpha = 0.05$ 下假设 $H_0: \mu = 5.5$ 的拒绝域为

$$\left|\frac{\overline{x} - \mu_0}{1/\sqrt{10}}\right| \geqslant 1.96$$

此时因 $\overline{x} = 5.2, \mu_0 = 5.5, n = 16$，$\left|\dfrac{\overline{x} - \mu_0}{1/\sqrt{16}}\right| = \left|\dfrac{5.2 - 5.5}{1/\sqrt{16}}\right| = 1.2 < 1.96$，落在接受域内，所以也应接受 H_0。

8.2　正态总体参数的假设检验

关键词

总体均值与方差的假设检验，均值差与方差比的假设检验。

重要概念

(1) μ 与 σ^2 的显著性检验表

设样本 $X_1, X_2, \cdots, X_n$ 来自正态总体 $N(\mu, \sigma^2)$，其中 μ, σ^2 为参数，n 为样本容量，给定显著性水平 α，则在不同条件下 μ 与 σ^2 的显著性检验见下表。

检验法	条　件	H_0	H_1	检验统计量	H_0 拒绝域
U 检验	σ 已知	$\mu \leqslant \mu_0$	$\mu > \mu_0$	$U = \dfrac{\overline{X} - \mu_0}{\sigma / \sqrt{n}}$	$U \geqslant z_\alpha$
		$\mu \geqslant \mu_0$	$\mu < \mu_0$		$U \leqslant -z_\alpha$
		$\mu = \mu_0$	$\mu \neq \mu_0$		$\lvert U \rvert \geqslant z_{\alpha/2}$
T 检验	σ 未知	$\mu \leqslant \mu_0$	$\mu > \mu_0$	$T = \dfrac{\overline{X} - \mu_0}{S / \sqrt{n}}$	$T \geqslant t_\alpha(n-1)$
		$\mu \geqslant \mu_0$	$\mu < \mu_0$		$T \leqslant -t_\alpha(n-1)$
		$\mu = \mu_0$	$\mu \neq \mu_0$		$\lvert T \rvert \geqslant t_{\alpha/2}(n-1)$
χ^2 检验	μ 已知	$\sigma^2 \leqslant \sigma_0^2$	$\sigma^2 > \sigma_0^2$	$\chi^2 = \dfrac{\sum\limits_{i=1}^{n}(X_i - \mu)^2}{\sigma_0^2}$	$\chi^2 \geqslant \chi_\alpha^2(n)$
		$\sigma^2 \geqslant \sigma_0^2$	$\sigma^2 < \sigma_0^2$		$\chi^2 \leqslant \chi_{1-\alpha}^2(n)$
		$\sigma^2 = \sigma_0^2$	$\sigma^2 \neq \sigma_0^2$		$\chi^2 \geqslant \chi_{\alpha/2}^2(n)$ 或 $\chi^2 \leqslant \chi_{1-\alpha/2}^2(n)$
χ^2 检验	μ 未知	$\sigma^2 \leqslant \sigma_0^2$	$\sigma^2 > \sigma_0^2$	$\chi^2 = \dfrac{(n-1)S^2}{\sigma_0^2}$	$\chi^2 \geqslant \chi_\alpha^2(n-1)$
		$\sigma^2 \geqslant \sigma_0^2$	$\sigma^2 < \sigma_0^2$		$\chi^2 \leqslant \chi_{1-\alpha}^2(n-1)$
		$\sigma^2 = \sigma_0^2$	$\sigma^2 \neq \sigma_0^2$		$\chi^2 \geqslant \chi_{\alpha/2}^2(n-1)$ 或 $\chi^2 \leqslant \chi_{1-\alpha/2}^2(n-1)$

(2) 两个总体的均值差与方差比的假设检验

设两个样本 $X_1, X_2, \cdots, X_n$ 与 $Y_1, Y_2, \cdots, Y_m$ 分别来自相互独立的正态总体 $N(\mu_1, \sigma_1^2), N(\mu_2, \sigma_2^2)$，在给定显著性水平 α 时，不同条件下均值差 $\mu_1 - \mu_2$ 与方差比 $\dfrac{\sigma_1^2}{\sigma_2^2}$ 的显著性检验见下表。

检验法	条　件	H_0	H_1	检验统计量	H_0 拒绝域
U 检验	σ_1^2, σ_2^2 已知	$\mu_1 \leqslant \mu_2$	$\mu_1 > \mu_2$	$U = \dfrac{\overline{X} - \overline{Y}}{\sqrt{\dfrac{\sigma_1^2}{n} + \dfrac{\sigma_2^2}{m}}}$	$U \geqslant z_\alpha$
		$\mu_1 \geqslant \mu_2$	$\mu_1 < \mu_2$		$U \leqslant -z_\alpha$
		$\mu_1 = \mu_2$	$\mu_1 \neq \mu_2$		$U \geqslant z_{\alpha/2}$ 或 $U \leqslant -z_{\alpha/2}$

续表

检验法	条　件	H_0	H_1	检验统计量	H_0 拒绝域
T 检验	$\sigma_1^2=\sigma_2^2$ 未知	$\mu_1\leqslant\mu_2$	$\mu_1>\mu_2$	$T=\dfrac{\overline{X}-\overline{Y}}{S_w\sqrt{\dfrac{1}{n}+\dfrac{1}{m}}}$ $S_w^2=\dfrac{(n-1)S_1^2+(m-1)S_2^2}{n+m-2}$	$T\geqslant t_a(n+m-2)$
		$\mu_1\geqslant\mu_2$	$\mu_1<\mu_2$		$T\leqslant -t_a(n+m-2)$
		$\mu_1=\mu_2$	$\mu_1\neq\mu_2$		$\lvert T\rvert\geqslant t_{a/2}(n+m-2)$ 或 $\lvert T\rvert\leqslant -t_{a/2}(n+m-2)$
近似 U 检验	σ_1^2,σ_2^2 未知, n,m 较大	$\mu_1\leqslant\mu_2$	$\mu_1>\mu_2$	$U=\dfrac{\overline{X}-\overline{Y}}{\sqrt{\dfrac{S_1^2}{n}+\dfrac{S_2^2}{m}}}$	$U\geqslant z_a$
		$\mu_1\geqslant\mu_2$	$\mu_1<\mu_2$		$U\leqslant -z_a$
		$\mu_1=\mu_2$	$\mu_1\neq\mu_2$		$U\geqslant z_{a/2}$ 或 $U\leqslant -z_{a/2}$
F 检验	μ_1,μ_2 未知	$\sigma_1^2\leqslant\sigma_2^2$	$\sigma_1^2>\sigma_2^2$	$F=\dfrac{S_1^2}{S_2^2}$	$F\geqslant F_a(n-1,m-1)$
		$\sigma_1^2\geqslant\sigma_2^2$	$\sigma_1^2<\sigma_2^2$		$F\leqslant F_{1-a}(n-1,m-1)$
		$\sigma_1^2=\sigma_2^2$	$\sigma_1^2\neq\sigma_2^2$		$F\geqslant F_{a/2}(n-1,m-1)$ 或 $F\leqslant F_{1-a/2}(n-1,m-1)$

基本练习 8.2 解答

1. 设某厂生产一种钢索,其断裂强度 $X(\text{kg/cm}^2)$ 服从正态分布 $N(\mu,40^2)$。从中随机选取一个容量为 9 的样本,由观测值计算得平均值 $\overline{x}=780$。能否据此认为这批钢索的平均断裂强度为 $800~\text{kg/cm}^2(\alpha=0.05)$?

解:这是正态总体 $N(\mu,\sigma^2)$ 方差 $\sigma^2=40^2$ 已知时,关于均值 μ 的双边检验问题。检验过程如下:

① 根据实际问题提出假设:

$$H_0:\mu=800;\quad H_1:\mu\neq 800$$

② 选定显著性水平 $\alpha=0.05$,确定样本容量 $n=9$;

③ 选择恰当的统计量: $U=\dfrac{\overline{X}-\mu}{\sigma/\sqrt{n}}$,在 H_0 为真时,检验统计量

$$U=\frac{\overline{X}-800}{40/\sqrt{9}}\sim N(0,1)$$

④ 查标准正态分布表可得 $z_{0.05/2}=1.96$ 的值,确定 H_0 的拒绝域为

$$\lvert u\rvert=\left\lvert\frac{\overline{x}-800}{40/\sqrt{9}}\right\rvert\geqslant 1.96$$

⑤ 判断:根据样本值计算 $\overline{x}=780$,以及检验统计量的观测值

$$\lvert u\rvert=\left\lvert\frac{\overline{x}-800}{40/\sqrt{9}}\right\rvert=\left\lvert\frac{780-800}{40/\sqrt{9}}\right\rvert=1.5<1.96$$

落在接受域内,所以应接受 H_0,即在显著性水平 $\alpha=0.05$ 下可以认为这批钢索的平均断裂强度为 $800~\text{kg/cm}^2$。

2. 设一批木材的小头直径 X(cm)服从正态分布 $N(\mu,2.6^2)$。现从这批木材中随机抽出 100 根,测出小头直径,计算得平均值 $\overline{x}=11.2$。试问该批木材的平均小头直径能否认为是在 12 cm 以上($\alpha=0.05$)?

解:这是正态总体 $N(\mu,\sigma^2)$ 方差 $\sigma^2=2.6^2$ 已知时,关于均值 μ 的单边检验问题。

① 根据实际问题提出假设:
$$H_0:\mu\geqslant 12;\quad H_1:\mu<12$$

② 选定显著性水平 $\alpha=0.05$,确定样本容量 $n=100$;

③ 选择恰当的统计量:$U=\dfrac{\overline{X}-\mu}{\sigma/\sqrt{n}}$,在 H_0 为真时,检验统计量
$$U=\dfrac{\overline{X}-12}{2.6/\sqrt{100}}\sim N(0,1)$$

④ 查标准正态分布表可得 $z_{0.05}=1.645$,确定 H_0 的拒绝域为
$$u=\dfrac{\overline{x}-12}{2.6/\sqrt{100}}\leqslant -1.645$$

⑤ 判断:根据样本值计算 $\overline{x}=1\,575$,及检验统计量的观测值
$$u=\dfrac{\overline{x}-12}{2.6/\sqrt{100}}=\dfrac{11.2-12}{2.6/\sqrt{100}}=-3.0769<-1.645$$

落在拒绝域内,所以应拒绝 H_0,即在显著性水平 $\alpha=0.05$ 下不能认为该批木材的平均小头直径是在 12 cm 以上。

3. 设某次考试的学生成绩 X(单位:分)服从正态分布 $N(\mu,\sigma^2)$。现从中随机地抽取 25 位学生的成绩,计算得平均成绩 $\overline{x}=67.5$,样本标准差 $s=15$。试问在显著性水平 $\alpha=0.05$ 下,是否可以认为这次考试全体考生的平均成绩为 72 分?

解:这是正态总体 $N(\mu,\sigma^2)$ 方差 σ^2 未知时,关于均值 μ 的双边检验问题。

① 根据实际问题提出假设:
$$H_0:\mu=72;\quad H_1:\mu\neq 72$$

② 选定显著性水平 $\alpha=0.05$,确定样本容量 $n=25$;

③ 选择恰当的统计量:$T=\dfrac{\overline{X}-\mu}{S/\sqrt{n}}$,在 H_0 为真时,检验统计量
$$T=\dfrac{\overline{X}-72}{15/\sqrt{25}}\sim t(24)$$

④ 查 t 分布表可得 $t_{0.05/2}(24)=2.0639$,确定 H_0 的拒绝域为
$$|t|=\left|\dfrac{\overline{x}-72}{15/\sqrt{25}}\right|\geqslant 2.0639$$

⑤ 判断:根据样本值计算 $\overline{x}=67.5$,以及检验统计量的观测值
$$|t|=\left|\dfrac{\overline{x}-72}{15/\sqrt{25}}\right|=\left|\dfrac{67.5-72}{15/\sqrt{25}}\right|=1.5<2.0639$$

落在接受域内,所以应接受 H_0,即在显著性水平 $\alpha=0.05$ 下可以认为这次考试全体考生的平均成绩为 72 分。

4. 已知某物体用精确方法测得的温度真值是 1 277 ℃,现用某台仪器间接测量该物体,得到 5 个数据如下:

$$1\ 250 \quad 1\ 265 \quad 1\ 245 \quad 1\ 260 \quad 1\ 275$$

假定测试温度 X 服从正态分布 $N(\mu,\sigma^2)$,试问这台仪器是否存在系统误差?

解:这是正态总体 $N(\mu,\sigma^2)$ 方差 σ^2 未知时,关于均值 μ 的双边检验问题。

① 根据实际问题提出假设:

$$H_0:\mu=1\ 277; \quad H_1:\mu\neq 1\ 277$$

② 选定显著性水平 $\alpha=0.05$,确定样本容量 $n=5$;

③ 选择恰当的统计量:$T=\dfrac{\overline{X}-\mu}{S/\sqrt{n}}$,在 H_0 为真时,检验统计量

$$T=\frac{\overline{X}-1\ 277}{S/\sqrt{5}}\sim t(4)$$

④ 查 t 分布表可得 $t_{0.05/2}(4)=2.776\ 4$,确定 H_0 的拒绝域为

$$|t|=\left|\frac{\overline{x}-1\ 277}{s/\sqrt{5}}\right|\geqslant 2.776\ 4$$

⑤ 判断:根据样本值计算 $\overline{x}=1\ 259$,$s^2=142.5$,以及检验统计量的观测值

$$|t|=\left|\frac{\overline{x}-1\ 277}{s/\sqrt{5}}\right|=\left|\frac{1\ 259-1\ 277}{\sqrt{142.5/5}}\right|=3.371\ 7>2.776\ 4$$

落在拒绝域内,所以应拒绝 H_0,即在显著性水平 $\alpha=0.05$ 下,认为这台仪器显著存在系统误差。

5. 下面列出的是某工厂随机选取的 20 只部件的装配时间(单位:min):

9.8　10.4　10.6　9.6　9.7　　9.9　10.9　11.1　9.6　10.2

10.3　9.6　9.9　11.2　10.6　9.8　10.5　10.1　10.5　9.7

设部件的装配时间 X 服从正态分布 $N(\mu,\sigma^2)$,其中参数 μ 与 σ^2 均未知,是否可以认为平均装配时间显著大于 10 min($\alpha=0.05$)?

解:这是正态总体 $N(\mu,\sigma^2)$ 方差 σ^2 未知时,关于均值 μ 的单边检验问题。

① 根据实际问题提出假设:

$$H_0:\mu\leqslant 10; \quad H_1:\mu>10$$

② 选定显著性水平 $\alpha=0.05$,确定样本容量 $n=20$;

③ 选择恰当的统计量:$T=\dfrac{\overline{X}-\mu}{S/\sqrt{n}}$,在 H_0 为真时,检验统计量

$$T=\frac{\overline{X}-10}{S/\sqrt{20}}\sim t(19)$$

④ 查 t 分布表可得 $t_{0.05}(19)=1.729\ 1$,确定 H_0 的拒绝域为

$$t = \frac{\overline{x} - 10}{s/\sqrt{20}} > 1.729\ 1$$

⑤ 判断:根据样本值计算 $\overline{x} = 10.2, s = 0.509\ 9$,及检验统计量的观测值

$$t = \frac{10.2 - 10}{0.509\ 9/\sqrt{20}} = 1.754\ 1 > 1.729\ 1$$

落在拒绝域内,所以应拒绝 H_0,即在显著性水平 $\alpha = 0.05$ 下,认为平均装配时间显著大于 10 min。

6. 某纯净水生产厂用自动灌装机灌装纯净水,该自动灌装机正常灌装量 $X \sim N(18, 0.4^2)$,现测量了某天 9 个灌装样品的灌装量(单位:L),数据如下:

18.0　17.6　17.3　18.2　18.1　18.5　17.9　18.1　18.3

在显著性水平 $\alpha = 0.05$ 下,试问:(1) 该天灌装量是否正常?(2) 灌装量精度是否在标准范围内?

解:(1) 这是正态总体 $N(\mu, \sigma^2)$ 方差 σ^2 未知时,关于均值 μ 的双边检验问题。

① 根据实际问题提出假设:

$$H_0 : \mu = 18; \quad H_1 : \mu \neq 18$$

② 选定显著性水平 $\alpha = 0.05$,确定样本容量 $n = 9$;

③ 选择恰当的统计量:$T = \dfrac{\overline{X} - \mu}{S/\sqrt{n}}$,在 H_0 为真时,检验统计量

$$T = \frac{\overline{X} - 18}{S/\sqrt{9}} \sim t(8)$$

④ 查 t 分布表可得 $t_{0.05/2}(8) = 2.306$,确定 H_0 的拒绝域为

$$|t| = \left| \frac{\overline{x} - 18}{s/\sqrt{9}} \right| \geqslant 2.306$$

⑤ 判断:根据样本值计算 $\overline{x} = 18, s = 0.364$,及检验统计量的观测值

$$|t| = \left| \frac{\overline{x} - 18}{s/\sqrt{9}} \right| = \left| \frac{18 - 18}{0.364/\sqrt{9}} \right| = 0 < 2.306$$

落在接受域内,所以应接受 H_0,即在显著性水平 $\alpha = 0.05$ 下,可以认为该天平均灌装量是 18 L,为正常的。

(2) 这是正态总体 $N(\mu, \sigma^2)$ 均值 μ 未知时,关于方差 σ^2 的单边检验问题。

① 根据实际问题提出假设:

$$H_0 : \sigma^2 \leqslant 0.4^2; \quad H_1 : \mu > 0.4^2$$

② 选定显著性水平 $\alpha = 0.05$,确定样本容量 $n = 9$;

③ 选择恰当的统计量:$\chi^2 = \dfrac{(n-1)S^2}{\sigma^2}$,在 H_0 为真时,检验统计量

$$\chi^2 = \frac{(n-1)S^2}{\sigma_0^2} \sim \chi^2(n-1)$$

④ 查 χ^2 分布表可得 $\chi^2_{0.05}(8)=15.507$，确定 H_0 的拒绝域为

$$\frac{(n-1)S^2}{\sigma_0^2} \geqslant 15.507$$

⑤ 判断：根据题设 $\sigma_0^2=0.4^2$，由样本值计算得 $s^2=0.132\,5$，以及检验统计量的观测值

$$\frac{(n-1)s^2}{\sigma_0^2} = \frac{8 \times 0.132\,5}{0.4^2} = 6.625 < 15.507$$

落在接受域内，所以应接受 H_0，即在显著性水平 $\alpha=0.05$ 下，可以认为该天灌装量精度是在标准范围内。

注意：此处可以利用已知 $\mu=18$ 情况下，考虑检验统计量

$$\chi^2 = \frac{1}{\sigma_0^2} \sum_{i=1}^{9} (x_i - 18)^2 \sim \chi^2(9)$$

作出检验，此时 H_0 的拒绝域为

$$\chi^2 = \frac{1}{\sigma_0^2} \sum_{i=1}^{9} (x_i - 18)^2 \geqslant \chi^2_{0.05}(9) = 16.919$$

而由测量值计算得统计值 $\dfrac{1}{\sigma_0^2} \sum\limits_{i=1}^{9} (x_i - 18)^2 = \dfrac{1.06}{0.4^2} = 6.625 < 16.919$ 落在接受域内，所以应接受 H_0。

7. 市质监局接到投诉后，对某金店进行质量调查。现从该店出售的标明 18K 的项链中随机抽取 9 件检测其含金量，检测合格的标准为标准值 18K 且标准差不得超过 0.3K。检测结果如下：

$$17.3 \quad 16.6 \quad 17.9 \quad 18.2 \quad 17.4 \quad 16.3 \quad 18.5 \quad 17.2 \quad 18.1$$

假定项链的含金量 X 服从正态分布，试问检测结果能否认定该金店出售的产品存在质量问题（$\alpha=0.05$）？

解：若金店出售的产品无质量问题，则项链的含金量 $X \sim N(18, 0.3^2)$，现根据检测结果作假设（1）$H_0: \mu=18; H_1: \mu \neq 18$；（2）$H_0: \sigma^2 \leqslant 0.3^2; H_1: \sigma^2 > 0.3^2$ 的检验。

（1）这是正态总体 $N(\mu, \sigma^2)$ 方差 σ^2 未知时，关于均值 μ 的双边检验问题。

① 根据实际问题提出假设：

$$H_0: \mu=18; \quad H_1: \mu \neq 18$$

② 选定显著性水平 $\alpha=0.05$，确定样本容量 $n=9$；

③ 选择恰当的统计量：$T=\dfrac{\overline{X}-\mu}{S/\sqrt{n}}$，在 H_0 为真时，检验统计量

$$T = \frac{\overline{X}-18}{S/\sqrt{9}} \sim t(8)$$

④ 查 t 分布表可得 $t_{0.05/2}(8)=2.306$，确定 H_0 的拒绝域为

$$|t| = \left| \frac{\overline{x}-18}{s/\sqrt{9}} \right| \geqslant 2.306$$

⑤ 判断:根据样本值计算 $\overline{x}=17.5$,$s=0.7416$,及检验统计量的观测值

$$|t|=\left|\frac{\overline{x}-18}{s/\sqrt{9}}\right|=\left|\frac{17.5-18}{0.7416/\sqrt{9}}\right|=2.0227<2.306$$

落在接受域内,所以应接受 H_0,即在显著性水平 $\alpha=0.05$ 下,可以认为该金店出售的项链的平均含金量为 18K。

(2) 这是正态总体 $N(\mu,\sigma^2)$ 均值 μ 未知时,关于方差 σ^2 的单边检验问题。

① 根据实际问题提出假设:

$$H_0:\sigma^2\leqslant 0.3^2; \quad H_1:\sigma^2>0.3^2$$

② 选定显著性水平 $\alpha=0.05$,确定样本容量 $n=9$;

③ 选择恰当的统计量:$\chi^2=\dfrac{(n-1)S^2}{\sigma^2}$,在 H_0 为真时,检验统计量

$$\chi^2=\frac{(n-1)S^2}{\sigma_0^2}\sim\chi^2(n-1)$$

④ 查 χ^2 分布表可得 $\chi_{0.05}^2(8)=15.507$,确定 H_0 的拒绝域为

$$\frac{(n-1)S^2}{\sigma_0^2}\geqslant 15.507$$

⑤ 判断:根据题设 $\sigma_0^2=0.3^2$,由样本值计算得 $s^2=0.55$,以及检验统计量的观测值

$$\frac{(n-1)s^2}{\sigma_0^2}=\frac{8\times 0.55}{0.3^2}=48.8889>15.507$$

落在拒绝域内,所以应拒绝 H_0,接受 H_1。即在显著性水平 $\alpha=0.05$ 下,可以认为该金店出售的项链的精度是在标准范围外。

注意:此处亦可以利用已知 $\mu=18$ 情况下,考虑检验统计量

$$\chi^2=\frac{1}{\sigma_0^2}\sum_{i=1}^{9}(x_i-18)^2\sim\chi^2(9)$$

作出检验,此时 H_0 的拒绝域为

$$\chi^2=\frac{1}{\sigma_0^2}\sum_{i=1}^{9}(x_i-18)^2\geqslant\chi_{0.05}^2(9)=16.919$$

而由测量值计算得统计值 $\dfrac{1}{\sigma_0^2}\sum\limits_{i=1}^{9}(x_i-18)^2=\dfrac{6.65}{0.3^2}=73.8889>16.919$ 落在拒绝域内,所以应拒绝 H_0。

可见,虽然金店出售的项链的平均含金量为 18K,但其精度不在标准范围之内,因此可以认定在显著性水平 $\alpha=0.05$ 下,该金店出售的产品存在质量问题。

8. 根据过去几年农产品产量的调查资料,某县小麦亩产量 X 服从均方差为 56.25 的正态分布。今年随机抽取了 10 块土地,测得其小麦亩产量(单位:斤)数据如下:

969　695　743　836　748　558　675　631　654　685

根据上述数据,能否认为该县小麦亩产量的方差没有发生变化?

解:这是正态总体 $N(\mu,\sigma^2)$ 均值 μ 未知时,关于方差 σ^2 的双边检验问题。

① 根据实际问题提出假设:

$$H_0:\sigma^2=56.25^2;\quad H_1:\sigma^2\neq56.25^2$$

② 选定显著性水平 $\alpha=0.05$,确定样本容量 $n=10$;

③ 选择恰当的统计量:$\chi^2=\dfrac{(n-1)S^2}{\sigma^2}$,在 H_0 为真时,检验统计量

$$\chi^2=\frac{(n-1)S^2}{\sigma_0^2}\sim\chi^2(n-1)$$

④ 查 χ^2 分布表可得 $\chi^2_{0.05/2}(9)=19.023,\chi^2_{1-0.05/2}(9)=2.70$ 确定 H_0 的拒绝域为

$$\frac{(n-1)S^2}{\sigma_0^2}\geqslant19.023\quad\text{或}\quad\frac{(n-1)S^2}{\sigma_0^2}<2.70$$

⑤ 判断:根据题设 $\sigma_0^2=56.25^2$,由样本值计算得 $s^2=13\,240.27$,以及检验统计量的观测值

$$\frac{(n-1)s^2}{\sigma_0^2}=\frac{9\times13\,240.27}{56.25^2}=37.661\,2>19.023$$

落在拒绝域内,所以应拒绝 H_0,接受 H_1。即在显著性水平 $\alpha=0.05$ 下可以认为该县小麦亩产量的方差发生了显著变化。

9. 设有甲、乙两种零件,彼此可以代用,但乙种零件比甲种零件制造简单,造价低。现从甲、乙两种零件分别随机抽出 5 件,测得使用寿命(单位:h)如下:

甲种零件	88	87	92	90	91
乙种零件	89	89	90	84	88

假设甲、乙两种零件的使用寿命均服从正态分布,且方差相等,试问这两种零件的使用寿命有无显著差异($\alpha=0.05$)?

解:这是双正态总体的方差未知但相等时,关于均值差的双边检验问题。设 X 为甲种零件的使用寿命,则 $X\sim N(\mu_1,\sigma_1^2)$;设 Y 为乙种零件的使用寿命,则 $Y\sim N(\mu_2,\sigma_2^2)$,且 X 与 Y 相互独立,$\sigma_1^2=\sigma_2^2$。

检验过程如下:

① 根据实际问题提出假设:

$$H_0:\mu_1-\mu_2=0;\quad H_1:\mu_1-\mu_2\neq0$$

② 选定显著性水平 $\alpha=0.05$,确定样本容量 $n_1=n_2=5$;

③ 选择恰当的统计量:$T=\dfrac{\overline{X}-\overline{Y}-(\mu_1-\mu_2)}{S_{\mathrm{w}}\sqrt{\dfrac{1}{n_1}+\dfrac{1}{n_2}}}$,在 H_0 为真时,检验统计量

$$T = \frac{\overline{X} - \overline{Y}}{S_W \sqrt{\dfrac{1}{n_1} + \dfrac{1}{n_2}}} \sim t(n_1 + n_2 - 2)$$

④ 查 t 分布表可得 $t_{0.05/2}(8) = 2.306$，确定 H_0 的拒绝域：

$$|t| = \frac{|\overline{x} - \overline{y}|}{s_W \sqrt{\dfrac{1}{n_1} + \dfrac{1}{n_2}}} \geq 2.306$$

⑤ 判断：根据样本值计算 $\overline{x} = 89.6, s_1^2 = 4.3, \overline{y} = 88, s_2^2 = 5.5$，联合均方差为

$$s_W = \sqrt{\frac{(n_1 - 1)s_1^2 + (n_2 - 1)s_2^2}{n_1 + n_2 - 2}} = \sqrt{\frac{4 \times 4.3 + 4 \times 5.5}{5 + 5 - 2}} = 2.2136$$

检验统计量的观测值为

$$|t| = \frac{|\overline{x} - \overline{y}|}{s_W \sqrt{\dfrac{1}{n_1} + \dfrac{1}{n_2}}} = \frac{|89.6 - 88|}{2.2136 \sqrt{\dfrac{1}{5} + \dfrac{1}{5}}} = 1.1429 < 2.306$$

落在接受域内，所以应接受 H_0，即在显著性水平 $\alpha = 0.05$ 下，可以认为这两种零件的使用寿命无显著差异。

10. 在相同条件下对甲、乙两种品牌的洗涤剂分别进行去污实验，测得去污率（%）结果如下：

甲种品牌	79.4	80.5	76.2	82.7	77.8	75.6
乙种品牌	73.4	77.5	79.3	75.1	74.7	

假定两种品牌的去污率均服从正态分布，且方差相等，试问这两种品牌的去污率有无显著差异（$\alpha = 0.05$）？

解： 这是双正态总体的方差未知但相等时，关于均值差的双边检验问题。设 X 为甲种品牌的去污率，则 $X \sim N(\mu_1, \sigma_1^2)$；设 Y 为乙种品牌的去污率，则 $Y \sim N(\mu_2, \sigma_2^2)$，且 X 与 Y 相互独立，$\sigma_1^2 = \sigma_2^2$。

检验过程如下：

① 根据实际问题提出假设：

$$H_0 : \mu_1 - \mu_2 = 0; \quad H_1 : \mu_1 - \mu_2 \neq 0$$

② 选定显著性水平 $\alpha = 0.05$，确定样本容量 $n_1 = 6, n_2 = 5$；

③ 选择恰当的统计量：$T = \dfrac{\overline{X} - \overline{Y} - (\mu_1 - \mu_2)}{S_W \sqrt{\dfrac{1}{n_1} + \dfrac{1}{n_2}}}$，在 H_0 为真时，检验统计量

$$T = \frac{\overline{X} - \overline{Y}}{S_W \sqrt{\dfrac{1}{n_1} + \dfrac{1}{n_2}}} \sim t(n_1 + n_2 - 2)$$

④ 查 t 分布表可得 $t_{0.05/2}(9)=2.2622$,确定 H_0 的拒绝域为

$$|t|=\frac{|\overline{x}-\overline{y}|}{s_{\mathrm{W}}\sqrt{\dfrac{1}{n_1}+\dfrac{1}{n_2}}}\geqslant 2.2622$$

⑤ 判断:根据样本值计算 $\overline{x}=78.7,s_1^2=7.28,\overline{y}=76,s_2^2=5.6$,联合均方差为

$$s_{\mathrm{W}}=\sqrt{\frac{(n_1-1)s_1^2+(n_2-1)s_2^2}{n_1+n_2-2}}=\sqrt{\frac{5\times7.28+4\times5.6}{6+5-2}}=2.556$$

检验统计量的观测值为

$$|t|=\frac{|\overline{x}-\overline{y}|}{s_{\mathrm{W}}\sqrt{\dfrac{1}{n_1}+\dfrac{1}{n_2}}}=\frac{|78.7-76|}{2.556\sqrt{\dfrac{1}{6}+\dfrac{1}{5}}}=1.7445<2.2622$$

落在接受域内,所以应接受 H_0,即在显著性水平 $\alpha=0.05$ 下,可以认为这两种品牌的去污率无显著差异。

11. 某砖厂有两座砖窑,某日从甲窑中随机地抽取砖 7 块,从乙窑中随机地抽取砖 6 块,测得抗折强度(单位:kg)数据如下:

| 甲窑砖 | 20.51 | 25.56 | 20.78 | 37.27 | 36.26 | 25.97 | 24.62 |
| 乙窑砖 | 32.56 | 26.66 | 25.64 | 33.00 | 34.86 | 31.03 | |

设抗折强度服从正态分布,若给定显著性水平 $\alpha=0.1$,试问两窑砖抗折强度的方差有无显著差异?

解: 这是双正态总体的方差比的双边检验问题,即方差齐性检验问题。设 X 为甲窑砖的抗折强度,则 $X\sim N(\mu_1,\sigma_1^2)$;设 Y 为乙窑砖的抗折强度,则 $Y\sim N(\mu_2,\sigma_2^2)$,且 X 与 Y 相互独立。

检验过程如下:

① 根据实际问题提出假设:

$$H_0:\sigma_1^2=\sigma_2^2;\quad H_1:\sigma_1^2\neq\sigma_2^2$$

② 选定显著性水平 $\alpha=0.1$,确定样本容量 $n_1=7,n_2=6$;

③ 选择恰当的统计量:$F=\dfrac{S_1^2/S_2^2}{\sigma_1^2/\sigma_2^2}$,在 H_0 为真时,检验统计量

$$F=\frac{S_1^2}{S_2^2}\sim F(n_1-1,n_2-1)$$

④ 查 F 分布表可得 $F_{0.1/2}(6,5)=4.95,F_{1-0.1/2}(6,5)=\dfrac{1}{F_{0.1/2}(5,6)}=\dfrac{1}{4.39}$,确定 H_0 的拒绝域为

$$\frac{s_1^2}{s_2^2}\geqslant 4.95\quad \text{或}\quad \frac{s_1^2}{s_2^2}\leqslant\frac{1}{4.39}=0.2278$$

⑤ 判断:根据样本值计算 $s_1^2=46.712\,3$,$s_2^2=13.611\,1$,检验统计量的观测值为

$$\frac{s_1^2}{s_2^2}=\frac{46.712\,3}{13.611\,1}=3.431\,9\in(0.227\,8,4.95)$$

落在接受域内,所以应接受 H_0,即在显著性水平 $\alpha=0.1$ 下,可以认为两窑砖抗折强度的方差无显著差异。

12. 测得两批电子元件的样品的电阻(单位:Ω)数据如下:

A批(x)	0.14	0.138	0.143	0.142	0.144	0.137
B批(y)	0.135	0.140	0.142	0.136	0.138	0.140

设这两批元件的电阻值总体分别服从正态分布 $N(\mu_1,\sigma_1^2)$ 与 $N(\mu_2,\sigma_2^2)$,其中 μ_1,μ_2,σ_1^2,σ_2^2 均未知,且两样本相互独立。

(1) 试在显著性水平 $\alpha=0.05$ 下检验假设:$H_0:\sigma_1^2=\sigma_2^2$;$H_1:\sigma_1^2\neq\sigma_2^2$;

(2) 在(1)基础上检验假设($\alpha=0.05$):$H_0:\mu_1=\mu_2$;$H_1:\mu_1\neq\mu_2$。

解:(1) 方差齐性检验过程如下:

① 根据实际问题提出假设:

$$H_0:\sigma_1^2=\sigma_2^2;\quad H_1:\sigma_1^2\neq\sigma_2^2$$

② 选定显著性水平 $\alpha=0.05$,确定样本容量 $n_1=6,n_2=6$;

③ 选择恰当的统计量:$F=\dfrac{S_1^2/S_2^2}{\sigma_1^2/\sigma_2^2}$,在 H_0 为真时,检验统计量

$$F=\frac{S_1^2}{S_2^2}\sim F(n_1-1,n_2-1)$$

④ 查 F 分布表可得 $F_{0.05/2}(5,5)=7.15$,$F_{1-0.05/2}(5,5)=\dfrac{1}{F_{0.05/2}(5,5)}=\dfrac{1}{7.15}$,确定 H_0 的拒绝域为

$$\frac{s_1^2}{s_2^2}\geqslant 7.15\quad \text{或}\quad \frac{s_1^2}{s_2^2}\leqslant\frac{1}{7.15}=0.14$$

⑤ 判断:根据样本值计算 $s_1^2=0.000\,007\,87$,$s_2^2=0.000\,007\,1$,检验统计量的观测值为

$$\frac{s_1^2}{s_2^2}=\frac{0.000\,007\,87}{0.000\,007\,1}=1.108\,5\in(0.14,7.15)$$

落在接受域内,所以应接受 H_0,即在显著性水平 $\alpha=0.05$ 下,可以认为两总体方差无显著差异。

(2) 在(1)的基础上,即在 $\sigma_1^2=\sigma_2^2$ 时,均值差 $\mu_1-\mu_2=0$ 的检验过程如下:

① 根据实际问题提出假设:

$$H_0:\mu_1-\mu_2=0;\quad H_1:\mu_1-\mu_2\neq 0$$

② 选定显著性水平 $\alpha=0.05$,确定样本容量 $n_1=6,n_2=6$;

③ 选择恰当的统计量：

$$T = \frac{\overline{X} - \overline{Y} - (\mu_1 - \mu_2)}{S_W \sqrt{\dfrac{1}{n_1} + \dfrac{1}{n_2}}}$$

在 H_0 为真时，检验统计量

$$T = \frac{\overline{X} - \overline{Y}}{S_W \sqrt{\dfrac{1}{n_1} + \dfrac{1}{n_2}}} \sim t(n_1 + n_2 - 2)$$

④ 查 t 分布表可得 $t_{0.05/2}(10) = 2.228\,1$，确定 H_0 的拒绝域为

$$|t| = \frac{|\overline{x} - \overline{y}|}{s_W \sqrt{\dfrac{1}{n_1} + \dfrac{1}{n_2}}} \geqslant 2.228\,1$$

⑤ 判断：根据样本值计算 $\overline{x} = 0.140\,7$，$s_1^2 = 0.000\,007\,87$，$\overline{y} = 0.138\,5$，$s_2^2 = 0.000\,007\,1$，联合均方差为

$$s_W = \sqrt{\frac{(n_1 - 1)s_1^2 + (n_2 - 1)s_2^2}{n_1 + n_2 - 2}}$$

$$= \sqrt{\frac{5 \times 0.000\,007\,87 + 5 \times 0.000\,007\,1}{6 + 6 - 2}} = 0.002\,7$$

检验统计量的观测值

$$|t| = \frac{|\overline{x} - \overline{y}|}{s_W \sqrt{\dfrac{1}{n_1} + \dfrac{1}{n_2}}} = \frac{|0.140\,7 - 0.138\,5|}{0.002\,7 \sqrt{\dfrac{1}{6} + \dfrac{1}{6}}} = 1.411\,3 < 2.228\,1$$

落在接受域内，所以应接受 H_0，即在显著性水平 $\alpha = 0.05$ 下，可以认为这两批电子元件的电阻值无显著差异。

13. 某中药厂从某中药材中提取某种有效成分。为了提高效率，改进提炼方法，现对同一质量的药材，用新、旧两种方法各做了 10 次试验，其得率（%）分别为

| 旧方法(x) | 78.1 | 72.4 | 76.2 | 74.3 | 77.4 | 78.4 | 76.0 | 75.5 | 76.7 | 77.3 |
| 新方法(y) | 79.1 | 81.0 | 77.3 | 79.1 | 80.0 | 79.1 | 79.1 | 77.3 | 80.2 | 82.1 |

设这两个样本分别来自正态总体 $N(\mu_1, \sigma_1^2)$ 与 $N(\mu_2, \sigma_2^2)$，其中 $\mu_1, \mu_2, \sigma_1^2, \sigma_2^2$ 均未知，且两样本相互独立。试问新方法的得率是否比旧方法的得率高（$\alpha = 0.01$）？（得率＝药材中提取的有效成分的量÷进行提取的药材总量×100%）

解：本题是双正态总体的均值差的单边检验问题，但由于方差未知，所以必须先做方差齐性检验，然后在此基础上，再做均值差的单边检验。

(1) 在 μ_1, μ_2 未知时，$\alpha = 0.01$ 情况下方差齐性检验的检验过程如下：

① 根据实际问题提出假设：

$$H_0:\sigma_1^2=\sigma_2^2; \quad H_1:\sigma_1^2\neq\sigma_2^2$$

② 选定显著性水平 $\alpha=0.01$,确定样本容量 $n_1=10,n_2=10$;

③ 选择恰当的统计量: $F=\dfrac{S_1^2/S_2^2}{\sigma_1^2/\sigma_2^2}$,在 H_0 为真时,检验统计量

$$F=\frac{S_1^2}{S_2^2}\sim F(n_1-1,n_2-1)$$

④ 查 F 分布表可得 $F_{0.01/2}(9,9)=6.54,F_{1-0.01/2}(9,9)=\dfrac{1}{F_{0.01/2}(9,9)}=\dfrac{1}{6.54}$,确定 H_0 的拒绝域为

$$\frac{s_1^2}{s_2^2}\geqslant 6.54 \quad \text{或} \quad \frac{s_1^2}{s_2^2}\leqslant\frac{1}{6.54}=0.152\ 9$$

⑤ 判断:根据样本值计算 $s_1^2=3.324\ 6,s_2^2=2.224\ 6$,检验统计量的观测值

$$\frac{s_1^2}{s_2^2}=\frac{3.324\ 6}{2.224\ 6}=1.494\ 5\in(0.152\ 9,6.54)$$

落在接受域内,所以应接受 H_0,即在显著性水平 $\alpha=0.01$ 下,可以认为两总体方差无显著差异。

(2) 在(1)的结果下,即在 $\sigma_1^2=\sigma_2^2$ 时,均值差 $\mu_1-\mu_2\geqslant 0$ 的检验过程如下:

① 根据实际问题提出假设:

$$H_0:\mu_1-\mu_2\geqslant 0; \quad H_1:\mu_1-\mu_2<0$$

② 选定显著性水平 $\alpha=0.01$,确定样本容量 $n_1=10,n_2=10$;

③ 选择恰当的统计量: $T=\dfrac{\overline{X}-\overline{Y}-(\mu_1-\mu_2)}{S_{\text{w}}\sqrt{\dfrac{1}{n_1}+\dfrac{1}{n_2}}}$,在 H_0 为真时,检验统计量

$$T=\frac{\overline{X}-\overline{Y}}{S_{\text{w}}\sqrt{\dfrac{1}{n_1}+\dfrac{1}{n_2}}}\sim t(n_1+n_2-2)$$

④ 查 t 分布表可得 $t_{0.01}(18)=2.552\ 4$,确定 H_0 的拒绝域为

$$t=\frac{\overline{x}-\overline{y}}{s_{\text{w}}\sqrt{\dfrac{1}{n_1}+\dfrac{1}{n_2}}}<-2.552\ 4$$

⑤ 判断:根据样本值计算 $\overline{x}=76.23,s_1^2=3.324\ 6,\overline{y}=79.43,s_2^2=2.224\ 6$,联合均方差为

$$s_{\text{w}}=\sqrt{\frac{(n_1-1)s_1^2+(n_2-1)s_2^2}{n_1+n_2-2}}=\sqrt{\frac{9\times 3.324\ 6+9\times 2.224\ 6}{10+10-2}}=1.665\ 7$$

检验统计量的观测值为

$$t = \frac{\overline{x} - \overline{y}}{s_W \sqrt{\dfrac{1}{n_1} + \dfrac{1}{n_2}}} = \frac{76.23 - 79.43}{1.665\ 7 \sqrt{\dfrac{1}{10} + \dfrac{1}{10}}} = -4.295\ 7 < -2.552\ 4$$

落在拒绝域内，所以应拒绝 H_0，即在显著性水平 $\alpha = 0.01$ 下，可以认为新方法的得率比旧方法的得率高。

8.3　χ^2 分布拟合检验法

关键词

分布假设，χ^2 检验法检验步骤。

重要概念

(1) 分布假设

设样本 $X_1, X_2, \cdots, X_n$ 来自总体 X，而 X 的分布函数 $F(x)$ 为未知，则关于分布的一般假设是：

H_0：总体 X 的分布函数为 $F(x)$；H_1：总体 X 的分布函数不为 $F(x)$

注意：若已知 X 为离散型总体，则上述假设相当于假设

H_0：总体 X 的分布律为 $P\{X = x_i\} = p_i$　$(i = 1, 2, \cdots)$

若已知 X 为连续型总体，则上述假设相当于假设

H_0：总体 X 的概率密度为 $f(x)$

特别，若在 H_0 下 $F(x)$ 的形式已知，但其参数值未知时，则常用极大似然估计值代替未知参数，再做假设检验。例如，$H_0: X \sim N(\mu, \sigma^2)$，其中 μ, σ^2 未知，则分别用 μ, σ^2 的极大似然估计 $\overline{x}, s_n^2$ 代替，故实际上假设 H_0 化为

$$H_0: X \sim N(\overline{x}, S_n^2)$$

(2) χ^2 拟合检验法检验步骤

① 利用频率直方图或经验提出假设：$H_0: F(x) = \hat{F}_0(x)$，或直接假设

$$H_0: 总体 X 的概率分布为 \hat{P}\{X = x_i\} = \hat{p}_i\ (i = 1, 2, \cdots)$$

或

$$H_0: 总体 X 的概率密度为 f(x) = \hat{f}_0(x)$$

注意：一般 H_1 不必写出，若总体概率分布或概率密度包含的未知参数用其极大似然估计值代替，则用 $\hat{F}_0(x)$ 代替 $F_0(x)$。

② 按总体 X 的可能取值分组 A_i，并统计实际频数 $n_i (i = 1, 2, \cdots, k)$。

当 X 为离散型时，$n_i =$ 样本值 $x_1, x_2, \cdots, x_n$ 中 $X = x_i$ 出现的个数；

当 X 为连续型时，$n_i =$ 样本值 $x_1, x_2, \cdots, x_n$ 落入第 i 段 $[a_{i-1}, a_i) = A_i$ 的个数

$(i = 1, 2, \cdots, k)$，注意 $\sum\limits_{i=1}^{k} n_i = n$。

③ 在 H_0 为真时计算理论频数 $np_i(i=1,2,\cdots,k)$ 的值或估计值 $n\hat{p}_i(i=1,2,\cdots,k)$：

当 X 为离散型时，$\hat{p}_i=\hat{P}\{X=x_i\}$；

当 X 为连续型时，$\hat{p}_i=\hat{P}\{a_{i-1}\leqslant X<a_i\}=\int_{a_{i-1}}^{a_i}\hat{f}(x)\mathrm{d}x=\hat{F}(a_i)-\hat{F}(a_{i-1})$。

④ 选定 χ^2 统计量：$\chi^2=\sum_{i=1}^{k}\dfrac{(n_i-np_i)^2}{np_i}$，在 H_0 为真时，检验统计量

$$\chi^2=\sum_{i=1}^{k}\frac{(n_i-np_i)^2}{np_i}\sim\chi^2(k-r-1)$$

⑤ 确定分布中被估计的参数个数 r 的值，并由显著性水平 α 及自由度 $k-r-1$，确定 H_0 的拒绝域为

$$\chi^2=\sum_{i=1}^{k}\frac{(n_i-n\hat{p}_i)^2}{n\hat{p}_i}\geqslant\chi_\alpha^2(k-r-1)$$

⑥ 判断：将上述 n_i 值与估计值 $n\hat{p}_i(i=1,2,\cdots,k)$ 编入 χ^2 检验计算表中：

A_i	n_i	$\hat{p}_i$	$n\hat{p}_i$	$n_i-n\hat{p}_i$	$(n_i-n\hat{p}_i)^2/n\hat{p}_i$
A_1	n_1	$\hat{p}_1$	$n\hat{p}_1$	$n_1-n\hat{p}_1$	$(n_1-n\hat{p}_1)^2/n\hat{p}_1$
$\vdots$	$\vdots$	$\vdots$	$\vdots$	$\vdots$	$\vdots$
A_k	n_k	$\hat{p}_k$	$n\hat{p}_k$	$n_k-n\hat{p}_k$	$(n_k-n\hat{p}_k)^2/n\hat{p}_k$
Σ	n	1	n	0	χ^2

若观察值 $\chi^2\geqslant\chi_\alpha^2(k-r-1)$，则拒绝 H_0，认为 X 的分布函数不是 $F_0(x)$。

基本练习 8.3 解答

1. 某学校图书馆每周开馆 5 天，各天借出书籍册数统计如下：

星期某天 (x)	一	二	三	四	五
借出书籍数 (n_i)	163	108	120	114	155

试问在显著性水平 $\alpha=0.05$ 下，这些资料能否说明该图书馆借出的书籍册数依赖于一周内某个个别的日子？

解：检验图书馆借出的书籍册数是否依赖于一周内某个个别的日子，即需检验每天借书册数 X 是否服从等可能分布，即应检验假设

$$H_0:P\{X=i\}=p_i=\frac{1}{5},\quad i=1,2,3,4,5$$

检验过程如下：

① 根据实际问题提出假设：

$$H_0 : P\{X=i\} = p_i = \frac{1}{5}, \quad i=1,2,3,4,5$$

② 按总体 X 的可能取值分组：令 $A_i = \{X=i\}$，统计实际频数 n_i，即 X 取 i 的次数，$i=1,2,3,4,5$；

③ 在 H_0 为真时计算理论频数 $np_i (i=1,2,\cdots,5)$，由题设知：

$$p_i = P\{X=i\} = \frac{1}{5}, \quad np_i = 660 \times \frac{1}{5} = 132, \quad i=1,2,\cdots,5$$

④ 选定 χ^2 统计量：$\chi^2 = \sum_{i=1}^{k} \frac{(n_i - np_i)^2}{np_i}$，在 H_0 真时

$$\chi^2 = \sum_{i=1}^{k} \frac{(n_i - np_i)^2}{np_i} \sim \chi^2(k-r-1)$$

⑤ 给定显著性水平 $\alpha = 0.05$，确定分组数 $k=5$，需估计的参数个数 $r=0$，查 χ^2 分布表得临界值 $\chi_\alpha^2(k-r-1) = \chi_{0.05}^2(4) = 9.488$，确定 H_0 的拒绝域为

$$\chi^2 = \sum_{i=1}^{k} \frac{(n_i - np_i)^2}{np_i} \geqslant 9.488$$

⑥ 判断：计算并列出 χ^2 检验统计表：

星期某天 x	实际频数 n_i	概率 p_i	理论频数 np_i	$n_i - np_i$	$(n_i - np_i)^2/np_i$
1	163	1/5	132	31	7.280 3
2	108	1/5	132	−24	4.363 6
3	120	1/5	132	−12	1.090 9
4	114	1/5	132	−18	2.454 5
5	155	1/5	132	23	4.007 6
Σ	660	1	660	0	19.197 0

故有 χ^2 统计值

$$\chi^2 = 19.197 > \chi_{0.05}^2(4) = 9.488$$

落在拒绝域内，所以应拒绝 H_0，认为该图书馆每天借出的书籍册数并不是相等的，而是依赖于一周内某个个别的日子。

2. 某电话交换台在 1 小时（60 min）内每分钟接到电话用户的呼唤次数记录如下：

呼唤次数(x)	0	1	2	3	4	5	6	$\geqslant 7$
实际频数(n_i)	8	16	17	10	6	2	1	0

试问上述统计资料能否说明，每分钟接到的电话呼唤次数服从泊松分布（$\alpha=$

0.05)?

解: 本题需要检验每分钟接到的电话呼唤次数 X 是否服从泊松分布。检验过程如下:

① 根据实际问题提出假设: $H_0: X \sim \pi(\lambda)$,即检验关于概率分布的假设:

$$H_0: P\{X=i\} = p_i = \frac{\lambda^i}{i!} e^{-\lambda}, \quad i=0,1,2,\cdots$$

② 按总体 X 的可能取值分组:令 $A_i = \{X=i\}(i=0,1,2,3), A_4 = \{X \geqslant 4\}$ 统计实际频数 n_i,即 X 取 $i(i=0,1,2,3)$ 与 A_4 出现的次数;

③ 由泊松分布的概率分布计算理论频数 $n\hat{p}_i(i=0,1,2,\cdots)$,其中未知参数 λ 用其极大似然估计值

$$\bar{x} = \frac{1}{60}(0 \times 8 + 1 \times 16 + 2 \times 17 + 3 \times 10 + 4 \times 6 + 5 \times 2 + 6 \times 1) = 2$$

代替,则理论概率 p_i 的估计值为

$$\hat{p}_i = \hat{P}\{X=i\} = \frac{2^i}{i!} e^{-2}, \quad i=0,1,2,\cdots$$

具体计算:

$$\hat{p}_0 = \frac{2^0}{0!} e^{-2} = 0.135\,3, \quad \hat{p}_1 = \frac{2^1}{1!} e^{-2} = 0.270\,7, \quad \hat{p}_2 = \frac{2^2}{2!} e^{-2} = 0.270\,7,$$

$$\hat{p}_3 = \frac{2^3}{3!} e^{-2} = 0.180\,4, \quad \hat{P}\{X \geqslant 4\} = 1 - \sum_{i=0}^{3} \frac{2^i}{i!} e^{-2} = 1 - 0.857\,1 = 0.142\,9$$

于是由此计算相应的理论频数 $n\hat{p}_0 = 60 \times 0.135\,3$ 等;

④ 选定 χ^2 统计量: $\chi^2 = \sum\limits_{i=1}^{k} \dfrac{(n_i - n\hat{p}_i)^2}{n\hat{p}_i}$,在 H_0 为真时,检验统计量

$$\chi^2 = \sum_{i=1}^{k} \frac{(n_i - n\hat{p}_i)^2}{n\hat{p}_i} \sim \chi^2(k-r-1)$$

⑤ 给定显著性水平 $\alpha = 0.05$,确定分组数 $k=5$(考虑 $n\hat{p}_i > 5$),需估计的参数个数 $r=1$,查 χ^2 分布表得临界值 $\chi_\alpha^2(k-r-1) = \chi_{0.05}^2(3) = 7.815$,确定 H_0 的拒绝域为

$$\chi^2 = \sum_{i=1}^{k} \frac{(n_i - n\hat{p}_i)^2}{n\hat{p}_i} \geqslant 7.815$$

⑥ 判断:计算并列出 χ^2 检验统计表:

呼唤次数	实际频数 n_i	概率 p_i	理论频数 $n\hat{p}_i$	$n_i - n\hat{p}_i$	$(n_i - n\hat{p}_i)^2/n\hat{p}_i$
0	8	0.135 3	8.118	-0.118	0.001 7
1	16	0.270 7	16.242	-0.242	0.003 6

呼唤次数	实际频数 n_i	概率 p_i	理论频数 np_i	$n_i - np_i$	$(n_i - np_i)^2/np_i$
2	17	0.270 7	16.242	0.758	0.035 4
3	10	0.180 4	10.824	-0.824	0.062 7
$\geqslant 4$	9	0.142 9	8.574	0.426	0.021 2
Σ	60	1	60	0	0.1246

故有 χ^2 统计值 $\chi^2 = 0.124\ 6 < \chi^2_{0.05}(3) = 7.815$ 落在接受域内,所以应接受 H_0,在显著性水平 $\alpha = 0.05$ 下,可以认为每分钟接到电话呼唤次数 X 服从泊松分布。

3. 从一批灯泡中抽取 300 只作寿命试验(单位:h),结果如下:

灯泡寿命(x)	$x < 100$	$100 \leqslant x < 200$	$200 \leqslant x < 300$	$x \geqslant 300$
灯泡数(n_i)	121	78	43	58

在显著性水平 $\alpha = 0.05$ 下,试检验 H_0:灯泡寿命 X 服从指数分布 $Z(0.005)$,其概率密度为

$$f(x) = \begin{cases} 0.005\mathrm{e}^{-0.005x}, & x > 0 \\ 0, & x \leqslant 0 \end{cases}$$

解:检验灯泡寿命 X 是否服从指数分布 $Z(0.005)$,检验过程如下:

① 根据实际问题提出假设:$H_0 : X \sim Z(0.005)$,即检验关于概率密度的假设:

$$H_0 : f(x) = \begin{cases} 0.005\mathrm{e}^{-0.005x}, & x > 0 \\ 0, & x \leqslant 0 \end{cases}$$

② 按总体 X 的可能取值分组:令

$$A_1 = [0, 100), \quad A_2 = [100, 200), \quad A_3 = [200, 300), \quad A_4 = [300, +\infty)$$

统计实际频数 n_i,即 $A_i (i = 1, 2, 3, 4)$ 出现的次数;

③ 当 H_0 为真时,由指数分布的概率密度得其分布函数为

$$F(x) = \int_{-\infty}^{x} f(x) \mathrm{d}x = \begin{cases} 1 - \mathrm{e}^{-0.005x}, & x > 0 \\ 0, & x \leqslant 0 \end{cases}$$

由此具体计算相应的理论概率值为

$$p_1 = P\{X < 100\} = F(100) = 1 - \mathrm{e}^{-0.5} = 0.393\ 5,$$

$$p_2 = P\{100 \leqslant X < 200\} = F(200) - F(100) = \mathrm{e}^{-0.5} - \mathrm{e}^{-1} = 0.238\ 7,$$

$$p_3 = P\{200 \leqslant X < 300\} = F(300) - F(200) = \mathrm{e}^{-1} - \mathrm{e}^{-1.5} = 0.144\ 7,$$

$$p_4 = P\{X \geqslant 300\} = 1 - F(300) = \mathrm{e}^{-1.5} = 0.223\ 1,$$

并由此计算相应的理论频数 $np_i (i = 1, 2, 3, 4)$;

④ 选定 χ^2 统计量:$\chi^2 = \sum_{i=1}^{k} \dfrac{(n_i - np_i)^2}{np_i}$,在 H_0 为真时,检验统计量

$$\chi^2 = \sum_{i=1}^{k} \frac{(n_i - np_i)^2}{np_i} \sim \chi^2(k - r - 1)$$

⑤ 给定显著性水平 $\alpha = 0.05$，确定分组数 $k = 4$，需估计的参数个数 $r = 0$，查 χ^2 分布表得临界值 $\chi_\alpha^2(k - r - 1) = \chi_{0.05}^2(3) = 7.815$，确定 H_0 的拒绝域为

$$\chi^2 = \sum_{i=1}^{k} \frac{(n_i - np_i)^2}{np_i} \geqslant 7.815$$

⑥ 判断：计算并列出 χ^2 检验统计表：

寿命区间	实际频数 n_i	概率 p_i	理论频数 np_i	$n_i - np_i$	$(n_i - np_i)^2/np_i$
$0\sim 100$	121	0.393 5	118.05	2.95	0.073 7
$100\sim 200$	78	0.238 7	71.61	6.39	0.570 2
$200\sim 300$	43	0.144 7	43.41	-0.41	0.003 9
$300\sim +\infty$	58	0.223 1	66.93	-8.93	1.191 5
Σ	300	1	300	0	1.839 3

故有 χ^2 统计值 $\chi^2 = 1.839\,3 < \chi_{0.05}^2(3) = 7.815$ 落在接受域内，所以应接受 H_0，在显著性水平 $\alpha = 0.05$ 下，可以认为灯泡寿命 X 服从指数分布 $Z(0.005)$。

4. 从某车间生产的轴承中随机抽出 84 个，测得它们的直径（单位：mm）为

137　145　135　147　142　146　140　136　140　141　146　141
142　144　140　126　144　143　144　140　141　158　145　150
148　140　150　147　144　149　149　155　150　154　132　141
148　138　142　146　158　142　140　147　146　144　134　137
142　149　142　149　146　138　141　147　149　143　143　146
131　141　149　140　140　153　143　143　139　152　142
137　148　142　154　135　132　148　148　150　145　137　152

试在显著性水平 $\alpha = 0.1$ 下检验这些数据是否来自正态总体。

解：检验这些数据是否来自正态总体的过程如下：

① 设轴承的直径为 X，根据实际问题提出假设 $H_0 : X \sim N(\mu, \sigma^2)$；

② 先找出实际数据中最小值 126 与最大值 158，再选择合适的分类区间间距，在本题中选择区间间距为 5，将实数轴划分为下列区间：

A_1	A_2	A_3	A_4	A_5
$(-\infty, 134.5)$	$[134.5, 139.5)$	$[139.5, 144.5)$	$[144.5, 149.5)$	$[149.5, +\infty)$

统计实际频数 n_i，即实际数据落入 $A_i (i = 1, 2, 3, 4, 5)$ 的个数；

③ 当 H_0 真时，总体服从正态分布，其分布函数中未知参数 μ 与 σ^2 分别用其极大似然估计值 $\bar{x}$ 与 s^2 代替，即

$$\hat{F}(x) = \Phi\left(\frac{x - \bar{x}}{s}\right)$$

由上述数据计算得均值 $\bar{x}=143.7738$ 与 $s=5.9705$,具体计算 X 落入这些区间的理论概率的估计值为

$$\hat{p}_1=\hat{P}\{X<134.5\}=\Phi\left(\frac{134.5-143.7738}{5.9705}\right)$$

$$=\Phi(-1.55)=1-0.9394=0.0606$$

$$\hat{p}_2=\hat{P}\{134.5\leqslant X<139.5\}$$

$$=\Phi\left(\frac{139.5-143.7738}{5.9705}\right)-\Phi\left(\frac{134.5-143.7738}{5.9705}\right)=0.1752$$

$$\hat{p}_3=\hat{P}\{139.5\leqslant X<144.5\}$$

$$=\Phi\left(\frac{144.5-143.7738}{5.9705}\right)-\Phi\left(\frac{139.5-143.7738}{5.9705}\right)=0.312$$

$$\hat{p}_3=\hat{P}\{144.5\leqslant X<149.5\}$$

$$=\Phi\left(\frac{149.5-143.7738}{5.9705}\right)-\Phi\left(\frac{144.5-143.7738}{5.9705}\right)=0.2374$$

$$\hat{p}_5=\hat{P}\{X\geqslant149.5\}=1-\Phi\left(\frac{149.5-143.7738}{5.9705}\right)=1-0.7852=0.2148$$

并由此计算相应的理论频数 $n p_i (i=1,2,3,4,5)$;

④ 选定 χ^2 统计量:$\chi^2=\sum_{i=1}^{k}\dfrac{(n_i-n\hat{p}_i)^2}{n\hat{p}_i}$, 在 H_0 为真时,检验统计量

$$\chi^2=\sum_{i=1}^{k}\frac{(n_i-n\hat{p}_i)^2}{n\hat{p}_i}\sim\chi^2(k-r-1)$$

⑤ 给定显著性水平 $\alpha=0.1$,确定分组数 $k=5$,需估计的参数个数 $r=2$,查 χ^2 分布表得临界值 $\chi^2_\alpha(k-r-1)=\chi^2_{0.1}(2)=4.605$,确定 H_0 的拒绝域为

$$\chi^2=\sum_{i=1}^{k}\frac{(n_i-n\hat{p}_i)^2}{n\hat{p}_i}\geqslant4.605$$

⑥ 判断:计算并列出 χ^2 检验统计表:

区　间	实际频数 n_i	概率 p_i	理论频数 $n p_i$	$n_i-n p_i$	$(n_i-n p_i)^2/n p_i$
A_1	5	0.0606	5.0904	-0.0904	0.0016
A_2	10	0.1752	14.7168	-4.7168	1.5118
A_3	33	0.312	26.208	6.792	1.7602
A_4	24	0.2837	23.8308	0.1692	0.0012
A_5	12	0.1685	14.154	-2.154	0.3278
Σ	84	1	84	0	3.6026

故有 χ^2 统计值 $\chi^2 = 3.6026 < \chi^2_{0.1}(2) = 4.605$ 落在接受域内,所以应接受 H_0,在显著性水平 $\alpha = 0.1$ 下,可以认为轴承的直径 X 服从正态分布 $N(143.7738, 5.9705^2)$。

5. 袋中装有 8 个球,其中红球数未知。在其中任取 3 个,记录红球的个数 X,然后放回,再任取 3 个,记录红球的个数 X,然后放回。如此重复进行了 112 次,其结果如下:

红球个数 X	0	1	2	3
次数	1	31	55	25

试取 $\alpha = 0.05$,检验假设

$$H_0 : X \text{ 服从超几何分布} : P\{X = i\} = \frac{C_5^i C_3^{3-i}}{C_8^3}, \quad i = 0, 1, 2, 3$$

即检验假设 H_0:红球的个数为 5。

解:检验假设 H_0:红球的个数为 5。过程如下:

① 根据实际问题提出假设:

$$H_0 : P\{X = i\} = \frac{C_5^i C_3^{3-i}}{C_8^3}, \quad i = 0, 1, 2, 3$$

② 按总体 X 的可能取值分组:令 $A_i = \{X = i\}$,统计实际频数 n_i,即 X 取 i 的次数,$i = 0, 1, 2, 3$;

③ 在 H_0 为真时,X 的概率分布为

$$p_i = P\{X = i\} = \frac{C_5^i C_3^{3-i}}{C_8^3}, \quad i = 0, 1, 2, 3,$$

$$p_0 = P\{X = 0\} = \frac{C_5^0 C_3^{3-0}}{C_8^3} = \frac{1}{56},$$

$$p_1 = P\{X = 1\} = \frac{C_5^1 C_3^{3-1}}{C_8^3} = \frac{15}{56},$$

$$p_2 = P\{X = 2\} = \frac{C_5^2 C_3^{3-2}}{C_8^3} = \frac{30}{56},$$

$$p_3 = P\{X = 3\} = \frac{C_5^3 C_3^{3-3}}{C_8^3} = \frac{10}{56},$$

并由此计算理论频数 $np_i = 112 p_i (i = 0, 1, 2, 3)$;

④ 选定 χ^2 统计量:$\chi^2 = \sum\limits_{i=1}^{k} \frac{(n_i - np_i)^2}{np_i}$,在 H_0 真时

$$\chi^2 = \sum_{i=1}^{k} \frac{(n_i - np_i)^2}{np_i} \sim \chi^2(k - r - 1)$$

⑤ 给定显著性水平 $\alpha = 0.05$,确定分组数 $k = 4$,需估计的参数个数 $r = 0$,查 χ^2

分布表得临界值 $\chi_\alpha^2(k-r-1)=\chi_{0.05}^2(3)=7.815$,确定 H_0 的拒绝域为

$$\chi^2 = \sum_{i=1}^{k} \frac{(n_i - np_i)^2}{np_i} \geqslant 7.815$$

⑥ 判断:计算并列出 χ^2 检验统计表:

红球个数 X	实际频数 n_i	概率 p_i	理论频数 np_i	$n_i - np_i$	$(n_i - np_i)^2/np_i$
0	1	1/56	2	−1	0.500 0
1	31	15/56	30	1	0.033 3
2	55	30/56	60	−5	0.416 7
3	25	10/56	20	5	1.250 0
Σ	112	1	112	0	2.200 0

故有 χ^2 统计值 $\chi^2=2.2<\chi_{0.05}^2(3)=7.815$ 落在接受域内,所以应接受 H_0,认为袋中的红球个数为 5。

6. 下表给出了随机选取的某大学 200 位一年级学生一次数学考试的成绩:

(1) 画出数据的直方图;(2) 试取 $\alpha=0.1$ 检验数据来自正态总体 $N(60,15^2)$。

分数 x	$20 \leqslant x \leqslant 30$	$30 < x \leqslant 40$	$40 < x \leqslant 50$	$50 < x \leqslant 60$
学生数 n_i	5	15	30	51
分数 x	$60 < x \leqslant 70$	$70 < x \leqslant 80$	$80 < x \leqslant 90$	$90 < x \leqslant 100$
学生数 n_i	60	23	10	6

解:(1) 利用 Excel 画出数据的直方图如下:

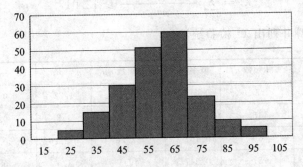

(2) 检验数据来自正态总体 $N(60,15^2)$,过程如下:

① 设学生的数学成绩为 X,根据实际问题提出假设:$H_0:X \sim N(60,15^2)$;

② 由题设分组计算,当 H_0 为真时,由正态分布的分布函数

$$F(x) = \Phi\left(\frac{x-\mu}{\sigma}\right) = \Phi\left(\frac{x-60}{15}\right)$$

具体计算 X 落入所列表中区间的理论概率 p_i 的值为

$$p_1 = P\{20 \leqslant X < 30\} = \Phi\left(\frac{30-60}{15}\right) - \Phi\left(\frac{20-60}{15}\right) = 0.018\ 9,$$

$$p_2 = P\{30 < X \leqslant 40\} = \Phi\left(\frac{40-60}{15}\right) - \Phi\left(\frac{30-60}{15}\right) = 0.068\ 5,$$

$$p_3 = P\{40 < X \leqslant 50\} = \Phi\left(\frac{50-60}{15}\right) - \Phi\left(\frac{40-60}{15}\right) = 0.161\ 3,$$

$$p_4 = P\{50 < X \leqslant 60\} = \Phi\left(\frac{60-60}{15}\right) - \Phi\left(\frac{50-60}{15}\right) = 0.247\ 5,$$

$$p_5 = P\{60 < X \leqslant 70\} = \Phi\left(\frac{70-60}{15}\right) - \Phi\left(\frac{60-60}{15}\right) = 0.247\ 5,$$

$$p_6 = P\{70 < X \leqslant 80\} = \Phi\left(\frac{80-60}{15}\right) - \Phi\left(\frac{70-60}{15}\right) = 0.161\ 3,$$

$$p_7 = P\{80 < X \leqslant 90\} = \Phi\left(\frac{90-60}{15}\right) - \Phi\left(\frac{80-60}{15}\right) = 0.068\ 5,$$

$$p_8 = P(\{90 < X \leqslant 100\} = \Phi\left(\frac{100-60}{15}\right) - \Phi\left(\frac{90-60}{15}\right) = 0.018\ 9$$

③ 选定 χ^2 统计量：$\chi^2 = \sum_{i=1}^{k} \frac{(n_i - np_i)^2}{np_i}$，在 H_0 为真时，检验统计量

$$\chi^2 = \sum_{i=1}^{k} \frac{(n_i - np_i)^2}{np_i} \sim \chi^2(k-r-1)$$

④ 给定显著性水平 $\alpha = 0.1$，确定分组数 $k=8$，需估计的参数个数 $r=0$，查 χ^2 分布表得临界值 $\chi_\alpha^2(k-r-1) = \chi_{0.1}^2(7) = 12.017$，确定 H_0 的拒绝域为

$$\chi^2 = \sum_{i=1}^{k} \frac{(n_i - np_i)^2}{np_i} \geqslant 12.017$$

⑤ 判断：计算并列出 χ^2 检验统计表：

区　间	实际频数 n_i	概率 p_i	理论频数 np_i	$n_i - np_i$	$(n_i - np_i)^2/np_i$
20~30	5	0.018 9	3.78	1.22	0.393 8
30~40	15	0.068 5	13.7	1.3	0.123 4
40~50	30	0.161 3	32.26	−2.26	0.158 3
50~60	51	0.247 5	49.5	1.5	0.045 5
60~70	60	0.247 5	49.5	10.5	2.227 3
70~80	23	0.161 3	32.26	−9.26	2.658 0
80~90	10	0.068 5	13.7	−3.7	0.999 3
90~100	6	0.018 9	3.78	2.22	1.303 8
$\sum$	200				7.909 3

故有 χ^2 统计值 $\chi^2 = 7.9093 < \chi^2_{0.1}(7) = 12.017$ 落在接受域内,所以应接受 H_0,在显著性水平 $\alpha = 0.1$ 下,可以认为数据来自正态总体 $N(60, 15^2)$。

8.4　独立性检验

关键词

独立性检验方法,$r \times q$ 列联表。

重要概念

(1) 独立性检验方法与 $r \times q$ 列联表

为检验假设 H_0:二维总体(X, Y)的两个指标 X 和 Y 是相互独立的,首先将这两个变量 X 与 Y 的取值范围分别划分成 r 个和 q 个两两互不相交的子集 $A_1, A_2, \cdots, A_r$ 和 $B_1, B_2, \cdots, B_q$;再从二维变量总体(X, Y)中抽取一个容量为 n 的样本(X_1, Y_1), $(X_2, Y_2), \cdots, (X_n, Y_n)$,其样本观测值为$(x_1, y_1), (x_2, y_2), \cdots, (x_n, y_n)$。用 n_{ij} 表示样本观察值$(x_1, y_1), (x_2, y_2), \cdots, (x_n, y_n)$ 中 $x_1, x_2, \cdots, x_n$ 落在子集 A_i 内,且 $y_1, y_2, \cdots, y_n$ 落在子集 B_j 内的数对个数$(i = 1, 2, \cdots, r; j = 1, 2, \cdots, q)$,它可视为在 n 次独立观察中事件$\{X \in A_i, Y \in B_j\}$ 出现的实际频数(实际次数)。又记 $\{X \in A_i\}$ 与 $\{Y \in B_j\}$ 出现的实际频数分别为

$$n_i. \overset{\text{def}}{=\!=\!=} \sum_{j=1}^{q} n_{ij}, \quad n_{.j} \overset{\text{def}}{=\!=\!=} \sum_{i=1}^{r} n_{ij}$$

显然有 $n = \sum\limits_{i=1}^{r} \sum\limits_{j=1}^{q} n_{ij}$,将这些实际频数 $n_{ij}, n_i., n_{.j}$ 列成一个 r 行 q 列的 $r \times q$ 列联表:

X＼Y	B_1	B_2	$\cdots$	B_q	$n_i.$
A_1	n_{11}	n_{12}	$\cdots$	n_{1q}	$n_1.$
A_2	n_{21}	n_{22}	$\cdots$	n_{2q}	$n_2.$
$\vdots$	$\vdots$	$\vdots$	$\vdots$	$\vdots$	$\vdots$
A_r	n_{r1}	n_{r2}	$\cdots$	n_{rq}	$n_r.$
$n_{.j}$	$n_{.1}$	$n_{.2}$	$\cdots$	$n_{.q}$	n

若记事件$\{X \in A_i, Y \in B_j\}$ 出现的理论概率为

$$p_{ij} \overset{\text{def}}{=\!=\!=} P\{X \in A_i, Y \in B_j\}, \quad i = 1, 2, \cdots, r, \quad j = 1, 2, \cdots, q$$

事件$\{X \in A_i\}$ 与事件$\{Y \in B_j\}$ 出现的理论概率分别为

$$p_i. \overset{\text{def}}{=\!=\!=} P\{X \in A_i\}, \quad i = 1, 2, \cdots, r,$$

$$p_{.j} \overset{\text{def}}{=\!=\!=} P\{Y \in B_j\}, \quad j = 1, 2, \cdots, q$$

显然有

$$p_{i\cdot} = \sum_{j=1}^{q} p_{ij}, \quad p_{\cdot j} = \sum_{i=1}^{r} p_{ij} \quad \text{且} \quad \sum_{i=1}^{r} p_{i\cdot} = \sum_{j=1}^{q} p_{\cdot j} = 1$$

列表如下：

X \ Y	B_1	B_2	$\cdots$	B_q	$p_{i\cdot}$
A_1	p_{11}	p_{12}	$\cdots$	p_{1q}	$p_{1\cdot}$
A_2	p_{21}	p_{22}	$\cdots$	p_{2q}	$p_{2\cdot}$
$\vdots$	$\vdots$	$\vdots$	$\vdots$	$\vdots$	$\vdots$
A_r	p_{r1}	p_{r2}	$\cdots$	p_{rq}	$p_{r\cdot}$
$n_{\cdot j}$	$p_{\cdot 1}$	$p_{\cdot 2}$	$\cdots$	$p_{\cdot q}$	1

在 H_0 成立的条件下，即 X 和 Y 是相互独立的，所以独立性检验实际上就是检验假设：

$$H_0 : p_{ij} = p_{i\cdot} \cdot p_{\cdot j}, \quad i = 1, 2, \cdots, r, \quad j = 1, 2, \cdots, q$$

由于假设 H_0 中有 $(r-1) + (q-1) = r + q - 2$ 个独立的未知参数需要估计，在实际中通常是用这些未知参数的极大似然估计值来替代。因此实际检验假设：

$$H_0 : \hat{p}_{ij} = \hat{p}_{i\cdot} \cdot \hat{p}_{\cdot j}, \quad i = 1, 2, \cdots, r, \quad j = 1, 2, \cdots, q$$

于是采用 χ^2 检验统计量：

$$\chi^2 = \sum_{i=1}^{r} \sum_{j=1}^{q} \frac{(n_{ij} - n\hat{p}_{ij})^2}{n\hat{p}_{ij}}$$

来检验假设 H_0。在 H_0 为真时，上式近似服从自由度为 $(r-1)(s-1)$ 的 $\chi^2((r-1)(s-1))$ 分布。其中 $\hat{p}_{ij}$ 是在 H_0 成立条件下的 p_{ij} 的极大似然估计值，其表达式为

$$\hat{p}_{ij} = \hat{p}_{i\cdot} \cdot \hat{p}_{\cdot j} = \frac{n_{i\cdot}}{n} \cdot \frac{n_{\cdot j}}{n}, \quad i = 1, 2, \cdots, r, \quad j = 1, 2, \cdots, q$$

故可利用 $r \times q$ 列联表计算 χ^2 的统计值：

$$\chi^2 = \sum_{i=1}^{r} \sum_{j=1}^{q} \frac{(n_{ij} - n_{i\cdot} \cdot n_{\cdot j}/n)^2}{n_{i\cdot} \cdot n_{\cdot j}/n}$$

对于给定的显著性水平 α，H_0 的拒绝域为

$$\chi^2 \geqslant \chi_\alpha^2((r-1)(q-1))$$

即若 $\chi^2 \geqslant \chi_\alpha^2((r-1)(q-1))$，则拒绝 H_0，认为两个指标 X 和 Y 不是相互独立的，即是有显著关联的；若 $\chi^2 < \chi_\alpha^2((r-1)(q-1))$，则接受 H_0，认为两个指标 X 和 Y 是相互独立的，即是无关联的。

（2）2×2 列联表（四格表）

在前述 $r×q$ 列联表中，若 $r=2$，且 $q=2$，构成 2×2 列联表，也称为四格表：

X \ Y	B_1	B_2	$n_i.$
A_1	n_{11}	n_{12}	$n_1.$
A_2	n_{21}	n_{22}	$n_2.$
$n._j$	$n._1$	$n._2$	n

此时检验统计量化为

$$\chi^2 = \frac{n(n_{11}n_{22} - n_{12}n_{21})^2}{n_1. n_2. n._1 n._2}$$

若给定显著性水平 α，查表给出 $\chi_\alpha^2(1)$，得到 H_0 的拒绝域为

$$\chi^2 = \frac{n(n_{11}n_{22} - n_{12}n_{21})^2}{n_1. n_2. n._1 n._2} \geq \chi_\alpha^2(1)$$

进而给出以下判断准则：

若 $\chi^2 \geq \chi_\alpha^2(1)$，则拒绝 H_0，认为两个指标 X 和 Y 不是相互独立的，即是有关联的；

若 $\chi^2 < \chi_\alpha^2(1)$，则接受 H_0，认为两个指标 X 和 Y 是相互独立的，即是无关联的。

基本练习8.4解答

1. 为研究某农作物幼苗抗病性与种子灭菌处理之间的关系，进行对比试验，结果如下：

处　理	幼苗发病株数	幼苗未发病株数	总　计
灭菌	26	50	76
未灭菌	184	200	384
总　计	210	250	460

试在显著性水平 $\alpha=0.05$ 下，检验该农作物幼苗发病是否与种子灭菌处理有关。

解：本题对每个对象考察两个指标：X（灭菌与否）与 Y（发病与否）是否有关。每个指标各有两个水平，A_1（灭菌），A_2（未灭菌），B_1（发病），B_2（未发病）分别表示了表中的四种情况。需检验假设：

H_0：X 和 Y 是相互独立的，即农作物幼苗发病与种子灭菌处理无关

由表中数据可得 χ^2 统计量的统计值

$$\chi^2 = \frac{n(n_{11}n_{22} - n_{12}n_{21})^2}{n_1. n_2. n._1 n._2} = \frac{460 \times (26 \times 200 - 50 \times 184)^2}{76 \times 384 \times 210 \times 250} = 4.8037$$

给定显著性水平 $\alpha=0.05$，查 χ^2 分布表得 $\chi_{0.05}^2(1)=3.841$，因

$$\chi^2 = 4.8037 > \chi^2_{0.05}(1) = 3.841$$

落在拒绝域内,故应拒绝 H_0,认为农作物幼苗发病与种子灭菌处理显著相关。

2. 在 3 种不同的大气湿度下,调查小麦条锈病情况如下:

湿　度	发病株数	健康株数	总　计
A	26	174	200
B	41	159	200
C	54	146	200
总　计	121	479	600

试问大气湿度对小麦条锈病发病率是否有显著影响($\alpha = 0.05$)?

解:本题对每个对象考察两个指标:X(不同的大气湿度)与 Y(小麦条锈病的发病与否)是否有关。X 有三个水平,即三种湿度 A,B,C;而 Y 有两个水平,即发病状态与健康状态。需检验假设:

H_0:X 和 Y 是相互独立的,即大气湿度与小麦条锈病发病率无关

由题设 3×2 列联表,由数据计算理论频数 $n\hat{p}_{ij} = n_i . n_{.j}/n (i=1,2,3;j=1,2)$,其数据列入下表中:

n_{ij}	$n_i.$	$n._j$	$n\hat{p}_{ij} = n_i . n_{.j}/n$	$(n_{ij} - n\hat{p}_{ij})^2/n\hat{p}_{ij}$
26	200	121	40.333 3	5.093 7
174	200	479	159.666 7	1.286 7
41	200	121	40.333 3	0.011 0
159	200	479	159.666 7	0.002 8
54	200	121	40.333 3	4.630 9
146	200	479	159.666 7	1.169 8
600				12.194 8

得 χ^2 统计量的统计值

$$\chi^2 = \sum_{i=1}^{3} \sum_{j=1}^{2} \frac{(n_{ij} - n\hat{p}_{ij})^2}{n\hat{p}_{ij}} = \frac{(26 - 40.333\ 3)^2}{40.333\ 3} + \frac{(174 - 159.666\ 7)^2}{159.666\ 7} + \cdots +$$

$$\frac{(54 - 40.333\ 3)^2}{40.3333} + \frac{(146 - 159.666\ 7)^2}{159.666\ 7} = 12.194\ 8$$

由给定显著性水平 $\alpha = 0.05, r=3, q=2$,查 χ^2 分布表得 $\chi^2_{0.05}(2) = 5.991$,因

$$\chi^2 = 12.194\ 8 > \chi^2_{0.05}(2) = 5.991$$

落在拒绝域内,故应拒绝 H_0,认为大气湿度与小麦条锈病发病率显著相关。

3. 某单位对吸烟量与年龄关系的调查结果如下：

类　别	60 岁以上(B_1)	60 岁以下(B_2)	总　计
20 支以上/日(A_1)	50	15	65
20 支以下/日(A_2)	10	25	35
总　计	60	40	100

试问年龄大小是否对吸烟量有显著影响（$\alpha = 0.01$）？

解：本题中对每个对象考察两个指标：X（吸烟量）与 Y（年龄大小）是否有关。X 有与 Y 有各两个水平。需检验假设：

H_0：X 和 Y 是相互独立的，即年龄大小与吸烟量无关

由题设 $2 \times 2 (= 4$ 格$)$列联表，计算 χ^2 统计量的统计值：

$$\chi^2 = \frac{\left(50 - \frac{65 \times 60}{100}\right)^2}{\frac{65 \times 60}{100}} + \frac{\left(10 - \frac{35 \times 60}{100}\right)^2}{\frac{35 \times 60}{100}} + \frac{\left(15 - \frac{65 \times 40}{100}\right)^2}{\frac{65 \times 40}{100}} +$$

$$\frac{\left(25 - \frac{35 \times 40}{100}\right)^2}{\frac{35 \times 40}{100}} = 22.16$$

其自由度为 1，对于显著性水平 $\alpha = 0.01$，临界值 $\chi^2_{0.01}(1) = 6.635$，得

$$\chi^2 = 22.16 > \chi^2_{0.01}(1) = 6.635$$

落在拒绝域内，所以应拒绝 H_0，认为年龄大小与吸烟量显著有关。

4. 从某校四个年级的学生中随机抽出 155 人，征求对一项教学改革的意见，分三种情况统计，结果如下：

年　级	赞　成	不赞成	无所谓	总　计
一年级	30	10	12	52
二年级	24	6	14	44
三年级	20	2	8	30
四年级	18	4	7	29
总　计	92	22	41	155

试问不同年级的学生对这项教学改革的态度有无显著影响（$\alpha = 0.05$）？

解：本题对每个对象考察两个指标：X（不同的年级）与 Y（不同的态度）是否有关。X 有四个水平，即四个年级，而 Y 有三个水平，即三种不同的态度。需检验假设：

H_0：X 和 Y 是相互独立的，即不同年级的学生对这项教学改革的态度无关

由题设 4×3 列联表,由数据计算理论频数 $n\hat{p}_{ij} = n_i \cdot n_{\cdot j}/n$ $(i=1,2,3,4;j=1,2,3)$,其数据列入下表中:

n_{ij}	$n_{i\cdot}$	$n_{\cdot j}$	$n\hat{p}_{ij} = n_i \cdot n_{\cdot j}/n$	$(n_{ij} - n\hat{p}_{ij})^2/n\hat{p}_{ij}$
30	52	92	30.864 5	0.024 2
10	52	22	7.380 6	0.929 6
12	52	41	13.754 8	0.223 9
24	44	92	26.116 1	0.171 5
6	44	22	6.245 2	0.009 6
14	44	41	11.638 7	0.479 1
20	30	92	17.806 5	0.270 2
2	30	22	4.258 1	1.197 5
8	30	41	7.935 5	0.000 5
18	29	92	17.212 9	0.036 0
4	29	22	4.116 1	0.003 3
7	29	41	7.671 0	0.058 7
155				3.404 0

可得 χ^2 统计量的统计值

$$\chi^2 = \sum_{i=1}^{4} \sum_{j=1}^{3} \frac{(n_{ij} - n\hat{p}_{ij})^2}{n\hat{p}_{ij}} = 3.404$$

由给定显著性水平 $\alpha=0.05$,$r=4$,$q=3$,查 χ^2 分布表得 $\chi^2_{0.05}(6)=12.592$,因

$$\chi^2 = 3.404 < \chi^2_{0.05}(6) = 12.592$$

落在接受域内,故应接受 H_0,认为不同年级的学生对这项教学改革的态度无显著影响,即可以认为各年级不同意见的构成比没有显著差异。

第 2 篇
筑基篇

通过萌动篇的学习,知道了《概率论与数理统计》教材中每一小节内容的基本概念、基本计算和基本方法,但仅仅是这些零散的、单独的、片段式的学习是不够的,还应该进一步将每一章中各个小节的内容串联起来、整合起来、联系起来学习与思考,才能达到发现和解决每一章内容中概率问题与统计数据处理问题的初步要求。这就需要通过每一章的综合习题的训练,去打好一个具备解题能力的坚实基础。本篇通过从教材中收集的每章综合题的解答来达成这一目的,以实现对《概率论与数理统计》学习的筑基训练。

第 1 章　概率论的基本概念

第 1 章知识是概率论与数理统计的基础,概率概念的理解与牢记,公式的熟练与应用直接关系到后续内容的理解与掌握。首先根据基本要求明确本章学习的目标,再通过综合练习熟悉和掌握本章所包含的随机事件的计算方法,最后借助自测题检验本章学习的成果,做到心中有数,该补什么补什么。本章的特点是首先确立随机事件,再利用适当公式求相应事件的概率。

基本要求

(1) 由实际问题确定随机事件,掌握事件之间的关系和运算;

(2) 掌握频率的计算公式,能确定频率的稳定中心;

(3) 理解概率的公理化定义,掌握概率的基本性质;

(4) 掌握古典概型计算公式与几何概型计算公式的计算概率;

(5) 掌握条件概率公式、乘法公式、全概率公式和贝叶斯公式求事件的概率;

(6) 了解事件的独立性概念,学会运用事件的独立性解题。

本章特点

随机事件 A 的概率 $P(A)$ 求法。

(1) 直接求法,利用频率、古典概型计算公式、几何概型计算公式、排列与组合公式、二项概率公式等直接求 $P(A)$;

(2) 间接求法,利用加法公式、减法公式、乘法公式、条件概率公式、全概率公式、贝叶斯公式、独立性公式等间接求 $P(A)$。

解题要点

(1) 利用古典概型计算公式计算概率的步骤:

① 检查试验类型是否是古典概型,若是则转到下一步;

② 弄清楚试验的基本事件是什么,S 包含多少个基本事件,即 $n=?$

③ 弄清事件 A 中的基本事件是什么,包含多少个基本事件,即 $k=?$

④ 利用古典概型计算公式进行计算。

(2) 计算古典概率的一般步骤:

① 观察题目最末的一句话,其中包含了需求概率的事件,即用字母 A 或 B,或其他字母表示之;

② 若 A 的概率能直接求出,则罢;若不能,则需再用另外一些字母表示与之相关的事件,并用这些事件的运算表示出事件 A;

③ 检查题设条件,选择事件的差的概率公式、和的概率公式、乘法公式、全概率公式、贝叶斯公式或独立性公式进行计算求解。

综合练习一

1. 在房间里有 10 个人,分别佩戴从 1 号到 10 号的纪念章,任选 3 个记录其纪念章号码。试求:(1) 最小号码为 5 的概率。(2) 最大号码为 5 的概率。

解:(1) 设 $A_1 = \{3$ 个纪念章中最小号码为 5$\}$,则从 10 个纪念章中任取 3 个,不计次序的取法共有 $n = C_{10}^3$ 种。若 A_1 发生,则意味着选出的 3 个纪念章中有一个号码为 5,而要求另外两个号码大于 5,即只能从号码 6,7,8,9,10 中选取 2 个。故此种取法共有 $k_1 = C_5^2$ 种,所以得

$$P(A_1) = \frac{C_5^2}{C_{10}^3} = \frac{10}{120} = \frac{1}{12}$$

(2) 设 $A_2 = \{3$ 个纪念章中最大号码为 5$\}$,则当 A_2 发生时,意味着选出的 3 个纪念章中有一个号码为 5,而要求另外两个号码小于 5,即只能从号码 1,2,3,4 中选取 2 个纪念章。故此种取法共有 $k_2 = C_4^2$ 种,所以得

$$P(A_2) = \frac{C_4^2}{C_{10}^3} = \frac{6}{120} = \frac{1}{20}$$

2. 某油漆公司发出 17 桶油漆,其中白漆 10 桶、黑漆 4 桶、红漆 3 桶,在搬运中所有的标签都脱落了,交货人随意将这些油漆发给顾客。问一个订货 4 桶白漆、3 桶黑漆和 2 桶红漆的顾客,能按所订颜色如数得到订货的概率是多少?

解:设 $A = \{$顾客能如数得到订货$\}$,从 17 桶油漆中任取 9 桶油漆的取法共有 C_{17}^9 种,而顾客得到 4 桶白漆、3 桶黑漆和 2 桶红漆的取法共有 $C_{10}^4 C_4^3 C_3^2$ 种,故所求概率为

$$P(A) = \frac{C_{10}^4 C_4^3 C_3^2}{C_{17}^9} = 0.103\ 66$$

3. 在 1 400 个产品中有 400 个次品,1 000 个正品。现任取 200 个,试求:(1)恰有 100 个次品的概率;(2)至少有两个次品的概率。

解:从 1 400 个产品中不计次序不放回地任取 200 个,取法总数为

$$n = C_{1\ 400}^{200}$$

(1) 设 $A = \{$所取 200 个产品中恰有 100 个次品$\}$,当 A 发生时,应从 400 个次品中取出 100 个,另外 100 个正品只能从 1 000 个正品中取出,故由乘法定理得出,此种取法总数为 $k_A = C_{400}^{100} C_{1\ 000}^{100}$,所以得 A 的概率为

$$P(A) = \frac{C_{400}^{100} C_{1\ 000}^{100}}{C_{1400}^{200}}$$

(2) 设 $B = \{$所取 200 个产品中至少有 2 个次品$\}$,当 B 发生时,所取的 200 个产品中可能有 2 个次品,或有 3 个次品,……或有 200 个次品。其对立事件为所取 200 个产品中无次品,或有 1 个次品,此种取法总数为 $k_B = C_{400}^0 C_{1\ 000}^{200} + C_{400}^1 C_{1\ 000}^{199}$。所以得 B 的概率为

$$P(B) = 1 - \frac{C_{1\,000}^{200} + C_{400}^1 C_{1\,000}^{199}}{C_{1\,400}^{200}}$$

4. 从 5 双不同的鞋中任取 4 只,求这 4 只鞋中至少有两只配成一双的概率。

解:方法一 设 $A=\{4$ 只鞋中至少有 2 只配成一双$\}$,则 $\overline{A}=\{4$ 只鞋中没有 2 只能配成一双$\}$。先求 $P(\overline{A})$,再求 $P(A)$。

因为从 10 只鞋中任取 4 只的取法共有 $n=C_{10}^4$ 种,而 $\overline{A}$ 发生时,取法共有 $k=\dfrac{10\times 8\times 6\times 4}{4!}$ 种(因为不考虑取 4 只鞋的次序,所以被 4! 除),故 $\overline{A}$ 的概率为

$$P(\overline{A}) = \frac{\dfrac{10\times 8\times 6\times 4}{4!}}{C_{10}^4} = 0.380\,95$$

所以 $P(A)=1-P(\overline{A})=1-0.380\,95=0.619\,05$。

方法二 因为有利于事件 A 的取法总数为 $C_5^1 C_8^2 - C_5^2$(即先从 5 双中任取一双,再在其余 8 只中任取 2 只的取法共有 $C_5^1 C_8^2$ 种。C_5^2 是所取 4 只恰为两双的取法数,是重复的数目,应从 $C_5^1 C_8^2$ 中扣掉),所以有

$$P(A) = \frac{C_5^1 C_8^2 - C_5^2}{C_{10}^4} = \frac{13}{21} = 0.619\,05$$

方法三 可以考虑从 5 双鞋中一只一只地连取 4 只鞋,这样取法的总数为 $n=10\times 9\times 8\times 7$,而 $\overline{A}$ 发生,意味着没有两只能配成一双,故第一次从 10 只鞋中任取一只,取法为 10,第二次再从去除与第一只配对的那一只后的 8 只鞋中取一只,取法数为 8,类似地,第三次取法数为 6,第 4 次取法数为 4,故 $\overline{A}$ 的总取法数为 $k=10\times 8\times 6\times 4$,所以

$$P(\overline{A}) = \frac{10\times 8\times 6\times 4}{10\times 9\times 8\times 7} = \frac{8}{21}$$

故 $P(A)=1-P(\overline{A})=1-\dfrac{8}{21}=\dfrac{13}{21}$。

方法四 直接求 $P(A)$。因为 A 的取法包含两类,一类是所取 4 只中恰有两只配成一双,它有 $C_5^1 C_4^2 C_2^1 C_2^1$ 种取法,即从 5 双中任取一双,再从其余 4 双中任取两双,而在这两双中各取一只;另一类则是所取 4 只恰好成两双的情况,这种选法共有 C_5^2 种。由加法原理知,4 只中至少有 2 只配成一双的取法共有 $C_5^1 C_4^2 C_2^1 C_2^1 + C_5^2$ 种,故所求概率为

$$P(A) = \frac{C_5^1 C_4^2 C_2^1 C_2^1 + C_5^2}{C_{10}^4} = \frac{13}{21}$$

5. 50 个铆钉随机地取来用在 10 个部件上,其中有 3 个铆钉强度太弱,每个部件用 3 个铆钉。若将用 3 个强度太弱的铆钉装在一个部件上,则这个部件强度就太弱。试问发生一个部件强度太弱的概率是多少?

解：将 10 个部件编号为 $1,2,\cdots,10$，设 $A_i=\{$第 i 号部件太弱$\}$。从 50 个铆钉中任选 3 个的取法总数为 C_{50}^3，取到 3 个强度太弱的铆钉的取法仅有一种，故第 i 号部件太弱的概率为

$$P(A_i)=\frac{1}{C_{50}^3}=\frac{1}{19\ 600}$$

所以，10 个部件中发生一个部件强度太弱的概率为

$$P\left(\bigcup_{i=1}^{10} A_i\right)=\sum_{i=1}^{10} P(A_i)=\frac{10}{19600}=\frac{1}{1960}$$

6. 盒中放有 12 个乒乓球，其中 9 个是新的。第一次比赛时从中任取 3 个来用，比赛后仍放回盒中。第二次比赛时再从盒中任取 3 个，求第二次取出的球都是新球的概率。

解：设 $B_i=\{$第一次取出新球的个数$\}(i=0,1,2,3)$，则 B_0 出现，表示第一次取出 0 个新球，即所取 3 个球全部从 3 个旧球中取出，因此得

$$P(B_0)=\frac{C_3^3}{C_{12}^3}=\frac{1}{220},\quad P(B_1)=\frac{C_3^2 C_9^1}{C_{12}^3}=\frac{27}{220},$$

$$P(B_2)=\frac{C_3^1 C_9^2}{C_{12}^3}=\frac{108}{220},\quad P(B_3)=\frac{C_3^0 C_9^3}{C_{12}^3}=\frac{84}{220}$$

再设 $A=\{$第二次取出的 3 球全是新球$\}$，则有条件概率

$$P(A\mid B_0)=\frac{C_9^3}{C_{12}^3}=\frac{84}{220},\quad P(A\mid B_1)=\frac{C_8^3}{C_{12}^3}=\frac{56}{220},$$

$$P(A\mid B_2)=\frac{C_7^3}{C_{12}^3}=\frac{35}{220},\quad P(A\mid B_3)=\frac{C_6^3}{C_{12}^3}=\frac{20}{220}$$

故由全概率公式可得

$$P(A)=\sum_{i=0}^3 P(B_i)P(A\mid B)$$

$$=\frac{1}{220}\times\frac{84}{220}+\frac{27}{220}\times\frac{56}{220}+\frac{108}{220}\times\frac{35}{220}+\frac{84}{220}\times\frac{20}{220}$$

$$=\frac{7\ 056}{48\ 400}=\frac{441}{3\ 025}=0.145\ 785$$

7. 昆虫繁殖问题：设昆虫产 k 个卵的概率 $p_k=\dfrac{\lambda^k e^{-\lambda}}{k!}(k=0,1,2,\cdots)$，又设一个虫卵能孵化成昆虫的概率等于 p。若卵的孵化是相互独立的，试问昆虫的下一代有 m 条的概率是多少？

解：设 $A_m=\{$昆虫的下一代有 m 条$\}(m=0,1,2,\cdots)$，$B_k=\{$昆虫产 k 个卵$\}$ $(k=0,1,2,\cdots)$，依题意有 $P(B_k)=p_k=\dfrac{\lambda^k e^{-\lambda}}{k!}(k=0,1,2,\cdots)$，且当昆虫产 k 个卵时，恰能孵化出 m 条昆虫的概率为二项概率：

$$P(A \mid B_k) = C_k^m p^m (1-p)^{k-m}, \quad k = m, m+1, \cdots$$

故所求事件{昆虫的下一代有 m 条}的概率为

$$P(A) = \sum_{k=m}^{+\infty} P(B_k) P(A \mid B_k) = \sum_{k=m}^{+\infty} \frac{\lambda^k e^{-\lambda}}{k!} C_k^m p^m (1-p)^{k-m}$$

$$= \sum_{k=m}^{+\infty} \frac{\lambda^k e^{-\lambda}}{k!} \cdot \frac{k!}{m!(k-m)!} p^m (1-p)^{k-m}$$

$$= \frac{\lambda^m e^{-\lambda}}{m!} p^m \sum_{k=m}^{+\infty} \frac{[\lambda(1-p)]^{k-m}}{(k-m)!}$$

$$= \frac{(\lambda p)^m e^{-\lambda} e^{\lambda(1-p)}}{m!} = \frac{(\lambda p)^m e^{-\lambda p}}{m!}, \quad m = 0, 1, 2, \cdots$$

注意,本题用了全概率公式的推广形式。

设随机事件列 $B_1, B_2, \cdots$ 满足条件:

① $B_1, B_2, \cdots$ 两两互不相容,即 $\forall i \neq j, B_i B_j = \varnothing (i, j = 1, 2, \cdots)$;

② $\bigcup_{i=1}^{+\infty} B_i = S$;

③ $P(B_i) > 0 (i = 1, 2, \cdots)$,则有

$$P(A) = \sum_{i=1}^{+\infty} P(B_i) P(A \mid B_i)$$

8. 某高射炮阵地需配备同型号炮若干门,已知每门炮发射一发炮弹击中高空无人驾驶侦察机的概率为 0.1,如需保证该阵地有 99% 的把握能击中来犯侦察机,问至少需要配置多少门炮?

解: 设需要配置 n 门炮,令 $A_i = \{$第 i 门炮击中侦察机$\} (i = 1, 2, \cdots, n)$,则

$$P(A_i) = 0.1, \quad P(\bar{A}_i) = 0.9$$

再设 $A = \{$击中侦察机$\}$,则其概率为

$$P(A) = P(A_1 \cup A_2 \cup \cdots \cup A_n) = 1 - P(\overline{A_1} \overline{A_2} \cdots \overline{A_n})$$

$$= 1 - \prod_{i=1}^{n} P(\bar{A}_i) = 1 - 0.9^n \geqslant 0.99$$

由此可得 $0.9^n \leqslant 0.01$。于是 $n \geqslant \dfrac{\ln 0.01}{\ln 0.9} = 43.7$,故取 $n \geqslant 44$。即为保证该阵地有 99% 的把握能击中来犯侦察机,至少需要配置 44 门炮。

9. 甲、乙两名篮球运动员投篮命中率分别为 $0.7, 0.6$,每人投篮 3 次,试求:

(1) 两人进球数目相等的概率;(2) 甲比乙投中次数多的概率。

解: 甲、乙投篮命中试验都属伯努利概型,且两人投篮相互独立。

设 $A_i = \{$甲投篮 3 次恰命中 i 个$\} (i = 0, 1, 2, 3)$,其概率为二项概率:

$$P(A_i) = C_3^i \times 0.7^i \times 0.3^{3-i}, \quad i = 0, 1, 2, 3$$

同理,设 $B_j = \{$乙投篮 3 次恰命中 j 个$\} (j = 0, 1, 2, 3)$,其概率亦为二项概率:

$$P(B_j) = C_3^j \times 0.6^j \times 0.4^{3-j}, \quad j = 0, 1, 2, 3$$

且 $A_i(i=0,1,2,3)$ 与 $B_j(j=0,1,2,3)$ 相互独立,故得

(1)　$\displaystyle P\{两人进球数目相等\}=\sum_{k=0}^{3}P(A_kB_k)=\sum_{k=0}^{3}P(A_k)P(B_k)$

$$=\sum_{k=0}^{3}C_3^k\times0.7^k\times0.3^{3-k}\times C_3^k\times0.6^k\times0.4^{3-k}$$

$$=0.027\times0.064+0.189\times0.288+0.441\times$$
$$0.432+0.343\times0.216$$

$$=0.320\,76$$

(2)　$P\{甲比乙投中次数多\}=P(A_1B_0)+P(A_2\cap(B_0\cup B_1))+$
$$P(A_3\cap(B_0\cup B_1\cup B_2))$$

$$=P(A_1B_0)+\sum_{k=0}^{1}P(A_2B_k)+\sum_{k=0}^{2}P(A_3B_k)$$

$$=P(A_1)P(B_0)+\sum_{k=0}^{1}P(A_2)P(B_k)+$$
$$\sum_{k=0}^{2}P(A_3)P(B_k)$$

$$=0.189\times0.064+0.441\times(0.064+0.288)+$$
$$0.343\times(1-0.216)$$

$$=0.436\,24$$

10. 有甲、乙两种味道和颜色都极为近似的名酒各 4 杯,如果从中挑 4 杯,能将甲种酒全部挑出来,算是成功一次。(1)某人随机地去猜,试问他成功一次的概率是多少?(2)某人声称他通过品尝能区分两种酒。他连续试验 10 次,成功 3 次,试推断他是猜对的,还是确有区分能力(设各次试验是相互独立的)?

解:设 $A=\{成功\}$,则 A 发生意味着,某人从 8 杯酒中挑出 4 杯均为甲种酒,则

(1)　$p=P(A)=\dfrac{C_4^4}{C_8^4}=\dfrac{1}{70}=0.014\,29$;

(2)　若此人无区分能力,则随机连续试验 10 次,其中恰有 3 次获得成功(A 发生)的概率为二项概率:

$$P_{10}(3)=C_{10}^3p^3(1-p)^7=C_{10}^3\left(\frac{1}{70}\right)^3\left(\frac{69}{70}\right)^7=0.000\,32$$

且此人若无区分能力时,连续试验 10 次中至少猜对 3 次以上的概率为

$$\sum_{k=3}^{10}P_{10}(k)=\sum_{k=3}^{10}C_{10}^k\left(\frac{1}{70}\right)^k\left(\frac{69}{70}\right)^{10-k}=0.000\,33$$

可见,若此人无区分能力,则在 10 次试验中恰猜中 3 次的概率仅为万分之三点二,至少猜对 3 次以上的概率也仅为万分之三点三,这概率如此之小,说明此随机事件几乎不可能发生,然而事实上却发生了,故按照小概率原理应认为此人确有区分能力。

11. 设某自动化机器发生故障的概率为 1/5,因为一台机器发生了故障只需要一个维修工人去处理,因此,每 8 台机器配备一个维修工人。试求:(1) 维修工人无故障可修的概率。(2) 工人正在维修一台出故障的机器时,另外又有机器出故障待修的概率。如果认为每 4 台机器配备一个维修工人,还经常出故障得不到及时维修,那么,4 台机器至少应配备多少维修工人才能保证机器发生故障待修的概率小于 3%。

解: 设 $A_i = \{第 i 台机器发生故障\}(i = 1, 2, \cdots, 8)$,则

$$P(A_i) = 1/5, \quad P(\overline{A_i}) = 4/5$$

(1) 因为每台机器发生故障是相互独立的,即 $A_1, A_2, \cdots, A_8$ 相互独立,故维修工人无故障可修的事件的概率为

$$P_1 = P(\overline{A_1} \, \overline{A_2} \cdots \overline{A_8}) = P(\overline{A_1}) P(\overline{A_2}) \cdots P(\overline{A_8}) = \left(\frac{4}{5}\right)^8 \approx 0.167\ 77$$

(2) 因为工人正在维修一台出故障的机器时,另外又有机器出了故障待修的事件的逆事件为 8 台机器中至多有一台发生故障,故所求机器待修的概率为

$$P_2 = 1 - \left(\frac{4}{5}\right)^8 - C_8^1 \times \frac{1}{5} \times \left(\frac{4}{5}\right)^7 \approx 0.496\ 68$$

若按 4 台机器配备一个维修工人,则当机器发生故障又不能及时维修(发生故障的机器多于 1 台)的概率为

$$P_3 = 1 - \left(\frac{4}{5}\right)^4 - C_4^1 \times \frac{1}{5} \times \left(\frac{4}{5}\right)^3 \approx 0.180\ 8 > 3\%$$

若 4 台机器配备 2 个维修工人,则当机器发生故障又不能及时维修的概率为

$$P_4 = 1 - \left(\frac{4}{5}\right)^4 - C_4^1 \times \frac{1}{5} \times \left(\frac{4}{5}\right)^3 - C_4^2 \times \left(\frac{1}{5}\right)^2 \times \left(\frac{4}{5}\right)^2 \approx 0.027\ 2 < 3\%$$

故 4 台机器至少应配备 2 个维修工人才能保证机器发生了故障待修的概率小于 3%。

12. 在某城市中发行 3 种报纸 A, B, C,经调查表明,订阅 A 报的有 45%,订阅 B 报的有 35%,订阅 C 报的有 30%,同时订阅 A 报及 B 报的有 10%,同时订阅 A 报及 C 报的有 8%,同时订阅 B 报及 C 报的有 5%,同时订阅 A, B, C 报的有 3%。试求下列事件的概率:(1) 只订阅 A 报的;(2) 只订阅 A 报及 B 报的;(3) 只订阅一种报纸的;(4) 正好订阅两种报纸的;(5) 至少订阅一种报纸的;(6) 不订阅任何报纸的;(7) 至多订阅一种报纸的。

解:方法一 由题设可知:$P(A) = 0.45, P(B) = 0.35, P(C) = 0.30, P(AB) = 0.10, P(AC) = 0.08, P(BC) = 0.05, P(ABC) = 0.03$,则由运算关系可得

(1) $P(A\overline{B}\,\overline{C}) = P(A\overline{B} - C) = P(A\overline{B}) - P(A\overline{B}C)$

$\qquad = P(A) - P(AB) - P(AC) + P(ABC)$

$\qquad = 0.45 - 0.10 - 0.08 + 0.03 = 0.3;$

(2) $P(AB\overline{C}) = P(AB - C) = P(AB) - P(ABC) = 0.1 - 0.03 = 0.07;$

(3) $P(A\overline{B}\,\overline{C}\cup\overline{A}B\overline{C}\cup\overline{A}\,\overline{B}C)=P(A\overline{B}\overline{C})+P(\overline{A}B\overline{C})+P(\overline{A}\,\overline{B}C)$，而

$$P(A\overline{B}\overline{C})=0.3$$

$$P(\overline{A}B\overline{C})=P(\overline{A}B-C)=P(\overline{A}B-\overline{A}BC)=P(B-A)-P(BC-A)$$

$$=P(B)-P(AB)-P(BC)+P(ABC)$$

$$=0.35-0.10-0.05+0.03=0.23,$$

$$P(\overline{A}\,\overline{B}C)=P(C\overline{A}-B)=P(C\overline{A})-P(\overline{A}BC)=P(C-A)-P(BC-A)$$

$$=P(C)-P(AC)-P(BC)+P(ABC)$$

$$=0.30-0.08-0.05+0.03=0.20,$$

所以 $P(A\overline{B}\,\overline{C}\cup\overline{A}B\overline{C}\cup\overline{A}\,\overline{B}C)=0.3+0.23+0.2=0.73$；

(4) $P(AB\overline{C}\cup A\overline{B}C\cup\overline{A}BC)$

$$=P(AB\overline{C})+P(A\overline{B}C)+P(\overline{A}BC)$$

$$=P(AB-C)+P(AC-B)+P(BC-A)$$

$$=P(AB)+P(AC)+P(BC)-3P(ABC)$$

$$=0.1+0.08+0.05-3\times0.03=0.14$$；

(5) $P(A\cup B\cup C)=P(A)+P(B)+P(C)-P(AB)-P(AC)-$

$$P(BC)+P(ABC)$$

$$=0.45+0.35+0.30-0.10-0.08-0.05+0.03=0.90$$；

(6) $P(\overline{A}\,\overline{B}\,\overline{C})=1-P(\overline{\overline{A}\,\overline{B}\,\overline{C}})=1-P(A\cup B\cup C)=1-0.90=0.10$；

(7) $P(\overline{A}\,\overline{B}\,\overline{C}\cup AB\,\overline{C}\cup \overline{A}BC\cup\overline{A}\,\overline{B}C)$

$$=P(\overline{A}\,\overline{B}\,\overline{C})+P(AB\,\overline{C}\cup\overline{A}BC\cup\overline{A}\,\overline{B}C)$$

$$=0.10+0.73=0.83。$$

本题可利用 Venn 图直观得各题之解。

方法二　由题设条件，易得 Venn 图（见右图）：

(1) $P(A\overline{B}\,\overline{C})=0.45-0.1-(0.08-0.03)=0.3$；

(2) $P(AB\overline{C})=0.1-0.03=0.07$；

(3) $P(A\overline{B}\,\overline{C}\cup\overline{A}B\overline{C}\cup\overline{A}\,\overline{B}C)$

$$=0.3+(0.35-0.1-0.02)+(0.3-0.08-0.02)$$

$$=0.73；$$

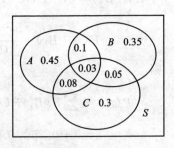

题 12 图

(4) $P(AB\overline{C}\cup A\overline{B}C\cup\overline{A}BC)$

$$=P(AB\overline{C})+P(A\overline{B}C)+P(\overline{A}BC)$$

$$=(0.1-0.03)+(0.08-0.03)+(0.05-0.03)=0.14；$$

(5) $P(A\cup B\cup C)=0.45+(0.35-0.1)+(0.3-0.08-0.02)=0.90$；

(6) $P(\overline{A}\,\overline{B}\,\overline{C})=1-P(A\cup B\cup C)=1-0.90=0.10$；

(7) $P(\overline{A}\,\overline{B}\,\overline{C}\cup AB\,\overline{C}\cup\overline{A}BC\cup\overline{A}\,\overline{B}C)=0.1+0.73=0.83。$

13. 有朋自远方来访,他乘火车来的概率是 3/10,乘船、乘汽车或乘飞机来的概

率分别是 1/5,1/10,2/5。他乘火车来,迟到的概率是 1/4;如果乘船或乘汽车来,那么迟到的概率分别是 1/3,1/12;如果乘飞机便不会迟到(因而,这时迟到的概率为 0)。结果他是迟到了,试问在此条件下,他乘火车来的概率等于多少?

解:分别用 B_1,B_2,B_3,B_4 代表朋友乘火车、乘船、乘汽车或乘飞机来访的事件,则 $P(B_1)=\dfrac{3}{10},P(B_2)=\dfrac{1}{5},P(B_3)=\dfrac{1}{10},P(B_4)=\dfrac{2}{5}$。再设 $A=\{朋友迟到\}$,则由题设知

$$P(A\mid B_1)=\frac{1}{4},\quad P(A\mid B_2)=\frac{1}{3},\quad P(A\mid B_3)=\frac{1}{12},\quad P(A\mid B_4)=0$$

由全概率公式可得

$$P(A)=\sum_{i=1}^{4}P(B_i)P(A\mid B_i)=\frac{3}{10}\times\frac{1}{4}+\frac{1}{5}\times\frac{1}{3}+\frac{1}{10}\times\frac{1}{12}+\frac{2}{5}\times0=0.15,$$

$$P(B_1\mid A)=\frac{P(B_1)P(A\mid B_1)}{P(A)}=\frac{\dfrac{3}{10}\times\dfrac{1}{4}}{3/20}=\frac{1}{2}=0.5$$

14. 设某种产品 50 件为一批,如果每批产品中没有次品的概率为 0.35,有 1,2,3,4 件次品的概率为 0.25,0.2,0.18,0.02。今从某批产品中抽取 10 件,检查出 1 件次品,试求该批产品中次品不超过两件的概率。

解: 设 $B_i=\{一批产品有 i 件次品\}(i=0,1,2,3,4)$,则有 $P(B_0)=0.35$, $P(B_1)=0.25,P(B_2)=0.2,P(B_3)=0.18,P(B_4)=0.02$。又设 $A=\{抽取 10 件检查,恰有一件次品\}$,则依题意得

$$P(A\mid B_0)=0,\quad P(A\mid B_1)=\frac{C_1^1C_{49}^9}{C_{50}^{10}}=0.2,\quad P(A\mid B_2)=\frac{C_2^1C_{48}^9}{C_{50}^{10}}=0.3265,$$

$$P(A\mid B_3)=\frac{C_3^1C_{47}^9}{C_{50}^{10}}=0.398,\quad P(A\mid B_4)=\frac{C_4^1C_{46}^9}{C_{50}^{10}}=0.429$$

则

$$P(A)=\sum_{i=0}^{4}P(B_i)P(A\mid B_i)$$
$$=0+0.25\times0.2+0.2\times0.3265+0.18\times0.398+0.02\times0.429$$
$$=0.1955$$

于是

$$P(B_0\bigcup B_1\bigcup B_2\mid A)=\frac{\sum_{i=0}^{2}P(B_i)P(A\mid B_i)}{P(A)}$$
$$=\frac{0.25\times0.2+0.2\times0.3265}{0.1955}=0.5898$$

自测题一

1. 设 A,B,C 为相互独立的事件, $P(A)=1/2, P(B)=1/2, P(C)=1/4$, 试求：
(1) A,B,C 中至少一个发生的概率；(2) A,B,C 中至少两个发生的概率。

解:(1) $P(A \cup B \cup C) = P(A) + P(B) + P(C) - P(AB) - P(BC) -$
$$P(CA) + P(ABC)$$
$$= P(A) + P(B) + P(C) - P(A)P(B) -$$
$$P(B)P(C) - P(C)P(A) + P(A)P(B)P(C)$$
$$= \frac{1}{2} + \frac{1}{3} + \frac{1}{4} - \frac{1}{2} \times \frac{1}{3} - \frac{1}{3} \times \frac{1}{4} - \frac{1}{2} \times$$
$$\frac{1}{4} + \frac{1}{2} \times \frac{1}{3} \times \frac{1}{4} = \frac{3}{4};$$

(2) $P(AB \cup BC \cup CA)$
$$= P(AB) + P(BC) + P(CA) - 3P(ABC) + P(ABC)$$
$$= P(A)P(B) + P(B)P(C) + P(C)P(A) - 2P(A)P(B)P(C)$$
$$= \frac{1}{2} \times \frac{1}{3} + \frac{1}{3} \times \frac{1}{4} + \frac{1}{2} \times \frac{1}{4} - 2 \times \frac{1}{2} \times \frac{1}{3} \times \frac{1}{4} = \frac{7}{24}.$$

2. 投掷一颗骰子,问需掷多少次,才能保证不出现 6 点的概率小于 0.3?

解:设需掷 n 次骰子, $A_i = \{$第 i 次出现 6 点$\}$ $(i=1,2,\cdots,n)$, $P(A_i) = 1/6$, $P(\overline{A_i}) = 5/6$, 则 n 次投掷一骰子均不出现 6 点的概率为
$$P(\overline{A_1}\,\overline{A_2}\cdots\overline{A_n}) = \prod_{i=1}^{n} P(\overline{A_i}) = \left(\frac{5}{6}\right)^n < 0.3$$

即 $n\ln\left(\frac{5}{6}\right) < \ln 0.3$, 得 $n \geqslant \dfrac{\ln 0.3}{\ln(5/6)} = 6.6$。故取 $n \geqslant 7$, 即至少需掷骰子 7 次。

3. 在已有两个球的箱子中再放一个白球,然后任意取出一球,试问：(1) 抽得白球的概率是多少? (2)若已知抽出的是白球,箱中原有一白球的概率是多少? (箱中原有什么球是等可能的。)

解:设 $A_i = \{$箱中原有 i 个白球$\}$ $(i=0,1,2)$, 由题设条件知 $P(A_i) = 1/3$ $(i=0, 1, 2)$。又设 $B = \{$抽出一球为白球$\}$, 则由题设条件可知
$$P(B \mid A_0) = 1/3, \quad P(B \mid A_1) = 2/3, \quad P(B \mid A_2) = 3/3 = 1$$

(1) 抽得白球的概率
$$P\{抽得白球\} = P(B)$$
$$= P(A_0)P(B \mid A_0) + P(A_1)P(B \mid A_1) + P(A_2)P(B \mid A_2)$$
$$= \frac{1}{3} \times \frac{1}{3} + \frac{1}{3} \times \frac{2}{3} + \frac{1}{3} \times 1 = \frac{2}{3};$$

(2) 再由逆概公式可得
$$P(A_1 \mid B) = \frac{P(A_1)P(B \mid A_1)}{P(A_0)P(B \mid A_0) + P(A_1)P(B \mid A_1) + P(A_2)P(B \mid A_2)}$$

$$= \frac{\dfrac{1}{3} \times \dfrac{2}{3}}{\dfrac{1}{3} \times \dfrac{1}{3} + \dfrac{1}{3} \times \dfrac{2}{3} + \dfrac{1}{3} \times 1} = \frac{1}{3}$$

4. 设 8 支枪中已有 5 支经试射校正,有 3 支未试射校正。一射手用校正过的枪射击时,中靶概率为 0.8,而用未试射校正的枪射击,中靶的概率为 0.3。今从 8 支枪中任选一支进行射击,结果中靶,求所用的枪是已校正过的枪的概率。

解:设 $A = \{$选出的枪是经试射校正过的$\}$,$B = \{$射击中靶$\}$,则由题设条件知 $P(A) = 5/8$,$P(\overline{A}) = 3/8$,$P(B \mid A) = 0.8$,$P(B \mid \overline{A}) = 0.3$。故由逆概公式知所求概率为

$$P(A \mid B) = \frac{P(A)P(B \mid A)}{P(A)P(B \mid A) + P(\overline{A})P(B \mid \overline{A})}$$

$$= \frac{\dfrac{5}{8} \times 0.8}{\dfrac{5}{8} \times 0.8 + \dfrac{3}{8} \times 0.3} = 0.816\ 33$$

5. 进行 4 次独立试验,在每一次试验中 A 出现的概率为 0.3。如果 A 不出现,则 B 也不出现。如果 A 出现一次,则 B 出现的概率为 0.6。如果 A 出现不少于 2 次,则 B 出现的概率为 1。试求 B 出现的概率。

解:设 $H_i = \{$在 4 次独立试验中 A 出现 i 次$\}$$(i = 0, 1, 2, 3, 4)$,则有

$$P(H_0) = 0.7^4 = 0.240\ 1, \quad P(H_1) = C_4^1 \times 0.3 \times 0.7^3 = 0.411\ 6,$$

$$P(H_2 H_3 H_4) = 1 - P(H_0) - P(H_1) = 1 - 0.240\ 1 - 0.411\ 6 = 0.348\ 3$$

而 $P(B \mid H_0) = 0$,$P(B \mid H_1) = 0.6$,$P(B \mid H_2 \cup H_3 \cup H_4) = 1$,故由全概率公式得

$$P(B) = P(H_0)P(B \mid H_0) + P(H_1)P(B \mid H_1) +$$
$$P(H_2 \cup H_3 \cup H_4)P(B \mid H_2 \cup H_3 \cup H_4)$$
$$= 0 + 0.411\ 6 \times 0.6 + 0.348\ 3 = 0.595\ 26$$

第 2 章　随机变量及其分布

本章是概率论与数理统计的基础,也是近代概率论的基础,学好这一章,才能真正理解概率、应用概率。在这一章里要学会什么是随机变量,什么是分布,如何确定概率分布、概率密度及分布函数,如何利用分布求随机事件的概率。本章特点是首先建立随机变量,再确定随机变量的分布,最后利用此分布计算相应事件的概率。

基本要求

(1) 理解随机变量的概念,离散型随机变量的概率分布及性质,连续型随机变量的概率密度及性质。

(2) 理解分布函数的概念及性质;已知随机变量的概率分布及概率密度时,会求其分布函数;利用概率分布、概率密度或分布函数会计算有关事件的概率。

(3) 掌握二项分布、泊松分布、几何分布、正态分布、均匀分布与指数分布的相关内容。

(4) 会求简单随机变量函数的概率分布或密度。

本章特点

先将事件 A 用随机变量表示,再通过随机变量的性质求 $P(A)$。

(1) 利用离散型随机变量的概率分布(分布律)直接求;或由分布律求得分布函数 $F(x)$,再由 $F(x)$ 求 $P(A)$。

(2) 利用连续型随机变量的概率密度直接求;或由概率密度求得分布函数 $F(x)$,再由 $F(x)$ 求 $P(A)$。

解题要点

(1) 利用概率分布计算有关事件的概率的步骤:

① 确定随机变量 X;

② 确定 X 的全部可能取值 $x_i(i=1,2,\cdots)$;

③ 通过古典概率或常见分布确定 X 的概率分布 $P\{X=x_i\}=p_i(i=1,2,\cdots)$;

④ 确定 X 的分布函数 $F(x)=\sum_{x_i\leqslant x}p_i$;

⑤ 计算概率 $P\{a<X\leqslant b\}=F(b)-F(a)=\sum_{a<x_i\leqslant b}p_i$。

(2) 利用概率密度计算有关事件的概率的步骤:

① 确定随机变量 X;

② 确定 X 的全部可能取值 x;

③ 由题设条件或常见分布确定概率密度 $f(x)$,或 $F'(x)=f(x)$;

④ 确定 X 的分布函数 $F(x)=\int_{-\infty}^{x}f(x)\mathrm{d}x$;

⑤ 计算概率 $P\{a<X\leqslant b\}=F(b)-F(a)=\int_{a}^{b}f(x)\mathrm{d}x$。

(3) 记住二项分布、泊松分布、几何分布的概率分布、分布函数与应用模型。

(4) 记住正态分布、均匀分布、指数分布的概率密度、分布函数与应用模型。

(5) 求离散型随机变量函数的概率分布步骤:

① 求出 $Y=g(X)$ 的所有可能取值 $y_1,y_2,\cdots$;

② Y 取每个确定值 y_k 的概率;

③ 视 $y_i\neq y_j(i\neq j)$ 与 $y_i=y_j(i\neq j)$ 两种情况确定 Y 的分布律。

(6) 求连续型随机变量函数的概率密度一般步骤:

① 将 Y 的分布函数 $F_Y(y)$ 用 X 的分布函数表示:

$$F_Y(y) = P\{Y \leqslant y\} = P\{g(X) \leqslant y\} = \int_{g(x) \leqslant y} f(x)\mathrm{d}x$$

注意将区间 $\{x \mid g(x) \leqslant y\}$ 分成关于 y 的单值区间,分别积分。

② 对 $F_Y(y)$ 求导,即得 Y 的概率密度 $f_Y(y) = F'_Y(y)$。

综合练习二

1. 袋中装有 5 只球,编号为 1,2,3,4,5。在袋中同时取 3 只球,以 X 表示取出的 3 只球中的最大号码,试写出随机变量 X 的概率分布及分布函数。

解:① 依题意设随机变量 X 为取出的 3 只球中的最大号码;

② X 的可能取值为 3,4,5;

③ 故通过古典概率计算 X 取可能值的概率分别为

$$P\{X=3\} = \frac{C_2^2}{C_5^3} = 0.1, \quad P\{X=4\} = \frac{C_3^2}{C_5^3} = 0.3, \quad P\{X=5\} = \frac{C_4^2}{C_5^3} = 0.6$$

即 X 的概率分布为

X	3	4	5
$P\{X=k\}$	0.1	0.3	0.5

④ X 的分布函数为

$$F(x) = \begin{cases} 0, & x < 3 \\ 0.1, & 3 \leqslant x < 4 \\ 0.4, & 4 \leqslant x < 5 \\ 1, & x \geqslant 5 \end{cases}$$

2. 设在 15 个同类型的零件中有 2 个是次品,在其中任取 3 次,每次取 1 个,作不放回抽样。以 X 表示取出次品的个数,试求 X 的概率分布。

解:方法一 依题意,X 表示取出次品的个数;随机变量 X 的可能取值为 0,1,2;故通过古典概率计算得其概率分布为

$$P\{X=0\} = \frac{13 \times 12 \times 11}{15 \times 14 \times 13} = \frac{22}{35},$$

$$P\{X=1\} = \frac{13 \times 12 \times 2 \times C_3^1}{15 \times 14 \times 13} = \frac{12}{35},$$

$$P\{X=2\} = \frac{13 \times 2 \times 1 \times C_3^2}{15 \times 14 \times 13} = \frac{1}{35}$$

方法二 本题也可按组合方式求 X 的概率分布,即

$$P\{X=0\} = \frac{C_{13}^3}{C_{15}^3} = \frac{22}{35}, \quad P\{X=1\} = \frac{C_{13}^2 C_2^1}{C_{15}^3} = \frac{12}{35}, \quad P\{X=2\} = \frac{C_{13}^1 C_2^2}{C_{15}^3} = \frac{1}{35}$$

3. 某人向同一目标独立重复射击,每次射击命中目标的概率为 $p(0 < p < 1)$,试求:(1) 此人第 n 次射击恰好第 2 次命中目标的概率;(2) 此人第 4 次射击恰好第

2 次命中目标的概率;(3) 此人第 2 次命中目标时的射击次数至少为 4 次的概率。

解:(1) 令 $X=$ 命中目标 2 次则停止射击的总射击次数,则 X 服从参数为 p 的负二项分布(帕斯卡分布),其概率分布为

$$P\{X=n\}=C_{n-1}^1 p^2 (1-p)^{n-2}, \quad n=2,3,\cdots$$

即为本题所求概率;

(2) 取 $n=4$,即得

$$P\{X=4\}=C_{4-1}^1 p^2 (1-p)^{n-2}=C_3^1 p^2 (1-p)^{n-2}=3p^2 (1-p)^{n-2}$$

(3) 由(1)得,所求概率为

$$P\{X\geqslant 4\}=\sum_{n=4}^{+\infty} C_{n-1}^1 p^2 (1-p)^{n-2}=1-\sum_{n=2}^{3} C_{n-1}^1 p^2 (1-p)^{n-2}$$

$$=1-C_1^1 p^2 (1-p)^{2-2}-C_2^1 p^2 (1-p)^{3-2}$$

$$=1-p^2-2p^2(1-p)=1-3p^2+2p^3$$

4. 一幢大楼装有 5 个同类型的供水设备,经调查表明,在任一时刻,每个设备被使用的概率为 0.1,试问在同一时刻:(1) 恰有两个设备被使用的概率是多少?(2) 至少有 3 个设备被使用的概率是多少? (3) 至多有 3 个设备被使用的概率是多少? (4) 至多有 1 个设备被使用的概率是多少?

解:设 $X=\{5$ 个设备在某一时刻被使用的个数$\}$,则 X 的可能取值为 $0,1,2,3,4,5$。依题意,X 服从参数为 $5,0.1$ 的二项分布 $B(5,0.1)$,故其概率分布为

$$P\{X=k\}=C_5^k 0.1^k 0.9^{5-k}, \quad k=0,1,2,\cdots,5$$

所以得

(1) $P\{X=2\}=C_5^2 0.1^2 0.9^{5-2}=0.072\,9$;

(2) $P\{X\geqslant 3\}=C_5^3 0.1^3 0.9^2+C_5^4 0.1^4 0.9+0.1^5=0.008\,56$;

(3) $P\{X\leqslant 3\}=\sum_{k=0}^{3} C_5^k 0.1^k 0.9^{5-k}=1-P\{X=4\}-P\{X=5\}$

$$=1-C_5^4 0.1^4 0.9-0.1^5=0.999\,54;$$

(4) $P\{X\leqslant 1\}=\sum_{k=0}^{1} C_5^k 0.1^k 0.9^{5-k}=P\{X=0\}+P\{X=1\}$

$$=C_5^0 0.1^0 0.9^5+C_5^1 0.1^1 0.9^4=0.918\,54。$$

5. 设事件 A 在每一次试验中发生的概率为 0.3,当 A 发生不少于 3 次时,指示灯发出信号。(1) 进行了 5 次独立试验,试求指示灯发出信号的概率。(2) 进行了 7 次独立试验,试求指示灯发出信号的概率。

解:(1) 设 $X=\{5$ 次独立试验中事件 A 发生的次数$\}$,则 X 服从参数为 $5,0.3$ 的二项分布 $B(5,0.3)$,其概率分布为

$$P\{X=k\}=C_5^k 0.3^k 0.7^{5-k}, \quad k=0,1,2,\cdots,5$$

故所求概率为

$$P\{指示灯发出信号\} = P\{X \geqslant 3\} = \sum_{k=3}^{5} C_5^k 0.3^k 0.7^{5-k}$$

$$= C_5^3 0.3^3 0.7^2 + C_5^4 0.3^4 0.7 + 0.3^5 = 0.163\ 08$$

（2）设 $Y = \{7$ 次独立试验中事件 A 发生的次数$\}$，则 Y 服从参数为 $7,0.3$ 的二项分布 $B(7,0.3)$，其概率分布为

$$P\{Y = k\} = C_7^k 0.3^k 0.7^{7-k}, \quad k = 0,1,2,\cdots,7$$

故所求概率为

$$P\{指示灯发出信号\} = P\{Y \geqslant 3\} = \sum_{k=3}^{7} C_5^k 0.3^k 0.7^{5-k} = 1 - \sum_{k=0}^{2} C_5^k 0.3^k 0.7^{5-k}$$

$$= 1 - C_5^0 0.3^0 0.7^7 + C_5^1 0.3^1 0.7^6 + C_5^2 0.3^2 0.7^5 = 0.352\ 93$$

6. 尽管在《几何》教科书中已经讲过用圆规和直尺三等分一个任意角是不可能的，但每年总有一些"发明者"撰写关于用圆规和直尺将角三等分的文章。设某地每年撰写此类文章的篇数 X 服从泊松分布 $\pi(6)$，试求明年没有此类文章及至多有两篇类似文章的概率。

解：依题意，随机变量 X 服从泊松分布 $\pi(6)$，故其概率分布为

$$P\{X = k\} = \frac{6^k e^{-6}}{k!}, \quad k = 0,1,2,\cdots$$

则所求概率为

$$P\{X = 0\} = \frac{6^0 e^{-6}}{0!} = e^{-6} = 0.002\ 48,$$

$$P\{X \leqslant 2\} = \sum_{k=0}^{2} \frac{6^k e^{-6}}{k!} = \frac{6^0 e^{-6}}{0!} + \frac{6^1 e^{-6}}{1!} + \frac{6^2 e^{-6}}{2!} = 0.061\ 97$$

7. 一个电话交换台每分钟收到呼唤的次数服从泊松分布 $\pi(4)$，试求：（1）每分钟恰有 8 次呼唤的概率；（2）每分钟呼唤次数大于 10 的概率。

解：依题意，设 $X = \{$交换台每分钟收到呼唤的次数$\}$，则 X 服从泊松分布 $\pi(4)$，故其概率分布为

$$P\{X = k\} = \frac{4^k e^{-4}}{k!}, \quad k = 0,1,2,\cdots$$

故所求概率为

$$(1)\ P\{X = 8\} = \frac{4^8 e^{-4}}{8!} = 0.029\ 77;$$

$$(2)\ P\{X > 10\} = \sum_{k=11}^{\infty} \frac{4^k e^{-4}}{k!} \xrightarrow{查表} 0.002\ 840。$$

8. 为了保证设备正常工作，需配备适量的维修工人（工人配备多了就浪费，配备少了又要影响生产），现有同类型设备 250 台，各台工作是相互独立的，发生故障的概率都是 0.01。在通常情况下一台设备的故障可由一个人来处理（我们也只考虑这种情况），问至少需配备多少工人，才能保证当设备发生故障但不能及时维修的概率小

于 0.01？

解：设 $X=\{250$ 台设备发生故障的台数$\}$，X 的可能取值为 $0,1,2,\cdots,250$。依题意，X 服从参数为 $250,0.01$ 的二项分布 $B(250,0.01)$，故其概率分布为

$$P\{X=k\}=C_5^k 0.01^k 0.99^{250-k}, \quad k=0,1,2,\cdots,250$$

再设需配备 N 个工人，欲使

$$P\{X>N\}=\sum_{k=N+1}^{250}C_{250}^k 0.01^k 0.99^{5-k}<0.01$$

利用泊松分布，当 $\lambda=np=250\times0.01=2.5$ 时，欲使

$$P\{X>N\}\approx\sum_{k=N+1}^{250}\frac{2.5^k e^{-2.5}}{k!}<0.01$$

查泊松分布表可得 $N+1=8$，故 $N=7$。即至少应配备 7 个工人，才能保证当设备发生故障但不能及时维修的概率小于 0.01。

9. 某厂生产的每台仪器，可直接出厂的占 70%，需调试的占 30%；调试后出厂的占 80%，不能出厂的不合格品占 20%。若新生产 $n(\geqslant2)$ 台仪器（每台仪器的生产过程相互独立），试求：(1) 全部能出厂的概率 α；(2) 其中恰好有两台不能出厂的概率 β；(3) 其中至少有两台不能出厂的概率 γ。

解：首先计算每一台仪器能出厂的概率，设 $A=\{$一台新生产的仪器需调试$\}$，$B=\{$一台仪器能出厂$\}$，则由题设可知：$P(A)=0.3$，$P(\bar A)=0.7$，$P(B|A)=0.8$，则

$$P(B)=P(\bar A\cup AB)=P(\bar A)+P(AB)=P(\bar A)+P(A)P(B\mid A)$$
$$=0.7+0.3\times0.8=0.94$$

再令 $X=\{$新生产的仪器能出厂的台数$\}$，则 X 服从参数为 $n,0.94$ 的二项分布 $B(n,0.94)$，所以

(1) $\alpha=P\{$全部能出厂$\}=P\{X=n\}=0.94^n$；

(2) $\beta=P\{$恰好有两台不能出厂$\}=P\{X=n-2\}=C_n^2\times0.94^{n-2}\times0.06^2$；

(3) $\gamma=P\{$至少有两台不能出厂$\}=P\{X\leqslant n-2\}=1-P\{X=n-1\}-P\{X=n\}$
$$=1-C_n^1\times0.94^{n-1}\times0.06-0.94^n=1-n\times0.94^{n-1}\times0.06-0.94^n。$$

10. 假设每一台飞机发动机在飞行中出故障的概率为 $1-p(0<p<1)$，且各发动机在飞行中出故障的概率相互独立。如果至少 50% 的发动机能正常运行，飞机就可以成功地飞行，试问对于多大的概率 p 而言，4 发动机飞机比 2 发动机飞机更为可取？

解：设 $X=\{4$ 发动机飞机的发动机不出故障的台数$\}$，$Y=\{2$ 发动机飞机的发动机不出故障的台数$\}$，则 X 服从参数为 $4,p$ 的二项分布 $B(4,p)$，其概率分布为

$$P\{X=k\}=C_4^k p^k(1-p)^{4-k}, \quad k=0,1,2,3,4$$

则 Y 服从参数为 $2,p$ 的二项分布 $B(2,p)$，其概率分布为

$$P\{Y=k\}=C_2^k p^k(1-p)^{2-k}, \quad k=0,1,2$$

$$P\{4\text{ 发动机飞机成功飞行}\}=P\{X\geqslant2\}=\sum_{k=2}^4 C_4^k p^k(1-p)^{4-k}$$

$$=1-\sum_{k=0}^{1}C_4^k p^k (1-p)^{4-k}$$

$$=1-(1-p)^4-4p(1-p)^3,$$

$$P\{2\text{发动机飞机成功飞行}\}=P\{Y\geqslant 1\}=\sum_{k=1}^{2}C_2^k p^k (1-p)^{2-k}$$

$$=1-P\{Y=0\}=1-C_2^0 p^0 (1-p)^2=1-(1-p)^2$$

欲使 $P\{X\geqslant 2\}\geqslant P\{Y\geqslant 1\}$,则应有

$$1-(1-p)^4-4p(1-p)^3\geqslant 1-(1-p)^2$$

解之得 $(1-p)^2+4p(1-p)\leqslant 1, 2p-3p^2\leqslant 0$,即应有 $p\geqslant 2/3$。

故当单个发动机不出故障的概率大于 2/3 时,4 发动机飞机成功飞行的可能性更大,因此 4 发动机飞机更为可取;而当单个发动机不出故障的概率小于 2/3 时,2 发动机飞机成功飞行的可能性更大,因此 2 发动机飞机更为可取。

11. 某商店有 4 名售货员,根据经验每名售货员平均在 1 h 内只用台秤 15 min,若要求当售货员需用台秤而无台秤可用的概率小于 6% 时,该店需配备几台台秤才合理?

解:设 $X=\{$在 1 h 内 4 名售货员中使用台秤的人数$\}$,则 X 服从参数为 4,$15/60=0.25$ 的二项分布 $B(4,0.25)$,其概率分布为

$$P\{X=k\}=C_4^k \times 0.25^k \times 0.75^{4-k}, \quad k=0,1,2,3,4$$

易见概率

$$P\{X=3\}+P\{X=4\}=C_4^3 \times 0.25^3 \times 0.75+0.25^4=0.050\ 781<0.06$$

且

$$\sum_{k=2}^{4}P\{X=k\}=C_4^2 \times 0.25^2 \times 0.75^2+C_4^3 \times 0.25^3 \times 0.75+0.25^4$$

$$=0.261\ 719>0.06$$

所以根据要求,只需配备 2 台台秤较为合理。

12. 设一批产品的次品率为 p,每次任抽两个检查,直到抽到两个全为次品为止,试求检查次数的概率分布及至多检查 5 次的概率。

解:设 $X=\{$检查次数$\}$,则 X 为随机变量,其可能取值为 1,2,3,…。由抽取的独立性知,$\{X=1\}$ 意味着检查 1 次,即第一次抽到两个全为次品,得 $P\{X=1\}=p^2$;$\{X=2\}$ 意味着检查 2 次,即第一次抽出的两个产品中至少有一个为非次品,而第二次取的两个产品全为次品,故得

$$P\{X=2\}=(1-p^2)p^2$$

以此类推,检查次数 X 的概率分布为

$$P\{X=k\}=(1-p^2)^{k-1}p^2, \quad k=1,2,\cdots$$

$$P\{\text{至多检查 5 次}\}=P\{X\leqslant 5\}=\sum_{k=1}^{5}(1-p^2)^{k-1}p^2=p^2\sum_{k=1}^{5}(1-p^2)^{k-1}$$

$$= p^2 \times \frac{1-(1-p^2)^5}{1-(1-p^2)} = 1-(1-p^2)^5$$

13. 从 10 个随机数字 $0,1,2,\cdots,9$ 中进行有放回的随机抽样。令 X 表示直到出现数字 5 或 0 前的抽样次数(亦称等待时间),试求 X 的分布及至少抽取 5 次的概率。

解: 因为每次抽样时,取到 5 或 0 的概率均为 $1/5$,取到其他数字的概率为 $4/5$。如果设取到数字 5 或 0 的事件为 A,则有 $P(A)=1/5,P(\overline{A})=4/5,X$ 表示直到事件 A 出现的等待时间,故有

$$P\{X=0\}=\frac{1}{5}, \quad P\{X=1\}=\frac{4}{5}\times\frac{1}{5}, \quad P\{X=2\}=\left(\frac{4}{5}\right)^2\times\frac{1}{5},\cdots$$

以此类推,可得 X 的概率分布为

$$P\{X=k\}=\left(\frac{4}{5}\right)^k\times\frac{1}{5}, \quad k=1,2,3,\cdots$$

此即首项为 $1/5$ 的几何分布。

$$P\{至少抽取 5 次\}=P\{X\geqslant 5\}=\sum_{k=5}^{+\infty}\left(\frac{4}{5}\right)^k\left(\frac{1}{5}\right)=\left(\frac{1}{5}\right)\left(\frac{4}{5}\right)^5\sum_{k=5}^{+\infty}\left(\frac{4}{5}\right)^{k-5}$$

$$=\left(\frac{1}{5}\right)\left(\frac{4}{5}\right)^5\times\frac{1}{1-\frac{4}{5}}=\left(\frac{4}{5}\right)^5$$

$$=0.8^5=0.327\,68$$

14. 一批产品共有 N 个,其中 M 个为次品,(1) 试求任意取出的 n 个产品中次品数的分布。(2) 设 $N=100,M=10,n=5$,写出取出次品数的概率分布表。(3) 写出(2)中取出次品数的分布函数。

解: 这是不放回的抽球模型,设 $X=\{$任意取出的 n 个产品中的次品数$\}$,则 X 服从参数为 n,M,N 的超几何分布 $H(n,M,N)$。

(1) X 的概率分布为

$$P\{X=k\}=\frac{C_M^k C_{N-M}^{n-k}}{C_N^n}, \quad k=0,1,2,\cdots,r=\min\{n,M\}$$

(2) 当 $N=100,M=10,n=5$ 时,X 服从参数为 $5,10,100$ 的超几何分布 $H(5,10,100)$,其概率分布为

$$P\{X=k\}=\frac{C_{10}^k C_{90}^{5-k}}{C_{100}^5}, \quad k=0,1,2,3,4,5$$

概率分布表为

X	0	1	2	3	4	5
$P\{X=k\}$	0.583 752	0.339 391	0.070 219	0.006 384	0.000 251	$3.35E-06$

(3) X 的分布函数表为

x	<0	$[0,1)$	$[1,2)$	$[2,3)$	$[3,4)$	$[4,5)$	$\geqslant 5$
$F(x)$	0	0.583 752	0.923 143	0.993 362	0.999 746	0.999 997	1

即

$$F(x) = \sum_{k=0}^{[x]} P\{X=k\} = \sum_{k \leqslant x} P\{X=k\} = \sum_{k \leqslant x} \frac{C_{10}^k C_{90}^{5-k}}{C_{100}^5}.$$

15. 设随机变量 X 的分布函数为

$$F(x) = \begin{cases} 0, & x < 1 \\ \ln x, & 1 \leqslant x < e \\ 1, & x \geqslant e \end{cases}$$

试求:(1) $P\{X<2\}, P\{0<X\leqslant 3\}, P\{2<X\leqslant 2.5\}$;(2) 概率密度 $f(x)$。

解:(1) 因为 X 是连续型随机变量,所以 $P\{X<2\}=P\{X\leqslant 2\}=F(2)=\ln 2$;因为 $3>e=2.718$,故

$$P\{0 < X \leqslant 3\} = F(3) - F(0) = 1 - 0 = 1,$$
$$P\{2 < X \leqslant 2.5\} = F(2.5) - F(2) = \ln 2.5 - \ln 2 = 0.223\ 14$$

(2) $f(x) = F'(x) = \begin{cases} 1/x, & 1 < x < e \\ 0, & 其他 \end{cases}$。

16. 设随机变量 X 的概率密度为

(1) $f(x) = \begin{cases} \dfrac{2}{\pi}\sqrt{1-x^2}, & -1 < x < 1 \\ 0, & 其他 \end{cases}$; (2) $f(x) = \begin{cases} x^2, & 0 \leqslant x < 1 \\ 2(1-x^2), & 1 \leqslant x < 2 \\ 0, & 其他 \end{cases}$

试求其分布函数 $F(x)$。

解:(1) 当 $x<-1$ 时,$F(x)=0$;当 $-1<x<1$ 时,

$$F(x) = \int_{-\infty}^{x} f(x)\mathrm{d}x = \int_{-1}^{x} \frac{2}{\pi}\sqrt{1-x^2}\,\mathrm{d}x$$
$$= \frac{2}{\pi}\left(\frac{x}{2}\sqrt{1-x^2} + \frac{1}{2}\arcsin x\right)\bigg|_{-1}^{x}$$
$$= \frac{1}{\pi}(x\sqrt{1-x^2} + \arcsin x) + \frac{1}{2}$$

当 $x\geqslant 1$ 时,$F(x)=1$。所以此 X 的分布函数为

$$F(x) = \begin{cases} 0, & x < -1 \\ \dfrac{1}{\pi}(x\sqrt{1-x^2} + \arcsin x) + \dfrac{1}{2}, & -1 \leqslant x < 1 \\ 1, & x \geqslant 1 \end{cases}$$

(2) 当 $x<0$ 时,$F(x)=0$;当 $0\leqslant x<1$ 时,$F(x)=\int_0^x x^2\mathrm{d}x = \dfrac{1}{3}x^2$;当 $1\leqslant x<2$

时，$F(x) = \int_0^1 x^2 \mathrm{d}x + \int_1^x 2(1-x)^2 \mathrm{d}x = \dfrac{1}{3} - \dfrac{2}{3}(1-x)^3$；当 $x \geqslant 2$ 时，$F(x) = 1$。

所以此 X 的分布函数为

$$F(x) = \begin{cases} 0, & x < 0 \\ \dfrac{x^3}{3}, & 0 \leqslant x < 1 \\ \dfrac{1}{3} - \dfrac{2}{3}(1-x)^3, & 1 \leqslant x < 2 \\ 1, & x \geqslant 2 \end{cases}$$

17. 某种型号电子管的寿命 X（单位：h）具有以下概率密度

$$f(x) = \begin{cases} \dfrac{1\,000}{x^2}, & x > 1\,000 \\ 0, & \text{其他} \end{cases}$$

现有一大批此种管子（设备电子管损坏与否相互独立），从中任取 5 只，试问其中至少有 2 只寿命大于 1 500 h 的概率是多少？

解：依题意，一只电子管的寿命大于 1 500 h 的概率为

$$P\{X > 1\,500\} = \int_{1\,500}^{+\infty} \frac{1\,000}{x^2} \mathrm{d}x = -\left. \frac{1\,000}{x} \right|_{1\,500}^{+\infty} = \frac{1\,000}{1\,500} = \frac{2}{3}$$

又设 5 只电子管中寿命大于 1 500 h 的只数为 Y，则 Y 服从参数 $n = 5$，$p = 2/3$ 的二项分布 $B(5, 2/3)$，其概率密度为

$$P\{Y = k\} = C_5^k \left(\frac{2}{3}\right)^k \left(\frac{1}{3}\right)^{5-k}, \quad k = 0, 1, 2, 3, 4, 5$$

故所求概率为

$$P\{Y \geqslant 2\} = 1 - P\{Y = 0\} - P\{Y = 1\} = 1 - \left(\frac{1}{3}\right)^5 - 5 \times \frac{2}{3}\left(\frac{1}{3}\right)^4 = 0.954\,73$$

18. 设顾客在某银行窗口等待服务的时间 X（单位：min）服从指数分布 $Z\left(\dfrac{1}{5}\right)$，某顾客在窗口等待服务，若超过 10 min，他就离开。他一个月要到银行 5 次，以 Y 表示一个月内他未等到服务而离开窗口的次数，试写出 Y 的分布律，并求 $P\{Y \geqslant 1\}$。

解：依题意，$X \sim Z\left(\dfrac{1}{5}\right)$，故其概率密度为

$$f(x) = \begin{cases} \dfrac{1}{5}\mathrm{e}^{-\frac{x}{5}}, & x > 0 \\ 0, & x \leqslant 0 \end{cases}$$

某顾客未等到服务而离开的概率为

$$P\{X > 10\} = \int_{10}^{+\infty} \frac{1}{5}\mathrm{e}^{-\frac{x}{5}} \mathrm{d}x = \mathrm{e}^{-x/5} \Big|_{10}^{+\infty} = \mathrm{e}^{-2}$$

而 Y 服从参数为 $n = 5$，$p = \mathrm{e}^{-2}$ 的二项分布，故其分布律为

$$P\{Y=k\}=C_5^k(e^{-2})^k(1-e^{-2})^{5-k}, \quad k=0,1,2,3,4,5$$

$$P\{Y \geqslant 1\}=1-P\{Y=0\}=1-(1-e^{-2})^5=0.516\ 7$$

19. 某地区 18 岁女青年的血压 X(收缩压,单位:mmHg)服从正态分布 $N(110,12^2)$,在该地区任选一 18 岁的女青年,测量她的血压。(1) 试求 $P\{X \leqslant 105\}$,$P\{100<X<120\}$;(2) 试确定最小的 x,使 $P\{X>x\} \leqslant 0.05$。

解:设 $X=\{$某地区 18 岁女青年的血压$\}$,依题意,$X \sim N(110,12^2)$。

(1) $P\{X \leqslant 105\}=\Phi\left(\dfrac{105-110}{12}\right)=\Phi(-0.42)\approx 1-0.662\ 8=0.337\ 2$,

$$P\{100<X<120\}=\Phi\left(\frac{120-110}{12}\right)-\Phi\left(\frac{100-110}{12}\right)=\Phi\left(\frac{10}{12}\right)-\Phi\left(-\frac{10}{12}\right)$$

$$=2\Phi\left(\frac{10}{12}\right)-1=2\times 0.796\ 7-1=0.593\ 4$$

(2) 欲使 $P\{X>x\}=1-\Phi\left(\dfrac{x-110}{12}\right) \leqslant 0.05$,则 $\Phi\left(\dfrac{x-110}{12}\right) \geqslant 1-0.05=$

0.95,查标准正态分布表得 $\dfrac{x-110}{12} \geqslant 1.645$,故 $x \geqslant 110+12 \times 1.645=129.74$,即最小的 x 应为 129.74。

20. 一工厂生产的电子管的寿命 X(单位:h)服从正态分布 $N(160,\sigma^2)$,若要求 $P\{120<X \leqslant 200\} \geqslant 0.80$,允许 σ 最大为多少?

解:因为

$$P\{120<X \leqslant 200\}=\Phi\left(\frac{200-160}{\sigma}\right)-\Phi\left(\frac{120-160}{\sigma}\right)$$

$$=\Phi\left(\frac{40}{\sigma}\right)-\Phi\left(\frac{-40}{\sigma}\right)=2\Phi\left(\frac{40}{\sigma}\right)-1 \geqslant 0.80$$

所以 $\Phi\left(\dfrac{40}{\sigma}\right) \geqslant \dfrac{1+0.80}{2}=0.90$。查标准正态分布表得 $\dfrac{40}{\sigma} \geqslant 1.28$,故 $\sigma \leqslant \dfrac{40}{1.28}=$ 31.25。

21. 设随机变量 X 的概率分布为

X	-2	-1	0	1	3
p_k	0.2	0.25	0.2	0.3	0.05

试求:(1) $Y=X^2$ 的概率分布及分布函数;(2) $Z=e^{2X+1}$ 的概率分布及分布函数。

解:(1) $Y=X^2$ 的可能取值为 $4,1,0,9$,相应的概率为

$$P\{Y=4\}=P\{X=-2\}=0.2,$$

$$P\{Y=1\}=P\{X=-1 \text{ 或 } X=1\}=P\{X=-1\}+P\{X=1\}$$

$$=0.25+0.3=0.55,$$

$$P\{Y=0\}=P\{X=0\}=0.2, \quad P\{Y=9\}=P\{X=3\}=0.05$$

故其概率分布为

Y	0	1	4	9
p_k	0.2	0.55	0.2	0.05

分布函数为

$$F_Y(y) = \begin{cases} 0, & y < 0 \\ 0.2, & 0 \leqslant y < 1 \\ 0.75, & 1 \leqslant y < 4 \\ 0.95, & 4 \leqslant y < 9 \\ 1, & y \geqslant 9 \end{cases}$$

（2）$Z = e^{2X+1}$ 的概率分布为

Z	e^{-3}	e^{-1}	e	e^3	e^7
p_k	0.2	0.25	0.2	0.3	0.05

分布函数为

$$F_Z(z) = \begin{cases} 0, & z < e^{-3} \\ 0.2, & e^{-3} \leqslant z < e^{-1} \\ 0.45, & e^{-1} \leqslant z < e \\ 0.65, & e \leqslant z < e^3 \\ 0.95, & e^3 \leqslant z < e^7 \\ 1, & z \geqslant e^7 \end{cases}$$

22. 设随机变量 X 服从均匀分布 $U(0,1)$，试求：（1）$Y = e^X$ 的概率密度及分布函数；（2）$Z = -2\ln X$ 的概率密度及分布函数。

解：X 的分布函数为

$$F_X(x) = \begin{cases} 0, & x < 0 \\ x, & 0 \leqslant x < 1 \\ 1, & x \geqslant 1 \end{cases}$$

（1）$Y = e^X$ 的分布函数为

$$F_Y(y) = P\{Y \leqslant y\} = P\{e^X \leqslant y\}$$

故当 $y < 1$ 时，$F_Y(y) = 0$；当 $1 \leqslant y < e$ 时，$F_Y(y) = P\{X \leqslant \ln y\} = F_X(\ln y) = \ln y$；当 $y \geqslant e$ 时，$F_Y(y) = P\{X \leqslant 1\} + P\{1 < X < \ln y\} = 1$. 故

$$F_Y(y) = \begin{cases} 0, & y < 1 \\ \ln y, & 1 \leqslant y < e \\ 1, & y \geqslant e \end{cases}$$

求导可得 $Y = e^X$ 的概率密度为

$$f_Y(y) = \begin{cases} \dfrac{1}{y}, & 1 < y < e \\ 0, & \text{其他} \end{cases}$$

(2) $Z = -2\ln X$ 的分布函数为

$$F_Z(z) = P\{Z \leqslant z\} = P\{-2\ln X \leqslant z\}$$

故当 $z \leqslant 0$ 时，$F_Z(z) = 0$；当 $z > 0$ 时

$$F_Z(z) = P\{-2\ln X \leqslant z\} = P\{X \geqslant e^{-\frac{z}{2}}\} = 1 - F_X(e^{-\frac{z}{2}}) = 1 - e^{-\frac{z}{2}}$$

即

$$F_Z(z) = \begin{cases} 1 - e^{-z/2}, & z > 0 \\ 0, & z \leqslant 0 \end{cases}$$

故 $Z = -2\ln X$ 服从参数为 $1/2$ 的指数分布，其概率密度为

$$f_Z(z) = \begin{cases} \dfrac{1}{2} e^{-z/2}, & z > 0 \\ 0, & z \leqslant 0 \end{cases}$$

23. 设随机变量 X 服从标准正态分布 $N(0,1)$。试求：(1) $Y = e^X$ 的概率密度；(2) $Z = 2X^2 + 1$ 的概率密度；(3) $W = |X|$ 的概率密度。

解：$X \sim N(0,1)$，其分布函数为

$$\Phi(x) = \int_{-\infty}^{x} \frac{1}{\sqrt{2\pi}} e^{-\frac{x^2}{2}} \, dx$$

(1) $Y = e^X$ 的分布函数为

$$F_Y(y) = P\{Y \leqslant y\} = P\{e^X \leqslant y\}$$

故当 $y \leqslant 0$ 时，$F_Y(y) = 0$；当 $y > 0$ 时，

$$F_Y(y) = P\{e^X \leqslant y\} = P\{X \leqslant \ln y\} = F_X(\ln y) = \Phi(\ln y)$$

故 $Y = e^X$ 的概率密度为

$$f_Y(y) = \begin{cases} 0, & y \leqslant 0 \\ \dfrac{1}{y\sqrt{2\pi}} e^{-\frac{(\ln y)^2}{2}}, & y > 0 \end{cases}$$

(2) $Z = 2X^2 + 1$ 的分布函数为

$$F_Z(z) = P\{2X^2 + 1 \leqslant z\} = P\left\{X^2 \leqslant \frac{z-1}{2}\right\}$$

故当 $z \leqslant 1$ 时，$F_Z(z) = 0$；当 $z > 1$ 时，

$$F_Z(z) = P\left\{-\sqrt{\frac{z-1}{2}} < X < \sqrt{\frac{z-1}{2}}\right\} = \Phi\left(\sqrt{\frac{z-1}{2}}\right) - \Phi\left(-\sqrt{\frac{z-1}{2}}\right)$$

$$= 2\Phi\left(\sqrt{\frac{z-1}{2}}\right) - 1$$

故 $Z = 2X^2 + 1$ 的概率密度为

$$f_Z(z) = \begin{cases} 0, & z \leqslant 1 \\ \dfrac{1}{2\sqrt{\pi(z-1)}} e^{-\frac{z-1}{4}}, & z > 1 \end{cases}$$

(3) $W = |X|$ 的分布函数为

$$F_W(w) = P\{W \leqslant w\} = P\{|X| \leqslant w\}$$

故当 $w \leqslant 0$ 时，$F_W(w) = 0$；当 $w > 0$ 时，

$$F_W(w) = P\{|X| \leqslant w\} = P\{-w \leqslant X \leqslant w\} = \Phi(w) - \Phi(-w) = 2\Phi(w) - 1$$

所以 $W = |X|$ 的概率密度为

$$f_W(w) = \begin{cases} 2 \cdot \dfrac{1}{\sqrt{2\pi}} e^{-\frac{w^2}{2}}, & w > 0 \\ 0, & w \leqslant 0 \end{cases}$$

24. 设随机变量 X 的概率密度为

$$f(x) = \begin{cases} \dfrac{2x}{\pi^2}, & 0 < x < \pi \\ 0, & \text{其他} \end{cases}$$

试求 $Y = \sin X$ 的概率密度。

解：Y 的分布函数为

$$F_Y(y) = P\{Y \leqslant y\} = P\{\sin X \leqslant y\}$$

故当 $y \leqslant 0$ 时，$F_Y(y) = 0$；当 $y \geqslant 1$ 时，$F_Y(y) = 1$；当 $0 < y < 1$ 时，注意此时当 $0 < x < \pi$ 时，函数 $y = \sin x$ 关于 $x = \dfrac{\pi}{2}$ 对称，故

$$\begin{aligned} F_Y(y) &= P\{\sin X \leqslant y\} = P\{0 < X \leqslant \arcsin y\} + P\{\pi - \arcsin y < X \leqslant \pi\} \\ &= F_X(\arcsin y) - F_X(0) + F_X(\pi) - F_X(\pi - \arcsin y) \\ &= F_X(\arcsin y) + 1 - F_X(\pi - \arcsin y) \end{aligned}$$

于是，当 $0 < y < 1$ 时，

$$f_Y(y) = \frac{2\arcsin y}{\pi^2} \cdot \frac{1}{\sqrt{1-y^2}} - \frac{2(\pi - \arcsin y)}{\pi^2} \cdot \left(\frac{-1}{\sqrt{1-y^2}}\right) = \frac{2}{\pi\sqrt{1-y^2}}$$

当 $y \leqslant 0$ 或 $y \geqslant 1$ 时，$f_Y(y) = 0$。

故 Y 的概率密度为

$$f_Y(y) = \begin{cases} \dfrac{2}{\pi\sqrt{1-y^2}}, & 0 < y < 1 \\ 0, & \text{其他} \end{cases}$$

25. 设电流 I 是一个随机变量，它均匀分布在 $9\sim11$ A 范围内。若此电流通过 $2\ \Omega$ 的电阻，在其上消耗的功率 $W = 2I^2$，试求 W 的概率密度。

解：W 的分布函数为

$$F_W(w) = P\{W \leqslant w\} = P\{2I^2 \leqslant w\} = P\left\{I^2 \leqslant \frac{w}{2}\right\}$$

而 $I \sim U(9,11)$，即其概率密度为

$$f_I(x) = \begin{cases} 1/2, & 9 < x < 11 \\ 0, & \text{其他} \end{cases}$$

故当 $w \leqslant 2 \times 9^2 = 162$ 时，$F_W(w) = 0$；当 $w \geqslant 2 \times 11^2 = 242$ 时，$F_W(w) = 1$；当 $162 < w < 242$ 时，

$$F_W(w) = P\left\{-\sqrt{\frac{w}{2}} \leqslant I \leqslant \sqrt{\frac{w}{2}}\right\} = F_I\left(\sqrt{\frac{w}{2}}\right) - F_I\left(-\sqrt{\frac{w}{2}}\right) = F_I\left(\sqrt{\frac{w}{2}}\right)$$

于是 W 的概率密度为

$$f_W(w) = \begin{cases} \dfrac{1}{4\sqrt{2w}}, & 162 < w < 242 \\ 0, & \text{其他} \end{cases}$$

自测题二

1. 两名同一水平的棋手下棋，假定一方获胜的概率为 1/2，试问其中一名棋手在 4 局中获胜 2 局，或在 6 局中获胜 3 局（假定无和局）的概率是多少？

解：设 $X = \{$其中一位棋手在 4 局中获胜的局数$\}$，则 X 为随机变量，可能取值为 $0,1,2,3,4$。依题意，X 服从参数为 $4,0.5$ 的二项分布 $B(4,0.5)$，即其概率分布为

$$P\{X = k\} = C_4^k \times 0.5^k \times 0.5^{4-k} = C_4^k 0.5^4, \quad k = 0,1,2,3,4$$

故所求 4 局中获胜 2 局的概率为

$$P\{X = 2\} = C_4^2 0.5^4 = 0.375$$

又设 $Y = \{$其中一位棋手在 6 局中获胜的局数$\}$，同上可知，Y 服从参数为 $6,0.5$ 的二项分布 $B(6,0.5)$，其概率分布为

$$P\{Y = k\} = C_6^k \times 0.5^k \times 0.5^{6-k} = C_4^k 0.5^4, \quad k = 0,1,2,\cdots,6$$

故所求 6 局中获胜 3 局的概率为

$$P\{Y = 3\} = C_6^3 0.5^6 = 0.312\,5$$

2. 某教科书出版了 2 000 册，因装订等原因造成错误的册数的概率为 0.001，试求在这 2 000 册书中恰有 5 册错误的概率。

解：设 $X = \{2\,000$ 册书中有错误的册数$\}$，则 X 为随机变量，其可能取值为 $0,1,2,\cdots,2\,000$。各册书是否错误可视为相互独立，故此 X 服从参数为 $2\,000,0.001$ 的二项分布，即其概率分布为

$$P\{X = k\} = C_{2\,000}^k \times 0.001^k \times 0.999^{2\,000-k}, \quad k = 0,1,2,\cdots,2\,000$$

故所求 2 000 册书中恰有 5 册错误的概率为

$$P\{X = 5\} = C_{2\,000}^5 \times 0.001^5 \times 0.999^{2\,000-5}$$

因为 $n = 2\,000$ 足够大，$p = 0.001$ 很小，可利用泊松分布作近似计算，由 $\lambda = 2\,000 \times 0.001 = 2$ 可得

$$P\{X=5\} \approx \frac{2^5 \mathrm{e}^{-5}}{5!} = 0.001\ 8$$

3. 设随机变量 X 的分布律为

X	1	4	9	16	25
p_k	1/15	4/15	2/5	1/5	1/15

试求 $Y = 2\sqrt{X} + X + 1$ 的分布律与分布函数。

解：因为

$$y = g(x) = 2\sqrt{x} + x + 1 = (\sqrt{x} + 1)^2,$$

$$y' = 2(\sqrt{x} + 1) \times \frac{1}{2\sqrt{x}} = \frac{1}{\sqrt{x}} + 1 > 0$$

所以 $y = g(x)$ 是单调上升函数，故得

$$P\{Y = y_k = g(x_k)\} = P\{X = x_k\}$$

即得 $Y = 2\sqrt{X} + X + 1$ 的分布律为

Y	4	9	16	25	36
p_k	1/15	4/15	2/5	1/5	1/15

$Y = 2\sqrt{X} + X + 1$ 的分布函数为

Y	<4	$[4,9)$	$[9,16)$	$[16,25)$	$[25,36)$	$\geqslant 36$
$F(y)$	0	1/15	5/15	11/15	14/15	1

4. 设某物体的温度 T(F) 是一随机变量，且有 $T \sim N(53, 2^2)$，试求：$Q = \frac{9}{5}(T-32)(\mathbb{C})$ 的概率密度及概率 $P\{36 < Q < 38\}$。

解：因为若随机变量 $X \sim N(\mu, \sigma^2)$，则其线性函数 $Y = aX + b$ 亦服从正态分布 $Y \sim N(a\mu + b, a^2\sigma^2)$。此处有 $T \sim N(53, 2^2)$，故 $Q = \frac{9}{5}(T-32)$ 的分布为

$$Q \sim N\left(\frac{9}{5} \times 53 - \frac{9}{5} \times 32, \left(\frac{9}{5}\right)^2 \times 2^2\right) = N\left(\frac{189}{5}, \left(\frac{18}{5}\right)^2\right) = N(37.8, 3.6^2)$$

其概率密度为

$$f_Q(y) = \frac{1}{\sqrt{2\pi} \times 3.6} \mathrm{e}^{-\frac{(y-37.8)^2}{2\times 3.6^2}},$$

$$P\{36 < Q < 38\} = F_Q(38) - F_Q(36) = \Phi\left(\frac{38-37.8}{3.6}\right) - \Phi\left(\frac{36-37.8}{3.6}\right)$$

$$= \Phi(0.06) - \Phi(-0.5) = \Phi(0.06) - 1 + \Phi(0.5)$$

$$=0.523\ 9-1+0.691\ 5=0.215\ 4$$

5. 设计算机在进行加法运算时,每个加数按四舍五入取整数,试计算它们 5 个中至少有 3 个加数的取整误差绝对值不超过 0.3 的概率。

解:设 $X=\{$取整误差$\}$,则 X 服从区间$(-0.5,0.5)$上的均匀分布,即其概率密度为

$$f_X(x)=\begin{cases}1, & -0.5<x<0.5 \\ 0, & \text{其他}\end{cases}$$

故取整误差的绝对值不超过 0.3 的概率为

$$p=P\{|X|<0.3\}=\int_{-0.3}^{0.3}1\cdot\mathrm{d}x=0.6$$

又设 $Y=\{5$ 个加数中取整误差的绝对值不超过 0.3 的个数$\}$,则 Y 服从参数为 $n=5$,$p=0.6$ 的二项分布 $B\ (5,0.6)$,其概率分布为

$$P\{Y=k\}=\mathrm{C}_5^k\times0.6^k\times0.4^{5-k},\quad k=0,1,2,\cdots,5$$
$$P\{Y\geqslant3\}=P\{Y=3\}+P\{Y=4\}+P\{Y=5\}$$
$$=\mathrm{C}_5^3\times0.6^3\times0.4^2+\mathrm{C}_5^4\times0.6^4\times0.4+\mathrm{C}_5^5\times0.6^5$$
$$=0.345\ 6+0.259\ 2+0.077\ 8=0.682\ 6$$

6. 由某机器生产的螺栓的长度(cm)服从参数 $\mu=10.05,\sigma=0.06$ 的正态分布。规定长度在范围 10.05 ± 0.12 内为合格品,(1) 试求一螺栓为不合格品的概率;(2) 若从这机器生产的螺栓中任取 10 个,其中至多有一个不合格品的概率为多少?

解:设 $X=\{$某机器生产的螺栓的长度$\}$,依题意,$X\sim N(10.05,0.06^2)$,则

(1) $P(\text{合格})=P(|X-10.05|<0.12)$
$$=P(10.05-0.12<X<10.05+0.12)$$
$$=\Phi\left(\frac{10.05+0.12-10.05}{0.06}\right)-\Phi\left(\frac{10.05-0.12-10.05}{0.06}\right)$$
$$=\Phi(2)-\Phi(-2)=2\Phi(2)-1$$
$$=2\times0.9972-1=0.954\ 4$$

故 $P(\text{不合格})=1-P(\text{合格})=1-0.954\ 4=0.045\ 6$。

(2) 令 $Y=\{10$ 个螺栓中不合格品的个数$\}$,则 $Y\sim B\ (10,0.045\ 6)$,
$$P\ \{Y\leqslant1\}=P\ \{Y=0\}+P\ \{Y=1\}$$
$$=0.954\ 4^{10}+10\times0.045\ 6\times0.954\ 4^9=0.926\ 65$$

第 3 章　多维随机变量及其分布

本章内容虽然是多维随机变量,主要是二维随机变量的概念与计算方法,看起来难度远大于第 2 章,但实际上本章是第 2 章一维随机变量知识的重复与推广,只要第 2 章知识掌握得牢固,学习本章难度会大大降低。本章的特点是,首先确定二维随机

变量 (X,Y) 的概率分布或概率密度,计算其边缘概率分布或概率密度,以及条件概率分布或条件概率密度,从而可求得相应事件的概率,确定 X 与 Y 的相互独立性,以及函数 $g(X,Y)$ 的概率分布或概率密度。

基本要求

(1) 了解二维随机变量的分布函数、概率分布、概率密度的概念及性质,并会用其以此计算有关二维随机变量表示的随机事件的概率。

(2) 会计算二维随机变量的边缘概率分布或密度,条件概率分布或密度,能判断随机变量的独立性。

(3) 掌握两个独立或非独立随机变量函数 $g(X,Y)$ 的分布的求法,掌握两个独立或非独立随机变量离散和、最小值、最大值的分布的求法。

(4) 了解 n 多个随机变量相互独立性,及 n 多个随机变量的和、最小值、最大值的分布的求法。

本章特点

先将事件 A 用二维随机变量表示,再通过随机变量的性质求 $P(A)$。

(1) 利用二维离散型随机变量的概率分布(分布律)直接求 $P(A)$;

(2) 利用二维连续型随机变量的概率密度直接求 $P(A)$;

(3) 先将事件 A 用二维随机变量的函数表示,再通过函数随机变量的性质求 $P(A)$。

解题要点

(1) 利用二维概率分布计算有关事件的概率的步骤:

① 确定随机变量 X 与 Y,联立为 (X,Y);

② 确定 (X,Y) 的全部可能取值 (x_i,y_j) $(i,j=1,2,\cdots)$;

③ 通过古典概率或常见分布确定 (X,Y) 的概率分布
$$P\{X=x_i,Y=y_j\}=p_{ij}, \quad i,j=1,2,\cdots$$

④ 确定 (X,Y) 的分布函数 $F(x,y)=\sum_{x_i\leqslant x}\sum_{y_j\leqslant y}p_{ij}$;

⑤ 计算概率 $P\{a<X\leqslant b,c<Y\leqslant d\}=\sum_{a<x_i\leqslant b}\sum_{c<y_j\leqslant d}p_{ij}$。

(2) 利用二维概率密度计算有关事件的概率的步骤:

① 确定随机变量 X 与 Y,联立为 (X,Y);

② 确定 (X,Y) 的全部可能取值 (x,y);

③ 通过题设或常见分布确定概率密度 $f(x,y)$ 或 $\dfrac{\partial^2 F(x,y)}{\partial x\partial y}=f(x,y)$;

④ 确定 X 的分布函数 $F(x,y)=\displaystyle\int_{-\infty}^{x}\int_{-\infty}^{y}f(x,y)\mathrm{d}x\,\mathrm{d}y$;

⑤ 计算概率 $P\{(X,Y)\in D\}=\displaystyle\iint_{(x,y)\in D}f(x,y)\mathrm{d}x\,\mathrm{d}y$。

(3) 离散型随机变量 X 与 Y 的边缘概率分布、分布函数及条件分布：

$$P\{X=x_i\}=\sum_j p_{ij}=p_{i\cdot},\quad F_X(x)=P\{X\leqslant x\}=\sum_{x_i\leqslant x}p_{i\cdot},$$

$$P\{Y=y_j\}=\sum_i p_{ij}=p_{\cdot j},\quad F_Y(y)=P\{Y\leqslant y\}=\sum_{y_j\leqslant y}p_{\cdot j},$$

$$p_{j|i}=\frac{p_{ij}}{p_{i\cdot}},\quad j=1,2,\cdots,\quad p_{i|j}=\frac{p_{ij}}{p_{\cdot j}},\quad i=1,2,\cdots$$

(4) 连续型随机变量 X 与 Y 的边缘概率密度、分布函数及条件密度：

$$f_X(x)=\int_{-\infty}^{+\infty}f(x,y)\mathrm{d}y,\quad F_X(x)=P\{X\leqslant x\}=\int_{-\infty}^{x}f_X(x)\mathrm{d}x,$$

$$f_Y(y)=\int_{-\infty}^{+\infty}f(x,y)\mathrm{d}x,\quad F_Y(y)=P\{Y\leqslant y\}=\int_{-\infty}^{y}f_Y(y)\mathrm{d}y,$$

$$f_{Y|X}(y\mid x)=\frac{f(x,y)}{f_X(x)},\quad f_{X|Y}(x\mid y)=\frac{f(x,y)}{f_Y(y)}$$

(5) 记住二维正态分布、二维均匀分布的概率密度与应用模型。

(6) 求离散型机变量函数 $g(X,Y)$ 的概率分布步骤：

① 求出 $Z=g(X,Y)$ 的所有可能取值 $z_1,z_2,\cdots$；

② 对每一对 (x_i,y_j) 确定 $z_k=g(x_i,y_j)$ 的概率；

③ 将相同 z_k 值对应的概率相加，并将 $z_1,z_2,\cdots$ 按从小到大排列，与对应概率写出 Z 的概率分布表。

(7) 离散型随机变量函数 $Z=X+Y$ 的概率分布公式：

设 $P\{X=i,Y=j\}=p_{ij}(i,j=0,1,2,\cdots)$，

① 当 X 与 Y 相互独立时，

$$P\{Z=k\}=\sum_{i=0}^{k}P\{X=i\}P\{Y=k-i\}=\sum_{j=0}^{k}P\{X=k-j\}P\{Y=j\}$$

② 当 X 与 Y 不独立时，

$$P\{Z=k\}=\sum_{i=0}^{k}P\{X=i,Y=k-i\}=\sum_{j=0}^{k}P\{X=k-j,Y=j\}$$

(8) 连续型随机变量的和 $Z=X+Y$ 的概率密度公式：

① 当 X 与 Y 相互独立时，

$$f_Z(z)=\int_{-\infty}^{+\infty}f_X(x)f_Y(z-x)\mathrm{d}x=\int_{-\infty}^{+\infty}f_X(z-y)f_Y(y)\mathrm{d}y$$

② 当 X 与 Y 不独立时，

$$f_Z(z)=\int_{-\infty}^{+\infty}f(x,z-x)\mathrm{d}x=\int_{-\infty}^{+\infty}f(z-y,y)\mathrm{d}y$$

(9) 连续型随机变量的极大值 $M=\max\{X,Y\}$ 的概率密度公式：

设 X 与 Y 相互独立，则有

$$F_M(z)=F_X(z)F_Y(z),\quad f_M(z)=f_X(z)F_Y(z)+F_X(z)f_Y(z)$$

(10) 连续型随机变量的极小值 $N=\min\{X,Y\}$ 的概率密度公式:

设 X 与 Y 相互独立,则有

$$F_N(z)=1-[1-F_X(z)][1-F_Y(z)],$$
$$f_N(z)=f_X(z)[1-F_Y(z)]+[1-F_X(z)]f_Y(z)$$

综合练习三

1. 将一硬币抛掷 3 次,以 X 表示 3 次中出现正面的次数,以 Y 表示 3 次中出现正面次数与反面次数之差的绝对值,试写出 X 和 Y 的联合分布律,它们是否相互独立?

解:① 当 X 的可能取值为 0 或 3,即正面出现 0 或 3 次时,Y 的可能取值为 3;当 X 的可能取值为 1 或 2,正面出现 1 或 2 次时,Y 的可能取值为 1。

② 计算 (X,Y) 的可能取值的概率

$$P\{X=0,Y=1\}=0,\quad P\{X=0,Y=3\}=1/8,$$
$$P\{X=1,Y=1\}=3/8,\quad P\{X=1,Y=3\}=0,$$
$$P\{X=2,Y=1\}=3/8,\quad P\{X=2,Y=3\}=0,$$
$$P\{X=3,Y=1\}=0,\quad P\{X=3,Y=3\}=1/8$$

③ 所求 X 和 Y 的联合分布律与边缘分布如下表:

X \ Y	1	3	$P\{X=i\}$
0	0	1/8	1/8
1	3/8	0	3/8
2	3/8	0	3/8
3	0	1/8	1/8
$P\{Y=j\}$	6/8	2/8	1

④ X 与 Y 的边缘分布律如上表边缘所示,易见

$$P\{X=0,Y=1\}=0\neq P\{X=0\}P\{Y=1\}=\frac{1}{8}\times\frac{6}{8}$$

所以 X 与 Y 不独立。

2. 一整数 n 等可能地在 $1,2,3,\cdots,10$ 十个值中取一个值。设 $d=d(n)$ 是能整除 n 的正整数的个数,$F=F(n)$ 是能整除 n 的素数的个数(注意:1 不是素数),试写出 d 和 F 的联合分布律,它们是否相互独立?

解:① 整数 n 等可能地在 $1,2,3,\cdots,10$ 中取一个值时,$d=d(n)$ 与 $F=F(n)$ 的相应可能取值如下表:

n	1	2	3	4	5	6	7	8	9	10
$d(n)$	1	2	2	3	2	4	2	4	3	4
$F(n)$	0	1	1	1	1	2	1	1	1	2

从表中易得出 $d(n)$ 的可能取值为 $1,2,3,4$，$F(n)$ 的可能取值为 $0,1,2$。

② $(d(n),F(n))$ 的概率分布 $P\{d(n)=i,F(n)=j\}$ 如下表：

$d(n)$ \ $F(n)$	0	1	2	$P\{d(n)=i\}$
1	1/10	0	0	1/10
2	0	4/10	0	4/10
3	0	2/10	0	2/10
4	0	1/10	2/10	3/10
$P\{F(n)=j\}$	1/10	7/10	2/10	1

③ X 与 Y 的边缘分布律如上表边缘所示，易见

$$P\{d(n)=1,F(n)=1\}=0\neq P\{d(n)=1\}P\{F(n)=1\}=7/100$$

所以 d 与 F 不独立。

3. 设随机变量 (X,Y) 的概率密度为

$$f(x,y)=\begin{cases} k(6-x-y), & 0<x<2,2<y<4 \\ 0, & \text{其他} \end{cases}$$

试求：(1) 常数 k；(2) $P\{X<1,Y<3\}$ 及 $P\{X<1.5\}$；(3) $P\{X+Y\leqslant 4\}$。

解：(1) $1=\displaystyle\int_0^2 \mathrm{d}x\int_2^4 k(6-x-y)\mathrm{d}y=k\int_0^2\left(12-2x-\dfrac{y^2}{2}\Big|_2^4\right)\mathrm{d}x$

$$=k\int_0^2(12-2x-6)\mathrm{d}x=k\int_0^2(6-2x)\mathrm{d}x=k(6x-x^2)\Big|_0^2=8k$$

所以 $k=1/8$。

(2) $P\{X<1,Y<3\}=\displaystyle\int_0^1 \mathrm{d}x\int_2^3 \dfrac{1}{8}(6-x-y)\mathrm{d}y=\dfrac{1}{8}\int_0^1\left(6-x-\dfrac{y^2}{2}\Big|_2^3\right)\mathrm{d}x$

$$=\dfrac{1}{8}\int_0^1\left(\dfrac{7}{2}-x\right)\mathrm{d}x=\dfrac{3}{8},$$

$$P\{X<1.5\}=\int_0^{1.5}\mathrm{d}x\int_2^4 \dfrac{1}{8}(6-x-y)\mathrm{d}y=\dfrac{1}{8}\int_0^{1.5}\left(6-x-\dfrac{y^2}{2}\Big|_2^4\right)\mathrm{d}x$$

$$=\dfrac{1}{8}\int_0^{1.5}(6-2x)\mathrm{d}x=\dfrac{1}{8}(6x-x^2)\Big|_0^{1.5}=\dfrac{27}{32}=0.843\,75,$$

(3) $P\{X+Y\leqslant 4\}=\displaystyle\iint_{x+y\leqslant 4} f(x,y)\mathrm{d}x\,\mathrm{d}y$

$$= \int_0^2 \mathrm{d}x \int_2^{4-x} \frac{1}{8}(6-x-y)\mathrm{d}y \; \frac{n!}{r!\,(n-r)!}$$

$$= \frac{1}{8} \int_0^2 \left\{ (6-x)(2-x) - \frac{1}{2}\left[(4-x)^2 - 4\right] \right\} \mathrm{d}x$$

$$= \frac{1}{8} \int_0^2 \left(6 - 4x + \frac{1}{2}x^2 \right) \mathrm{d}x$$

$$= \frac{1}{8} \left(12 - 2x^2 \Big|_0^2 + \frac{1}{6}x^3 \Big|_0^2 \right) = \frac{2}{3}$$

4. 设二维随机变量 (X,Y) 的概率密度为

$$f(x,y) = \begin{cases} \mathrm{e}^{-y}, & 0 < x < y \\ 0, & \text{其他} \end{cases}$$

试求:(1) X,Y 的边缘概率密度,X 与 Y 是否相互独立?(2) 条件概率密度;
(3) $P\{X>2 \,|\, Y<4\}$。

解:(1) X 的边缘概率密度为

$$f_X(x) = \int_{-\infty}^{+\infty} f(x,y)\mathrm{d}y = \begin{cases} \int_x^{+\infty} \mathrm{e}^{-y}\mathrm{d}y = \mathrm{e}^{-x}, & x > 0 \\ 0, & x \leqslant 0 \end{cases}$$

Y 的边缘概率密度为

$$f_Y(y) = \int_{-\infty}^{+\infty} f(x,y)\mathrm{d}x = \begin{cases} \int_0^y \mathrm{e}^{-y}\mathrm{d}x = y\mathrm{e}^{-y}, & y > 0 \\ 0, & y \leqslant 0 \end{cases}$$

易见 $f_X(x)f_Y(y) \neq f(x,y)$,所以 X 与 Y 不独立。

(2) 当 $x>0$ 时,$X=x$ 条件下 Y 的条件概率密度为

$$f_{Y|X}(y \mid x) = \frac{f(x,y)}{f_X(x)} = \begin{cases} \dfrac{\mathrm{e}^{-y}}{\mathrm{e}^{-x}} = \mathrm{e}^{x-y}, & x < y < +\infty \\ 0, & \text{其他} \end{cases}$$

当 $y>0$ 时,$Y=y$ 条件下 X 的条件概率密度为

$$f_{X|Y}(x \mid y) = \frac{f(x,y)}{f_Y(y)} = \begin{cases} \dfrac{\mathrm{e}^{-y}}{y\mathrm{e}^{-y}} = \dfrac{1}{y}, & 0 < x < y \\ 0, & \text{其他} \end{cases}$$

(3) $P\{Y<4\} = \int_0^4 y\mathrm{e}^{-y}\mathrm{d}y = -y\mathrm{e}^{-y}\Big|_0^4 + \int_0^4 \mathrm{e}^{-y}\mathrm{d}y = -4\mathrm{e}^{-4} - \mathrm{e}^{-y}\Big|_0^4 = 1 - 5\mathrm{e}^{-4}$,

$$P\{X>2, Y<4\} = \int_2^4 \mathrm{d}x \int_x^4 \mathrm{e}^{-y}\mathrm{d}y = \int_2^4 (\mathrm{e}^{-x} - \mathrm{e}^{-4})\mathrm{d}x = \mathrm{e}^{-2} - 3\mathrm{e}^{-4}$$

所以 $P\{X>2 \,|\, Y<4\} = \dfrac{P\{X>2, Y<4\}}{P\{Y<4\}} = \dfrac{\mathrm{e}^{-2} - 3\mathrm{e}^{-4}}{1 - 5\mathrm{e}^{-4}}$。

5. 设二维随机变量 (X,Y) 的概率密度为

$$f(x,y) = \begin{cases} Cx^2 y, & 0 < y < x < 1 \\ 0, & \text{其他} \end{cases}$$

试求：(1) 常数 C；(2) X，Y 的边缘概率密度，X 与 Y 是否独立？(3) 条件概率密度。

解:(1) 由概率密度性质得

$$1 = \int_{-\infty}^{+\infty} \int_{-\infty}^{+\infty} f(x,y) dx dy = C \int_0^1 dx \int_0^x x^2 y dy$$

$$= C \int_0^1 x^2 \frac{x^2}{2} dx = \frac{C}{2} \cdot \frac{1}{5} = \frac{C}{10}$$

所以 $C=10$。

(2) X 的边缘概率密度为

$$f_X(x) = \int_{-\infty}^{+\infty} f(x,y) dy = \begin{cases} \int_0^x 10x^2 y dy = 5x^4, & 0 < x < 1 \\ 0, & \text{其他} \end{cases}$$

Y 的边缘概率密度为

$$f_Y(y) = \int_{-\infty}^{+\infty} f(x,y) dx = \begin{cases} \int_y^1 10x^2 y dx = \frac{10}{3} y(1-y^3), & 0 < y < 1 \\ 0, & \text{其他} \end{cases}$$

易见 $f_X(x) f_Y(y) \neq f(x,y)$，所以 X 与 Y 不独立。

(3) 当 $0 < x < 1$ 时，$X = x$ 条件下 Y 的条件概率密度为

$$f_{Y|X}(y \mid x) = \frac{f(x,y)}{f_X(x)} = \begin{cases} \frac{10x^2 y}{5x^4} = \frac{2y}{x^2}, & 0 < y < x \\ 0, & \text{其他} \end{cases}$$

当 $0 < y < 1$ 时，$Y = y$ 条件下 X 的条件概率密度为

$$f_{X|Y}(x \mid y) = \frac{f(x,y)}{f_Y(y)} = \begin{cases} \dfrac{10x^2 y}{\dfrac{10}{3} y(1-y^3)} = \dfrac{3x^2}{1-y^3}, & y < x < 1 \\ 0, & \text{其他} \end{cases}$$

6. 将某一医药公司 8 月份和 9 月份收到的青霉素针剂的订货单数分别记为 X 和 Y，据以往积累的资料知，X 和 Y 的联合分布律为

X \ Y	51	52	53	54	55
51	0.06	0.05	0.05	0.01	0.01
52	0.07	0.05	0.01	0.01	0.01
53	0.05	0.10	0.10	0.05	0.05
54	0.05	0.02	0.01	0.01	0.03
55	0.05	0.06	0.05	0.01	0.03

试求：(1) X 和 Y 的边缘分布律；(2) 8 月份的订单数为 51 时，9 月份订单数的条件分布律。

解:(1) X 的边缘分布律为

X	51	52	53	54	55
$p_i.$	0.18	0.15	0.35	0.12	0.20

Y 的边缘分布律为

Y	51	52	53	54	55
$p._j$	0.28	0.28	0.22	0.09	0.13

(2) 当 $X = 51$ 时,Y 的条件分布律为

$$P\{Y=51 \mid X=51\} = \frac{P\{X=51, Y=51\}}{P\{X=51\}} = \frac{0.06}{0.18} = \frac{1}{3},$$

$$P\{Y=52 \mid X=51\} = \frac{P\{X=51, Y=52\}}{P\{X=51\}} = \frac{0.05}{0.18} = \frac{5}{18},$$

$$P\{Y=53 \mid X=51\} = \frac{P\{X=51, Y=53\}}{P\{X=51\}} = \frac{0.05}{0.18} = \frac{5}{18},$$

$$P\{Y=54 \mid X=51\} = \frac{P\{X=51, Y=54\}}{P\{X=51\}} = \frac{0.01}{0.18} = \frac{1}{18},$$

$$P\{Y=55 \mid X=51\} = \frac{P\{X=51, Y=55\}}{P\{X=51\}} = \frac{0.01}{0.18} = \frac{1}{18}$$

即

k	51	52	53	54	55
$P\{Y=k \mid X=51\}$	6/18	5/18	5/18	1/18	1/18

7. 设随机变量 (X,Y) 具有概率密度

$$f(x,y) = \begin{cases} \dfrac{1}{2 \cdot 2^{\frac{n}{2}} \Gamma\left(\dfrac{n}{2}\right)} x^{\frac{n}{2}-1} \cdot e^{-\frac{1}{2}(x+y)}, & x>0, y>0 \\ 0, & \text{其他} \end{cases}$$

试问 X 与 Y 是否独立?

解:1) X 和 Y 的边缘概率密度:

① 当 $x \leqslant 0$ 时,$f_X(x)=0$;当 $x>0$ 时,

$$f_X(x) = \int_0^{+\infty} f(x,y)\mathrm{d}y = \int_0^{+\infty} \frac{1}{2 \cdot 2^{\frac{n}{2}} \Gamma\left(\dfrac{n}{2}\right)} x^{\frac{n}{2}-1} \cdot e^{-\frac{1}{2}(x+y)} \mathrm{d}y$$

$$= \frac{1}{2^{\frac{n}{2}} \Gamma\left(\dfrac{n}{2}\right)} x^{\frac{n}{2}-1} e^{-\frac{x}{2}} \int_0^{+\infty} \frac{1}{2} e^{-\frac{y}{2}} \mathrm{d}y = \frac{1}{2^{\frac{n}{2}} \Gamma\left(\dfrac{n}{2}\right)} x^{\frac{n}{2}-1} e^{-\frac{x}{2}}$$

② 当 $y \leqslant 0$ 时，$f_Y(y) = 0$；当 $y > 0$ 时，

$$f_Y(y) = \int_0^{+\infty} f(x,y)\mathrm{d}x = \int_0^{+\infty} \frac{1}{2 \cdot 2^{\frac{n}{2}} \Gamma\left(\frac{n}{2}\right)} x^{\frac{n}{2}-1} \cdot \mathrm{e}^{-\frac{1}{2}(x+y)} \mathrm{d}x$$

$$= \int_0^{+\infty} \frac{1}{\Gamma\left(\frac{n}{2}\right)} \left(\frac{x}{2}\right)^{\frac{n}{2}-1} \mathrm{e}^{-\frac{x}{2}} \mathrm{d}x \cdot \frac{1}{2} \mathrm{e}^{-\frac{y}{2}} = \frac{\Gamma(n/2)}{\Gamma(n/2)} \cdot \frac{1}{2} \mathrm{e}^{-\frac{y}{2}}$$

$$= \frac{1}{2} \mathrm{e}^{-\frac{y}{2}}$$

2）易见对任意的 x, y，有 $f(x,y) = f_X(x) f_Y(y)$，故知 X 与 Y 相互独立。

8. 设 X 和 Y 分别表示两个不同电子器件的寿命（单位：h），并设 X 和 Y 相互独立，且服从同一分布，其概率密度为

$$f(x) = \begin{cases} 1\,000/x^2, & x > 1\,000 \\ 0, & \text{其他} \end{cases}$$

试求：(1) $Z = X/Y$ 的概率密度；(2) $M = \max\{X,Y\}$ 和 $\min\{X,Y\}$ 的概率密度。

解：(1) 由 $Z = X/Y$ 的密度公式及 X 与 Y 的独立性得

$$f_Z(z) = \int_{-\infty}^{+\infty} |y| f_X(yz) f_Y(y)\mathrm{d}y$$

则只当 $yz > 1\,000, y > 1\,000$ 时，$f_X(yz)f_Y(y) > 0$。即当 $z < 0$ 时，$y > 1\,000, yz < 0$，$f_X(yz) = 0$，得 $f_Z(z) = 0$；当 $0 < z < 1$ 时，$1\,000/z > 1\,000$，故取 $y > 1\,000/z$，此时

$$f_Z(z) = \int_{1\,000/z}^{+\infty} y \frac{1\,000}{(yz)^2} \cdot \frac{1\,000}{y^2}\mathrm{d}y = \frac{1\,000^2}{z^2} \int_{1\,000/z}^{+\infty} \frac{1}{y^3}\mathrm{d}y$$

$$= \frac{1\,000^2}{z^2} \left(-\frac{1}{2y^2}\right)\Big|_{1\,000/z}^{+\infty} = \frac{1}{2}$$

当 $z \geqslant 1$ 时，$1\,000/z \leqslant 1\,000$。故取 $y > 1\,000$，此时

$$f_Z(z) = \int_{1\,000}^{+\infty} y \frac{1\,000}{(yz)^2} \cdot \frac{1\,000}{y^2}\mathrm{d}y = \frac{1\,000^2}{z^2} \int_{1\,000}^{+\infty} \frac{1}{y^3}\mathrm{d}y$$

$$= \frac{1\,000^2}{z^2} \left(-\frac{1}{2y^2}\right)\Big|_{1\,000}^{+\infty} = \frac{1}{2z^2}$$

综述可得 $Z = X/Y$ 的概率密度为

$$f_Z(z) = \begin{cases} 0, & z < 0 \\ 1/2, & 0 \leqslant z < 1 \\ 1/2z^2, & z \geqslant 1 \end{cases}$$

(2) 因为 X 与 Y 的分布函数相同，为

$$F(x) = \int_{-\infty}^x f(x)\mathrm{d}x = \begin{cases} 1 - \dfrac{1\,000}{x}, & x > 1\,000 \\ 0, & x \leqslant 1\,000 \end{cases}$$

所以 $M = \max\{X, Y\}$ 的分布函数为

$$F_M(z) = [F(z)]^2 = \begin{cases} \left(1 - \dfrac{1\,000}{z}\right)^2, & z > 1\,000 \\ 0, & z \leqslant 1\,000 \end{cases}$$

$M = \max\{X, Y\}$ 的概率密度为

$$f_M(z) = \begin{cases} \dfrac{2\,000}{z^2}\left(1 - \dfrac{1\,000}{z}\right), & z > 1\,000 \\ 0, & z \leqslant 1\,000 \end{cases}$$

$\min\{X, Y\}$ 的分布函数为

$$F_N(z) = 1 - [1 - F(z)]^2 = \begin{cases} 1 - \dfrac{1\,000^2}{z^2}, & z > 1\,000 \\ 0, & z \leqslant 1\,000 \end{cases}$$

$\min\{X, Y\}$ 的概率密度为

$$f_N(z) = \begin{cases} \dfrac{2 \times 10^6}{z^3}, & z > 1\,000 \\ 0, & z \leqslant 1\,000 \end{cases}$$

9. 设随机变量 (X, Y) 的概率密度为

$$f(x, y) = \begin{cases} x^2 + (xy/3), & 0 < x < 1, 0 < y < 2 \\ 0, & \text{其他} \end{cases}$$

试求:(1) X, Y 的边缘概率密度;(2) X, Y 的条件概率密度;(3) 概率 $P\{X + Y > 1\}$ 及 $P\left\{Y < \dfrac{1}{2} \mid X < \dfrac{1}{2}\right\}$。

解:(1) X 的边缘概率密度为

$$f_X(x) = \int_{-\infty}^{+\infty} f(x, y)\mathrm{d}y = \begin{cases} \displaystyle\int_0^2 \left(x^2 + \dfrac{xy}{3}\right)\mathrm{d}y = 2x\left(x + \dfrac{1}{3}\right), & 0 < x < 1 \\ 0, & \text{其他} \end{cases}$$

Y 的边缘概率密度(如右图所示)为

$$f_Y(y) = \int_{-\infty}^{+\infty} f(x, y)\mathrm{d}x$$
$$= \begin{cases} \displaystyle\int_0^1 \left(x^2 + \dfrac{xy}{3}\right)\mathrm{d}x = \dfrac{1}{3}\left(1 + \dfrac{y}{2}\right), & 0 < y < 2 \\ 0, & \text{其他} \end{cases}$$

(2) 当 $0 < x < 1$ 时,$X = x$ 条件下 Y 的条件概率密度为

$$f_{Y|X}(y \mid x) = \frac{f(x, y)}{f_X(x)}$$

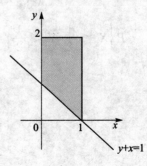

题 9 图

$$= \begin{cases} \dfrac{x^2 + \dfrac{xy}{3}}{2x\left(x + \dfrac{1}{3}\right)} = \dfrac{3x + y}{2(3x + 1)}, & 0 < y < 2 \\ 0, & 其他 \end{cases}$$

当 $0 < y < 2$ 时，$Y = y$ 条件下 X 的条件概率密度为

$$f_{X|Y}(x \mid y) = \frac{f(x, y)}{f_Y(y)} = \begin{cases} \dfrac{x^2 + \dfrac{xy}{3}}{\dfrac{1}{3}\left(1 + \dfrac{y}{2}\right)} = \dfrac{6x^2 + 2xy}{2 + y}, & 0 < x < 1 \\ 0, & 其他 \end{cases}$$

(3) $P\{X + Y > 1\} = \iint\limits_{\substack{x+y>1 \\ 0<x<1 \\ 0<y<2}} f(x, y)\,\mathrm{d}x\,\mathrm{d}y = \int_0^1 \mathrm{d}x \int_{1-x}^2 \left(x^2 + \dfrac{xy}{3}\right)\mathrm{d}y$

$$= \int_0^1 \left(x^2 y + \frac{x}{6}y^2\right)\Big|_{1-x}^2 \mathrm{d}x$$

$$= \int_0^1 \left\{ x^2(1+x) + \frac{x}{6}\left[4 - (1-x)^2\right] \right\} \mathrm{d}x$$

$$= \frac{1}{3} + \frac{1}{4} + \frac{1}{6}\left(2 - \frac{1}{12}\right) = \frac{65}{72},$$

$$P\left\{Y < \frac{1}{2} \,\Big|\, X < \frac{1}{2}\right\} = \frac{P\{X < 1/2, Y < 1/2\}}{P\{X < 1/2\}}$$

而

$$P\left\{X < \frac{1}{2}\right\} = \int_{-\infty}^{\frac{1}{2}} f_X(x)\,\mathrm{d}x = \int_0^{\frac{1}{2}} 2x\left(x + \frac{1}{3}\right)\mathrm{d}x$$

$$= \left(\frac{2}{3}x^3 + \frac{2}{3} \cdot \frac{x^2}{2}\right)\Big|_0^{\frac{1}{2}} = \frac{2}{3} \cdot \left(\frac{1}{2}\right)^3 + \frac{2}{3} \cdot \frac{1}{2} \cdot \left(\frac{1}{2}\right)^2 = \frac{1}{6},$$

$$P\left\{X < \frac{1}{2}, Y < \frac{1}{2}\right\} = \int_{-\infty}^{\frac{1}{2}} \int_{-\infty}^{\frac{1}{2}} f(x, y)\,\mathrm{d}x\,\mathrm{d}y = \int_0^{\frac{1}{2}} \mathrm{d}x \int_0^{\frac{1}{2}} \left(x^2 + \frac{xy}{3}\right)\mathrm{d}y$$

$$= \int_0^{\frac{1}{2}} \left(x^2 y + \frac{x}{6}y^2\right)\Big|_0^{\frac{1}{2}} \mathrm{d}x$$

$$= \int_0^{\frac{1}{2}} \left(\frac{x^2}{2} + \frac{x}{24}\right)\mathrm{d}x = \left(\frac{1}{2} \cdot \frac{1}{3}x^3 + \frac{1}{24} \cdot \frac{1}{2}x^2\right)\Big|_0^{\frac{1}{2}}$$

$$= \frac{1}{6} \cdot \left(\frac{1}{2}\right)^3 + \frac{1}{48}\left(\frac{1}{2}\right)^2 = \frac{5}{192}$$

所以 $P\left\{Y < \dfrac{1}{2} \,\Big|\, X < \dfrac{1}{2}\right\} = \dfrac{5/192}{1/6} = \dfrac{5}{32}$。

10. 设随机变量 $X_1, X_2, \cdots, X_n$ 相互独立，X_i 服从参数为 λ_i 的泊松分布 $\pi(\lambda_i)$ $(i=1,2,\cdots,n)$，试问 $\sum\limits_{i=1}^{n} X_i$ 是否服从参数为 $\lambda_1 + \lambda_2 + \cdots + \lambda_n$ 的泊松分布 $\pi(\lambda_1 + \lambda_2 + \cdots + \lambda_n)$？

解：是。可利用数学归纳法证明。由"基本练习 3.4 解答"第 2 题结论可知，

① 若随机变量 X_1 与 X_2 相互独立，分别服从泊松分布 $\pi(\lambda_1)$ 与 $\pi(\lambda_2)$，则 $X_1 + X_2$ 服从参数为 $\lambda_1 + \lambda_2$ 的泊松分布 $\pi(\lambda_1 + \lambda_2)$；

② 若随机变量 X_i 相互独立，服从参数为 λ_i 的泊松分布 $\pi(\lambda_i)(1 \leqslant i \leqslant n-1)$ 时，假设 $\sum\limits_{i=1}^{n-1} X_i$ 亦服从参数为 $\lambda_1 + \lambda_2 + \cdots + \lambda_{n-1}$ 的泊松分布 $\pi(\lambda_1 + \lambda_2 + \cdots + \lambda_{n-1})$；

③ 则当随机变量 X_i 相互独立，服从参数为 λ_i 的泊松分布 $\pi(\lambda_i)(1 \leqslant i \leqslant n)$ 时，$\sum\limits_{i=1}^{n} X_i = \sum\limits_{i=1}^{n-1} X_i + X_n$，且 $\sum\limits_{i=1}^{n-1} X_i$ 与 X_n 相互独立，分别服从泊松分布 $\pi(\lambda_1 + \lambda_2 + \cdots + \lambda_{n-1})$ 与 $\pi(\lambda_n)$，故再由"基本练习 3.4 解答"第 2 题结论可知 $\sum\limits_{i=1}^{n} X_i = \sum\limits_{i=1}^{n-1} X_i + X_n$ 服从泊松分布 $\pi(\lambda_1 + \lambda_2 + \cdots + \lambda_{n-1} + \lambda_n)$。所以由数学归纳法知，对于任意自然数 n，随机变量 X_i 相互独立，服从参数为 λ_i 的泊松分布 $\pi(\lambda_i)(i=1,2,\cdots,n)$，则 $\sum\limits_{i=1}^{n} X_i$ 服从参数为 $\sum\limits_{i=1}^{n} \lambda_i$ 的泊松分布 $\pi\left(\sum\limits_{i=1}^{n} \lambda_i\right)$。

11. 设随机变量 X_1 和 X_2 服从 χ^2 分布，即分别具有概率密度为

$$f_X(x) = \begin{cases} \dfrac{1}{2^{\frac{n_1}{2}} \Gamma\left(\dfrac{n_1}{2}\right)} x^{\frac{n_1}{2}-1} e^{-\frac{x}{2}}, & x > 0 \\ 0, & x \leqslant 0 \end{cases} \quad (\text{记 } X_1 \sim \chi^2(n_1), n_1 \geqslant 1)$$

$$f_Y(y) = \begin{cases} \dfrac{1}{2^{\frac{n_2}{2}} \Gamma\left(\dfrac{n_2}{2}\right)} y^{\frac{n_2}{2}-1} e^{-\frac{y}{2}}, & y > 0 \\ 0, & y \leqslant 0 \end{cases} \quad (\text{记 } X_2 \sim \chi^2(n_2), n_2 \geqslant 1)$$

设 X_1 和 X_2 相互独立，试求 $Z = X_1 + X_2$ 的概率密度。又若随机变量 $X_1, X_2, \cdots, X_n$ 相互独立，且分别服从 χ^2 分布 $\chi^2(n_i)(i=1,2,\cdots,k; n_i \geqslant 1)$，试问 $\sum\limits_{i=1}^{k} X_i$ 是否服从 $\chi^2\left(\sum\limits_{i=1}^{k} n_i\right)$ 分布？

解：先求 $X_1 + X_2$ 的概率密度为

$$f_{X_1+X_2}(z) = \int_{-\infty}^{+\infty} f_{X_1}(x) f_{X_2}(z-x) \mathrm{d}x$$

当 $0 < x < +\infty, 0 < z - x < +\infty$，即 $0 < x < +\infty, 0 < x < z$ 时，$f_{X_1}(x) f_{X_2}(z-x) > 0$，由此确定积分限，即有当 $z \leqslant 0$ 时，$f_{X_1+X_2}(z) = 0$；当 $z > 0$ 时，$0 < x < z$，则

$$f_{X_1+X_2}(z) = \int_0^z \frac{1}{2^{\frac{n_1}{2}} \Gamma\left(\frac{n_1}{2}\right)} x^{\frac{n_1}{2}-1} \mathrm{e}^{-\frac{x}{2}} \cdot \frac{1}{2^{\frac{n_2}{2}} \Gamma\left(\frac{n_2}{2}\right)} (z-x)^{\frac{n_2}{2}-1} \mathrm{e}^{-\frac{z-x}{2}} \mathrm{d}x$$

$$= \frac{\mathrm{e}^{-\frac{z}{2}}}{2^{\frac{n_1+n_2}{2}} \Gamma\left(\frac{n_1}{2}\right) \Gamma\left(\frac{n_2}{2}\right)} \int_0^z x^{\frac{n_1}{2}-1} (z-x)^{\frac{n_2}{2}-1} \mathrm{d}x$$

其中

$$\int_0^z x^{\frac{n_1}{2}-1} (z-x)^{\frac{n_2}{2}-1} \mathrm{d}x \xlongequal{x=zt} \int_0^1 (zt)^{\frac{n_1}{2}-1} \cdot (z-zt)^{\frac{n_2}{2}-1} \mathrm{d}(zt)$$

$$= z^{\frac{n_1+n_2}{2}-1} \int_0^1 t^{\frac{n_1}{2}-1} (1-t)^{\frac{n_2}{2}-1} \mathrm{d}t$$

$$= z^{\frac{n_1+n_2}{2}-1} B\left(\frac{n_1}{2}, \frac{n_2}{2}\right) = z^{\frac{n_1+n_2}{2}-1} \frac{\Gamma\left(\frac{n_1}{2}\right) \Gamma\left(\frac{n_2}{2}\right)}{\Gamma\left(\frac{n_1}{2} + \frac{n_2}{2}\right)}$$

代入前式即得

$$f_{X_1+X_2}(z) = \begin{cases} \dfrac{1}{2^{\frac{n_1+n_2}{2}} \Gamma\left(\frac{n_1}{2} + \frac{n_2}{2}\right)} \cdot z^{\frac{n_1+n_2}{2}-1} \mathrm{e}^{-\frac{z}{2}}, & z > 0 \\ 0, & z \leqslant 0 \end{cases}$$

即 $X_1 + X_2 \sim \chi^2(n_1 + n_2)$。

若随机变量 $X_1, X_2, \cdots, X_k$ 相互独立，且 $X_i \sim \chi^2(n_i), n_i \geqslant 1 (i = 1, 2, \cdots, k)$，则依归纳假设，设 $k-1$ 时成立，即

$$X_1 + X_2 + \cdots + X_{k-1} \sim \chi^2\left(\sum_{i=1}^{k-1} n_i\right)$$

而 $\sum_{i=1}^{k-1} X_i$ 与 X_k 相互独立，又有前段结果，两个相互独立的服从 χ^2 分布的随机变量之和仍服从 χ^2 分布，故得

$$\sum_{i=1}^{k} X_i = \sum_{i=1}^{k-1} X_i + X_k \sim \chi^2\left(\sum_{i=1}^{k-1} n_i + n_k\right) = \chi^2\left(\sum_{i=1}^{k} n_i\right)$$

12. 在某一分钟内的任何时刻，信号进入收音机是等可能的，若收到两个互相独立的这种信号的时间间隔 Z 小于 $0.5\ \mathrm{s}$，则信号将产生互相干扰，试求两信号互相干扰的概率，并求 Z 的概率密度。

解：设 X, Y 为两个相互独立的信号在某一分钟内进入的时刻，依题意，X, Y 均服从区间 $(0,1)$ 上的均匀分布，概率密度为

$$f_X(x) = \begin{cases} 1, & 0 < x < 1 \\ 0, & \text{其他} \end{cases}, \quad f_Y(y) = \begin{cases} 1, & 0 < y < 1 \\ 0, & \text{其他} \end{cases}$$

且由 X 与 Y 相互独立,故它们的联合概率密度为

$$f(x,y) = f_X(x)f_Y(y) = \begin{cases} 1, & 0 < x < 1, 0 < y < 1 \\ 0, & \text{其他} \end{cases}$$

两信号互相干扰,等价于事件 $\left\{ |X-Y| < \dfrac{1}{120} \right\}$,故所求概率

$$P\left\{ |X-Y| < \frac{1}{120} \right\} = \iint_D 1 \cdot dx\,dy = D \text{ 的面积}$$

其中

$$D = \{(x,y) \mid 0 < x < 1, 0 < y < 1, |x-y| < 1/120\}$$

如右图所示,D 由直线 $x=0, x=1, y=0, y=1$
及 $y=x+1/120, y=x-1/120$ 所围成,易见

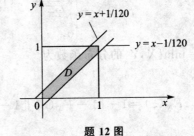

题 12 图

$$D \text{ 的面积} = 1 - \frac{1}{2}\left(1 - \frac{1}{120}\right)^2 \times 2$$

$$= 1 - \left(\frac{119}{120}\right)^2 = 0.016\,6$$

再求 $Z = |X-Y|$ 的分布函数:

当 $z \leqslant 0$ 时,$F_Z(z) = 0$;当 $z \geqslant 1$ 时,
$F_Z(z) = 1$;

当 $0 < z < 1$ 时,

$$F_Z(z) = P\{Z \leqslant z\} = P\{|X-Y| \leqslant z\} = \iint_{|x-y| \leqslant z} f(x,y)dx\,dy$$

$$= \iint_{\substack{|x-y| \leqslant z \\ 0 < x < 1 \\ 0 < y < 1}} 1 \cdot dx\,dy = 1 - 2 \times \frac{1}{2}(1-z)^2 = 1 - (1-z)^2$$

故 $Z = |X-Y|$ 的概率密度为

$$f_Z(z) = \begin{cases} 2(1-z), & 0 < z < 1 \\ 0, & \text{其他} \end{cases}$$

13. 设随机变量 X 与 Y 相互独立,且分别具有概率密度

$$f_X(x) = \frac{1}{\sqrt{2\pi}} e^{-\frac{x^2}{2}}, \; -\infty < x < +\infty, \quad f_Y(y) = \begin{cases} y e^{-\frac{y^2}{2}}, & y > 0 \\ 0, & y \leqslant 0 \end{cases}$$

试求:(1) $M = \max\{X, Y\}$ 及 $N = \min\{X, Y\}$ 的概率密度;(2) $P\{|M| < 1\}$ 及
$P\{|N| < 1\}$。

解:X, Y 的分布函数分别为

$$F_X(x) = \int_{-\infty}^{x} \frac{1}{\sqrt{2\pi}} e^{-\frac{x^2}{2}} dx = \Phi(x),$$

$$F_Y(y) = \int_{-\infty}^{y} f_Y(y) dy = \begin{cases} \int_0^y y e^{-\frac{y^2}{2}} dy = 1 - e^{-\frac{y^2}{2}}, & y > 0 \\ 0, & y \leqslant 0 \end{cases}$$

(1) $M = \max\{X, Y\}$ 的分布函数为

$$F_M(z) = F_X(z) F_Y(z) = \begin{cases} \Phi(z) \cdot (1 - e^{-\frac{z^2}{2}}), & z > 0 \\ 0, & z \leqslant 0 \end{cases}$$

故 M 的概率密度为

$$f_M(z) = \begin{cases} \dfrac{1}{\sqrt{2\pi}} e^{-\frac{z^2}{2}} (1 - e^{-\frac{z^2}{2}}) + \Phi(z) \cdot z e^{-\frac{z^2}{2}}, & z > 0 \\ 0, & z \leqslant 0 \end{cases}$$

$N = \min\{X, Y\}$ 的分布函数为

$$F_N(z) = 1 - [1 - F_X(z)][1 - F_Y(z)] = \begin{cases} 1 - [1 - \Phi(z)] e^{-\frac{z^2}{2}}, & z > 0 \\ \Phi(z), & z \leqslant 0 \end{cases}$$

故 N 的概率密度为

$$f_N(z) = \begin{cases} \dfrac{1}{\sqrt{2\pi}} e^{-z^2} + [1 - \Phi(z)] \cdot z e^{-\frac{z^2}{2}}, & z > 0 \\ \dfrac{1}{\sqrt{2\pi}} e^{-\frac{z^2}{2}}, & z \leqslant 0 \end{cases}$$

(2) $P\{|M| < 1\} = P\{-1 < M < 1\}$

$$= F_M(1) - F_M(-1) = \Phi(1)(1 - e^{-\frac{1}{2}}) - 0 = 0.331\ 03,$$

$$P\{|N| < 1\} = P\{-1 < N < 1\} = F_N(1) - F_N(-1)$$

$$= 1 - [1 - \Phi(1)] e^{-\frac{1}{2}} - \Phi(-1) = 0.745\ 04$$

14. 设随机变量 $X_1, X_2, \cdots, X_k$ 相互独立,且服从正态分布 $N(\mu, \sigma^2)$,(1) 试求 $M = \max\{X_1, X_2, \cdots, X_n\}$ 及 $N = \min\{X_1, X_2, \cdots, X_n\}$ 的概率密度;(2) 若 $X_i \sim N(0,1)(i = 1, 2, \cdots, n)$,且相互独立,试问 $\sum_{i=1}^{n} X_i^2$ 服从何种分布?

解:(1) 因 $X_1, X_2, \cdots, X_k$ 相互独立,则 $M = \max\{X_1, X_2, \cdots, X_n\}$ 的分布函数为

$$F_M(z) = F_{X_1}(z) \cdots F_{X_n}(z)$$

而

$$F_{X_i}(z) = \int_{-\infty}^{z} \frac{1}{\sqrt{2\pi}\sigma} e^{-\frac{(x-\mu)^2}{2\sigma^2}} \, dx = \Phi\left(\frac{z-\mu}{\sigma}\right), \quad i = 1, 2, \cdots, n$$

故

$$F_M(z) = \left[\Phi\left(\frac{z-\mu}{\sigma}\right)\right]^n$$

其概率密度为

$$f_M(z) = n\left[\Phi\left(\frac{z-\mu}{\sigma}\right)\right]^{n-1} \cdot \varphi\left(\frac{z-\mu}{\sigma}\right) \cdot \frac{1}{\sigma}$$

其中

$$\varphi\left(\frac{z-\mu}{\sigma}\right) = \frac{1}{\sqrt{2\pi}} e^{\frac{(z-\mu)}{2\sigma^2}}, \quad -\infty < z < +\infty$$

因 $X_1, X_2, \cdots, X_k$ 相互独立，$N = \min\{X_1, X_2, \cdots, X_n\}$ 的分布函数为

$$F_N(z) = 1 - [1 - F_{X_1}(z)][1 - F_{X_2}(z)]\cdots[1 - F_{X_n}(z)]$$

$$= 1 - \left[1 - \Phi\left(\frac{z-\mu}{\sigma}\right)\right]^n$$

其概率密度为 $f_N(z) = n\left[1 - \Phi\left(\frac{z-\mu}{\sigma}\right)\right]^{n-1} \cdot \varphi\left(\frac{z-\mu}{\sigma}\right)\frac{1}{\sigma}$。

(2) 先求 X_1^2 的概率密度。$X_1 \sim N(0, 1)$，概率密度为 $f_{X_1}(x) = \frac{1}{\sqrt{2\pi}} e^{-\frac{x_1^2}{2}}$，则

X_1^2 的分布函数为

$$F_{X_1^2}(z) = P\{X_1^2 \leqslant z\}$$

当 $z \leqslant 0$ 时，$F_{X_1^2}(z) = 0, f_{X_1^2}(z) = 0$；

当 $z > 0$ 时，$F_{X_1^2}(z) = P\{-\sqrt{z} \leqslant X_1 \leqslant \sqrt{z}\} = F_{X_1}(\sqrt{z}) - F_{X_1}(-\sqrt{z})$，

$$f_{X_1^2}(z) = f_{X_1}(\sqrt{z}) \cdot \frac{1}{2\sqrt{z}} - f_{X_1}(-\sqrt{z})\left(\frac{-1}{2\sqrt{z}}\right)$$

$$= \frac{1}{2\sqrt{z}}[f_{X_1}(\sqrt{z}) + f_{X_1}(-\sqrt{z})]$$

$$= \frac{1}{2\sqrt{z}}\left(\frac{1}{\sqrt{2\pi}} e^{-\frac{z}{2}} + \frac{1}{\sqrt{2\pi}} e^{-\frac{z}{2}}\right) = \frac{1}{\sqrt{2\pi}\sqrt{z}} e^{-\frac{z}{2}}$$

即

$$f_{X_1^2}(z) = \begin{cases} \dfrac{1}{2^{\frac{1}{2}}\Gamma\left(\dfrac{1}{2}\right)} z^{\frac{1}{2}-1} e^{-\frac{z}{2}}, & z > 0 \\ 0, & z \leqslant 0 \end{cases}$$

由此密度可判定 $X_1^2 \sim \chi^2(1)$，即参数为 1 的 χ^2 分布。同理，因为 $X_i \sim N(0, 1)(i =$

$1,2,\cdots,n)$,且相互独立,再由本章第 11 题结果知,$X_1^2,X_2^2,\cdots,X_n^2$ 亦相互独立,且

$$\sum_{i=1}^{n} X_i^2 \sim \chi^2(1+1+\cdots+1) = \chi^2(n) \text{ 分布,即 } n \text{ 个相互独立且同标准正态分布的随}$$

机变量的平方和服从自由度为 n 的 χ^2 分布 $\chi^2(n)$,它是统计三大分布中最重要的分布。

自测题三

1. 设二维随机变量 (X,Y) 的分布律为

X \ Y	3	10	12
4	0.17	0.13	0.25
5	0.10	0.30	0.05

试求:(1) 关于 X,Y 的边缘分布律,它们是否相互独立? (2) $Z=X+Y$ 的分布律。

解: (1) X 与 Y 的边缘分布律分别为

X	4	5
$p_{i\cdot}$	0.55	0.45

Y	3	10	12
$p_{\cdot j}$	0.27	0.43	0.3

因为

$$0.17 = P\{X=4,Y=3\} \neq P\{X=4\}P\{Y=3\} = 0.55 \times 0.27 = 0.148\,5$$

所以不满足独立性条件,故此 X 与 Y 不独立。

(2) $Z=X+Y$ 的可能取值为 $7,8,14,15,16,17$。

$$P\{Z=7\} = P\{X=4,Y=3\} = 0.17, \quad P\{Z=8\} = P\{X=5,Y=3\} = 0.10,$$
$$P\{Z=14\} = P\{X=4,Y=10\} = 0.13, \quad P\{Z=15\} = P\{X=5,Y=10\} = 0.30,$$
$$P\{Z=16\} = P\{X=4,Y=12\} = 0.25, \quad P\{Z=17\} = P\{X=5,Y=12\} = 0.15$$

即

Z	7	8	14	15	16	17
p_k	0.17	0.10	0.13	0.30	0.25	0.15

2. 设二维连续型随机变量 (X,Y) 的分布函数为

$$F(x,y) = \begin{cases} 0, & x<0 \text{ 或 } y<0 \\ \sin x \sin y, & 0 \leqslant x < \pi/2, 0 \leqslant y < \pi/2 \\ \sin x, & 0 \leqslant x < \pi/2, y \geqslant \pi/2 \\ \sin y, & x \geqslant \pi/2, 0 \leqslant y < \pi/2 \\ 1, & x \geqslant \pi/2, y \geqslant \pi/2 \end{cases}$$

试求:(1) 随机点 (X,Y) 落在长方形区域 $\{0<x<\pi/4, \pi/6<y<\pi/3\}$ 的概率;(2) X,

Y 的边缘概率密度及条件概率密度，X，Y 相互独立吗?

解：(1) $P\left\{0<X<\dfrac{\pi}{4},\dfrac{\pi}{6}<Y<\dfrac{\pi}{3}\right\}$

$$=F\left(\dfrac{\pi}{4},\dfrac{\pi}{3}\right)-F\left(\dfrac{\pi}{4},\dfrac{\pi}{6}\right)-F\left(0,\dfrac{\pi}{3}\right)+F\left(0,\dfrac{\pi}{6}\right)$$

$$=\sin\dfrac{\pi}{4}\sin\dfrac{\pi}{3}-\sin\dfrac{\pi}{4}\sin\dfrac{\pi}{6}-\sin 0\sin\dfrac{\pi}{3}+\sin 0\sin\dfrac{\pi}{6}$$

$$=\dfrac{1}{\sqrt{2}}\times\dfrac{\sqrt{3}}{2}-\dfrac{1}{\sqrt{2}}\times\dfrac{1}{2}=\dfrac{\sqrt{3}-1}{2\sqrt{2}}=0.258\ 819。$$

(2) 对 $F(x,y)$ 求二阶偏导数，即得

$$f(x,y)=\dfrac{\partial^2 F(x,y)}{\partial x\partial y}=\begin{cases}\cos x\cos y,& 0<x<\pi/2,0<y<\pi/2,\\ 0,& \text{其他}\end{cases}$$

$$f_X(x)=\int_{-\infty}^{+\infty}f(x,y)\mathrm{d}y=\begin{cases}\displaystyle\int_0^{\pi/2}\cos x\cos y\mathrm{d}y=\cos x,& 0<x<\dfrac{\pi}{2},\\ 0,& \text{其他}\end{cases}$$

$$f_Y(y)=\int_{-\infty}^{+\infty}f(x,y)\mathrm{d}x=\begin{cases}\displaystyle\int_0^{\pi/2}\cos x\cos y\mathrm{d}x=\cos y,& 0<y<\dfrac{\pi}{2},\\ 0,& \text{其他}\end{cases}$$

显见，$\forall x,y,f(x,y)=f_X(x)f_Y(y)$，故 X 与 Y 相互独立。

3. 设随机变量 (X,Y) 具有概率密度

$$f(x,y)=\dfrac{1}{\pi}\mathrm{e}^{-\frac{1}{2}(x^2-2xy+5y^2)},\qquad -\infty<x,y<+\infty$$

试求 X，Y 的边缘概率密度。

解：X 的边缘概率密度为

$$f_X(x)=\int_{-\infty}^{+\infty}f(x,y)\mathrm{d}y=\int_{-\infty}^{+\infty}\dfrac{1}{\pi}\mathrm{e}^{-\frac{1}{2}(x^2-2xy+5y^2)}\mathrm{d}y$$

$$=\dfrac{1}{\pi}\mathrm{e}^{-\frac{x^2}{2}}\int_{-\infty}^{+\infty}\mathrm{e}^{-\frac{1}{2}(-2xy+5y^2)}\mathrm{d}y=\dfrac{1}{\pi}\mathrm{e}^{-\frac{x^2}{2}+\frac{x^2}{10}}\int_{-\infty}^{+\infty}\mathrm{e}^{-\frac{1}{2}\left(5y^2-2xy+\frac{x^2}{5}\right)}\mathrm{d}y$$

$$=\dfrac{1}{\pi}\mathrm{e}^{-\frac{2}{5}x^2}\dfrac{1}{\sqrt{5}}\int_{-\infty}^{+\infty}\mathrm{e}^{-\frac{1}{2}\left(\sqrt{5}y-\frac{x}{\sqrt{5}}\right)^2}\mathrm{d}\left(\sqrt{5}y-\dfrac{x}{\sqrt{5}}\right)$$

$$\xlongequal{u=\sqrt{5}y-\frac{x}{\sqrt{5}}}\dfrac{1}{\pi\sqrt{5}}\mathrm{e}^{-\frac{2}{5}x^2}\int_{-\infty}^{+\infty}\mathrm{e}^{-\frac{u^2}{2}}\mathrm{d}u=\dfrac{1}{\pi\sqrt{5}}\mathrm{e}^{-\frac{2}{5}x^2}\cdot\sqrt{2\pi}\int_{-\infty}^{+\infty}\dfrac{1}{\sqrt{2\pi}}\mathrm{e}^{-\frac{u^2}{2}}\mathrm{d}u$$

$$=\dfrac{\sqrt{2}}{\sqrt{5\pi}}\mathrm{e}^{-\frac{2}{5}x^2}=\dfrac{1}{\sqrt{2\pi}\cdot\dfrac{\sqrt{5}}{2}}\exp\left[-\dfrac{x^2}{2(\sqrt{5}/2)^2}\right]$$

即 $X\sim N(0,5/4)$；

Y 的边缘概率密度为

$$f_Y(y) = \int_{-\infty}^{+\infty} f(x,y)\mathrm{d}x = \int_{-\infty}^{+\infty} \frac{1}{\pi} e^{-\frac{1}{2}(x^2 - 2xy + 5y^2)} \mathrm{d}x = \frac{1}{\pi} e^{-2y^2} \int_{-\infty}^{+\infty} e^{-\frac{1}{2}(x^2 - 2xy + y^2)} \mathrm{d}x$$

$$= \frac{1}{\pi} e^{-2y^2} \int_{-\infty}^{+\infty} e^{-\frac{1}{2}(x-y)^2} \mathrm{d}x \xrightarrow{u = x - y} \frac{1}{\pi} e^{-2y^2} \int_{-\infty}^{+\infty} e^{-\frac{u^2}{2}} \mathrm{d}u$$

$$= \frac{1}{\pi} e^{-2y^2} \cdot \sqrt{2\pi} \int_{-\infty}^{+\infty} \frac{1}{\sqrt{2\pi}} e^{-\frac{u^2}{2}} \mathrm{d}u = \frac{1}{\pi} e^{-2y^2} \cdot \sqrt{2\pi}$$

$$= \frac{\sqrt{2}}{\sqrt{\pi}} e^{-2y^2} = \frac{1}{\sqrt{2\pi} \cdot 1/2} \exp\left[-\frac{y^2}{2 \times (1/2)^2} \right]$$

即 $Y \sim N(0, 1/4)$。

4. 设随机变量 X 和 Y 相互独立,且具有下述概率密度:

$$f_X(x) = \begin{cases} e^{-x}, & x > 0 \\ 0, & x \leqslant 0 \end{cases}, \quad f_Y(y) = \begin{cases} 1/2, & 0 < y < 2 \\ 0, & \text{其他} \end{cases}$$

试求:(1) $Z = X + Y$ 的概率密度;(2) $M = \max\{X, Y\}$ 及 $N = \min\{X, Y\}$ 的概率密度。

解:(1) $Z = X + Y$ 的概率密度为

$$f_Z(z) = \int_{-\infty}^{+\infty} f_X(z-y) f_Y(y) \mathrm{d}y$$

当 $0 < z - y < +\infty, 0 < y < 2$,即 $y < z, 0 < y < 2$ 时,$f_{X_1}(x)f_{X_2}(z-x) > 0$,由此确定积分限,即有

当 $z \leqslant 0$ 时,$f_Z(z) = 0$;

当 $0 < z < 2$ 时,$0 < y < z$,$f_Z(z) = \int_0^z e^{-(z-y)} \frac{1}{2} \mathrm{d}y = \frac{1}{2}(1 - e^{-z})$;

当 $z \geqslant 2$ 时,$0 < y < 2$,$f_Z(z) = \int_0^2 e^{-(z-y)} \frac{1}{2} \mathrm{d}y = \frac{e^2 - 1}{2} e^{-z}$,即

$$f_Z(z) = \begin{cases} \dfrac{1}{2}(1 - e^{-z}), & 0 < z < 2 \\[2mm] \dfrac{1}{2}(e^2 - 1)e^{-z}, & z \geqslant 2 \\[2mm] 0, & \text{其他} \end{cases}$$

(2) $M = \max\{X, Y\}$ 的分布函数为

$$F_M(z) = F_X(z) F_Y(z)$$

而

$$F_X(x) = \begin{cases} 1 - e^{-x}, & x > 0 \\ 0, & x \leqslant 0 \end{cases}, \quad F_Y(y) = \begin{cases} 0, & y \leqslant 0 \\ y/2, & 0 < y < 2 \\ 1, & \text{其他} \end{cases}$$

故

$$F_M(z) = \begin{cases} 0, & z < 0 \\ \dfrac{z}{2}(1 - e^{-z}), & 0 \leqslant z < 2 \\ 1 - e^{-z}, & z \geqslant 2 \end{cases}$$

其概率密度为

$$f_M(z) = \begin{cases} 0, & z < 0 \\ \dfrac{1}{2}(1 - e^{-z}) + \dfrac{z}{2} e^{-z}, & 0 \leqslant z < 2 \\ e^{-z}, & z \geqslant 2 \end{cases}$$

$N = \min\{X, Y\}$ 的分布函数为

$$F_N(z) = 1 - [1 - F_X(z)][1 - F_Y(z)] = \begin{cases} 0, & z < 0 \\ 1 - e^{-z}(1 - z/2), & 0 \leqslant z < 2 \\ 1, & z \geqslant 2 \end{cases}$$

故 N 的概率密度为

$$f_N(z) = \begin{cases} \dfrac{3}{2} e^{-z} - \dfrac{z}{2} e^{-z}, & 0 < z < 2 \\ 0, & \text{其他} \end{cases}$$

5. 设随机变量 $X_1, X_2, \cdots, X_5$ 相互独立,且均服从参数为 $\lambda = 1, \mu = 0$ 的柯西分布 $C(1, 0)$,即其概率密度为

$$f(x) = \frac{1}{\pi(1 + x^2)}, \quad -\infty < x < +\infty$$

试求:(1) $M = \max\{X_1, X_2, \cdots, X_5\}$ 及 $N = \min\{X_1, X_2, \cdots, X_5\}$ 的概率密度;
(2) $P\{1 < M \leqslant 4\}$ 及 $P\{N > 2\}$。

解:(1) $M = \max\{X_1, X_2, \cdots, X_5\}$ 的分布函数为

$$F_M(z) = F^5(z) \quad (\text{因为 } X_1, X_2, \cdots, X_5 \text{ 相互独立且同分布})$$

而

$$F(x) = \int_{-\infty}^{x} \frac{1}{\pi(1 + x^2)} dx = \frac{1}{\pi} \arctan x \Big|_{-\infty}^{x}$$

$$= \frac{1}{\pi}\left(\arctan x + \frac{\pi}{2}\right) = \frac{1}{2} + \frac{1}{\pi}\arctan x, \quad -\infty < x < +\infty$$

故

$$F_M(z) = \left(\frac{1}{2} + \frac{1}{\pi}\arctan z\right)^5$$

M 的概率密度为

$$f_M(z) = 5\left(\frac{1}{2} + \frac{1}{\pi}\arctan z\right)^4 \cdot \frac{1}{\pi(1 + z^2)}$$

$$= \frac{5}{\pi(1+z^2)} \left(\frac{1}{2} + \frac{1}{\pi} \arctan z \right)^4, \quad -\infty < z < +\infty$$

同理，因为 $X_1, X_2, \cdots, X_5$ 独立且同分布，$N = \min\{X_1, X_2, \cdots, X_5\}$ 的分布函数为

$$F_N(z) = 1 - [1 - F(z)]^5 = 1 - \left[1 - \left(\frac{1}{2} + \frac{1}{\pi} \arctan z \right) \right]^5$$

$$= 1 - \left(\frac{1}{2} - \frac{1}{\pi} \arctan z \right)^5$$

其概率密度为

$$f_N(z) = 5 \left(\frac{1}{2} - \frac{1}{\pi} \arctan z \right)^4 \cdot \frac{1}{\pi(1+z^2)}$$

$$= \frac{5}{\pi(1+z^2)} \left(\frac{1}{2} - \frac{1}{\pi} \arctan z \right)^4, \quad -\infty < z < +\infty$$

(2) $P\{1 < M \leqslant 4\} = F_M(4) - F_M(1)$

$$= \left(\frac{1}{2} + \frac{1}{\pi} \arctan 4 \right)^5 - \left(\frac{1}{2} + \frac{1}{\pi} \arctan 1 \right)^5$$

$$= 0.666\ 35 - 0.237\ 30 = 0.429\ 05,$$

$$P\{N > 2\} = 1 - P\{N \leqslant 2\} = 1 - F_N(2) = \left(\frac{1}{2} - \frac{1}{\pi} \arctan 2 \right)^5 = 0.000\ 07$$

第 4 章　随机变量的数字特征

本章重点是计算单个随机变量的数学期望与方差，多个随机变量的函数的数学期望与方差，两个随机变量的协方差与相关系数，因此重在理解概念，牢记公式，掌握性质，仔细计算便可。虽然相对第 3 章要简单一些，但准确记忆公式与熟练高数计算技巧是必不可少的。

基本要求

(1) 理解数学期望与方差的概念，掌握它们的性质和计算；

(2) 会计算随机变量函数的数学期望，了解切比雪夫不等式；

(3) 掌握二项分布、泊松分布、几何分布、正态分布、均匀分布及指数分布的数学期望及方差；

(4) 掌握协方差与相关系数的计算公式与性质，了解矩的概念及其性质和计算。

本章特点

利用随机变量的概率分布或概率密度求数字特征。

(1) 单个随机变量的数学期望、方差与矩的求法；

(2) 两个随机变量的协方差、相关系数与混合矩的求法；

(3) 多个随机变量的两两相关性,协方差阵的求法。

解题要点

(1) 数学期望 $E(X)$ 的计算公式

① 若概率分布为 $P\{X=x_i\}=p_i(i=1,2,\cdots)$,则 $E(X)=\sum\limits_{i=1}^{+\infty}x_ip_i$;

② 若密度为 $f(x)$,则 $E(X)=\int_{-\infty}^{+\infty}xf_X(x)\mathrm{d}x$。

(2) 随机变量函数的数学期望

① $Y=g(X)$ 的数学期望公式

$$E(Y)=E(g(X))=\sum\limits_{i=1}^{+\infty}g(x_i)p_i$$

或

$$E(Y)=E(g(X))=\int_{-\infty}^{+\infty}g(x)f_X(x)\mathrm{d}x$$

② $Z=g(X,Y)$ 的数学期望公式

$$E(Z)=E(g(X,Y))=\sum\limits_{i=1}^{+\infty}\sum\limits_{j=1}^{+\infty}g(x_i,y_j)p_{ij}$$

或

$$E(Z)=E(g(X,Y))=\int_{-\infty}^{+\infty}\int_{-\infty}^{+\infty}g(x,y)f(x,y)\mathrm{d}x\mathrm{d}y$$

(3) 方差 $D(X)=E[X-E(X)]^2$ 的计算

① 可通过 $D(X)=E(X^2)-[E(X)]^2$ 计算($E(X^2)=D(X)+[E(X)]^2$);

② 可通过 $D(X)=E[X-E(X)]^2$ 计算。

其中二阶原点矩 $E(X^2)=\sum\limits_{i=1}^{+\infty}x_i^2p_i$,特别地,若 X 的可能取值为 $0,1,2,\cdots$,即其

概率分布为 $P\{X=k\}=p_k$ 时,则有计算公式:

$$E(X^2)=E[X(X-1)]+E(X)=\sum\limits_{i=1}^{+\infty}k(k-1)p_i+E(X)$$

(4) 协方差 $\mathrm{Cov}(X,Y)$ 的计算

① 可通过 $\mathrm{Cov}(X,Y)=E(XY)-E(X)E(Y)$ 计算;

② 可通过 $\mathrm{Cov}(X,Y)=E[(X-E(X))(Y-E(Y))]$ 计算。

其中混合原点矩 $E(XY)=\sum\limits_{i=1}^{+\infty}\sum\limits_{j=1}^{+\infty}x_iy_jp_{ij}$,或

$$E(XY)=\int_{-\infty}^{+\infty}\int_{-\infty}^{+\infty}xyf(x,y)\mathrm{d}x\mathrm{d}y$$

(5) 相关系数 ρ_{XY} 的计算

$$\rho_{XY}=\frac{\mathrm{Cov}(X,Y)}{\sqrt{D(X)}\sqrt{D(Y)}},\quad \mathrm{Cov}(X,Y)=\rho_{XY}\sqrt{D(X)}\sqrt{D(Y)}$$

综合练习四

1. (1) 在下列句子中随机取一单词,以 X 表示取到的单词所包含的字母数,试写出 X 的概率分布,并求 $E(X)$ 及 $D(X)$。

"THE GIRL PUT ON HER BEAUTIFUL RED HAT"

(2) 在上述句子中的 30 个字母中随机地取一个字母,以 Y 表示取到的字母所在单词所包含的字母数,试写出 Y 的概率分布,并求 $E(Y)$ 及 $D(Y)$。

解:(1) 依题意,X 的可能取值为 $2,3,4,9$,概率分布为

X	2	3	4	9
p_k	1/8	5/8	1/8	1/8

故

$$E(X) = 2 \times \frac{1}{8} + 3 \times \frac{5}{8} + 4 \times \frac{1}{8} + 9 \times \frac{1}{8} = \frac{30}{8} = \frac{15}{4} = 3.75,$$

$$E(X^2) = 4 \times \frac{1}{8} + 9 \times \frac{5}{8} + 16 \times \frac{1}{8} + 81 \times \frac{1}{8} = \frac{146}{8} = \frac{73}{4} = 18.25,$$

$$D(X) = E(X^2) - [E(X)]^2 = 18.25 - 3.75^2 = 4.1875$$

(2) 依题意,Y 的可能取值为 $2,3,4,9$,其概率分布为

Y	2	3	4	9
p_k	2/30	15/30	4/30	9/30

故

$$E(Y) = 2 \times \frac{2}{30} + 3 \times \frac{15}{30} + 4 \times \frac{4}{30} + 9 \times \frac{9}{30} = \frac{146}{8} = \frac{73}{15} = 4.86667,$$

$$E(Y^2) = 4 \times \frac{2}{30} + 9 \times \frac{15}{30} + 16 \times \frac{4}{30} + 81 \times \frac{9}{30} = \frac{936}{30} = \frac{468}{15} = 31.2,$$

$$D(X) = E(X^2) - [E(X)]^2 = 31.2 - 4.86667^2 = 7.51552$$

2. 某产品的次品率为 0.1,检验员每天检验 4 次,每次随机地取 10 件产品进行检验,如发现其中的次品数多于 1,就去调整设备,以 X 表示一天中调整设备的次数,试求 $E(X)$ 及 $D(X)$。

解:依题意,X 的可能取值为 $0,1,2,3,4$,而

$P(调整设备) = P(10 件产品中次品多于 1)$

$$= 1 - P(10 件产品中无次品) - P(10 件产品中恰有一次品)$$

$$= 1 - 0.9^{10} - 10 \times 0.1 \times 0.9^9 = 0.2639$$

易见 X 服从参数为 $n=4,p=0.2639$ 的二项分布 $B(4, 0.2639)$。

故

$$E(X) = 4 \times 0.2639 = 1.0556,$$

$$D(X) = 4 \times 0.263\ 9 \times (1 - 0.263\ 9) = 0.777\ 03$$

3. 有 3 只球, 4 只盒子, 盒子的编号为 1, 2, 3, 4。球逐个独立地、随机地放入 4 只盒子中去, 以 X 表示其中至少有一只球的盒子的最小号码(例如 $X = 3$ 表示第 1 号, 第 2 号盒子是空的, 第 3 号盒子至少有一只球), 试求 $E(X)$ 及 $D(X)$。

解: 依题意, X 的可能取值为 1, 2, 3, 4, 事件 $\{X = 1\}$ 意味着第 1 号盒子不空, 可能的情况为: (1) 第 1 号盒子里装 3 球, 其余盒子空; (2) 第 1 号盒子里装 2 球, 剩下的 1 球可随意放入其余的 3 只盒子中; (3) 1 号盒子里装 1 球, 剩下的 2 球可随意放入其余的 3 只盒子中, 且将 3 球随意放入 4 只盒子的放法共有 4^3 种, 故由古典概率知, 事件 $\{X = 1\}$ 的概率为

$$P\{X = 1\} = \frac{1 + C_3^2 \times 3^1 + C_3^1 \times 3^2}{4^3} = \frac{37}{64}$$

类似求得 $X = 2, 3, 4$ 的概率为

$$P\{X = 2\} = \frac{1 + C_3^2 \times 2^1 + C_3^1 \times 2^2}{64} = \frac{19}{64},$$

$$P\{X = 3\} = \frac{1 + C_3^2 \times 1 + C_3^1 \times 1}{64} = \frac{7}{64},$$

$$P\{X = 4\} = \frac{1}{64}$$

故

$$E(X) = 1 \times \frac{37}{64} + 2 \times \frac{19}{64} + 3 \times \frac{7}{64} + 4 \times \frac{1}{64} = \frac{100}{64} = \frac{25}{16} = 1.562\ 5,$$

$$E(X^2) = 1^2 \times \frac{37}{64} + 2^2 \times \frac{19}{64} + 3^2 \times \frac{7}{64} + 4^2 \times \frac{1}{64} = \frac{192}{64} = 3,$$

$$D(X) = E(X^2) - [E(X)]^2 = 3 - 1.562\ 5^2 = 0.558\ 59$$

4. 设在某一规定的时间间隔里, 某电气设备用于最大负荷的时间 X(单位: min)是一个随机变量, 其概率密度为

$$f(x) = \begin{cases} \dfrac{x}{1\ 500^2}, & 0 < x < 1\ 500 \\ -\dfrac{x - 3\ 000}{1\ 500^2}, & 1\ 500 < x < 3\ 000 \\ 0, & \text{其他} \end{cases}$$

试求 $E(X)$。

解: $E(X) = \displaystyle\int_{-\infty}^{+\infty} x f(x) \mathrm{d}x = \int_0^{1\ 500} x \cdot \frac{x}{1\ 500^2} \mathrm{d}x + \int_{1\ 500}^{3\ 000} x \cdot \frac{3\ 000 - x}{1\ 500^2} \mathrm{d}x$

$= \dfrac{1}{1\ 500^2} \times \dfrac{1}{3} x^3 \Big|_0^{1\ 500} + \dfrac{1}{1\ 500^2} \Big(3\ 000 \times \dfrac{1}{2} x^2 - \dfrac{1}{3} x^3\Big) \Big|_{1\ 500}^{3\ 000}$

$$=\frac{1\,500}{3}+1\,500\times(2^2-1^2)-(2^2\times3\,000-1\,500)$$

$$=500+4\,500-(4\,000-500)=1\,500$$

5. 设随机变量 X 的概率分布为

X	-2	0	2
P_k	0.4	0.3	0.3

试求 $E(X),E(X^2),D(X),E(X^3-1)$。

解:$E(X)=(-2)\times0.4+0\times0.3+2\times0.3=-0.2$,

$E(X^2)=(-2)^2\times0.4+0^2\times0.3+2^2\times0.3=2.8$,

$D(X)=E(X^2)-[E(X)]^2=2.8-(-0.2)^2=2.76$,

$E(X^3-1)=E(X^3)-1=(-2)^3\times0.4+0^3\times0.3+2^3\times0.3-1=-1.8$

6. 设随机变量 X 的概率密度为

$$f_X(x)=\begin{cases}x\mathrm{e}^{-x}, & x>0 \\ 0, & x\leqslant0\end{cases}$$

试求:(1) $Y=2X$ 的数学期望;(2) $Y=\mathrm{e}^{-2x}$ 的数学期望。

解:(1) $E(Y)=E(2X)=\displaystyle\int_{-\infty}^{+\infty}2xf_X(x)\mathrm{d}x$

$$=\int_0^{+\infty}2x\cdot x\mathrm{e}^{-x}\mathrm{d}x=2\int_0^{+\infty}x^2\mathrm{e}^{-x}\mathrm{d}x$$

$$=2\left(-x^2\mathrm{e}^{-x}\Big|_0^{+\infty}+2\int_0^{+\infty}x\mathrm{e}^{-x}\mathrm{d}x\right)$$

$$=4\left(-x\mathrm{e}^{-x}\Big|_0^{+\infty}+\int_0^{+\infty}\mathrm{e}^{-x}\mathrm{d}x\right)=4;$$

(2) $E(Y)=E(\mathrm{e}^{-2X})=\displaystyle\int_{-\infty}^{+\infty}\mathrm{e}^{-2x}f_X(x)\mathrm{d}x=\int_0^{+\infty}\mathrm{e}^{-2x}\cdot x\mathrm{e}^{-x}\mathrm{d}x$

$$=\int_0^{+\infty}x\mathrm{e}^{-3x}\mathrm{d}x=-\frac{1}{3}x\mathrm{e}^{-3x}\Big|_0^{+\infty}+\frac{1}{3}\int_0^{+\infty}\mathrm{e}^{-3x}\mathrm{d}x=\frac{1}{9}$$

7. 设随机变量 (X,Y) 的概率分布为

X \ Y	1	2	3
-1	0.2	0.1	0
0	0.1	0	0.3
1	0.1	0.1	0.1

(1) 试求 $E(X),E(Y),D(X),D(Y),\mathrm{Cov}(X,Y)$ 及 ρ_{XY}。

(2) 设 $Z=X/Y$,试求 $E(Z)$ 及峰态系数 $\mu(Z)$。

(3) 设 $Z=(X-Y)^2$,试求 $E(Z)$ 及峰态系数 $\mu(Z)$。

解:(1) 由 (X,Y) 的概率分布,可得 X,Y 的边缘概率分布:

X	-1	0	1
p_k	0.3	0.4	0.3

Y	1	2	3
p_k	0.4	0.2	0.4

故

$$E(X)=0,\quad E(X^2)=0.6=D(X),$$
$$E(Y)=1\times0.4+2\times0.2+3\times0.4=2,$$
$$E(Y^2)=1^2\times0.4+2^2\times0.2+3^2\times0.4=4.8,$$
$$D(Y)=E(Y^2)-[E(Y)]^2=4.8-2^2=0.8,$$
$$E(XY)=(-1)\times0.2+(-2)\times0.1+(-3)\times0+$$
$$0\times0.1+0\times0+0\times0.3+1\times0.1+$$
$$2\times0.1+3\times0.1=0.2,$$
$$\mathrm{Cov}(X,Y)=E(XY)-E(X)E(Y)=0.2-0\times2=0.2,$$
$$\rho_{XY}=\frac{\mathrm{Cov}(X,Y)}{\sqrt{D(X)}\,\sqrt{D(Y)}}=\frac{0.2}{\sqrt{0.6}\,\sqrt{0.8}}=0.288\,68$$

(2) $Z=X/Y$ 的概率分布为

Z	-1	$-1/2$	$-1/3$	0	$1/3$	$1/2$	1
p_k	0.2	0.1	0	0.4	0.1	0.1	0.1

故

$$E(Z)=(-1)\times0.2+\left(-\frac{1}{2}\right)\times0.1+\left(-\frac{1}{3}\right)\times0+0\times0.4+$$
$$\frac{1}{3}\times0.1+\frac{1}{2}\times0.1+1\times0.1=0.066\,67,$$
$$E(Z^2)=0.2+0.5^2\times0.1+\frac{1}{9}\times0.1+\frac{1}{4}\times0.1+1\times0.1=0.361\,1,$$
$$D(Z)=E(Z^2)-[E(Z)]^2=0.356\,67,$$
$$E[Z-E(Z)]^4=E(Z-0.066\,67)^4$$
$$=(-1-0.066\,67)^4\times0.2+(-0.5-0.066\,67)^4\times0.1+$$
$$(0.333\,33-0.066\,67)^4\times0.1+(0.5-0.066\,67)^4\times0.1+$$
$$(1-0.066\,67)^4\times0.1=0.349\,14,$$
$$\mu(Z)=\frac{E[Z-E(Z)]^4}{[D(Z)]^2}-3=\frac{0.349\,14}{0.356\,67^2}-3=-0.255\,48$$

(3) $Z=(X-Y)^2$ 的概率分布为

Z	0	1	4	9	16
p_k	0.1	0.2	0.3	0.4	0

则

$$E(Z) = 1 \times 0.2 + 4 \times 0.3 + 9 \times 0.4 = 5,$$
$$E(Z^2) = 1^2 \times 0.2 + 4^2 \times 0.3 + 9^2 \times 0.4 = 37.4,$$
$$D(Z) = E(Z^2) - [E(Z)]^2 = 37.4 - 5^2 = 12.4,$$
$$E[Z - E(Z)]^4 = 5^4 \times 0.1 + 4^4 \times 0.2 + 1^4 \times 0.3 + 4^4 \times 0.4 = 216.4,$$
$$\mu(Z) = \frac{E[Z - E(Z)]^4}{[D(Z)]^2} - 3 = \frac{216.4}{12.4^2} - 3 = -1.592\ 61$$

8. 设 (X, Y) 的概率密度为

$$f(x, y) = \begin{cases} 12y^2, & 0 \leqslant y \leqslant x \leqslant 1 \\ 0, & \text{其他} \end{cases}$$

试求 $E(2X + 3Y), E(X^2 + Y^2), E(XY), D(X), D(Y), \text{Cov}(X, Y)$ 及 ρ_{XY}。

解: X 的边缘概率密度为

$$f_X(x) = \int_{-\infty}^{+\infty} f(x, y) \mathrm{d}y = \int_0^x 12y^2 \mathrm{d}y = 4x^3, \quad 0 < x < 1$$

即

$$f_X(x) = \begin{cases} 4x^3, & 0 < x < 1 \\ 0, & \text{其他} \end{cases},$$

$$f_Y(y) = \int_{-\infty}^{+\infty} f(x, y) \mathrm{d}x = \begin{cases} \int_y^1 12y^2 \mathrm{d}x = 12y^2(1 - y), & 0 < y < 1 \\ 0, & \text{其他} \end{cases}$$

则

$$E(X) = \int_{-\infty}^{+\infty} x f_X(x) \mathrm{d}x = \int_0^1 x \cdot 4x^3 \mathrm{d}x = \frac{4}{5},$$

$$E(Y) = \int_{-\infty}^{+\infty} y f_Y(y) \mathrm{d}y = \int_0^1 y \cdot 12y^2(1 - y) \mathrm{d}y = 12 \times \left(\frac{1}{4} - \frac{1}{5} \right) = \frac{3}{5},$$

$$E(X^2) = \int_{-\infty}^{+\infty} x^2 f_X(x) \mathrm{d}x = \int_0^1 x^2 \cdot 4x^3 \mathrm{d}x = \frac{2}{3},$$

$$D(X) = E(X^2) - [E(X)]^2 = \frac{2}{3} - \left(\frac{4}{5} \right)^2 = \frac{2}{75},$$

$$E(Y^2) = \int_{-\infty}^{+\infty} y^2 f_Y(y) \mathrm{d}y = \int_0^1 y^2 \cdot 12y^2(1 - y) \mathrm{d}y = 12 \times \left(\frac{1}{5} - \frac{1}{6} \right) = \frac{2}{5},$$

$$D(Y) = E(Y^2) - [E(Y)]^2 = \frac{2}{5} - \left(\frac{3}{5} \right)^2 = \frac{1}{25}$$

于是

$$E(2X+3Y)=2E(X)+3E(Y)=2\times\frac{4}{5}+3\times\frac{3}{5}=\frac{17}{5},$$

$$E(X^2+Y^2)=E(X^2)+E(Y^2)=\frac{2}{3}+\frac{2}{5}=\frac{16}{15},$$

$$\mathrm{Cov}(X,Y)=E(XY)-E(X)E(Y)$$

而

$$E(XY)=\int_{-\infty}^{+\infty}\int_{-\infty}^{+\infty}xyf(x,y)\mathrm{d}x\mathrm{d}y=\int_0^1\mathrm{d}x\int_0^x xy\cdot12y^2\mathrm{d}y$$

$$=\int_0^1 x(3y^4)\big|_0^x\mathrm{d}x=3\int_0^1 x^5\mathrm{d}x=\frac{1}{2}$$

故

$$\mathrm{Cov}(X,Y)=\frac{1}{2}-\frac{4}{5}\times\frac{3}{5}=\frac{1}{50},$$

$$\rho_{XY}=\frac{\mathrm{Cov}(X,Y)}{\sqrt{D(X)}\sqrt{D(Y)}}=\frac{1/50}{\sqrt{2/75}\times\sqrt{1/25}}=\frac{\sqrt{3}}{2\sqrt{2}}=0.612\ 37$$

9. 一工厂生产的某种设备的寿命(单位:年)服从指数分布 $Z\left(\frac{1}{4}\right)$,即其概率密度为

$$f_X(x)=\begin{cases}\dfrac{1}{4}\mathrm{e}^{-\frac{x}{4}}, & x>0\\[2mm]0, & x\leqslant0\end{cases}$$

工厂规定,出售的设备若在售出一年之内损坏可予以调换,若工厂售出一台设备盈利 100 元,调换一台设备厂方需花费 300 元,试求厂方出售一台设备净盈利的数学期望。

解: 设 $Y=\{$厂方出售一台设备的净盈利$\}$,则 Y 可能取值为 $100,-300+100=-200$。

$$P\{Y=-200\}=P\{X<1\}=\int_{-\infty}^1 f_X(x)\mathrm{d}x$$

$$=\int_0^1\frac{1}{4}\mathrm{e}^{-(x/4)}\mathrm{d}x=-\mathrm{e}^{-(x/4)}\big|_0^1=1-\mathrm{e}^{-(1/4)},$$

$$P\{Y=100\}=1-P\{X=-200\}=\mathrm{e}^{-(1/4)}$$

故 $E(Y)=(-200)\cdot(1-\mathrm{e}^{-(1/4)})+100\cdot\mathrm{e}^{-(1/4)}=300\mathrm{e}^{-(1/4)}-200=33.64$(元)为所求。

10. 将 n 只球($1-n$ 号)随机地放进 n 只盒子($1-n$ 号)中,一只盒子装一只球。若一只球装入与球同号的盒子中,称为一个配对,记 X 为总的配对数,试求 $E(X)$ 和 $D(X)$。

解: 球与盒子配对的情况有 $n+1$ 种:0 个配对,1 个配对,2 个配对,……,n 个配

对,令随机变量

$$X_i = \begin{cases} 1, & \text{第 } i \text{ 个球放入第 } i \text{ 号盒}, i = 1, 2, \cdots, n \\ 0, & \text{否} \end{cases}$$

则

$$X = \{n \text{ 只球与 } n \text{ 只盒子配对数}\} = \sum_{i=1}^{n} X_i$$

故

$$E(X) = E\left(\sum_{i=1}^{n} X_i\right) = \sum_{i=1}^{n} E(X_i)$$

而

$$P\{X_i = 1\} = \frac{1}{n}, \quad P\{X_i = 0\} = 1 - \frac{1}{n}, \quad i = 1, 2, \cdots, n$$

则

$$E(X_i) = 1/n$$

于是

$$E(X) = \sum_{i=1}^{n} E(X_i) = \sum_{i=1}^{n} \frac{1}{n} = n \cdot \frac{1}{n} = 1$$

又因为

$$D(X) = E(X^2) - [E(X)]^2$$

而

$$E(X^2) = E\left[\left(\sum_{i=1}^{n} X_i\right)^2\right] = \sum_{i=1}^{n} E(X_i^2) + 2\sum_{1 \leqslant i < j \leqslant n} E(X_i X_j),$$

$$E(X_i^2) = 1^2 \cdot \frac{1}{n} + 0^2 \cdot \left(1 - \frac{1}{n}\right) = \frac{1}{n}$$

由于 $X_i X_j = 0, 1 \ (1 \leqslant i < j \leqslant n)$,而 $X_i X_j = 1$ 意味着 $X_i = 1$ 且 $X_j = 1$,即第 i 个球和第 j 个球都与同号盒配成对,故其概率为

$$P\{X_i X_j = 1\} = \frac{1}{n(n-1)}, \quad P(X_i X_j = 0) = 1 - \frac{1}{n(n-1)}$$

因而

$$E(X_i X_j) = 1 \cdot \frac{1}{n(n-1)} + 0 \cdot \left[1 - \frac{1}{n(n-1)}\right] = \frac{1}{n(n-1)}$$

所以

$$E(X^2) = \sum_{i=1}^{n} \frac{1}{n} + 2\sum_{1 \leqslant i < j \leqslant n} \frac{1}{n(n-1)} = n \cdot \frac{1}{n} + 2 \cdot C_n^2 \frac{1}{n(n-1)} = 2,$$

$$D(X) = 2 - 1^2 = 1$$

11. 若有 n 把看上去样子相同的钥匙,其中只有一把能打开门上的锁,用它们去试开门上的锁,设取到的每把钥匙是等可能的。若每把钥匙开一次后除去,试用下面

两种方法，求试开次数 X 的数学期望：(1) 写出 X 的概率分布；(2) 不写出 X 的概率分布。

解：(1) 由于每次试开后除去，故 X 的可能取值为 $1,2,\cdots,n$，其相应概率为

$$P\{X=1\}=\frac{1}{n},\quad P\{X=2\}=\frac{n-1}{n}\cdot\frac{1}{n-1}=\frac{1}{n}$$

以此类推，可得 X 的概率分布为

$$P\{X=k\}=\frac{n-1}{n}\cdot\frac{n-2}{n-1}\cdot\cdots\cdot\frac{n-k+1}{n-k+2}\cdot\frac{1}{n-k+1}=\frac{1}{n},\quad k=1,2,\cdots,n$$

故

$$E(X)=\sum_{k=1}^{n}kP\{X=k\}=\sum_{k=1}^{n}k\cdot\frac{1}{n}=\frac{1}{n}\sum_{k=1}^{n}k=\frac{1}{n}\cdot\frac{n(n+1)}{2}=\frac{n+1}{2}$$

(2) 不写出 X 的分布律，则利用随机变量和的期望等于随机变量期望之和的性质计算，即设

$$X_k=\begin{cases}1,&\text{前 }k-1\text{ 次没有一把钥匙打开门上锁}\\0,&\text{否}\end{cases},\quad k=1,2,3,\cdots,n$$

显见

$$P\{X_1=1\}=1,\quad P\{X_1=0\}=0,$$

$$P\{X_k=1\}=\frac{n-1}{n}\cdot\frac{n-2}{n-1}\cdot\cdots\cdot\frac{n-k+1}{n-k+2}=\frac{n-k+1}{n},\quad k=2,3,4,\cdots,n$$

$$P\{X_k=0\}=1-\frac{n-k+1}{n}=\frac{k-1}{n}$$

故

$$E(X_1)=1,$$

$$E(X_k)=1\cdot\frac{n-k+1}{n}+0\cdot\left(\frac{k-1}{n}\right)=\frac{n-k+1}{n},\quad k=2,3,\cdots,n$$

设 $X=\{\text{试开次数}\}$，则 $X=\sum_{k=1}^{n}X_k$，于是

$$E(X)=E\left(\sum_{k=1}^{n}X_i\right)=\sum_{k=1}^{n}E(X_i)=1+\sum_{k=2}^{n}\frac{n-k+1}{n}=1+\frac{1}{n}\sum_{k=2}^{n}(n-k+1)$$

$$=1+\frac{1}{n}\cdot\frac{1}{2}[1+(n-1)](n-1)=\frac{n+1}{2}$$

12. 设 X 是随机变量，C 为常数，试证明 $D(X)<E[(X-C)]^2$ 对于任意的 $C\neq E(X)$ 成立（此式表明 $D(X)$ 为 $E(X-C)^2$ 的最小值）。

证明：对于任意的 C，

$$E[(X-C)^2]=E(X^2-2CX+C^2)=E(X^2)-2CE(X)+C^2$$

视 $f(C)=C^2-2CE(X)+E(X^2)$ 为 C 的函数，易见 $f(C)$ 连续可导，

$$f'(C)=2C-2E(X)\xlongequal{\text{令}}0$$

即驻点为 $C=E(X)$，又 $f''(C)=2>0$，由极值判别法知 $f(C)$ 在 $C=E(X)$ 取得极小值。由于 $f(C)$ 为开口向上的抛物线，其极小值为其唯一最小值，在顶点处取得，即 $f(C)$ 在 $C=E(X)$ 取唯一最小值 $f[E(X)]=E[X-E(X)]^2=D(X)$。

13. 设 A,B 是试验 E 的两个事件，且 $P(A)>0,P(B)>0$，并定义随机变量 X，Y 如下：

$$X=\begin{cases}1, & \text{若 } A \text{ 发生} \\ 0, & \text{若 } A \text{ 不发生}\end{cases}, \quad Y=\begin{cases}1, & \text{若 } B \text{ 发生} \\ 0, & \text{若 } B \text{ 不发生}\end{cases}$$

试证明：若 $\rho_{XY}=0$，则 X 与 Y 必定相互独立。

证明： 由题意知，

$$P(A)=P(X=1), \quad P(\overline{A})=P(X=0),$$
$$P(B)=P(Y=1), \quad P(\overline{B})=P(Y=0)$$

故 X,Y 的期望为

$$E(X)=P(X=1)=P(A), \quad E(Y)=P(Y=1)=P(B)$$

若 X,Y 的相关系数 $\rho_{XY}=0$，则

$$\text{Cov}(X,Y)=0$$

故得

$$E(XY)-E(X)E(Y)=0$$

即

$$E(XY)=E(X)E(Y)=P(A)P(B)=P(X=1)P(Y=1)$$

而

$$E(XY)=0\times0\times P(X=0,Y=0)+0\times1\times P(X=0,Y=1)+$$
$$1\times0\times P(X=1,Y=0)+1\times1\times P(X=1,Y=1)=P(AB)$$

从而得 $P(AB)=P(A)P(B)$，即事件 A 与 B 相互独立。再由事件的独立性命题知，若 A 与 B 独立，则 A 与 $\overline{B}$，$\overline{A}$ 与 B，$\overline{A}$ 与 $\overline{B}$ 均相互独立，即得

$$P(X=0,Y=1)=P(X=0)P(Y=1),$$
$$P(X=1,Y=0)=P(X=1)P(Y=0),$$
$$P(X=0,Y=0)=P(X=0)P(Y=0)$$

此即表明 X 与 Y 相互独立。

14. 已知三个随机变量 X,Y,Z 中，

$$E(X)=E(Y)=1, \quad E(Z)=-1,$$
$$D(X)=D(Y)=D(Z)=1,$$
$$\rho_{XY}=0, \quad \rho_{XZ}=1/2, \quad \rho_{YZ}=-1/2$$

试求 $E(X+Y+Z)$ 与 $D(X+Y+Z)$。

解： $E(X+Y+Z)=E(X)+E(Y)+E(Z)=1+1-1=1$
$$D(X+Y+Z)=D(X)+D(Y)+D(Z)+2\text{Cov}(X,Y)+$$
$$2\text{Cov}(X,Z)+2\text{Cov}(Y,Z)$$

$$= D(X) + D(Y) + D(Z) + 2\rho_{XY}\sqrt{D(X)}\sqrt{D(Y)} +$$
$$2\rho_{XZ}\sqrt{D(X)}\sqrt{D(Z)} + 2\rho_{YZ}\sqrt{D(Y)}\sqrt{D(Z)}$$
$$= 1 + 1 + 1 + 0 + 2\times\frac{1}{2}\times 1\times 1 - 2\times\frac{1}{2}\times 1\times 1 = 3$$

15. 卡车运送水泥,设每袋水泥的质量 X(单位:kg)服从正态分布 $N(50, 2.5^2)$。试问最多装多少袋水泥使总质量超过 2 000 kg 的概率不大于 0.05?

解: 设最多可装 n 袋水泥使其总质量超过 2 000 kg 的概率不大于 0.05,设第 i 袋水泥质量为 X_i,则 $X_i \sim N(50, 2.5^2)(i = 1, 2, \cdots, n)$,$n$ 袋水泥的总质量即为 $\sum_{i=1}^{n} X_i$,依题设条件应有

$$P\left\{\sum_{i=1}^{n} X_i > 2\,000\right\} \leqslant 0.05$$

注意: $X_1, X_2, \cdots, X_n$ 相互独立且服从相同正态分布。由正态分布性质知,n 个服从正态分布的独立随机变量之和仍服从正态分布,且由于 $E(X_i) = 50, D(X_i) = 2.5^2$ 得

$$E\left(\sum_{i=1}^{n} X_i\right) = \sum_{i=1}^{n} E(X_i) = 50n, \quad D\left(\sum_{i=1}^{n} X_i\right) = \sum_{i=1}^{n} D(X_i) = 2.5^2 n$$

故 $\sum_{i=1}^{n} X_i \sim N(50n, 2.5^2 n)$ 于是

$$P\left\{\sum_{i=1}^{n} X_i > 2\,000\right\} = 1 - P\left\{\sum_{i=1}^{n} X_i \leqslant 2\,000\right\}$$

$$= 1 - P\left\{\frac{\sum_{i=1}^{n} X_i - 50n}{\sqrt{2.5^2 n}} \leqslant \frac{2\,000 - 50n}{\sqrt{2.5^2 n}}\right\}$$

$$= 1 - \Phi\left(\frac{2\,000 - 50n}{2.5\sqrt{n}}\right) \leqslant 0.05$$

即 $\Phi\left(\dfrac{2\,000 - 50n}{2.5\sqrt{n}}\right) \geqslant 0.95$。查标准正态分布表得

$$\frac{2\,000 - 50n}{2.5\sqrt{n}} \geqslant 1.645$$

即

$$2\,000 - 50n \geqslant 1.645 \times 2.5\sqrt{n} = 4.112\,5\sqrt{n}$$

由 $50n + 4.112\,5\sqrt{n} - 2\,000 < 0$,解得

$$\sqrt{n} = \frac{-4.112\,5 \pm \sqrt{4.112\,5^2 - 4\times 50\times(-2\,000)}}{2\times 50}$$

$$= \frac{-4.112\ 5 \pm 632.468\ 9}{100} = 6.283\ 564,$$

$$n = 39.484\ 1 \approx 39$$

故最多装 39 袋将使总质量超过 2 000 kg 的概率不大于 0.05。

16. 已知二维正态随机变量 (X, Y) 的协方差矩阵为

$$\boldsymbol{C} = \begin{bmatrix} 196 & -91 \\ a & 169 \end{bmatrix}$$

且 $E(X) = 26, E(Y) = -12$。试确定 a, ρ，并求 X, Y 的联合概率密度。

解：已知协方差矩阵为

$$\boldsymbol{C} = \begin{bmatrix} \sigma_X^2 & \rho\sigma_X\sigma_Y \\ \rho\sigma_X\sigma_Y & \sigma_Y^2 \end{bmatrix} = \begin{bmatrix} 196 & -91 \\ a & 169 \end{bmatrix}$$

显然 $a = -91, \sigma_X^2 = 196, \sigma_X = 14, \sigma_Y^2 = 169, \sigma_Y = 13$，由 $\rho_{XY}\sigma_X\sigma_Y = -91$ 得

$$\rho_{XY} \times 14 \times 13 = -91, \quad \rho_{XY} = -0.5$$

故由 $(X, Y) \sim N(26, -12, 14^2, 13^2, -0.5)$ 知其联合概率密度为

$$f(x, y) = \frac{1}{2\pi \times 14 \times 13 \times \sqrt{1-(-0.5)^2}} \times$$

$$\exp\left\{\frac{-1}{2 \times [1-(-0.5)^2]}\left[\frac{(x-26)^2}{14^2} - \right.\right.$$

$$\left.\left. 2 \times (-0.5)\frac{(x-26)[y-(-12)]}{14 \times 13} + \frac{[y-(-12)]^2}{13^2}\right]\right\}$$

$$= \frac{1}{2\pi \times 14 \times 13 \times \sqrt{0.75}} \times$$

$$\exp\left\{\frac{-1}{1.5}\left[\frac{(x-26)^2}{14^2} + \frac{(x-26)(y+12)}{14 \times 13} + \frac{(y+12)^2}{13^2}\right]\right\}$$

17. 设 $(X_1, X_2) \sim N(0, 0, \sigma_1^2, \sigma_2^2, \rho), \sigma_1^2 \neq \sigma_2^2$，令

$$Y_1 = X_1 \cos \alpha + X_2 \sin \alpha, \quad Y_2 = -X_1 \sin \alpha + X_2 \cos \alpha$$

试证明：若 $\tan 2\alpha = \dfrac{2\rho\sigma_1\sigma_2}{\sigma_1^2 - \sigma_2^2}$，则 Y_1 与 Y_2 相互独立。

证明：由二维正态分布性质可知，二维随机变量 (X_1, X_2) 服从正态分布的充要条件是 X_1, X_2 的任意线性组合 $l_1 X_1 + l_2 X_2$ 服从一维正态分布。故由于 $(X_1, X_2) \sim N(0, 0, \sigma_1^2, \sigma_2^2, \rho)$，所以 X_1, X_2 的线性组合

$$Y_1 = X_1 \cos \alpha + X_2 \sin \alpha, \quad Y_2 = -X_1 \sin \alpha + X_2 \cos \alpha$$

服从一维正态分布，且对任意的常数 a, b，

$$aY_1 + bY_2 = (a\cos \alpha - b\sin \alpha)X_1 + (a\sin \alpha + b\cos \alpha)X_2$$

亦为 X_1, X_2 的线性组合，故仍服从一维正态分布，即 $aY_1 + bY_2$ 服从一维正态分布，故而 (Y_1, Y_2) 服从二维正态分布。于是 Y_1 与 Y_2 相互独立的充分必要条件为它们的

相关系数 $\rho_{Y_1Y_2}=0$，这等价于 $\mathrm{Cov}(Y_1,Y_2)=0$，即等价于 $E(Y_1Y_2)=E(Y_1)E(Y_2)$，
而 $E(X_1)=E(X_2)=0$，故

$$E(Y_1)=E(X_1\cos\alpha+X_2\sin\alpha)=\cos\alpha E(X_1)+\sin\alpha E(X_2)=0$$

于是

$$E(Y_1)E(Y_2)=0$$

且 $E(Y_1Y_2)$ 应等于 0，

$$0=E(Y_1Y_2)=E[(X_1\cos\alpha+X_2\sin\alpha)(-X_1\sin\alpha+X_2\cos\alpha)]$$
$$=E[-X_1^2\sin\alpha\cos\alpha+X_1X_2\cos^2\alpha-X_1X_2\sin^2\alpha+X_2^2\sin\alpha\cos\alpha]$$
$$=-\sin\alpha\cos\alpha E(X_1^2)+\cos^2\alpha E(X_1X_2)-$$
$$\sin^2\alpha E(X_1X_2)+\sin\alpha\cos\alpha E(X_2^2)$$

所以

$$E(Y_1Y_2)=\sin\alpha\cos\alpha(\sigma_2^2-\sigma_1^2)+\rho\sigma_1\sigma_2(\cos^2\alpha-\sin^2\alpha)=0$$

整理即得

$$\tan 2\alpha=\frac{\sin 2\alpha}{\cos 2\alpha}=\frac{2\sin\alpha\cos\alpha}{\cos^2\alpha-\sin^2\alpha}=\frac{2\rho\sigma_1\sigma_2}{\sigma_1^2-\sigma_2^2}$$

故，当 $\tan 2\alpha=\dfrac{2\rho\sigma_1\sigma_2}{\sigma_1^2-\sigma_2^2}$ 时 Y_1 与 Y_2 相互独立。

自测题四

1. 设随机变量 X 和 Y 的联合分布律为

$$P\{X=1,Y=10\}=P\{X=2,Y=5\}=0.5$$

试求：$E(X),E(Y),D(X),\mathrm{Cov}(X,Y),\rho_{XY}$。

解：X 的边缘概率分布为

$$P\{X=1\}=P\{X=2\}=0.5$$

Y 的边缘概率分布为

$$P\{Y=10\}=P\{Y=5\}=0.5$$

所以

$$E(X)=1\times 0.5+2\times 0.5=1.5,\quad E(X^2)=1^2\times 0.5+2^2\times 0.5=2.5,$$
$$D(X)=E(X^2)-[E(X)]^2=2.5-1.5^2=0.25,$$
$$E(Y)=5\times 0.5+10\times 0.5=7.5,\quad E(Y^2)=5^2\times 0.5+10^2\times 0.5=62.5,$$
$$D(Y)=E(Y^2)-[E(Y)]^2=62.5-7.5^2=6.25,$$
$$E(XY)=1\times 10\times 0.5+2\times 5\times 0.5=10,$$
$$\mathrm{Cov}(X,Y)=E(XY)-E(X)E(Y)=10-1.5\times 7.5=-1.25,$$
$$\rho_{XY}=\frac{\mathrm{Cov}(X,Y)}{\sqrt{D(X)}\,\sqrt{D(Y)}}=\frac{-1.25}{\sqrt{0.25}\sqrt{0.25}}=-1$$

2. 设随机变量 X 具有概率密度

$$f(x) = \begin{cases} x, & 0 \leqslant x < 1 \\ 2-x, & 1 \leqslant x < 2 \\ 0, & \text{其他} \end{cases}$$

试求 $E(X), D(X), P\{|X-E(X)| \leqslant D(X)/2\}$。

解:

$$E(X) = \int_{-\infty}^{+\infty} x f(x) \mathrm{d}x = \int_0^1 x^2 \mathrm{d}x + \int_1^2 x(2-x) \mathrm{d}x = \frac{1}{3} + \left(x^2 - \frac{x^3}{3} \right) \Big|_1^2$$

$$= \frac{1}{3} + \left(4 - \frac{8}{3} \right) - \left(1 - \frac{1}{3} \right) = 1,$$

$$E(X^2) = \int_{-\infty}^{+\infty} x^2 f(x) \mathrm{d}x = \int_0^1 x^3 \mathrm{d}x + \int_1^2 x^2(2-x) \mathrm{d}x$$

$$= \frac{1}{4} + \left(\frac{2}{3} x^3 - \frac{x^4}{4} \right) \Big|_1^2$$

$$= \frac{1}{4} + \left(\frac{16}{3} - 4 \right) - \left(\frac{2}{3} - \frac{1}{4} \right) = \frac{7}{6},$$

$$D(X) = E(X^2) - [E(X)^2] = 7/6 - 1^2 = 1/6,$$

$$P\left\{ |X-E(X)| \leqslant \frac{D(X)}{2} \right\} = P\left\{ |X-1| \leqslant \frac{1/6}{2} \right\}$$

$$= P\left\{ |X-1| \leqslant \frac{1}{12} \right\}$$

$$= P\left\{ 1 - \frac{1}{12} \leqslant X \leqslant 1 + \frac{1}{12} \right\}$$

$$= \int_{11/12}^1 x \mathrm{d}x + \int_1^{13/12} (2-x) \mathrm{d}x$$

$$= \frac{1}{2} x^2 \Big|_{11/12}^1 + \left(2x - \frac{x^2}{2} \right) \Big|_1^{13/12}$$

$$= \frac{1}{2} \left[1 - \left(\frac{11}{12} \right)^2 \right] + \left[2 \times \frac{13}{12} - \frac{1}{2} \left(\frac{13}{12} \right)^2 \right] - \left(2 - \frac{1}{2} \right)$$

$$= \frac{1}{2} \times \frac{1}{12^2} (-11^2 + 4 \times 12 \times 13 - 13^2) - 1$$

$$= \frac{1}{2} \times \frac{1}{12^2} \times 334 - 1 = \frac{167}{144} - 1 = \frac{23}{144}$$

3. 设 (X, Y) 具有概率密度

$$f(x, y) = \begin{cases} \dfrac{3}{2}(x^2 + y^2), & 0 < x < 1, 0 < y < 1 \\ 0, & \text{其他} \end{cases}$$

试求 $D(X+Y)$。

解:方法一 X 的边缘概率密度为

$$f_X(x) = \int_0^1 \frac{3}{2}(x^2 + y^2)\mathrm{d}y = \frac{3}{2}x^2 + \frac{3}{2} \times \frac{1}{3}y^3\Big|_0^1 = \frac{3}{2}x^2 + \frac{1}{2}, \quad 0 < x < 1$$

$$f_Y(y) = \int_0^1 \frac{3}{2}(x^2 + y^2)\mathrm{d}x = \frac{3}{2}y^2 + \frac{1}{2}, \quad 0 < y < 1$$

即

$$f_X(x) = \begin{cases} \frac{3}{2}x^2 + \frac{1}{2}, & 0 < x < 1, \\ 0, & \text{其他} \end{cases}, \quad f_Y(y) = \begin{cases} \frac{3}{2}y^2 + \frac{1}{2}, & 0 < y < 1 \\ 0, & \text{其他} \end{cases}$$

故

$$E(X) = \int_{-\infty}^{+\infty} x f_X(x)\mathrm{d}x = \int_0^1 x\left(\frac{3}{2}x^2 + \frac{1}{2}\right)\mathrm{d}x = \frac{3}{2} \times \frac{1}{4} + \frac{1}{2} \times \frac{1}{2} = \frac{5}{8}$$

同理

$$E(Y) = 5/8,$$

$$E(X^2) = \int_{-\infty}^{+\infty} x^2 f_X(x)\mathrm{d}x = \int_0^1 x^2\left(\frac{3}{2}x^2 + \frac{1}{2}\right)\mathrm{d}x = \frac{3}{2} \times \frac{1}{5} + \frac{1}{2} \times \frac{1}{3} = \frac{7}{15}$$

同理

$$E(Y^2) = 7/15,$$

$$D(X) = E(X^2) - [E(X)]^2 = \frac{7}{15} - \left(\frac{5}{8}\right)^2 = \frac{7}{15} - \frac{25}{64},$$

$$D(Y) = E(Y^2) - [E(Y)]^2 = \frac{7}{15} - \left(\frac{5}{8}\right)^2 = \frac{7}{15} - \frac{25}{64}$$

而

$$E(XY) = \int_{-\infty}^{+\infty}\int_{-\infty}^{+\infty} xy f(x,y)\mathrm{d}x\mathrm{d}y = \int_0^1\int_0^1 xy\left(\frac{3}{2}x^2 + \frac{3}{2}y^2\right)\mathrm{d}x\mathrm{d}y$$

$$= \int_0^1\int_0^1 \frac{3}{2}x^3 y\,\mathrm{d}x\mathrm{d}y + \int_0^1\int_0^1 \frac{3}{2}xy^3\,\mathrm{d}x\mathrm{d}y$$

$$= \frac{3}{2}\left(\int_0^1 x^3\mathrm{d}x\int_0^1 y\,\mathrm{d}y + \int_0^1 x\,\mathrm{d}x\int_0^1 y^3\mathrm{d}y\right) = \frac{3}{2}\left(\frac{1}{4} \times \frac{1}{2} + \frac{1}{4} \times \frac{1}{2}\right) = \frac{3}{8}$$

故

$$\mathrm{Cov}(X,Y) = E(XY) - E(X)E(Y) = \frac{3}{8} - \frac{5}{8} \times \frac{5}{8} = \frac{3}{8} - \frac{25}{64},$$

$$D(X+Y) = D(X) + D(Y) + 2\mathrm{Cov}(X,Y)$$

$$= \frac{7}{15} - \frac{25}{64} + \frac{7}{15} - \frac{25}{64} + 2 \times \left(\frac{3}{8} - \frac{25}{64}\right)$$

$$= \frac{14}{15} + \frac{3}{4} - \frac{25}{16} = \frac{116}{960} = \frac{29}{240}$$

方法二　先求 $Z = X + Y$ 的概率密度

$$f_Z(z) = \int_{-\infty}^{+\infty} f(x, z-x)\mathrm{d}x = \begin{cases} 0, & z < 0, z \geqslant 2 \\ \int_0^z f(x, z-x)\mathrm{d}x, & 0 \leqslant z < 1 \\ \int_{z-1}^1 f(x, z-x)\mathrm{d}x, & 1 \leqslant z < 2 \end{cases}$$

于是

$$\int_0^z f(x, z-x)\mathrm{d}x = \int_0^z \frac{3}{2}[x^2 + (z-x)^2]\mathrm{d}x$$

$$= \frac{3}{2} \times \frac{z^3}{3} + \frac{3}{2} \times \frac{1}{3}(x-z)^3 \Big|_0^z = z^3$$

于是

$$\int_{z-1}^1 f(x, z-x)\mathrm{d}x = \int_{z-1}^1 \frac{3}{2}[x^2 + (z-x)^2]\mathrm{d}x$$

$$= \frac{3}{2} \times \frac{x^3}{3} \Big|_{z-1}^1 + \frac{3}{2} \times \frac{1}{3}(x-z)^3 \Big|_{z-1}^1$$

$$= \frac{1}{2}[1 - (z-1)^3] + \frac{1}{2}[(1-z)^3 + 1]$$

$$= 1 - (z-1)^3$$

于是

$$f_Z(z) = \begin{cases} z^3, & 0 < z < 1 \\ 1 - (z-1)^3, & 1 \leqslant z < 2, \\ 0, & 其他 \end{cases}$$

$$E(Z) = \int_{-\infty}^{+\infty} z f_Z(z)\mathrm{d}z = \int_0^1 z \cdot z^3 \mathrm{d}z + \int_1^2 z[1 - (z-1)^3]\mathrm{d}z$$

$$= \frac{1}{5} + \frac{z^2}{2} \Big|_1^2 - \int_1^2 z(z-1)^3 \mathrm{d}z = \frac{1}{5} + \frac{3}{2} - \int_1^2 (z-1)^4 \mathrm{d}z - \int_1^2 (z-1)^3 \mathrm{d}z$$

$$= \frac{17}{10} - \frac{1}{5}(z-1)^5 \Big|_1^2 - \frac{1}{4}(z-1)^4 \Big|_1^2 = \frac{17}{10} - \frac{1}{5} - \frac{1}{4} = \frac{25}{20} = \frac{5}{4},$$

$$E(Z^2) = \int_{-\infty}^{+\infty} z^2 f_Z(z)\mathrm{d}z = \int_0^1 z^2 \cdot z^3 \mathrm{d}z + \int_1^2 z^2[1 - (z-1)^3]\mathrm{d}z$$

$$= \frac{1}{6} + \frac{1}{3}z^3 \Big|_1^2 \int_1^2 z^2(z-1)^3 \mathrm{d}z$$

$$= \frac{1}{6} + \frac{7}{3} - \int_1^2 (z-1)^5 \mathrm{d}z - 2\int_1^2 (z-1)^4 \mathrm{d}z - \int_1^2 (z-1)^3 \mathrm{d}z$$

$$= \frac{1}{6} + \frac{7}{3} - \frac{1}{6} - 2 \times \frac{1}{5} - \frac{1}{4} = \frac{7}{3} - \frac{13}{20} = \frac{101}{60}$$

于是 $D(X+Y) = D(Z) = E(Z^2) - [E(Z)]^2 = \frac{101}{60} - \left(\frac{5}{4}\right)^2 = \frac{116}{960} = \frac{29}{240}$。

4. 已知 X,Y 的相关系数为 ρ，试求 $X_1 = aX + b$，$Y_1 = cY + d$ 的相关系数，其中 a,b,c,d 为常数。

解：已知

$$\rho_{XY} = \frac{\mathrm{Cov}(X,Y)}{\sqrt{D(X)}\sqrt{D(Y)}} = \rho$$

而

$$
\begin{aligned}
E(X_1 Y_1) &= E[(aX + b)(cY + d)] \\
&= E[acXY + adX + bcY + bd] \\
&= acE(XY) + adE(X) + bcE(Y) + bd, \\
E(X_1) &= E(aX + b) = aE(X) + b, \\
E(Y_1) &= E(cY + d) = cE(Y) + d, \\
\mathrm{Cov}(X_1, Y_1) &= E(X_1 Y_1) - E(X_1)E(Y_1) \\
&= acE(XY) + adE(X) + bcE(Y) + bd - \\
&\quad [aE(X) + b][cE(Y) + d] \\
&= ac[E(XY) - E(X)E(Y)] \\
&= ac\,\mathrm{Cov}(X,Y), \\
D(X_1) &= D(aX + b) = a^2 D(X), \\
D(Y_1) &= D(cX + d) = c^2 D(X)
\end{aligned}
$$

所以 $\rho_{X_1 Y_1} = \dfrac{\mathrm{Cov}(X_1, Y_1)}{\sqrt{D(X_1)}\sqrt{D(Y_1)}} = \dfrac{ac\,\mathrm{Cov}(X,Y)}{\sqrt{a^2 D(X)}\sqrt{c^2 D(X)}} = \dfrac{ac}{|ac|}\rho_{XY} = \dfrac{ac}{|ac|}\rho$。

第 5 章　大数定律与中心极限定理

本章内容涉及随机变量列的极限定理，是较难理解的。但是只要把握住满足定理的条件，理解定理的结果，掌握切比雪夫不等式与中心极限定理的正态分布近似原理，从而掌握近似计算有关事件概率的方式和方法还是可能的。

基本要求

(1) 了解切比雪夫大数定理与伯努利大数定理、辛钦大数定理；

(2) 了解独立同分布的中心极限定理（列维定理）和隶莫佛-拉普拉斯定理，并会利用正态分布表作近似计算。

本章特点

随机变量列的极限性质是数理统计大样本理论基础。

(1) 随机变量列的前 n 项的平均 $\overline{X}$ 在一定条件下依概率收敛定理；

(2) 随机变量列的前 n 项和在一定条件下近似服从正态分布定理。

解题要点

(1) 利用切比雪夫不等式证明大数定理的步骤：

① 计算 X_k 的数学期望与方差：$E(X_k)$ 与 $D(X_k)$；

② 计算样本均值 $\overline{X}=\dfrac{1}{n}\sum\limits_{i=1}^{n}X_i$ 的数学期望与方差：$E(\overline{X})$ 与 $D(\overline{X})$；

③ 利用切比雪夫不等式：$P\{|\overline{X}-E(\overline{X})|\geqslant\varepsilon\}\leqslant\dfrac{D(\overline{X})}{\varepsilon^2}$；

④检查当 n 趋于无穷时，是否有 $D(\overline{X})$ 趋于 0，若是，证明大数法成立。

(2) 利用独立同分布中心极限定理作近似计算的步骤：

① 检查 $X_1,X_2,\cdots$ 独立且同分布，存在相同的期望与方差；

② 由题设得出，或计算出 $E(X_i)=\mu,D(X_i)=\sigma^2(i=1,2,\cdots)$；

③ 由此中心极限定理得随机变量和 Y_n 近似服从正态分布

$$Y_n=\sum_{i=1}^{n}X_i\sim N(n\mu,n\sigma^2),\quad 即\ \frac{Y_n-n\mu}{\sqrt{n}\sigma}\sim N(0,1)$$

④ 利用标准正态分布表得概率 $P\{a<Y_n<b\}$ 的近似值为

$$P\{a<Y_n<b\}\overset{\text{CLT}}{\approx}\Phi\Big(\frac{b-n\mu}{\sqrt{n}\sigma}\Big)-\Phi\Big(\frac{a-n\mu}{\sqrt{n}\sigma}\Big)$$

综合练习五

1. 有一批建筑房屋用的木柱，其 80% 的长度不少于 3 m，现从这批木柱中随机取出 100 根，试问其中至少有 30 根短于 3 m 的概率是多少？

解：① 设随机变量

$$X_i=\begin{cases}1,&\text{第 }i\text{ 根木柱短于 }3\text{ m}\\0,&\text{否}\end{cases},\quad i=1,2,\cdots,100$$

$X_1,X_2,\cdots$ 相互独立且同 $(0-1)$ 分布，有相同期望与方差，满足列维定理条件；

② 由题设得

$$P\{X_i=1\}=0.2,\quad P\{X_i=0\}=0.8,$$

$$\mu=E(X_i)=0.2,\quad \sigma^2=D(X_i)=0.2\times0.8=0.16,\quad i=1,2,\cdots,100$$

③ 由此中心极限定理得随机变量和 Y_{100} 近似服从正态分布

$$Y_{100}=\sum_{i=1}^{100}X_i\sim N(100\times0.2,100\times0.16)=N(20,4^2)$$

④ 故所求概率为

$$P\Big\{\sum_{i=1}^{100}X_i\geqslant30\Big\}=1-P\Big\{\sum_{i=1}^{100}X_i<30\Big\}=1-P\Big\{\frac{\sum\limits_{i=1}^{100}X_i-20}{4}\leqslant\frac{30-20}{4}\Big\}$$

$$\overset{\text{CLT}}{\approx}1-\Phi(2.5)=1-0.993\ 8=0.006\ 2$$

2. 设各零件的质量都是随机变量，它们相互独立，且服从相同的分布，其数学期望为 0.5 kg，均方差为 0.1 kg。试问 $5\,000$ 个零件的总质量超过 $2\,510$ kg 的概率是多少？

解：① 设每个零件的质量为 X_i，则 $\{X_i\}$ 独立同分布，存在相同的期望与方差，于是 $\{X_i\}$ 服从中心极限定理；

② 由题设得 $E(X_i)=0.5, D(X_i)=0.1^2, i=1,2,\cdots,5\,000$；

③ 由此中心极限定理得随机变量和 $Y_{5\,000}$ 近似服从正态分布

$$Y_{5\,000}=\sum_{i=1}^{5\,000}X_i \sim N(2\,500,50)$$

④ 故所求概率为

$P\{5\,000$ 个零件的总质量超过 $2\,510$ kg$\}$

$$=P\left\{\sum_{i=1}^{5\,000}X_i > 2\,510\right\}=1-P\left\{\sum_{i=1}^{5\,000}X_i \leqslant 2\,510\right\}$$

$$=1-P\left\{\frac{\sum_{i=1}^{5\,000}X_i - 2\,500}{\sqrt{50}} \leqslant \frac{2\,510-2\,500}{\sqrt{50}}\right\}$$

$$\overset{\text{CLT}}{\approx} 1-\Phi(1.414)=1-0.921\,3=0.078\,7$$

3. 据以往经验，某种电器元件的寿命服从均值为 100 h 的指数分布。现随机地取 16 只，它们的寿命是相互独立的，试求这 16 只元件的寿命总和大于 $1\,920$ h 的概率。

解：设 $X_i=\{$第 i 只元件的寿命$\}$，则 $X_i \sim Z\left(\dfrac{1}{100}\right)(i=1,2,\cdots,16)$，独立且同分布，$E(X_i)=100, D(X_i)=100^2$，故 $\{X_i\}$ 服从中心极限定理，所求概率为

$P\{16$ 只元件的寿命总和大于 $1\,920\}$

$$=P\left\{\sum_{i=1}^{16}X_i > 1\,920\right\}$$

$$=1-P\left\{\sum_{i=1}^{16}X_i \leqslant 1\,920\right\}$$

$$=1-P\left\{\frac{\sum_{i=1}^{16}X_i - 16\times100}{\sqrt{16\times100^2}} \leqslant \frac{1920-16\times100}{\sqrt{16\times100^2}}\right\}$$

$$\overset{\text{CLT}}{\approx} 1-\Phi(0.8)=1-0.788\,1=0.211\,9$$

4. 大学英语四级考试，设有 85 道选择题，每题 4 个选择答案，只有一个正确。若需通过考试，必须答对 51 题以上。试问某学生靠运气能通过四级考试的概率有多大？

解: 设随机变量

$$X_i = \begin{cases} 1, & \text{第 } i \text{ 题答对} \\ 0, & \text{否} \end{cases}, \quad i = 1, 2, \cdots, 85$$

相互独立且同分布,故它们的和 $\sum\limits_{i=1}^{85} X_i$ 服从二项分布,而

$$P\{X_i = 1\} = \frac{1}{4}, \quad P\{X_i = 0\} = \frac{3}{4}, \quad E(X_i) = \frac{1}{4}, \quad D(X_i) = \frac{1}{4} \times \frac{3}{4} = \frac{3}{16}$$

故

$$\sum_{i=1}^{85} X_i \sim B\left(85, \frac{1}{4}\right)$$

利用隶莫佛-拉普拉斯定理知所求概率为

$$P\{\text{答对 } 51 \text{ 题}\} = P\left\{\sum_{i=1}^{85} X_i \geqslant 51\right\} = 1 - P\left\{\sum_{i=1}^{85} X_i < 51\right\}$$

$$= 1 - P\left\{\frac{\sum\limits_{i=1}^{85} X_i - 85 \times \frac{1}{4}}{\sqrt{85 \times \frac{1}{4} \times \frac{3}{4}}} < \frac{51 - 85 \times \frac{1}{4}}{\sqrt{85 \times \frac{1}{4} \times \frac{3}{4}}}\right\}$$

$$\overset{\text{CLT}}{\approx} 1 - \Phi\left(\frac{29.75}{\sqrt{15.9375}}\right) = 1 - \Phi(7.452) \approx 0$$

5. 某药厂断言,该厂生产的某种药品对于医治一种疑难血液病的治愈率为 0.8。医院检验员任意抽查了 100 个服用此药品的病人,如果其中多于 75 人治愈,就接受这一断言,否则就拒绝这一断言。(1) 若实际上此药品对这种疾病的治愈率为 0.8,试问接受这一断言的概率是多少?(2) 若实际上此药品对这种疾病的治愈率仅为 0.7,试问接受这一断言的概率是多少?

解: 设随机变量

$$X_i = \begin{cases} 1, & \text{第 } i \text{ 个病人治愈} \\ 0, & \text{否} \end{cases}, \quad i = 1, 2, \cdots, 100$$

它们相互独立且同 (0 - 1) 分布,

$$P\{X_i = 1\} = 0.8, \quad P\{X_i = 0\} = 0.2,$$

$$E(X_i) = 0.8, \quad D(X_i) = 0.8 \times 0.2 = 0.16$$

易知 100 个病人中治愈的人数 $\sum\limits_{i=1}^{100} X_i \sim B(100, 0.8)$,设实际上此药品对这种疾病的治愈率为 p_0,利用隶莫佛-拉普拉斯定理可求相关概率。

(1) 当 $p_0 = 0.8$ 时,接受厂方断言的概率为

$$P\{|\text{接受断言} \mid p_0 = 0.8\} = P\left\{\sum_{i=1}^{100} X_i > 75 \mid p_0 = 0.8\right\}$$

$$= P\left\{\frac{\sum\limits_{i=1}^{100} X_i - 100 \times 0.8}{\sqrt{100 \times 0.8 \times 0.2}} > \frac{75 - 100 \times 0.8}{\sqrt{100 \times 0.8 \times 0.2}}\right\}$$

$$\overset{\text{CLT}}{\approx} 1 - \Phi(-1.25) = \Phi(1.25) = 0.894\,4$$

（2）当 $p_0 = 0.7$ 时，接受厂方断言的概率为

$$P\{|\text{接受断言} \mid p_0 = 0.7\} = P\left\{\sum_{i=1}^{100} X_i > 75 \mid p_0 = 0.7\right\}$$

$$= P\left\{\frac{\sum\limits_{i=1}^{100} X_i - 100 \times 0.7}{\sqrt{100 \times 0.7 \times 0.2}} > \frac{75 - 100 \times 0.7}{\sqrt{100 \times 0.7 \times 0.2}}\right\}$$

$$\overset{\text{CLT}}{\approx} 1 - \Phi\left(\frac{5}{\sqrt{21}}\right) = 1 - \Phi(1.09)$$

$$= 1 - 0.862\,1 = 0.137\,9$$

6. 设随机变量 $X_1, X_2, \cdots, X_k, \cdots$ 相互独立，且 $E(X_k)$ 存在，$D(X_k) < +\infty$ $(k=1,2,\cdots)$。若 $\lim\limits_{n \to \infty} \dfrac{1}{n^2} D\left(\sum\limits_{k=1}^{n} X_k\right) = 0$（称为马尔可夫条件），试证 $X_1, X_2, \cdots, X_n$ 服从大数定律。

证明： 由于 $X_1, X_2, \cdots, X_n$ 相互独立，且 $E(X_k), D(X_k) < +\infty$ 存在，令 $\overline{X}_n = \dfrac{1}{n}\sum\limits_{k=1}^{n} X_k$，则 $E(\overline{X}_n) = E\left(\dfrac{1}{n}\sum\limits_{k=1}^{n} X_k\right) = \dfrac{1}{n}\sum\limits_{k=1}^{n} E(X_k)$ 有限。而

$$D(\overline{X}_n) = D\left(\frac{1}{n}\sum_{k=1}^{n} X_k\right) = \frac{1}{n^2}\sum_{k=1}^{n} D(X_k) \xrightarrow{n \to \infty} 0$$

故由切比雪夫不等式知，$\forall \varepsilon > 0$，

$$P\{|\overline{X}_n - E(\overline{X}_n)| \geqslant \varepsilon\} \leqslant \frac{D(\overline{X}_n)}{\varepsilon^2} = \frac{\sum\limits_{k=1}^{n} D(X_k)}{n^2 \varepsilon^2} \xrightarrow{n \to \infty} 0$$

即 $\lim\limits_{n \to \infty} P\{|\overline{X}_n - E(\overline{X}_n)| \geqslant \varepsilon\} = 0$，此即表明满足题设条件的随机变量列 $\{X_k\}$ 服从大数定律。

*7. 设某考试有试题 99 个，按从易到难的顺序排列，并假设某学生答对第一题的概率为 0.99，答对第二题的概率为 0.98。一般地，他答错第 i 题的概率为 $i/100$ $(i=1,2,\cdots,99)$，如果他答对各题是相互独立的，并设至少答对 60 题才算通过考试，试求该学生通过考试的概率（利用李雅普诺夫极限定理）。

解： 设

$$X_i = \begin{cases} 1, & \text{学生答对第 } i \text{ 题} \\ 0, & \text{学生答错第 } i \text{ 题} \end{cases}, \quad i = 1, 2, \cdots, 99$$

则 $X_1, X_2, \cdots, X_{99}$ 相互独立,服从不同的两点分布,即

$$P\{X_i = 1\} = p_i = 1 - \frac{i}{100}, \quad P\{X_i = 0\} = 1 - p_i = 1 - \left(1 - \frac{i}{100}\right) = \frac{i}{100}$$

故

$$E(X_i) = p_i = 1 - \frac{i}{100}, \quad D(X_i) = p_i(1 - p_i) = \left(1 - \frac{i}{100}\right)\frac{i}{100}$$

为使用李雅普诺夫中心极限定理,不妨设随机变量 $X_{100}, X_{101}, \cdots$ 相互独立,且与 X_{99} 同分布。此时因为

$$E\left(\sum_{i=1}^{99} X_i\right) = \sum_{i=1}^{99} E(X_i) = \sum_{i=1}^{99}\left(1 - \frac{i}{100}\right) = 99 - \sum_{i=1}^{99}\frac{i}{100}$$

$$= 99 - \frac{99 \times 100}{100 \times 2} = \frac{99}{2} = 49.5$$

令 $B_n^2 = \sum_{i=1}^{n} D(X_i)$,则当 $n = 99$ 时,

$$B_{99}^2 = D\left(\sum_{i=1}^{99} X_i\right) = \sum_{i=1}^{99} D(X_i) = \sum_{i=1}^{99}\left(1 - \frac{i}{100}\right)\frac{i}{100} = \sum_{i=1}^{99}\frac{i}{100} - \sum_{i=1}^{99}\left(\frac{i}{100}\right)^2$$

$$= \frac{99 \times 100}{100 \times 2} - \frac{99 \times 100 \times 199}{100^2 \times 6} = 16.665$$

当 $n \geqslant 100$ 时,

$$B_n^2 = \sum_{i=1}^{n} D(X_i) = \sum_{i=1}^{99} D(X_i) + \sum_{i=100}^{n} D(X_i) = 16.665 + \sum_{i=100}^{n} 0.01 \times 0.99$$

$$= 16.665 + 0.0099(n - 99)$$

故当 $n \to +\infty$ 时,显见 $B_n^2 \to +\infty$,即有 $B_n \to +\infty$。

注意到,

$$E(|X_i - p_i|^3) = (1 - p_i)^3 p_i + p_i^3(1 - p_i)$$

$$= p_i(1 - p_i)[(1 - p_i)^2 + p_i^2] < 2p_i(1 - p_i),$$

$$\sum_{i=1}^{n} E(|X_i - p_i|^3) \leqslant 2\sum_{i=1}^{n} p_i(1 - p_i) = 2B_n^2$$

于是,取 $\delta = 1 > 0$,得

$$\frac{1}{B_n^{2+\delta}}\sum_{i=1}^{n} E(|X_i - p_i|^{2+\delta}) = \frac{1}{B_n^3}\sum_{i=1}^{n} E(|X_i - p_i|^3) \leqslant \frac{2}{B_n} \xrightarrow{n \to +\infty} 0$$

满足李雅普诺夫条件,则由李雅普诺夫中心极限定理知,随机变量序列 $X_1, X_2, \cdots$ 服从中心极限定理,即 $\sum_{i=1}^{n} X_i$ 近似服从正态分布 $N\left(\sum_{i=1}^{n} p_i, B_n^2\right)$,所以得

$$\sum_{i=1}^{99} X_i \sim N\left(\sum_{i=1}^{99} p_i, B_{99}^2\right) = N(49.5, 16.665)$$

于是所求概率为

$$P\left\{\sum_{i=1}^{99}X_i\geqslant 60\right\}=1-P\left\{\sum_{i=1}^{99}X_i<60\right\}=1-P\left\{\frac{\sum\limits_{i=1}^{99}X_i-49.5}{\sqrt{16.665}}<\frac{60-49.5}{\sqrt{16.665}}\right\}$$

$$\overset{\text{CLT}}{\approx}1-\Phi(2.57)=1-0.994\,9=0.005\,1$$

即该学生通过考试的概率约为 0.005 1。

自测题五

1. 试求在 10 000 个随机数中,数字 7 出现不多于 968 次的概率。

解:设随机变量

$$X_i=\begin{cases}1,&\text{第 }i\text{ 个数字是 }7\\0,&\text{否}\end{cases},\quad i=1,2,\cdots,1\,000$$

则 $\{X_i\}$ 独立且同分布,

$$P\{X_i=1\}=0.1,\quad P\{X_i=0\}=0.9$$

故 10 000 个数中 7 出现次数

$$\sum_{i=1}^{10000}X_i\sim B(10\,000,0.1)$$

由隶莫佛-拉普拉斯定理知所求概率为

$P\{10\,000$ 个随机数中数字 7 出现不多于 968 次$\}$

$$=P\left\{0\leqslant\sum_{i=1}^{10\,000}X_i\leqslant 968\right\}$$

$$=P\left\{\frac{0-10\,000\times 0.1}{\sqrt{10\,000\times 0.9\times 0.1}}\leqslant\frac{\sum\limits_{i=1}^{10\,000}X_i-10\,000\times 0.1}{\sqrt{10\,000\times 0.9\times 0.1}}\leqslant\frac{968-10\,000\times 0.1}{\sqrt{10\,000\times 0.9\times 0.1}}\right\}$$

$$\overset{\text{CLT}}{\approx}\Phi(-1.07)-\Phi(-33.33)=\Phi(33.33)-\Phi(1.07)=1-0.857=0.143$$

2. 设随机变量 $X_1,X_2,\cdots,X_{48}$ 相互独立且同分布 $U(0,1)$,试求 $\sum\limits_{k=1}^{48}X_k$ 不大于 20 的概率。

解:因为 $X_1,X_2,\cdots,X_{48}$ 独立同分布,且

$$E(X_i)=1/2,\quad D(X_i)=1/12,\quad i=1,2,\cdots,48$$

故由独立同分布中心极限定理知所求概率为

$$P\left\{\sum_{i=1}^{48}X_i\leqslant 20\right\}=P\left\{\frac{\sum\limits_{i=1}^{48}X_i-48\times\frac{1}{2}}{\sqrt{48\times\frac{1}{12}}}\leqslant\frac{20-48\times\frac{1}{2}}{\sqrt{48\times\frac{1}{12}}}\right\}$$

$$\overset{\text{CLT}}{\approx}\Phi(-2)=1-\Phi(2)=1-0.977\,2=0.022\,8$$

3. 某厂生产的电子元件不合格率为 1%,试问:在 100 只装的一盒中,至少要再

装几只才能使用户买到的一盒里有 100 只合格品的概率不小于 95%?

解: 设至少要再装 n 只,建立随机变量

$$X_i = \begin{cases} 1, & \text{第 } i \text{ 个元件合格} \\ 0, & \text{否} \end{cases}, \quad i = 1, 2, \cdots, 100 + n$$

它们相互独立且同分布,$P\{X_i = 1\} = 0.99, P\{X_i = 0\} = 0.01$。

由题设要求概率

$$P\left\{\sum_{k=1}^{100+n} X_k \geqslant 100\right\} \geqslant 0.95$$

即

$$P\left\{\frac{\sum\limits_{k=1}^{100+n} X_k - (100+n) \times 0.99}{\sqrt{(100+n) \times 0.99 \times 0.01}} \geqslant \frac{100 - (100+n) \times 0.99}{\sqrt{(100+n) \times 0.99 \times 0.01}}\right\}$$

$$\overset{\text{CLT}}{\approx} 1 - \Phi\left[\frac{100 - (100+n) \times 0.99}{\sqrt{(100+n) \times 0.99 \times 0.01}}\right] \geqslant 0.95$$

所以 $\Phi\left[\dfrac{100 - (100+n) \times 0.99}{\sqrt{(100+n) \times 0.99 \times 0.01}}\right] \leqslant 1 - 0.95 = 0.05$。查标准正态分布表得

$$\frac{100 - (100+n) \times 0.99}{\sqrt{(100+n) \times 0.99 \times 0.01}} \leqslant -1.645$$

或

$$\frac{(100+n) \times 0.99 - 100}{\sqrt{(100+n) \times 0.99 \times 0.01}} \geqslant 1.645$$

从中解出 $n \geqslant 3$,即一盒中至少应放 103 只元件才能保证用户买到的一盒里有 100 只合格元件的概率不小于 95%。

4. 设每次对敌阵炮击的命中数的数学期望为 0.4,方差为 2.4,试求 1 000 次炮击中有 380~420 颗炮弹命中的概率的近似值。

解: 设随机变量

$$X_i = \begin{cases} 1, & \text{第 } i \text{ 颗炮弹命中} \\ 0, & \text{否} \end{cases}, \quad i = 1, 2, \cdots, 1\,000$$

它们相互独立且服从相同分布,$E(X_i) = 0.4, D(X_i) = 2.4$,则由隶莫佛-拉普拉斯定理知所求概率为

$$P\left\{380 \leqslant \sum_{i=1}^{1\,000} X_i \leqslant 420\right\}$$

$$= P\left\{\frac{380 - 1\,000 \times 0.4}{\sqrt{1\,000 \times 2.4}} \leqslant \frac{\sum\limits_{i=1}^{1\,000} X_i - 1\,000 \times 0.4}{\sqrt{1\,000 \times 2.4}} \leqslant \frac{420 - 1\,000 \times 0.4}{\sqrt{1\,000 \times 2.4}}\right\}$$

$$\overset{\text{CLT}}{\approx} \Phi(0.41) - \Phi(-0.41) = 2\Phi(0.41) - 1 = 2 \times 0.654\,4 - 1 = 0.310\,8$$

第 6 章　数理统计的基本概念

本章介绍的总体、个体、样本、样本均值、样本方差、样本矩、协方差、相关系数等常见统计量及三大分布,是数理统计的最基础概念。本章的重点是理解并牢记这些概念,这对参数估计与假设检验内容是十分重要的。

基本要求

(1) 理解总体、个体、样本和统计量的概念,掌握样本均值、样本方差、样本极差、样本变异系数、协方差、相关系数等常见统计量的计算方法。

(2) 理解样本分布函数的实际意义,会计算经验分布函数,会画直方图。

(3) 了解 χ^2 分布,t 分布,F 分布的定义与性质,并会查表计算。

(4) 了解正态总体的某些常用统计量的分布。

解题要点

(1) 分清什么是样本与样本值,统计量与统计值,抽样分布;

(2) 根据公式计算统计值,特别是样本均值与样本方差的计算;

(3) 根据顺序统计值得出经验分布函数,给出理论概率的近似值,即

$$P\{a < X \leqslant b\} = F(b) - F(a) \approx F_n(b) - F_n(a)$$

(4) 了解三大分布的构成及性质,记住正态总体的样本均值与样本方差的分布。

综合练习六

1. 设有一个容量为 $n = 50$ 的样本,其样本观察值分别取值为 18.4,18.9,19.3,19.6,每个值出现的次数(频数)列表如下:

数　值	18.4	18.9	19.3	19.6
出现次数	5	10	20	15

试求:(1) 样本均值与样本方差;(2) 样本中位数与众数;(3) 经验分布函数。

解:(1) 样本均值为

$$\bar{x} = \frac{1}{50}[18.4 \times 5 + 18.9 \times 10 + 19.3 \times 20 + 19.6 \times 15] = 19.22$$

样本方差为

$$s^2 = \frac{1}{49}[(18.4 - 19.22)^2 \times 5 + (18.9 - 19.22)^2 \times 10 +$$

$$(19.3 - 19.22)^2 \times 20 + (19.6 - 19.22)^2 \times 15] = 0.018\ 9$$

(2) 显然,本题的样本中位数与众数相等,均为 19.3;

(3) 由上述频数分布表,按定义可得经验分布函数 $F_{50}(x)$ 为

$$F_{50}(x) = \begin{cases} 0, & x < 18.4 \\ 5/50, & 18.4 \leqslant x < 18.9 \\ 15/50, & 18.9 \leqslant x < 19.3 \\ 35/20, & 19.3 \leqslant x < 19.6 \\ 1, & x \geqslant 19.6 \end{cases}$$

2. 为研究加工某种零件的工时定额,随机观察了 12 人次的加工工时,测得加工时间(单位:min)数据如下:

  9.0 7.8 8.2 10.5 7.5 8.8 10.0 9.4 8.5 9.5 8.4 9.8

(1) 试写出总体、样本、样本值、样本容量;(2) 试求样本均值、样本方差与均方差;(3) 试求顺序统计值、样本极差、样本中位数及变异系数。

解:(1) 我们研究的对象为加工某种零件的工时定额,此为总体 X;随机采取的 12 人次的加工工时构成一个容量为 $n = 12$ 的样本 $X_1, X_2, \cdots, X_{12}$;其样本值为所给数据:$x_1 = 9.0, x_2 = 7.8, x_3 = 8.2, x_4 = 10.5, x_5 = 7.5, x_6 = 8.8, x_7 = 10.0, x_8 = 9.4, x_9 = 8.5, x_{10} = 9.5, x_{11} = 8.4, x_{12} = 9.8$。

(2) 样本均值

$$\bar{x} = \frac{1}{12} \sum_{i=1}^{12} x_i = \frac{1}{12}(9.0 + 7.8 + 8.2 + \cdots + 9.8) = 8.95$$

样本方差

$$s^2 = \frac{1}{12-1} \sum_{i=1}^{12} (x_i - \bar{x})^2$$
$$= \frac{1}{7}\left[(9 - 8.95)^2 + (7.8 - 8.95)^2 + \cdots + (9.8 - 8.95)^2\right] = 0.840\,9$$

均方差

$$s = \sqrt{s^2} = \sqrt{0.840\,9} = 0.917$$

(3) 由原数据按从小到大顺序排列得顺序统计值:

  7.5 7.8 8.2 8.4 8.5 8.8 9.0 9.4 9.5 9.8 10.0 10.5

样本极差

$$D_n = x_{(12)} - x_{(1)} = 10.5 - 7.5 = 3$$

样本中位数

$$m_n = \frac{1}{2}(8.8 + 9) = 8.9$$

变异系数

$$C_r = \frac{s}{x} = \frac{0.917}{8.95} = 0.102\,5$$

3. 从某公司员工中随机抽出 10 位,统计得每人平均月收入(单位:元)数据如下:

3 050　2 760　4 580　3 050　5 120　6 200　6 850　7 360　4 580　4 580

试求:(1) 样本均值与样本标准差;(2) 顺序统计值与经验分布函数;(3) 近似计算 $P\{4\,000<X\leqslant 6\,000\}$。

解:(1)样本均值

$$\overline{x}=\frac{1}{10}\sum_{i=1}^{10}x_i=\frac{1}{10}(3\,050+2\,760+4\,580+\cdots+4\,580)=4\,813$$

样本方差

$$s^2=\frac{1}{10-1}\sum_{i=1}^{10}(x_i-\overline{x})^2$$

$$=\frac{1}{9}\big[(3\,050-4\,813)^2+\cdots+(4\,850-4\,813)^2\big]=2\,583\,179$$

样本标准差

$$s=\sqrt{s^2}=\sqrt{2\,583\,179}=1\,607$$

（2）由原数据按从小到大顺序排列得顺序统计值:

2 760　3 050　3 050　4 580　4 580　4 580　5 120　6 200　6 850　7 360

经验分布函数为

$$F_{10}(x)=\begin{cases}0, & x<2\,760\\0.1, & 2760\leqslant x<3\,050\\0.3, & 3\,050\leqslant x<4\,580\\0.6, & 4\,580\leqslant x<5\,120\\0.7, & 5\,120\leqslant x<6\,200\\0.8, & 6\,200\leqslant x<6\,850\\0.9, & 6\,850\leqslant x<7\,360\\1, & x\geqslant 7\,360\end{cases}$$

（3）近似计算

$$P\{4\,000<X\leqslant 6\,000\}=F(6\,000)-F(4\,000)$$
$$\approx F_{10}(6\,000)-F_{10}(4\,000)=0.7-0.3=0.4$$

4. 设总体 X 服从泊松分布 $\pi(\lambda)$,$X_1,X_2,\cdots,X_n$ 是来自该总体 X 的一个容量为 n 的样本,试求:(1) $X_1,X_2,\cdots,X_n$ 的联合概率分布;(2) $E(\overline{X})$ 与 $D(\overline{X})$。

解:(1)因为总体 $X\sim\pi(\lambda)$,故 $X_i\sim\pi(\lambda)$,$P\{X_i=x_i\}=\dfrac{\lambda^{x_i}}{x_i!}\mathrm{e}^{-\lambda}$ $(i=1,2,\cdots,n)$,且它们相互独立,所以 $X_1,X_2,\cdots,X_n$ 的联合概率分布为

$$P\{X_1=x_1,\cdots,X_n=x_n\}=\prod_{i=1}^{n}P\{X_i=x_i\}=\prod_{i=1}^{n}\frac{\lambda^{x_i}}{x_i!}\mathrm{e}^{-\lambda}=\frac{\lambda^{\sum\limits_{i=1}^{n}x_i}}{\prod\limits_{i=1}^{n}x_i!}\mathrm{e}^{-n\lambda}$$

(2) 因为总体 $X \sim \pi(\lambda), E(X) = \lambda = D(X)$,故

$$E(\overline{X}) = E(X) = \lambda, \quad D(\overline{X}) = \frac{1}{n}D(X) = \frac{\lambda}{n}$$

5. 设总体 X 具有概率密度函数:

$$f(x) = \begin{cases} 6x(1-x), & 0 < x < 1 \\ 0, & \text{其他} \end{cases}$$

$X_1, X_2, \cdots, X_n$ 是来自该总体 X 的一个容量为 n 的样本,试求:(1) $X_1, X_2, \cdots, X_n$ 的联合概率密度函数;(2) $E(\overline{X})$ 与 $D(\overline{X})$。

解:(1) 因为总体 $X \sim f(x)$,故 $X_i \sim f(x_i)$,且 $X_1, X_2, \cdots, X_n$ 相互独立,所以 $X_1, X_2, \cdots, X_n$ 的联合概率密度函数为

$$f(x_1, \cdots, x_n) = \prod_{i=1}^{n} f(x_i) = \begin{cases} \prod_{i=1}^{n} 6x_i(1-x_i) = 6^n \prod_{i=1}^{n} x_i(1-x_i), & 0 < x_i < 1 \\ 0, & \text{其他} \end{cases}$$

(2) 因为总体 $X \sim f(x), E(X) = \int_{-\infty}^{+\infty} x f(x) \mathrm{d}x = \int_0^1 x \cdot 6x(1-x) \mathrm{d}x = 0.5$,

$$E(X^2) = \int_{-\infty}^{+\infty} x^2 f(x) \mathrm{d}x = \int_0^1 x^2 \cdot 6x(1-x) \mathrm{d}x = 0.3,$$

$$D(X) = E(X^2) - [E(X)]^2 = 0.3 - 0.5^2 = 0.05$$

故 $E(\overline{X}) = E(X) = 0.5, D(\overline{X}) = \frac{1}{n}D(X) = \frac{0.05}{n}$。

6. 设总体 $X \sim N(80, 20^2)$,现从该总体中随机抽出一个容量为 $n = 100$ 的样本,试问其样本均值与总体均值之差的绝对值大于 3 的概率是多少?

解:因为总体 $X \sim N(80, 20^2)$,总体均值 $\mu = 80$,样本容量 $n = 100$,故样本均值 $\overline{X} \sim N(80, 20^2/100) = N(80, 2^2)$,即 $\dfrac{\overline{X} - 80}{2} \sim N(0,1)$,因此样本均值与总体均值之差的绝对值大于 3 的概率是

$$P\{|\overline{X} - 80| > 3\} = 1 - P\{|\overline{X} - 80| \leqslant 3\} = 1 - P\left\{\left|\frac{\overline{X} - 80}{2}\right| \leqslant \frac{3}{2}\right\}$$

$$= 1 - [\Phi(1.5) - \Phi(-1.5)] = 2[1 - \Phi(1.5)]$$

$$= 2[1 - 0.9332] = 0.1336$$

7. 设 $X_1, X_2, \cdots, X_{10}$ 是来自正态总体 $X \sim N(0, 0.3^2)$ 的一个容量为 $n = 10$ 的样本,试计算概率 $P\left\{\sum_{i=1}^{10} X_i^2 > 1.44\right\}$。

解:因为总体 $X \sim N(0, 0.3^2)$,故 $X_i \sim N(0, 0.3^2), i = 1, 2, \cdots, 10$,于是

$$\frac{X_i}{0.3} \sim N(0,1), i = 1, 2, \cdots, 10, \quad \left(\frac{X_i}{0.3}\right)^2 \sim \chi^2(1), i = 1, 2, \cdots, 10$$

且它们相互独立,由 χ^2 分布性质知它们的和 $\sum\limits_{i=1}^{10}\left(\dfrac{X_i}{0.3}\right)^2 \sim \chi^2(10)$,所求概率为

$$P\left\{\sum_{i=1}^{10} X_i^2 > 1.44\right\} = P\left\{\sum_{i=1}^{10}\left(\frac{X_i}{0.3}\right)^2 > \frac{1.44}{0.3^2}\right\} = P\{\chi^2(10) > 16\}$$

再查 χ^2 分布表,得 $P\{\chi^2(10) > 16\} = 0.1$,故 $P\left\{\sum\limits_{i=1}^{10} X_i^2 > 1.44\right\} = 0.1$。

8. 设总体 $X \sim N(40, 5^2)$,(1) 从该总体中抽取容量 $n = 64$ 的样本,试求 $P\{|\overline{X} - 40| < 1\}$;(2) 试问应取 n 为多少时,才能使 $P\{|\overline{X} - 40| < 1\} = 0.95$?

解:因为总体 $X \sim N(40, 5^2)$,样本容量 $n = 64$,故样本均值

$$\overline{X} \sim N(40, 5^2/64) = N(40, 0.625^2), \quad 即 \frac{\overline{X} - 40}{0.625} \sim N(0,1)$$

(1) $P\{|\overline{X} - 40| < 1\} = P\left\{\left|\dfrac{\overline{X} - 40}{0.625}\right| < \dfrac{1}{0.625}\right\}$

$$= [\Phi(1.6) - \Phi(-1.6)] = 2\Phi(1.6) - 1$$
$$= 2 \times 0.945\,2 - 1 = 0.890\,4$$

(2) 欲使 $0.95 = P\left\{\left|\dfrac{\overline{X} - 40}{5/\sqrt{n}}\right| < \dfrac{1}{5/\sqrt{n}}\right\} = 2\Phi\left(\dfrac{\sqrt{n}}{5}\right) - 1$,即 $\Phi\left(\dfrac{\sqrt{n}}{5}\right) = 0.975$,

查表得 $\dfrac{\sqrt{n}}{5} = 1.96$,故 $n = (5 \times 1.96)^2 = 9.8^2 \approx 96$。

9. 设两正态总体 $X \sim N(\mu_1, \sigma_1^2)$ 与 $Y \sim N(\mu_2, \sigma_2^2)$ 相互独立,现从中随机各抽取一个样本容量分别为 n_1 与 n_2 的样本,其样本方差分别为 S_1^2 与 S_2^2,试求统计量 $Y = \dfrac{(n_1-1)S_1^2 + (n_2-1)S_2^2}{n_1 + n_2 - 2}$ 的数学期望和方差。

解:$E(Y) = E\left[\dfrac{(n_1-1)S_1^2 + (n_2-1)S_2^2}{n_1 + n_2 - 2}\right] = \dfrac{(n_1-1)E(S_1^2) + (n_2-1)E(S_2^2)}{n_1 + n_2 - 2}$,

而 $E(S_1^2) = \sigma^2 = E(S_2^2)$,所以得 $E(Y) = \sigma^2$,

$$D(Y) = D\left[\frac{(n_1-1)S_1^2 + (n_2-1)S_2^2}{n_1 + n_2 - 2}\right] = \frac{(n_1-1)^2 D(S_1^2) + (n_2-1)^2 D(S_2^2)}{(n_1 + n_2 - 2)^2}$$

因为 $\dfrac{(n_1-1)S_1^2}{\sigma^2} \sim \chi^2(n_1-1)$,故 $E\left[\dfrac{(n_1-1)S_1^2}{\sigma^2}\right] = n_1 - 1$,$D\left[\dfrac{(n_1-1)S_1^2}{\sigma^2}\right] = $

$2(n_1-1)$,所以得 $D[S_1^2] = \dfrac{2\sigma^4}{(n_1-1)}$。同理得 $D[S_2^2] = \dfrac{2\sigma^4}{(n_2-1)}$。

于是 $D(Y) = \dfrac{2\sigma^4[(n_1-1) + (n_2-1)]}{(n_1 + n_2 - 2)^2} = \dfrac{2\sigma^4}{n_1 + n_2 - 2}$。

10. 设 $X_1, X_2, \cdots, X_n$ 是来自正态总体 $X \sim N(\mu, \sigma^2)$ 的一个容量为 n 的样本,其样本方差为 S^2,试求满足概率 $P\left\{\dfrac{S^2}{\sigma^2} \leqslant 1.5\right\} \geqslant 0.95$ 的样本容量 n 的最小值。

解：因为 $\dfrac{(n-1)S^2}{\sigma^2} \sim \chi^2(n-1)$，故有

$$0.95 \leqslant P\left\{\frac{S^2}{\sigma^2} \leqslant 1.5\right\} = P\left\{\frac{(n-1)S^2}{\sigma^2} \leqslant 1.5(n-1)\right\}$$

$$= P\{\chi^2(n-1) \leqslant 1.5(n-1)\}$$

即 $P\{\chi^2(n-1) > 1.5(n-1)\} < 0.05$，$1.5(n-1) = \chi^2_{0.05}(n-1)$，查 χ^2 分布表，得满足上式的最小值 $n = 27$。

11. 设总体 X 在区间 $(\theta-0.5, \theta+0.5)$ 上服从均匀分布，$X_1, X_2, \cdots, X_n$ 是来自总体 X 的一个容量为 n 的样本，试求：(1) $X_{(1)}$ 的概率密度与数学期望；(2) $X_{(n)}$ 的概率密度与数学期望。

解：因为 $X \sim U(\theta-0.5, \theta+0.5)$，所以其概率密度与分布函数分别为

$$f(x) = \begin{cases} 1, & \theta-0.5 < x < \theta+0.5 \\ 0, & \text{其他} \end{cases},$$

$$F(x) = \begin{cases} 0, & x < \theta-0.5 \\ x-\theta+0.5, & \theta-0.5 \leqslant x < \theta+0.5 \\ 1, & x \geqslant \theta+0.5 \end{cases}$$

(1) $X_{(1)} = \min\limits_{1 \leqslant i \leqslant n} \{X_i\}$ 的分布函数为

$$F_{\min}(x) = 1 - [1-F(x)]^n = \begin{cases} 0, & x < \theta-0.5 \\ 1-(0.5+\theta-x)^n, & \theta-0.5 \leqslant x < \theta+0.5 \\ 1, & x \geqslant \theta+0.5 \end{cases}$$

其概率密度为

$$f_{\min}(x) = F'_{\min}(x) = \begin{cases} n(0.5+\theta-x)^{n-1}, & \theta-0.5 < x < \theta+0.5 \\ 0, & \text{其他} \end{cases}$$

其数学期望为

$$E(X_{(1)}) = \int_{-\infty}^{+\infty} x f_{\min}(x)\,\mathrm{d}x = \int_{\theta-0.5}^{\theta+0.5} x n(0.5+\theta-x)^{n-1}\,\mathrm{d}x = 0.5 - \theta + \frac{1}{n+1}$$

(2) $X_{(n)} = \max\limits_{1 \leqslant i \leqslant n} \{X_i\}$ 的分布函数为

$$F_{\max}(x) = [F(x)]^n = \begin{cases} 0, & x < \theta-0.5 \\ (x-\theta+0.5)^n, & \theta-0.5 \leqslant x < \theta+0.5 \\ 1, & x \geqslant \theta+0.5 \end{cases}$$

其概率密度为

$$f_{\max}(x) = F'_{\max}(x) = \begin{cases} n(x-\theta+0.5)^{n-1}, & \theta-0.5 < x < \theta+0.5 \\ 0, & \text{其他} \end{cases}$$

其数学期望为

$$E(X_{(n)}) = \int_{-\infty}^{+\infty} x f_{\max}(x)\,\mathrm{d}x = \int_{\theta-0.5}^{\theta+0.5} x n(x-\theta+0.5)^{n-1}\,\mathrm{d}x = \theta + 0.5 - \frac{1}{n+1}$$

12. 设 $X_1, X_2, \cdots, X_n$ 是来自正态总体 $X \sim N(\mu, \sigma^2)$ 的一个容量为 n 的样本，其样本均值为 $\overline{X}$，样本方差为 S^2，又若有 $X_{n+1} \sim N(\mu, \sigma^2)$，且与 $X_1, X_2, \cdots, X_n$ 相互独立，试求统计量 $\dfrac{X_{n+1} - \overline{X}}{S} \sqrt{\dfrac{n}{n+1}}$ 的抽样分布。

解： 因为 $X \sim N(\mu, \sigma^2)$，样本均值 $\overline{X} \sim N\left(\mu, \dfrac{\sigma^2}{n}\right)$，且与 $X_1, X_2, \cdots, X_n$ 相互独立，故

$$X_{n+1} - \overline{X} \sim N\left(0, \frac{\sigma^2}{n} + \sigma^2\right) = N\left(0, \frac{n+1}{n}\sigma^2\right), \quad \frac{X_{n+1} - \overline{X}}{\sigma\sqrt{\dfrac{n+1}{n}}} \sim N(0,1)$$

又因为 $\dfrac{(n-1)S^2}{\sigma^2} \sim \chi^2(n-1)$，所以统计量

$$\frac{X_{n+1} - \overline{X}}{S}\sqrt{\frac{n}{n+1}} = \frac{(X_{n+1} - \overline{X})/\sigma\sqrt{\dfrac{n+1}{n}}}{\sqrt{(n-1)S^2/(n-1)\sigma^2}} \sim t(n-1)$$

即服从自由度为 $n-1$ 的 t 分布。

13. 设 $X_1, X_2, \cdots, X_m$ 是从正态总体 $X \sim N(\mu_1, \sigma^2)$ 中抽出的一个样本容量为 m 的样本，$Y_1, Y_2, \cdots, Y_n$ 是从正态总体 $Y \sim N(\mu_2, \sigma^2)$ 中抽出的一个样本容量为 n 的样本，且 X 与 Y 相互独立，其样本均值分别为 $\overline{X}$ 与 $\overline{Y}$，其样本方差分别为 S_1^2 与 S_2^2，α 与 β 是两个固定的实数，试求统计量

$$\frac{\alpha(\overline{X} - \mu_1) + \beta(\overline{Y} - \mu_2)}{\sqrt{\dfrac{(m-1)S_1^2 + (n-1)S_2^2}{m+n-2}\left(\dfrac{\alpha^2}{m} + \dfrac{\beta^2}{n}\right)}}$$

的抽样分布。

解： 因为 $X \sim N(\mu_1, \sigma^2)$，所以样本均值 $\overline{X} \sim N\left(\mu_1, \dfrac{\sigma^2}{m}\right)$；

因为 $Y \sim N(\mu_2, \sigma^2)$，所以样本均值 $\overline{Y} \sim N\left(\mu_2, \dfrac{\sigma^2}{n}\right)$。

故有 $\overline{X} - \mu_1 \sim N\left(0, \dfrac{\sigma^2}{m}\right)$，$\overline{Y} - \mu_2 \sim N\left(0, \dfrac{\sigma^2}{n}\right)$，且知 $\overline{X}$ 与 $\overline{Y}$ 相互独立，所以得

$$\alpha(\overline{X} - \mu_1) + \beta(\overline{Y} - \mu_2) \sim N\left(0, \left(\frac{\alpha^2}{m} + \frac{\beta^2}{n}\right)\sigma^2\right),$$

$$\frac{\alpha(\overline{X} - \mu_1) + \beta(\overline{Y} - \mu_2)}{\sqrt{\left(\dfrac{\alpha^2}{m} + \dfrac{\beta^2}{n}\right)\sigma^2}} \sim N(0,1)$$

又因为 $\dfrac{(m-1)S_1^2}{\sigma^2} \sim \chi^2(m-1)$，$\dfrac{(n-1)S_2^2}{\sigma^2} \sim \chi^2(n-1)$，且相互独立，所以得

$$\frac{(m-1)S_1^2}{\sigma^2}+\frac{(n-1)S_2^2}{\sigma^2}\sim\chi^2(m+n-2)$$

再由 t 分布定义可得

$$\frac{\alpha(\overline{X}-\mu_1)+\beta(\overline{Y}-\mu_2)}{\sqrt{\dfrac{(m-1)S_1^2+(n-1)S_2^2}{m+n-2}\left(\dfrac{\alpha^2}{m}+\dfrac{\beta^2}{n}\right)}}$$

$$=\frac{[\alpha(\overline{X}-\mu_1)+\beta(\overline{Y}-\mu_2)]\Big/\sqrt{\left(\dfrac{\alpha^2}{m}+\dfrac{\beta^2}{n}\right)\sigma^2}}{\sqrt{\dfrac{(m-1)S_1^2+(n-1)S_2^2}{(m+n-2)\sigma^2}}}\sim t(m+n-2)$$

14. 设 $X_1,X_2,\cdots,X_n$ 是从正态总体 $X\sim N(\mu_1,\sigma^2)$ 中抽出的一个样本容量为 n 的样本，$Y_1,Y_2,\cdots,Y_n$ 是从正态总体 $Y\sim N(\mu_2,\sigma^2)$ 中抽出的一个样本容量为 n 的样本，且 X 与 Y 相互独立，其样本均值分别为 $\overline{X}$ 与 $\overline{Y}$，其样本方差分别为 S_1^2 与 S_2^2，试求下列统计量的分布：

(1) $\dfrac{(n-1)(S_1^2+S_2^2)}{\sigma^2}$；(2) $\dfrac{n\left[(\overline{X}-\overline{Y})-(\mu_1-\mu_2)\right]^2}{S_1^2+S_2^2}$。

解: (1) 因为 $\dfrac{(n-1)S_1^2}{\sigma^2}\sim\chi^2(n-1)$，$\dfrac{(n-1)S_2^2}{\sigma^2}\sim\chi^2(n-1)$，且它们相互独立，故由 χ^2 分布性质可得 $\dfrac{(n-1)(S_1^2+S_2^2)}{\sigma^2}\sim\chi^2(2n-2)$，即服从自由度为 $2n-2$ 的 χ^2 分布。

(2) 因为样本均值 $\overline{X}\sim N\left(\mu_1,\dfrac{\sigma^2}{n}\right)$，$\overline{Y}\sim N\left(\mu_2,\dfrac{\sigma^2}{n}\right)$，且它们相互独立，故

$$\overline{X}-\overline{Y}\sim N\left(\mu_1-\mu_2,\dfrac{2\sigma^2}{n}\right),\quad\frac{(\overline{X}-\overline{Y})-(\mu_1-\mu_2)}{\sqrt{2\sigma^2/n}}\sim N(0,1)$$

$$\left[\frac{(\overline{X}-\overline{Y})-(\mu_1-\mu_2)}{\sqrt{2\sigma^2/n}}\right]^2\sim\chi^2(1),\text{且与}\frac{(n-1)(S_1^2+S_2^2)}{\sigma^2}\text{相互独立，所以}$$

$$\frac{n\left[(\overline{X}-\overline{Y})-(\mu_1-\mu_2)\right]^2}{S_1^2+S_2^2}=\frac{\left[\dfrac{(\overline{X}-\overline{Y})-(\mu_1-\mu_2)}{\sqrt{2\sigma^2/n}}\right]^2\Big/1}{(n-1)(S_1^2+S_2^2)/(2n-2)\sigma^2}\sim F(1,2n-2)$$

即服从自由度为 $1,2n-2$ 的 F 分布。

15. 设总体 $X\sim N(0,\sigma^2)$，X_1,X_2 是来自该总体 X 的一个样本，令统计量 $Y=\dfrac{(X_1+X_2)^2}{(X_1-X_2)^2}$，试求：(1) Y 的概率密度；(2) $P\{Y\leqslant 40\}$。

解: (1) 因为

$$X_1 + X_2 \sim N(0, 2\sigma^2), \quad \frac{X_1 + X_2}{\sqrt{2\sigma^2}} \sim N(0,1), \quad \left(\frac{X_1 + X_2}{\sqrt{2\sigma^2}}\right)^2 \sim \chi^2(1),$$

$$X_1 - X_2 \sim N(0, 2\sigma^2), \quad \frac{X_1 - X_2}{\sqrt{2\sigma^2}} \sim N(0,1), \quad \left(\frac{X_1 - X_2}{\sqrt{2\sigma^2}}\right)^2 \sim \chi^2(1)$$

可以证明 $X_1 + X_2$ 与 $X_1 - X_2$ 是相互独立的(见注),由 F 分布定义得

$$Y = \frac{(X_1 + X_2)^2}{(X_1 - X_2)^2} \sim F(1,1)$$

故其概率密度为

$$f_F(x) = \begin{cases} \dfrac{\Gamma(1)}{[\Gamma(0.5)]^2} x^{-0.5}(1+x)^{-1} = \dfrac{1}{\pi\sqrt{x}(1+x)}, & x > 0 \\ 0, & x \leqslant 0 \end{cases}$$

(2) 因为 $Y \sim F(1,1)$,故查 F 分布表,可得概率

$$P\{Y \leqslant 40\} = 1 - P\{Y > 40\} = 1 - P\{F(1,1) > 40\} = 1 - 0.1 = 0.9$$

或直接计算此概率可得

$$P\{Y \leqslant 40\} = \int_{-\infty}^{40} f_F(x)\,\mathrm{d}x = \int_0^{40} \frac{1}{\pi\sqrt{x}(1+x)}\,\mathrm{d}x$$

$$= \int_0^{\sqrt{40}} \frac{2}{\pi t(1+t^2)}\,\mathrm{d}t = \frac{2}{\pi}\arctan\sqrt{40} = 0$$

注:若 $X_1 \sim N(0, \sigma^2)$, $X_2 \sim N(0, \sigma^2)$,且相互独立,则 $X_1 + X_2$ 与 $X_1 - X_2$ 是相互独立的。因为 $X_1 + X_2$ 与 $X_1 - X_2$ 的任意线性组合, $\alpha(X_1 + X_2) + \beta(X_1 - X_2) = (\alpha + \beta)X_1 + (\alpha - \beta)X_2$ 显然服从一维正态分布,因此二维随机变量 $(X_1 + X_2, X_1 - X_2)$ 服从二维正态分布,此时 $X_1 + X_2$ 与 $X_1 - X_2$ 的相互独立性与其协方差为 0 是等价的,而 $X_1 + X_2$ 与 $X_1 - X_2$ 的协方差为

$$\mathrm{Cov}(X_1 + X_2, X_1 - X_2) = \mathrm{Cov}(X_1, X_1) - \mathrm{Cov}(X_1, X_2) +$$
$$\mathrm{Cov}(X_1, X_2) - \mathrm{Cov}(X_2, X_2) = 0$$

所以知随机变量 $X_1 + X_2$ 与 $X_1 - X_2$ 是相互独立的。也可由它们的联合概率密度与边缘密度的关系证明其独立性。

16. 设总体 X 的分布函数为 $F(x)$,若 X 的期望 $E(X) = \mu$,方差 $D(X) = \sigma^2$ 存在, $X_1, X_2, \cdots, X_n$ 是来自该总体的一个容量为 n 的样本,其样本均值为 $\overline{X}$,试证明:对于任意的 $i \neq j$ $(i, j = 1, 2, \cdots, n)$,统计量 $X_i - \overline{X}$ 与 $X_j - \overline{X}$ 的相关系数为 $\rho = \dfrac{1}{n-1}$。

证明:统计量 $X_i - \overline{X}$ 与 $X_j - \overline{X}$ 的相关系数为

$$\rho = \frac{\mathrm{Cov}(X_i - \overline{X}, X_j - \overline{X})}{\sqrt{D(X_i - \overline{X})}\sqrt{D(X_j - \overline{X})}}$$

而由题设知,$X_1,X_2,\cdots,X_n$ 是来自总体 X 的一个样本,它们相互独立且同分布,故有

$$\mathrm{Cov}(X_i,X_j)=\begin{cases}\sigma^2, & i=j, \\ 0, & i\neq j\end{cases},$$

$$\mathrm{Cov}(X_i,\overline{X})=\mathrm{Cov}\left(X_i,\frac{1}{n}\sum_{j=1}^{n}X_j\right)=\mathrm{Cov}\left(X_i,\frac{1}{n}X_i\right)=\frac{1}{n}\sigma^2$$

因此,$X_i-\overline{X}$ 与 $X_j-\overline{X}$ 的协方差为

$$\mathrm{Cov}(X_i-\overline{X},X_j-\overline{X})=\mathrm{Cov}(X_i,X_j)-\mathrm{Cov}(X_i,\overline{X})-\mathrm{Cov}(\overline{X},X_j)+\mathrm{Cov}(\overline{X},\overline{X})$$

$$=0-\frac{1}{n}\sigma^2-\frac{1}{n}\sigma^2+\frac{1}{n}\sigma^2=-\frac{1}{n}\sigma^2$$

$X_i-\overline{X}$ 与 $X_j-\overline{X}$ 的方差均为

$$D(X_i-\overline{X})=D(X_i-\frac{1}{n}\sum_{j=1}^{n}X_j)=D\left[\left(1-\frac{1}{n}\right)X_i-\frac{1}{n}\sum_{j\neq i}^{n}X_j\right]$$

$$=\left(1-\frac{1}{n}\right)^2+\frac{1}{n^2}\sum_{j\neq i}^{n}\sigma^2=\frac{n-1}{n}\sigma^2$$

所以得 $\rho=\dfrac{-\sigma^2/n}{(n-1)/n\sigma^2}=\dfrac{1}{n-1}$。

自测题六

1. 从灯泡厂某日生产的一批灯泡中任取 8 个进行寿命试验,测得灯泡寿命(单位:h)如下:

  1 050 1 100 1 080 1 120 1 300 1 250 1 050 1 100

试求:(1) 该日生产的灯泡寿命的样本均值、样本方差与均方差;

(2) 样本极差、样本中位数与变异系数;

(3) 经验分布函数与概率 $P\{1\,090<X\leqslant 1\,200\}$ 的近似值。

解:(1) 样本均值

$$\overline{x}=\frac{1}{8}\sum_{i=1}^{8}x_i=\frac{1}{8}(1\,050+1\,100+\cdots+1\,100)=1\,131.25$$

样本方差

$$s^2=\frac{1}{8-1}\sum_{i=1}^{8}(x_i-\overline{x})^2$$

$$=\frac{1}{7}[(1\,050-1\,131.25)^2+\cdots+(1\,100-1\,131.25)^2]=8\,641.071$$

均方差

$$s=\sqrt{s^2}=\sqrt{8\,641.071}=92.957\,4$$

(2) 样本极差

$$D_n=x_{(8)}-x_{(1)}=1\,300-1\,050=250$$

样本中位数

$$m_n = \frac{1}{2}(1\ 100 + 1\ 100) = 1\ 100$$

变异系数

$$C_r = \frac{s}{\bar{x}} = \frac{92.957\ 4}{1\ 131.25} = 0.082\ 2$$

（3）将寿命数据按从小到大顺序排列得顺序统计值：

$$1\ 050 \quad 1\ 050 \quad 1\ 080 \quad 1\ 100 \quad 1\ 100 \quad 1\ 120 \quad 1\ 250 \quad 1\ 300$$

由定义得经验分布函数为

$$F_8(x) = \begin{cases} 0, & x < 1\ 050 \\ 2/8, & 1\ 050 \leqslant x < 1\ 080 \\ 3/8, & 1\ 080 \leqslant x < 1\ 100 \\ 5/8, & 1\ 100 \leqslant x < 1\ 120 \\ 6/8, & 1\ 120 \leqslant x < 1\ 250 \\ 7/8, & 1\ 250 \leqslant x < 1\ 300 \\ 1, & x \geqslant 1\ 300 \end{cases}$$

$$P\{1\ 090 < X \leqslant 1\ 200\} = F(1\ 200) - F(1\ 090) \approx F_8(1\ 200) - F_8(1\ 090)$$

$$= \frac{6}{8} - \frac{3}{8} = \frac{3}{8}$$

2. 设一盒中有 3 件产品，其中 1 件次品，2 件正品。每次从盒中任取一件，记正品的件数为随机变量 X，有放回地抽取 10 次，得容量为 10 的样本 $X_1, X_2, \cdots, X_{10}$。

试求：(1) 样本均值的数学期望；(2) 样本均值的方差；(3) $\displaystyle\sum_{i=1}^{10} X_i$ 的概率分布。

解：由题意得，总体 X 服从参数 $p = \dfrac{2}{3}$ 的 $(0-1)$ 分布，即其概率分布为

$$P\{X = 0\} = \frac{1}{3}, \quad P\{X = 1\} = \frac{2}{3}$$

其数学期望 $E(X) = \dfrac{2}{3}$，方差 $D(X) = \dfrac{2}{3} \times \dfrac{1}{3} = \dfrac{2}{9}$，所以

（1）样本均值的数学期望 $E(\bar{X}) = E(X) = \dfrac{2}{3}$；

（2）样本均值的方差 $D(\bar{X}) = \dfrac{1}{10} D(X) = \dfrac{1}{10} \times \dfrac{2}{3} = \dfrac{1}{15}$；

（3）因为 $X \sim B(1, p)$，$X_1, X_2, \cdots, X_{10}$ 独立且同 $B(1, p)$ 分布，所以 $\displaystyle\sum_{i=1}^{10} X_i \sim B(10, p)$，故其概率分布为

$$P\left\{\sum_{i=1}^{10} X_i = k\right\} = C_{10}^k p^k (1-p)^{10-k} = C_{10}^k \left(\frac{2}{3}\right)^k \left(\frac{1}{3}\right)^{10-k}, \quad k = 0, 1, 2, \cdots, 10$$

3. 设总体 $X \sim N(10, 2^2)$，现从中随机抽取一个容量为 25 的样本。试求：(1) 样本均值 $\overline{X}$ 的概率密度函数；(2) 概率 $P\{9 < X < 11\}$；(3) 概率 $P\{9 < \overline{X} < 11\}$。

解：因为 $X \sim N(10, 2^2)$，所以 $\overline{X} \sim N\left(10, \dfrac{2^2}{25}\right) = N(10, 0.4^2)$，所以

(1) 样本均值 $\overline{X}$ 的概率密度函数为

$$f_{\overline{X}}(x) = \frac{1}{0.4\sqrt{2\pi}} \mathrm{e}^{-\frac{(x-10)^2}{2 \times 0.4^2}}, \quad -\infty < x < +\infty$$

(2) $P\{9 < X < 11\} = \Phi\left(\dfrac{11 - 10}{2}\right) - \Phi\left(\dfrac{9 - 10}{2}\right)$

$\qquad = 2\Phi(0.5) - 1 = 2 \times 0.691\ 5 - 1 = 0.383;$

(3) $P\{9 < \overline{X} < 11\} = \Phi\left(\dfrac{11 - 10}{0.4}\right) - \Phi\left(\dfrac{9 - 10}{0.4}\right)$

$\qquad = 2\Phi(2.5) - 1 = 2 \times 0.993\ 8 - 1 = 0.987\ 6。$

4. 设 $X_1, X_2, \cdots, X_{20}$ 是来自总体 $X \sim \chi^2(20)$ 的一个容量为 $n = 20$ 的样本，其样本均值为 $\overline{X}$，其样本方差为 S^2，试求：

(1) $E(\overline{X}), D(\overline{X}), E(S^2)$；

(2) $P\{X \leqslant 34.17\}$。

解：因为 $X \sim \chi^2(20)$，故由 χ^2 分布性质得 $E(X) = 20, D(X) = 2 \times 20 = 40$；再由教材中定理 6.3.1 得

(1) $E(\overline{X}) = E(X) = 20, D(\overline{X}) = \dfrac{1}{20} D(X) = \dfrac{40}{20} = 2, E(S^2) = D(X) = 40。$

(2) 查 χ^2 分布表，得

$\qquad P\{X \leqslant 34.17\} = 1 - P\{\chi^2(20) > 34.17\} = 1 - 0.025 = 0.975$

5. 设 $X_1, X_2, \cdots, X_{13}$ 是来自总体 $X \sim N(\mu, \sigma^2)$ 的一个容量为 $n = 13$ 的样本，其样本均值为 $\overline{X}$，试求概率 $P\left\{\dfrac{\left[\sum\limits_{i=1}^{13}(X_i - \mu)\right]^2}{\sum\limits_{i=1}^{13}(X_i - \overline{X})^2} > 3.445\right\}$。

解：因为 $X \sim N(\mu, \sigma^2)$，故 $\dfrac{X - \mu}{\sigma} \sim N(0, 1)$，所以 $\dfrac{X_i - \mu}{\sigma} \sim N(0, 1)$，且相互独立，故 $\sum\limits_{i=1}^{13} \dfrac{X_i - \mu}{\sigma} \sim N(0, 13), \left(\sum\limits_{i=1}^{13} \dfrac{X_i - \mu}{\sigma \sqrt{13}}\right) \sim N(0, 1), \left(\sum\limits_{i=1}^{13} \dfrac{X_i - \mu}{\sigma \sqrt{13}}\right)^2 \sim \chi^2(1)$，又由教材中定理 6.3.5 知

$$\frac{\sum\limits_{i=1}^{13}(X_i - \overline{X})^2}{\sigma^2} = \frac{(13 - 1)S^2}{\sigma^2} \sim \chi^2(13 - 1) = \chi^2(12)$$

且由 $\overline{X}$ 与 S^2 相互独立知，$\left(\displaystyle\sum_{i=1}^{13}\dfrac{X_i-\mu}{\sigma\sqrt{13}}\right)^2$ 与 $\dfrac{\displaystyle\sum_{i=1}^{13}(X_i-\overline{X})^2}{\sigma^2}$ 亦相互独立，故函数

$$Y=\frac{\left[\displaystyle\sum_{i=1}^{13}(X_i-\mu)\right]^2/13\sigma^2}{\displaystyle\sum_{i=1}^{13}(X_i-\overline{X})^2/12\sigma^2}=\frac{12}{13}\cdot\frac{\left[\displaystyle\sum_{i=1}^{13}(X_i-\mu)\right]^2}{\displaystyle\sum_{i=1}^{13}(X_i-\overline{X})^2}\sim F(1,12)$$

于是查 F 分布表得

$$P\left\{\frac{13Y}{12}>3.445\right\}=P\left\{F(1,12)>\frac{12\times3.445}{13}=3.18\right\}=0.10$$

第 7 章　参数估计

参数估计是统计推断的重要内容，本章介绍总体参数的点估计方法，重点是矩估计法与极大似然估计法，以及区间估计方法。

基本要求

（1）理解点估计的概念，掌握矩估计法（一阶、二阶）与极大似然估计法；

（2）了解估计量的评选标准，会判断估计量的无偏性、有效性、一致性；

（3）理解区间估计的概念，会求单个正态总体的均值与方差的置信区间，会求两个正态总体的均值差与方差比的置信区间；

（4）会求（0-1）分布未知参数的渐近置信区间；

（5）了解单侧置信限与单侧置信区间。

本章特点

点估计与区间估计的求法：

（1）已知总体分布求未知参数的矩估计与极大似然估计；

（2）已知正态总体求分布未知参数的置信区间。

解题要点

（1）多个总体参数的矩估计求法步骤：

设总体 X 的分布函数 $F(x;\theta_1,\theta_2,\cdots,\theta_r)$ 中有 r 个未知数 $\theta_1,\theta_2,\cdots,\theta_r$，假定总体 X 的 k 阶原点矩 $E(X^k)$ 存在 $(1\leqslant k\leqslant r)$，并记作

$$\mu_k=\mu_k(\theta_1,\theta_2,\cdots,\theta_r)=E(X^k)(1\leqslant k\leqslant r)$$

则求参数 $\theta_1,\theta_2,\cdots,\theta_r$ 的矩估计的步骤为

① 由概率分布或概率密度计算总体 X 的 k 阶原点矩 $E(X^k)(1\leqslant k\leqslant r)$；

② 由样本得出样本 k 阶原点矩 $\overline{X^k}=\dfrac{1}{n}\displaystyle\sum_{i=1}^{n}X_i^k$；

③ 令 X 的 k 阶原点矩与样本 k 阶原点矩相等,即令

④
$$E(X^k) = \frac{1}{n}\sum_{i=1}^{n} X_i^k \quad (1 \leqslant k \leqslant r)$$

⑤ 从上述等式中解出 r 个值 $\hat{\theta}_j = \hat{\theta}_j(X_1, X_2, \cdots, X_n)(1 \leqslant j \leqslant r)$,即为 θ_i 的矩估计量,而 $\hat{\theta}_j = \hat{\theta}_j(x_1, x_2, \cdots, x_n)(1 \leqslant j \leqslant r)$ 为 θ_i 的矩估计值。

(2) 利用求导法求多个未知参数的极大似然估计

设总体 X 的分布函数 $F(x; \theta_1, \theta_2, \cdots, \theta_r)$ 中有 r 个未知数 $\theta_1, \theta_2, \cdots, \theta_r$,样本值为 $x_1, x_2, \cdots, x_n$,则

① 建立含多个未知参数 $\theta_1, \theta_2, \cdots, \theta_r$ 的似然函数 $F(x; \theta_1, \theta_2, \cdots, \theta_r)$:

当总体 X 为离散型时,

$$L(\theta_1, \cdots, \theta_r) = \prod_{i=1}^{n} p(x_i; \theta_1, \cdots, \theta_r), \quad \theta = (\theta_1, \cdots, \theta_r) \in \Theta;$$

当总体 X 为连续型时,

$$L(\theta_1, \cdots, \theta_r) = \prod_{i=1}^{n} f(x_i; \theta_1, \cdots, \theta_r), \quad \theta = (\theta_1, \cdots, \theta_r) \in \Theta$$

② 取对数:

当总体 X 为离散型时,$\ln L(\theta_1, \cdots, \theta_n) = \sum_{i=1}^{n} \ln p(x_i; \theta_1, \cdots, \theta_n)$;

当总体 X 为连续型时,$\ln L(\theta_1, \cdots, \theta_n) = \sum_{i=1}^{n} \ln f(x_i; \theta_1, \cdots, \theta_n)$。

③ 对每个 $\theta_1, \cdots, \theta_r$ 求偏导,并令其为零,得对数似然方程组:

$$\frac{\partial \ln L(\theta_1, \cdots, \theta_r)}{\partial \theta_j} \xlongequal{\text{令}} 0, \quad j = 1, 2, \cdots, r$$

$\dfrac{\partial L(\theta_1, \cdots, \theta_r)}{\partial \theta_j} = 0 \ (1 \leqslant j \leqslant r)$ 称为似然方程组。

④ 从对数似然方程组中解出的 $\hat{\theta}_j = \hat{\theta}_j(x_1, x_2, \cdots, x_n)(j = 1, 2, \cdots, r)$ 即为 $\theta_1, \theta_2, \cdots, \theta_r$ 的极大似然估计值,而相应的统计量 $\hat{\theta}_j = \hat{\theta}_j(X_1, X_2, \cdots, X_n)(j = 1, 2, \cdots, r)$ 为 $\theta_1, \theta_2, \cdots, \theta_r$ 的极大似然估计量。

综合练习七

1. 设总体 X 的概率密度函数为

$$f(x; \alpha) = \begin{cases} (\alpha + 1)x^\alpha, & 0 < x < 1 \\ 0, & \text{其他} \end{cases}$$

其中未知参数 $\alpha > -1$,$X_1, X_2, \cdots, X_n$ 是来自该总体的一个容量为 n 的样本。

(1) 试求参数 α 的矩估计量与极大似然估计量;

(2) 若现已得到一个样本观察值:

$$0.1 \quad 0.2 \quad 0.9 \quad 0.8 \quad 0.7 \quad 0.7$$

试求参数 α 的矩估计值与极大似然估计值。

解：(1) 因为 $E(X) = \int_{-\infty}^{+\infty} x f(x; \alpha) \mathrm{d}x = \int_0^1 x(\alpha+1)x^{\alpha} \mathrm{d}x = \dfrac{\alpha+1}{\alpha+2}$，令 $E(X) =$

$\overline{X}$，则由 $\dfrac{\alpha+1}{\alpha+2} = \overline{X}$，即得参数 α 的矩估计量为

$$\hat{\alpha} = \frac{2\overline{X} - 1}{1 - \overline{X}}$$

若 $x_1, x_2, \cdots, x_n$ 为来自总体 X 的一个样本值，再由似然函数

$$L(\alpha) = \prod_{i=1}^n f(x; \alpha) = \prod_{i=1}^n (\alpha+1)x_i^{\alpha} = (\alpha+1)^n \Big(\prod_{i=1}^n x_i\Big)^{\alpha}$$

对其取对数得

$$\ln L(\alpha) = n\ln(\alpha+1) + \alpha\ln\Big(\prod_{i=1}^n x_i\Big)$$

对参数 α 求导并令其为 0，即 $\dfrac{\mathrm{d}\ln L(\alpha)}{\mathrm{d}\alpha} = \dfrac{n}{\alpha+1} + \ln\Big(\prod_{i=1}^n x_i\Big) = 0$，解之得参数 α 的

极大似然估计值为

$$\hat{\alpha} = -\frac{n}{\displaystyle\sum_{i=1}^n \ln x_i} - 1$$

故得参数 α 的极大似然估计量为

$$\hat{\alpha} = -\frac{n}{\displaystyle\sum_{i=1}^n \ln X_i} - 1$$

（2）由题设数据计算得 $\overline{x} = 0.566\,7$，得参数 α 的矩估计值为

$$\hat{\alpha} = \frac{2\overline{x} - 1}{1 - \overline{x}} = \frac{2 \times 0.566\,7 - 1}{1 - 0.566\,7} = 0.307\,9$$

又由 $\displaystyle\sum_{i=1}^n \ln x_i = -4.953\,9$，参数 α 的极大似然估计值为

$$\hat{\alpha} = -\frac{n}{\displaystyle\sum_{i=1}^n \ln x_i} - 1 = -\frac{6}{-4.953\,9} - 1 = 0.211\,2$$

2. 设 $X_1, X_2, \cdots, X_n$ 是来自总体 X 的一个容量为 n 的样本，X 的概率密度函数为

$$f(x; \theta) = \begin{cases} \theta c^{\theta} x^{-(\theta+1)}, & x > c\,(c > 0) \\ 0, & \text{其他} \end{cases}$$

其中 c 已知，参数 $\theta\,(>1)$ 为未知。试求参数 θ 的矩估计量。

解：因为 $E(X) = \int_{-\infty}^{+\infty} x f(x;\theta) \mathrm{d}x = \int_{c}^{+\infty} x \theta c^{\theta} x^{-(\theta+1)} \mathrm{d}x = \frac{-\theta c}{1-\theta}$，令 $E(X) = \overline{X}$，

则由 $\frac{-\theta c}{1-\theta} = \overline{X}$，即得参数 θ 的矩估计量为

$$\hat{\theta} = \frac{\overline{X}}{\overline{X} - c}$$

3. 设总体 $X \sim N(\mu, \sigma^2)$，其中参数 μ 与 σ^2 均为未知，若 $X_1, X_2, \cdots, X_n$ 是来自该总体的一个容量为 n 的样本，试求对任意常数 a，概率 $P\{X < a\}$ 的极大似然估计量。

解：由教材中例 7.1.9 得知，正态总体 X 参数 μ 与 σ^2 的极大似然估计量分别为

$$\hat{\mu} = \overline{X} = \frac{1}{n} \sum_{i=1}^{n} X_i, \quad \hat{\sigma}^2 = S_n^2 = \frac{1}{n} \sum_{i=1}^{n} (X_i - \overline{X})^2$$

而正态总体 X 的分布函数 $F(x;\mu,\sigma^2) = P\{X < x;\mu,\sigma^2\} = \Phi\left(\frac{x-\mu}{\sigma}\right)$ 是参数 μ 与 σ^2 的函数，具有单值反函数，因此由极大似然估计的不变性得 $P\{X < a\}$ 的极大似然估计量为

$$\hat{P}\{X < a\} = \Phi\left(\frac{a - \hat{\mu}}{\hat{\sigma}}\right) = \Phi\left(\frac{a - \overline{X}}{S_n}\right)$$

4. 设总体 X 服从二项分布 $B(N,p)$，其中 N 是已知正整数，参数 $p(0 < p < 1)$ 未知，若 $X_1, X_2, \cdots, X_n$ 是来自该总体的一个容量为 n 的样本，试求参数 p 的极大似然估计量，且问其是否为无偏估计？

解：若总体 $X \sim B(N,p)$，其概率分布为

$$P\{X = x;p\} = C_N^x p^x (1-p)^{N-x}, \quad x = 0,1,2,\cdots,N$$

若总体 X 的一个样本值为 $x_1, x_2, \cdots, x_n$，则本题总体的似然函数为

$$L(p) = \prod_{i=1}^{n} f(x_i;p) = \prod_{i=1}^{n} P\{X_i = x_i;p\} = \prod_{i=1}^{n} C_N^{x_i} p^{x_i} (1-p)^{N-x_i}$$

$$= \left(\prod_{i=1}^{n} C_N^{x_i}\right) p^{\sum_{i=1}^{n} x_i} (1-p)^{nN - \sum_{i=1}^{n} x_i}$$

对其取对数得

$$\ln L(p) = \ln\left(\prod_{i=1}^{n} C_N^{x_i}\right) + \sum_{i=1}^{n} x_i \ln p + \left(nN - \sum_{i=1}^{n} x_i\right) \ln(1-p)$$

再对 p 求导数并令其为 0，即

$$\frac{\mathrm{d}\ln L(p)}{\mathrm{d}p} = \frac{1}{p} \sum_{i=1}^{n} x_i - \frac{1}{(1-p)}\left(nN - \sum_{i=1}^{n} x_i\right) = 0$$

解之得参数 p 的极大似然估计值为

$$\hat{p} = \frac{1}{nN} \sum_{i=1}^{n} x_i = \frac{\overline{x}}{N}$$

于是参数 p 的极大似然估计量为

$$\hat{p} = \frac{1}{nN} \sum_{i=1}^{n} X_i = \frac{\overline{x}}{N}$$

而 $X \sim B(N,p)$，故期望 $E(X) = Np$，$E(\overline{X}) = Np$，所以

$$E(\hat{p}) = E\left(\frac{\overline{x}}{N}\right) = \frac{1}{N} E(\overline{X}) = \frac{1}{N} Np = p$$

即 $\hat{p} = \dfrac{\overline{X}}{N}$ 是参数 p 的无偏估计。

5. 设总体 X 服从伽玛分布，其概率密度函数为

$$f(x;\alpha,\beta) = \begin{cases} \dfrac{\beta^{-\alpha}}{\Gamma(\alpha)} x^{\alpha-1} \mathrm{e}^{-\frac{x}{\beta}}, & x > 0 \\ 0, & x \leqslant 0 \end{cases}$$

其中 α 是已知正实数，参数 $\beta(\beta > 0)$ 未知，若 $X_1, X_2, \cdots, X_n$ 是来自该总体的一个容量为 n 的样本，试求参数 β 的极大似然估计量，且问其是否无偏估计？

解：若总体 X 的一个样本值为 $x_1, x_2, \cdots, x_n$，则本题总体的似然函数为

$$L(\beta) = \prod_{i=1}^{n} f(x_i;\beta) = \prod_{i=1}^{n} \frac{\beta^{-\alpha}}{\Gamma(\alpha)} x_i^{\alpha-1} \mathrm{e}^{-\frac{x_i}{\beta}}$$

$$= \left(\frac{\beta^{-\alpha}}{\Gamma(\alpha)}\right)^n \left(\prod_{i=1}^{n} x_i\right)^{\alpha-1} \exp\left[-\frac{1}{\beta} \sum_{i=1}^{n} x_i\right]$$

对其取对数得

$$\ln L(\beta) = -n\alpha \ln \beta - n \ln \Gamma(\alpha) + (\alpha-1) \ln\left(\prod_{i=1}^{n} x_i\right) - \frac{1}{\beta} \sum_{i=1}^{n} x_i$$

再对 β 求导数并令其为 0，即

$$\frac{\mathrm{d}\ln L(\beta)}{\mathrm{d}\beta} = -\frac{n\alpha}{\beta} + \frac{1}{\beta^2} \sum_{i=1}^{n} x_i = 0$$

解之得参数 β 的极大似然估计值为

$$\hat{\beta} = \frac{1}{n\alpha} \sum_{i=1}^{n} x_i = \frac{\overline{x}}{\alpha}$$

于是参数 p 的极大似然估计量为

$$\hat{\beta} = \frac{\overline{x}}{\alpha}$$

而 $X \sim \Gamma(\alpha, 1/\beta)$，故期望 $E(X) = \alpha\beta$，$E(\overline{X}) = \alpha\beta$，所以

$$E(\hat{\beta}) = E\left(\frac{\overline{x}}{\alpha}\right) = \frac{1}{\alpha} E(\overline{X}) = \frac{1}{\alpha} \alpha\beta = \beta$$

即 $\hat{\beta} = \dfrac{\overline{x}}{\alpha}$ 是参数 β 的无偏估计。

6. 设总体 X 服从均匀分布 $U(\mu - \rho, \mu + \rho)$，其中参数 μ 与 ρ 未知，若 X_1,

$X_2, \cdots, X_n$ 是来自该总体的一个容量为 n 的样本,试求参数 μ 与 ρ 的矩估计量,且问它们是否为一致估计?

解:因为 $X \sim U(\mu - \rho, \mu + \rho)$,所以

$$E(X) = \frac{\mu - \rho + \mu + \rho}{2} = \mu, \quad D(X) = \frac{[(\mu + \rho) - (\mu - \rho)]^2}{12} = \frac{\rho^2}{3}$$

令 $E(X) = \overline{X}, D(X) = S_n^2$,则有联立方程组:

$$\begin{cases} \mu = \overline{X} \\ \dfrac{\rho^2}{3} = S_n^2 \end{cases}, \quad \text{即得} \quad \begin{cases} \hat{\mu} = \overline{X} = \dfrac{1}{n} \sum_{i=1}^{n} X_i \\ \hat{\rho} = \sqrt{3} S_n = \sqrt{\dfrac{3}{n} \sum_{i=1}^{n} (X_i - \overline{X})^2} \end{cases}$$

为 μ 与 ρ 的矩估计量。

又由大数定律可知,$\overline{X} \xrightarrow{P} E(X), S_n^2 \xrightarrow{P} D(X)$,因此得

$$\hat{\mu} = \overline{X} \xrightarrow{P} E(X) = \mu, \quad \hat{\rho} = \sqrt{3} S_n \xrightarrow{P} \sqrt{3D(X)} = \rho$$

所以矩估计量 $\hat{\mu} = \overline{X}$ 与 $\hat{\rho} = \sqrt{3} S_n$ 是参数 μ 与 ρ 的一致估计。

7. 设总体 X 服从正态分布 $N(\mu_1, 1)$,总体 Y 服从正态分布 $N(\mu_2, 2^2)$,若 X_1, $X_2, \cdots, X_n$ 是来自该总体的一个容量为 n_1 的样本,$Y_1, Y_2, \cdots, Y_n$ 是来自该总体的一个容量为 n_2 的样本,且两样本相互独立。(1) 试求 $\mu = \mu_1 - \mu_2$ 的极大似然估计量 $\hat{\mu}$;(2) 如果 $n = n_1 + n_2$ 固定,试问 n_1 与 n_2 如何配置,可使 $\hat{\mu}$ 的方差达到最小?

解:(1) 因为 $X \sim N(\mu_1, 1)$,所以 μ_1 的极大似然估计量为 $\hat{\mu}_1 = \overline{X}$;因为 $Y \sim N(\mu_2, 2^2)$,所以 μ_2 的极大似然估计量为 $\hat{\mu}_2 = \overline{Y}$。再由极大似然估计的不变性,可得 $\mu = \mu_1 - \mu_2$ 的极大似然估计量为 $\hat{\mu} = \overline{X} - \overline{Y}$。

(2) 因为两样本相互独立,所以两样本均值相互独立,于是

$$D(\hat{\mu}) = D(\overline{X} - \overline{Y}) = D(\overline{X}) + D(\overline{Y}) = \frac{1}{n_1} + \frac{2^2}{n_2} = \frac{1}{n_1} + \frac{4}{n - n_1}$$

当 n 固定时,考虑 $D(\hat{\mu})$ 的最小问题,即求函数 $f(x) = \dfrac{1}{x} + \dfrac{4}{n - x}$ 的极小值问题;其导数 $f'(x) = -\dfrac{1}{x^2} + \dfrac{4}{(n - x)^2} \xlongequal{\text{令}} 0$,得方程 $3x^2 + 2nx - n^2 = 0$,求得 $x = \dfrac{n}{3}$ 时,而 $f''(x) = \dfrac{2}{x^3} + \dfrac{8}{(n - x)^3} > 0$,故 $f\left(\dfrac{n}{3}\right) = \dfrac{9}{n}$ 达到最小。因此应取 $n_1 = \dfrac{n}{3}$,$n_2 = \dfrac{2n}{3}$,$\hat{\mu}$ 的方差 $D(\hat{\mu})$ 达到最小。

8. 设总体 X 的概率密度函数为

$$f(x; \theta) = \begin{cases} 1, & \theta - \dfrac{1}{2} < x < \theta + \dfrac{1}{2} \\ 0, & \text{其他} \end{cases} \quad (-\infty < \theta < +\infty)$$

$X_1, X_2, \cdots, X_n$ 是来自该总体的一个容量为 n 的样本。(1) 试求参数 θ 的矩估计量与极大似然估计量;(2) 证明 $\hat{\theta}_1 = \overline{X}$ 与 $\hat{\theta}_2 = \dfrac{1}{2} \left(\max\limits_{1 \leqslant i \leqslant n} \{X_i\} + \min\limits_{1 \leqslant i \leqslant n} \{X_i\} \right)$ 都是 θ 的无偏估计量,问哪一个更有效?

解:(1) 因为 $E(X) = \displaystyle\int_{-\infty}^{+\infty} x f(x;\theta) \mathrm{d}x = \int_{\theta-\frac{1}{2}}^{\theta+\frac{1}{2}} x \, \mathrm{d}x = \theta$,令 $E(X) = \overline{X}$,所以得参数 θ 的矩估计量为 $\hat{\theta}_1 = \overline{X}$。

因为本题总体 X 服从均匀分布,故利用顺序统计值求参数的极大似然估计值。设 $x_1, x_2, \cdots, x_n$ 为来自总体 X 的一个样本值,得顺序统计值为

$$x_{(1)} \leqslant x_{(2)} \leqslant \cdots \leqslant x_{(n)}$$

由极大似然估计定义得

$$\theta + \frac{1}{2} = x_{(n)}, \quad \theta - \frac{1}{2} = x_{(1)}$$

于是由 $2\theta = (x_{(n)} + x_{(1)})$,可得参数 θ 的极大似然估计值为

$$\hat{\theta}_2 = \frac{1}{2}(x_{(n)} + x_{(1)}) = \frac{1}{2}\left(\max_{1 \leqslant i \leqslant n}\{x_i\} + \min_{1 \leqslant i \leqslant n}\{x_i\} \right)$$

于是得参数 θ 的极大似然估计量为

$$\hat{\theta}_2 = \frac{1}{2}(X_{(n)} + X_{(1)}) = \frac{1}{2}\left(\max_{1 \leqslant i \leqslant n}\{X_i\} + \min_{1 \leqslant i \leqslant n}\{X_i\} \right)$$

(2) 因为 $E(\hat{\theta}_1) = E(\overline{X}) = E(X) = \theta$,所以 $\hat{\theta}_1 = \overline{X}$ 是 θ 的无偏估计量;又因为 $X_{(n)}$ 的分布函数为

$$F_{\max}(x;\theta) = [F(x;\theta)]^n = \begin{cases} 0, & x < \theta - \dfrac{1}{2} \\[2mm] \left(x - \theta + \dfrac{1}{2}\right)^n, & \theta - \dfrac{1}{2} \leqslant x < \theta + \dfrac{1}{2} \\[2mm] 1, & x \geqslant \theta + \dfrac{1}{2} \end{cases}$$

概率密度函数为

$$f_{\max}(x;\theta) = n\left[F(x;\theta)\right]^{n-1} f(x) = \begin{cases} n\left(x - \theta + \dfrac{1}{2}\right)^{n-1}, & \theta - \dfrac{1}{2} \leqslant x < \theta + \dfrac{1}{2} \\[2mm] 0, & \text{其他} \end{cases}$$

所以

$$E(X_{(n)}) = \int_{-\infty}^{+\infty} x f_{\max}(x;\theta)\mathrm{d}x$$

$$= \int_{\theta-\frac{1}{2}}^{\theta+\frac{1}{2}} x n \left(x - \theta + \frac{1}{2}\right)^{n-1} \mathrm{d}x = \theta + \frac{1}{2} - \frac{1}{n+1}$$

而 $X_{(1)}$ 的分布函数为

$$F_{\min}(x;\theta) = 1 - [1 - F(x;\theta)]^n = \begin{cases} 0, & x < \theta - \dfrac{1}{2} \\ 1 - \left(\dfrac{1}{2} + \theta - x\right)^n, & \theta - \dfrac{1}{2} \leqslant x < \theta + \dfrac{1}{2} \\ 1, & x \geqslant \theta + \dfrac{1}{2} \end{cases}$$

概率密度函数为

$$\begin{aligned} f_{\min}(x;\theta) &= n[1 - F(x;\theta)]^{n-1} f(x) \\ &= \begin{cases} n\left(\dfrac{1}{2} + \theta - x\right)^{n-1}, & \theta - \dfrac{1}{2} \leqslant x < \theta + \dfrac{1}{2} \\ 0, & \text{其他} \end{cases} \end{aligned}$$

则

$$E(X_{(1)}) = \int_{-\infty}^{+\infty} x f_{\min}(x;\theta)\,dx = \int_{\theta-\frac{1}{2}}^{\theta+\frac{1}{2}} x n\left(\frac{1}{2} + \theta - x\right)^{n-1} dx = \theta - \frac{1}{2} + \frac{1}{n+1}$$

因此

$$E(\hat{\theta}_2) = \frac{1}{2}[E(X_{(n)}) + E(X_{(1)})] = \frac{1}{2}\left(\theta + \frac{1}{2} - \frac{1}{n+1} + \theta - \frac{1}{2} + \frac{1}{n+1}\right) = \theta$$

所以 $\hat{\theta}_2 = \dfrac{1}{2}\left(\max\limits_{1 \leqslant i \leqslant n}\{X_i\} + \min\limits_{1 \leqslant i \leqslant n}\{X_i\}\right)$ 是 θ 的无偏估计量。

为考虑 $\hat{\theta}_1$ 与 $\hat{\theta}_2$ 的有效性,需计算它们的方差,比较其大小。

因为 $X \sim U\left(\theta - \dfrac{1}{2}, \theta + \dfrac{1}{2}\right)$,故其方差为 $D(X) = \dfrac{1}{12}$,所以 $\hat{\theta}_1$ 的方差为

$$D(\hat{\theta}_1) = D(\overline{X}) = \frac{D(X)}{n} = \frac{1}{12n}$$

且

$$\begin{aligned} E(X_{(n)}^2) &= \int_{-\infty}^{+\infty} x^2 f_{\max}(x;\theta)\,dx \\ &= \int_{\theta-\frac{1}{2}}^{\theta+\frac{1}{2}} x^2 n\left(x - \theta + \frac{1}{2}\right)^{n-1} dx \\ &= \left(\theta + \frac{1}{2}\right)^2 - \frac{2\theta+1}{n+1} + \frac{2}{(n+1)(n+2)}, \\ D(X_{(n)}) &= E(X_{(n)}^2) - [E(X_{(n)})]^2 \\ &= \left(\theta + \frac{1}{2}\right)^2 - \frac{2\theta+1}{n+1} + \frac{2}{(n+1)(n+2)} - \left(\theta + \frac{1}{2} - \frac{1}{n+1}\right)^2 \\ &= \frac{n}{(n+1)^2(n+2)}, \\ E(X_{(1)}^2) &= \int_{-\infty}^{+\infty} x^2 f_{\min}(x;\theta)\,dx = \int_{\theta-\frac{1}{2}}^{\theta+\frac{1}{2}} x^2 n\left(\frac{1}{2} + \theta - x\right)^{n-1} dx \end{aligned}$$

$$=\left(\theta-\frac{1}{2}\right)^2+\frac{2\theta-1}{n+1}+\frac{2}{(n+1)(n+2)},$$

$$D(X_{(1)})=E(X_{(1)}^2)-\left[E(X_{(1)})\right]^2$$

$$=\left(\theta-\frac{1}{2}\right)^2+\frac{2\theta-1}{n+1}+\frac{2}{(n+1)(n+2)}-\left(\theta-\frac{1}{2}+\frac{1}{n+1}\right)^2$$

$$=\frac{n}{(n+1)^2(n+2)},$$

$$D(\hat{\theta}_2)=\frac{1}{4}D(X_{(n)}+X_{(1)})$$

$$\leqslant\frac{1}{4}\left[D(X_{(n)})+D(X_{(1)})+2\sqrt{D(X_{(n)})D(X_{(1)})}\right]$$

$$=\frac{n}{(n+1)^2(n+2)}$$

显见，若 $n\leqslant7$，则 $\dfrac{n}{(n+1)^2(n+2)}\geqslant\dfrac{1}{12n}$，即 $D(\hat{\theta}_2)\geqslant D(\hat{\theta}_1)$，说明 $\hat{\theta}_1$ 比 $\hat{\theta}_2$ 更

有效；只要 $n\geqslant8$，均有 $\dfrac{n}{(n+1)^2(n+2)}\leqslant\dfrac{1}{12n}$，即 $D(\hat{\theta}_2)\leqslant D(\hat{\theta}_1)$，说明 $\hat{\theta}_2$ 比 $\hat{\theta}_1$ 更

有效。

9. 设总体 X 的概率密度函数为

$$f(x;\theta_1,\theta_2)=\begin{cases}\dfrac{1}{\theta_2}\mathrm{e}^{-\frac{x-\theta_1}{\theta_2}}, & x>\theta_1\\[2mm]0, & \text{其他}\end{cases}$$

其中未知参数 $\theta_1>0,\theta_2>0$。若 $X_1,X_2,\cdots,X_n$ 是来自该总体的一个容量为 n 的样

本，试求未知参数 θ_1 与 θ_2 的矩估计量与极大似然估计量。

解：因为

$$E(X)=\int_{-\infty}^{+\infty}xf(x;\theta_1,\theta_2)\mathrm{d}x=\int_{\theta_1}^{+\infty}x\,\frac{1}{\theta_2}\exp\left(-\frac{x-\theta_1}{\theta_2}\right)\mathrm{d}x$$

$$=-x\exp\left(-\frac{x-\theta_1}{\theta_2}\right)\Big|_{\theta_1}^{+\infty}+\theta_2\int_{\theta_1}^{+\infty}\frac{1}{\theta_2}\exp\left(-\frac{x-\theta_1}{\theta_2}\right)\mathrm{d}x=\theta_1+\theta_2$$

再令 $E(X)=\overline{X}$，所以得等式 $\theta_1+\theta_2=\overline{X}$。

又由于

$$E(X^2)=\int_{-\infty}^{+\infty}x^2f(x;\theta_1,\theta_2)\mathrm{d}x=\int_{\theta_1}^{+\infty}x^2\,\frac{1}{\theta_2}\exp\left(-\frac{x-\theta_1}{\theta_2}\right)\mathrm{d}x$$

$$=-x^2\exp\left(-\frac{x-\theta_1}{\theta_2}\right)\Big|_{\theta_1}^{+\infty}+2\theta_2\int_{\theta_1}^{+\infty}x\,\frac{1}{\theta_2}\exp\left(-\frac{x-\theta_1}{\theta_2}\right)\mathrm{d}x$$

$$=\theta_1^2+2\theta_2(\theta_1+\theta_2)$$

再令 $E(X^2)=\overline{X^2}$，所以得等式 $\theta_1^2+2\theta_2(\theta_1+\theta_2)=\overline{X^2}$。

将所得两等式联立求解：

$$\begin{cases} \theta_1+\theta_2=\overline{X} \\ \theta_1^2+2\theta_2(\theta_1+\theta_2)=\overline{X^2} \end{cases}$$

可得 $\theta_1^2-2\overline{X}\theta_1+2\overline{X}^2-\overline{X^2}=0$，即得 θ_1 与 θ_2 的矩估计量为

$$\hat{\theta}_1=\overline{X}-\sqrt{\overline{X^2}-\overline{X}^2}=\overline{X}-S_n>0, \quad \hat{\theta}_2=S_n=\sqrt{\frac{1}{n}\sum_{i=1}^{n}(X_i-\overline{X})^2}>0$$

又若设 $x_1,x_2,\cdots,x_n$ 为来自总体 X 的一个样本值,则本题总体的似然函数为

$$L(\theta_1,\theta_2)=\prod_{i=1}^{n}f(x_i;\theta_1,\theta_2)=\prod_{i=1}^{n}\frac{1}{\theta_2}\exp\left(-\frac{x_i-\theta_1}{\theta_2}\right)$$

$$=\frac{1}{\theta_2^n}\exp\left[-\frac{1}{\theta_2}\sum_{i=1}^{n}(x_i-\theta_1)\right], \quad x_1,x_2,\cdots,x_n>\theta_1$$

对其取对数得

$$\ln L(\theta_1,\theta_2)=-n\ln\theta_2-\frac{1}{\theta_2}\sum_{i=1}^{n}(x_i-\theta_1), \quad x_1,x_2,\cdots,x_n>\theta_1$$

分别对 θ_1 与 θ_2 求偏导数：

$$\begin{cases} \dfrac{\partial\ln L(\theta_1,\theta_2)}{\partial\theta_1}=\dfrac{n}{\theta_2}\neq 0, & x_1,x_2,\cdots,x_n>\theta_1 \\[3mm] \dfrac{\partial\ln L(\theta_1,\theta_2)}{\partial\theta_2}=-\dfrac{n}{\theta_2}+\dfrac{1}{\theta_2^2}\sum_{i=1}^{n}(x_i-\theta_1)\xlongequal{\text{令}}0, & x_1,x_2,\cdots,x_n>\theta_1 \end{cases}$$

故利用顺序统计值求得参数 θ_1 的极大似然估计值 $\hat{\theta}_1=x_{(1)}=\min\limits_{1\le i\le n}\{x_i\}$,得参数 θ_2 的极大似然估计值 $\hat{\theta}_2=\dfrac{1}{n}\sum_{i=1}^{n}(x_i-x_{(1)})=\overline{x}-x_{(1)}$,于是得参数 θ_1 与 θ_2 的极大似然估计量为

$$\hat{\theta}_1=X_{(1)}=\min_{1\le i\le n}\{X_i\}, \quad \hat{\theta}_2=\overline{X}-X_{(1)}$$

10. 设总体 X 的概率密度函数为

$$f(x;\theta)=\begin{cases} \dfrac{2x}{\theta^2}, & 0<x<\theta \\[2mm] 0, & \text{其他} \end{cases}$$

其中参数 $\theta>0$ 未知。若 $X_1,X_2,\cdots,X_n$ 是来自该总体的一个容量为 n 的样本,(1) 试求未知参数 θ 的极大似然估计量 $\hat{\theta}$;(2) 说明 $\hat{\theta}$ 不是 θ 的无偏估计。(3) 试构造 θ 的一个无偏估计。

解:(1) 若设 $x_1,x_2,\cdots,x_n$ 为来自总体 X 的一个样本值,则本题总体的似然函数为

$$L(\theta) = \prod_{i=1}^{n} f(x_i;\theta) = \prod_{i=1}^{n} \frac{2x_i}{\theta^2} = \frac{2^n}{\theta^{2n}}\Big(\prod_{i=1}^{n} x_i\Big), \quad 0 < x_1, x_2, \cdots, x_n < \theta$$

对其取对数得

$$\ln L(\theta) = n\ln 2 - 2n\ln\theta + \ln\Big(\prod_{i=1}^{n} x_i\Big), \quad 0 < x_1, x_2, \cdots, x_n < \theta$$

对 θ 求导数：

$$\frac{\mathrm{d}\ln L(\theta)}{\mathrm{d}\theta} = \frac{-2n}{\theta} \neq 0, \quad 0 < x_1, x_2, \cdots, x_n < \theta$$

故利用顺序统计值求得参数 θ 的极大似然估计值 $\hat{\theta} = x_{(n)} = \max\limits_{1 \le i \le n}\{x_i\}$，于是参数 θ 的

极大似然估计量 $\hat{\theta} = X_{(n)} = \max\limits_{1 \le i \le n}\{X_i\}$。

(2) 因总体 X 的分布函数为

$$F(x;\theta) = \int_{-\infty}^{x} f(x;\theta)\mathrm{d}x = \begin{cases} 0, & x < 0 \\ \dfrac{x^2}{\theta^2}, & 0 \le x < \theta \\ 1, & x \ge \theta \end{cases}$$

故 $X_{(n)}$ 的分布函数为

$$F_{\max}(x) = [F(x)]^n = \begin{cases} 0, & x < 0 \\ \dfrac{x^{2n}}{\theta^{2n}}, & 0 \le x < \theta \\ 1, & x \ge \theta \end{cases}$$

$X_{(n)}$ 的概率密度函数是

$$f_{\max}(x) = n[F(x)]^{n-1} f(x) = \begin{cases} \dfrac{2nx^{2n-1}}{\theta^{2n}}, & 0 \le x < \theta \\ 0, & \text{其他} \end{cases}$$

而 $E(X_{(n)}) = \int_{-\infty}^{+\infty} x f_{\max}(x)\mathrm{d}x = \int_{0}^{\theta} x \dfrac{2nx^{2n-1}}{\theta^{2n}}\mathrm{d}x = \dfrac{2n\theta}{2n+1} \neq \theta$，所以说明此 $\hat{\theta} =$

$X_{(n)}$ 不是 θ 的无偏估计。

(3) 显见，若令 $\hat{\theta}_0 = \dfrac{2n+1}{2n}\hat{\theta} = \dfrac{2n+1}{2n}X_{(n)}$，则有

$$E(\hat{\theta}_0) = E\Big(\frac{2n+1}{2n}X_{(n)}\Big) = \frac{2n+1}{2n} \times \frac{2n\theta}{2n+1} = \theta$$

即 $\hat{\theta}_0 = \dfrac{2n+1}{2n}X_{(n)}$ 是 θ 的无偏估计。

11. 设总体 $X \sim N(\mu, 3^2)$，其中参数 μ 为未知，若 $x_1, x_2, \cdots, x_n$ 是来自该总体的一个容量为 n 的样本值。(1) 若样本容量 $n = 10$，样本均值 $\overline{x} = 150$，试求参数 μ 的置信水平为 0.95 的置信区间；(2) 若欲使置信水平为 0.95 的置信区间的长度小于

1,则样本容量 n 最小取何值? (3)若样本容量为 $n=100$,则区间 $(\overline{x}-1,\overline{x}+1)$ 作为 μ 的置信区间,其置信水平是多少?

解:(1)当正态总体方差 σ^2 已知时,参数 μ 的置信水平为 $1-\alpha$ 的置信区间为

$$\left(\overline{x}-\frac{\sigma}{\sqrt{n}}z_{\alpha/2},\overline{x}+\frac{\sigma}{\sqrt{n}}z_{\alpha/2}\right)$$

由题设知 $1-\alpha=0.95,\alpha=0.05,z_{0.05/2}=1.96,\sigma^2=3^2,n=10,\overline{x}=150$,则所求置信区间为

$$\left(150-\frac{3}{\sqrt{10}}\times1.96,150+\frac{3}{\sqrt{10}}\times1.96\right)=(150\pm1.8594)$$
$$=(148.1406,151.8594)$$

(2)欲使置信水平为 0.95 的置信区间的长度 $d<1$,则

$$d=\frac{2\sigma}{\sqrt{n}}z_{\alpha/2}<1,\qquad\frac{2\times3}{\sqrt{n}}\times1.96<1,\qquad\sqrt{n}>2\times3\times1.96=11.76$$

得 $n>11.76^2=138.2376$,即样本容量最小取 $n=139$。

(3)若样本容量 $n=100$,则区间 $(\overline{x}-1,\overline{x}+1)$ 作为 μ 的置信区间,应满足

$$\left(\overline{x}-\frac{\sigma}{\sqrt{n}}z_{\alpha/2},\overline{x}+\frac{\sigma}{\sqrt{n}}z_{\alpha/2}\right)=(\overline{x}-1,\overline{x}+1)$$

因此应有 $\frac{\sigma}{\sqrt{n}}z_{\alpha/2}=1$,即当 $\frac{3}{\sqrt{100}}z_{\alpha/2}=1$ 时,$z_{\alpha/2}=\frac{10}{3}=3.3$,查表

$$\Phi(3.3)=0.9995,\quad 即\ 1-\frac{\alpha}{2}=0.9995,\quad \alpha=0.001$$

故所求置信水平为 $1-\alpha=0.999$。

12. 假设 $0.50,1.25,0.80,2.00$ 是来自总体 X 的一个样本值。已知 $Y=\ln X$ 服从正态分布 $N(\mu,1)$,(1)试求 X 的数学期望 $a=E(X)$;(2)试求 μ 的置信水平为 $1-\alpha=0.95$ 的置信区间;(3)利用上述结果求 a 的置信水平为 $1-\alpha=0.95$ 的置信区间。

解:(1)因为 $Y=\ln X\sim N(\mu,1)$,所以其概率密度函数为

$$f(y)=\frac{1}{\sqrt{2\pi}}e^{-\frac{(y-\mu)^2}{2}}$$

而 $X=e^Y$ 的数学期望为

$$E(X)=E(e^Y)=\int_{-\infty}^{+\infty}e^y f(y)\mathrm{d}y=\int_{-\infty}^{+\infty}e^y\frac{1}{\sqrt{2\pi}}\exp\left[-\frac{(y-\mu)^2}{2}\right]\mathrm{d}y$$

$$\xlongequal{y-\mu=t}\frac{1}{\sqrt{2\pi}}\int_{-\infty}^{+\infty}e^{\mu+t}e^{-\frac{t^2}{2}}\mathrm{d}t$$

$$=\frac{1}{\sqrt{2\pi}}e^\mu\int_{-\infty}^{+\infty}e^t e^{-\frac{t^2}{2}}\mathrm{d}t=\frac{1}{\sqrt{2\pi}}e^{\mu+\frac{1}{2}}\int_{-\infty}^{+\infty}e^{-\frac{(t-1)^2}{2}}\mathrm{d}t$$

$$\underline{t-1=s}\ \mathrm{e}^{\mu+\frac{1}{2}}\int_{-\infty}^{+\infty}\frac{1}{\sqrt{2\pi}}\mathrm{e}^{-\frac{s^2}{2}}\mathrm{d}s=\mathrm{e}^{\mu+\frac{1}{2}}$$

（2）当方差 σ^2 已知时，正态总体均值 $\mu=E(Y)$ 的置信水平为 $1-\alpha$ 的置信区间为

$$\left(\overline{y}-\frac{\sigma}{\sqrt{n}}z_{\alpha/2},\overline{y}+\frac{\sigma}{\sqrt{n}}z_{\alpha/2}\right)$$

由题设知

$$1-\alpha=0.95,\quad \alpha=0.05,\quad z_{0.05/2}=1.96,\quad \sigma^2=1,\quad n=4,$$

$$\overline{y}=\frac{1}{4}\sum_{i=1}^{4}y_i=\frac{1}{4}\sum_{i=1}^{4}\ln x_i=\frac{1}{4}(\ln 0.5+\ln 1.25+\ln 0.8+\ln 2)=0$$

则所求置信区间为

$$\left(0-\frac{1}{\sqrt{4}}\times 1.96,0+\frac{1}{\sqrt{4}}\times 1.96\right)=(0\pm 0.98)=(-0.98,0.98)$$

（3）因为 $P\left\{\left|\dfrac{\overline{Y}-\mu}{1/\sqrt{4}}\right|<z_{0.05/2}=1.96\right\}=0.95$，即

$$P\left\{\overline{Y}-\frac{1.96}{2}<\mu<\overline{Y}+\frac{1.96}{2}\right\}=0.95$$

于是由函数 $f(x)=\mathrm{e}^x$ 的单调性可得

$$P\{\mathrm{e}^{\overline{Y}-0.98}<\mathrm{e}^{\mu}<\mathrm{e}^{\overline{Y}+0.98}\}=0.95,$$

$$P\left\{\mathrm{e}^{\overline{Y}-0.98+\frac{1}{2}}<\mathrm{e}^{\mu+\frac{1}{2}}=E(X)<\mathrm{e}^{\overline{Y}+0.98+\frac{1}{2}}\right\}=0.95$$

即得 $a=E(X)$ 的置信水平为 $1-\alpha=0.95$ 的置信区间为

$$(\mathrm{e}^{\overline{y}-0.98+\frac{1}{2}},\mathrm{e}^{\overline{y}+0.98+\frac{1}{2}})=(\mathrm{e}^{\overline{y}-0.48},\mathrm{e}^{\overline{y}+1.48})$$

由数据计算得 $\overline{y}=0$，故所求置信区间为 $(\mathrm{e}^{-0.48},\mathrm{e}^{+1.48})$。

13. 设一批晶体管的寿命 X 服从正态分布 $N(\mu,\sigma^2)$，从中随机抽取 100 只作寿命试验，测得其平均寿命为 $\overline{x}=1\,000$ 小时，标准差 $s=40$ 小时。试求：（1）这批晶体管的平均寿命 μ 的置信水平为 $1-\alpha=0.95$ 的置信区间；（2）这批晶体管的平均寿命 μ 的置信水平为 $1-\alpha=0.95$ 的单侧置信区间。

解：（1）因为总体 $X\sim N(\mu,\sigma^2)$，方差 σ^2 未知，所以平均寿命 μ 的置信水平为 $1-\alpha$ 的置信区间为

$$\left(\overline{x}-\frac{s}{\sqrt{n}}t_{\alpha/2}(n-1),\overline{x}+\frac{s}{\sqrt{n}}t_{\alpha/2}(n-1)\right)$$

由题设知 $1-\alpha=0.95,\alpha=0.05,t_{0.05/2}(99)\approx z_{0.05/2}=1.96,\overline{x}=1\,000,s=40,n=100$，所以所求置信区间为

$$\left(1\,000-\frac{40}{\sqrt{100}}\times 1.96,1\,000+\frac{40}{\sqrt{100}}\times 1.96\right)$$

$$= (1\ 000 \pm 7.84) = (992.16, 1\ 007.84)$$

（2）因为总体 $X \sim N(\mu, \sigma^2)$，方差 σ^2 未知，所以平均寿命 μ 的置信水平为 $1-\alpha$ 的两个单侧置信区间为

$$\left(\overline{x} - \frac{s}{\sqrt{n}} t_\alpha(n-1), +\infty \right), \quad \left(-\infty, \overline{x} + \frac{s}{\sqrt{n}} t_\alpha(n-1) \right)$$

而由题设知 $1-\alpha = 0.95, \alpha = 0.05, t_{0.05}(99) \approx z_{0.05} = 1.645, \overline{x} = 1\ 000, s = 40, n = 100$，所以所求两个单侧置信区间为

$$\left(1\ 000 - \frac{40}{\sqrt{100}} \times 1.645, +\infty \right) = (993.42, +\infty),$$

$$\left(-\infty, 1\ 000 + \frac{40}{\sqrt{100}} \times 1.96 \right) = (-\infty, 1\ 006.58)$$

14. 为估计一批钢索所能承受的平均张力（单位：kg/m^2），从中任取 10 根做试验，由试验值计算得样本平均张力 $\overline{x} = 6\ 770$，样本标准差 $s = 220$。设张力服从正态分布 $N(\mu, \sigma^2)$，试求：（1）这批钢索的平均张力 μ 的置信水平为 $1-\alpha = 0.95$ 的置信区间；（2）这批钢索的平均张力 μ 的置信水平为 $1-\alpha = 0.95$ 的单侧置信下限。

解：（1）因为总体 $X \sim N(\mu, \sigma^2)$，方差 σ^2 未知，所以平均寿命 μ 的置信水平为 $1-\alpha$ 的置信区间为

$$\left(\overline{x} - \frac{s}{\sqrt{n}} t_{\alpha/2}(n-1), \overline{x} + \frac{s}{\sqrt{n}} t_{\alpha/2}(n-1) \right)$$

由题设知 $1-\alpha = 0.95, \alpha = 0.05, n = 10, t_{0.05/2}(9) = 2.262\ 2, \overline{x} = 6\ 770, s = 220$，所以所求置信区间为

$$\left(6\ 770 - \frac{220}{\sqrt{10}} \times 2.262\ 2, 6\ 770 + \frac{220}{\sqrt{10}} \times 2.262\ 2 \right) = (6\ 770 \pm 157.38)$$

$$= (6\ 612.62, 6\ 927.38)$$

（2）因为总体 $X \sim N(\mu, \sigma^2)$，方差 σ^2 未知，所以平均寿命 μ 的置信水平为 $1-\alpha$ 的单侧下限置信区间为

$$\left(\overline{x} - \frac{s}{\sqrt{n}} t_\alpha(n-1), +\infty \right)$$

由题设知 $1-\alpha = 0.95, \alpha = 0.05, n = 10, t_{0.05/2}(9) = 2.262\ 2, \overline{x} = 6\ 770, s = 220$，所以所求置信区间为

$$\left(6\ 770 - \frac{220}{\sqrt{10}} \times 1.833\ 1, +\infty \right) = (6\ 642.47, +\infty)$$

即所求钢索平均张力的单侧置信下限为 $\underline{\mu} = 6\ 642.47$。

15. 从某种型号的一批电子管中随机抽出容量 $n = 10$ 的样本作寿命试验，由试验值计算得样本标准差 $s = 45$ 小时。设整批电子管的寿命服从正态分布 $N(\mu, \sigma^2)$，试求：（1）这批电子管寿命标准差 σ 的置信水平为 $1-\alpha = 0.95$ 的置信区间；（2）这批

电子管寿命标准差 σ 的置信水平为 $1-\alpha=0.95$ 的单侧置信上限。

解: (1)因为总体 $X\sim N(\mu,\sigma^2)$,均值 μ 未知,所以电子管寿命标准差 σ 的置信水平为 $1-\alpha$ 的置信区间为

$$\left(\sqrt{\frac{(n-1)s^2}{\chi^2_{\alpha/2}(n-1)}},\sqrt{\frac{(n-1)s^2}{\chi^2_{1-\alpha/2}(n-1)}}\right)$$

由题设知 $1-\alpha=0.95,\alpha=0.05,n=10,\chi^2_{0.05/2}(9)=19.023,\chi^2_{1-0.05/2}(9)=2.7,s=45$,则所求置信区间为

$$\left(\sqrt{\frac{9\times45^2}{19.023}},\sqrt{\frac{9\times45^2}{2.7}}\right)=(\sqrt{958.05},\sqrt{6\,750})=(30.95,82.16)$$

(2) 因为总体 $X\sim N(\mu,\sigma^2)$,均值 μ 未知,所以电子管寿命标准差 σ 的置信水平为 $1-\alpha$ 的单侧上限置信区间为

$$\left(0,\sqrt{\frac{(n-1)s^2}{\chi^2_{1-\alpha}(n-1)}}\right)$$

由题设知 $1-\alpha=0.95,\alpha=0.05,n=10,\chi^2_{1-0.05}(9)=3.325,s=45$,则所求置信区间为

$$\left(0,\sqrt{\frac{9\times45^2}{3.325}}\right)=(0,\sqrt{5\,481.2})=(0,74.04)$$

即所求电子管寿命标准差 σ 的单侧置信上限为 $\bar{\sigma}=74.04$。

16. 随机地从 A 批导线中抽取 4 根,从 B 批导线中抽取 5 根,测得其电阻(单位:Ω)为

A 批导线	0.143	0.142	0.143	0.137	
B 批导线	0.140	0.142	0.136	0.138	0.140

设两批导线电阻值分别服从正态分布 $N(\mu_1,\sigma^2)$ 与 $N(\mu_2,\sigma^2)$,且它们相互独立,其中参数 μ_1,μ_2 与 σ^2 均未知,试求均值差 $\mu_1-\mu_2$ 的置信水平为 $1-\alpha=0.95$ 的置信区间。

解: 当两正态总体方差相等时,均值差 $\mu_1-\mu_2$ 的置信水平为 $1-\alpha$ 的置信区间为

$$\left(\bar{x}-\bar{y}-t_{\alpha/2}(n_1+n_2-2)s_{\mathrm{W}}\sqrt{\frac{1}{n_1}+\frac{1}{n_2}},\right.$$

$$\left.\bar{x}-\bar{y}+t_{\alpha/2}(n_1+n_2-2)s_{\mathrm{W}}\sqrt{\frac{1}{n_1}+\frac{1}{n_2}}\right)$$

由题设知 $1-\alpha=0.95,\alpha=0.05,n_1=4,n_2=5,t_{0.025}(7)=2.364\,6$,由数据计算得

$$\bar{x}=0.141\,25,\quad \bar{y}=0.139\,2,\quad s_1^2=0.000\,082\,5,\quad s_2^2=0.000\,052$$

联合方差:

$$s_{\mathrm{W}}^2=\frac{(n_1-1)s_1^2+(n_2-1)s_2^2}{n_1+n_2-2}$$

$$= \frac{3 \times 0.000\,008\,25 + 4 \times 0.000\,005\,2}{4 + 5 - 2} = 0.000\,006\,51,$$

$$s_W = \sqrt{s_W^2} = \sqrt{0.000\,006\,51} = 0.002\,551\,47$$

则所求置信区间为

$$\left(0.141\,25 - 0.139\,2 \pm 2.364\,6 \times 0.002\,551\,47 \times \sqrt{\frac{1}{4} + \frac{1}{5}}\right)$$

$$= (0.002\,05 \pm 0.004\,0) = (0.002, 0.006\,1)$$

17. 对某农作物两个品种 A，B 计算了 8 个地区亩产量(单位：kg)，数据如下：

品种 A	86	87	56	93	84	93	75	79
品种 B	79	58	91	77	82	74	80	66

假定农作物两个品种的亩产量分别服从正态分布 $N(\mu_1, \sigma_1^2)$ 与 $N(\mu_2, \sigma_2^2)$，其中参数均未知，且设方差 $\sigma_1^2 = \sigma_2^2$。试求两个品种平均亩产量之差的置信水平为 0.95 的置信区间。

解：当两个正态总体方差相等时，均值差 $\mu_1 - \mu_2$ 的置信水平为 $1 - \alpha$ 的置信区间为

$$\left(\overline{x} - \overline{y} - t_{\alpha/2}(n_1 + n_2 - 2)s_W\sqrt{\frac{1}{n_1} + \frac{1}{n_2}}, \right.$$

$$\left. \overline{x} - \overline{y} + t_{\alpha/2}(n_1 + n_2 - 2)s_W\sqrt{\frac{1}{n_1} + \frac{1}{n_2}}\right)$$

由题设知 $1 - \alpha = 0.95, \alpha = 0.05, n_1 = 8, n_2 = 8, t_{0.025}(14) = 2.144\,8$，由数据计算得：$\overline{x} = 81.625, \overline{y} = 78.875, s_1^2 = 145.696\,4, s_2^2 = 102.125$；联合方差：

$$s_W^2 = \frac{(n_1 - 1)s_1^2 + (n_2 - 1)s_2^2}{n_1 + n_2 - 2} = \frac{7 \times 145.696\,4 + 7 \times 102.125}{8 + 8 - 2} = 123.910\,7,$$

$$s_W = \sqrt{s_W^2} = \sqrt{123.910\,7} = 11.131\,5$$

则所求置信区间为

$$\left(81.625 - 78.875 \pm 2.144\,8 \times 11.131\,5 \times \sqrt{\frac{1}{8} + \frac{1}{8}}\right)$$

$$= (2.75 \pm 11.937\,4) = (-9.187\,4, 14.687\,4)$$

18. 某自动车床加工同类型套筒，假设套筒的直径服从正态分布。现从两个不同班次的产品中各自抽检 5 个套筒，测定它们的直径，得如下数据：

品种 A	2 066	2 063	2 068	2 060	2 067
品种 B	2 058	2 057	2 063	2 059	2 060

试求两班次所加工的套筒直径的方差比 $\dfrac{\sigma_A^2}{\sigma_B^2}$ 的置信水平为 0.95 的置信区间。

解:两独立正态总体的方差比 $\dfrac{\sigma_{\mathrm{A}}^2}{\sigma_{\mathrm{B}}^2}$ 的置信水平为 $1-\alpha$ 的置信区间为

$$\left(\frac{s_1^2/s_2^2}{F_{\alpha/2}(n_1-1,n_2-1)},\frac{s_1^2/s_2^2}{F_{1-\alpha/2}(n_1-1,n_2-1)}\right)$$

由题设知 $1-\alpha=0.95,\alpha=0.05,n_1=n_2=5$,查表得 $F_{0.025}(4,4)=9.60$,计算

$F_{0.975}(4,4)=\dfrac{1}{F_{0.025}(4,4)}=\dfrac{1}{9.60}$,再由数据计算得:$s_1^2=10.7,s_2^2=5.3$,则所

求置信区间为

$$\left(\frac{10.7/5.3}{9.6},\frac{10.7/5.3}{1/9.6}\right)=(0.210\,3,19.381\,1)$$

19. 从两独立正态总体 X 与 Y 中分别抽出容量为 $n_1=16$ 与 $n_2=10$ 的两个样本,由观察值计算得 $\displaystyle\sum_{i=1}^{16}(x_i-\overline{x})^2=380,\sum_{i=1}^{10}(y_i-\overline{y})^2=180$。试求两独立正态总体的方差比 $\dfrac{\sigma_1^2}{\sigma_2^2}$ 的置信水平为 0.95 的置信区间。

解:两独立正态总体的方差比 $\dfrac{\sigma_1^2}{\sigma_2^2}$ 的置信水平为 $1-\alpha$ 的置信区间为

$$\left(\frac{s_1^2/s_2^2}{F_{\alpha/2}(n_1-1,n_2-1)},\frac{s_1^2/s_2^2}{F_{1-\alpha/2}(n_1-1,n_2-1)}\right)$$

由题设知 $1-\alpha=0.95,\alpha=0.05,n_1=16,n_2=10$,查表得 $F_{0.025}(15,9)=3.77$,计算

$F_{0.975}(15,9)=\dfrac{1}{F_{0.025}(9,15)}=\dfrac{1}{3.12}$,由数据计算得

$$s_1^2=\frac{380}{15}=25.333\,3,\quad s_2^2=\frac{180}{9}=20$$

则所求置信区间为

$$\left(\frac{25.333\,3/20}{3.77},\frac{25.333\,3/20}{1/3.12}\right)=(0.336,3.952)$$

20. 在一批货物中随机抽出 100 件,经检验发现其中有 16 件次品。试求这批货物的次品率的置信水平为 0.95 的置信区间。

解:设这批货物的次品率为 p,本题是求单总体(0-1)分布未知参数 p 的渐近置信区间的问题。由题设知置信水平为 $1-\alpha=0.95,\alpha=0.05,z_{0.05/2}=1.96$,样本均值 $\overline{x}=16/100=0.16$,可按教材中讲述的两种方法求次品率 p 的渐近置信区间。

方法一　次品率 p 的置信水平为 $1-\alpha=0.95$ 的渐近置信下限与上限分别为

$$\hat{p}_1=\frac{1}{2a}(-b-\sqrt{b^2-4ac}),\quad \hat{p}_2=\frac{1}{2a}(-b+\sqrt{b^2-4ac})$$

其中,

$$a=n+z_{\alpha/2}^2=100+1.96^2=103.841\,6,$$

$$b = -(2n\overline{x} + z_{\alpha/2}^2) = -(2 \times 100 \times 0.16 + 1.96^2) = -35.841\ 6,$$

$$c = n\overline{x}^2 = 100 \times 0.16^2 = 2.56$$

所以得

$$\hat{p}_1 = \frac{1}{2 \times 103.841\ 6}(35.841\ 6 - \sqrt{35.841\ 6^2 - 4 \times 103.841\ 6 \times 2.56})$$

$$= \frac{20.966}{207.683\ 2} = 0.101,$$

$$\hat{p}_2 = \frac{1}{2 \times 103.84\ 16}(35.841\ 6 + \sqrt{35.841\ 6^2 - 4 \times 103.841\ 6 \times 2.56})$$

$$= \frac{50.717\ 2}{207.683\ 2} = 0.244\ 2$$

即得 p 的置信水平为 $1-\alpha = 0.95$ 的渐近置信区间为

$$(\hat{p}_1, \hat{p}_2) = (0.101, 0.244\ 2)$$

方法二　利用教材中式(7.4.9)得 p 的置信水平为 $1-\alpha = 0.95$ 的渐近置信区间为

$$\left(\overline{x} \pm z_{\alpha/2}\sqrt{\frac{\overline{x}(1-\overline{x})}{n}}\right) = \left(0.16 \pm 1.96\sqrt{\frac{0.16 \times (1-0.16)}{100}}\right)$$

$$= (0.16 \pm 0.071\ 9) = (0.088\ 1, 0.231\ 9)$$

21. 设总体 X 服从指数分布,其概率密度函数为

$$f(x) = \begin{cases} \dfrac{1}{\theta}\mathrm{e}^{-\frac{x}{\theta}}, & x > 0 \\ 0, & x \leqslant 0 \end{cases}$$

其中 $\theta(\theta > 0)$ 为未知参数,$X_1, X_2, \cdots, X_n$ 是从该总体中随机抽出一个容量为 n 的样本。(1) 试求样本的函数 $T = \dfrac{2n}{\theta}\overline{X}$ 的分布;(2) 试求未知参数 θ 的置信水平为 $1-\alpha$ 的单侧置信下限;(3) 若某种元件的寿命(单位:h)服从上述指数分布,现从中抽取一个容量 $n = 16$ 的样本,测得样本均值为 $\overline{x} = 5\ 010$,试求元件平均寿命的置信水平为 0.90 的单侧置信下限。

解:(1) $T = \dfrac{2n}{\theta}\overline{X} = \dfrac{2}{\theta}(X_1 + X_2 + \cdots + X_n) = Y_1 + Y_2 + \cdots + Y_n$,其中

$$Y_i = \frac{2}{\theta}X_i, \quad i = 1, 2, \cdots, n$$

因为 $X_1, X_2, \cdots, X_n$ 相互独立且同分布,因此 $Y_1, Y_2, \cdots, Y_n$ 亦相互独立且同分布。利用求随机变量的函数的概率密度的方法,先求 Y_i 的分布函数:

$$F_{Y_i}(y) = P\{Y_i \leqslant y\} = P\left\{\frac{2X_i}{\theta} \leqslant y\right\} = P\left\{X_i \leqslant \frac{\theta y}{2}\right\}$$

$$= \int_{-\infty}^{\frac{\theta y}{2}} f(x) \mathrm{d}x = \begin{cases} \int_0^{\frac{\theta y}{2}} \frac{1}{\theta} \mathrm{e}^{-\frac{x}{\theta}} \mathrm{d}x, & y > 0 \\ 0, & y \leqslant 0 \end{cases}$$

则 Y_i 的概率密度函数为

$$f_{Y_i}(y) = F'_{Y_i}(y) = \begin{cases} \dfrac{1}{2} \mathrm{e}^{-\frac{y}{2}}, & y > 0 \\ 0, & y \leqslant 0 \end{cases}$$

由 χ^2 分布的概率密度可知，$Y_i \sim \chi^2(2)$，$i = 1, 2, \cdots, n$，且由 χ^2 分布的可加性得

$$T = \frac{2n}{\theta} \overline{X} = \sum_{i=1}^n Y_i \sim \chi^2(2n)$$

（2）因为 $T \sim \chi^2(2n)$，给定置信水平为 $1-\alpha$ 时，确定上 α 分位点 $\chi_\alpha^2(2n)$，使

$$P\left\{ T = \frac{2n}{\theta} \overline{X} < \chi_\alpha^2(2n) \right\} = 1 - \alpha$$

解不等式 $\dfrac{2n}{\theta} \overline{X} < \chi_\alpha^2(2n)$，得 $\theta > \dfrac{2n}{\chi_\alpha^2(2n)} \overline{X}$。故未知参数 θ 的置信水平为 $1-\alpha$ 的单

侧置信下限为 $\underline{\theta} = \dfrac{2n}{\chi_\alpha^2(2n)} \overline{X}$。

（3）由题设 $1-\alpha = 0.95$，$\alpha = 0.05$，$n = 16$，$\overline{x} = 5\,010$，查表得 $\chi_{0.05}^2(32) = 46.194$，
未知参数 θ 的置信水平为 $1-\alpha$ 的单侧置信下限为

$$\underline{\theta} = \frac{2n}{\chi_\alpha^2(2n)} \overline{X} = \frac{2 \times 16}{46.194} \times 5\,010 = 3\,470.580\,6$$

22. 科学上的重大发现往往是由年轻人做出的。下表列出了自 16 世纪中叶至 20 世纪早期的 12 项重大发现的发现者和他们当时的年龄。

发现	发现者	发现年份	发现者年龄/岁
① 地球绕太阳旋转	哥白尼(Copernicus)	1543	40
② 望远镜、天文学的基本定律	伽利略(Galileo)	1600	34
③ 运动原理、重力、微积分	牛顿(Newton)	1665	23
④ 电的本质	富兰克林(Franklin)	1746	40
⑤ 燃烧是与氧气联系着的	拉瓦锡(Lavoisior)	1774	31
⑥ 地球是渐进过程演化成的	莱尔(Lyell)	1830	33
⑦ 自然选择控制演化的证据	达尔文(Darwin)	1858	49
⑧ 光的场方程	麦克斯韦尔(Maxwell)	1864	33
⑨ 放射性	居里(Curie)	1896	34
⑩ 量子论	普朗克(Plank)	1901	43
⑪ 狭义相对论	爱因斯坦(Einstain)	1905	26
⑫ 量子论的数学基础	薛定谔(Schroedinger)	1926	39

设表中数据来自正态分布总体,试求重大发现发现时的发现者的平均年龄 μ 的置信水平为 0.95 的单侧置信上限。

解:设重大发现发现时发现者的年龄 $X \sim N(\mu, \sigma^2)$,当方差 σ^2 未知时,均值 μ 的置信水平为 $1-\alpha$ 的单侧置信上限为

$$\overline{x} + \frac{s}{\sqrt{n}} t_\alpha(n-1)$$

由题设 $1-\alpha = 0.95$,$\alpha = 0.05$,$n = 12$,计算得 $\overline{x} = 35.4167$,$s = 7.2295$,查表得 $t_{0.05}(11) = 1.7959$,故所求发现者的平均年龄 μ 的置信水平为 0.95 的单侧置信上限为

$$\overline{x} + \frac{s}{\sqrt{n}} t_\alpha(n-1) = 35.4167 + \frac{7.2295}{\sqrt{12}} \times 1.7959 = 39.1647$$

即重大发现当时发现者的平均年龄 μ 的置信水平为 0.95 的单侧置信上限约为 39 岁 2 个月。

自测题七

1. 使用测量仪器对同一样品进行了 12 次独立测量,数据(单位:mm)结果如下:

230.50	232.48	232.15	232.52	232.53	232.30
232.48	232.05	232.45	232.60	232.47	232.30

设仪器无系统偏差,试用矩估计法估计测量的真值 μ 和方差 σ^2,它们是否为无偏估计?

解:由于仪器无系统偏差,则不管总体 X 服从何种分布,样本均值 $\overline{x}$ 总是总体均值,即真值的矩估计;样本二阶矩 s_n^2 总是总体方差 σ^2 的矩估计。由数据计算得

$$\hat{\mu} = \frac{1}{12}(230.5 + 232.48 + \cdots + 232.3) = 232.2358,$$

$$\hat{\sigma}_n^2 = s_n^2 = \frac{1}{12}\left[(232.5 - 232.2358)^2 + \cdots + (232.3 - 232.2358)^2\right] = 0.2986$$

又因为不管总体 X 服从何种分布,样本均值 $\overline{x}$ 总是总体均值 μ 的无偏估计;样本方差 s^2 总是总体方差的无偏估计,因此

$$\hat{\mu} = \frac{1}{12}(230.5 + 232.48 + \cdots + 232.3) = 232.2358,$$

$$\hat{\sigma}^2 = s^2 = \frac{1}{11}\left[(232.5 - 232.2358)^2 + \cdots + (232.3 - 232.2358)^2\right] = 0.3257$$

是 μ 与 σ^2 的无偏估计值。

2. 设总体 X 的概率密度函数为

$$f(x; \theta) = \begin{cases} \dfrac{x}{\theta^2} e^{-\frac{x^2}{2\theta^2}}, & x > 0 \\ 0, & x \leqslant 0 \end{cases}$$

$X_1, X_2, \cdots, X_n$ 是来自该总体 X 的一个样本,试求参数 θ 的矩估计量和极大似然估计量。

解: 因为 X 的数学期望为

$$E(X) = \int_{-\infty}^{+\infty} x f(x;\theta) \mathrm{d}x = \int_{0}^{+\infty} x \frac{x}{\theta^2} e^{-\frac{x^2}{2\theta^2}} \mathrm{d}x$$

$$= -x e^{-\frac{x^2}{2\theta^2}} \Big|_{0}^{+\infty} + \int_{0}^{+\infty} e^{-\frac{x^2}{2\theta^2}} \mathrm{d}x = \sqrt{\frac{\pi}{2}} \theta$$

所以令 $E(X) = \overline{X}$,即得 $\sqrt{\dfrac{\pi}{2}} \theta = \overline{X}$,参数 θ 的矩估计量为 $\hat{\theta} = \sqrt{\dfrac{2}{\pi}} \overline{X}$。

又设 $x_1, x_2, \cdots, x_n$ 是来自该总体 X 的一个样本值,则似然函数为

$$L(\theta) = \prod_{i=1}^{n} f(x_i;\theta) = \prod_{i=1}^{n} \frac{x_i}{\theta^2} \exp\left(-\frac{x_i^2}{2\theta^2}\right) = \theta^{-2n} \exp\left(-\frac{1}{2\theta^2} \sum_{i=1}^{n} x_i^2\right),$$

$$x_i > 0, \quad 1 \leqslant i \leqslant n,$$

对其取对数得

$$\ln L(\theta) = -n \ln \theta^2 - \frac{1}{2\theta^2} \sum_{i=1}^{n} x_i^2, \quad x_i > 0, \quad 1 \leqslant i \leqslant n$$

对 θ^2 求导并令其为 0,然而 $\dfrac{\mathrm{d}\ln L(\theta)}{\mathrm{d}\theta^2} = -\dfrac{n}{\theta^2} + \dfrac{1}{2\theta^4} \sum_{i=1}^{n} x_i^2 = 0$,可取 θ^2 的极大似然

估计值为 $\hat{\theta}^2 = \dfrac{1}{2n} \sum_{i=1}^{n} x_i^2 = \dfrac{1}{2} \overline{x^2}$,故 θ^2 的极大似然估计量为

$$\hat{\theta}^2 = \frac{1}{2n} \sum_{i=1}^{n} X_i^2 = \frac{1}{2} \overline{X^2}$$

因此由极大似然估计的不变性可得 θ 的极大似然估计量为

$$\hat{\theta} = \sqrt{\hat{\theta}^2} = \sqrt{\frac{1}{2n} \sum_{i=1}^{n} X_i^2} = \sqrt{\frac{1}{2} \overline{X^2}}$$

3. 设总体 X 的概率密度函数为

$$f(x;\theta) = \begin{cases} e^{-(x-\theta)}, & x \geqslant \theta \\ 0, & \text{其他} \end{cases}$$

$X_1, X_2, \cdots, X_n$ 是来自该总体 X 的一个样本,试求参数 θ 的矩估计量和极大似然估计量。

解: 因为

$$E(X) = \int_{-\infty}^{+\infty} x f(x;\theta) \mathrm{d}x = \int_{\theta}^{+\infty} x e^{-(x-\theta)} \mathrm{d}x = e^{\theta}(\theta e^{-\theta} + e^{-\theta}) = \theta + 1$$

所以令 $E(X) = \overline{X}$,即得 $\theta + 1 = \overline{X}$,参数 θ 的矩估计量为 $\hat{\theta} = \overline{X} - 1$。

又设 $x_1, x_2, \cdots, x_n$ 是来自该总体 X 的一个样本值,则似然函数为

$$L(\theta) = \prod_{i=1}^{n} f(x_i; \theta) = \prod_{i=1}^{n} e^{-(x_i - \theta)} = e^{n\theta} \exp\left(- \sum_{i=1}^{n} x_i\right), \quad x_i > \theta, \quad 1 \leqslant i \leqslant n$$

对其取对数得

$$\ln L(\theta) = n\theta - \sum_{i=1}^{n} x_i, \quad x_i > \theta, \quad 1 \leqslant i \leqslant n$$

对 θ 求导并令其为 0,然而 $\dfrac{\mathrm{d}\ln L(\theta)}{\mathrm{d}\theta} = n \neq 0, x_i > \theta, 1 \leqslant i \leqslant n$,即求导失效。用顺序统计值得 $x_1, x_2, \cdots, x_n > \theta$,可取 θ 的极大似然估计值为 $\hat{\theta} = x_{(1)}$,故 θ 的极大似然估计量为 $\hat{\theta} = X_{(1)}$。

4. 设总体 X 具有分布律为

X	1	2	3
p_k	θ^2	$2\theta(1-\theta)$	$(1-\theta)^2$

其中 $\theta(0 < \theta < 1)$ 是未知参数。已知取得了样本值 $x_1 = 1, x_2 = 2, x_3 = 1$。试求参数 θ 的矩估计值和极大似然估计值。

解:(1) 因为 $E(X) = 1 \times \theta^2 + 2 \times 2\theta(1-\theta) + 3(1-\theta)^2 = 3 - 2\theta$,令 $E(X) = \overline{X}$,则由 $3 - 2\theta = \overline{X}$,即得参数 θ 的矩估计量为

$$\hat{\theta} = \frac{3 - \overline{X}}{2}$$

由数据 $x_1 = 1, x_2 = 2, x_3 = 1$,得 $\overline{x} = \dfrac{1}{3}(1 + 2 + 1) = \dfrac{4}{3}$,故参数 θ 的矩估计值为

$$\hat{\theta} = \frac{3 - \overline{x}}{2} = \frac{5}{6}$$

样本值 $x_1 = 1, x_2 = 2, x_3 = 1$ 来自总体 X,再由似然函数

$$L(\theta) = \prod_{i=1}^{n} P\{X_i = x_i; \theta\} = \theta^2 \times 2\theta(1-\theta) \times \theta^2 = 2\theta^5(1-\theta)$$

对其取对数得

$$\ln L(\theta) = \ln 2 + 5\ln \theta + \ln(1-\theta)$$

对参数 θ 求导并令其为 0,即 $\dfrac{\mathrm{d}\ln L(\theta)}{\mathrm{d}\theta} = \dfrac{5}{\theta} - \dfrac{1}{1-\theta} = 0$,解之得参数 θ 的极大似然估计值为 $\hat{\theta} = \dfrac{5}{6}$。

5. 为研究某种汽车轮胎的磨损特性,随机地选择 16 只轮胎,每只轮胎行驶到磨坏为止,记录所行驶的里程数(单位:km)如下:

41.25	40.187	43.175	41.01	39.265	41.872	42.654	41.287
38.97	40.20	42.55	41.095	40.68	43.5	39.775	40.40

设行驶的里程数 $X \sim N(\mu, \sigma^2)$，其中 μ, σ^2 未知，试求：(1) μ, σ^2 与 σ 的置信水平为 0.95 的置信区间；(2) μ, σ^2 与 σ 的置信水平为 0.95 的单侧置信下限。

解：(1) 因为总体 $X \sim N(\mu, \sigma^2)$，方差 σ^2 未知，所以平均里程数 μ 的置信水平为 $1 - \alpha$ 的置信区间为

$$\left(\overline{x} - \frac{s}{\sqrt{n}} t_{\alpha/2}(n-1), \overline{x} + \frac{s}{\sqrt{n}} t_{\alpha/2}(n-1) \right)$$

由题设知 $1 - \alpha = 0.95, \alpha = 0.05, t_{0.05/2}(15) = 2.131\ 4, \overline{x} = 41.116\ 9, s = 1.346\ 8, n = 16$，则所求 μ 的置信区间为

$$\left(41.116\ 9 - \frac{1.346\ 8}{\sqrt{16}} \times 2.131\ 4, 41.116\ 9 + \frac{1.346\ 8}{\sqrt{16}} \times 2.131\ 4 \right)$$

$$= (41.116\ 9 \pm 0.717\ 6) = (40.399\ 3, 41.834\ 5)$$

σ^2 的置信水平为 0.95 的置信区间为

$$\left(\frac{(n-1)s^2}{\chi^2_{\alpha/2}(n-1)}, \frac{(n-1)s^2}{\chi^2_{1-\alpha/2}(n-1)} \right)$$

σ 的置信水平为 0.95 的置信区间为

$$\left(\sqrt{\frac{(n-1)s^2}{\chi^2_{\alpha/2}(n-1)}}, \sqrt{\frac{(n-1)s^2}{\chi^2_{1-\alpha/2}(n-1)}} \right)$$

由题设知 $1 - \alpha = 0.95, \alpha = 0.05, n = 16, \chi^2_{0.025}(15) = 27.488, \chi^2_{0.975}(15) = 6.262, s^2 = 1.346\ 8^2$，则所求 σ^2 的置信水平为 0.95 的置信区间为

$$\left(\frac{15 \times 1.346\ 8^2}{27.488}, \frac{15 \times 1.346\ 8^2}{6.262} \right) = (0.989\ 8, 4.344\ 9)$$

σ 的置信水平为 0.95 的置信区间为

$$\left(\sqrt{\frac{15 \times 1.346\ 8^2}{27.488}}, \sqrt{\frac{15 \times 1.346\ 8^2}{6.262}} \right) = (0.984\ 5, 2.084\ 4)$$

(2) 因为总体 $X \sim N(\mu, \sigma^2)$，方差 σ^2 未知，所以平均里程数 μ 的置信水平为 $1 - \alpha$ 的单侧置信下限为

$$\underline{\mu} = \overline{x} - \frac{s}{\sqrt{n}} t_{\alpha}(n-1) = 41.116\ 9 - \frac{1.346\ 8}{\sqrt{16}} t_{0.05}(15)$$

$$= 41.116\ 9 - \frac{1.346\ 8}{\sqrt{16}} \times 1.753\ 1 = 40.526\ 6$$

方差 σ^2 的置信水平为 $1 - \alpha$ 的单侧置信下限为

$$\underline{\sigma^2} = \frac{(n-1)s^2}{\chi^2_{\alpha}(n-1)} = \frac{15 \times 1.346\ 8^2}{\chi^2_{0.05}(15)} = \frac{15 \times 1.346\ 8^2}{24.996} = 1.088\ 5$$

标准差 σ 的置信水平为 $1 - \alpha$ 的单侧置信下限为

$$\underline{\sigma} = \sqrt{\frac{(n-1)s^2}{\chi^2_{\alpha}(n-1)}} = \sqrt{\frac{15 \times 1.346\ 8^2}{\chi^2_{0.05}(15)}} = \sqrt{\frac{15 \times 1.346\ 8^2}{24.996}} = 1.043\ 3$$

6. 分别使用金球和铂球测定引力常数(单位:$10^{-11}\text{m}^3/(\text{kg}\cdot\text{s})$),得数据如下:

用金球测定值	6.683	6.681	6.676	6.678	6.679	6.672
用铂球测定值	6.661	6.661	6.667	6.667	6.664	

设使用金球和铂球测定值总体分别服从正态分布 $N(\mu_1,\sigma_1^2)$ 与 $N(\mu_2,\sigma_2^2)$,(1) 试求方差比 $\dfrac{\sigma_1^2}{\sigma_2^2}$ 的置信水平为 0.95 的置信区间;(2) 设方差 $\sigma_1^2=\sigma_2^2$,试求两个测定值总体均值差 $\mu_1-\mu_2$ 的置信水平为 0.95 的置信区间。

解:(1) 两独立正态总体的方差比 $\dfrac{\sigma_1^2}{\sigma_2^2}$ 的置信水平为 $1-\alpha$ 的置信区间为

$$\left(\frac{s_1^2/s_2^2}{F_{\alpha/2}(n_1-1,n_2-1)},\frac{s_1^2/s_2^2}{F_{1-\alpha/2}(n_1-1,n_2-1)}\right)$$

由题设知 $1-\alpha=0.95,\alpha=0.05,n_1=6,n_2=5$,查表得 $F_{0.025}(5,4)=9.36$,计算

$F_{0.975}(5,4)=\dfrac{1}{F_{0.025}(4,5)}=\dfrac{1}{7.39}$,计算得:$s_1^2=0.000\,015,s_2^2=0.000\,009$,则所求置信区间为

$$\left(\frac{0.000\,015/0.000\,009}{9.36},\frac{0.000\,015/0.000\,009}{1/7.39}\right)=(0.178\,1,12.316\,9)$$

显然,这个区间包含 1,可以认为 $\sigma_1^2=\sigma_2^2$。

(2) 当两正态总体方差相等时,均值差 $\mu_1-\mu_2$ 的置信水平为 $1-\alpha$ 的置信区间为

$$\left(\overline{x}-\overline{y}-t_{\alpha/2}(n_1+n_2-2)s_{\text{w}}\sqrt{\frac{1}{n_1}+\frac{1}{n_2}},\right.$$

$$\left.\overline{x}-\overline{y}+t_{\alpha/2}(n_1+n_2-2)s_{\text{w}}\sqrt{\frac{1}{n_1}+\frac{1}{n_2}}\right)$$

由题设知 $1-\alpha=0.95,\alpha=0.05,n_1=4,n_2=5,t_{0.025}(9)=2.262\,2$,由数据计算得:$\overline{x}=6.678\,167,\overline{y}=6.664,s_1^2=0.000\,015,s_2^2=0.000\,009$,联合方差:

$$s_{\text{w}}^2=\frac{(n_1-1)s_1^2+(n_2-1)s_2^2}{n_1+n_2-2}=\frac{5\times0.000\,015+4\times0.000\,009}{6+5-2}=0.000\,012,$$

$$s_{\text{w}}=\sqrt{s_{\text{w}}^2}=\sqrt{0.000\,012}=0.003\,464$$

则所求置信区间为

$$\left(6.678\,167-6.664\pm2.262\,2\times0.000\,012\times\sqrt{\frac{1}{6}+\frac{1}{5}}\right)$$

$$=(0.014\,167\pm0.000\,016)$$

$$=(0.014\,151,0.014\,139)$$

第 8 章 假设检验

假设检验也是统计推断的重要内容,是随机数据分析中无法避免的问题。假设检验是一个科学的检验过程,有假设,有检验,有判断,因此本章重点是掌握假设检验的思想与操作步骤。

基本要求

(1) 理解假设检验的基本思想,掌握假设检验的基本步骤,了解假设检验可能产生的两类错误与显著性水平的意义;

(2) 了解单个和两个正态总体的均值与方差的假设检验方法;

(3) 掌握总体分布的拟合检验方法;

(4) 了解独立性检验方法。

本章特点

已知正态总体未知参数的假设检验方法。

解题要点

(1) 对总体参数的假设检验:

① 按照萌动篇给出的五个步骤进行检验;

② 分清已知参数与未知参数,单侧检验与双侧检验。

(2) 对分布函数的假设检验注意用参数的极大似然估计。

综合练习八

1. 已知某炼铁厂的铁水含碳量 X 在正常情况下服从正态分布 $N(4.55, 0.108^2)$,现在测试了 5 炉铁水,其含碳量分别为

$$4.28 \quad 4.4 \quad 4.42 \quad 4.35 \quad 4.37$$

如果方差没有改变,试问总体均值有无变化?($\alpha = 0.05$)

解:这是正态总体 $N(\mu, \sigma^2)$ 方差 $\sigma^2 = 0.108^2$ 已知时,关于均值 μ 的双边检验问题。检验过程如下:

① 根据实际问题提出假设:

$$H_0: \mu = 4.55; \quad H_1: \mu \neq 4.55$$

② 选定显著性水平 $\alpha = 0.05$,确定样本容量 $n = 5$;

③ 选择恰当的统计量: $U = \dfrac{\overline{X} - \mu}{\sigma / \sqrt{n}}$,在 H_0 为真时,检验统计量

$$U = \frac{\overline{X} - 4.55}{0.108 / \sqrt{5}} \sim N(0, 1)$$

④ 查标准正态分布表可得 $z_{0.05/2} = 1.96$ 的值,确定 H_0 的拒绝域为

$$|u| = \left| \frac{\overline{x} - 4.55}{0.108/\sqrt{5}} \right| \geqslant 1.96$$

⑤ 判断：根据样本值计算 $\overline{x} = 4.364$，及检验统计量的观测值

$$|u| = \left| \frac{\overline{x} - 4.55}{0.108/\sqrt{5}} \right| = \left| \frac{4.364 - 4.55}{0.108/\sqrt{5}} \right| = 3.851 \geqslant 1.96$$

落在拒绝域内，所以应拒绝 H_0，即在显著性水平 $\alpha = 0.05$ 下可以认为总体均值有显著变化，即铁水的平均含碳量有显著变化。

2. 某批矿砂的 5 个样品中镍含量(%)经测定为

$$3.25 \quad 3.27 \quad 3.24 \quad 3.26 \quad 3.24$$

设测定值总体服从正态分布 $N(\mu, \sigma^2)$，其中参数 μ 与 σ^2 均未知，试问在显著性水平 $\alpha = 0.01$ 下能否接受假设 H_0：这批矿砂的镍含量为 3.25%？

解：这是正态总体 $N(\mu, \sigma^2)$ 方差 σ^2 未知时，关于均值 μ 的双边检验问题。

① 根据实际问题提出假设：

$$H_0 : \mu = 3.25; \quad H_1 : \mu \neq 3.25$$

② 选定显著性水平 $\alpha = 0.05$，确定样本容量 $n = 5$；

③ 选择恰当的统计量：$T = \dfrac{\overline{X} - \mu}{S/\sqrt{n}}$，在 H_0 为真时，检验统计量

$$T = \frac{\overline{X} - 3.25}{S/\sqrt{5}} \sim t(4)$$

④ 查 t 分布表可得 $t_{0.05/2}(4) = 2.776\,4$，确定 H_0 的拒绝域为

$$|t| = \left| \frac{\overline{x} - 3.25}{s/\sqrt{5}} \right| \geqslant 2.776\,4$$

⑤ 判断：根据样本值计算 $\overline{x} = 3.252, s = 0.013$ 及检验统计量的观测值

$$|t| = \left| \frac{\overline{x} - 3.252}{s/\sqrt{5}} \right| = \left| \frac{3.25 - 3.252}{0.013/\sqrt{5}} \right| = 0.344 < 2.776\,4$$

落在接受域内，所以应接受 H_0，即在显著性水平 $\alpha = 0.05$ 下可以认为这批矿砂的镍含量为 3.25%。

3. 某厂计划投资 1 万元广告费以提高某种商品的销售量。一位商店经理认为此项计划可使每周平均销售量达到 450 件。实行此计划一个月后，调查了 17 家商店，计算得平均每家每周销售量为 418 件，标准差为 84 件。已知销售量 X 服从正态分布 $N(\mu, \sigma^2)$，试问在显著性水平 $\alpha = 0.05$ 下，可否认为此项计划达到了该商店经理的预计效果？

解：这可以看作正态总体 $N(\mu, \sigma^2)$ 方差 σ^2 未知时，关于均值 μ 的双边检验问题。

① 根据实际问题提出假设：

$$H_0 : \mu = 450; \quad H_1 : \mu \neq 450$$

② 选定显著性水平 $\alpha=0.05$,确定样本容量 $n=17$;

③ 选择恰当的统计量 $T=\dfrac{\overline{X}-\mu}{S/\sqrt{n}}$,在 H_0 为真时,检验统计量

$$T=\frac{\overline{X}-450}{S/\sqrt{17}}\sim t(16)$$

④ 查 t 分布表可得 $t_{0.05/2}(16)=2.1199$,确定 H_0 的拒绝域为

$$|t|=\left|\frac{\overline{x}-450}{s/\sqrt{17}}\right|\geqslant 2.1199$$

⑤ 判断:根据样本值计算 $\overline{x}=418,s=84$ 及检验统计量的观测值

$$|t|=\left|\frac{\overline{x}-450}{s/\sqrt{17}}\right|=\left|\frac{418-450}{84/\sqrt{17}}\right|=1.5707<2.1199$$

落在接受域内,所以应接受 H_0,即在显著性水平 $\alpha=0.05$ 下可以认为此项计划达到了该商店经理的预计效果。

4. 某超市为了增加销售额,对营销方式、管理人员进行了一系列的调整。调整后随机抽查了 9 天的日销售额(单位:万元),结果如下:

　　56.4　54.2　50.6　53.7　55.9　48.3　57.4　58.7　55.3

根据统计,调整前的日平均销售额为 51.2 万元。假定日销售额 X 服从正态分布,试问调整措施的效果是否显著($\alpha=0.05$)?

解: 这可看作正态总体 $N(\mu,\sigma^2)$ 方差 σ^2 未知时,关于均值 μ 的单边检验问题。

① 根据实际问题提出假设:

$$H_0:\mu\leqslant 51.2;\quad H_1:\mu>51.2$$

② 选定显著性水平 $\alpha=0.05$,确定样本容量 $n=9$;

③ 选择恰当的统计量: $T=\dfrac{\overline{X}-\mu}{S/\sqrt{n}}$,在 H_0 为真时,检验统计量

$$T=\frac{\overline{X}-51.2}{S/\sqrt{9}}\sim t(8)$$

④ 查 t 分布表可得 $t_{0.05}(8)=1.8595$,确定 H_0 的拒绝域:

$$t=\frac{\overline{x}-51.2}{s/\sqrt{9}}\geqslant 1.8595$$

⑤ 判断:根据样本值计算 $\overline{x}=54.5,s=3.2909$,及检验统计量的观测值

$$t=\frac{\overline{x}-51.2}{s/\sqrt{9}}=\frac{54.5-51.2}{3.2909/\sqrt{9}}=3.008>1.8595$$

落在拒绝域内,所以应拒绝 H_0,即在显著性水平 $\alpha=0.05$ 下,认为调整措施的效果显著。

5. 某工厂用自动包装机包装葡萄糖,规定标准为每袋净重 500 g。现在随机地抽取 10 袋,测得各袋净重(单位:g)为

$$495 \quad 510 \quad 505 \quad 498 \quad 503 \quad 492 \quad 502 \quad 505 \quad 497 \quad 506$$

设每袋净重 X 服从正态分布 $N(\mu, \sigma^2)$,如果(1) 已知每袋葡萄糖的净重标准差 $\sigma = 5$,(2) 未知 σ;试问包装机工作是否正常($\alpha = 0.05$)?

解:(1) 可看作正态总体 $N(\mu, \sigma^2)$ 方差 $\sigma^2 = 5^2$ 已知时,关于均值 μ 的双边检验问题。

① 根据实际问题提出假设:
$$H_0: \mu = 500; \quad H_1: \mu \neq 500$$

② 选定显著性水平 $\alpha = 0.05$,确定样本容量 $n = 10$;

③ 选择恰当的统计量:$U = \dfrac{\overline{X} - \mu}{\sigma/\sqrt{n}}$,在 H_0 为真时,检验统计量
$$U = \frac{\overline{X} - 500}{5/\sqrt{10}} \sim N(0, 1)$$

④ 查标准正态分布表可得 $z_{0.05/2} = 1.96$ 的值,确定 H_0 的拒绝域为
$$|u| = \left| \frac{\overline{x} - 500}{5/\sqrt{10}} \right| \geqslant 1.96$$

⑤ 判断:根据样本值计算 $\overline{x} = 4.364$,及检验统计量的观测值
$$|u| = \left| \frac{\overline{x} - 500}{5/\sqrt{10}} \right| = \left| \frac{501.3 - 500}{5/\sqrt{10}} \right| = 0.822\,2 < 1.96$$

落在接受域内,所以应接受 H_0,即在显著性水平 $\alpha = 0.05$ 下可以认为包装机工作正常。

(2) 可看作正态总体 $N(\mu, \sigma^2)$ 方差 σ^2 未知时,关于均值 μ 的双边检验问题。

① 根据实际问题提出假设:
$$H_0: \mu = 500; \quad H_1: \mu \neq 500$$

② 选定显著性水平 $\alpha = 0.05$,确定样本容量 $n = 10$;

③ 选择恰当的统计量:$T = \dfrac{\overline{X} - \mu}{S/\sqrt{n}}$,在 H_0 为真时,检验统计量
$$T = \frac{\overline{X} - 500}{S/\sqrt{10}} \sim t(9)$$

④ 查 t 分布表可得 $t_{0.05/2}(9) = 2.262\,2$,确定 H_0 的拒绝域为
$$|t| = \left| \frac{\overline{x} - 500}{s/\sqrt{10}} \right| \geqslant 2.262\,2$$

⑤ 判断:根据样本值计算 $\overline{x} = 501.3, s = 5.618\,4$,及检验统计量的观测值
$$|t| = \left| \frac{\overline{x} - 500}{s/\sqrt{10}} \right| = \left| \frac{501.3 - 500}{5.618\,4/\sqrt{10}} \right| = 0.7317 < 2.262\,2$$

落在接受域内,所以应接受 H_0,即在显著性水平 $\alpha = 0.05$ 下可以认为包装机工作正常。

6. 已知某厂生产一批某种型号的汽车蓄电池,由以往的经验知其寿命 X(单位:年)近似服从正态分布 $N(\mu,0.8^2)$。现从中任意取出 13 个蓄电池,计算得样本均方差为 $s=0.92$,取显著性水平 $\alpha=0.1$,试问这批蓄电池寿命的方差是否有明显改变?

解:这是正态总体 $N(\mu,\sigma^2)$ 均值 μ 未知时,关于方差 σ^2 的双边检验问题。

① 根据实际问题提出假设:

$$H_0:\sigma^2=0.8^2;\quad H_1:\sigma^2\neq 0.8^2$$

② 选定显著性水平 $\alpha=0.10$,确定样本容量 $n=13$;

③ 选择恰当的统计量:$\chi^2=\dfrac{(n-1)S^2}{\sigma^2}$,在 H_0 为真时,检验统计量

$$\chi^2=\frac{(n-1)S^2}{\sigma_0^2}\sim\chi^2(n-1)$$

④ 查 χ^2 分布表可得 $\chi^2_{0.1/2}(12)=21.026,\chi^2_{1-0.1/2}(12)=5.226$ 确定 H_0 的拒绝域为

$$\frac{(n-1)S^2}{\sigma_0^2}\geqslant 21.026\quad\text{或}\quad\frac{(n-1)S^2}{\sigma_0^2}\leqslant 5.226$$

⑤ 判断:根据题设 $\sigma_0^2=0.8^2$,由样本值计算得 $s^2=0.92^2$,及检验统计量的观测值

$$\frac{(n-1)s^2}{\sigma_0^2}=\frac{12\times 0.92^2}{0.8^2}=15.87\in(5.226,21.026)$$

落在接受域内,所以应接受 H_0,即在显著性水平 $\alpha=0.01$ 下,可以认为这批蓄电池寿命的方差没有明显改变。

7. 从甲、乙两处煤矿中各取若干个原煤样品,测得含灰率(%)为

煤矿甲	24.3	20.8	23.7	21.3	17.4
煤矿乙	18.2	16.9	20.2	16.7	

设两矿原煤含灰率均服从正态分布,且方差相等。给定显著性水平 $\alpha=0.05$,试问两矿原煤的平均含灰率有无显著差异?

解:这是双正态总体的方差未知但相等时,关于均值差的双边检验问题。设 X 为甲煤矿的原煤含灰率,$X\sim N(\mu_1,\sigma_1^2)$;设 Y 为乙煤矿的原煤含灰率,$Y\sim N(\mu_2,\sigma_2^2)$,且 X 与 Y 相互独立,$\sigma_1^2=\sigma_2^2$。问两矿原煤的平均含灰率有无显著差异。

检验过程如下:

① 根据实际问题提出假设:

$$H_0:\mu_1-\mu_2=0;\quad H_1:\mu_1-\mu_2\neq 0$$

② 选定显著性水平 $\alpha=0.05$,确定样本容量 $n_1=5,n_2=4$;

③ 选择恰当的统计量:

$$T = \frac{\overline{X} - \overline{Y} - (\mu_1 - \mu_2)}{S_W \sqrt{\dfrac{1}{n_1} + \dfrac{1}{n_2}}}$$

在 H_0 为真时,检验统计量

$$T = \frac{\overline{X} - \overline{Y}}{S_W \sqrt{\dfrac{1}{n_1} + \dfrac{1}{n_2}}} \sim t(n_1 + n_2 - 2)$$

④ 查 t 分布表可得 $t_{0.05/2}(7) = 2.364\,6$,确定 H_0 的拒绝域:

$$|t| = \frac{|\overline{x} - \overline{y}|}{s_W \sqrt{\dfrac{1}{n_1} + \dfrac{1}{n_2}}} \geqslant 2.364\,6$$

⑤ 判断:根据样本值计算 $\overline{x} = 21.5$,$s_1^2 = 7.505$,$\overline{y} = 18$,$s_2^2 = 2.593\,3$,联合均方差为

$$s_W = \sqrt{\frac{(n_1 - 1)s_1^2 + (n_2 - 1)s_2^2}{n_1 + n_2 - 2}} = \sqrt{\frac{4 \times 7.505 + 3 \times 2.593\,3}{5 + 4 - 2}} = 2.323\,8$$

检验统计量的观测值为

$$|t| = \frac{|\overline{x} - \overline{y}|}{s_W \sqrt{\dfrac{1}{n_1} + \dfrac{1}{n_2}}} = \frac{|21.5 - 18|}{2.323\,8 \sqrt{\dfrac{1}{5} + \dfrac{1}{4}}} = 2.245\,2 < 2.364\,6$$

落在接受域内,所以应接受 H_0,即在显著性水平 $\alpha = 0.05$ 下,可以认为两矿原煤的平均含灰率无显著差异。

8. 将甲、乙两种稻种分别种在 10 块试验田中,每块田中甲、乙稻种各种一半,收获的水稻产量(单位:kg)数据如下表:

稻种甲	140	137	136	140	145	148	140	135	144	141
稻种乙	135	118	115	140	128	131	130	115	131	125

假定两种水稻产量均服从正态分布,给定显著性水平 $\alpha = 0.05$,试问两种水稻产量的方差有无显著差异?

解:本题是双正态总体的方差的双边检验问题,即方差齐性检验问题。检验过程如下:

① 根据实际问题提出假设:

$$H_0 : \sigma_1^2 = \sigma_2^2; \quad H_1 : \sigma_1^2 \neq \sigma_2^2$$

② 选定显著性水平 $\alpha = 0.05$,确定样本容量 $n_1 = 10$,$n_2 = 10$;

③ 选择恰当的统计量:$F = \dfrac{S_1^2 / S_2^2}{\sigma_1^2 / \sigma_2^2}$,在 H_0 为真时,检验统计量

$$F = \frac{S_1^2}{S_2^2} \sim F(n_1 - 1, n_2 - 1)$$

④ 查 F 分布表可得 $F_{0.05/2}(9,9) = 4.03$，$F_{1-0.05/2}(9,9) = \dfrac{1}{F_{0.05/2}(9,9)} = \dfrac{1}{4.03}$，确定 H_0 的拒绝域为

$$\frac{s_1^2}{s_2^2} \geqslant 4.03 \quad \text{或} \quad \frac{s_1^2}{s_2^2} \leqslant \frac{1}{4.03} = 0.248\,1$$

⑤ 判断：根据样本值计算 $s_1^2 = 16.933\,3$，$s_2^2 = 71.955\,6$，检验统计量的观测值

$$\frac{s_1^2}{s_2^2} = \frac{16.933\,3}{71.955\,6} = 0.235\,3 < 0.248\,1$$

落在拒绝域内，所以应拒绝 H_0，即在显著性水平 $\alpha = 0.05$ 下，可以认为两种水稻产量的方差有显著差异。

9. 今有两台机床加工同一种零件，分别抽出 6 个及 9 个零件测其口径，数据记为 $x_1, x_2, \cdots, x_6$ 与 $y_1, y_2, \cdots, y_9$，计算得

$$\sum_{i=1}^{6} x_i = 204.6, \quad \sum_{i=1}^{6} x_i^2 = 6\,978.93, \quad \sum_{i=1}^{9} y_i = 370.8, \quad \sum_{i=1}^{9} y_i^2 = 15\,280.173$$

假定零件口径服从正态分布，给定显著性水平 $\alpha = 0.05$，试问可否认为这两台机床加工的零件口径的方差无显著性差异？

解：本题是双正态总体的方差的双边检验问题，即方差齐性检验问题。检验过程如下：

① 根据实际问题提出假设：

$$H_0: \sigma_1^2 = \sigma_2^2; \quad H_1: \sigma_1^2 \neq \sigma_2^2$$

② 选定显著性水平 $\alpha = 0.05$，确定样本容量 $n_1 = 6$，$n_2 = 9$；

③ 选择恰当的统计量：$F = \dfrac{S_1^2 / S_2^2}{\sigma_1^2 / \sigma_2^2}$，在 H_0 为真时，检验统计量

$$F = \frac{S_1^2}{S_2^2} \sim F(n_1 - 1, n_2 - 1)$$

④ 查 F 分布表可得 $F_{0.05/2}(5,8) = 4.82$，$F_{1-0.05/2}(5,8) = \dfrac{1}{F_{0.05/2}(8,5)} = \dfrac{1}{6.76}$，确定 H_0 的拒绝域为

$$\frac{s_1^2}{s_2^2} \geqslant 4.82 \quad \text{或} \quad \frac{s_1^2}{s_2^2} \leqslant \frac{1}{6.76} = 0.147\,9$$

⑤ 判断：根据样本值计算

$$s_1^2 = \frac{1}{5}\left(\sum_{i=1}^{6} x_i^2 - 6\overline{x}^2\right) = \frac{1}{5}\left[6978.93 - 6 \times \left(\frac{204.6}{6}\right)^2\right] = \frac{2.07}{5} = 0.414,$$

$$s_2^2 = \frac{1}{8}\left(\sum_{i=1}^{8} y_i^2 - 9\overline{y}^2\right) = \frac{1}{8}\left[15280.173 - 9 \times \left(\frac{370.8}{9}\right)^2\right] = \frac{3.213}{8} = 0.401\,6$$

检验统计量的观测值

$$\frac{s_1^2}{s_2^2} = \frac{0.414}{0.4016} = 1.0309 \in (0.1479, 4.82)$$

落在接受域内,所以应接受 H_0,即在显著性水平 $\alpha = 0.05$ 下,可以认为两台机床加工的零件口径的方差无显著差异。

10. 下表给出了文学家马克·吐温(Mark Twain)的 8 篇小品文以及斯诺特克拉斯(Snodgrass)的 10 篇小品文中由 3 个字母组成的单字的比例。

Mark Twain	0.225	0.262	0.217	0.240	0.230	0.229	0.235	0.217		
Snodgrass	0.209	0.205	0.196	0.210	0.202	0.207	0.224	0.223	0.220	0.201

设两组数据分别来自正态总体,且两总体方差相等,但参数未知,两样本相互独立。试问两位作家所写的小品文中包含 3 个字母组成的单字的比例是否有显著的差异($\alpha = 0.05$)?

解:这是双正态总体的方差未知但相等时,关于均值差的双边检验问题。设 X 为马克·吐温的小品文中由 3 个字母组成的单字的比例,则 $X \sim N(\mu_1, \sigma_1^2)$;设 Y 为斯诺特克拉斯的小品文中由 3 个字母组成的单字的比例,则 $Y \sim N(\mu_2, \sigma_2^2)$,且 X 与 Y 相互独立,$\sigma_1^2 = \sigma_2^2$。问两位作家所写的小品文中包含 3 个字母组成的单字的比例是否有显著的差异。

检验过程如下:

① 根据实际问题提出假设:

$$H_0: \mu_1 - \mu_2 = 0; \quad H_1: \mu_1 - \mu_2 \neq 0$$

② 选定显著性水平 $\alpha = 0.05$,确定样本容量 $n_1 = 8, n_2 = 10$;

③ 选择恰当的统计量:$T = \dfrac{\overline{X} - \overline{Y} - (\mu_1 - \mu_2)}{S_w \sqrt{\dfrac{1}{n_1} + \dfrac{1}{n_2}}}$,在 H_0 为真时,检验统计量

$$T = \frac{\overline{X} - \overline{Y}}{S_w \sqrt{\dfrac{1}{n_1} + \dfrac{1}{n_2}}} \sim t(n_1 + n_2 - 2)$$

④ 查 t 分布表可得 $t_{0.05/2}(16) = 2.1199$,确定 H_0 的拒绝域为

$$|t| = \frac{|\overline{x} - \overline{y}|}{s_w \sqrt{\dfrac{1}{n_1} + \dfrac{1}{n_2}}} \geq 2.1199$$

⑤ 判断:根据样本值计算 $\overline{x} = 0.2319, s_1^2 = 0.0002, \overline{y} = 0.2019, s_2^2 = 0.0001$,联合均方差为

$$s_w = \sqrt{\frac{(n_1 - 1)s_1^2 + (n_2 - 1)s_2^2}{n_1 + n_2 - 2}} = \sqrt{\frac{7 \times 0.0002 + 9 \times 0.0001}{8 + 10 - 2}} = 0.012$$

检验统计量的观测值为

$$|t| = \frac{|\bar{x} - \bar{y}|}{s_{\mathrm{w}}\sqrt{\dfrac{1}{n_1} + \dfrac{1}{n_2}}} = \frac{|0.231\,9 - 0.209\,7|}{0.012\sqrt{\dfrac{1}{8} + \dfrac{1}{10}}} = 3.900\,1 > 2.119\,9$$

落在拒绝域内,所以应拒绝 H_0,即在显著性水平 $\alpha = 0.05$ 下,可以认为两位作家所写的小品文中包含 3 个字母组成的单字的比例有显著的差异。

11. 从某香烟厂生产两种香烟中独立地随机抽取容量大小相同的烟叶标本,测其尼古丁含量(单位:mg),实验室分别作了 6 次测定,数据记录如下:

香烟甲	25	28	23	26	29	22
香烟乙	28	23	30	25	21	27

假定尼古丁含量来自正态总体,且两总体方差相等,但参数未知,给定显著性水平 $\alpha = 0.05$,试问两种香烟的尼古丁含量有无显著差异?

解:这是双正态总体的方差未知但相等时,关于均值差的双边检验问题。设 X 为甲香烟的尼古丁含量,则 $X \sim N(\mu_1, \sigma_1^2)$;设 Y 为乙香烟的尼古丁含量,则 $Y \sim N(\mu_2, \sigma_2^2)$,且 X 与 Y 相互独立,$\sigma_1^2 = \sigma_2^2$。问两种香烟的尼古丁含量有无显著差异。

检验过程如下:

① 根据实际问题提出假设:
$$H_0: \mu_1 - \mu_2 = 0; \quad H_1: \mu_1 - \mu_2 \neq 0$$

② 选定显著性水平 $\alpha = 0.05$,确定样本容量 $n_1 = 6, n_2 = 6$;

③ 选择恰当的统计量:$T = \dfrac{\overline{X} - \overline{Y} - (\mu_1 - \mu_2)}{S_{\mathrm{w}}\sqrt{\dfrac{1}{n_1} + \dfrac{1}{n_2}}}$,在 H_0 为真时,检验统计量

$$T = \frac{\overline{X} - \overline{Y}}{S_{\mathrm{w}}\sqrt{\dfrac{1}{n_1} + \dfrac{1}{n_2}}} \sim t(n_1 + n_2 - 2)$$

④ 查 t 分布表可得 $t_{0.05/2}(10) = 2.228\,1$,确定 H_0 的拒绝域为

$$|t| = \frac{|\bar{x} - \bar{y}|}{s_{\mathrm{w}}\sqrt{\dfrac{1}{n_1} + \dfrac{1}{n_2}}} \geqslant 2.228\,1$$

⑤ 判断:根据样本值计算 $\bar{x} = 25.5, s_1^2 = 7.5, \bar{y} = 25.666\,7, s_2^2 = 11.066\,7$,联合均方差为

$$s_{\mathrm{w}} = \sqrt{\frac{(n_1 - 1)s_1^2 + (n_2 - 1)s_2^2}{n_1 + n_2 - 2}} = \sqrt{\frac{5 \times 7.5 + 5 \times 11.066\,7}{6 + 6 - 2}} = 3.046\,9$$

检验统计量的观测值为

$$|t| = \frac{|\overline{x} - \overline{y}|}{s_{\mathrm{W}}\sqrt{\dfrac{1}{n_1} + \dfrac{1}{n_2}}} = \frac{|25.5 - 25.666\,7|}{3.046\,9\sqrt{\dfrac{1}{6} + \dfrac{1}{6}}} = 0.094\,8 < 2.228\,1$$

落在接受域内,所以应接受 H_0,即在显著性水平 $\alpha = 0.05$ 下,可以认为两种香烟的尼古丁含量无显著差异。

12. 为比较两批棉纱的断裂强度(单位:kg),从中各取一些样品测试,结果如下:

第一批棉纱样品:$n_1 = 200, \overline{x} = 0.532, s_1 = 0.218$

第二批棉纱样品:$n_1 = 100, \overline{y} = 0.576, s_2 = 0.176$

试问在显著性水平 $\alpha = 0.05$ 下两批棉纱的断裂强度有无显著差异? 若取显著性水平 $\alpha = 0.10$ 时又如何?

解:这是双正态总体的方差未知时,关于均值差的双边检验问题。设 X 为第一批棉纱的断裂强度,则 $X \sim N(\mu_1, \sigma_1^2)$;设 Y 为第二批棉纱的断裂强度,则 $Y \sim N(\mu_2, \sigma_2^2)$,且 X 与 Y 相互独立,方差未知,但本题中样本容量很大,可以用样本方差作为理论方差的估计,即 $\sigma_1^2 \approx s_1^2 = 0.218^2, \sigma_2^2 \approx s_2^2 = 0.176^2$,此时可看作方差已知时均值差的双边检验问题。

(1)当显著性水平 $\alpha = 0.05$ 时,具体检验过程如下:

① 提出假设:

$$H_0: \mu_1 = \mu_2; \quad H_1: \mu_1 \neq \mu_2$$

② 选定显著性水平 $\alpha = 0.05, n_1 = 200, n_2 = 100$;

③ 在 H_0 为真时,检验统计量

$$U = \frac{\overline{X} - \overline{Y}}{\sqrt{\dfrac{0.218^2}{200} + \dfrac{0.176^2}{100}}} \sim N(0,1)$$

④ 查正态分布表可得 $z_{0.05/2} = 1.96$,确定 H_0 的拒绝域为

$$|u| = \frac{|\overline{x} - \overline{y}|}{\sqrt{\dfrac{0.218^2}{200} + \dfrac{0.176^2}{100}}} \geqslant 1.96$$

⑤ 判断:根据样本值计算 $\overline{x} = 0.532, \overline{y} = 0.576$,及检验统计量的观测值

$$|u| = \frac{|0.532 - 0.576|}{\sqrt{\dfrac{0.218^2}{200} + \dfrac{0.176^2}{100}}} = 1.880\,7 < 1.96$$

落在接受域内,所以应接受 H_0,即在显著性水平 $\alpha = 0.05$ 下,可以认为两批棉纱的断裂强度无显著差异。

(2)当显著性水平 $\alpha = 0.10$ 时,具体检验过程同上,注意此时 $z_{0.10/2} = 1.645$ 的值,确定 H_0 的拒绝域为

$$|u| = \frac{|\overline{x} - \overline{y}|}{\sqrt{\dfrac{0.218^2}{200} + \dfrac{0.176^2}{100}}} \geqslant 1.645$$

而此时检验统计量的观测值

$$|u| = \frac{|0.532 - 0.576|}{\sqrt{\dfrac{0.218^2}{200} + \dfrac{0.176^2}{100}}} = 1.880\,7 > 1.645$$

落在拒绝域内,所以应拒绝 H_0,即在显著性水平 $\alpha = 0.10$ 下,可以认为两批棉纱的断裂强度有显著差异。由本题可见,检验的结论依赖于显著性水平的选择。

13. 某铁矿有 10 个样品,每一样品用两种方法各化验一次,测得含铁量(%)数据如下:

方法 A	28.22	33.95	38.25	42.52	37.62	37.84	36.12	35.11	34.45	32.83
方法 B	28.27	33.99	38.20	42.42	37.64	37.85	36.21	35.20	34.40	32.86

(1) 设两组数据都来自正态总体,试检验两总体方差是否相等($\alpha = 0.05$);

(2) 试检验假设 H_0:这两种方法无显著差异,数据的差异只是来自服从正态分布的随机波动($\alpha = 0.05$)。

解:(1) 方差齐性检验过程如下:

① 根据实际问题提出假设:

$$H_0 : \sigma_1^2 = \sigma_2^2; \quad H_1 : \sigma_1^2 \neq \sigma_2^2$$

② 选定显著性水平 $\alpha = 0.05$,确定样本容量 $n_1 = 10, n_2 = 10$;

③ 选择恰当的统计量:$F = \dfrac{S_1^2 / S_2^2}{\sigma_1^2 / \sigma_2^2}$,在 H_0 为真时,检验统计量

$$F = \frac{S_1^2}{S_2^2} \sim F(n_1 - 1, n_2 - 1)$$

④ 查 F 分布表可得 $F_{0.05/2}(9,9) = 4.03, F_{1-0.05/2}(9,9) = \dfrac{1}{F_{0.05/2}(9,9)} = \dfrac{1}{4.03}$,确定 H_0 的拒绝域为

$$\frac{s_1^2}{s_2^2} \geqslant 4.03 \quad \text{或} \quad \frac{s_1^2}{s_2^2} \leqslant \frac{1}{4.03} = 0.248\,1$$

⑤ 判断:根据样本值计算 $s_1^2 = 14.513, s_2^2 = 14.2432$,检验统计量的观测值为

$$\frac{s_1^2}{s_2^2} = \frac{14.513}{14.243\,2} = 1.018\,9 \in (0.248\,1, 4.03)$$

落在接受域内,所以应接受 H_0,即在显著性水平 $\alpha = 0.05$ 下,可以认为两总体方差无显著差异。

(2) 在(1)的基础上,即在 $\sigma_1^2 = \sigma_2^2$ 时,均值差 $\mu_1 - \mu_2 = 0$ 的检验过程如下:

① 根据实际问题提出假设:

$$H_0:\mu_1-\mu_2=0;\quad H_1:\mu_1-\mu_2\neq 0$$

② 选定显著性水平 $\alpha=0.05$,确定样本容量 $n_1=10,n_2=10$;

③ 选择恰当的统计量: $T=\dfrac{\overline{X}-\overline{Y}-(\mu_1-\mu_2)}{S_W\sqrt{\dfrac{1}{n_1}+\dfrac{1}{n_2}}}$,在 H_0 为真时,检验统计量

$$T=\frac{\overline{X}-\overline{Y}}{S_W\sqrt{\dfrac{1}{n_1}+\dfrac{1}{n_2}}}\sim t(n_1+n_2-2)$$

④ 查 t 分布表可得 $t_{0.05/2}(18)=2.100\,9$,确定 H_0 的拒绝域为

$$|t|=\frac{|\overline{x}-\overline{y}|}{s_W\sqrt{\dfrac{1}{n_1}+\dfrac{1}{n_2}}}\geqslant 2.100\,9$$

⑤ 判断:根据样本值计算 $\overline{x}=35.691,s_1^2=14.513,\overline{y}=35.704,s_2^2=14.243\,2$,联合均方差为

$$s_W=\sqrt{\frac{(n_1-1)s_1^2+(n_2-1)s_2^2}{n_1+n_2-2}}=\sqrt{\frac{9\times 14.513+9\times 14.243\,2}{10+10-2}}=3.791\,8$$

检验统计量的观测值

$$|t|=\frac{|\overline{x}-\overline{y}|}{s_W\sqrt{\dfrac{1}{n_1}+\dfrac{1}{n_2}}}=\frac{|35.691-35.704|}{3.791\,8\sqrt{\dfrac{1}{10}+\dfrac{1}{10}}}=0.007\,7<2.100\,9$$

落在接受域内,所以应接受 H_0,即在显著性水平 $\alpha=0.05$ 下,可以认为这两种方法无显著差异,数据的差异只是来自服从正态分布的随机波动。

14. 某灯泡厂在使用一种新工艺前后,各取 10 个灯泡进行寿命(单位:h)试验,计算得到采用新工艺前灯泡寿命的平均值 $\overline{x}=2\,460$,标准差 $s_1=59.03$;采用新工艺后灯泡寿命的平均值 $\overline{y}=2\,550$,标准差 $s_2=50.60$。已知灯泡寿命服从正态分布,能否认为采用新工艺后灯泡的平均寿命有显著提高($\alpha=0.05$)?

解: 本题是双正态总体的均值差的单边检验问题,但由于方差未知,所以必须先做方差齐性检验,然后在此基础上,再做均值差的单边检验。

(1) 在 μ_1,μ_2 未知时,$\alpha=0.05$ 的情况下方差齐性检验的检验过程如下:

① 根据实际问题提出假设:

$$H_0:\sigma_1^2=\sigma_2^2;\quad H_1:\sigma_1^2\neq\sigma_2^2$$

② 选定显著性水平 $\alpha=0.05$,确定样本容量 $n_1=10,n_2=10$;

③ 选择恰当的统计量: $F=\dfrac{S_1^2/S_2^2}{\sigma_1^2/\sigma_2^2}$,在 H_0 为真时,检验统计量

$$F = \frac{S_1^2}{S_2^2} \sim F(n_1 - 1, n_2 - 1)$$

④ 查 F 分布表可得 $F_{0.05/2}(9,9) = 4.03$，$F_{1-0.05/2}(9,9) = \dfrac{1}{F_{0.05/2}(9,9)} = \dfrac{1}{4.03}$，确定 H_0 的拒绝域为

$$\frac{s_1^2}{s_2^2} \geqslant 4.03 \quad \text{或} \quad \frac{s_1^2}{s_2^2} \leqslant \frac{1}{4.03} = 0.248\,1$$

⑤ 判断：根据题设可知 $s_1^2 = 59.03^2$，$s_2^2 = 50.60^2$，检验统计量的观测值

$$\frac{s_1^2}{s_2^2} = \frac{59.03^2}{50.6^2} = 1.361 \in (0.248\,1, 4.03)$$

落在接受域内，所以应接受 H_0，即在显著性水平 $\alpha = 0.05$ 下，可以认为两总体方差无显著差异。

(2) 在 (1) 的结果下，即在 $\sigma_1^2 = \sigma_2^2$ 时，均值差 $\mu_1 - \mu_2 \geqslant 0$ 的检验过程如下：

① 根据实际问题提出假设：

$$H_0: \mu_1 - \mu_2 \geqslant 0; \quad H_1: \mu_1 - \mu_2 < 0$$

② 选定显著性水平 $\alpha = 0.05$，确定样本容量 $n_1 = 10$，$n_2 = 10$；

③ 选择恰当的统计量：$T = \dfrac{\overline{X} - \overline{Y} - (\mu_1 - \mu_2)}{S_{\mathrm{w}} \sqrt{\dfrac{1}{n_1} + \dfrac{1}{n_2}}}$，在 H_0 为真时，检验统计量

$$T = \frac{\overline{X} - \overline{Y}}{S_{\mathrm{w}} \sqrt{\dfrac{1}{n_1} + \dfrac{1}{n_2}}} \sim t(n_1 + n_2 - 2)$$

④ 查 t 分布表可得 $t_{0.05}(18) = 1.734\,1$，确定 H_0 的拒绝域为

$$t = \frac{\overline{x} - \overline{y}}{s_{\mathrm{w}} \sqrt{\dfrac{1}{n_1} + \dfrac{1}{n_2}}} < -1.734\,1$$

⑤ 判断：根据样本值计算 $\overline{x} = 2\,460$，$s_1^2 = 59.03^2$，$\overline{y} = 2\,550$，$s_2^2 = 50.6^2$，联合均方差为

$$s_{\mathrm{w}} = \sqrt{\frac{(n_1 - 1)s_1^2 + (n_2 - 1)s_2^2}{n_1 + n_2 - 2}} = \sqrt{\frac{9 \times 59.03^2 + 9 \times 50.6^2}{10 + 10 - 2}} = 54.976\,8$$

检验统计量的观测值为

$$t = \frac{\overline{x} - \overline{y}}{s_{\mathrm{w}} \sqrt{\dfrac{1}{n_1} + \dfrac{1}{n_2}}} = \frac{2\,460 - 2\,550}{54.976\,8 \sqrt{\dfrac{1}{10} + \dfrac{1}{10}}} = -3.660\,6 < -1.734\,1$$

落在拒绝域内，所以应拒绝 H_0，即在显著性水平 $\alpha = 0.05$ 下，可以认为采用新工艺后灯泡的平均寿命有显著提高。

15. 用旧工艺生产的机械零件尺寸方差较大,抽查了 25 个零件,得样本方差 $s_1^2=6.37$。再改用新工艺生产,也抽查了 25 个零件,得样本方差 $s_2^2=3.19$。设两种工艺生产的机械零件尺寸都服从正态分布,试问新工艺生产零件尺寸的精度是否比旧工艺生产零件尺寸的精度有显著提高($\alpha=0.05$))?

解:本题是双正态总体的方差的单边检验问题,即方差齐性检验问题。检验过程如下:

① 根据实际问题提出假设:
$$H_0:\sigma_1^2 \leqslant \sigma_2^2; \quad H_1:\sigma_1^2 > \sigma_2^2$$

② 选定显著性水平 $\alpha=0.05$,确定样本容量 $n_1=25,n_2=25$;

③ 选择恰当的统计量:$F=\dfrac{S_1^2/S_2^2}{\sigma_1^2/\sigma_2^2}$,在 H_0 为真时,检验统计量
$$F=\frac{S_1^2}{S_2^2} \sim F(n_1-1,n_2-1)$$

④ 查 F 分布表可得 $F_{0.05}(24,24)=1.98$,确定 H_0 的拒绝域为
$$\frac{s_1^2}{s_2^2} \geqslant 1.98$$

⑤ 判断:由题设 $s_1^2=6.37,s_2^2=3.19$,得检验统计量的观测值
$$\frac{s_1^2}{s_2^2}=\frac{6.37}{3.19}=1.9969 > 1.98$$

落在拒绝域内,所以应拒绝 H_0,即在显著性水平 $\alpha=0.05$ 下,可以认为新工艺生产零件尺寸的精度比旧工艺生产零件尺寸的精度有显著提高。

16. 某药品广告宣称该药品对某种疾病的治愈率为 90%。一家医院将该药品临床使用 120 例,治愈 85 例。试问在显著性水平 $\alpha=0.01$ 下,该药品广告是否真实?

解:设治愈率为 p,以 $\{X_i=1\}$ 表示第 i 个病人使用该药后治愈,以 $\{X_i=0\}$ 表示第 i 个病人使用该药后未治愈,则有
$$P\{X_i=1\}=p,$$
$$P\{X_i=0\}=1-p, \quad i=1,2,\cdots,120$$
于是检验问题化为检验假设
$$H_0:p \geqslant 0.90; \quad H_1:p < 0.90$$

检验过程如下:

① 提出假设
$$H_0:p \geqslant 0.90; \quad H_1:p < 0.90$$

② 选定显著性水平 $\alpha=0.01$,确定样本容量 $n=100$;

③ 选择恰当的统计量:由中心极限定理知,当样本容量 n 足够大时,样本函数
$$\frac{\overline{X}-E(\overline{X})}{\sqrt{D(\overline{X})/n}}=\frac{\overline{X}-p}{\sqrt{p(1-p)/n}}$$

近似服从标准正态分布,当 H_0 真时,近似有

$$\frac{\overline{X}-0.9}{\sqrt{\overline{X}(1-\overline{X})/n}} \sim N(0,1)$$

④ 查标准正态分布表可得 $z_{0.01}=2.33$,确定 H_0 的拒绝域为

$$\frac{\overline{X}-0.9}{\sqrt{\overline{X}(1-\overline{X})/n}} \leqslant -z_{0.01}=-2.33$$

⑤ 判断:由题设得 $\overline{x}=85/120=0.708\,3$,则得检验统计量的观测值

$$\frac{\overline{x}-0.9}{\sqrt{\overline{x}(1-\overline{x})/120}} = \frac{0.708\,3-0.9}{\sqrt{0.708\,3\times(1-0.708\,3)/120}} = -4.619\,9 < -2.33$$

落在拒绝域内,所以应拒绝 H_0,即在显著性水平 $\alpha=0.01$ 下,可以认为该药品对某种疾病的治愈率达不到 90%,即该药品广告不真实。

17. 某工厂近 5 年来发生了 63 次事故,按星期几分类如下:

星期几	一	二	三	四	五	六
次数 n_i	9	10	11	8	13	12

试问事故的发生是否与星期内某天显著相关($\alpha=0.05$)?

解:设 $\{X=i\}$ 表示"在星期 i 发生事故",$i=1,2,\cdots,6$,检验问题化为检验假设

$$H_0:P\{X=i\}=\frac{1}{6},\quad i=1,2,\cdots,6$$

检验过程如下:

① 根据实际问题提出假设:

$$H_0:P\{X=i\}=\frac{1}{6},\quad i=1,2,\cdots,6$$

② 计算理论概率分布 $p_i(i=1,2,\cdots,6)$,由题设知,

$$p_i=P\{X=i\}=\frac{1}{6},\quad i=1,2,\cdots,6$$

③ 选定 χ^2 统计量:

$$\chi^2=\sum_{i=1}^{k}\frac{(n_i-np_i)^2}{np_i}$$

在 H_0 真时,检验统计量

$$\chi^2=\sum_{i=1}^{k}\frac{(n_i-np_i)^2}{np_i} \sim \chi^2(k-r-1)$$

④ 给定显著性水平 $\alpha=0.05$,确定分组数 $k=6$,需估计的参数个数 $r=0$,查 χ^2 分布表得临界值 $\chi_\alpha^2(k-r-1)=\chi_{0.05}^2(5)=11.071$,确定 H_0 的拒绝域为

$$\chi^2=\sum_{i=1}^{k}\frac{(n_i-np_i)^2}{np_i} \geqslant 11.071$$

⑤ 判断:计算并列出 χ^2 检验统计表:

星期几 x	n_i	p_i	np_i	$n_i - np_i$	$\dfrac{(n_i - np_i)^2}{np_i}$
1	9	0.166 7	10.500 2	−1.500 2	0.214 3
2	10	0.166 7	10.500 2	−0.500 2	0.023 8
3	11	0.166 7	10.500 2	0.499 8	0.023 8
4	8	0.166 7	10.500 2	−2.500 2	0.595 3
5	13	0.166 7	10.500 2	2.499 8	0.595 1
6	12	0.166 7	10.500 2	1.499 8	0.214 2
$\sum$	63	1.000 0	63.001 3	−0.001 3	1.666 6

故有 χ^2 统计值

$$\chi^2 = 1.666\ 6 < 11.071$$

落在接受域内,所以应接受 H_0,认为事故的发生与星期内某天无显著相关,即事故的发生并不依赖于一周内某个个别的日子。

18. 在常数 $\pi = 3.141\ 592\ 653\ 589\ 793\ 238\ 462\ 6\cdots$ 的前 800 位小数中,数字 0,1,2,…,9 出现的次数记录为

数字	0	1	2	3	4	5	6	7	8	9
频数	74	92	83	79	80	73	77	75	76	91

试问 0,1,2,…,9 中每个数字的出现是否是等可能的($\alpha = 0.05$))?

解:设 X 表示常数 π 的前 800 位小数中所取数字,可能取值为 0,1,2,…,9,问 0,1,2,…,9 中每个数字的出现是否是等可能,需检验假设

$$H_0 : P\{X = i\} = 0.1, \quad i = 0,1,2,\cdots,9$$

检验过程如下:

① 根据实际问题提出假设:

$$H_0 : P\{X = i\} = 0.1, \quad i = 0,1,2,\cdots,9$$

② 计算理论概率分布 $p_i (i = 0,1,2,\cdots,9)$,由题设知,

$$p_i = P\{X = i\} = 0.1, \quad i = 0,1,2,\cdots,9$$

③ 选定 χ^2 统计量:

$$\chi^2 = \sum_{i=1}^{k} \frac{(n_i - np_i)^2}{np_i}$$

在 H_0 真时,检验统计量

$$\chi^2 = \sum_{i=1}^{k} \frac{(n_i - np_i)^2}{np_i} \sim \chi^2(k - r - 1)$$

④ 给定显著性水平 $\alpha = 0.05$,确定分组数 $k = 10$,需估计的参数个数 $r = 0$,查 χ^2

分布表得临界值 $\chi_\alpha^2(k-r-1)=\chi_{0.05}^2(9)=16.919$，确定 H_0 的拒绝域为

$$\chi^2=\sum_{i=1}^k \frac{(n_i-np_i)^2}{np_i} \geqslant 16.919$$

⑤ 判断：计算并列出 χ^2 检验统计表：

数字 x	n_i	p_i	np_i	n_i-np_i	$\dfrac{(n_i-np_i)^2}{np_i}$
0	74	0.1	80	-6	0.45
1	92	0.1	80	12	1.8
2	83	0.1	80	3	0.112 5
3	79	0.1	80	-1	0.012 5
4	80	0.1	80	0	0
5	73	0.1	80	-7	0.612 5
6	77	0.1	80	-3	0.112 5
7	75	0.1	80	-5	0.312 5
8	76	0.1	80	-4	0.2
9	91	0.1	80	11	1.512 5
$\sum$	800	1	800	0	5.125

故有 χ^2 统计值

$$\chi^2=5.125 < 16.919$$

落在接受域内，所以应接受 H_0，认为常数 π 的前 800 位小数中所取数字 $0,1,2,\cdots,9$ 中每个数字的出现是等可能的。

19. 检查产品质量时，每次抽取 10 个产品来检查，共抽取了 100 次，记录每 10 个产品中的次品数如下表：

次品数	0	1	2	3	4	5	6	7	8	9	10
频数	34	43	17	4	1	1	0	0	0	0	0

试问生产过程中出现次品的概率能否看作是不变的，即次品数 X 是否服从二项分布（$\alpha=0.05$）？

解：设 X 为所取 10 个产品中的次品数，其可能取值为 $0,1,2,\cdots,10$，如果生产过程中出现次品的概率可以看作是不变的，则 X 应服从二项分布 $B(10,p)$，即应检验假设

$$H_0:P\{X=i\}=C_{10}^i p^i(1-p)^{10-i}, \quad i=0,1,2,\cdots,10$$

检验过程如下：

① 根据实际问题提出假设：

$$H_0:P\{X=i\}=C_{10}^i p^i(1-p)^{10-i}, \quad i=0,1,2,\cdots,10$$

② 因为参数 p 未知,故用其极大似然估计值 $\hat{p}=\overline{x}/n$ 代替,而样本均值

$$\overline{x}=\frac{1}{100}(0\times 34+1\times 43+2\times 17+3\times 4+4\times 1+5\times 1)=0.98$$

故 $\hat{p}=\overline{x}/10=0.098$,从而计算理论概率分布 $p_i(i=0,1,2,\cdots,10)$ 的估计值。由题设知,

$$\hat{p}_i=\hat{P}\{X=i\}=C_{10}^i 0.098^i 0.902^{10-i},\quad i=0,1,2,\cdots,10$$

③ 选定 χ^2 统计量: $\chi^2=\sum_{i=1}^{k}\dfrac{(n_i-n\hat{p}_i)^2}{n\hat{p}_i}$,在 H_0 真时,检验统计量

$$\chi^2=\sum_{i=1}^{k}\frac{(n_i-n\hat{p}_i)^2}{n\hat{p}_i}\sim\chi^2(k-r-1)$$

④ 给定显著性水平 $\alpha=0.05$,确定分组数 $k=4$,需估计的参数个数 $r=1$,查 χ^2 分布表得临界值

$$\chi_\alpha^2(k-r-1)=\chi_{0.05}^2(2)=5.991$$

确定 H_0 的拒绝域为

$$\chi^2=\sum_{i=1}^{k}\frac{(n_i-n\hat{p}_i)^2}{n\hat{p}_i}\geqslant 5.991$$

⑤ 判断:计算并列出 χ^2 检验统计表:

次品数 x	n_i	$\hat{p}_i$	$n\hat{p}_i$	$n_i-n\hat{p}_i$	$\dfrac{(n_i-n\hat{p}_i)^2}{n\hat{p}_i}$
0	34	0.356 5	35.650 5	$-1.650\ 5$	0.076 4
1	43	0.387 3	38.733 3	4.266 7	0.470 0
2	17	0.189 4	18.937 3	$-1.937\ 3$	0.198 2
$\geqslant 3$	6	0.066 8	6.678 9	$-0.678\ 9$	0.069 0
Σ	100	1	100	0	0.813 6

故有 χ^2 统计值

$$\chi^2=0.813\ 6<5.991$$

落在接受域内,所以应接受 H_0,认为生产过程中出现次品的概率 p 可看作是不变的,即次品数 X 服从二项分布 $B(10,0.098)$。

20. 将一正四面体的四个面分别涂成红、黄、蓝、白 4 种不同的颜色。现做如下的抛掷试验:在桌上任意地抛掷该正四面体,直到白色的一面与桌面相接触为止,记录下抛掷的次数。如此做试验 200 次,其结果如下:

抛掷次数	1	2	3	4	≥5
频数	56	48	32	28	36

试问该四面体是否均匀($\alpha = 0.05$)?

解:设 X 为直到白色的一面与桌面相接触为止的抛掷次数,可能取值为 $1, 2, \cdots$,若四面体是均匀的,则每次抛掷时白色的一面与桌面相接触的概率应为 $p = 1/4$,其他色与桌面相接触的概率应为 $1 - p = 3/4$,即 X 应服从几何分布,故应检验假设

$$H_0 : P\{X = i\} = 0.25 \times 0.75^{i-1}, \quad i = 1, 2, \cdots$$

检验过程如下:

① 根据实际问题提出假设:

$$H_0 : P\{X = i\} = 0.25 \times 0.75^{i-1}, \quad i = 1, 2, \cdots$$

② 计算理论概率分布 $p_i (i = 0, 1, 2, \cdots)$ 的值,由题设知,

$$p_i = P\{X = i\} = 0.25 \times 0.75^{i-1}, \quad i = 1, 2, \cdots$$

③ 选定 χ^2 统计量: $\chi^2 = \sum\limits_{i=1}^{k} \dfrac{(n_i - np_i)^2}{np_i}$,在 H_0 真时,检验统计量

$$\chi^2 = \sum_{i=1}^{k} \frac{(n_i - np_i)^2}{np_i} \sim \chi^2(k - r - 1)$$

④ 给定显著性水平 $\alpha = 0.05$,确定分组数 $k = 5$,需估计的参数个数 $r = 0$,查 χ^2 分布表得临界值 $\chi_\alpha^2(k - r - 1) = \chi_{0.05}^2(4) = 9.488$,确定 H_0 的拒绝域为

$$\chi^2 = \sum_{i=1}^{k} \frac{(n_i - np_i)^2}{np_i} \geqslant 9.488$$

⑤ 判断:计算并列出 χ^2 检验统计表:

抛掷次数 x	n_i	p_i	np_i	$n_i - np_i$	$(n_i - np_i)^2 / np_i$
1	56	0.250 0	50.000 0	6.000 0	0.720 0
2	48	0.187 5	37.500 0	10.500 0	2.940 0
3	32	0.140 6	28.125 0	3.875 0	0.533 9
4	28	0.105 5	21.093 8	6.906 3	2.261 2
≥5	36	0.316 4	63.281 3	−27.281 3	11.761 3
$\sum$	200	1.000 0	200.000 0	0.000 0	18.216 3

故有 χ^2 统计值

$$\chi^2 = 18.216\ 3 > 9.488$$

落在拒绝域内,所以应拒绝 H_0,认为该四面体不是均匀的。

21. 有一放射性物质,今在 2 608 个等长的时间间隔内进行观察(每个间隔为 7.5 s),记录下每个时间间隔内落于计数器中的质点个数。用 N_m 表示所计质点数

为 m 的时间间隔总数,得下表:

质点数	0	1	2	3	4	5	6	7	8	9	10	$\geqslant 0$
频数	57	203	383	525	532	408	273	139	45	27	16	0

试检验在一个时间间隔内落于计数器中的质点个数是否服从泊松分布($\alpha = 0.05$)。

解:设在一个时间间隔内落于计数器中的质点个数为 X,则 X 的可能取值为 0,$1, 2, \cdots$,检验 X 是否服从泊松分布 $\pi(\lambda)$,即应检验假设

$$H_0 : P\{X = i\} = \frac{\lambda^i}{i!} e^{-\lambda}, \quad i = 0, 1, 2, \cdots$$

检验过程如下:

① 根据实际问题提出假设:

$$H_0 : P\{X = i\} = \frac{\lambda^i}{i!} e^{-\lambda}, \quad i = 0, 1, 2, \cdots$$

② 因为参数 λ 未知,故用其极大似然估计值 $\lambda = \overline{x}$ 代替,而样本均值

$$\overline{x} = \frac{1}{2\,608}(0 \times 57 + 1 \times 203 + \cdots + 10 \times 16) = 3.867\,3$$

故 $\hat{p} = 3.867\,3$,从而计算理论概率分布 $p_i (i = 0, 1, 2, \cdots)$ 的估计值。由题设知,

$$\hat{p}_i = \hat{P}\{X = i\} = \frac{3.867\,3^i}{i!} e^{-3.867\,3}, \quad i = 0, 1, 2, \cdots$$

③ 选定 χ^2 统计量:$\chi^2 = \sum_{i=1}^{k} \frac{(n_i - n\hat{p}_i)^2}{n\hat{p}_i}$,在 H_0 为真时,检验统计量

$$\chi^2 = \sum_{i=1}^{k} \frac{(n_i - n\hat{p}_i)^2}{n\hat{p}_i} \sim \chi^2(k - r - 1)$$

④ 给定显著性水平 $\alpha = 0.05$,确定分组数 $k = 11$,需估计的参数个数 $r = 1$,查 χ^2 分布表得临界值 $\chi_\alpha^2(k - r - 1) = \chi_{0.05}^2(10) = 18.307$,确定 H_0 的拒绝域为

$$\chi^2 = \sum_{i=1}^{k} \frac{(n_i - n\hat{p}_i)^2}{n\hat{p}_i} \geqslant 18.307$$

⑤ 判断:计算并列出 χ^2 检验统计表:

质点数 x	n_i	$\hat{p}_i$	$n\hat{p}_i$	$n_i - n\hat{p}_i$	$(n_i - n\hat{p}_i)^2 / n\hat{p}_i$
0	57	0.020 9	54.545 7	2.454 3	0.110 4
1	203	0.080 9	210.944 6	-7.944 6	0.299 2
2	383	0.156 4	407.893 0	-24.893 0	1.519 2
3	525	0.201 6	525.814 9	-0.814 9	0.001 3

质点数 x	n_i	$\hat{p}_i$	$n\hat{p}_i$	$n_i - n\hat{p}_i$	$(n_i - n\hat{p}_i)^2/n\hat{p}_i$
4	532	0.194 9	508.371 0	23.629 0	1.098 3
5	408	0.150 8	393.204 6	14.795 4	0.556 7
6	273	0.097 2	253.440 0	19.560 0	1.509 6
7	139	0.053 7	140.018 4	−1.018 4	0.007 4
8	45	0.026 0	67.686 6	−22.686 6	7.603 9
9	27	0.011 2	29.084 9	−2.084 9	0.149 5
10	16	0.006 5	16.952 0	−0.952 0	0.053 5
$\sum$	2 608	1.000 0	2607.955 8	0.044 2	12.908 9

故有 χ^2 统计值

$$\chi^2 = 12.908\ 9 < 18.307$$

落在接受域内,所以应接受 H_0,可以认为在一个时间间隔内落于计数器中的质点个数服从泊松分布 $\pi(3.867\ 3)$。

22. 从某车床生产滚球中随机抽出 50 个产品,分别测得它们的直径(单位:mm)为

15.0	15.8	15.2	15.1	15.9	14.7	17.8	15.5	15.6	15.3
15.1	15.3	15.0	15.6	15.7	14.8	14.5	14.2	14.9	14.9
15.2	15.0	15.3	15.6	15.1	14.9	14.2	14.6	15.8	15.2
15.9	15.2	15.0	14.9	14.8	14.5	15.1	15.5	15.5	15.1
15.1	15.0	15.3	14.7	14.5	15.5	15.0	14.7	14.6	14.2

试检验滚球的直径是否服从正态分布($\alpha = 0.05$)。

解:检验滚球的直径数据是否来自正态总体的过程如下:

① 设滚球的直径为 X,根据实际问题提出假设:

$$H_0: X \sim N(\mu, \sigma^2)$$

② 由 H_0 中正态分布的分布函数为

$$F(x) = \Phi\left(\frac{x - \mu}{\sigma}\right)$$

其中未知参数 μ 与 σ^2 分别用其极大似然估计值 $\bar{x}$ 与 s^2 代替。

由上述数据计算得 $\bar{x} = 15.138$ 与 $s = 0.577\ 1$,再找出数据中最小值 14.2 与最大值 17.8,选择合适的分类区间间距。在本题中选择区间间距为 0.4,将实数轴划分为下列区间:

A_1	A_2	A_3	A_4	A_5
$(-\infty, 14.6)$	$[14.6, 15)$	$[15, 15.4)$	$[15.4, 15.8)$	$[15.8, +\infty)$

具体计算 X 落入这些区间的理论概率的估计值为

$$\hat{p}_1 = \hat{P}\{X < 14.6\} = \Phi\left(\frac{14.6 - 15.138}{0.5771}\right) = \Phi(-0.93) = 1 - 0.8238 = 0.1762,$$

$$\hat{p}_2 = \hat{P}\{14.6 \leqslant X < 15\} = \Phi\left(\frac{15 - 15.138}{0.5771}\right) - \Phi\left(\frac{14.6 - 15.138}{0.5771}\right) = 0.229,$$

$$\hat{p}_3 = \hat{P}\{15 \leqslant X < 15.4\} = \Phi\left(\frac{15.4 - 15.138}{0.5771}\right) - \Phi\left(\frac{15 - 15.138}{0.5771}\right) = 0.2684,$$

$$\hat{p}_4 = \hat{P}\{15.4 \leqslant X < 15.8\} = \Phi\left(\frac{15.8 - 15.138}{0.5771}\right) - \Phi\left(\frac{15.4 - 15.138}{0.5771}\right) = 0.2013,$$

$$\hat{p}_5 = \hat{P}\{X \geqslant 15.8\} = 1 - \Phi\left(\frac{15.8 - 15.138}{0.5771}\right) = 1 - 0.8749 = 0.1251$$

③ 选定 χ^2 统计量：$\chi^2 = \sum_{i=1}^{k} \frac{(n_i - n\hat{p}_i)^2}{n\hat{p}_i}$，在 H_0 为真时，检验统计量

$$\chi^2 = \sum_{i=1}^{k} \frac{(n_i - n\hat{p}_i)^2}{n\hat{p}_i} \sim \chi^2(k - r - 1)$$

④ 给定显著性水平 $\alpha = 0.05$，确定分组数 $k = 5$，需估计的参数个数 $r = 2$，查 χ^2 分布表得临界值 $\chi_{\alpha}^2(k-r-1) = \chi_{0.05}^2(2) = 5.991$，确定 H_0 的拒绝域为

$$\chi^2 = \sum_{i=1}^{k} \frac{(n_i - n\hat{p}_i)^2}{n\hat{p}_i} \geqslant 5.991$$

⑤ 判断：计算并列出 χ^2 检验统计表：

区 间	n_i	$\hat{p}_i$	$n\hat{p}_i$	$n_i - n\hat{p}_i$	$(n_i - n\hat{p}_i)^2/n\hat{p}_i$
A_1	6	0.1762	8.81	-2.81	0.8963
A_2	11	0.229	11.45	-0.45	0.0177
A_3	20	0.2684	13.42	6.58	3.2263
A_4	8	0.2013	10.065	-2.065	0.4237
A_5	5	0.251	6.255	-1.255	0.2518
$\sum$	50	1	50	0	4.8157

故有 χ^2 统计值

$$\chi^2 = 4.8157 < \chi_{0.05}^2(2) = 5.991$$

落在接受域内，所以应接受 H_0，在显著性水平 $\alpha = 0.05$ 下，可以认为滚球的直径 X 服从正态分布 $N(15.138, 0.5771^2)$。

23. 1972 年调查郊区某商场采桑员与辅助工的桑毛虫皮炎发病情况，结果如下表：

人　数	采桑员	辅助工	合　计
患病人数	18	12	30
健康人数	4	78	82
合　计	22	90	112

试问发生桑毛虫皮炎是否与工种有关?($\alpha=0.05$)

解:本题中对每个对象考察两个指标:X(患者与健康人数)与 Y(工种)是否有关,X 有与 Y 有各两个水平,需检验假设

$$H_0:X \text{ 和 } Y \text{ 是相互独立的,即患病人数与工种无关}$$

由题设 2×2 列联表,计算 χ^2 统计量的统计值:

$$\chi^2 = \frac{\left(18 - \frac{30 \times 22}{112}\right)^2}{\frac{30 \times 22}{112}} + \frac{\left(4 - \frac{82 \times 22}{112}\right)^2}{\frac{82 \times 22}{112}} + \frac{\left(12 - \frac{30 \times 90}{112}\right)^2}{\frac{30 \times 90}{112}} +$$

$$\frac{\left(78 - \frac{82 \times 90}{112}\right)^2}{\frac{82 \times 90}{112}} = 44.917\ 4$$

其自由度为 1,对于显著性水平 $\alpha=0.05$,临界值 $\chi^2_{0.05}(1)=3.841$,得

$$\chi^2 = 44.917\ 4 > \chi^2_{0.05}(1) = 3.841$$

落在拒绝域内,所以应拒绝 H_0,即认为发生桑毛虫皮炎与工种显著相关。

24. 统计甲、乙、丙三支篮球队投篮情况如下表:

人　数	投中次数	未投中次数	合　计
甲队	38	57	95
乙队	36	44	80
丙队	45	45	90
合　计	119	146	265

试问三队的投篮命中率有无显著差别?($\alpha=0.05$)

解:本题中对每个对象考察两个指标:X(不同的篮球队)与 Y(篮球投中与否)是否有关,X 有三个水平,即三支篮球队甲、乙、丙队,而 Y 有两个水平,即投中与未投中,需检验假设

$$H_0:X \text{ 和 } Y \text{ 是相互独立的,即篮球队别与篮球投中率无关}$$

由题设 3×2 列联表,由上述数据,计算得理论频数 $n\hat{p}_{ij}=n_i \cdot n_{\cdot j}/n(i=1,2,3;j=1,2)$,并列入下表中:

n_{ij}	$n_i.$	$n._j$	$n\hat{p}_{ij}=\dfrac{n_i.\cdot n._j}{n}$	$\dfrac{(n_{ij}-n\hat{p}_{ij})^2}{n\hat{p}_{ij}}$
38	95	119	42.660 4	0.509 1
36	95	146	52.339 6	5.101 0
45	80	119	35.924 5	2.292 7
57	80	146	44.075 5	3.789 9
44	90	119	40.415 1	0.318 0
45	90	146	49.584 9	0.423 9
265			265	12.434 7

得 χ^2 统计量的统计值

$$\chi^2=\sum_{i=1}^{3}\sum_{j=1}^{2}\frac{(n_{ij}-n\hat{p}_{ij})^2}{n\hat{p}_{ij}}=\frac{(38-40.660\ 4)^2}{40.660\ 4}+\frac{(36-52.339\ 6)^2}{52.339\ 6}+\cdots+$$

$$\frac{(44-40.415\ 1)^2}{42.415\ 1}+\frac{(45-49.584\ 9)^2}{49.584\ 9}=12.434\ 7$$

由给定显著性水平 $\alpha=0.05,r=3,q=2$,查 χ^2 分布表得 $\chi^2_{0.05}(2)=5.991$,因

$$\chi^2=12.434\ 7>\chi^2_{0.05}(2)=5.991$$

落在拒绝域内,故应拒绝 H_0,认为篮球队别与篮球投中率是显著相关的。

自测题八

1. 从正态总体 $N(\mu,\sigma^2)$ 中抽取一个容量 $n=80$ 的样本,由观察值 $x_1,x_2,\cdots,x_n$ 计算得 $\overline{x}=2.5$,且 $\sum\limits_{i=1}^{100}(x_i-\overline{x})^2=224$。试在显著性水平 $\alpha=0.05$ 下检验假设

(1) $H_0:\mu=3;H_1:\mu\neq3$。 (2) $H_0:\sigma^2=2.5;H_1:\sigma^2\neq2.5$。

解:(1) 这可看作正态总体 $N(\mu,\sigma^2)$ 方差 σ^2 未知时,关于均值 μ 的双边检验问题。检验过程如下:

① 根据实际问题提出假设:

$$H_0:\mu=3;\quad H_1:\mu\neq3$$

② 选定显著性水平 $\alpha=0.05$,确定样本容量 $n=100$;

③ 选择恰当的统计量: $T=\dfrac{\overline{X}-\mu}{S/\sqrt{n}}$,在 H_0 为真时,检验统计量

$$T=\frac{\overline{X}-3}{S/\sqrt{100}}\sim t(100-1)$$

④ 因 $n=100$ 较大,故 $t_{0.05/2}(99)\approx z_{0.05/2}=1.96$,则 H_0 的拒绝域为

$$|t|=\left|\frac{\overline{x}-3}{s/\sqrt{100}}\right|\geqslant1.96$$

⑤ 判断：根据样本值计算

$$\overline{x} = 2.5, \quad s = \sqrt{\sum_{i=1}^{100} (x_i - \overline{x})^2 / 99} = \sqrt{224/99} = 1.504\ 2$$

及检验统计量的观测值

$$|u| = \left| \frac{\overline{x} - 3}{1.504\ 2/\sqrt{100}} \right| = \left| \frac{2.5 - 3}{1.504\ 2/10} \right| = 3.324 > 1.96$$

落在拒绝域内，所以应拒绝 H_0，即不能认为总体均值 $\mu = 3$。

（2）这可看作正态总体 $N(\mu, \sigma^2)$ 均值 μ 未知时，方差 σ^2 的双边检验问题。

① 根据实际问题提出假设：

$$H_0 : \sigma^2 = 2.5; \quad H_1 : \sigma^2 \neq 2.5$$

② 选定显著性水平 $\alpha = 0.05$，确定样本容量 $n = 100$；

③ 选择恰当的统计量：$\chi^2 = \dfrac{(n-1)S^2}{\sigma^2}$，在 H_0 为真时，检验统计量

$$\chi^2 = \frac{(n-1)S^2}{\sigma_0^2} \sim \chi^2(n-1)$$

④ 因 $n = 100$，故

$$\chi_{0.05/2}^2(99) \approx \frac{1}{2}(z_{0.025} + \sqrt{2n-1})^2 = \frac{1}{2}(1.96 + \sqrt{197})^2 = 127.930\ 7$$

$$\chi_{1-0.05/2}^2(99) \approx \frac{1}{2}(z_{0.975} + \sqrt{2n-1})^2 = \frac{1}{2}(-1.96 + \sqrt{197})^2 = 72.910\ 9$$

确定 H_0 的拒绝域为

$$\frac{(n-1)S^2}{\sigma_0^2} \geqslant 127.930\ 7 \quad \text{或} \quad \frac{(n-1)S^2}{\sigma_0^2} < 72.910\ 9$$

⑤ 判断：根据题设 $\sigma_0^2 = 2.5$，由样本值计算得

$$s = \sum_{i=1}^{100} (x_i - \overline{x})^2 / 99 = 224/99 = 2.262\ 6$$

及检验统计量的观测值

$$\frac{(n-1)s^2}{\sigma_0^2} = \frac{99 \times 2.262\ 6}{2.5} = 89.599 \in (72.910\ 9, 127.930\ 7)$$

落在接受域内，所以应接受 H_0，即在显著性水平 $\alpha = 0.05$ 下，可以认为总体方差没有明显改变。

2. 某种物品在处理前后分别抽取样本分析含脂率，得到数据如下：

| 处理前 | 0.19 | 0.18 | 0.21 | 0.30 | 0.66 | 0.42 | 0.08 | 0.12 | 0.30 | 0.27 | |
| 处理后 | 0.15 | 0.13 | 0.00 | 0.07 | 0.24 | 0.24 | 0.19 | 0.08 | 0.04 | 0.12 | 0.20 |

假定处理前后含脂率都服从正态分布，且保持方差不变，试问处理前后含脂率的

平均值有无显著性变化($\alpha=0.05$)?

解:这是双正态总体的方差未知但相等时,关于均值差的双边检验问题。设 X 为处理前的含脂率,则 $X\sim N(\mu_1,\sigma_1^2)$;设 Y 为处理后的含脂率,则 $Y\sim N(\mu_2,\sigma_2^2)$,且 X 与 Y 相互独立,$\sigma_1^2=\sigma_2^2$。

检验过程如下:

① 根据实际问题提出假设:

$$H_0:\mu_1-\mu_2=0; \quad H_1:\mu_1-\mu_2\neq 0$$

② 选定显著性水平 $\alpha=0.05$,确定样本容量 $n_1=10,n_2=11$;

③ 选择恰当的统计量:$T=\dfrac{\overline{X}-\overline{Y}-(\mu_1-\mu_2)}{S_{\mathrm{w}}\sqrt{\dfrac{1}{n_1}+\dfrac{1}{n_2}}}$,在 H_0 为真时,检验统计量

$$T=\dfrac{\overline{X}-\overline{Y}}{S_{\mathrm{w}}\sqrt{\dfrac{1}{n_1}+\dfrac{1}{n_2}}}\sim t(n_1+n_2-2)$$

④ 查 t 分布表可得 $t_{0.05/2}(19)=2.093$,确定 H_0 的拒绝域为

$$|t|=\dfrac{|\overline{x}-\overline{y}|}{s_{\mathrm{w}}\sqrt{\dfrac{1}{n_1}+\dfrac{1}{n_2}}}\geq 2.093$$

⑤ 判断:根据样本值计算 $\overline{x}=0.273,s_1^2=0.028\,1,\overline{y}=0.132\,7,s_2^2=0.006\,4$,联合均方差为

$$s_{\mathrm{w}}=\sqrt{\dfrac{(n_1-1)s_1^2+(n_2-1)s_2^2}{n_1+n_2-2}}=\sqrt{\dfrac{9\times 0.028\,1+10\times 0.006\,4}{10+11-2}}=0.129\,2$$

检验统计量的观测值为

$$|t|=\dfrac{|\overline{x}-\overline{y}|}{s_{\mathrm{w}}\sqrt{\dfrac{1}{n_1}+\dfrac{1}{n_2}}}=\dfrac{|0.273-0.132\,7|}{0.129\,2\sqrt{\dfrac{1}{10}+\dfrac{1}{11}}}=2.485\,3>2.093$$

落在拒绝域内,所以应拒绝 H_0,即在显著性水平 $\alpha=0.05$ 下,可以认为处理前后含脂率有显著性变化。

3. 将一颗骰子投掷了 100 次,记录 $1,2,\cdots,6$ 中每个点出现的次数如下表:

出现点数	1	2	3	4	5	6
频数	13	14	20	17	15	21

给定显著性水平 $\alpha=0.05$,试问此骰子是否是均匀的?

解:设 $\{X=i\}$ 表示"投掷骰子一颗一次出现 i 点",$i=1,2,\cdots,6$,则检验"骰子是否是均匀的"问题化为检验假设 $H_0:P\{X=i\}=\dfrac{1}{6}(i=1,2,\cdots,6)$。检验过程如下:

① 根据实际问题提出假设:

$$H_0: P\{X=i\} = \frac{1}{6}, \quad i=1,2,\cdots,6$$

② 计算理论概率分布 $p_i(i=1,2,\cdots,6)$,由题设知,

$$p_i = P\{X=i\} = \frac{1}{6}, \quad i=1,2,\cdots,6$$

③ 选定 χ^2 统计量: $\chi^2 = \sum_{i=1}^{k} \frac{(n_i - np_i)^2}{np_i}$,在 H_0 为真时,检验统计量

$$\chi^2 = \sum_{i=1}^{k} \frac{(n_i - np_i)^2}{np_i} \sim \chi^2(k-r-1)$$

④ 给定显著性水平 $\alpha=0.05$,确定分组数 $k=6$,需估计的参数个数 $r=0$,查 χ^2 分布表得临界值 $\chi_\alpha^2(k-r-1) = \chi_{0.05}^2(5) = 11.071$,确定 H_0 的拒绝域为

$$\chi^2 = \sum_{i=1}^{k} \frac{(n_i - np_i)^2}{np_i} \geqslant 11.071$$

⑤ 判断:计算并列出 χ^2 检验统计表:

出现点数 x	n_i	p_i	np_i	$n_i - np_i$	$\dfrac{(n_i - np_i)^2}{np_i}$
1	13	0.1667	16.667	-3.667	0.806 8
2	14	0.1667	16.667	-2.667	0.426 8
3	20	0.1667	16.667	3.333	0.666 5
4	17	0.1667	16.667	0.333	0.006 7
5	15	0.1667	16.667	-1.667	0.166 7
6	21	0.1667	16.667	4.333	1.126 5
$\sum$	100	1	100	0	3.199 9

故有 χ^2 统计值

$$\chi^2 = 3.199\ 9 < 11.071$$

落在接受域内,所以应接受 H_0,认为此骰子是均匀的。

4. 用手枪对 100 个靶各打 10 发子弹,只记录命中或未命中,射击结果如下表:

命中数	0	1	2	3	4	5	6	7	8	9	10
频数	0	2	4	10	22	26	18	12	4	2	0

试用 χ^2 检验法检验命中数是否服从二项分布($\alpha=0.05$)?

解:设 X 为手枪射击 10 次的命中发数,其可能取值为 $0,1,2,\cdots,10$,如果考虑射击过程中命中率 p 可以看作是不变的,则 X 应服从二项分布 $B(10,p)$,即应检验假设

$$H_0 : P\{X=i\} = C_{10}^i p^i (1-p)^{10-i}, \quad i=0,1,2,\cdots,10$$

检验过程如下：

① 根据实际问题提出假设：

$$H_0 : P\{X=i\} = C_{10}^i p^i (1-p)^{10-i}, \quad i=0,1,2,\cdots,10$$

② 因为参数 p 未知，故用其极大似然估计值 $\hat{p} = \overline{x}/n$ 代替，而样本均值为

$$\overline{x} = \frac{1}{100}(0\times0+1\times2+2\times4+\cdots+9\times2+10\times0) = 5$$

故 $\hat{p} = \overline{x}/10 = 5/10 = 0.5$，从而计算理论概率分布 $p_i (i=0,1,2,\cdots,10)$ 的估计值。由题设知，

$$\hat{p}_i = \hat{P}\{X=i\} = C_{10}^i 0.5^i 0.5^{10-i} = C_{10}^i 0.5^{10}, \quad i=0,1,2,\cdots,10$$

③ 选定 χ^2 统计量：$\chi^2 = \sum_{i=1}^{k} \dfrac{(n_i - n\hat{p}_i)^2}{n\hat{p}_i}$，在 H_0 为真时，检验统计量

$$\chi^2 = \sum_{i=1}^{k} \frac{(n_i - n\hat{p}_i)^2}{n\hat{p}_i} \sim \chi^2(k-r-1)$$

④ 给定显著性水平 $\alpha=0.05$，确定分组数 $k=7$，需估计的参数个数 $r=1$，查 χ^2 分布表得临界值 $\chi_\alpha^2(k-r-1) = \chi_{0.05}^2(5) = 11.071$，确定 H_0 的拒绝域为

$$\chi^2 = \sum_{i=1}^{k} \frac{(n_i - n\hat{p}_i)^2}{n\hat{p}_i} \geqslant 11.071$$

⑤ 判断：计算并列出 χ^2 检验统计表：

命中数 x	n_i	$\hat{p}_i$	$n\hat{p}_i$	$n_i - n\hat{p}_i$	$\dfrac{(n_i - n\hat{p}_i)^2}{n\hat{p}_i}$
$\leqslant 2$	6	0.054 7	5.468 8	0.531 2	0.051 6
3	10	0.117 2	11.718 8	$-1.718\ 8$	0.252 1
4	22	0.205 1	20.507 8	1.492 2	0.108 6
5	26	0.246 1	24.609 4	1.390 6	0.078 6
6	18	0.205 1	20.507 8	$-2.507\ 8$	0.306 7
7	12	0.117 2	11.718 8	0.281 2	0.006 7
$\geqslant 8$	6	0.054 7	5.468 8	0.531 2	0.051 6
$\sum$	100	1	100	0	0.855 9

故有 χ^2 统计值

$$\chi^2 = 0.855\ 9 < 11.071$$

落在接受域内，所以应接受 H_0，认为射击过程中命中率 p 可看作是不变的，即命中

数 X 服从二项分布 $B(10,0.5)$。

5. 检查了一本书的 100 页,记录各页中的印刷错误的个数,结果如下表:

错误个数	0	1	2	3	4	5	6	$\geqslant 7$
频数	36	40	19	2	0	2	1	0

试问能否认为一页中印刷错误的个数服从泊松分布($\alpha=0.05$)?

解:设在一页中印刷错误的个数为 X,则 X 的可能取值为 $0,1,2,\cdots$,检验 X 是否服从泊松分布 $\pi(\lambda)$,即应检验假设

$$H_0:P\{X=i\}=\frac{\lambda^i}{i!}\mathrm{e}^{-\lambda},\quad i=0,1,2,\cdots$$

检验过程如下:

① 根据实际问题提出假设:

$$H_0:P\{X=i\}=\frac{\lambda^i}{i!}\mathrm{e}^{-\lambda},\quad i=0,1,2,\cdots$$

② 因为参数 λ 未知,故用其极大似然估计值 $\lambda=\overline{x}$ 代替,而样本均值

$$\overline{x}=\frac{1}{100}(0\times 36+1\times 40+\cdots+6\times 1)=1$$

故 $\hat{p}=1$,从而计算理论概率分布 $p_i(i=0,1,2,\cdots)$ 的估计值。由题设知,

$$\hat{p}_i=\hat{P}\{X=i\}=\frac{1^i}{i!}\mathrm{e}^{-1}=\frac{\mathrm{e}^{-1}}{i!},\quad i=0,1,2,\cdots$$

③ 选定 χ^2 统计量: $\chi^2=\sum_{i=1}^{k}\frac{(n_i-n\hat{p}_i)^2}{n\hat{p}_i}$,在 H_0 为真时,检验统计量

$$\chi^2=\sum_{i=1}^{k}\frac{(n_i-n\hat{p}_i)^2}{n\hat{p}_i}\sim\chi^2(k-r-1)$$

④ 给定显著性水平 $\alpha=0.05$,确定分组数 $k=4$,需估计的参数个数 $r=1$,查 χ^2 分布表得临界值 $\chi_\alpha^2(k-r-1)=\chi_{0.05}^2(2)=5.991$,确定 H_0 的拒绝域为

$$\chi^2=\sum_{i=1}^{k}\frac{(n_i-n\hat{p}_i)^2}{n\hat{p}_i}\geqslant 5.991$$

⑤ 判断:计算并列出 χ^2 检验统计表:

质点数 x	n_i	$\hat{p}_i$	$n\hat{p}_i$	$n_i-n\hat{p}_i$	$(n_i-n\hat{p}_i)^2/n\hat{p}_i$
0	36	0.367 9	36.787 9	-0.787 9	0.016 9
1	40	0.367 9	36.787 9	3.212 1	0.280 5
2	19	0.183 9	18.394 0	0.606 0	0.020 0
3	5	0.080 3	8.030 1	-3.030 1	1.143 4
$\sum$	100	1	100	0	1.460 7

故有 χ^2 统计值

$$\chi^2 = 1.460\ 7 < 5.991$$

落在接受域内,所以应接受 H_0,可以认为一页中印刷错误的个数服从泊松分布 $\pi(1)$。

6. 有甲、乙两个排球队,在一场比赛中统计拦网成功次数如下表:

人　数	成　功	不成功	合　计
甲队	64	36	100
乙队	50	50	100
合　计	114	86	200

给定显著性水平 $\alpha = 0.05$,试问两队的拦网成功率有无显著差异?

解:本题中对每个对象考察两个指标:X(队别)与 Y(拦网成功与否)是否有关,X 有与 Y 有各两个水平,需检验假设

$$H_0: X \text{ 和 } Y \text{ 是相互独立的,即队别与拦网成功率无关}$$

由题设 2×2 列联表,计算 χ^2 统计量的统计值:

$$\chi^2 = \frac{\left(64 - \dfrac{100 \times 114}{200}\right)^2}{\dfrac{100 \times 114}{200}} + \frac{\left(50 - \dfrac{100 \times 114}{200}\right)^2}{\dfrac{100 \times 114}{200}} +$$

$$\frac{\left(36 - \dfrac{100 \times 86}{200}\right)^2}{\dfrac{100 \times 86}{200}} + \frac{\left(50 - \dfrac{100 \times 86}{200}\right)^2}{\dfrac{100 \times 86}{200}} = 3.998\ 4$$

其自由度为1,对于显著性水平 $\alpha = 0.05$,临界值 $\chi_{0.05}^2(1) = 3.841$,得

$$\chi^2 = 3.998\ 4 > \chi_{0.05}^2(1) = 3.841$$

落在拒绝域内,所以应拒绝 H_0,即认为队别与拦网成功率显著相关。

第**3**篇
初成篇

通过萌动篇与筑基篇的学习与训练,对于《概率论与数理统计》教材的内容当已十分熟悉,现在欠缺的是实战训练,需要小试牛刀,查验学习成果达到何种水平。因此本篇安排了 10 套模拟试卷以及参考解答,便于读者自我评价,认清知识点与技巧"缺在哪儿,胜在何处",通过模拟、分析、改进,再模拟、再分析、再改进,以达到小道初成之目的。

一般来说,面对一份"概率论与数理统计"试卷,无论是填空题、选择题,还是计算题,解题思路可参考以下步骤:

① 从题设中出现的基本概念,判断此题来自哪一章哪一节,或与哪些章节有联系。

② 借此分清楚所求的是什么,是概率、分布、数字特征,还是估计或假设检验?

③ 针对性地联系与解题有关的公式和做法。

④ 检查题设条件对所想用的公式和做法是否足够,足够则开始解题,不够则调整思路,如所记概念是否错误,所记公式是否错误等。

⑤ 仔细检查计算有无错误、有无不合理的情况,如计算出的概率值大于 1 等,不要倒在"菜鸟"题上。

模拟试卷 1

一、填空题(每小题 4 分)

1. 设 A,B 是任意两个随机事件,则 $P\{(\overline{A}\cup B)(A\cup B)(\overline{A}\cup\overline{B})(A\cup\overline{B})\}=$ _____。

2. 一只口袋里有编号分别为 $1,2,3,4,5$ 的五个球,今从中随机取 3 个球,则取到的球中最大号码为 4 的概率为_____。

3. 设随机变量 X 的分布函数为

$$F(x)=\begin{cases}0, & x<-1 \\ (5x+7)/16, & -1\leqslant x<1 \\ 1, & x\geqslant 1\end{cases}$$

则 $P\{X^2=1\}=$ _____。

4. 设一次试验成功的概率为 p,进行 100 次重复试验,当 $p=1/2$ 时,成功次数的标准差的值最大,其最大值为_____。

二、选择题(每小题 4 分)

1. 设随机变量 X 与 Y 相互独立,且其概率分布分别为

$$P\{X=0\}=P\{X=1\}=1/2, \quad P\{Y=0\}=P\{Y=1\}=1/2$$

则有( )。

(A) $P\{X=Y\}=0$　　　　　　　(B) $P\{X=Y\}=1$

(C) $P\{X=Y\}=1/2$　　　　　　(D) $P\{X\neq Y\}=1/3$

2. 设离散型随机变量 X 的所有可能取值为 $x_k=k(k=1,2,3)$,且

$$E(X)=2.3, \quad D(X)=0.61$$

则 $x_k=k(k=1,2,3)$ 对应的概率为( )。

(A) $p_1=0.1,p_2=0.2,p_3=0.7$　　(B) $p_1=0.3,p_2=0.5,p_3=0.2$

(C) $p_1=0.2,p_2=0.3,p_3=0.5$　　(D) $p_1=0.2,p_2=0.5,p_3=0.3$

3. 设总体 $X\sim N(3,4^2),X_1,X_2,\cdots,X_6$ 是来自 X 的一个样本,$\overline{X}$ 为样本均值,则有( )。

(A) $\overline{X}-3\sim N(0,1)$　　　　　　(B) $\dfrac{\overline{X}-3}{4}\sim N(0,1)$

(C) $4(\overline{X}-3)\sim N(0,1)$　　　　(D) $\dfrac{\overline{X}-3}{4}\sqrt{6}\sim N(0,1)$

4. 设 $X_1,X_2,\cdots,X_n$ 是来自正态总体 $X\sim N(0,\sigma^2)$ 的样本,现检验 $H_0:\sigma^2=1$,则选用的统计量为( )。

(A) $\displaystyle\sum_{i=1}^n X_i^2$　　　　　　　　(B) $(n-1)S^2$

(C) $\dfrac{\overline{X}}{S}\sqrt{n}$ $\qquad\qquad\qquad$ (D) $\sqrt{n}\,\overline{X}$

三、计算题(每题 17 分)

1. 设随机变量 $X \sim N(10, 2^2)$，令 $Y = 3X + 2$，试求：(1) Y 的概率密度函数；(2) 概率 $P\{26 < Y < 38\}$。($\Phi(0.5) = 0.6915, \Phi(1) = 0.8413$)

2. 设随机变量 X 的概率密度为

$$f_X(x) = \begin{cases} A\cos x, & |x| \leqslant \dfrac{\pi}{2} \\ 0, & \text{其他} \end{cases}$$

试求：(1) 常数 A；(2) $Y = \sin X$ 的概率密度。

3. 设二维随机变量 (X, Y) 的概率密度为

$$f(x, y) = \begin{cases} \dfrac{1}{8}(x + y), & 0 \leqslant x \leqslant 2, 0 \leqslant y \leqslant 2 \\ 0, & \text{其他} \end{cases}$$

试求：(1) 条件概率密度 $f_{Y|X}(y|x)$；(2) 协方差 $\text{Cov}(X, Y)$。

4. 设总体 X 的概率分布为

X	1	2	3
p_k	$1-\theta$	$\theta-\theta^2$	θ^2

其中参数 $\theta \in (0,1)$ 未知。以 N_i 表示来自总体 X 的简单随机样本(样本容量为 n)中等于 i 的个数 $(i = 1, 2, 3)$，试求常数 a_1, a_2, a_3，使 $T = \sum\limits_{i=1}^{3} a_i N_i$ 为 θ 的无偏估计量，并求 T 的方差。

模拟试卷 2

一、填空题(每小题 4 分)

1. 假定某种疾病在人群中的患病率为 2‰，在诊断过程中进行专门的医学检验时，对于一个患病者，其检验结果呈阳性的概率为 98%；对于一个没有患该疾病的人，其检验结果呈阳性的概率仅为 3%。若随机选择一个人进行该检验，其检验结果呈阳性，则其确实患病的概率为 _____。

2. 若随机变量 X 的概率密度 $f(x)$ 在区间 $[0, 1]$ 之外的值恒为 0，在 $(0, 1)$ 上 $f(x)$ 与 x^2 成正比，则 X 的分布函数 $F(x) =$ _____。

3. 从正态分布 $N(\mu, 1)$ 总体中抽出一个容量 $n = 100$ 的样本，由观察值计算的样本均值 $\overline{x} = 13.2$，则 μ 的置信水平为 0.95 的置信区间为 _____。($z_{0.05} = 1.645, z_{0.025} = 1.96$)

4. 设 $X_1, X_2, \cdots, X_{16}$ 是来自正态总体 $X \sim N(\mu, 2^2)$ 的样本,$\overline{X}$ 为样本均值,则在显著性水平 $\alpha = 0.05$ 下,$H_0: \mu \geqslant 5$;$H_1: \mu < 5$ 的拒绝域为 _____。

二、选择题(每小题 4 分)

1. 设 $F_1(x)$ 与 $F_2(x)$ 分别为随机变量 X_1 与 X_2 的分布函数,为使

$$F(x) = aF_1(x) - bF_2(x)$$

是某一随机变量的分布函数,在下列的各组数值中应取( )。

(A) $a = 3/5, b = -2/5$ (B) $a = 2/3, b = 2/3$

(C) $a = -1/2, b = 3/2$ (D) $a = 1/2, b = -3/2$

2. 设 A、B 是两个随机事件,且 $0 < P(A) < 1$,$P(B) > 0$,$P(B|A) = P(B|\overline{A})$,则必有( )。

(A) $P(A|B) = P(\overline{A}|B)$ (B) $P(A|B) \neq P(\overline{A}|B)$

(C) $P(AB) = P(A)P(B)$ (D) $P(AB) \neq P(A)P(B)$

3. 设随机变量 X_1, X_2 的概率分布为

$$P\{X_i = \pm 1\} = 1/4, \quad P\{X_i = 0\} = 1/2 \quad (i = 1, 2)$$

且满足 $P\{X_1 X_2 = 0\} = 1$,则 $P\{X_1 = X_2\}$ 等于( )。

(A) 0   (B) 1/4   (C) 1/2   (D) 1

4. 设两个相互独立的随机变量 X 与 Y 分别服从正态分布 $N(0,1)$ 与 $N(1,1)$,则有( )。

(A) $P\{X + Y \leqslant 0\} = 1/2$ (B) $P\{X + Y \leqslant 1\} = 1/2$

(C) $P\{X - Y \leqslant 0\} = 1/2$ (D) $P\{X - Y \leqslant 1\} = 1/2$

三、计算题(每题 17 分)

1. 设二维随机变量 (X, Y) 在矩形 $G = \{(x, y) | 0 \leqslant x \leqslant 2, 0 \leqslant y \leqslant 1\}$ 上服从均匀分布,试求边长为 X 和 Y 的矩形面积 S 的概率密度 $f(s)$。

2. 设随机变量 (X, Y) 的概率密度为

$$f(x, y) = \begin{cases} 3x, & 0 < x < 1, 0 < y < x \\ 0, & \text{其他} \end{cases}$$

试求:(1) X 和 Y 的边缘概率密度,X 与 Y 是否独立?(2) X 与 Y 的条件概率密度。

3. 一个碗中放有 10 个筹码,其中 8 个都标有 2,2 个都标有 5。今某人从此碗中随机无放回地抽取 3 个筹码,若他获得的奖金等于所抽 3 个筹码的数字之和,试求他获奖额的数学期望及方差。

4. 设 $X_1, X_2, \cdots, X_9$ 是来自正态总体 $X \sim N(\mu, \sigma^2)$ 的简单随机样本。令统计量

$$Y_1 = \frac{1}{6}(X_1 + \cdots + X_6), \quad Y_2 = \frac{1}{3}(X_7 + X_8 + X_9), \quad S^2 = \frac{1}{2} \sum_{i=7}^{9} (X_i - Y_2)^2$$

且 $Z = \dfrac{\sqrt{2}(Y_1 - Y_2)}{S}$,试求出统计量 Z 的分布。

模拟试卷 3

一、填空题(每小题 4 分)

1. 设随机变量 X 服从二项分布 $B(2,p)$,Y 服从二项分布 $B(3,p)$,若 $P\{X\geqslant 1\}=5/9$,则 $P\{Y\geqslant 1\}=$_____。

2. 已知三个随机变量 X,Y,Z 中,
$$E(X)=E(Y)=1, \quad E(Z)=-1, \quad D(X)=D(Y)=D(Z)=1,$$
$$\rho_{XY}=0, \quad \rho_{XZ}=1/2, \quad \rho_{YZ}=-1/2$$
则 $D(X+Y+Z)=$_____。

3. 从正态总体 $X\sim N(34,6^2)$ 中抽取容量为 n 的样本,如果要求其样本均值位于区间 $(29,39)$ 内的概率不小于 0.95,则样本容量 n 至少应取_____。($z_{0.025}=1.96$)

4. 设平面区域 D 由曲线 $y=\dfrac{1}{x}$ 及直线 $y=0,x=1,x=e^2$ 所围成,二维随机变量 (X,Y) 在区域 D 上服从均匀分布,则 (X,Y) 关于 X 的边缘概率密度在 $x=3$ 处的值为_____。

二、选择题(每小题 4 分)

1. 对于任意二事件 A 和 B,与 $A\cup B=B$ 不等价的是(　　)。

(A) $A\subset B$ 　　(B) $\bar{B}\subset\bar{A}$ 　　(C) $A\bar{B}=\varnothing$ 　　(D) $\overline{AB}=\varnothing$

2. 设随机变量 X 与 Y 的方差存在且不为 0,则 $D(X+Y)=D(X)+D(Y)$ 是 X 和 Y(　　)。

(A) 不相关的充分条件,但不是必要条件

(B) 独立的必要条件,但不是充分条件

(C) 不相关的充分必要条件

(D) 独立的充分必要条件

3. 某公共汽车站每隔 5 min 有一辆汽车通过,乘客到达汽车站的任一时刻是等可能的,试求乘客候车时间不超过 3 min 的概率为(　　)。

(A) 0.5 　　(B) 0.6 　　(C) 0.7 　　(D) 0.4

4. 设总体 X 服从麦克斯威尔(Maxwell)分布,其概率密度函数为

$$f(x;\theta)=\begin{cases} \dfrac{4}{\sqrt{\pi}\theta^3}x^2\exp\left(-\dfrac{x^2}{\theta^2}\right), & x>0 \\ 0, & x\leqslant 0 \end{cases}$$

其中参数 $\theta(\theta>0)$ 未知,$X_1,X_2,\cdots,X_n$ 是来自该总体的一个容量为 n 的样本。则参数 θ 的矩估计量为(　　)。

(A) $\hat{\theta}=\dfrac{\sqrt{\pi}}{2}\overline{X}$　　　　　(B) $\hat{\theta}=\dfrac{2}{\sqrt{\pi}}\overline{X}$

(C) $\hat{\theta}=\dfrac{\sqrt{\pi}}{4}\overline{X}$　　　　　(D) $\hat{\theta}=\dfrac{4}{\sqrt{\pi}}\overline{X}$

三、计算题

1. 测量到某一目标的距离时发生的随机误差 X(单位:m)具有概率密度

$$f(x)=\frac{1}{40\sqrt{2\pi}}e^{-\frac{(x-20)^2}{3\,200}}$$

试求在 3 次测量中至少有一次误差的绝对值不超过 30 m 的概率;及 3 次测量中恰有一次误差的绝对值不超过 30 m 的概率。

2. 设随机变量 X 与 Y 相互独立,且分别具有概率密度

$$f_X(x)=\frac{1}{\sqrt{2\pi}}e^{-\frac{x^2}{2}},\quad f_Y(y)=\begin{cases}ye^{-\frac{y^2}{2}},&y>0\\0,&y\leqslant 0\end{cases}$$

试求:(1) 与 $N=\min\{X,Y\}$ 的概率密度;(2) $P\{|M|<1\}$ 及 $P\{|N|<1\}$。

3. 已知二维正态随机变量 (X,Y) 的协方差矩阵为

$$C=\begin{bmatrix}196&-91\\a&169\end{bmatrix}$$

且 $E(X)=26,E(Y)=-12$,试确定 a,ρ,并求 X,Y 的联合概率密度。

4. 设总体 X 具有概率密度函数:

$$f(x;\theta)=\begin{cases}\dfrac{2\theta^2}{(\theta^2-1)x^3},&1<x<\theta\\0,&\text{其他}\end{cases}$$

其中参数 $\theta(\theta>1)$ 未知,$X_1,X_2,\cdots,X_n$ 是来自该总体的一个容量为 n 的样本。试求参数 θ 的矩估计量与极大似然估计量。

模拟试卷 4

一、填空题(每小题 4 分)

1. 设随机变量 X 的概率密度为

$$f(x)=\begin{cases}C+x,&-1<x<0\\C-x,&0<x<1\\0,&\text{其他}\end{cases}$$

则常数 $C=$ _____。

2. 在一部篇幅很长的书籍中,发现只有 13.5% 的页数没有印刷错误. 如果我们

假定每页的错字个数是服从泊松分布的随机变量,则恰有一个错字的页数的百分比为_____。

3. 设两两相互独立的三事件 A,B,C 满足条件:

$$ABC=\varnothing, \quad P(A)=P(B)=P(C)<\frac{1}{2}$$

且已知 $P(A\cup B\cup C)=\frac{9}{16}$,则 $P(A)=$_____。

4. 在天平上重复称一重为 α 的物品,假设各次称量结果相互独立且服从正态分布 $N(\alpha,0.2^2)$。以 $\overline{X}_n$ 表示 n 次称量结果的算术平均值,则为使 $P\{|\overline{X}_n-\alpha|<0.1\}\geqslant 0.95$,$n$ 的最小值应不小于自然数_____。$(z_{0.025}=1.96)$

二、选择题(每小题 4 分)

1. 设随机变量 X 服从正态分布 $N(\mu_1,\sigma_1^2)$,Y 服从正态分布 $N(\mu_2,\sigma_2^2)$,且 $P\{|X-\mu_1|<1\}>P\{|Y-\mu_2|<1\}$,则必有( )。

(A) $\sigma_1<\sigma_2$ (B) $\sigma_1>\sigma_2$ (C) $\mu_1<\mu_2$ (D) $\mu_1>\mu_2$

2. 设随机变量 X 的概率密度为

$$f(x)=\frac{2}{\pi(e^x+e^{-x})}, \quad -\infty<x<+\infty$$

则在两次独立观察中 X 取小于 1 的数值的概率为( )。

(A) $\frac{1}{2}$ (B) $\frac{1}{3}$ (C) $\frac{1}{4}$ (D) $\frac{1}{6}$

3. 设连续型随机变量 X 具有概率密度 $f(x)$,则 $Y=aX+b(a\neq 0,b$ 为常数$)$ 的概率密度为( )。

(A) $f_X\left(\dfrac{y-b}{a}\right)\dfrac{1}{a}$ (B) $f_X\left(\dfrac{y-b}{a}\right)\dfrac{1}{|a|}$

(C) $af_X\left(\dfrac{y-b}{a}\right)$ (D) $|a|f_X\left(\dfrac{y-b}{a}\right)$

4. 设 $X_1,X_2,\cdots,X_n(n\geqslant 2)$ 为来自总体 $N(0,1)$ 的简单随机样本,$\overline{X}$ 为样本均值,S^2 为样本方差,则有( )。

(A) $n\overline{X}\sim N(0,1)$ (B) $nS^2\sim \chi^2(n)$

(C) $\dfrac{(n-1)\overline{X}}{S}\sim t(n-1)$ (D) $\dfrac{(n-1)X_1^2}{\sum\limits_{i=2}^{n}X_i^2}\sim F(1,n-1)$

三、计算题(每题 17 分)

1. 在 10 件产品中有 2 件一级品、7 件二级品和 1 件次品。从 10 件产品中无放回地抽取 3 件,用 X 表示其中的一级品数,Y 表示其中的二级品数。试求:(1) X 和 Y 的联合概率分布;(2) X 与 Y 的边缘概率分布,X 与 Y 是否相互独立?(3) 在 $X=0$ 的条件下 Y 的条件分布。

2. 设 X 和 Y 是相互独立的随机变量,其概率密度分别为

$$f_X(x) = \begin{cases} \lambda e^{-\lambda x}, & x > 0 \\ 0, & x \leqslant 0 \end{cases}, \quad f_Y(y) = \begin{cases} \mu e^{-\mu y}, & y > 0 \\ 0, & y \leqslant 0 \end{cases}$$

其中 $\lambda > 0, \mu > 0$ 为常数,引入随机变量

$$Z = \begin{cases} 1, & X \leqslant Y \\ 0, & X > Y \end{cases}$$

试求:(1) 条件概率密度 $f_{X|Y}(x|y)$;(2) Z 的概率分布和分布函数。

3. 设二维随机变量 (X, Y) 在矩形 $G = \{(x, y) \mid 0 \leqslant x \leqslant 2, 0 \leqslant y \leqslant 1\}$ 上服从均匀分布,记

$$U = \begin{cases} 0, & X \leqslant Y \\ 1, & X > Y \end{cases}, \quad V = \begin{cases} 0, & X \leqslant 2Y \\ 1, & X > 2Y \end{cases}$$

试求:(1) U 和 V 的联合分布;(2) U 和 V 的相关系数 r。

4. 设某次考试的学生成绩服从正态分布,从中随机抽取 36 位考生的成绩,算得平均成绩为 66.5 分,标准差为 15 分。问在显著性水平 0.05 下,是否可以认为这次考试全体考生的平均成绩为 70 分? 并给出检验过程。

$(t_{0.05}(35) = 1.689\,6, t_{0.025}(35) = 2.030\,1, t_{0.05}(36) = 1.688\,3, t_{0.025}(36) = 2.028\,1)$

模拟试卷 5

一、填空题(每小题 4 分)

1. 某旅行社 100 人中有 43 人会讲英语,35 人会讲日语,32 人会讲日语和英语,9 人会讲法语、英语和日语,且每人至少会讲英语、日语、法语 3 种语言中的一种。则此人只会讲法语的概率为_____。

2. 一批零件中有 9 个合格品、3 个废品。安装机器时,从这批零件中任取 1 个,如果每次取出的废品不再放回去,则在取得合格品以前已取出的废品数的数学期望为_____。

3. 从 $1, 2, 3, 4$ 中任取一个数,记为 X,再从 $1, 2, \cdots, X$ 中任取一个数,记为 Y,则 $P\{Y = 2\} = $_____。

4. 设 X_1, X_2, X_3, X_4 是来自正态总体 $N(0, 2^2)$ 的简单样本,
$$Z = a(X_1 - 2X_2)^2 + b(3X_3 - 4X_4)^2$$
则当 $a = $_____,$b = $_____时,统计量 Z 服从 χ^2 分布,且自由度为_____。

二、选择题(每小题 4 分)

1. 设 A, B 为随机事件,且 $P(B) > 0, P(A|B) = 1$,则必有( )。

(A) $P(A \cup B) > P(A)$ (B) $P(A \cup B) > P(B)$
(C) $P(A \cup B) = P(A)$ (D) $P(A \cup B) = P(B)$

2. 设 $X_1, X_2, \cdots, X_n, \cdots$ 为独立同分布的随机变量列,且均服从参数为 $\lambda(\lambda > 1)$

的指数分布,记 $\Phi(x)$ 为标准正态分布的分布函数,则有(　　)。

$$(A)\ \lim_{n\to\infty}P\left\{\dfrac{\sum\limits_{i=1}^{n}X_i-n\lambda}{\lambda\sqrt{n}}\leqslant x\right\}=\Phi(x)$$

$$(B)\ \lim_{n\to\infty}P\left\{\dfrac{\sum\limits_{i=1}^{n}X_i-n\lambda}{\sqrt{\lambda n}}\leqslant x\right\}=\Phi(x)$$

$$(C)\ \lim_{n\to\infty}P\left\{\dfrac{\lambda\sum\limits_{i=1}^{n}X_i-n}{\sqrt{n}}\leqslant x\right\}=\Phi(x)$$

$$(D)\ \lim_{n\to\infty}P\left\{\dfrac{\sum\limits_{i=1}^{n}X_i-\lambda}{\sqrt{n\lambda}}\leqslant x\right\}=\Phi(x)$$

3. 设随机变量 X 与 Y 独立同分布,且 X 的分布函数为 $F(x)$,则 $Z=\max\{X,Y\}$ 的分布函数为(　　)。

(A) $F^2(x)$　　　　　　　　　　(B) $F_X(x)F_Y(y)$

(C) $1-[1-F(x)]^2$　　　　　　　(D) $[1-F(x)][1-F(y)]$

4. 设随机变量 $X\sim N(0,1)$,$Y\sim N(1,4)$,相关系数 $\rho_{XY}=1$,则有(　　)。

(A) $P\{Y=-2X-1\}=1$　　　　　(B) $P\{Y=2X-1\}=1$

(C) $P\{Y=-2X+1\}=1$　　　　　(D) $P\{Y=2X+1\}=1$

三、计算题(每题 17 分)

1. 设电机的绝缘寿命为 $Y=10^X$,其中 X 服从正态分布 $N(\mu,\sigma^2)$,试求 Y 的概率密度。

2. 设随机变量 X 在 $[0,1]$ 上服从均匀分布,试求方程组

$$\begin{cases}Z+Y=2X+1\\Z-Y=X\end{cases}$$

的解 Z,Y 各自落在 $[0,1]$ 内的概率。

3. 设随机变量 X 的概率密度为

$$f_X(x)=\begin{cases}1/2,& -1<x<0\\1/4,& 0<x<2\\0,& \text{其他}\end{cases}$$

令 $Y=X^2$,$F(x,y)$ 为二维随机变量 (X,Y) 的分布函数,试求:(1) Y 的概率密度 $f_Y(y)$;(2) $\text{Cov}(X,Y)$;(3) $F\left(-\dfrac{1}{2},4\right)$。

4. 设 $X_1,X_2,\cdots,X_n(n>2)$ 为独立同分布的随机变量,且均服从 $N(0,1)$,记

$$\overline{X} = \frac{1}{n}\sum_{i=1}^{n}X_i, \quad Y_i = X_i - \overline{X}, \quad i = 1, 2, \cdots, n$$

试求:(1) Y_i 的方差 $D(Y_i)$, $i = 1, 2, \cdots, n$;(2) Y_1 与 Y_n 的协方差 $\mathrm{Cov}(Y_1, Y_n)$;(3) $P\{Y_1 + Y_n \leqslant 0\}$。

模拟试卷 6

一、填空题(每小题 4 分)

1. 某射手射击中靶的概率为 0.9,则他射击 10 次恰中 9 次的概率为_____。

2. 在区间 $(0,1)$ 中随机取两个数,则这两个数之差的绝对值小于 1/2 的概率为_____。

3. 设 $X_1, X_2, \cdots, X_m$ 为来自二项分布 $B(n, p)$ 总体的简单随机样本,$\overline{X}$ 和 S^2 分别为样本均值与样本方差,若 $\overline{X} + kS^2$ 为 np^2 的无偏估计量,则 $k =$ _____。

4. 设从正态总体 $X \sim N(\mu, \sigma^2)$ 中随机抽出一个容量 $n = 16$ 的样本,由观察值计算得 $\overline{x} = 5.2$, $s = 1.32$,则参数 μ 的置信水平为 $1 - \alpha = 0.95$ 的置信区间为_____。 ($z_{0.025} = 1.96, t_{0.025}(15) = 2.131\,4$)

二、选择题(每小题 4 分)

1. 设随机变量 X 的分布函数

$$F(x) = \begin{cases} 0, & x < 0 \\ 1/2, & 0 \leqslant x < 1 \\ 1 - \mathrm{e}^{-x}, & x \geqslant 1 \end{cases}$$

则 $P\{X = 1\} = ($)。

(A) 0   (B) $\dfrac{1}{2}$ (C) $\dfrac{1}{2} - \mathrm{e}^{-1}$ (D) $1 - \mathrm{e}^{-1}$

2. 设 $F_1(x)$ 与 $F_2(x)$ 为两个分布函数,其相应的概率密度 $f_1(x)$ 与 $f_2(x)$ 是连续函数,则必为概率密度的是( )。

(A) $f_1(x)f_2(x)$ (B) $2f_2(x)F_1(x)$

(C) $f_1(x)F_2(x)$ (D) $f_1(x)F_2(x) + f_2(x)F_1(x)$

3. 设随机变量 X 与 Y 相互独立,且 $E(X)$ 与 $E(Y)$ 存在,记 $U = \max\{X, Y\}$, $V = \min\{X, Y\}$,则 $E(UV) = ($)。

(A) $E(U)E(V)$ (B) $E(X)E(Y)$

(C) $E(U)E(Y)$ (D) $E(X)E(V)$

4. 设随机变量 X 的分布函数为 $F(x) = 0.3\Phi(x) + 0.7\Phi\left(\dfrac{x-1}{2}\right)$,其中 $\Phi(x)$ 为标准正态分布的分布函数,则 $E(X) =$ _____。

(A) 0   (B) 0.3   (C) 0.7   (D) 1

三、计算题(每题 17 分)

1. 箱中装有 6 个球,其中红、白、黑球的个数分别为 1 个、2 个、3 个。现从箱中随机地取出 2 个球,记 X 为取出的红球个数,Y 为取出的白球个数。试求:(1) 随机变量 (X,Y) 的概率分布;(2) $\mathrm{Cov}(X,Y)$。

2. 设二维随机变量 (X,Y) 服从区域 G 上的均匀分布,其中 G 是由 $x-y=0$,$x+y=2$ 与 $y=0$ 所围成的三角形区域。试求:(1) X 的概率密度;(2) 条件概率密度 $f_{X|Y}(x|y)$。

3. 设 X_1,X_2,X_3 为相互独立同分布的随机变量,且均服从 $N(0,1)$,记 $\overline{X}=\dfrac{1}{3}\sum\limits_{i=1}^{3}X_i,Y_i=X_i-\overline{X},i=1,2,3$。试求:(1) Y_i 的分布,$i=1,2,3$;(2) 对任意常数 $a,b,P\{a<Y_1+Y_3\leqslant b\}$ 的表达式。

4. 设总体 X 服从对数正态分布 $LN(\mu,\sigma^2)$,其概率密度函数为

$$f(x;\mu,\sigma^2)=\begin{cases}\dfrac{1}{\sqrt{2\pi}\sigma x}\exp\left[-\dfrac{(\ln x-\mu)^2}{2\sigma^2}\right], & x>0 \\ 0, & x\leqslant 0\end{cases}$$

其中参数 $-\infty<\mu<+\infty,\sigma>0$ 未知,$X_1,X_2,\cdots,X_n$ 是来自该总体的一个容量为 n 的样本。试求参数 μ 与 σ^2 的矩估计量与极大似然估计量。

模拟试卷 7

一、(10 分)在装有 10 个螺母的盒中含有 0 个,1 个,2 个,$\cdots$,10 个铜螺母是等可能的,现在盒中再放入一个铜螺母,然后又从盒中随机取出一个螺母,试求此螺母是铜螺母的概率。

二、(14 分)一口袋中有 4 个球,依次标有数字 1,2,3,2。从这个袋中任取一球后,不放回袋中,以 X,Y 分别记第 1、2 次取得的球上标有的数字,试求:(1) (X,Y) 的概率分布;(2) X,Y 的边缘分布律;(3) 协方差 $\mathrm{Cov}(X,Y)$。

三、(14 分)设二维连续型随机变量 (X,Y) 的概率密度为

$$f(x,y)=\begin{cases}1, & |y|<x,0<x<1 \\ 0, & \text{其他}\end{cases}$$

试求:(1) 条件概率密度 $f_{X|Y}(x|y)$ 和 $f_{Y|X}(y|x)$;(2) $P\{Y>1/2|X>1/2\}$。

四、(14 分)设随机变量 X 和 Y 相互独立,且具有下述概率密度:

$$f_X(x)=\begin{cases}e^{-x}, & x>0 \\ 0, & x\leqslant 0\end{cases}, \quad f_Y(y)=\begin{cases}1/2, & 0<y<2 \\ 0, & \text{其他}\end{cases}$$

试求:(1) $Z=X+Y$ 的概率密度;(2) $M=\max\{X,Y\}$ 的概率密度;(3) $N=\min\{X,Y\}$ 的概率密度。

五、(10 分)从一个总体中抽取容量为 10 的一个样本,具体观察值为

1.8	2.2	2.8	1.5	2.1	2.1	1.8	0.9	2.4	2.1

试求：(1) 经验分布函数；(2) 概率 $P\{1.5 < X \leqslant 2.5\}$ 的近似值。

六、(14 分)设总体 X 的概率密度为

$$f(x;\theta) = \begin{cases} \theta, & 0 < x < 1 \\ 1-\theta, & 1 \leqslant x < 2 \\ 0, & 其他 \end{cases}$$

其中 $\theta(0 < \theta < 1)$ 是未知参数，$X_1, X_2, \cdots, X_n$ 为来自总体的简单随机样本，记 N 为样本值 $x_1, x_2, \cdots, x_n$ 中小于 1 的个数，试求：(1) θ 的矩估计；(2) θ 的最大似然估计。

七、(14 分)设某厂生产一种钢索，其断裂强度 X(单位：kg/cm^2)服从正态分布 $N(\mu, 40^2)$。现从中随机选取一个容量为 9 的样本，由观测值计算得平均值 $\bar{x} = 780$。试用假设检验方法判断，是否可认为这批钢索的平均断裂强度为 $800\ kg/cm^2$？($\alpha = 0.05$)

八、(10 分)设二维随机变量 (X,Y) 服从二维正态分布 $N(0,0,1,1,0.5)$，试求：
(1) (X,Y) 的概率密度函数；(2) 令 $Z = 2X - Y + 1$，试求 Z 的概率密度函数。

模拟试卷 8

一、(10 分)制造一种零件可采用两种工艺。第一种工艺有 3 道工序，每道工序的废品率为 0.1，0.2，0.3；第二种工艺只有 2 道工序，但每道工序的废品率都是 0.3。如果用第一种工艺，则在合格零件中，一级品率为 0.9；若用第二种工艺，则在合格零件中，一级品率只有 0.8。试问哪一种工艺能保证得到一级品率较高？

二、(14 分)设二维随机变量 (X,Y) 的分布律为

X \ Y	3	4	5
4	0.17	0.13	0.25
5	0.10	0.30	0.05

试求：(1) 关于 X,Y 的边缘分布律，它们是否相互独立？(2) $Z = X + Y$ 的分布律；
(3) $P\{XY < 20\}$。

三、(14 分)设随机变量 (X,Y) 的概率密度为

$$f(x,y) = \begin{cases} k(6-x-y), & 0 < x < 2, 2 < y < 4 \\ 0, & 其他 \end{cases}$$

试求：(1) 常数 k；(2) $P\{X < 1, Y < 3\}$；(3) $P\{X + Y \leqslant 4\}$。

四、(14 分)设随机变量 (X,Y) 的概率密度为

$$f(x,y) = \begin{cases} 1/4, & |x| < y, 0 < y < 2 \\ 0, & 其他 \end{cases}$$

试说明：(1) X 与 Y 是否独立；(2) X 与 Y 是否相关。

五、(14 分) 设随机变量 X 的概率分布 $P\{X=1\}=P\{X=2\}=1/2$,在给定 $X=i$ 的条件下,随机变量 Y 服从均匀分布 $U(0,i)(i=1,2)$,试求:(1) Y 的分布函数 $F_Y(y)$;(2) $D(3-4Y)$。

六、(10 分)在总体 $X \sim N(12,2^2)$ 中随机抽取一个容量为 5 的样本 $X_1,X_2,\cdots,$ X_5,其顺序统计量为 $X_{(1)},X_{(2)},\cdots,X_{(5)}$,试求:(1) $P\{X_{(5)}<15\}$;(2) $P\{X_{(1)}<10\}$。

七、(14 分)设总体 X 的分布函数为

$$F(x)=\begin{cases} 1-\mathrm{e}^{-\frac{x^2}{\theta}} & x>0 \\ 0 & x \leqslant 0 \end{cases}$$

$\theta>0$ 为未知参数,$X_1,X_2,\cdots,X_n$ 为来自总体 X 的简单随机样本。(1) 求 $E(X)$ 及 $E(X^2)$;(2) 求 θ 的最大似然估计量 $\hat{\theta}$;(3) 是否存在实数 a,使得对任意的 $\varepsilon>0$,都有 $\lim\limits_{n\to\infty}P\{|\hat{\theta}-a|\geqslant\varepsilon\}=0$?

八、(10 分)从某面粉厂生产的袋装面粉中抽取 5 袋,测得质量(单位:kg)数据如下:

$$24.6 \quad 25.4 \quad 24.8 \quad 25.2 \quad 25.3$$

若假定袋装面粉的质量 X 服从正态分布 $N(\mu,0.3^2)$,试求未知参数 μ 的置信水平为 0.95 的置信区间。$(z_{0.05}=1.645,z_{0.025}=1.96)$

模拟试卷 9

一、(10 分)在一批灯泡 50 个中有 2 个是坏的,一个检验员从中无放回地随机取出 5 个进行检查。

(1) 试求在 5 个灯泡中至少有一个坏灯泡(记为 A)的概率;

(2) 应该检查多少个灯泡才能保证至少一个坏灯泡(记为 B)的概率超过 $1/2$?

二、(14 分)设随机变量 X 的分布函数为

$$F_X(x)=\begin{cases} 1-\mathrm{e}^{-x^2}, & x>0 \\ 0, & x \leqslant 0 \end{cases}$$

试求:(1) X 的概率密度;(2) 函数 $Y=1-X^2$ 的概率密度;(3) Y 的数学期望 $E(Y)$。

三、(14 分)设二维随机变量 (X,Y) 的分布律为

X＼Y	0	1	2
0	0.30	a	0.05
1	b	0.15	0.10

如果 $P\{X=1|Y=0\}=\dfrac{1}{3}$,试求:(1) 常数 a 与 b 的值;(2) Y 在 $X=1$ 条件下的分布律;(3) X 与 Y 是否相互独立?

四、(14 分)设随机变量 X 的概率密度与 Y 在 $X=x(0<x<1)$ 条件下的条件密度为

$$f_X(x)=\begin{cases}3x^2, & 0<x<1\\ 0, & \text{其他}\end{cases}, \quad f_{Y|X}(y\mid x)=\begin{cases}\dfrac{1}{x}, & 0<y<x\\ 0, & \text{其他}\end{cases}$$

试求:(1) X 与 Y 的联合概率密度;(2) $P\{Y<X^2\}$;(3) $Z=X+Y$ 的概率密度。

五、(14 分)设随机变量 (X,Y) 服从二维正态分布 $N(1,2,4,9,0.3)$,

(1) 试写出 (X,Y) 的概率密度;

(2) 试求 X 与 Y 的协方差,X 与 Y 是否相关?

(3) 试求 $Z=2X-Y$ 的概率密度。

六、(10 分) 一加法器同时收到 20 个噪声电压 $V_k(k=1,2,\cdots,20)$,设它们是相互独立的随机变量,且都在区间 $(0,10)$ 上服从均匀分布,(1) 记 $V=\sum\limits_{k=1}^{20}V_k$,求 $P\{V>105\}$ 的近似值;(2) 记 $\overline{V}=\dfrac{1}{20}\sum\limits_{k=1}^{20}V_k$,求 $P\{\overline{V}>5.5\}$ 的近似值。

七、(14 分)设总体 X 的概率密度为

$$f(x\,;\theta)=\begin{cases}\dfrac{1}{2\theta}, & 0<x<\theta\\[2mm] \dfrac{1}{2(1-\theta)}, & \theta\leqslant x<1\\[2mm] 0, & \text{其他}\end{cases}$$

其中参数 $\theta(0<\theta<1)$ 未知,$X_1,X_2,\cdots,X_n$ 是来自总体的简单随机样本,$\overline{X}$ 是样本均值。(1) 求参数 θ 的矩估计量 $\hat{\theta}$;(2) 判断 $4\overline{X}^2$ 是否为 θ^2 的无偏估计量,并说明理由。

八、(10 分)从某面粉厂生产的袋装面粉中抽取 5 袋,测得质量(单位:kg)如下:

$$24.6 \qquad 25.4 \qquad 24.8 \qquad 25.2 \qquad 25.3$$

若假定袋装面粉的质量 X 服从正态分布 $N(\mu,0.3^2)$,试求未知参数 μ 的置信水平为 0.95 的置信区间,能否由此区间认为 $\mu=25$?$(z_{0.05}=1.645,z_{0.025}=1.96)$

模拟试卷 10

一、(15 分)设 A,B 为随机事件,且已知 $P(A)=0.5,P(B)=0.3,P(A\bigcup B)=0.7$,(1) 试求 $P(AB)$;(2) $P(\overline{AB})$;(3) $P(\overline{A}\overline{B})$;(4) A 与 B 是否相互独立,为什么?

(5) 是否有 $B \subset A$，为什么?

二、(10 分)已知甲、乙两箱中装有同种产品,其中甲箱中装有 3 件合格品和 3 件次品,乙箱中仅装有 3 件合格品,从甲箱中任取 3 件产品放入乙箱后,试求:(1) 乙箱中次品件数 X 的数学期望;(2) 从乙箱中任取一件产品是次品的概率。

三、(15 分)假设一设备开机后无故障工作时间 X 服从指数分布,平均无故障工作的时间($E(X)$)为 5 h。设备定时开机,出现故障时自动关机,而在无障碍的情况下工作 2 h 便关机。试求该设备每次开机无障碍工作的时间 Y 的分布函数 $F_Y(y)$。

四、(15 分)设二维随机变量(X,Y)服从区域 G 上的均匀分布,其中 G 是由 $x-y=0, x+y=2$ 与 $y=0$ 所围成的三角形区域。试求:(1) X 的概率密度;(2) 条件概率密度 $f_{X|Y}(x|y)$。

五、(15 分)设随机变量 X 与 Y 的概率分布如下:

X	0	1
p_k	1/3	2/3

Y	-1	0	1
p_k	1/3	1/3	1/3

且 $P\{X^2=Y^2\}=1$。试求:(1) 二维随机变量(X,Y)的概率分布;(2) $Z=XY$ 的概率分布;(3) X 与 Y 的相关系数。

六、(10 分)抽样检查产品质量时,如果发现次品多于 10 个,则认为这批产品不能接受,试问应检查多少个产品,才能使次品率为 10% 的一批产品不被接受的概率达到 0.9? ($z_{0.10}=1.28, z_{0.05}=1.645$)

七、(10 分)从一正态总体 $N(\mu, \sigma^2)$ 中任意抽取取一个容量为 $n=20$ 的样本 $X_1, X_2, \cdots, X_{20}$,令 $Y=\sum_{i=1}^{20}(X_i-\mu)^2$,试求:(1) 概率 $P\{12.4\sigma^2 \leqslant Y \leqslant 34.2\sigma^2\}$; (2) Y 的数学期望 $E(Y)$ 与方差 $D(Y)$。($\chi_{0.025}^2(20)=12.4, \chi_{0.025}^2(20)=34.2$)

八、(10 分)设总体 X 的概率密度为

$$f(x)=\begin{cases} 2e^{-2(x-\theta)}, & x>\theta \\ 0, & x \leqslant \theta \end{cases}$$

其中参数 $\theta>0$ 未知,从总体 X 中随机地抽取简单随机样本 $X_1, X_2, \cdots, X_n$,试求未知参数 θ 的矩估计量与极大似然估计量。

模拟试卷 1 解答

一、填空题(每小题 4 分)

1. 0。因为$(A \cup B)(\overline{A} \cup \overline{B})=\varnothing$,所以概率为 0。

2. 0.3。概率为 $C_3^2 / C_5^3=0.3$。

3. 3/8。注意,此随机变量既非连续型,亦非离散型,故

$$P\{X^2 = 1\} = P\{X = -1\} + P\{X = 1\}$$
$$= F(-1) - F(-1-0) + F(1) - F(1-0)$$
$$= \frac{2}{16} - 0 + 1 - \frac{12}{16} = \frac{3}{8}$$

4. 5。因为成功次数 X 服从二项分布 $B(n, p)$，则其标准差为

$$\sqrt{D(X)} = \sqrt{np(1-p)}$$

而当 $n = 100, p = 1/2$ 时，标准差的值达到最大值，即为

$$\sqrt{D(X)} = \sqrt{100 \times \frac{1}{2} \times \left(1 - \frac{1}{2}\right)} = 5$$

二、选择题(每小题 4 分)

1. (C)。因为 $P\{X = Y\} = P\{X = 0\}P\{Y = 0\} + P\{X = 1\}P\{Y = 1\} = 1/2$。

2. (C)。因为 $p_1 + 2p_2 + 3p_3 = 2.3, p_1 + 4p_2 + 9p_3 = 0.61 + 2.3^2 = 5.9$，且有 $p_1 + p_2 + p_3 = 1$，所以联立解之可得。

3. (D)。因为 $X \sim N(3, 4^2), \overline{X} \sim N\left(3, \frac{4^2}{6}\right)$，于是 $\frac{\overline{X} - 3}{4/\sqrt{6}} \sim N(0, 1)$。

4. (B)。因为 $\frac{(n-1)S^2}{\sigma^2} \sim \chi^2(n-1)$，所以当 $H_0: \sigma^2 = 1$ 为真时，有

$$(n-1)S^2 \sim \chi^2(n-1)$$

三、计算题(每题 17 分)

1. **解**：因为 $X \sim N(10, 2^2)$，故 $Y = 3X + 2 \sim N(32, 6^2)$。

(1) Y 的概率密度函数为

$$f_Y(y) = \frac{1}{6\sqrt{2\pi}} \exp\left[-\frac{(y-32)^2}{72}\right], \quad -\infty < y < +\infty$$

(2)

$$P\{26 < Y < 38\} = \Phi\left(\frac{38 - 32}{6}\right) - \Phi\left(\frac{26 - 32}{6}\right)$$
$$= \Phi(1) - \Phi(-1) = 2\Phi(1) - 1$$
$$= 0.8413 = 0.6826$$

2. **解**：(1) 因为 $1 = \int_{-\infty}^{+\infty} f(x)dx = \int_{-\pi/2}^{+\pi/2} A\cos x \, dx = A\sin x \Big|_{-\pi/2}^{+\pi/2} = 2A$，故 $A = \frac{1}{2}$。

(2) 因为

$$f_X(x) = \begin{cases} \frac{1}{2}\cos x, & |x| \leqslant \frac{\pi}{2} \\ 0, & \text{其他} \end{cases}$$

$$y = \sin x, \quad y' = \cos x > 0, \quad |x| < \pi/2,$$

$$x = h(y) = \arcsin y, \quad h'(y) = \frac{1}{\sqrt{1-y^2}}, \quad -1 < y < 1$$

所以由公式可得

$$f_Y(y) = \begin{cases} f_X(h(y)) |h'(y)| = \dfrac{1}{2}\cos(\arcsin y) \dfrac{1}{\sqrt{1-y^2}}, & -1 < y < 1 \\ 0, & \text{其他} \end{cases}$$

3. 解:

(1) $f_X(x) = \displaystyle\int_{-\infty}^{+\infty} f(x,y)\,\mathrm{d}y = \begin{cases} \displaystyle\int_0^2 \dfrac{1}{8}(x+y)\,\mathrm{d}y = \dfrac{1}{4}(x+1), & 0 < x < 2 \\ 0, & \text{其他} \end{cases}$,

故当 $0 < x < 2$ 时, 有

$$f_{Y|X}(y \mid x) = \frac{f(x,y)}{f_X(x)} = \frac{x+y}{2(x+1)}, \quad 0 < y < 2$$

(2) $E(X) = \displaystyle\int_{-\infty}^{+\infty}\int_{-\infty}^{+\infty} x f(x,y)\,\mathrm{d}x\,\mathrm{d}y = \int_0^2\int_0^2 x\,\dfrac{1}{8}(x+y)\,\mathrm{d}x\,\mathrm{d}y = \dfrac{7}{6}$; 同理,

$$E(Y) = \frac{7}{6},$$

$$E(XY) = \int_{-\infty}^{+\infty}\int_{-\infty}^{+\infty} xy f(x,y)\,\mathrm{d}x\,\mathrm{d}y = \int_0^2\int_0^2 xy\,\frac{1}{8}(x+y)\,\mathrm{d}x\,\mathrm{d}y = \frac{4}{3}$$

则有

$$\mathrm{Cov}(X,Y) = E(XY) - E(X)E(Y) = \frac{4}{3} - \frac{7}{6} \times \frac{7}{6} = -\frac{1}{36}$$

4. 解: 因为 $N_i \sim B(n, p_i)$, 所以 $E(N_i) = np_i$, $D(N_i) = np_i(1-p_i)$, $i = 1, 2, 3$, 而

$$p_1 = 1 - \theta, \quad p_2 = \theta - \theta^2, \quad p_3 = \theta^2$$

于是

$$E(T) = E\left(\sum_{i=1}^{3} a_i N_i\right) = \sum_{i=1}^{3} a_i E(N_i) = a_1 n(1-\theta) + a_2 n(\theta - \theta^2) + a_3 n\theta^2$$

$$= n[a_1(1-\theta) + a_2(\theta - \theta^2) + a_3\theta^2] = n[a_1 + (a_2 - a_1)\theta + (a_3 - a_2)\theta^2]$$

为使 T 是 θ 的无偏估计量, 则应有

$$n[a_1 + (a_2 - a_1)\theta + (a_3 - a_2)\theta^2] = \theta$$

为此, 要求 $\begin{cases} a_1 = 0 \\ n(a_2 - a_1) = 1 \\ a_3 - a_2 = 0 \end{cases}$, 由此得: $a_1 = 0$, $a_2 = 1/n$, $a_3 = a_2 = 1/n$。

又因为 $N_1 + N_2 + N_3 = n$, 所以

$$D(T) = D\left(\frac{1}{n}N_2 + \frac{1}{n}N_3\right) = \frac{1}{n^2}D(N_2 + N_3) = \frac{1}{n^2}D(n - N_1)$$

$$= \frac{1}{n^2} D(N_1) = \frac{1}{n^2} [np_1(1-p_1)] = \frac{(1-\theta)\theta}{n}$$

模拟试卷 2 解答

一、填空题(每小题 4 分)

1. **解**:0.3。设 $A = \{$某人医学检验结果为阳性$\}$,$B = \{$某人确实患病$\}$,$\overline{B} = \{$某人未患病$\}$,则由 Bayes 公式得

$$P(B \mid A) = \frac{0.002 \times 0.98}{0.002 \times 0.98 + 0.998 \times 0.03} = \frac{0.001\,96}{0.031\,9} = 0.3$$

2. **解**:$F(x) = \begin{cases} 0, & x < 0 \\ x^3, & 0 \leqslant x < 1 \\ 1, & x \geqslant 1 \end{cases}$。由题设,概率密度 $f(x)$ 形如

$$f(x) = \begin{cases} kx^2, & 0 < x < 1 \\ 0, & \text{其他} \end{cases}$$

且应有

$$1 = \int_0^1 f(x)\mathrm{d}x = \int_0^1 kx^2 \mathrm{d}x = k/3, \text{即 } k = 3$$

所以 $F(x) = \begin{cases} 0, & x < 0 \\ x^3, & 0 \leqslant x < 1 \\ 1, & x \geqslant 1 \end{cases}$。

3. **解**:$(13.004, 13.396)$。因为当正态分布总体方差已知时,μ 的置信水平为 $1 - \alpha$ 的置信区间为

$$\left(\overline{x} - \frac{\sigma}{\sqrt{n}} z_{\alpha/2}, \overline{x} + \frac{\sigma}{\sqrt{n}} z_{\alpha/2} \right)$$

而已知 $n = 100$,$\sigma^2 = 1$,$\overline{x} = 13.2$,$z_{0.05/2} = 1.96$,则所求 μ 的置信水平为 0.95 的置信区间为

$$\left(13.2 - \frac{1}{\sqrt{100}} \times 1.96, 13.2 + \frac{1}{\sqrt{100}} \times 1.96 \right) = (13.2 \pm 0.196)$$
$$= (13.004, 13.396)$$

4. **解**:$2(\overline{X} - 5) \leqslant -1.645$。因为 $\dfrac{\overline{X} - 5}{2/\sqrt{16}} = 2(\overline{X} - 5) \leqslant -z_{0.05} = -1.645$。

二、选择题(每小题 4 分)

1. **解**:(A)。根据分布函数函数性质,$F(x) = aF_1(x) - bF_2(x)$ 必须满足条件:$\lim\limits_{x \to +\infty} F(x) = 1$,即 $\lim\limits_{x \to +\infty} F(x) = \lim\limits_{x \to +\infty} [aF_1(x) - bF_2(x)] = a - b = 1$,所以只有选项 (A) 是适合的,故应选 (A)。

2. **解**：(C)。方法一：由题设条件可以知道，$P(A) > 0$，$P(B) > 0$，$P(B \mid A) = P(B \mid \overline{A})$，表明事件 A 发生与否对事件 B 的发生无关，即事件 A、B 是相互独立的，于是有 $P(AB) = P(A)P(B)$，所以应选(C)。

方法二：事实上，由题设直接推导可得

$$P(B \mid A) = \frac{P(AB)}{P(A)} = P(B \mid \overline{A}) = \frac{P(\overline{A}B)}{P(\overline{A})} = \frac{P(B) - P(AB)}{1 - P(A)}$$

则有 $P(AB)[1 - P(A)] = P(A)[P(B) - P(AB)]$，得 $P(AB) = P(A)P(B)$。

3. **解**：(A)。因为 $P\{X_1 X_2 = 0\} = 1$，所以 $P\{X_1 X_2 \neq 0\} = 0$，再根据联合分布律与边缘分布律的性质可得 (X_1, X_2) 的联合分布律与边缘分布律，如下表：

X_2 \ X_1	-1	0	1	$p_i.$
-1	0	$1/4$	0	$1/4$
0	$1/4$	0	$1/4$	$1/2$
1	0	$1/4$	0	$1/4$
$p_{\cdot j}$	$1/4$	$1/2$	$1/4$	1

可见

$$P\{X_1 = X_2\} = P\{X_1 = -1, X_2 = -1\} + P\{X_1 = 0, X_2 = 0\} +$$
$$P\{X_1 = 1, X_2 = 1\} = 0$$

故应选(A)。

4. **解**：(B)。因为 X 与 Y 相互独立，且有 $X \sim N(0, 1)$ 与 $Y \sim N(1, 1)$，故
$$X + Y \sim N(1, 2), \quad X - Y \sim N(-1, 2)$$
即 $X + Y$ 的数学期望 $E(X + Y) = 1$，而 $E(X - Y) = -1$，且由于正态分布的对称性知 $P\{X + Y \leqslant 1\} = 1/2$，故应选(B)。

三、计算题(每题 17 分)

1. **解**：由题设，(X, Y) 的概率密度为
$$f(x, y) = \begin{cases} 1/2, & 0 \leqslant x \leqslant 2, 0 \leqslant y \leqslant 1 \\ 0, & \text{其他} \end{cases}$$

故边长为 X 和 Y 的矩形面积 $S = XY$ 的分布函数为
$$F_S(s) = P\{S \leqslant s\} = P\{XY \leqslant s\} = \iint\limits_{xy \leqslant s} f(x, y) \mathrm{d}x \mathrm{d}y$$

则有：当 $\forall s \leqslant 0$ 时，$F_S(s) = 0$；当 $\forall s \geqslant 2$ 时，$F_S(s) = 1$；当 $\forall 0 < s < 2$ 时，
$$F_S(s) = \iint\limits_D \frac{1}{2} \mathrm{d}x \mathrm{d}y = \frac{1}{2} \iint\limits_D \mathrm{d}x \mathrm{d}y$$

其中区域
$$D = \{(x, y) \mid xy < s, 0 < s < 2, 0 \leqslant x \leqslant 2, 0 \leqslant y \leqslant 1\}$$

$$= \{(x,y) \mid 0 \leqslant x \leqslant s, 0 \leqslant y \leqslant 1\} \bigcup \{(x,y) \mid s < x \leqslant 2, 0 \leqslant y \leqslant s/x\}$$

所以

$$F_S(s) = \frac{1}{2} \iint\limits_D \mathrm{d}x\,\mathrm{d}y = \frac{1}{2} \left(\int_0^s \mathrm{d}x \int_0^1 \mathrm{d}y + \int_s^2 \mathrm{d}x \int_0^{s/x} \mathrm{d}y \right)$$

$$= \frac{1}{2} [s + s(\ln 2 - \ln s)] = \frac{s}{2}(1 + \ln 2 - \ln s)$$

即得 S 的概率密度 $f(s)$ 为

$$f(s) = \begin{cases} \dfrac{1}{2}(\ln 2 - \ln s), & 0 < s < 2 \\ 0, & \text{其他} \end{cases}$$

2. 解:(1) X 的边缘概率密度为

$$f_X(x) = \int_{-\infty}^{+\infty} f(x,y)\mathrm{d}y = \begin{cases} \int_0^x 3x\,\mathrm{d}y = 3x^2, & 0 < x < 1 \\ 0, & \text{其他} \end{cases}$$

Y 的边缘概率密度为

$$f_Y(y) = \int_{-\infty}^{+\infty} f(x,y)\mathrm{d}x = \begin{cases} \int_y^1 3x\,\mathrm{d}x = \dfrac{3}{2}(1-y^2), & 0 < y < 1 \\ 0, & \text{其他} \end{cases}$$

易见 $f(x,y) \neq f_X(x) \times f_Y(y)$,即 X 与 Y 不独立。

(2) 当 $0 < x < 1$ 时,$X = x$ 条件下 Y 的条件概率密度为

$$f_{Y|X}(y \mid x) = \frac{f(x,y)}{f_X(x)} = \begin{cases} \dfrac{3x}{3x^2} = \dfrac{1}{x}, & 0 < y < x \\ 0, & \text{其他} \end{cases}$$

当 $0 < y < 1$ 时,$Y = y$ 条件下 X 的条件概率密度为

$$f_{X|Y}(x \mid y) = \frac{f(x,y)}{f_Y(y)} = \begin{cases} \dfrac{3x}{\dfrac{3}{2}(1-y^2)} = \dfrac{2x}{1-y^2}, & y < x < 1 \\ 0, & \text{其他} \end{cases}$$

3. 解:设随机变量 $X = \{$该人获奖的数额$\}$,则其可能的取值为 6(取到 3 个标有 2 的筹码),9(取到 2 个标有 2 的筹码,一个标有 5 的筹码),12(取到一个标有 2 的筹码,2 个标有 5 的筹码),故由古典概率公式计算可得

$$P\{X=6\} = \frac{C_8^3}{C_{10}^3} = \frac{56}{120} = \frac{7}{15},$$

$$P\{X=9\} = \frac{C_8^2 C_2^1}{C_{10}^3} = \frac{56}{120} = \frac{7}{15},$$

$$P\{X=12\} = \frac{C_8^1 C_2^2}{C_{10}^3} = \frac{8}{120} = \frac{1}{15}$$

故

$$E(X) = 6 \times \frac{7}{15} + 9 \times \frac{7}{15} + 12 \times \frac{1}{15} = \frac{117}{15} = 7.8,$$

$$E(X^2) = 6^2 \times \frac{7}{15} + 9^2 \times \frac{7}{15} + 12^2 \times \frac{1}{15} = \frac{963}{15} = 64.2,$$

$$D(X) = E(X^2) - [E(X)]^2 = 64.2 - 7.8^2 = 3.36$$

4. **解**：因为 $X_1, X_2, \cdots, X_9$ 相互独立且服从正态分布 $N(\mu, \sigma^2)$，则有

$$Y_1 = \frac{1}{6} \sum_{i=1}^{6} X_i \sim N\left(\mu, \frac{\sigma^2}{6}\right), \quad Y_2 = \frac{1}{3} \sum_{i=7}^{9} X_i \sim N\left(\mu, \frac{\sigma^2}{3}\right)$$

且相互独立，故得

$$Y_1 - Y_2 \sim N\left(0, \frac{\sigma^2}{6} + \frac{\sigma^2}{3}\right) = N\left(0, \frac{\sigma^2}{2}\right), 即 \frac{Y_1 - Y_2}{\sigma / \sqrt{2}} \sim N(0, 1)$$

又因 S^2 为样本方差，所以由定理得 $\frac{2S^2}{\sigma^2} \sim \chi^2(2)$，且 S^2 与 Y_1、Y_2 相互独立，故与 $Y_1 - Y_2$ 也是相互独立的，于是由 t 分布定义知

$$Z = \frac{\sqrt{2}(Y_1 - Y_2)}{S} = \frac{\dfrac{Y_1 - Y_2}{\sigma / \sqrt{2}}}{\sqrt{2S^2 / 2\sigma^2}} \sim t(2)$$

即统计量 Z 服从自由度为 2 的 t 分布。

模拟试卷 3 解答

一、填空题(每小题 4 分)

1. **解**：19/27。$X \sim B(2, p)$，故 $P\{X = k\} = C_2^k p^k (1-p)^{2-k}, k = 0, 1, 2;$ $Y \sim B(3, p)$，故 $P\{Y = k\} = C_3^k p^k (1-p)^{3-k}, k = 0, 1, 2, 3$。则

$$P\{X \geqslant 1\} = 1 - P\{X = 0\} = 1 - (1-p)^2 = 5/9$$

解得 $p = 1/3$，所以有

$$P\{Y \geqslant 1\} = 1 - P\{Y = 0\} = 1 - (1-p)^3 = 19/27$$

2. **解**：3。因为

$$\begin{aligned}
D(X+Y+Z) &= D(X) + D(Y) + D(Z) + 2\mathrm{Cov}(X, Y) + \\
&\quad 2\mathrm{Cov}(X, Z) + 2\mathrm{Cov}(Y, Z) \\
&= D(X) + D(Y) + D(Z) + 2\rho_{XY}\sqrt{D(X)}\sqrt{D(Y)} + \\
&\quad 2\rho_{XZ}\sqrt{D(X)}\sqrt{D(Z)} + 2\rho_{YZ}\sqrt{D(Y)}\sqrt{D(Z)} \\
&= 1 + 1 + 1 + 0 + 2 \times \frac{1}{2} \times 1 \times 1 - 2 \times \frac{1}{2} \times 1 \times 1 = 3
\end{aligned}$$

3. **解**：6。因为 $X \sim N(34, 6^2)$，所以 $\bar{X} \sim N(34, 6^2/n)$，欲使

$$0.95 \leqslant P\{29 < \overline{X} < 39\} = \Phi\left(\frac{39-34}{6/\sqrt{n}}\right) - \Phi\left(\frac{29-34}{6/\sqrt{n}}\right)$$

$$= \Phi\left(\frac{5\sqrt{n}}{6}\right) - \Phi\left(\frac{-5\sqrt{n}}{6}\right)$$

即 $2\Phi\left(\dfrac{5\sqrt{n}}{6}\right) - 1 \geqslant 0.95$，$\Phi\left(\dfrac{5\sqrt{n}}{6}\right) \geqslant 0.975$，$\dfrac{5\sqrt{n}}{6} \geqslant 1.96$，$n \geqslant \left(\dfrac{6 \times 1.96}{5}\right)^2 =$

5.53，故样本容量 n 至少应取自然数 6。

4. **解**：1/6。因为二维随机变量 (X,Y) 服从均匀分布，则 (X,Y) 的概率密度为

$$f(x,y) = \begin{cases} \dfrac{1}{A}, & (x,y) \in D \\ 0, & \text{其他} \end{cases}$$

其中平面区域 $D = \{(x,y) \mid 1 < x < e^2, 0 < y < 1/x\}$，$A$ 为平面区域 D 的面积值。

在本题中，$A = \displaystyle\int_1^{e^2} \int_0^{1/x} \mathrm{d}x = \int_1^{e^2} \frac{1}{x} \mathrm{d}x = \ln x \Big|_1^{e^2} = 2$，所以 (X,Y) 的概率密度为

$$f(x,y) = \begin{cases} \dfrac{1}{2}, & 1 < x < e^2, 0 < y < \dfrac{1}{x} \\ 0, & \text{其他} \end{cases}$$

于是 (X,Y) 关于 X 的边缘概率密度为

$$f_X(x) = \int_{-\infty}^{+\infty} f(x,y)\mathrm{d}y = \begin{cases} \displaystyle\int_0^{1/x} \frac{1}{2}\mathrm{d}y = \frac{1}{2x}, & 1 < x < e^2 \\ 0, & \text{其他} \end{cases}$$

因为 $3 \in (1, e^2)$，故所求值为 $f_X(3) = \dfrac{1}{2 \times 3} = \dfrac{1}{6}$。

二、选择题（每小题 4 分）

1. **解**：(D)。因为 $A \cup B = B$，即 $A \subset B$，利用维恩图，容易得出 $\overline{AB} = \varnothing$ 与 $A \cup B = B$ 不等价，故应选 (D)。

2. **解**：(C)。由方差的性质可知，$D(X+Y) = D(X) + D(Y)$ 等价于 X 与 Y 的相关系数 $\rho = 0$，即等价于 X 与 Y 不相关，但不能认为 X 与 Y 是独立的，因此应选 (C)。

3. **解**：(B)。乘客到达公共汽车站的时刻为 T，他到站后来到的第一辆公共汽车到站的时刻为 t_0。依题意，T 在时间区间 $[t_0 - 5, t_0]$ 内服从均匀分布，那么 T 的概率密度为

$$f(t) = \begin{cases} 1/5, & t_0 - 5 < t < t_0 \\ 0, & \text{其他} \end{cases}$$

候车时间不超过 3 min，即 T 落在区间 $[t_0 - 3, t_0]$，故所求概率为

$$P\{t_0 - 3 < T < t_0\} = \int_{t_0-3}^{t_0} \frac{1}{5} \mathrm{d}t = \frac{3}{5} = 0.6$$

应选 (B)。

4. 解:(A)。因为 X 的数学期望为

$$E(X) = \int_{-\infty}^{+\infty} x f(x;\theta) \mathrm{d}x = \int_{0}^{+\infty} x \frac{4}{\sqrt{\pi}\theta^3} x^2 \exp\left(-\frac{x^2}{\theta^2}\right) \mathrm{d}x$$

$$= \frac{4}{\sqrt{\pi}\theta^3}\left[-\frac{\theta^2}{2}x^2\exp\left(-\frac{x^2}{\theta^2}\right)\Big|_{0}^{+\infty} + \frac{\theta^2}{2}\int_{0}^{+\infty} 2x\exp\left(-\frac{x^2}{\theta^2}\right)\mathrm{d}x\right]$$

$$= \frac{4}{\sqrt{\pi}\theta}\left[-\frac{\theta^2}{2}\exp\left(-\frac{x^2}{\theta^2}\right)\Big|_{0}^{+\infty}\right] = \frac{2\theta}{\sqrt{\pi}}$$

所以令 $E(X) = \overline{X}$,即得 $\dfrac{2\theta}{\sqrt{\pi}} = \overline{X}$,参数 θ 的矩估计量为 $\hat{\theta} = \dfrac{\sqrt{\pi}}{2}\overline{X}$。

三、计算题

1. 解:依题意,X 的概率密度为

$$f(x) = \frac{1}{40\sqrt{2\pi}}\mathrm{e}^{-\frac{(x-20)^2}{3\,200}} = \frac{1}{\sqrt{2\pi}\cdot 40}\mathrm{e}^{-\frac{(x-20)^2}{2\times 40^2}}$$

即 X 服从参数为 $\mu = 20, \sigma^2 = 40^2$ 的正态分布 $N(20, 40^2)$,故一次测量中随机误差不超过 30 m 的概率为

$$p = P\{|X| < 30\} = P\{-30 < X < 30\}$$
$$= \Phi\left(\frac{30-20}{40}\right) - \Phi\left(\frac{-30-20}{40}\right)$$
$$= \Phi(0.25) - \Phi(-1.25)$$
$$= 0.598\,1 - (1 - 0.894\,4) = 0.4931$$

再设 $Y = \{3$ 次测量中随机误差的绝对值不超过 30 m 的次数$\}$,则 Y 服从参数为 $n = 3, p = 0.493\,1$ 的二项分布 $B(3, 0.493\,1)$,其概率分布为

$$P\{Y = k\} = C_3^k \times 0.493\,1^k \times 0.596\,9^{3-k}, \quad k = 0, 1, 2, 3$$

故 3 次测量中至少有一次测量误差的绝对值不超过 30 m 的概率,以及恰有一次测量的绝对值不超过 30 m 的概率为

$$P\{Y \geqslant 1\} = 1 - P\{Y = 0\} = 1 - 0.506\,9^3 = 0.869\,8$$
$$P\{Y = 1\} = C_3^1 \times 0.493\,1 \times 0.506\,9^2 = 0.380\,1$$

2. 解:X 与 Y 的分布函数分别为

$$F_X(x) = \int_{-\infty}^{x}\frac{1}{\sqrt{2\pi}}\mathrm{e}^{-\frac{x^2}{2}}\mathrm{d}x = \Phi(x), \quad F_Y(y) = \begin{cases} \int_{0}^{y} y\mathrm{e}^{-\frac{y^2}{2}}\mathrm{d}x = 1 - \mathrm{e}^{-\frac{y^2}{2}}, & y > 0 \\ 0, & y \leqslant 0 \end{cases}$$

(1) $M = \max\{X, Y\}$ 的分布函数为

$$F_Z(z) = F_X(z)F_Y(z) = \begin{cases} \Phi(z)\left(1 - \mathrm{e}^{-\frac{z^2}{2}}\right), & z > 0 \\ 0, & z \leqslant 0 \end{cases}$$

故 M 的概率密度为

$$f_M(z) = \begin{cases} \dfrac{1}{\sqrt{2\pi}} e^{-\frac{z^2}{2}} \left(1 - e^{-\frac{z^2}{2}}\right) + \Phi(z) \cdot z e^{-\frac{z^2}{2}}, & z > 0 \\ 0, & z \leqslant 0 \end{cases}$$

$N = \min\{X, Y\}$ 的分布函数为

$$F_N(z) = 1 - [1 - F_X(z)][1 - F_Y(z)] = \begin{cases} 1 - [1 - \Phi(z)] e^{-\frac{z^2}{2}}, & z > 0 \\ \Phi(z), & z \leqslant 0 \end{cases}$$

故 N 的概率密度为

$$f_N(z) = \begin{cases} \dfrac{1}{\sqrt{2\pi}} e^{-z^2} + [1 - \Phi(z)] \cdot z e^{-\frac{z^2}{2}}, & z > 0 \\ \dfrac{1}{\sqrt{2\pi}} e^{-\frac{z^2}{2}}, & z \leqslant 0 \end{cases}$$

(2) $P\{|M| < 1\} = P\{-1 < M < 1\} = F_M(1) - F_M(-1)$

$$= \left(1 - e^{-\frac{1}{2}}\right) - 0 = 0.331\,03,$$

$P\{|N| < 1\} = P\{-1 < N < 1\} = F_N(1) - F_N(-1)$

$$= 1 - [1 - \Phi(1)] e^{-\frac{1}{2}} - \Phi(-1) = 0.745\,04$$

3. **解**:已知协方差阵为

$$C = \begin{bmatrix} \sigma_X^2 & \rho\sigma_X\sigma_Y \\ \rho\sigma_X\sigma_Y & \sigma_Y^2 \end{bmatrix} = \begin{bmatrix} 196 & -91 \\ a & 169 \end{bmatrix}$$

故得 $a = -91, \sigma_X^2 = 196, \sigma_X = 14, \sigma_Y^2 = 169, \sigma_Y = 13$。

由 $\rho_{XY}\sigma_X\sigma_Y = -91$,得 $\rho_{XY} \times 14 \times 13 = -91, \rho_{XY} = -0.5$,即得

$$(X, Y) \sim N(26, -12, 14^2, 13^2, -0.5)$$

知其联合概率密度为

$$f(x, y) = \frac{1}{2\pi \times 14 \times 13 \times \sqrt{1 - (-0.5)^2}} \times \exp\left\{ \frac{-1}{2[1 - (-0.5)^2]} \times \right.$$

$$\left. \left[\frac{(x-26)^2}{14^2} - 2 \times (-0.5) \times \frac{(x-26)(y-(-12))}{14 \times 13} + \frac{(y-(-12))^2}{13^2} \right] \right\}$$

$$= \frac{1}{2\pi \times 14 \times 13 \times \sqrt{0.75}} \times$$

$$\exp\left\{ \frac{-1}{1.5} \left[\frac{(x-26)^2}{14^2} + \frac{(x-26)(y+12)}{14 \times 13} + \frac{(y+12)^2}{13^2} \right] \right\}$$

4. **解**:因为 X 的数学期望为

$$E(X) = \int_{-\infty}^{+\infty} x f(x; \theta) \mathrm{d}x = \int_1^\theta x \frac{2\theta^2}{(\theta^2 - 1)x^3} \mathrm{d}x = \int_1^\theta \frac{2\theta^2}{(\theta^2 - 1)x^2} \mathrm{d}x = \frac{2\theta}{\theta + 1}$$

所以令 $E(X) = \overline{X}$，即得 $\dfrac{2\theta}{\theta+1} = \overline{X}$，参数 θ 的矩估计量为 $\hat{\theta} = \dfrac{\overline{X}}{2-\overline{X}}$。

又设 $x_1, x_2 \cdots, x_n$ 是来自该总体 X 的一个样本值，则似然函数为

$$L(\theta) = \prod_{i=1}^{n} f(x_i; \theta) = \prod_{i=1}^{n} \frac{2\theta^2}{(\theta^2-1)x_i^3} = \frac{2^n \theta^{2n}}{(\theta^2-1)^n \prod\limits_{i=1}^{n} x_i^3},$$

$$1 < x_i < \theta, 1 \leqslant i \leqslant n$$

对其取对数：

$$\ln L(\theta) = n\ln 2 + 2n\ln\theta - n\ln(\theta^2-1) - \ln \prod_{i=1}^{n} x_i^3, \quad 1 < x_i < \theta, 1 \leqslant i \leqslant n$$

对 θ^2 求导得

$$\frac{\mathrm{d}\ln L(\theta)}{\mathrm{d}\theta} = \frac{2n}{\theta} - \frac{2\theta n}{\theta^2-1} = 0 \quad (\text{无解})$$

故利用顺序统计值求参数 θ 的极大似然估计值。

设 $x_1, x_2, \cdots, x_n$ 为来自总体 X 的一个样本值，得顺序统计值为

$$1 < x_{(1)} \leqslant x_{(2)} \leqslant \cdots \leqslant x_{(n)} < \theta$$

由极大似然估计定义得 $\theta = x_{(n)}$ 为参数 θ 的极大似然估计值，从而 $\theta = X_{(n)}$ 为参数 θ 的极大似然估计量。

模拟试卷 4 解答

一、填空题(每小题 4 分)

1. **解**：1。因为 $1 = \displaystyle\int_{-\infty}^{+\infty} f(x)\mathrm{d}x = \int_{-1}^{0}(C+x)\mathrm{d}x + \int_{0}^{1}(C-x)\mathrm{d}x$，解之得 $C=1$。

2. **解**：27%。因为若设 $X = \{$每页的错字个数$\}$，则 X 服从参数 λ 的泊松分布，其概率分布为

$$P\{X=k\} = \frac{\lambda^k}{k!}\mathrm{e}^{-\lambda}, \quad k=0,1,2,\cdots$$

由题设 $P\{X=0\} = \mathrm{e}^{-\lambda} = 0.135$，于是得

$$\lambda = -\ln 0.135 = 2.002\,48$$

从而一页上恰有一个印刷错误的概率为

$$P\{X=1\} = \frac{2.002\,48}{1!}\mathrm{e}^{-2.002\,48} = 0.270\,33$$

即恰有一个错字的页数约为 27%。

3. **解**：1/4。因为由题设知三事件 A, B, C 两两独立，且有 $P(A) = P(B) = P(C)$，故由加法公式可得

$$P(A \bigcup B \bigcup C) = P(A) + P(B) + P(C) - P(AB) - P(BC) - P(CA) + P(ABC)$$

$$= P(A) + P(B) + P(C) - P(A)P(B) -$$
$$P(B)P(C) - P(C)P(A) + P(\varnothing)$$
$$= 3P(A) - 3[P(A)]2 = 9/16$$

即 $[P(A)]^2 - P(A) = 3/16$，解得 $P(A) = 1/4$ 或 $P(A) = 3/4$（不符合条件的舍去）。

4. **解**：16。因为若设第 i 次称量结果为 $X_i (i = 1, 2, \cdots, n)$，由题设知，$X_1, X_2, \cdots,$ X_n 相互独立且服从正态分布 $N(\alpha, 0.2^2)$，故其算术平均值 $\overline{X}_n \sim N\left(\alpha, \dfrac{0.2^2}{n}\right)$，于是

$$P\{|\overline{X}_n - \alpha| < 0.1\} = P\left\{\frac{|\overline{X}_n - \alpha|}{0.2/\sqrt{n}} < \frac{0.1}{0.2/\sqrt{n}}\right\}$$

$$= \Phi\left(\frac{\sqrt{n}}{2}\right) - \Phi\left(-\frac{\sqrt{n}}{2}\right) = 2\Phi\left(\frac{\sqrt{n}}{2}\right) - 1 \geqslant 0.95$$

于是 $\Phi\left(\dfrac{\sqrt{n}}{2}\right) \geqslant 0.975$，由 $z_{0.025} = 1.96$，得 $\dfrac{\sqrt{n}}{2} \geqslant 1.96$，即 $n \geqslant (2 \times 1.96)^2 = 15.366\ 4$，所以 n 的最小值应不小于自然数 16。

二、选择题（每小题 4 分）

1. **解**：(A)。因为 $X \sim N(\mu_1, \sigma_1^2)$，$Y \sim N(\mu_2, \sigma_2^2)$，由正态分布知识可得

$$P\{|X - \mu_1| < 1\} = P\left\{\frac{-1}{\sigma_1} < \frac{X - \mu_1}{\sigma_1} < \frac{1}{\sigma_1}\right\}$$

$$= \Phi\left(\frac{1}{\sigma_1}\right) - \Phi\left(\frac{-1}{\sigma_1}\right) = 2\Phi\left(\frac{1}{\sigma_1}\right) - 1,$$

$$P\{|Y - \mu_2| < 1\} = P\left\{\frac{-1}{\sigma_2} < \frac{Y - \mu_2}{\sigma_2} < \frac{1}{\sigma_2}\right\}$$

$$= \Phi\left(\frac{1}{\sigma_2}\right) - \Phi\left(\frac{-1}{\sigma_2}\right) = 2\Phi\left(\frac{1}{\sigma_2}\right) - 1$$

由题设 $P\{|X - \mu_1| < 1\} > P\{|Y - \mu_2| < 1\}$，即得 $\Phi\left(\dfrac{1}{\sigma_1}\right) > \Phi\left(\dfrac{1}{\sigma_2}\right)$，于是 $\dfrac{1}{\sigma_1} > \dfrac{1}{\sigma_2}$，$\sigma_1 < \sigma_2$，所以应选(A)。

实际上，本题可参照正态分布的形状参数 σ 对密度函数曲线的影响直接给出正确答案。

2. **解**：(C)。因为 X 的分布函数为

$$F(x) = \frac{2}{\pi} \int_{-\infty}^x \frac{\mathrm{d}x}{\mathrm{e}^x + \mathrm{e}^{-x}} = \frac{2}{\pi} \arctan \mathrm{e}^x \Big|_{-\infty}^x = \frac{2}{\pi} \arctan \mathrm{e}^x$$

在两次观察中，X 取小于 1 的数值的概率，等价于两次观察值 X_1 与 X_2 均小于 1 的概率，即求 $P\{X_1 < 1, X_2 < 1\}$，而 X_1 与 X_2 相互独立且与 X 同分布，故所求概率为

$$P\{X_1 < 1, X_2 < 1\} = P\{X_1 < 1\}P\{X_2 < 1\} = F^2(1) = \left(\frac{2}{\pi} \arctan 1\right)^2 = \frac{1}{4}$$

3. **解**:(B)。因为 $Y=aX+b$ 的反函数 $x=h(y)=\dfrac{y-b}{a}$, $h'(y)=\dfrac{1}{a}$, $g'(x)=a$ 恒大于 0(或恒小于 0)。由函数密度的公式可知 $Y=aX+b$ 的概率密度应为

$$f_Y(y)=f_X[h(y)]\mid h'(y)\mid =f_X\left(\frac{y-b}{a}\right)\frac{1}{\mid a\mid}$$

4. **解**:(D)。因为由标准正态分布总体的样本均值与样本方差的抽样分布可知:

$$\overline{X}\sim N\left(0,\frac{1}{n}\right),\quad (n-1)S^2\sim\chi^2(n-1),\quad \frac{\overline{X}}{S/\sqrt{n}}\sim t(n-1)$$

显然选项(A)(B)(C)均不正确。而因为 $X_1\sim N(0,1)$,故

$$X_1^2\sim\chi^2(1),\quad \sum_{i=2}^{n}X_i^2\sim\chi^2(n-1)$$

且 X_1^2 与 $\displaystyle\sum_{i=2}^{n}X_i^2$ 相互独立,所以 $\dfrac{X_1^2/1}{\displaystyle\sum_{i=2}^{n}X_i^2/(n-1)}\sim F(1,n-1)$。

三、计算题(每题 17 分)

1. **解**:(1) 依题意,X 的可能取值为 $0,1,2$,Y 的可能取值为 $0,1,2,3$。从 10 件产品中任取 3 件有 $C_{10}^3=120$ 种等可能取法,满足 $\{X=i,Y=j\}$ 的取法共有 $C_2^iC_7^jC_1^k$ $(i+j+k=3)$ 种等可能取法,故由古典概率公式得 $\{X=i,Y=j\}$ 的概率为

$$p_{ij}=P\{X=i,Y=j\}=\frac{C_2^iC_7^jC_1^k}{C_{10}^3}$$

$$i=0,1,2;\quad j=0,1,2,3;\quad k=0,1;\quad i+j+k=3$$

依照上式将 p_{ij} 算出列成 (X,Y) 的概率分布表如下:

X＼Y	0	1	2	3	$P\{X=i\}$
0	0	0	21/120	35/120	56/120
1	0	14/120	42/120	0	56/120
2	1/120	7/120	0	0	8/120
$P\{Y=j\}$	1/120	21/120	63/120	35/120	1

(2) 计算 X,Y 的边缘概率分布列于上表边缘部分,因为

$$0=P\{X=0,Y=0\}\neq P\{X=0\}P\{Y=0\}=\frac{56}{120}\times\frac{1}{120}$$

不满足独立性条件,因此 X 与 Y 不独立。

(3) $\{X=0\}$ 条件下 Y 的概率分布为

$$P\{Y=j\mid X=0\}=\frac{P\{X=0,Y=j\}}{P(X=0)},\quad j=0,1,2,3$$

列表如下:

Y	0	1	2	3
$P\{Y=j \mid X=0\}$	0	0	21/56	35/56

2. 解:(1) 因为 X 与 Y 相互独立,故当 $y>0$ 时,

$$f_{X\mid Y}(x \mid y) = \frac{f(x,y)}{f_Y(y)} = \frac{f_X(x)f_Y(y)}{f_Y(y)} = f_X(x) = \begin{cases} \lambda e^{-\lambda x}, & x>0 \\ 0, & x \leqslant 0 \end{cases}$$

(2) $P\{Z=1\} = P\{X \leqslant Y\} = \iint\limits_{x \leqslant y} f(x,y)\mathrm{d}x\,\mathrm{d}y = \iint\limits_{x \leqslant y} f_X(x)f_Y(y)\mathrm{d}x\,\mathrm{d}y$

$$= \int_0^{+\infty} \mathrm{d}x \int_x^{+\infty} \lambda e^{-\lambda x} \cdot \mu e^{-\mu y}\mathrm{d}y = \int_0^{+\infty} \lambda e^{-\lambda x} \cdot (-e^{-\mu y})\Big|_x^{+\infty}\mathrm{d}x$$

$$= \int_0^{+\infty} \lambda e^{-\lambda x} \cdot e^{-\mu x}\mathrm{d}x = -\frac{\lambda}{\lambda+\mu} e^{-(\lambda+\mu)x}\Big|_0^{+\infty} = \frac{\lambda}{\lambda+\mu}$$

故 $P\{Z=0\} = 1 - P\{Z=1\} = 1 - \dfrac{\lambda}{\lambda+\mu} = \dfrac{\mu}{\lambda+\mu}$,$Z$ 的分布律如下:

Z	0	1
p_k	$\dfrac{\mu}{\lambda+\mu}$	$\dfrac{\lambda}{\lambda+\mu}$

其分布函数为

$$F_Z(z) = \begin{cases} 0, & z<0 \\ \dfrac{\mu}{\lambda+\mu}, & 0 \leqslant z<1 \\ 1, & z \geqslant 1 \end{cases}$$

3. 解:(1) 因为 (X,Y) 在矩形 $G=\{(x,y) \mid 0 \leqslant x \leqslant 2, 0 \leqslant y \leqslant 1\}$ 上服从均匀分布,其概率密度为

$$f(x,y) = \begin{cases} 1/2, & 0 \leqslant x \leqslant 2, 0 \leqslant y \leqslant 1 \\ 0, & \text{其他} \end{cases}$$

所以

$$P\{U=0,V=0\} = P\{X \leqslant Y, X \leqslant 2Y\} = P\{X \leqslant Y\}$$

$$= \iint\limits_{x \leqslant y} f(x,y)\mathrm{d}x\,\mathrm{d}y = \int_0^1 \mathrm{d}x \int_x^1 \frac{1}{2}\mathrm{d}y = \frac{1}{4}$$

$$P\{U=0,V=1\} = P\{X \leqslant Y, X>2Y\} = P(\varnothing) = 0,$$

$$P\{U=1,V=0\} = P\{X>Y, X \leqslant 2Y\} = P\{Y \leqslant X \leqslant 2Y\}$$

$$= \iint\limits_{y \leqslant x \leqslant 2y} f(x,y)\mathrm{d}x\,\mathrm{d}y = \int_0^1 \mathrm{d}y \int_y^{2y} \frac{1}{2}\mathrm{d}x = \frac{1}{4},$$

$$P\{U=1,V=1\} = 1 - \frac{1}{4} - 0 - \frac{1}{4} = \frac{1}{2}$$

即 U 和 V 的联合分布与边缘分布为

U $\diagdown$ V	0	1	$P\{U=i\}$
0	1/4	0	1/4
1	1/4	1/2	3/4
$P\{V=j\}$	1/2	1/2	1

(2)　　　　$E(U)=0\times\dfrac{1}{4}+1\times\dfrac{3}{4}=\dfrac{3}{4}$,　　$D(U)=\dfrac{3}{4}\times\dfrac{1}{4}=\dfrac{3}{16}$;

$$E(V)=0\times\frac{1}{2}+1\times\frac{1}{2}=\frac{1}{2}, \quad D(V)=\frac{1}{2}\times\frac{1}{2}=\frac{1}{4};$$

$$E(UV)=1\times1\times\frac{1}{2}=\frac{1}{2}, \quad \mathrm{Cov}(U,V)=E(UV)-E(U)E(V)=\frac{1}{2}-\frac{3}{4}\times\frac{1}{2}=\frac{1}{8}$$

所以得 $r=\dfrac{\mathrm{Cov}(U,V)}{\sqrt{D(U)}\sqrt{D(V)}}=\dfrac{1/8}{\sqrt{3/16}\sqrt{1/4}}=\dfrac{1}{\sqrt{3}}$。

4. **解**:设这次考试的学生成绩总体为 X,则 $X\sim N(\mu,\sigma^2)$,36 位考生的成绩 $X_1,X_2,\cdots,X_{36}$ 是来自总体 X 的样本,其样本均值为 $\overline{X}$,样本方差为 S^2,本题是正态总体 $N(\mu,\sigma^2)$ 方差 σ^2 未知时,关于均值 μ 的双边检验问题。

① 根据实际问题提出假设:

$$H_0:\mu=70; \quad H_1:\mu\neq70$$

② 选定显著性水平 $\alpha=0.05$,确定样本容量 $n=36$;

③ 选择恰当的统计量:$T=\dfrac{\overline{X}-\mu}{S/\sqrt{n}}$,在 H_0 为真时,检验统计量

$$T=\frac{\overline{X}-70}{S/\sqrt{36}}\sim t(35)$$

④ 查 t 分布表可得 $t_{0.05/2}(35)=2.0301$,确定 H_0 的拒绝域为

$$|t|=\left|\frac{\overline{x}-70}{s/\sqrt{36}}\right|\geqslant2.0301$$

⑤ 判断:根据样本值计算 $\overline{x}=66.5$,$s=15$,及检验统计量的观测值

$$|t|=\left|\frac{\overline{x}-70}{s/\sqrt{36}}\right|=\left|\frac{66.5-70}{15/6}\right|=1.4<2.0301$$

落在接受域内,所以应接受 H_0,即在显著性水平 $\alpha=0.05$ 下,可以认为这次考试的学生的平均成绩为 70 分。

模拟试卷 5 解答

一、填空题(每小题 4 分)

1. **解**:0.54。因为若设 $A=\{会讲英语的人\}$,$B=\{会讲日语的人\}$,$C=\{会讲法语的人\}$,则由题设知 $A \cup B \cup C = S$,故所求概率为

$$
\begin{aligned}
P(\overline{ABC}) &= P(A \cup B \cup C - A \cup B) \\
&= P(S - A \cup B) \\
&= P(S) - P(A \cup B) \\
&= 1 - P(A) - P(B) + P(AB) \\
&= 1 - \frac{43}{100} - \frac{35}{100} + \frac{32}{100} = \frac{54}{100}
\end{aligned}
$$

2. **解**:0.3。设 $X=\{在取得合格品以前取出的废品数\}$,则 X 是一随机变量,它可能取的数值为 $0,1,2,3$,它取得这些数值的概率分别是

$$
P\{X=0\} = \frac{9}{12} = 0.750, \quad P\{X=1\} = \frac{3}{12} \times \frac{9}{11} \approx 0.204\ 55,
$$

$$
P\{X=2\} = \frac{3}{12} \times \frac{2}{11} \times \frac{9}{10} \approx 0.040\ 91,
$$

$$
P\{X=3\} = \frac{3}{12} \times \frac{2}{11} \times \frac{1}{10} \times \frac{9}{9} \approx 0.004\ 55,
$$

故 $E(X) = 0 \times \frac{9}{12} + 1 \times \frac{9}{44} + 2 \times \frac{9}{220} + 3 \times \frac{1}{220} = \frac{3}{10}$。

3. **解**:13/48。由全概率公式可得

$$
P\{Y=2\} = \sum_{i=1}^{4} P\{X=i\} P\{Y=2 \mid X=i\} = \frac{1}{4}\left(0 + \frac{1}{2} + \frac{1}{3} + \frac{1}{4}\right) = \frac{13}{48}
$$

4. **解**:$a = \frac{1}{20}$,$b = \frac{1}{100}$。自由度为 2,因为 X_1,X_2,X_3,X_4 是来自正态总体 $N(0,2^2)$ 的简单样本,所以它们相互独立且同正态分布 $N(0,2^2)$,于是它们的任意线性组合也服从正态分布。而

$$
E(X_1 - 2X_2) = 0, \quad D(X_1 - 2X_2) = D(X_1) + 4D(X_2) = 2^2 + 4 \times 2^2 = 20
$$

故 $X_1 - 2X_2 \sim N(0,20)$,$\dfrac{X_1 - 2X_2}{\sqrt{20}} \sim N(0,1)$,$\left(\dfrac{X_1 - 2X_2}{\sqrt{20}}\right)^2 \sim \chi^2(1)$;又

$$
E(3X_3 - 4X_4) = 0,
$$

$$
D(3X_3 - 4X_4) = 9D(X_3) + 16D(X_4) = 9 \times 2^2 + 16 \times 2^2 = 100
$$

故 $3X_3 - 4X_4 \sim N(0,100)$,$\dfrac{3X_3 - 4X_4}{\sqrt{100}} \sim N(0,1)$,$\left(\dfrac{3X_3 - 4X_4}{\sqrt{100}}\right)^2 \sim \chi^2(1)$;且 $(X_1 - 2X_2)^2$ 与 $(3X_3 - 4X_4)^2$ 相互独立,所以得统计量

$$\left(\frac{X_1-2X_2}{\sqrt{20}}\right)^2+\left(\frac{3X_3-4X_4}{\sqrt{100}}\right)^2\sim\chi^2(2)$$

对照统计量 Z 即得 $a=\dfrac{1}{20},b=\dfrac{1}{100}$，自由度为 2。

二、选择题(每小题 4 分)

1. **解**：(C)。因为 $P(B)>0,1=P(A\mid B)=\dfrac{P(AB)}{P(B)}$，故 $P(AB)=P(B)$，所以得

$$P(A\cup B)=P(A)+P(B)-P(AB)=P(A)+P(B)-P(B)=P(A)$$

应选(C)。

2. **解**：(C)。由题设知，$X_1,X_2,\cdots,X_n,\cdots$ 相互独立，且同服从指数分布 $Z(\lambda)$ $(\lambda>1)$，其概率密度均为

$$f(x)=\begin{cases}\lambda\mathrm{e}^{-\lambda x}, & x>0 \\ 0, & x\leqslant 0\end{cases}$$

其数学期望均为 $E(X_i)=\dfrac{1}{\lambda}$，方差均为 $D(X_i)=\dfrac{1}{\lambda^2}(i=1,2,\cdots,n,\cdots)$，故 $\displaystyle\sum_{i=1}^{n}X_i$ 的数学期望与方差分别为

$$E\left(\sum_{i=1}^{n}X_i\right)=\sum_{i=1}^{n}E(X_i)=\sum_{i=1}^{n}\frac{1}{\lambda}=\frac{n}{\lambda},$$

$$D\left(\sum_{i=1}^{n}X_i\right)=\sum_{i=1}^{n}D(X_i)=\sum_{i=1}^{n}\frac{1}{\lambda^2}=\frac{n}{\lambda^2}$$

根据独立同分布的中心极限定理可知，

$$\frac{\displaystyle\sum_{i=1}^{n}X_i-E\left(\sum_{i=1}^{n}X_i\right)}{\sqrt{D\left(\displaystyle\sum_{i=1}^{n}X_i\right)}}=\frac{\displaystyle\sum_{i=1}^{n}X_i-\frac{n}{\lambda}}{\sqrt{\dfrac{n}{\lambda^2}}}=\frac{\lambda\displaystyle\sum_{i=1}^{n}X_i-n}{\sqrt{n}}$$

的极限分布是标准正态分布，所以本题选(C)。

3. **解**：(A)。因为题设 X 与 Y 独立同分布，故 $Z=\max\{X,Y\}$ 的分布函数为

$$F_Z(z)=P\{Z=\max\{X,Y\}\leqslant z\}=P\{X\leqslant z,Y\leqslant z\}$$
$$=P\{X\leqslant z\}P\{Y\leqslant z\}=F^2(z)$$

所以应选(A)。

4. **解**：(D)。因为相关系数 $\rho_{XY}=1$，所以 X 与 Y 正相关，故排除选项(A)与(C)，再由题设知：$E(X)=0$，$E(Y)=1$，而

$$E(2X-1)=2E(X)-1=-1,\quad E(2X+1)=2E(X)+1=1=E(Y)$$

所以应选(D)。

三、计算题(每题 17 分)

1. **解**：因为 $X\sim N(\mu,\sigma^2)$，其概率密度为

$$f_X(x) = \frac{1}{\sqrt{2\pi}\sigma} \exp\left[-\frac{(x-\mu)^2}{2\sigma^2}\right]$$

而 $Y = 10^X$ 的分布函数为

$$F_Y(y) = P\{Y \leqslant y\} = P\{10^X \leqslant y\},$$

故当 $y \leqslant 0$ 时,$F_Y(y) = 0$;当 $y > 0$ 时,$F_Y(y) = P\{X \leqslant \frac{\ln y}{\ln 10}\} = F_X\left(\frac{\ln y}{\ln 10}\right)$。

于是 $Y = 10^X$ 的概率密度为

$$f_Y(y) = \begin{cases} f_X\left(\dfrac{\ln y}{\ln 10}\right)\dfrac{1}{y\ln 10} = \dfrac{1}{\sqrt{2\pi}\sigma y\ln 10}\exp\left[-\dfrac{(\ln y - \mu\ln 10)^2}{2(\sigma\ln 10)^2}\right], & y > 0 \\ 0, & y \leqslant 0 \end{cases}$$

2. 解:由方程组

$$\begin{cases} Z + Y = 2X + 1 \\ Z - Y = X \end{cases}$$

解得 $Z = \dfrac{1}{2}(3X+1), Y = \dfrac{1}{2}(X+1)$,则

$$P\{0 \leqslant Z \leqslant 1\} = P\left\{0 \leqslant \frac{1}{2}(3X+1) \leqslant 1\right\} = P\{-1 \leqslant 3X \leqslant 1\}$$

$$= P\left\{-\frac{1}{3} \leqslant X \leqslant \frac{1}{3}\right\}$$

而 $X \sim U(0,1)$,其概率密度与分布函数分别为

$$f_X(x) = \begin{cases} 1, & 0 < x < 1 \\ 0, & \text{其他} \end{cases}, \quad F_X(x) = \begin{cases} 0, & x < 0 \\ x, & 0 \leqslant x < 1 \\ 1, & x \geqslant 1 \end{cases}$$

故

$$P\{0 \leqslant Z \leqslant 1\} = F(1/3) - F(-1/3) = 1/3 - 0 = 1/3,$$

$$P\{0 \leqslant Y \leqslant 1\} = P\left\{0 \leqslant \frac{1}{2}(X+1) \leqslant 1\right\} = P\{-1 \leqslant X \leqslant 1\}$$

$$= F_X(1) - F_X(-1) = 1$$

3. 解:由题设 X 的概率密度易得 X 的分布函数(见右图)为

$$F_X(x) = \begin{cases} 0, & x < -1 \\ \dfrac{x+1}{2}, & -1 < x < 0 \\ \dfrac{1}{2} + \dfrac{x}{4}, & 0 \leqslant x < 2 \\ 1, & x \geqslant 2 \end{cases}$$

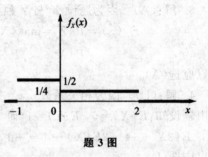

题 3 图

(1) Y 的分布函数为

$$F_Y(y) = P\{Y \leqslant y\} = P\{X^2 \leqslant y\}$$

当 $\forall y \leqslant 0$ 时, $F_Y(y) = P\{X^2 \leqslant y\} = 0$;

当 $\forall y > 4$ 时, $F_Y(y) = P\{X^2 \leqslant y\} = 1$;

当 $\forall 0 \leqslant y < 1$ 时,

$$F_Y(y) = P\{X^2 \leqslant y\} = P\{-\sqrt{y} \leqslant X \leqslant \sqrt{y}\} = F_X(\sqrt{y}) - F_X(-\sqrt{y})$$

$$= \frac{1}{2} + \frac{\sqrt{y}}{4} - \frac{-\sqrt{y}+1}{2} = \frac{3}{4}\sqrt{y}$$

当 $\forall 1 \leqslant y < 2$ 时,

$$F_Y(y) = P\{X^2 \leqslant y\} = P\{-\sqrt{y} \leqslant X \leqslant \sqrt{y}\} = F_X(\sqrt{y}) - F_X(-\sqrt{y})$$

$$= F_X(\sqrt{y}) - 0 = \frac{1}{2} + \frac{\sqrt{y}}{4}$$

所以综述为

$$F_Y(y) = \begin{cases} 0, & y < 0 \\ \dfrac{3}{4}\sqrt{y}, & 0 < y < 1 \\ \dfrac{1}{2} + \dfrac{1}{4}\sqrt{y}, & 1 \leqslant y < 4 \\ 1, & y \geqslant 4 \end{cases}$$

其概率密度为

$$f_Y(y) = \begin{cases} \dfrac{3}{8\sqrt{y}}, & 0 < y < 1 \\ \dfrac{1}{8\sqrt{y}}, & 1 \leqslant y < 4 \\ 0, & \text{其他} \end{cases}$$

(2) $\mathrm{Cov}(X, Y) = E(XY) - E(X)E(Y) = E(X^3) - E(X)E(X^2)$,而

$$E(X) = \int_{-\infty}^{+\infty} x f_X(x)\,\mathrm{d}x = \int_{-1}^{0} x \cdot \frac{1}{2}\,\mathrm{d}x + \int_{0}^{2} x \cdot \frac{1}{4}\,\mathrm{d}x = -\frac{1}{4} + \frac{1}{2} = \frac{1}{4},$$

$$E(X^2) = \int_{-\infty}^{+\infty} x^2 f_X(x)\,\mathrm{d}x = \int_{-1}^{0} x^2 \cdot \frac{1}{2}\,\mathrm{d}x + \int_{0}^{2} x^2 \cdot \frac{1}{4}\,\mathrm{d}x = \frac{1}{6} + \frac{8}{12} = \frac{5}{6},$$

$$E(X^3) = \int_{-\infty}^{+\infty} x^3 f_X(x)\,\mathrm{d}x = \int_{-1}^{0} x^3 \cdot \frac{1}{2}\,\mathrm{d}x + \int_{0}^{2} x^3 \cdot \frac{1}{4}\,\mathrm{d}x = -\frac{1}{8} + 1 = \frac{7}{8}$$

所以 $\mathrm{Cov}(X, Y) = E(X^3) - E(X)E(X^2) = \frac{7}{8} - \frac{1}{4} \times \frac{5}{6} = \frac{2}{3}$。

(3) $F\left(-\dfrac{1}{2}, 4\right) = P\left\{X \leqslant -\dfrac{1}{2}, Y \leqslant 4\right\} = P\left\{X \leqslant -\dfrac{1}{2}, X^2 \leqslant 4\right\}$

$$= P\left\{X \leqslant -\frac{1}{2}, -2 \leqslant X \leqslant 2\right\} = P\left\{-2 \leqslant X \leqslant -\frac{1}{2}\right\}$$

$$=F_X\left(-\frac{1}{2}\right)-F_X(-2)=F_X\left(-\frac{1}{2}\right)=\frac{-\frac{1}{2}+1}{2}=\frac{1}{4}$$

4. 解:由题设知 $X_1, X_2, \cdots, X_n (n>2)$ 独立且同分布于标准正态分布 $N(0,1)$，故有

$$E(X_i)=0, \quad D(X_i)=1, \quad E(\overline{X})=0, \quad D(\overline{X})=\frac{1}{n},$$

$$E(X_i^2)=1, \quad E(\overline{X}^2)=\frac{1}{n},$$

$$E(Y_i)=E(X_i-\overline{X})=0, \quad i=1,2,\cdots,n$$

（1）Y_i 的方差

$$D(Y_i)=D(X_i-\overline{X})=D\left[\left(1-\frac{1}{n}\right)X_i-\frac{1}{n}\sum_{j\neq i}^{n}X_j\right]$$

$$=D\left[\left(1-\frac{1}{n}\right)X_i\right]+D\left(\frac{1}{n}\sum_{j\neq i}^{n}X_j\right)$$

$$=\left(1-\frac{1}{n}\right)^2+\left(\frac{1}{n}\right)^2(n-1)=\frac{n-1}{n}, \quad i=1,2,\cdots,n$$

（2）Y_1 与 Y_n 的协方差

$$\mathrm{Cov}(Y_1,Y_n)=E(Y_1Y_n)-E(Y_1)E(Y_n)=E(Y_1Y_n)$$

$$=E[(X_1-\overline{X})(X_n-\overline{X})]=E(X_1X_n-X_1\overline{X}-X_n\overline{X}+\overline{X}^2)$$

$$=E(X_1X_n)-E(X_1\overline{X})-E(X_n\overline{X})+E(\overline{X}^2)$$

$$=0-E\left(\frac{1}{n}X_1^2\right)-E\left(\frac{1}{n}X_n^2\right)+E(\overline{X}^2)$$

$$=-\frac{1}{n}-\frac{1}{n}+D(\overline{X})+[E(\overline{X})]^2=-\frac{2}{n}+\frac{1}{n}+0=-\frac{1}{n}$$

（3）因为 $Y_1+Y_n=X_1-\overline{X}+X_n-\overline{X}=\left(1-\frac{2}{n}\right)X_1+\left(1-\frac{2}{n}\right)X_n+\frac{2}{n}\sum_{i=2}^{n-1}X_i$

是独立且同分布于标准正态分布 $N(0,1)$ 的随机变量 $X_1, X_2, \cdots, X_n (n>2)$ 的线性组合，所以 Y_1+Y_n 也服从正态分布。又 Y_1+Y_n 的数学期望为 0，即 $E(Y_1+Y_n)=E(Y_1)+E(Y_n)=0$，由正态分布的对称性即得

$$P\{Y_1+Y_n\leqslant 0\}=F_{Y_1+Y_n}(0)=0.5$$

模拟试卷 6 解答

一、填空题（每小题 4 分）

1. 解:0.387。因为射手 10 次射击中靶的次数 X 服从二项分布 $B(10,0.9)$ 故由二项概率公式知该射手射击 10 次恰中 9 次的概率为

$$P_{10}(9) = C_{10}^9 0.9^9 \times 0.1 = 0.387$$

2. **解**: $3/4$。如右图所示, D 为图示阴影部分区域。若设所取两个数为 X 与 Y, 由题设知, 它们相互独立且同均匀分布 $U(0,1)$, 其概率密度为

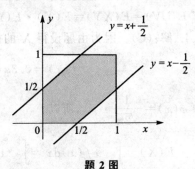

题 2 图

$$f_X(x) = \begin{cases} 1, & 0 < x < 1 \\ 0, & \text{其他} \end{cases}$$

$$f_Y(y) = \begin{cases} 1, & 0 < y < 1 \\ 0, & \text{其他} \end{cases}$$

故 X 与 Y 的联合概率密度为

$$f(x,y) = f_X(x) f_Y(y) = \begin{cases} 1, & 0 < x < 1, 0 < y < 1 \\ 0, & \text{其他} \end{cases}$$

所求概率为

$$P\left\{ |Y - X| < \frac{1}{2} \right\} = \iint\limits_{|y-x| < \frac{1}{2}} f(x,y) \mathrm{d}x\mathrm{d}y = \iint\limits_{D} f_X(x) f_Y(y) \mathrm{d}x\mathrm{d}y$$

$$= 1^2 - 2\left(\frac{1}{2} \times \frac{1}{2} \times \frac{1}{2} \right) = \frac{3}{4}$$

3. **解**: -1。因为若 $\overline{X} + kS^2$ 为 np^2 的无偏估计量, 则应有 $E(\overline{X} + kS^2) = np^2$, 即 $E(\overline{X} + kS^2) = E(\overline{X}) + kE(S^2) = E(X) + kD(X) = np + knp(1-p) = np^2$, 显见, 应取 $k = -1$。

4. **解**: $(4.5, 5.9)$。因为在方差 σ^2 未知条件下参数 μ 的置信水平为 $1 - \alpha = 0.95$ 的置信区间为

$$\left(\overline{x} \pm \frac{s}{\sqrt{n}} t_{\alpha/2}(n-1) \right) = \left(5.2 \pm \frac{1.32}{\sqrt{16}} t_{0.025}(15) \right) = \left(5.2 \pm \frac{1.32}{4} \times 2.1314 \right)$$

$$= (4.5, 5.9)$$

二、选择题(每小题 4 分)

1. **解**: (C)。因为 $P\{X=1\} = F(1) - F(1-0) = 1 - \mathrm{e}^{-1} - \frac{1}{2} = \frac{1}{2} - \mathrm{e}^{-1}$。

2. **解**: (D)。因为选项(A), (B), (C)均不具有概率密度的性质: $\int_{-\infty}^{+\infty} f(x)\mathrm{d}x = 1$, 故将之全部排除, 而

$$\int_{-\infty}^{+\infty} [f_1(x)F_2(x) + f_2(x)F_1(x)]\mathrm{d}x = F_1(x)F_2(x) \Big|_{-\infty}^{+\infty} = 1$$

3. **解**: (B)。因为

$$U = \max\{X, Y\} = \begin{cases} X & X \geqslant Y \\ Y & X < Y \end{cases}, \quad V = \min\{X, Y\} = \begin{cases} Y & X \geqslant Y \\ X & X < Y \end{cases}$$

于是 $UV = XY$，再因随机变量 X 与 Y 相互独立，则必有 $E(XY) = E(X) \cdot E(Y)$，所以有 $E(UV) = E(XY) = E(X) \cdot E(Y)$，应选(B)。

4. 解:(C)。因为由题设得 X 的概率密度为

$$f(x) = 0.3\varphi(x) + \frac{0.7}{2}\varphi\left(\frac{x-1}{2}\right)$$

其中 $\varphi(x) = \dfrac{1}{\sqrt{2\pi}}\mathrm{e}^{-\frac{x^2}{2}}$，所以

$$E(X) = \int_{-\infty}^{+\infty} xf(x)\mathrm{d}x = \int_{-\infty}^{+\infty} x\,0.3\varphi(x)\mathrm{d}x + 0.35\int_{-\infty}^{+\infty} x\varphi\left(\frac{x-1}{2}\right)\mathrm{d}x$$

$$= 0.3 \times 0 + 0.35\int_{-\infty}^{+\infty}(2t+1)\varphi(t)(2\mathrm{d}t) = 0.7$$

注意，在计算中利用了积分 $\int_{-\infty}^{+\infty}\varphi(x)\mathrm{d}x = 1$ 与 $\int_{-\infty}^{+\infty}x\varphi(x)\mathrm{d}x = 0$。

三、计算题(每题 17 分)

1. 解:(1) (X,Y) 的可能取值为 $(0,0),(0,1),(0,2),(1,0),(1,1),(1,2)$，相应的概率为

$$P\{X=0,Y=0\} = \frac{C_3^2}{C_6^2} = \frac{3}{15} = \frac{1}{5}, \quad P\{X=0,Y=1\} = \frac{C_2^1 C_3^1}{C_6^2} = \frac{6}{15} = \frac{2}{5},$$

$$P\{X=0,Y=2\} = \frac{C_2^2}{C_6^2} = \frac{1}{15}, \quad P\{X=1,Y=0\} = \frac{C_1^1 C_3^2}{C_6^2} = \frac{3}{15} = \frac{1}{5},$$

$$P\{X=1,Y=1\} = \frac{C_1^1 C_2^1}{C_6^2} = \frac{2}{15}, \quad P\{X=1,Y=2\} = 0$$

于是得 (X,Y) 的概率分布为

X \ Y	0	1	2
0	1/5	2/5	1/15
1	1/5	2/15	0

(2) 计算可得 X 与 Y 的边缘概率分布分别为

X	0	1
p_k	2/3	1/3

Y	0	1	2
p_k	2/5	8/15	1/15

故得 $E(X) = 0 \times \dfrac{1}{3} + 1 \times \dfrac{2}{3} = \dfrac{2}{3}$，$E(Y) = 0 \times \dfrac{2}{5} + 1 \times \dfrac{8}{15} + 2 \times \dfrac{1}{15} = \dfrac{10}{15} = \dfrac{2}{3}$。

又 $E(XY) = 0 + 1 \times 1 \times \dfrac{2}{15} = \dfrac{2}{15}$，于是得协方差

$$\mathrm{Cov}(X,Y)=E(XY)-E(X)E(Y)=\frac{2}{15}-\frac{1}{3}\times\frac{2}{3}=-\frac{4}{45}$$

2. 解：因为区域 $G=\{(x,y)\mid 0<y<1,y<x<2-y\}$ 的面积为 1，故 (X,Y) 的概率密度为

$$f(x,y)=\begin{cases}1,&0<y<1,y<x<2-y\\0,&\text{其他}\end{cases}$$

(1) X 的概率密度为

$$f_X(x)=\int_{-\infty}^{+\infty}f(x,y)\mathrm{d}y=\begin{cases}\int_0^x 1\mathrm{d}y=x,&0<x<1\\\int_0^{2-x}1\mathrm{d}y=2-x,&1<x<2\\0,&\text{其他}\end{cases}$$

(2) Y 的概率密度为

$$f_Y(y)=\int_{-\infty}^{+\infty}f(x,y)\mathrm{d}x=\begin{cases}\int_y^{2-y}1\mathrm{d}x=2(1-y),&0<y<1\\0,&\text{其他}\end{cases}$$

故当 $Y=y(0<y<1)$ 时，条件概率密度为

$$f_{X\mid Y}(x\mid y)=\frac{f(x,y)}{f_Y(y)}=\begin{cases}\dfrac{1}{2(1-y)},&y<x<2-y\\0,&\text{其他}\end{cases}$$

3. 解：(1) 因为 $Y_i=X_i-\overline X$ 为 X_1,X_2,X_3 的线性组合，且由题设知 X_1,X_2,X_3 相互独立且同分布 $N(0,1)$，故有

$$E(X_i)=0,\ D(X_i)=1,\ E(\overline X)=0,$$

故

$$E(Y_1)=E(X_1-\overline X)=0,$$

$$D(Y_1)=D(X_1-\overline X)=D\left(\frac{2}{3}X_1-\frac{1}{3}X_2-\frac{1}{3}X_3\right)=\frac{2}{3}$$

且 X_1,X_2,X_3 独立且同分布 $N(0,1)$，故 $Y_1=\frac{2}{3}X_1-\frac{1}{3}X_2-\frac{1}{3}X_3\sim N\left(0,\frac{2}{3}\right)$。

同理，有 $Y_i\sim N\left(0,\frac{2}{3}\right),i=1,2,3$。

(2) 因为 $Y_1+Y_3=\frac{1}{3}X_1+\frac{1}{3}X_2-\frac{2}{3}X_3$，且 X_1,X_2,X_3 独立且同分布 $N(0,1)$，故得 $E(Y_1+Y_3)=0,D(Y_1+Y_3)=\frac{6}{9}=\frac{2}{3},Y_1+Y_3\sim N\left(0,\frac{2}{3}\right)$，所求概率为

$$P\{a<Y_1+Y_3\leqslant b\}=\Phi\left(\frac{b}{\sqrt{2/3}}\right)-\Phi\left(\frac{a}{\sqrt{2/3}}\right)$$

4. 解：(1) 由随机变量的函数的密度求法公式得知：若 $Y=\ln X\sim N(\mu,\sigma^2)$，则函数 $X=\mathrm e^Y\sim LN(\mu,\sigma^2)$。实际上因函数 $x=\mathrm e^y$ 的导数 $x=\mathrm e^y>0$，其反函数及其导

数为:$y=\ln x$,$y'=[\ln x]'=x^{-1}$,所以 X 的密度函数为

$$f_X(x)=f_Y(\ln x)\,|\,[\ln x]'|=\frac{1}{\sqrt{2\pi}\sigma x}\exp\left(-\frac{(\ln x-\mu)^2}{2\sigma^2}\right),\quad x>0$$

此即对数正态分布 $LN(\mu,\sigma^2)$ 的概率密度函数。所以

$$E(X)=E(e^Y)=\frac{1}{\sqrt{2\pi}\sigma}\int_{-\infty}^{+\infty}e^y e^{-\frac{(y-\mu)^2}{2\sigma^2}}\mathrm{d}y=\frac{1}{\sqrt{2\pi}}\int_{-\infty}^{+\infty}e^{\sigma t+\mu}e^{-\frac{t^2}{2}}\mathrm{d}t$$

$$=\frac{1}{\sqrt{2\pi}}e^{\mu+\frac{\sigma^2}{2}}\int_{-\infty}^{+\infty}e^{-\frac{(t-\sigma)^2}{2}}\mathrm{d}t=e^{\mu+\frac{\sigma^2}{2}},$$

$$E(X^2)=E(e^{2Y})=\frac{1}{\sqrt{2\pi}\sigma}\int_{-\infty}^{+\infty}e^{2y}e^{-\frac{(y-\mu)^2}{2\sigma^2}}\mathrm{d}y=\frac{1}{\sqrt{2\pi}}\int_{-\infty}^{+\infty}e^{2(\sigma t+\mu)}e^{-\frac{t^2}{2}}\mathrm{d}t$$

$$=\frac{1}{\sqrt{2\pi}}e^{2(\mu+\sigma^2)}\int_{-\infty}^{+\infty}e^{-\frac{(t-2\sigma)^2}{2}}\mathrm{d}t=e^{2(\mu+\sigma^2)}$$

令 $E(X)=\overline{X}$,$E(X^2)=\overline{X^2}$,得

$$\begin{cases}e^{\mu+\frac{\sigma^2}{2}}=\overline{X}\\ e^{2(\mu+\sigma^2)}=\overline{X^2}\end{cases}\Rightarrow\begin{cases}\mu+\dfrac{\sigma^2}{2}=\ln\overline{X}\\ \mu+\sigma^2=\dfrac{1}{2}\ln\overline{X^2}\end{cases}\Rightarrow\begin{cases}\hat{\mu}=2\ln\overline{X}-\dfrac{1}{2}\ln\overline{X^2}\\ \hat{\sigma}^2=\ln\overline{X^2}-2\ln\overline{X}\end{cases}$$

为参数 μ 与 σ^2 的矩估计量。

(2) 注意 $Y\sim N(\mu,\sigma^2)$,$Y_1,Y_2,\cdots,Y_n$ 为一样本,由正态分布的参数 μ 与 σ^2 的极大似然估计量得

$$\hat{\mu}=\overline{Y}=\frac{1}{n}\sum_{i=1}^n Y_i,\quad\hat{\sigma}^2=S_n^2=\frac{1}{n}\sum_{i=1}^n(Y_i-\overline{Y})^2$$

本题中 $Y=\ln X$ 为单调函数,所以由极大似然估计的不变性得 μ 与 σ^2 的极大似然估计量为

$$\hat{\mu}=\frac{1}{n}\sum_{i=1}^n\ln X_i,\quad\hat{\sigma}^2=S_n^2=\frac{1}{n}\sum_{i=1}^n(\ln X_i-\overline{\ln X})^2$$

模拟试卷 7 解答

一、(10 分)解:设事件 $A=\{$取出一个螺母是铜螺母$\}$,$B_i=\{$盒中原有 i 个铜螺母$\}$,由题意得 $P(B_i)=1/11$,且 $P(A|B_i)=(i+1)/11$,$i=0,1,2,\cdots,10$,故由全概率公式立得

$$P(A)=\sum_{i=0}^{10}P(B_i)P(A\mid B_i)=\sum_{i=0}^{10}\frac{1}{11}\times\frac{i+1}{11}=\frac{66}{11^2}=\frac{6}{11}$$

二、(14 分) 解:(1) X 的可能值为 $1,2,3$,Y 的可能值也为 $1,2,3$,且

$$P\{X=1,Y=1\}=P\{X=1\}P\{Y=1\mid X=1\}=\frac{1}{4}\times0=0,$$

$$P\{X=1,Y=2\}=P\{X=1\}P\{Y=2\mid X=1\}=\frac{1}{4}\times\frac{2}{3}=\frac{1}{6}$$

同理可得如下联合分布与边缘分布：

X＼Y	1	2	3
1	0	1/6	1/12
2	1/6	1/6	1/6
3	1/12	1/6	0

（2）X,Y 的边缘分布为

X	1	2	3
P	1/4	1/2	1/4

Y	1	2	3
P	1/4	1/2	1/4

（3）$E(XY)=2\times\dfrac{1}{6}+3\times\dfrac{1}{12}+2\times\dfrac{1}{6}+3\times\dfrac{1}{12}+4\times\dfrac{1}{6}+6\times\dfrac{1}{6}+6\times\dfrac{1}{6}$

$$=\frac{23}{6},$$

$$E(X)=1\times\frac{1}{4}+2\times\frac{1}{2}+3\times\frac{1}{4}=2=E(Y),$$

$$\mathrm{Cov}(X,Y)=E(XY)-E(X)E(Y)=\frac{23}{6}-2\times2=-\frac{1}{6}$$

三、（14 分）**解：**（1）由题设知 (X,Y) 服从区域 $D=\{(x,y)\mid\mid y\mid<x,0<x<1\}$
上的均匀分布，利用如右图所示 D 的图形容易确定 X 与 Y 的边缘概率密度：

$$f_X(x)=\int_{-\infty}^{+\infty}f(x,y)\mathrm{d}y$$

$$=\begin{cases}\displaystyle\int_{-x}^{x}1\mathrm{d}y=2x,&0<x<1\\0,&\text{其他}\end{cases},$$

$$f_Y(y)=\int_{-\infty}^{+\infty}f(x,y)\mathrm{d}x$$

$$=\begin{cases}\displaystyle\int_{y}^{1}\mathrm{d}x=1-y,&0<y<1\\\displaystyle\int_{-y}^{1}\mathrm{d}x=1+y,&-1<y<0\\0,&\text{其他}\end{cases}$$

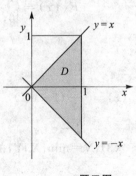

题三图

$$f_{Y|X}(y \mid x) = \frac{f(x,y)}{f_X(x)} = \frac{1}{2x}, \quad 0 < x < 1, \mid y \mid < x,$$

$$f_{X|Y}(x \mid y) = \frac{f(x,y)}{f_Y(y)} = \frac{1}{1 - \mid y \mid}, 0 < x < 1, \mid y \mid < x$$

(2) $$P\left\{X > \frac{1}{2}\right\} = \int_{1/2}^1 2x\,\mathrm{d}x = x^2 \Big|_{1/2}^1 = 1 - \left(\frac{1}{2}\right)^2 = \frac{3}{4},$$

$$P\left\{Y > \frac{1}{2} \,\Big|\, X > \frac{1}{2}\right\} = \frac{P\{Y > 1/2, X > 1/2\}}{P\{X > 1/2\}} = \frac{\int_{1/2}^1 \mathrm{d}x \int_{1/2}^x \mathrm{d}y}{3/4} = \frac{1/8}{3/4} = \frac{1}{6}$$

四、(14分)解:(1) $Z = X + Y$ 的概率密度为

$$f_Z(z) = \int_{-\infty}^{+\infty} f_X(z-y) f_Y(y) \mathrm{d}y$$

考虑当 $z \leqslant 0$ 时,$f_Z(z) = 0$;当 $z - y > 0$,$0 < y < 2$ 时,$f_X(z-y)f_Y(y) > 0$,由此确定积分限,故有:当 $0 < z < 2$ 时,$f_Z(z) = \int_0^z \mathrm{e}^{-(z-y)} \frac{1}{2}\mathrm{d}y = \frac{1}{2}(1 - \mathrm{e}^{-z})$;当 $z \geqslant 2$ 时,

$$f_Z(z) = \int_0^2 \mathrm{e}^{-(z-y)} \frac{1}{2}\mathrm{d}y = \frac{(\mathrm{e}^2 - 1)}{2}\mathrm{e}^{-z}$$

即

$$f_Z(z) = \begin{cases} \dfrac{1}{2}(1 - \mathrm{e}^{-z}), & 0 < z < 2 \\[2mm] \dfrac{1}{2}(\mathrm{e}^2 - 1)\mathrm{e}^{-z}, & z \geqslant 2 \\[2mm] 0, & \text{其他} \end{cases}$$

(2) $M = \max\{X, Y\}$ 的分布函数为

$$F_M(z) = F_X(z) F_Y(z)$$

而

$$F_X(x) = \begin{cases} 1 - \mathrm{e}^{-x}, & x > 0 \\ 0, & x \leqslant 0 \end{cases}, \quad F_Y(y) = \begin{cases} 0, & y \leqslant 0 \\ y/2, & 0 < y < 2 \\ 1, & \text{其他} \end{cases}$$

故

$$F_M(z) = \begin{cases} 0, & z < 0 \\ \dfrac{z}{2}(1 - \mathrm{e}^{-z}), & 0 \leqslant z < 2, \\ 1 - \mathrm{e}^{-z}, & z \geqslant 2 \end{cases} \quad f_M(z) = \begin{cases} 0, & z < 0 \\ \dfrac{1}{2}(1 - \mathrm{e}^{-z} + z\mathrm{e}^{-z}), & 0 \leqslant z < 2 \\ \mathrm{e}^{-z}, & z \geqslant 2 \end{cases}$$

(3) $N = \min\{X, Y\}$ 的分布函数为

$$F_N(z) = 1 - [1 - F_X(z)][1 - F_Y(z)] = \begin{cases} 0, & z < 0 \\ 1 - \mathrm{e}^{-z}(1 - z/2), & 0 \leqslant z < 2 \\ 1, & z \geqslant 2 \end{cases}$$

故 N 的概率密度为

$$f_N(z) = \begin{cases} \dfrac{3}{2}e^{-z} - \dfrac{z}{2}e^{-z}, & 0 < z < 2 \\ 0, & \text{其他} \end{cases}$$

五、(10 分)解:(1) 先将数据按从小到大顺序排列得顺序统计值:

0.9 1.5 1.8 1.8 2.1 2.1 2.1 2.2 2.4 2.8

由定义得经验分布函数为

$$F_{10}(x) = \begin{cases} 0, & x < 0.9 \\ 0.1, & 0.9 \leqslant x < 1.5 \\ 0.2, & 1.5 \leqslant x < 1.8 \\ 0.4, & 1.8 \leqslant x < 2.1 \\ 0.7, & 2.1 \leqslant x < 2.2 \\ 0.8, & 2.2 \leqslant x < 2.4 \\ 0.9, & 2.4 \leqslant x < 2.8 \\ 1, & x \geqslant 2.8 \end{cases}$$

(2) $P\{1.5 < X \leqslant 2.5\} = F(2.5) - F(1.5) \approx F_{10}(2.5) - F_{10}(1.5) = 0.9 - 0.2 = 0.7$。

六、(14 分)解:(1) 因为

$$E(X) = \int_{-\infty}^{+\infty} x f(x;\theta)\,dx = \int_0^1 x\theta\,dx + \int_1^2 x(1-\theta)\,dx = \frac{\theta}{2} + \frac{3}{2}(1-\theta) = \frac{3}{2} - \theta$$

令 $E(X) = \dfrac{3}{2} - \theta = \overline{X}$,即得 θ 的矩估计为 $\hat{\theta} = \dfrac{3}{2} - \overline{X}$。

(2) 由样本值 $x_1, x_2, \cdots, x_n$,得似然函数为

$$L(\theta) = \prod_{i=1}^{n} f(x_i;\theta) = \underbrace{\theta\cdots\theta}_{N}\underbrace{(1-\theta)\cdots(1-\theta)}_{n-N} = \theta^N(1-\theta)^{n-N}$$

对其取对数得

$$\ln L(\theta) = N\ln\theta + (n-N)\ln(1-\theta)$$

对 θ 求导数得

$$\frac{d\ln L(\theta)}{d\theta} = \frac{N}{\theta} - \frac{n-N}{1-\theta} \xlongequal{\text{令}} 0$$

解上述方程即得 θ 的最大似然估计为 $\hat{\theta} = \dfrac{N}{n}$。

七、(14 分)解:这是正态总体 $N(\mu, \sigma^2)$ 方差 $\sigma^2 = 40^2$ 已知时,关于均值 μ 的双边检验问题。检验过程如下:

① 根据问题提出假设:

$$H_0: \mu = 800; \quad H_1: \mu \neq 800$$

② 选定显著性水平 $\alpha = 0.05$,确定样本容量 $n = 9$;

③ 选择恰当的统计量:$U = \dfrac{\overline{X} - \mu}{\sigma/\sqrt{n}}$,在 H_0 为真时,检验统计量

$$U = \frac{\overline{X} - 800}{40/\sqrt{9}} \sim N(0,1)$$

④ 查标准正态分布表可得 $z_{0.05/2} = 1.96$ 的值,确定 H_0 的拒绝域为

$$|u| = \left| \frac{\overline{x} - 800}{40/\sqrt{9}} \right| \geqslant 1.96$$

⑤ 判断:根据样本值计算 $\overline{x} = 780$,及检验统计量的观测值

$$|u| = \left| \frac{\overline{x} - 800}{40/\sqrt{9}} \right| = \left| \frac{780 - 800}{40/\sqrt{9}} \right| = 1.5 < 1.96$$

落在接受域内,所以应接受 H_0,即在显著性水平 $\alpha = 0.05$ 下可以认为这批钢索的平均断裂强度为 800 kg/cm^2。

八、(10 分)解:(1) 因为 $(X, Y) \sim N(0, 0, 1, 1, 0.5)$,故其概率密度函数为

$$f(x, y) = \frac{1}{2\pi\sqrt{1-0.5^2}} \exp\left[-\frac{1}{2(1-0.5^2)}(x^2 - xy + y^2) \right],$$

$$-\infty < x, y < +\infty$$

(2) 因为 (X, Y) 服从二维正态分布,所以 X 与 Y 的线性组合 $Z = 2X - Y + 1$ 服从一维正态分布,且

$$E(Z) = E(2X - Y + 1) = E(2X) - E(Y) + 1 = 1,$$

$$D(Z) = D(2X - Y + 1) = D(2X) + D(Y) - 2\mathrm{Cov}(X, Y)$$

其中 $D(X) = D(Y) = 1, \mathrm{Cov}(X, Y) = \rho\sqrt{D(X)}\sqrt{D(Y)}$,故

$$D(Z) = 4 + 1 - 2\rho\sqrt{D(X)}\sqrt{D(Y)} = 5 - 2 \times 0.5 = 4$$

于是 $Z \sim N(1, 2^2)$,Z 的概率密度函数为

$$f(z) = \frac{1}{2\sqrt{2\pi}} \exp\left[-\frac{(z-1)^2}{2 \times 4} \right], \quad -\infty < z < +\infty$$

模拟试卷 8 解答

一、(10 分)解:设 $A = \{$任抽一件得到合格品$\}$,$B = \{$得到一级品$\}$,则 A 发生时,要求各道工序皆不出废品,且 $B \subset A$,故有 $AB = B$。且由工序生产独立性可得:
当采用第一种工艺时,

$$P(B) = P(AB) = P(A)P(B \mid A)$$

$$= (1 - 0.1) \times (1 - 0.2) \times (1 - 0.3) \times 0.9 = 0.453\,6$$

当采用第二种工艺时,

$$P(B) = P(AB) = P(A)P(B \mid A) = (1 - 0.3)^2 \times 0.8 = 0.392$$

故第一种工艺得到一级品概率较大。

二、(14 分)**解**:(1) X 与 Y 的边缘分布律分别为

X	4	5
$p_i.$	0.55	0.45

Y	3	4	5
$p._j$	0.27	0.43	0.3

因为

$$0.17 = P\{X=4, Y=3\} \neq P\{X=4\}P\{Y=3\} = 0.55 \times 0.27 = 0.148\ 5$$

所以不满足独立性条件,故此 X 与 Y 不独立。

(2) $Z = X + Y$ 的可能取值为 $7, 8, 9, 10$,

Z	7	8	9	10
P	0.17	0.23	0.55	0.05

(3) $P\{XY < 20\} = P\{X=4, Y=3\} + P\{X=4, Y=4\} + P\{X=5, Y=3\}$
$$= 0.17 + 0.13 + 0.1 = 0.4。$$

三、(14 分)**解**:(1)

$$1 = \int_0^2 \mathrm{d}x \int_2^4 k(6-x-y)\mathrm{d}y = k\int_0^2 \left(12 - 2x - \frac{y^2}{2}\Big|_2^4\right)\mathrm{d}x$$

$$= k\int_0^2 (12 - 2x - 6)\mathrm{d}x = k\int_0^2 (6 - 2x)\mathrm{d}x = k(6x - x^2)\Big|_0^2 = 8k$$

所以 $k = 1/8$。

(2) $P\{X < 1, Y < 3\} = \int_0^1 \mathrm{d}x \int_2^3 \frac{1}{8}(6-x-y)\mathrm{d}y = \frac{1}{8}\int_0^1 \left(6 - x - \frac{y^2}{2}\Big|_2^3\right)\mathrm{d}x$

$$= \frac{1}{8}\int_0^1 \left(\frac{7}{2} - x\right)\mathrm{d}x = \frac{3}{8}。$$

(3) $P\{X + Y \leqslant 4\} = \iint\limits_{x+y\leqslant 4} f(x,y)\mathrm{d}x\,\mathrm{d}y = \int_0^2 \mathrm{d}x \int_2^{4-x} \frac{1}{8}(6-x-y)\mathrm{d}y$

$$= \frac{1}{8}\int_0^2 \left\{(6-x)(2-x) - \frac{1}{2}[(4-x)^2 - 4]\right\}\mathrm{d}x$$

$$= \frac{1}{8}\int_0^2 \left(6 - 4x + \frac{1}{2}x^2\right)\mathrm{d}x$$

$$= \frac{1}{8}\left(12 - 2x^2\Big|_0^2 + \frac{1}{6}x^3\Big|_0^2\right) = \frac{2}{3}。$$

四、(14 分)**解**:(1) 因为 X 与 Y 边缘概率密度为

$$f_X(x) = \int_{-\infty}^{+\infty} f(x,y)\mathrm{d}y = \begin{cases} \int_x^2 \dfrac{1}{4}\mathrm{d}y = \dfrac{2-x}{4}, & 0 < x < 2 \\[2mm] \int_{-x}^2 \dfrac{1}{4}\mathrm{d}y = \dfrac{2+x}{4}, & -2 < x \leqslant 0 \\[2mm] 0, & \text{其他} \end{cases},$$

$$f_Y(y) = \int_{-\infty}^{+\infty} f(x,y)\mathrm{d}x = \begin{cases} \int_{-y}^{y} \dfrac{1}{4}\mathrm{d}x = \dfrac{y}{2}, & 0 < y < 2 \\[2mm] 0, & \text{其他} \end{cases}$$

易见 $f_X(x) \cdot f_Y(y) \neq f(x,y)$，由独立性命题判断，知 X 与 Y 不独立。

（2）又因为

$$E(X) = \int_{-\infty}^{+\infty} x f_X(x)\mathrm{d}x = \int_0^2 x\,\frac{2-x}{4}\mathrm{d}x + \int_{-2}^0 x\,\frac{2+x}{4}\mathrm{d}x$$

$$= \frac{1}{4}\left[\left(x^2 - \frac{1}{3}x^3\right)\Big|_0^2 + \left(x^2 + \frac{x^3}{3}\right)\Big|_{-2}^0\right] = \frac{1}{4}\left[4 - \frac{8}{3} - \left(4 - \frac{8}{3}\right)\right] = 0,$$

$$E(XY) = \int_{-\infty}^{+\infty}\int_{-\infty}^{+\infty} xy f(x,y)\mathrm{d}x\,\mathrm{d}y$$

$$= \int_0^2 \mathrm{d}y \int_{-y}^{y} xy\,\frac{1}{4}\mathrm{d}x = \frac{1}{4}\int_0^2 y\,\frac{x^2}{2}\Big|_{-y}^{y}\mathrm{d}y = 0$$

即得 $E(XY) - E(X)E(Y) = 0$，即 $\mathrm{Cov}(X,Y) = 0$，故 $\rho_{XY} = \dfrac{\mathrm{Cov}(X,Y)}{\sqrt{D(X)}\sqrt{D(Y)}} = 0$。

所以此 X 与 Y 不相关。

五、（14 分）解：(1)

$$F_Y(y) = P\{Y \leqslant y\} = P\{X=1\}P\{Y \leqslant y \mid X=1\} + P\{X=2\}P\{Y \leqslant y \mid X=2\}$$

$$= \frac{1}{2}\begin{cases} 0, & y < 0 \\ y, & 0 \leqslant y < 1 \\ 1, & y \geqslant 1 \end{cases} + \frac{1}{2}\begin{cases} 0, & y < 0 \\ \dfrac{y}{2}, & 0 \leqslant y < 2 \\ 1, & y \geqslant 2 \end{cases} = \begin{cases} 0, & y < 0 \\ \dfrac{3y}{4}, & 0 \leqslant y < 1 \\ \dfrac{1}{2} + \dfrac{y}{4}, & 1 \leqslant y < 2 \\ 1, & y \geqslant 2 \end{cases}$$

（2）由 $F_Y(y)$ 得 Y 的概率密度为

$$f_Y(y) = \begin{cases} 3/4, & 0 \leqslant y < 1 \\ 1/4, & 1 \leqslant y < 2 \\ 0 & \text{其他} \end{cases}$$

故

$$E(Y) = \int_{-\infty}^{+\infty} y f_Y(y)\mathrm{d}y = \int_0^1 y \cdot \frac{3}{4}\mathrm{d}y + \int_1^2 y \cdot \frac{1}{4}\mathrm{d}y$$

$$= \frac{3}{4} \times \frac{1}{2}y^2\Big|_0^1 + \frac{1}{4} \times \frac{1}{2}y^2\Big|_1^2 = \frac{3}{8} + \frac{3}{8} = \frac{3}{4},$$

$$E(Y^2) = \int_{-\infty}^{+\infty} y^2 f_Y(y)\mathrm{d}y = \int_0^1 y^2 \cdot \frac{3}{4}\mathrm{d}y + \int_1^2 y^2 \cdot \frac{1}{4}\mathrm{d}y$$

$$= \frac{3}{4} \times \frac{1}{3} y^3 \Big|_0^1 + \frac{1}{4} \times \frac{1}{3} y^3 \Big|_1^2 = \frac{1}{4} + \frac{7}{4} = 2,$$

$$D(Y) = E(Y^2) - [E(Y)]^2 = 2 - \frac{9}{16} = \frac{23}{16}$$

于是得所求

$$D(3 - 4Y) = 16D(Y) = 23$$

六、(10 分) 解: 因为 $X_1, X_2, \cdots, X_5$ 是来自总体 X 的一个样本,而 $X \sim N(12, 2^2)$,故 $X_i \sim N(12, 2^2)(1 \leqslant i \leqslant 5)$ 相互独立且同分布,故其分布函数为

$$F_{X_i}(x) = P\{X_i \leqslant x\} = P\{X \leqslant x\} = F(x) = \Phi\left(\frac{x-12}{2}\right), \quad i = 1, 2, 3, 4, 5$$

(1) $P\{X_{(5)} < 15\} = P\{\max_{1 \leqslant i \leqslant 5}\{X_i\} < 15\} = [P\{X < 15\}]^5 = [F(15)]^5$

$$= \left[\Phi\left(\frac{15-12}{2}\right)\right]^5 = [\Phi(1.5)]^5 = 0.9332^5 = 0.7077;$$

(2) $P\{X_{(1)} < 10\} = P\{\min_{1 \leqslant i \leqslant 5}\{X_i\} < 10\} = 1 - [1 - P\{X < 10\}]^5$

$$= 1 - [1 - F(10)]^5$$

$$= 1 - \left[1 - \Phi\left(\frac{10-12}{2}\right)\right]^5 = 1 - [\Phi(1)]^5$$

$$= 1 - 0.8413^5 = 0.5785。$$

七、(14 分) 解: (1) 由 $F(x)$ 得 X 的概率密度为

$$f(x) = \begin{cases} \dfrac{2x}{\theta}\mathrm{e}^{-\frac{x^2}{\theta}} & x > 0 \\ 0 & x \leqslant 0 \end{cases}$$

$$E(X) = \int_{-\infty}^{+\infty} xf(x)\mathrm{d}x = \int_0^{+\infty} x \cdot \frac{2x}{\theta}\mathrm{e}^{-\frac{x^2}{\theta}}\mathrm{d}x = -x\mathrm{e}^{-\frac{x^2}{\theta}}\Big|_0^{+\infty} + \int_0^{+\infty} \mathrm{e}^{-\frac{x^2}{\theta}}\mathrm{d}x$$

作换元 $\dfrac{x}{\sqrt{\theta}} = \dfrac{t}{\sqrt{2}}$,得

$$E(X) = \int_0^{+\infty} \mathrm{e}^{-\frac{x^2}{\theta}}\mathrm{d}x = \int_0^{+\infty} \mathrm{e}^{-\frac{t^2}{2}}\mathrm{d}\frac{\sqrt{\theta}}{\sqrt{2}}t = \sqrt{\theta\pi}\int_0^{+\infty} \frac{1}{\sqrt{2\pi}}\mathrm{e}^{-\frac{t^2}{2}}\mathrm{d}t = \frac{\sqrt{\theta\pi}}{2},$$

$$E(X^2) = \int_{-\infty}^{+\infty} x^2 f(x)\mathrm{d}x = \int_0^{+\infty} x^2 \cdot \frac{2x}{\theta}\mathrm{e}^{-\frac{x^2}{\theta}}\mathrm{d}x = -x^2\mathrm{e}^{-\frac{x^2}{\theta}}\Big|_0^{+\infty} + \int_0^{+\infty} 2x\mathrm{e}^{-\frac{x^2}{\theta}}\mathrm{d}x$$

$$= \theta\int_0^{+\infty} \frac{2x}{\theta}\mathrm{e}^{-\frac{x^2}{\theta}}\mathrm{d}x = \theta\int_{-\infty}^{+\infty} f(x)\mathrm{d}x = \theta$$

(2) 似然函数

$$L(\theta) = \prod_{i=1}^n f(x_i; \theta) = \prod_{i=1}^n \frac{2x_i}{\theta}\exp\left(-\frac{x_i^2}{\theta}\right) = \frac{2^n \prod\limits_{i=1}^n x_i}{\theta^n}\exp\left(-\frac{1}{\theta}\sum_{i=1}^n x_i^2\right)$$

取对数

$$\ln L(\theta) = n\ln 2 + \ln \prod_{i=1}^{n} x_i - n\ln \theta - \frac{1}{\theta} \sum_{i=1}^{n} x_i^2$$

求导数

$$\frac{\mathrm{d}\ln L(\theta)}{\mathrm{d}\theta} = -\frac{n}{\theta} + \frac{1}{\theta^2} \sum_{i=1}^{n} x_i^2 \xrightarrow{\ \ \diamondsuit\ \ } 0$$

解之得 $\hat{\theta} = \frac{1}{n} \sum_{i=1}^{n} x_i^2 = \overline{x^2}$，为 θ 的最大似然估计值；θ 的最大似然估计量

$$\hat{\theta} = \frac{1}{n} \sum_{i=1}^{n} X_i^2 = \overline{X^2}$$

(3) 因为 $E(X^2) = \theta, E(X_i^2) = \theta, X_1^2, X_2^2, \cdots, X_n^2$ 相互独立，由贝努利大数定律可知，$\hat{\theta} = \frac{1}{n} \sum_{i=1}^{n} X_i^2 = \overline{X^2}$ 依概率收敛到 $E(X^2) = \theta$，所以存在常数 $a = \theta$，满足对任意的 $\varepsilon > 0$，都有 $\lim_{n \to \infty} P\{|\hat{\theta} - a| \geqslant \varepsilon\} = 0$。

八、(10 分)解：本题为单个正态总体方差 $\sigma^2 = 0.3^2$ 已知条件下，求均值 μ 的置信水平为 0.95 的置信区间问题。所以由统计量

$$U = \frac{\overline{X} - \mu}{\sigma / \sqrt{n}} \sim N(0,1)$$

得 $P\left\{\left|\dfrac{\overline{X} - \mu}{\sigma/\sqrt{n}}\right| < z_{\alpha/2}\right\} = 1 - \alpha$，于是均值 μ 的置信水平为 $1 - \alpha$ 的置信区间为

$$\left(\overline{x} - \frac{\sigma}{\sqrt{n}} z_{\alpha/2}, \overline{x} - \frac{\sigma}{\sqrt{n}} z_{\alpha/2}\right) = \left(\overline{x} \pm \frac{\sigma}{\sqrt{n}} z_{\alpha/2}\right)$$

而由本题数据得

$$\sigma = 0.3, \quad 1 - \alpha = 0.95, \quad \alpha = 0.05,$$
$$z_{0.05/2} = z_{0.025} = 1.96, \quad n = 5, \quad \overline{x} = 25.06$$

代入上式，于是得到一个具体的均值 μ 的置信水平为 0.95 的置信区间：

$$\left(25.06 - \frac{0.3}{\sqrt{5}} \times 1.96, 25.06 + \frac{0.3}{\sqrt{5}} \times 1.96\right) = (24.8, 25.32)$$

模拟试卷 9 解答

一、(10 分)解：(1) 可以有两种做法。

方法一 从 50 个灯泡中任取 5 个共有 C_{50}^5 种取法，而 5 个中至少有 1 个坏的包括两种情况，一种是 5 个中恰有 1 个坏的，有 $C_2^1 C_{48}^4$ 种取法；另一种是 5 个中恰有两个是坏的，有 $C_2^2 C_{48}^3$ 种取法。故所求概率为

$$P(A) = \frac{C_2^1 C_{48}^4 + C_2^2 C_{48}^3}{C_{50}^5} = \frac{47}{245}$$

方法二 因为 A 的对立事件是 $\overline{A} = \{$所取 5 个灯泡中都没有坏灯泡$\}$，共有 C_{48}^5 种取法，故所求概率为

$$P(A) = 1 - P(\overline{A}) = 1 - \frac{C_{48}^5}{C_{50}^5} = 1 - \frac{198}{245} = \frac{47}{245}$$

（2）设要检查 n 个灯泡才能保证 $P(B) > 1/2$，此时总的取法有 C_{50}^n 种，而 n 个灯泡全是好的取法共有 C_{48}^n 种，于是

$$P(B) = 1 - \frac{C_{48}^n}{C_{50}^n} = 1 - \frac{(50-n)(49-n)}{50 \times 49} > \frac{1}{2}$$

整理得

$$n^2 - 99n + 25 \times 49 < 0,$$

$$\left(n - \frac{99 + \sqrt{4\,900}}{2}\right)\left(n - \frac{99 - \sqrt{4\,900}}{2}\right) < 0, \quad \text{即} \quad 14.5 < n < 84.5$$

故至少检查 15 个灯泡，才能保证 $P(B) > 1/2$。

二、（14 分）解：（1）由 X 的分布函数求导可得概率密度为

$$f_X(x) = \begin{cases} 2x e^{-x^2}, & x > 0 \\ 0, & x \leqslant 0 \end{cases}$$

（2）因为函数 $Y = 1 - X^2$ 的分布函数为

$$F_Y(y) = P\{Y \leqslant y\} = P\{1 - X^2 \leqslant y\}$$

当 $y \geqslant 1$ 时，$F_Y(y) = 1$；

当 $y < 1$ 时，

$$F_Y(y) = P\{Y \leqslant y\} = P\{1 - X^2 \leqslant y\} = P\{X \geqslant \sqrt{1-y}\}$$

$$= 1 - P\{X < \sqrt{1-y}\} = 1 - F_X(\sqrt{1-y})$$

$$= \begin{cases} e^{y-1}, & y < 1 \\ 1, & y \geqslant 1 \end{cases}$$

故得 $Y = 1 - X^2$ 的概率密度为

$$f_Y(y) = \begin{cases} e^{y-1}, & y < 1 \\ 0, & y \geqslant 1 \end{cases}$$

（3）Y 的数学期望 $E(Y)$ 为

$$E(Y) = \int_{-\infty}^{1} y f_Y(y) \mathrm{d}y = \int_{-\infty}^{1} y e^{y-1} \mathrm{d}y = e^{-1} \int_{-\infty}^{1} y e^y \mathrm{d}y$$

$$= e^{-1}\left[y e^y \Big|_{-\infty}^{1} - \int_{-\infty}^{1} e^y \mathrm{d}y\right] = 0$$

另解：因为 $E(X^2) = \int_{-\infty}^{+\infty} x^2 f_X(x) \mathrm{d}x = \int_{0}^{+\infty} x^2 \cdot 2x e^{-x^2} \mathrm{d}x = 1$，故得

$$E(Y) = E(1 - X^2) = 1 - E(X^2) = 0$$

三、(14 分) 解:(1) 由

$$P\{X = 1 \mid Y = 0\} = \frac{1}{3} = \frac{P\{X = 1, Y = 0\}}{P\{Y = 0\}} = \frac{b}{0.3 + b}$$

$$\Rightarrow \begin{cases} b = 0.15 \\ a = 1 - 0.45 - 0.15 - 0.15 = 0.25 \end{cases}$$

(2) $P\{X = 1\} = 0.15 + 0.15 + 0.1 = 0.4$,

$Y \mid X = 1$	0	1	2
P	3/8	3/8	2/8

(3) $P\{X = 0, Y = 2\} = 0.30 \neq P\{X = 0\}P\{Y = 0\} = 0.6 \times 0.45$,所以不满足独立性条件,故此 X 与 Y 不独立。

四、(14 分)解:(1) $f(x, y) = f_X(x) f_{Y|X}(y \mid x)$

$$= \begin{cases} 3x, & 0 < x < 1, 0 < y < x \\ 0, & \text{其他} \end{cases};$$

(2) $P\{Y < X^2\} = \iint\limits_{y \leqslant x^2} f(x, y) \mathrm{d}x \mathrm{d}y = \int_0^1 \mathrm{d}x \int_0^{x^2} 3x \mathrm{d}y = \int_0^1 3x^3 \mathrm{d}x = \frac{3}{4}$;

(3) $Z = X + Y$ 的概率密度为

$$f_Z(z) = \int_{-\infty}^{+\infty} f(x, z - x) \mathrm{d}x$$

只当 $0 < x < 1, 0 < z - x < x$,即 $0 < x < 1, z/2 < x < z$ 时,$f(x, z - x) > 0$,因此按 z 分段取值计算得

$$f_Z(z) = \int_{-\infty}^{+\infty} f(x, z - x) \mathrm{d}x = \begin{cases} 0, & z \leqslant 0 \text{ 或 } z \geqslant 2 \\ \int_{z/2}^z 3x \mathrm{d}x = \frac{9}{8} z^2, & 0 < z < 1 \\ \int_{z/2}^1 3x \mathrm{d}x = \frac{3}{2}\left(1 - \frac{z^2}{4}\right), & 1 \leqslant z < 2 \end{cases}$$

五、(14 分)解:

(1) $f(x, y) = \dfrac{1}{12\pi\sqrt{1 - 0.3^2}} \cdot$

$$\exp\left\{ -\frac{1}{2(1 - 0.3^2)} \left[\frac{(x-1)^2}{4} - \frac{0.6(x-1)(y-2)}{6} + \frac{(y-2)^2}{9} \right] \right\};$$

(2) $\mathrm{Cov}(X, Y) = \rho\sqrt{D(X)}\sqrt{D(Y)} = 0.3 \times 2 \times 3 = 1.8 \neq 0$;或 $\rho = 0.3 \neq 0$,故 X 与 Y 相关;

(3) 因为 $(X, Y) \sim N(1, 2, 4, 9, 0.3)$,所以 $Z = 2X - Y$ 服从正态分布,且

$$E(Z) = E(2X - Y) = 2E(X) - E(Y) = 2 \times 1 - 2 = 0,$$

$$D(Z)=D(2X-Y)=4D(X)+D(Y)-4\mathrm{Cov}(X,Y)=19+9-4\times1.8=20.8$$

故 $Z=2X-Y$ 的概率密度为

$$f(z)=\frac{1}{\sqrt{2\pi}\sqrt{20.8}}\mathrm{e}^{-\frac{z^2}{2\times20.8}}$$

六、(10 分)**解**：易知 $E(V_k)=5,D(V_k)=\dfrac{100}{12},k=1,2,\cdots,20$。

(1) 因为 $V_1,V_2,\cdots,V_{20}$ 相互独立且同均匀分布，故由中心极限定理知，随机变量

$$\frac{\sum\limits_{k=1}^{20}V_k-20\times5}{\sqrt{20}\sqrt{100/12}}=\frac{V-100}{\sqrt{2\,000/12}}$$

近似服从标准正态分布 $N(0,1)$，故

$$P\{V>105\}=1-P\{V<105\}=1-P\left\{\frac{V-100}{\sqrt{2\,000/12}}<\frac{105-100}{\sqrt{2\,000/12}}\right\}$$

$$\overset{\mathrm{CLT}}{\approx}1-\Phi\left(\frac{5}{\sqrt{2\,000/12}}\right)=1-\Phi(0.387)$$

(2) 因 $V=\sum\limits_{k=1}^{20}V_k$ 近似服从正态分布 $N\left(20\times5,20\times\dfrac{100}{12}\right)$，故

$$\overline{V}=\frac{1}{20}\sum_{k=1}^{20}V_k$$

近似服从正态分布 $N\left(5,\dfrac{100}{12\times20}\right)=N\left(5,\dfrac{5}{12}\right)$，所以

$$P\{\overline{V}>5.5\}=1-P\{\overline{V}\leqslant5.5\}\overset{\mathrm{CLT}}{\approx}1-\Phi\left(\frac{5.5-5}{\sqrt{5/12}}\right)=1-\Phi(0.775)$$

七、(14 分)**解**：(1) 先求总体的数学期望

$$E(X)=\int_{-\infty}^{+\infty}xf(x;\theta)\mathrm{d}x=\int_0^\theta x\,\frac{1}{2\theta}\mathrm{d}x+\int_\theta^1 x\,\frac{1}{2(1-\theta)}\mathrm{d}x=\frac{\theta}{4}+\frac{1+\theta}{4}=\frac{1+2\theta}{4}$$

再令 $E(X)=\dfrac{1+2\theta}{4}=\overline{X}$，解之可得参数 θ 的矩估计量为

$$\hat{\theta}=\frac{4\overline{X}-1}{2}=2\overline{X}-\frac{1}{2}$$

(2) 因为

$$E(4\overline{X}^2)=4E(\overline{X}^2)=4\{D(\overline{X})+[E(\overline{X})]^2\}=4\left\{\frac{1}{n}D(X)+[E(X)]^2\right\}$$

而

$$E(X^2)=\int_{-\infty}^{+\infty}x^2f(x;\theta)\mathrm{d}x=\int_0^\theta x^2\,\frac{1}{2\theta}\mathrm{d}x+\int_\theta^1 x^2\,\frac{1}{2(1-\theta)}\mathrm{d}x$$

$$= \frac{\theta^2}{6} + \frac{1+\theta+\theta^2}{6} = \frac{1+\theta+2\theta^2}{6}$$

于是

$$D(X) = E(X^2) - [E(X)]^2 = \frac{1+\theta+2\theta^2}{6} - \left(\frac{1+2\theta}{4}\right)^2 = \frac{5-4\theta-4\theta^2}{48}$$

所以

$$E(4\overline{X}^2) = 4\left\{\frac{1}{n}D(X) + [E(X)]^2\right\} = 4\left[\frac{1}{n}\frac{5-4\theta-4\theta^2}{48} + \left(\frac{1+2\theta}{4}\right)^2\right]$$

$$= \frac{5-4\theta-4\theta^2}{12n} + \frac{1+4\theta+4\theta^2}{16} \neq \theta^2$$

因此 $4\overline{X}^2$ 不是 θ^2 的无偏估计量。

八、(10 分)解：本题为单个正态总体方差 $\sigma^2 = 0.3^2$ 已知条件下，求均值 μ 的置信水平为 0.95 的置信区间问题。所以由统计量

$$U = \frac{\overline{X} - \mu}{\sigma/\sqrt{n}} \sim N(0,1)$$

得 $P\left\{\left|\frac{\overline{X} - \mu}{\sigma/\sqrt{n}}\right| < z_{\alpha/2}\right\} = 1 - \alpha$，于是均值 μ 的置信水平为 $1-\alpha$ 的置信区间为

$$\left(\overline{x} - \frac{\sigma}{\sqrt{n}}z_{\alpha/2}, \overline{x} - \frac{\sigma}{\sqrt{n}}z_{\alpha/2}\right) = \left(\overline{x} \pm \frac{\sigma}{\sqrt{n}}z_{\alpha/2}\right)$$

而由本题数据得

$$\sigma = 0.3, \quad 1 - \alpha = 0.95, \quad \alpha = 0.05,$$
$$z_{0.05/2} = z_{0.025} = 1.96, \quad n = 5, \quad \overline{x} = 25.06$$

代入上式，于是得到一个具体的均值 μ 的置信水平为 0.95 的置信区间：

$$\left(25.06 - \frac{0.3}{\sqrt{5}} \times 1.96, 25.06 + \frac{0.3}{\sqrt{5}} \times 1.96\right) = (24.8, 25.32)$$

易见 $25 \in (24.8, 25.32)$，可以认为 $\mu = 25$。

模拟试卷 10 解答

一、(15 分)解：(1) 因为 $P(A \cup B) = P(A) + P(B) - P(AB)$，所以有

$$P(AB) = P(A) + P(B) - P(A \cup B) = 0.5 + 0.3 - 0.7 = 0.1$$

(2) $P(\overline{A}B) = P(A - B) = P(A - AB) = P(A) - P(AB) = 0.5 - 0.1 = 0.4$。

(3) $P(\overline{AB}) = P(\overline{B} - A) = P(\overline{B}) - P(\overline{AB}) = 0.7 - 0.4 = 0.3$。

(4) 因为 $0.1 = P(AB) \neq P(A)P(B) = 0.15$，故 A 与 B 不独立。

(5) 若有 $B \subset A$，则 $P(A \cup B) = P(A) = 0.5 \neq 0.7$，所以 $B \not\subset A$。

二、(10 分)解：(1) 由题意，X 的可能取值为 0,1,2,3，其相应的概率为

$$P\{X=0\}=\frac{C_3^0 C_3^3}{C_6^3}=\frac{1}{20}, \quad P\{X=1\}=\frac{C_3^1 C_3^2}{C_6^3}=\frac{9}{20},$$

$$P\{X=2\}=\frac{C_3^2 C_3^1}{C_6^3}=\frac{9}{20}, \quad P\{X=3\}=\frac{C_3^3 C_3^0}{C_6^3}=\frac{1}{20}$$

即 X 的概率分布为

X	0	1	2	3
p_k	1/20	9/20	9/20	1/20

于是 X 的数学期望为

$$E(X)=0\times\frac{1}{20}+1\times\frac{9}{20}+2\times\frac{9}{20}+3\times\frac{1}{20}=\frac{3}{2}$$

(2) 记 $A=\{$从乙箱中任取一件产品是次品$\}$,则由全概率公式可得

$$P(A)=\sum_{k=0}^{3}P\{X=k\}P(A\mid X=k)$$

$$=\frac{1}{20}\times 0+\frac{9}{20}\times\frac{1}{6}+\frac{9}{20}\times\frac{2}{6}+\frac{1}{20}\times\frac{3}{6}=\frac{1}{4}$$

三、(15 分)**解**:由题设,X 的概率密度为

$$f_X(x)=\begin{cases} \dfrac{1}{5}e^{-\frac{x}{5}}, & x>0 \\ 0, & x\leqslant 0 \end{cases}$$

而 $Y=\min\{X,2\}$ 的分布函数为

$$F_Y(y)=P\{Y\leqslant y\}=P\{\min\{X,2\}\leqslant y\}$$

当 $y<0$ 时,$F(y)=0$;当 $y>2$ 时,$F(y)=1$;当 $0<y<2$ 时,

$$F_Y(y)=P\{Y\leqslant y\}=P\{0\leqslant X\leqslant y\}=\int_0^y\frac{1}{5}e^{-\frac{1}{5}x}\,dx=1-e^{-\frac{1}{5}y}$$

即 $Y=\min\{X,2\}$ 的分布函数为

$$F_Y(y)=\begin{cases} 0, & y<0 \\ 1-e^{-\frac{1}{5}y}, & 0\leqslant y<2 \\ 1, & y\geqslant 2 \end{cases}$$

四、(15 分)**解**:因为区域 $G=\{(x,y)\mid 0<y<1,y<x<2-y\}$ 的面积为 1,故 (X,Y) 的概率密度为

$$f(x,y)=\begin{cases} 1, & 0<y<1,y<x<2-y \\ 0, & \text{其他} \end{cases}$$

(1) X 的概率密度为

$$f_X(x) = \int_{-\infty}^{+\infty} f(x,y)\mathrm{d}y = \begin{cases} \int_0^x 1\mathrm{d}y = x, & 0 < x < 1 \\ \int_0^{2-x} 1\mathrm{d}y = 2 - x, & 1 < x < 2 \\ 0, & \text{其他} \end{cases}$$

(2) Y 的概率密度为

$$f_Y(y) = \int_{-\infty}^{+\infty} f(x,y)\mathrm{d}x = \begin{cases} \int_y^{2-y} 1\mathrm{d}x = 2(1-y), & 0 < y < 1 \\ 0, & \text{其他} \end{cases}$$

故当 $0 < y < 1$ 时,$Y = y$ 条件下 X 的条件概率密度为

$$f_{X|Y}(x \mid y) = \frac{f(x,y)}{f_Y(y)} = \begin{cases} \dfrac{1}{2(1-y)}, & y < x < 2 - y \\ 0, & \text{其他} \end{cases}$$

五、(15 分)解: (1) 因为 $P\{X^2 = Y^2\} = 1$,则 $P\{X^2 \neq Y^2\} = 0$,因此

$$P\{X = 0, Y = -1\} = P\{X = 0, Y = 1\}$$
$$= P\{X = 1, Y = 0\} = 0$$

再利用 X 与 Y 的联合分布与边缘概率分布的性质,可得 (X,Y) 的概率分布:

X \ Y	−1	0	1	$P\{X=i\}$
0	0	1/3	0	1/3
1	1/3	0	1/3	2/3
$P\{Y=j\}$	1/3	1/3	1/3	1

(2) 因为

$$P\{XY = -1\} = P\{X = 1, Y = -1\} = 1/3,$$
$$P\{XY = 1\} = P\{X = 1, Y = 1\} = 1/3,$$
$$P\{XY = 0\} = 1 - P\{XY = -1\} - P\{XY = 1\} = 1/3$$

即 $Z = XY$ 的概率分布为

$Z = XY$	−1	0	1
p_k	1/3	1/3	1/3

(3) 因为

$$E(X) = 0 \times \frac{1}{3} + 1 \times \frac{2}{3} = \frac{2}{3}, \quad E(X^2) = 0^2 \times \frac{1}{3} + 1^2 \times \frac{2}{3} = \frac{2}{3},$$

$$D(X) = E(X^2) - [E(X)]^2 = \frac{2}{3} - \left(\frac{2}{3}\right)^2 = \frac{2}{9} \neq 0,$$

$$E(Y) = -1 \times \frac{1}{3} + 0 \times \frac{1}{3} + 1 \times \frac{1}{3} = 0,$$

$$E(Y^2) = (-1)^2 \times \frac{1}{3} + 0^2 \times \frac{1}{3} + 1^2 \times \frac{1}{3} = \frac{2}{3},$$

$$D(X) = E(X^2) - [E(X)]^2 = \frac{2}{3} - 0^2 = \frac{2}{3} \neq 0$$

且

$$E(XY) = -1 \times \frac{1}{3} + 0 \times \frac{1}{3} + 1 \times \frac{1}{3} = 0$$

$$\text{Cov}(X,Y) = E(XY) - E(X)E(Y) = 0 - \frac{2}{3} \times 0 = 0$$

于是 X 与 Y 的相关系数 $\rho = \dfrac{\text{Cov}(X,Y)}{\sqrt{D(X)}\sqrt{D(Y)}} = 0$。

六、(10 分) **解**：设应检查 n 个产品，$Y_n = \{n$ 个产品中次品的个数$\}$，则 $Y_n \sim B(n, 0.1)$，故有 $E(Y_n) = n \times 0.1$，$D(Y_n) = n \times 0.1 \times 0.9$，依题意，由隶莫佛中心极限定理知，产品不被接受时，应有 $P\{10 \leqslant Y_n \leqslant n\} \geqslant 0.9$，即近似有

$$P\{10 \leqslant Y_n \leqslant n\} \overset{\text{CLT}}{\approx} \Phi\left(\frac{n - n \times 0.1}{\sqrt{n \times 0.1 \times 0.9}}\right) - \Phi\left(\frac{10 - n \times 0.1}{\sqrt{n \times 0.1 \times 0.9}}\right)$$

$$= \Phi(0.3\sqrt{n}) - \Phi\left(\frac{10 - 0.1n}{0.3\sqrt{n}}\right) = 0.9$$

当 n 足够大时，$\Phi(0.3\sqrt{n}) \approx 1$，则得 $\Phi\left(\dfrac{0.1n - 10}{0.3\sqrt{n}}\right) \geqslant 0.9$，$\dfrac{0.1n - 10}{0.3\sqrt{n}} \geqslant 1.28$，解之得 $n \approx 147$，即应检查 147 个产品，才能使次品率为 10% 的一批产品不被接受的概率达到 0.9。

七、(10 分) **解**：(1) 因为 $\dfrac{X_i - \mu}{\sigma} \sim N(0,1)$，$\displaystyle\sum_{i=1}^{20}\left(\frac{X_i - \mu}{\sigma}\right)^2 \sim \chi^2(20)$，故概率

$$P\left\{12.4\sigma^2 \leqslant \sum_{i=1}^{20}(X_i - \mu)^2 \leqslant 34.2\sigma^2\right\}$$

$$= P\left\{12.4 \leqslant \frac{\displaystyle\sum_{i=1}^{20}(X_i - \mu)^2}{\sigma^2} \leqslant 34.2\right\}$$

$$= P\{12.4 \leqslant \chi^2(20) \leqslant 34.2\}$$

$$= P\{\chi^2(20) \leqslant 34.2\} - P\{\chi^2(20) < 12.4\}$$

$$= [1 - P\{\chi^2(20) > 34.2\}] - [1 - P\{\chi^2(20) \geqslant 12.4\}]$$

$$= 0.9 - 0.025 = 0.875$$

(2) $\dfrac{Y}{\sigma^2} = \displaystyle\sum_{i=1}^{20}\left(\frac{X_i - \mu}{\sigma}\right)^2 \sim \chi^2(20)$，由 χ^2 分布性质可得

$$E(Y) = \sigma^2, \quad D(Y) = 2\sigma^2$$

八、(10 分)**解**:总体 X 的数学期望

$$E(X) = \int_{-\infty}^{+\infty} x f(x; \theta) \mathrm{d}x = \int_{\theta}^{+\infty} x \cdot 2\mathrm{e}^{-2(x-\theta)} \mathrm{d}x$$

$$= -x \cdot 2\mathrm{e}^{-2(x-\theta)} \Big|_{\theta}^{+\infty} + \int_{\theta}^{+\infty} \mathrm{e}^{-2(x-\theta)} \mathrm{d}x$$

$$= \theta + \frac{1}{2} \int_{\theta}^{+\infty} 2\mathrm{e}^{-2(x-\theta)} \mathrm{d}x = \theta + \frac{1}{2}$$

令其与样本均值相等,即 $\theta + \dfrac{1}{2} = \overline{X} = \dfrac{1}{n} \sum_{i=1}^{n} X_i$,得 θ 的矩估计量为

$$\hat{\theta} = \overline{X} - \frac{1}{2}$$

又设 $x_1, x_2, \cdots, x_n$ 是来自总体 X 的一个样本值,则似然函数为

$$L(\theta) = \prod_{i=1}^{n} f(x_i; \theta) = \prod_{i=1}^{n} 2\mathrm{e}^{-2(x_i-\theta)} = 2^n \exp\left(-2\sum_{i=1}^{n} x_i + 2n\theta\right), \quad x_1, x_2 \cdots, x_n > \theta,$$

$$\ln L(\theta) = n \ln 2 - 2\sum_{i=1}^{n} x_i + 2n\theta, \quad x_1, \cdots, x_n > \theta$$

显见用求导法无效,改用定义求 $\hat{\theta}$,使满足

$$L(\hat{\theta}) = \max L(\theta) = 2^n \exp\left(-2\sum_{i=1}^{n} x_i + 2n\theta\right), \quad x_1, x_2 \cdots, x_n > \theta$$

故取 $\hat{\theta} = x_{(1)} = \min\{x_1, x_2, \cdots x_n\}$ 为 θ 的极大似然估计值。而

$$\hat{\theta} = x_{(1)} = \min\{x_1, x_2, \cdots x_n\}$$

为所求 θ 的极大似然估计量。

第 **4** 篇

破关篇

　　所谓破关,意在势如破竹,无所畏惧,努力向前。有了前面的概率论与数理统计扎实的知识、理论、方法与技巧,充分的习题训练,已底气十足,还有什么可畏惧的?!万事皆有困难,唯认真可破。有一位毕业多年的同学告诉我,他大学选修这门课时,因为畏难学得不好,毕业时为了考研,下定决心要将这门最难的数学课学好,结果不仅考研数学考得好,以致后来读硕、读博、工作都获益匪浅。

　　本篇选择了 2012—2018 年考研题,并做了完整解答,建议读者先独立解题,再看解答,重要的是要比较解题思路、方法与技巧,发现异同之处,也可对照其他考研书籍提供的解答分析,找出可供借鉴的东西,将间接经验转化为自己的直接经验,这才是信心的来源。

　　考研题分为三类:选择题、填空题和解答题。解答的过程实际上是应试者与出题者斗智的过程,出题绞尽脑汁,答题费尽心神;出题有出题的规律,答题有答题的法则,但只要基础扎实、训练到位,那么解错了题、破不了关只不过是小概率而已。

1. 选择题解答参考思路

　　(1) 首先按照概念记忆公式解题,内容基本只涉及单个概念,看计算结果选择;

　　(2) 若不易计算,则按概率性质、分布性质,或特征性质、统计量性质等采用排它法,剔出不合理项;

　　(3) 若无思路,只得碰运气任选一个,当然对的概率只有 $1/4$,而不选的概率为 0。

2. 填空题解答参考思路

　　(1) 按照概念记忆公式解题,填空题内容概念比较单一,不要想复杂了,基本上属于常见概念,可能涉及古典概率、随机变量的分布与数字特征、抽样分布、点估计与无偏性、置信区间与假设检验几大块内容;概率与数字特征结果值一般比较简单,如分数,或 1 位小数,计算小心些。

（2）若为事件的概率，或古典概率，计算时注意五大公式，即加法公式、减法公式、乘法公式、全概率公式与逆概公式的运用，要小心区分条件概率与乘积的概率。

（3）若为离散型随机变量，则要注意分布律、分布函数、相关概率、函数的分布律、数学期望、方差等公式的运用。

（4）若为连续型随机变量，则要注意密度、分布函数、相关概率、函数的密度、数学期望、方差等公式的运用。

（5）若为二维随机变量，则要注意边缘分布、条件分布、函数的分布、独立性与相关性、协方差与相关系数公式的运用。

（6）若为数理统计题，则要注意三大分布、样本均值与方差的分布、无偏性、置信区间、拒绝域等公式的运用。

3. 解答题解答参考思路

（1）一般为综合题，一为概率题，二为统计题，但统计题中常常包含概率计算，如用样本均值的分布计算概率、样本的密度、估计量的期望与方差等，而置信区间与假设检验考得较少。解答题重视计算过程，可尽量回答详细些。

（2）概率题一般涉及二维随机变量，注意边缘分布、条件分布、函数的分布、独立性与相关性、协方差与相关系数等公式的运用。

（3）注意第三类随机变量，离散型与连续型随机变量之和不一定是离散型或连续型这两类随机变量，故通常用全概率公式求其分布函数。

（4）统计题则注意统计量的分布与数字特征的计算，熟练掌握 χ^2 分布的期望与方差，正态总体均值的分布的应用，参数的矩估计量（值）与极（最）大似然估计量（值）的求法，以及无偏性、有效性、一致性的验证等内容。

2012 年概率论与数理统计考研试题及解答

1. 选择题(4 分):设随机变量 X 与 Y 相互独立,且分别服从参数为 1 和参数为 4 的指数分布,则 $P\{X<Y\}=($ 　　)。

(A) 1/5　　　　　(B) 1/3　　　　　(C) 2/5　　　　　(D) 4/5

解:选(A)。因为 X 与 Y 的概率密度函数分别为

$$f_X(x)=\begin{cases}e^{-x}, & x>0 \\ 0, & x\leqslant 0\end{cases}, \quad f_Y(y)=\begin{cases}4e^{-4y}, & y>0 \\ 0, & y\leqslant 0\end{cases}$$

且 X 与 Y 相互独立,故 (X,Y) 的概率密度为

$$f(x,y)=f_X(x)f_Y(y)=\begin{cases}4e^{-x-4y}, & x>0,y>0 \\ 0, & \text{其他}\end{cases}$$

因此得

$$P\{X<Y\}=\iint\limits_{x<y}f(x,y)\mathrm{d}x\mathrm{d}y=\int_0^{+\infty}4e^{-4y}\mathrm{d}y\int_0^y e^{-x}\mathrm{d}x=\int_0^{+\infty}4e^{-4y}(1-e^{-y})\mathrm{d}y=\frac{1}{5}$$

2. 选择题(4 分):将长度为 1 m 的木棒随机地截成两段,则两段长度的相关系数为(　　)。

(A) 1　　　　　(B) 1/2　　　　　(C) $-1/2$　　　　　(D) -1

解:选(D)。设两段的长度分别为 X 与 Y,则 $Y=1-X$,即 X 与 Y 负线性相关,所以由相关系数性质可得,其相关系数为 -1。

3. 填空题(4 分):设 A,B,C 是随机事件,A,C 互不相容,$P(AB)=\dfrac{1}{2}$,$P(C)=\dfrac{1}{3}$,则 $P(AB\mid\overline{C})=($ 　　)。

解:3/4。因为 A,C 互不相容,则 $ABC=\varnothing$,$P(ABC)=0$,故由条件概率公式得

$$P(AB\mid\overline{C})=\frac{P(AB\overline{C})}{P(\overline{C})}=\frac{P(AB-C)}{1-P(C)}=\frac{P(AB)-P(ABC)}{1-P(C)}=\frac{\frac{1}{2}-0}{1-\frac{1}{3}}=\frac{3}{4}$$

4. 解答题(11 分):已知随机变量 X,Y,XY 的分布律如下表:

X	0	1	2
P	1/2	1/3	1/6

Y	0	1	2
P	1/3	1/3	1/3

XY	0	1	2	4
P	7/12	1/3	0	1/12

求(1) $P\{X=2Y\}$;(2) $\text{Cov}(X-Y,Y)$ 与 ρ_{XY}。

解:(1) $P\{X=2Y\}=P\{X=0,Y=0\}+P\{X=2,Y=1\}$,由概率加法公式得

$$P\{X=0,Y=0\}=P\{X=0\}+P\{Y=0\}-P\{XY=0\}$$

$$=\frac{1}{2}+\frac{1}{3}-\frac{7}{12}=\frac{3}{12}=\frac{1}{4},$$

$$P\{X=2,Y=1\}=P\{X=2\}+P\{Y=1\}-P\{XY=2\}=\frac{1}{6}+\frac{1}{3}-0=\frac{1}{2}$$

所以 $P\{X=2Y\}=P\{X=0,Y=0\}+P\{X=2,Y=1\}=\frac{1}{4}+\frac{1}{2}=\frac{3}{4}$。

（2）由期望公式得

$$E(XY)=0\times\frac{7}{12}+1\times\frac{1}{3}+2\times0+4\times\frac{1}{12}=\frac{2}{3},$$

$$E(X)=0\times\frac{1}{2}+1\times\frac{1}{3}+2\times\frac{1}{6}=\frac{2}{3},$$

$$E(Y)=0\times\frac{1}{3}+1\times\frac{1}{3}+2\times\frac{1}{3}=1$$

所以 $\mathrm{Cov}(X,Y)=E(XY)-E(X)E(Y)=\frac{2}{3}-\frac{2}{3}\times1=0$，故

$$\rho_{XY}=\frac{\mathrm{Cov}(X,Y)}{\sqrt{D(X)D(Y)}}=0$$

又 $E(Y^2)=0^2\times\frac{1}{3}+1^2\times\frac{1}{3}+2^2\times\frac{1}{3}=\frac{5}{3}$，$D(Y)=E(Y^2)-[E(Y)]^2=\frac{5}{3}-1^2=\frac{2}{3}$，

于是 $\mathrm{Cov}(X-Y,Y)=\mathrm{Cov}(X,Y)-\mathrm{Cov}(Y,Y)=0-D(Y)=-\frac{2}{3}$。

5. 解答题(11 分)：设随机变量 X 与 Y 相互独立，且分别服从正态分布 $N(\mu,\sigma^2)$ 与 $N(\mu,4\sigma^2)$，其中 $\sigma>0$ 是未知参数。设 $Z=X-Y$，(1)求 $Z=X-Y$ 的概率密度 $f(z;\sigma^2)$；(2)设 $Z_1,Z_2,\cdots,Z_n$ 是来自总体 Z 的简单随机样本，求 σ^2 的最大似然估计量 $\hat{\sigma}^2$；(3)证明 $\hat{\sigma}^2$ 是 σ^2 的无偏估计量。

解：(1) 因为 $X\sim N(\mu,\sigma^2)$，$Y\sim N(\mu,4\sigma^2)$，且 X 与 Y 相互独立，由正态变量性质可知，$Z=X-Y\sim N(0,5\sigma^2)$，故其概率密度为

$$f(z;\sigma^2)=\frac{1}{\sqrt{2\pi}\sqrt{5}\sigma}e^{-\frac{z^2}{2\times5\sigma^2}}=\frac{1}{\sqrt{10\pi}\sigma}e^{-\frac{z^2}{10\sigma^2}},\quad -\infty<z<+\infty$$

（2）对于样本观察值 $z_1,z_2,\cdots,z_n$，似然函数为

$$L(\sigma^2)=\prod_{i=1}^{n}f(z_i;\sigma^2)=\prod_{i=1}^{n}\frac{1}{\sqrt{10\pi}\sigma}\exp\left(-\frac{z^2}{10\sigma^2}\right)$$

$$=\frac{1}{(10\pi)^{\frac{n}{2}}(\sigma^2)^{\frac{n}{2}}}\exp\left(-\frac{1}{10\sigma^2}\sum_{i=1}^{n}z_i^2\right)$$

对其取对数得

$$\ln L(\sigma^2) = -\frac{n}{2}\ln(10\pi) - \frac{n}{2}\ln(\sigma^2) - \frac{1}{10\sigma^2}\sum_{i=1}^{n}z_i^2$$

对 σ^2 求导得

$$\frac{\mathrm{d}\ln L(\sigma^2)}{\mathrm{d}\sigma^2} = -\frac{n}{2\sigma^2} + \frac{1}{10\sigma^4}\sum_{i=1}^{n}z_i^2 = 0$$

解之得 $\hat{\sigma}^2 = \dfrac{1}{5n}\sum\limits_{i=1}^{n}z_i^2$，即 $\hat{\sigma}^2 = \dfrac{1}{5n}\sum\limits_{i=1}^{n}Z_i^2$ 为 σ^2 的最大似然估计量。

（3）因为

$$E(\hat{\sigma}^2) = \frac{1}{5n}\sum_{i=1}^{n}E(Z_i^2) = \frac{1}{5n}\sum_{i=1}^{n}E(Z_i^2)$$

$$= \frac{1}{5n}\sum_{i=1}^{n}\{D(Z_i) + [E(Z_i)]^2\} = \frac{1}{5n}\sum_{i=1}^{n}5\sigma^2 = \sigma^2$$

所以知 $\hat{\sigma}^2$ 是 σ^2 的无偏估计量。

2013 年概率论与数理统计考研试题及解答

1. 选择题(4 分)：设 X_1, X_2, X_3 是随机变量，且 $X_1 \sim N(0,1)$，$X_2 \sim N(0,2^2)$，$X_3 \sim N(5,3^2)$，$P_j = P\{-2 \leqslant X_j \leqslant 2\}(j=1,2,3)$，则（　　）。

(A) $P_1 > P_2 > P_3$ 　　　　　　　　(B) $P_2 > P_1 > P_3$

(C) $P_3 > P_1 > P_2$ 　　　　　　　　(D) $P_1 > P_3 > P_2$

解：选(A)。因为 $X_1 \sim N(0,1)$，$X_2 \sim N(0,2)$，$X_3 \sim N(5,3^2)$，故

$$P_1 = P\{-2 \leqslant X_1 \leqslant 2\} = \Phi(2) - \Phi(-2) = 2\Phi(2) - 1,$$

$$P_2 = P\{-2 \leqslant X_2 \leqslant 2\} = \Phi\left(\frac{2}{2}\right) - \Phi\left(-\frac{2}{2}\right) = 2\Phi(1) - 1 < P_1,$$

$$P_3 = P\{-2 \leqslant X_3 \leqslant 2\} = \Phi\left(\frac{2-5}{3}\right) - \Phi\left(-\frac{2-5}{3}\right) = 1 - 2\Phi(1) < P_2$$

2. 选择题(4 分)：设随机变量 X 与 Y 相互独立，X 与 Y 的概率分布分别为

X	0	1	2	3
P	1/2	1/4	1/8	1/8

Y	-1	0	1
P	1/3	1/3	1/3

则 $P\{X+Y=2\} = （　　）$。

(A) 1/12 　　　　(B) 1/8 　　　　(C) 1/6 　　　　(D) 1/2

解：选(C)。因为 X 与 Y 相互独立，故由它们的概率分布得

$$P\{X+Y=2\} = P\{X=1,Y=1\} + P\{X=2,Y=0\} + P\{X=3,Y=-1\}$$

$$= P\{X=1\}P\{Y=1\} + P\{X=2\}P\{Y=0\} +$$

$$P\{X=3\}P\{Y=-1\}$$

$$= \frac{1}{4} \times \frac{1}{3} + \frac{1}{8} \times \frac{1}{3} + \frac{1}{8} \times \frac{1}{3} = \frac{1}{6}$$

3. 填空题(4分)：设随机变量 X 服从标准正态分布 $X \sim N(0,1)$，则 $E(Xe^{2X}) =$ (   )。

解：$2e^2$。因为 $X \sim N(0,1)$，由函数的数学期望公式可得

$$E(Xe^{2X}) = \int_{-\infty}^{+\infty} x e^{2x} \frac{1}{\sqrt{2\pi}} e^{-\frac{x^2}{2}} dx$$

$$= \frac{1}{\sqrt{2\pi}} e^2 \int_{-\infty}^{+\infty} x \exp\left(-\frac{1}{2}(x-2)^2\right) dx$$

$$= \frac{1}{\sqrt{2\pi}} e^2 \int_{-\infty}^{+\infty} (t+2) \exp\left(-\frac{1}{2}t^2\right) dt$$

$$= \frac{1}{\sqrt{2\pi}} e^2 \int_{-\infty}^{+\infty} t e^{-\frac{1}{2}t^2} dt + 2e^2 \int_{-\infty}^{+\infty} \frac{1}{\sqrt{2\pi}} \exp\left(-\frac{1}{2}t^2\right) dt = 2e^2$$

4. 解答题(11分)：设随机变量 X 的概率密度函数为

$$f_X(x) = \begin{cases} \frac{1}{9}x^2, & 0 < x < 3 \\ 0, & \text{其他} \end{cases}$$

令随机变量

$$Y = \begin{cases} 2, & X \leqslant 1 \\ X, & 1 < X < 2 \\ 1, & X \geqslant 2 \end{cases}$$

(1) 求 Y 的分布函数；(2) 求概率 $P\{X \leqslant Y\}$。

解：(1) 因为 Y 的分布函数为 $F_Y(y) = P\{Y \leqslant y\}$，且 $Y \geqslant 1$，故

当 $y < 1$ 时，$F_Y(y) = P\{Y \leqslant y\} = 0$；

当 $1 \leqslant y < 2$ 时，

$$F_Y(y) = P\{Y = 1\} + P\{1 < Y < y\} = P\{X \geqslant 2\} + P\{1 < X < y\}$$

$$= \int_2^3 \frac{1}{9}x^2 dx + \int_1^y \frac{1}{9}x^2 dx = \frac{19}{27} + \frac{1}{27}y^3 - \frac{1}{27} = \frac{1}{27}(y^3 + 18)$$

当 $y \geqslant 2$ 时，$F_Y(y) = P\{Y \leqslant y\} = 1$。

(2) $P\{X \leqslant Y\} = P\{X = Y\} + P\{X < Y\} = P\{1 < X < 2\} + P\{X \leqslant 1\}$

$$= \int_1^2 \frac{1}{9}x^2 dx + \int_0^1 \frac{1}{9}x^2 dx = \frac{7}{27} + \frac{1}{27} = \frac{8}{27}$$

5. 解答题(11分)：设总体 X 的概率密度函数为

$$f(x) = \begin{cases} \dfrac{\theta^2}{x^3} e^{-\frac{\theta}{x}}, & x > 0 \\ 0, & \text{其他} \end{cases}$$

θ 为未知参数且大于 0，$X_1, X_2, \cdots, X_n$ 是来自总体 X 的简单随机样本，(1) 求 θ 的

矩估计量;(2) 求 θ 的最大似然估计量。

解:(1) 因为

$$E(X) = \int_{-\infty}^{+\infty} x f(x;\theta)\mathrm{d}x = \int_{-\infty}^{+\infty} x \cdot \frac{\theta^2}{x^3}\mathrm{e}^{-\frac{\theta}{x}}\mathrm{d}x = \theta\int_{-\infty}^{+\infty}\mathrm{e}^{-\frac{\theta}{x}}\mathrm{d}\left(-\frac{\theta}{x}\right) = \theta \xlongequal{\text{令}} \overline{X}$$

所以 θ 的矩估计量为 $\hat{\theta} = \overline{X} = \dfrac{1}{n}\sum_{i=1}^{n} X_i$。

(2) 对于样本观察值 $x_1, x_2, \cdots, x_n$,似然函数为

$$L(\theta) = \prod_{i=1}^{n} f(x_i;\theta) = \prod_{i=1}^{n}\frac{\theta^2}{x_i^3}\exp\left(-\frac{\theta}{x_i}\right) = \frac{\theta^{2n}}{\prod\limits_{i=1}^{n} x_i^3}\exp\left(-\theta\sum_{i=1}^{n}\frac{1}{x_i}\right)$$

对其取对数得

$$\ln L(\theta) = 2n\ln\theta - \ln\left(\prod_{i=1}^{n} x_i^3\right) - \theta\sum_{i=1}^{n}\frac{1}{x_i}$$

对 θ 求导得

$$\frac{\mathrm{d}\ln L(\theta)}{\mathrm{d}\theta} = \frac{2n}{\theta} - \sum_{i=1}^{n}\frac{1}{x_i} \xlongequal{\text{令}} 0$$

解之得 $\hat{\theta} = \dfrac{2n}{\sum\limits_{i=1}^{n}\dfrac{1}{x_i}}$,即 $\hat{\theta} = \dfrac{2n}{\sum\limits_{i=1}^{n}\dfrac{1}{X_i}}$ 为 θ 的最大似然估计量。

2014 年概率论与数理统计考研试题及解答

1. 选择题(4分):设随机事件 A 与 B 相互独立,且 $P(B) = 0.5$, $P(A - B) = 0.3$,则 $P(B - A) = ($)。

(A) 0.1   (B) 0.2   (C) 0.3   (D) 0.4

解:选(B)。因为

$$0.3 = P(A - B) = P(A) - P(AB) = P(A) - P(A)P(B)$$
$$= P(A) - 0.5P(A) = 0.5P(A)$$

得 $P(A) = 0.6$,所以

$$P(B - A) = P(B) - P(AB) = P(B) - P(A)P(B) = 0.5 - 0.6 \times 0.5 = 0.2$$

2. 选择题(4分):设连续型随机变量 X_1 与 X_2 相互独立,且方差存在,X_1 与 X_2 的概率密度分别为 $f_1(x)$ 和 $f_2(x)$,随机变量 Y_1 的概率密度为 $Y_2 = \dfrac{1}{2}[f_1(x) + f_2(x)]$,

随机变量 $Y_2 = \dfrac{1}{2}(X_1 + X_2)$,则( )。

(A) $E(Y_1) > E(Y_2)$, $D(Y_1) > D(Y_2)$

(B) $E(Y_1) = E(Y_2)$, $D(Y_1) = D(Y_2)$

(C) $E(Y_1)=E(Y_2),D(Y_1)<D(Y_2)$

(D) $E(Y_1)=E(Y_2),D(Y_1)>D(Y_2)$

解:选(D)。因为

$$E(Y_1)=\int_{-\infty}^{+\infty}yf_{Y_1}(y)\mathrm{d}y=\int_{-\infty}^{+\infty}y\frac{1}{2}[f_1(y)+f_2(y)]\mathrm{d}y=\frac{1}{2}[E(X_1)+E(X_2)],$$

$$E(Y_2)=E\left[\frac{1}{2}(X_1+X_2)\right]=\frac{1}{2}[E(X_1)+E(X_2)]=E(Y_1),$$

$$E(Y_1^2)=\int_{-\infty}^{+\infty}y^2f_{Y_1}(y)\mathrm{d}y=\int_{-\infty}^{+\infty}y^2\frac{1}{2}[f_1(y)+f_2(y)]\mathrm{d}y=\frac{1}{2}[E(X_1^2)+E(X_2^2)],$$

$$E(Y_2^2)=E\left[\frac{1}{2}(X_1+X_2)\right]^2=\frac{1}{4}[E(X_1^2)+E(X_2^2)+2E(X_1)E(X_2)],$$

$$E(Y_1^2)-E(Y_2^2)=\frac{1}{2}[E(X_1^2)+E(X_2^2)]-\frac{1}{4}[E(X_1^2)+E(X_2^2)+2E(X_1)E(X_2)]$$

$$=\frac{1}{4}[E(X_1^2)+E(X_2^2)-2E(X_1)E(X_2)]$$

$$=\frac{1}{4}E(X_1^2+X_2^2-2X_1X_2)$$

$$=\frac{1}{4}E[(X_1-X_2)^2]>0$$

故 $D(Y_1)>D(Y_2)$。

3. 填空题(4 分):设总体 X 的概率密度为

$$f(x;\theta)=\begin{cases}\dfrac{2x}{3\theta^2}, & \theta<x<2\theta \\ 0, & 其他\end{cases}$$

其中 θ 是未知参数,$X_1,X_2,\cdots,X_n$ 为来自总体 X 的样本,若 $c\sum_{i=1}^{n}x_i^2$ 是 θ^2 的无偏估计,则 $c=(\qquad)$。

解:$c=\dfrac{2}{5n}$。因为

$$E(X^2)=\int_{-\infty}^{+\infty}x^2f(x)\mathrm{d}x=\int_{\theta}^{2\theta}x\cdot\frac{2x}{3\theta^2}\mathrm{d}x=\frac{2}{3\theta^2}\cdot\frac{1}{4}x^4\Big|_{\theta}^{2\theta}=\frac{1}{6\theta^2}\cdot15\theta^4=\frac{5}{2}\theta^2,$$

$$E\left(c\sum_{i=1}^{n}X_i^2\right)=c\sum_{i=1}^{n}E(X_i^2)=cn\cdot\frac{5}{2}\theta^2=\theta^2$$

所以 $c=\dfrac{2}{5n}$。

4. 解答题(11 分):设随机变量 X 的概率分布 $P\{X=1\}=P\{X=2\}=1/2$,在给定 $X=i$ 的条件下,随机变量 Y 服从均匀分布 $U(0,i)(i=1,2)$,(1) 求 Y 的分布函数 $F_Y(y)$;(2) 求 $E(Y)$。

解：(1) $F_Y(y) = P\{Y \leqslant y\} = P\{X=1\}P\{Y \leqslant y \mid X=1\} +$

$\qquad P\{X=2\}P\{Y \leqslant y \mid X=2\}$

$$= \frac{1}{2}\begin{cases} 0, & y < 0 \\ y, & 0 \leqslant y < 1 \\ 1, & y \geqslant 1 \end{cases} + \frac{1}{2}\begin{cases} 0, & y < 0 \\ \dfrac{y}{2}, & 0 \leqslant y < 2 \\ 1, & y \geqslant 2 \end{cases}$$

$$= \begin{cases} 0, & y < 0 \\ \dfrac{3y}{4}, & 0 \leqslant y < 1 \\ \dfrac{1}{2} + \dfrac{y}{4}, & 1 \leqslant y < 2 \\ 1, & y \geqslant 2 \end{cases}$$

(2) $\qquad f_Y(y) = \begin{cases} \dfrac{3}{4}, & 0 \leqslant y < 1 \\ \dfrac{1}{4}, & 1 \leqslant y < 2 \\ 0, & \text{其他} \end{cases}$,

$$E(Y) = \int_{-\infty}^{+\infty} y f_Y(y)\,\mathrm{d}y = \int_0^1 y \cdot \frac{3}{4}\,\mathrm{d}y + \int_1^2 y \cdot \frac{1}{4}\,\mathrm{d}y$$

$$= \frac{3}{4}\,\frac{1}{2}y^2 \Big|_0^1 + \frac{1}{4}\,\frac{1}{2}y^2 \Big|_1^2 = \frac{3}{8} + \frac{3}{8} = \frac{3}{4}$$

5. 解答题(11 分)：设总体 X 的分布函数为

$$F(x) = \begin{cases} 1 - \mathrm{e}^{-\frac{x^2}{\theta}}, & x > 0 \\ 0, & x \leqslant 0 \end{cases}$$

$\theta > 0$ 为未知参数，$X_1, X_2, \cdots, X_n$ 为来自总体 X 的简单随机样本。(1)求 $E(X)$ 及 $E(X^2)$；(2)求 θ 的最大似然估计量 $\hat{\theta}$；(3)是否存在实数 a，使得对任意的 $\varepsilon > 0$，都有 $\lim\limits_{n \to \infty} P\{|\hat{\theta} - a| \geqslant \varepsilon\} = 0$？

解：(1) X 的概率密度函数为

$$f(x) = \begin{cases} \dfrac{2x}{\theta}\mathrm{e}^{-\frac{x^2}{\theta}}, & x > 0, \\ 0, & x \leqslant 0 \end{cases}$$

$$E(X) = \int_{-\infty}^{+\infty} x f(x)\,\mathrm{d}x = \int_0^{+\infty} x \cdot \frac{2x}{\theta}\exp\left(-\frac{x^2}{\theta}\right)\mathrm{d}x$$

$$= -x\exp\left(-\frac{x^2}{\theta}\right)\Big|_0^{+\infty} + \int_0^{+\infty} \exp\left(-\frac{x^2}{\theta}\right)\mathrm{d}x$$

作换元 $\dfrac{x}{\sqrt{\theta}}=\dfrac{t}{\sqrt{2}}$，得

$$E(X)=\int_{0}^{+\infty}\exp\left(-\frac{x^2}{\theta}\right)\mathrm{d}x=\int_{0}^{+\infty}\mathrm{e}\left(-\frac{t^2}{2}\right)\mathrm{d}\left(\frac{\sqrt{\theta}}{\sqrt{2}}t\right)$$

$$=\sqrt{\theta\pi}\int_{0}^{+\infty}\frac{1}{\sqrt{2\pi}}\exp\left(-\frac{t^2}{2}\right)\mathrm{d}t=\frac{\sqrt{\theta\pi}}{2},$$

$$E(X^2)=\int_{-\infty}^{+\infty}x^2 f(x)\mathrm{d}x=\int_{0}^{+\infty}x^2\cdot\frac{2x}{\theta}\mathrm{e}^{-\frac{x^2}{\theta}}\mathrm{d}x=-x^2\mathrm{e}^{-\frac{x^2}{\theta}}\Big|_{0}^{+\infty}+\int_{0}^{+\infty}2x\mathrm{e}^{-\frac{x^2}{\theta}}\mathrm{d}x$$

$$=\theta\int_{0}^{+\infty}\frac{2x}{\theta}\mathrm{e}^{-\frac{x^2}{\theta}}\mathrm{d}x=\theta\int_{-\infty}^{+\infty}f(x)\mathrm{d}x=\theta$$

（2）似然函数

$$L(\theta)=\prod_{i=1}^{n}f(x_i;\theta)=\prod_{i=1}^{n}\frac{2x_i}{\theta}\exp\left(-\frac{x_i^2}{\theta}\right)=\frac{2^n\prod\limits_{i=1}^{n}x_i}{\theta^n}\exp\left(-\frac{1}{\theta}\sum_{i=1}^{n}x_i^2\right)$$

取对数得

$$\ln L(\theta)=n\ln 2+\ln\prod_{i=1}^{n}x_i-n\ln\theta-\frac{1}{\theta}\sum_{i=1}^{n}x_i^2$$

求导数得

$$\frac{\mathrm{d}\ln L(\theta)}{\mathrm{d}\theta}=-\frac{n}{\theta}+\frac{1}{\theta^2}\sum_{i=1}^{n}x_i^2\overset{\text{令}}{=}0$$

解之得 $\hat{\theta}=\dfrac{1}{n}\sum\limits_{i=1}^{n}x_i^2=\overline{x^2}$ 为 θ 的最大似然估计值。故 θ 的最大似然估计量为

$$\hat{\theta}=\frac{1}{n}\sum_{i=1}^{n}X_i^2=\overline{X^2}$$

（3）因为 $E(X^2)=\theta,E(X_i^2)=\theta,X_1^2,X_2^2,\cdots,X_n^2$ 相互独立，由伯努利大数定律可知，$\hat{\theta}=\dfrac{1}{n}\sum\limits_{i=1}^{n}X_i^2=\overline{X^2}$ 依概率收敛到 $E(X^2)=\theta$，所以存在常数 $a=\theta$，满足对任意的 $\varepsilon>0$，都有 $\lim\limits_{n\to\infty}P\{|\hat{\theta}-a|\geqslant\varepsilon\}=0$。

2015 年概率论与数理统计考研试题及解答

1. 选择题(4 分)：设 A 与 B 为两随机事件，则（　　　）。

(A) $P(AB)\leqslant P(A)P(B)$　　　　　　(B) $P(AB)\geqslant P(A)P(B)$

(C) $P(AB)\leqslant\dfrac{P(A)+P(B)}{2}$　　　　(D) $P(AB)\geqslant\dfrac{P(A)+P(B)}{2}$

解：选(C)。因为 $P(A)\geqslant P(AB),P(B)\geqslant P(AB)$，显见(C)选项成立。

2. 选择题(4 分)：设随机变量 X 与 Y 互不相关，且 $E(X)=2$，$E(Y)=1$，$D(X)=3$，则 $E[X(X+Y-2)]=($　　$)$。

(A) -3　　　　　(B) 3　　　　　(C) -5　　　　　(D) 5

解：选(D)。因为

$$
\begin{aligned}
E[X(X+Y-2)] &= E(X^2+XY-2X) \\
&= E(X^2)+E(XY)-2E(X) \\
&= E(X^2)+E(XY)-2E(X) \\
&= D(X)+[E(X)]^2+E(X)E(Y)-2E(X) \\
&= 3+2^2+2\times 1-2\times 2 = 5
\end{aligned}
$$

故应选(D)。

3. 填空题(4 分)：设二维随机变量 (X,Y) 服从正态分布 $N(1,0,1,1,0)$，则 $P\{XY-Y\leqslant 0\}=\underline{\hspace{2cm}}$。

解：1/2。由题设正态分布 $N(1,0,1,1,0)$ 知，X 与 Y 的相关系数 $\rho=0$，所以 X 与 Y 相互独立，且分别服从正态分布：$X\sim N(1,1)$，$Y\sim N(0,1)$，故有 $X-1\sim N(0,1)$，于是得

$$
\begin{aligned}
P\{XY-Y\leqslant 0\} &= P\{(X-1)Y\leqslant 0)\} \\
&= P\{(X-1)\leqslant 0,Y\geqslant 0)\}+P\{(X-1)\geqslant 0,Y\leqslant 0)\} \\
&= P\{(X-1)\leqslant 0\}P\{Y\geqslant 0)\}+P\{(X-1)\geqslant 0\}P\{Y\leqslant 0)\} \\
&= \frac{1}{2}\times\frac{1}{2}+\frac{1}{2}\times\frac{1}{2}=\frac{1}{2}
\end{aligned}
$$

4. 解答题(11 分)：设随机变量 X 的概率密度为

$$
f(x)=\begin{cases} 2^{-x}\ln 2, & x>0 \\ 0, & x\leqslant 0 \end{cases}
$$

对 X 进行独立重复的观测，直到第 2 个大于 3 的观测值出现时停止，记 Y 为次数，(1) 求 Y 的概率分布；(2) 求数学期望 $E(Y)$。

解：(1) 因为 $P\{X>3\}=\displaystyle\int_3^{+\infty}2^{-x}\ln 2\mathrm{d}x=-2^{-x}\Big|_3^{+\infty}=\frac{1}{8}$，记 $Y=\{$直到第 2 个 X 大于 3 的观测值出现时总观测次数$\}$，则 Y 的可能取值为 $2,3,\cdots$，服从帕斯卡分布（负二项分布），其概率分布为

$$
\begin{aligned}
P\{Y=k\} &= \frac{1}{8}\times C_{k-1}^{2-1}\left(\frac{7}{8}\right)^{k-2}\times\left(\frac{1}{8}\right)=C_{k-1}^1\left(\frac{7}{8}\right)^{k-2}\times\left(\frac{1}{8}\right)^2 \\
&= (k-1)\left(\frac{7}{8}\right)^{k-2}\times\frac{1}{64}, \quad k=2,3,\cdots
\end{aligned}
$$

(2) 故有

$$
E(Y)=\sum_{k=2}^{+\infty}k(k-1)\left(\frac{7}{8}\right)^{k-2}\times\frac{1}{64}=\frac{1}{64}\sum_{k=2}^{+\infty}k(k-1)\left(\frac{7}{8}\right)^{k-2}
$$

而由麦克劳林级数得幂级数

$$\frac{1}{1-x} = \sum_{k=0}^{+\infty} x^k, \quad \frac{1}{(1-x)^2} = \sum_{k=1}^{+\infty} k x^{k-1},$$

$$\frac{2}{(1-x)^3} = \sum_{k=2}^{+\infty} k(k-1) x^{k-2}, \quad |x| < 1$$

所以得

$$E(Y) = \frac{1}{64} \sum_{k=2}^{+\infty} k(k-1) \left(\frac{7}{8}\right)^{k-2} = \frac{1}{64} \times \frac{2}{(1-7/8)^3} = \frac{2}{1/8} = 2 \times 8 = 16$$

5. 解答题(11 分):设总体 X 的概率密度函数为

$$f(x) = \begin{cases} \dfrac{1}{1-\theta}, & \theta < x < 1 \\ 0, & \text{其他} \end{cases}$$

$\theta > 0$ 为未知参数,$X_1, X_2, \cdots, X_n$ 为来自总体 X 的简单随机样本。(1) 求 θ 的矩估计量;(2) 求 θ 的最大似然估计量。

解:(1) 因为 X 的数学期望为

$$E(X) = \int_{-\infty}^{+\infty} x f(x) \mathrm{d}x = \int_0^1 x \cdot \frac{1}{1-\theta} \mathrm{d}x = \frac{1+\theta}{2}$$

而简单随机样本 $X_1, X_2, \cdots, X_n$ 的样本均值为 $\overline{X} = \dfrac{1}{n} \sum_{k=1}^n X_k$,令 $E(X) = \dfrac{1+\theta}{2} = \overline{X}$,解之得 $\hat{\theta} = 2\overline{X} - 1$ 为 θ 的矩估计量。

(2) 设简单随机样本 $X_1, X_2, \cdots, X_n$ 的观测值为 $x_1, x_2, \cdots, x_n$,则有似然函数

$$L(x_1, x_2, \cdots, x_n; \theta) = \prod_{i=1}^n f(x_i; \theta) = \frac{1}{(1-\theta)^n}, \quad \theta < x_1, x_2, \cdots, x_n < 1$$

由定义取 $\hat{\theta}$,使

$$L(x_1, x_2, \cdots, x_n; \hat{\theta}) = \max L(x_1, x_2, \cdots, x_n; \theta)$$

显然 $L(x_1, x_2, \cdots, x_n; \theta)$ 是 θ 的单调增加函数,故取 θ 值尽可能大,但又必须满足条件 $\theta < x_1, x_2, \cdots, x_n < 1$,于是 θ 的最大似然估计值应为 $\hat{\theta} = \min\{x_1, x_2, \cdots, x_n\}$,所以 θ 的最大似然估计量应为 $\hat{\theta} = \min\{X_1, X_2, \cdots, X_n\}$。

2016 年概率论与数理统计考研试题及解答

1. 选择题(4 分):设随机变量 $X \sim N(\mu, \sigma^2) (\sigma > 0)$,记 $p = P\{X < \mu + \sigma^2\}$,则( )。

(A) p 随着 μ 的增加而增加

(B) p 随着 σ 的增加而增加

(C) p 随着 μ 的增加而减少

(D) p 随着 σ 的增加而减少

解:选(B)。因为 $X \sim N(\mu, \sigma^2)(\sigma > 0)$,故 $\dfrac{X - \mu}{\sigma} \sim N(0,1)$,所以

$$p = P\{X < \mu + \sigma^2\} = P\left\{\frac{X - \mu}{\sigma} < \sigma\right\}$$

应 p 随着 σ 的增加而增加。

2. 选择题(4分):设随机试验 E 有三种两两不相容的结果 A_1, A_2, A_3,且三种结果发生概率均为 1/3,将试验 E 独立重复做 2 次,X 表示 2 次试验中结果 A_1 发生的次数,Y 表示 2 次试验中结果 A_2 发生的次数,则 X 与 Y 的相关系数为(　　)。

(A) $\dfrac{1}{2}$　　　　(B) $-\dfrac{1}{3}$　　　　(C) $\dfrac{1}{3}$　　　　(D) $-\dfrac{1}{2}$

解:选(D)。因为 $X \sim B\left(2, \dfrac{1}{3}\right), Y \sim B\left(2, \dfrac{1}{3}\right)$,故

$$E(X) = 2 \times \frac{1}{3} = \frac{2}{3}, \quad D(X) = 2 \times \frac{1}{3} \times \frac{2}{3} = \frac{4}{9}$$

同理得

$$E(Y) = 2 \times \frac{1}{3} = \frac{2}{3}, \quad D(Y) = 2 \times \frac{1}{3} \times \frac{2}{3} = \frac{4}{9}$$

而

$$E(XY) = 1 \times 1 \times P\{X = 1, Y = 1\} = \frac{2}{9}$$

所以得

$$\rho_{XY} = \frac{E(XY) - E(X)E(Y)}{\sqrt{D(X)}\sqrt{D(Y)}} = \frac{2/9 - 4/9}{4/9} = -\frac{1}{2}$$

显见(D)选项成立。

3. 选择题(4分):设 A, B 为随机事件,$0 < P(A) < 1, 0 < P(B) < 1$,若 $P(A|B) = 1$,则下面正确的是(　　)。

(A) $P(\overline{B}|\overline{A}) = 1$　　　　　　　(B) $P(A|\overline{B}) = 0$
(C) $P(A + B) = 1$　　　　　　　(D) $P(B|A) = 1$

解:选(A)。$1 = P(A|B) = \dfrac{P(AB)}{P(B)}$,所以得 $AB = B, B \subset A$,则 $P(A + B) = P(A)$,故

$$P(\overline{B} \mid \overline{A}) = \frac{P(\overline{A}\,\overline{B})}{P(\overline{A})} = \frac{1 - P(A + B)}{1 - P(A)} = 1$$

(注:或从维恩图直接可得。)

4. 选择题(4分):设随机变量 X, Y 相互独立,且 $X \sim N(1, 2), Y \sim N(1, 4)$,则 $D(XY) = (\quad)$。

(A) 6　　　　　(B) 8　　　　　(C) 14　　　　　(D) 15

解:选(C)。因为 $X \sim N(1,2)$，$Y \sim N(1,4)$，故

$$E(X) = E(Y) = 1, D(X) = 2, D(Y) = 4,$$

$$D(XY) = E(XY)^2 - [E(XY)]^2 = E(X^2)E(Y^2) - [E(X)E(Y)]^2$$

$$= (2 + 1^2)(4 + 1^2) - (1 \times 1)^2 = 14$$

5. 填空题(4分):设 $x_1, x_2, \cdots, x_n$ 为来自总体 $X \sim N(\mu, \sigma^2)$ 的简单随机样本，样本均值 $\bar{x} = 9.5$，参数 μ 的置信度为 0.95 的双侧置信区间的置信上限为 10.8，则 μ 的置信度为 0.95 的双侧置信区间( )。

解:μ 的置信度为 0.95 的双侧置信区间为 $(8.2, 10.8)$。μ 的置信度为 0.95 的双侧置信区间为

$$\left(\bar{x} \pm \frac{s}{\sqrt{n}} t_{0.025}(n-1) \right) = (9.5 \pm \Delta) = (9.5 - \Delta, 10.8)$$

易见 $9.5 + \Delta = 10.8$，即 $\Delta = 10.8 - 9.5 = 1.3$，置信下限为 $9.5 - 1.3 = 8.2$，所求 μ 的置信度为 0.95 的双侧置信区间为 $(8.2, 10.8)$。

6. 填空题(4分):设袋中有红、白、黑球各一个，从中有放回的取球，每次取一个，直到三种颜色都取到为止，则取球次数恰为 4 的概率为( )。

解:$\dfrac{2}{9}$。在袋中取球 4 次，每次取一个，取后放回，共有取法 $3 \times 3 \times 3 \times 3 = 3^4$ 种，而 $A = \{$取球 4 次且三种颜色都取到$\}$ 发生的取法应有 $3 \times 2 \times 1 \times 3$ 种(如将红、白、黑球分别标记为 1,2,3,则取法可记为 1 231,1 321,2 131,2 311,3 121,3 211,1 232,1 322,2 132,2 312,3 122,3 212,1 233,1 323,2 133,2 313,3 123,3 213 等18种),故所求为

$$P(A) = \frac{3 \times 2 \times 1 \times 3}{3^4} = \frac{2}{9}$$

7. 解答题(11分):设二维随机变量 (X, Y) 在区域

$$D = \{(x, y) \mid 0 < x < 1, x^2 < y < \sqrt{x}\}$$

上服从均匀分布,令

$$U = \begin{cases} 1, & X \leqslant Y \\ 0, & X > Y \end{cases}$$

(1) 写出 (X, Y) 的概率密度;

(2) 问 U 与 X 是否相互独立? 并说明理由;

(3) 求 $Z = U + X$ 的分布函数 $F(z)$。

解:(1) $f(x, y) = \begin{cases} \dfrac{1}{A} & 0 < x < 1, x^2 < y < \sqrt{x} \\ 0 & \text{其他} \end{cases}$，其中

$$A = \int_0^1 dx \int_{x^2}^{\sqrt{x}} dy = \int_0^1 (\sqrt{x} - x^2) dx = \left(\frac{2}{3} x^{\frac{3}{2}} - \frac{1}{3} x^3 \right) \Big|_0^1 = \frac{2}{3} - \frac{1}{3} = \frac{1}{3}$$

故有 (X,Y) 的概率密度为

$$f(x,y) = \begin{cases} 3, & 0 < x < 1, x^2 < y < \sqrt{x} \\ 0, & \text{其他} \end{cases}$$

（2）对任意 $0 < a, b < 1$，则有

$$P\{U \leqslant a, X \leqslant b\} = P\{X > Y, X \leqslant b\} = \int_0^b dx \int_{x^2}^x 3dy$$

$$= \int_0^b 3(x - x^2) dx = \frac{3}{2}b^2 - b^3$$

而

$$P\{U \leqslant a\} = P\{X > Y\} = \int_0^1 dx \int_{x^2}^x 3dy = \int_0^1 3(x - x^2) dx = \frac{3}{2} - 1 = \frac{1}{2},$$

$$P\{X \leqslant b\} = \int_0^b dx \int_{x^2}^{\sqrt{x}} 3dy = \int_0^b 3(\sqrt{x} - x^2) dx = 3 \times \frac{2}{3} b^{\frac{3}{2}} - b^3 = 2b^{\frac{3}{2}} - b^3$$

显见 $P\{U \leqslant a, X \leqslant b\} \neq P\{U \leqslant a\} P\{X \leqslant b\}$，所以 U 与 X 非独立。

（3）$Z = U + X$ 的分布函数 $F(z)$ 为

$$F(z) = P\{Z \leqslant z\} = P\{Z \leqslant z, U = 0\} + P\{Z \leqslant z, U = 1\}$$

$$= P\{X \leqslant z, X > Y\} + P\{X \leqslant z - 1, X \leqslant Y\}$$

$$= \begin{cases} 0, & z \leqslant 0 \\ \int_0^z dx \int_{x^2}^x 3dy, & 0 < z < 1 \\ \int_0^1 dx \int_{x^2}^x 3dy, & z \geqslant 1 \end{cases} + \begin{cases} 0, & z \leqslant 1 \\ \int_0^{z-1} dx \int_x^{\sqrt{x}} 3dy, & 1 < z < 2 \\ \int_0^1 dx \int_x^{\sqrt{x}} 3dy, & z \geqslant 2 \end{cases}$$

$$= \begin{cases} 0, & z \leqslant 0 \\ \frac{3}{2}z^2 - z^3, & 0 < z < 1 \\ \frac{1}{2}, & z \geqslant 1 \end{cases} + \begin{cases} 0, & z \leqslant 1 \\ 2(z-1)\frac{3}{2} - \frac{3}{2}(z-1)^2, & 1 < z < 2 \\ \frac{1}{2}, & z \geqslant 2 \end{cases}$$

$$= \begin{cases} 0, & z \leqslant 0 \\ \frac{3}{2}z^2 - z^3, & 0 < z < 1 \\ \frac{1}{2} + 2(z-1)\frac{3}{2} - \frac{3}{2}(z-1)^2, & 1 < z < 2 \\ 1, & z \geqslant 2 \end{cases}$$

其中

$$P\{X \leqslant z-1, X \leqslant Y\} = \int_0^{z-1} dx \int_x^{\sqrt{x}} 3dy = \int_0^{z-1} 3(\sqrt{x} - x) dx$$

$$= 2(z-1)^{\frac{3}{2}} - \frac{3}{2}(z-1)^2$$

8. 解答题(11 分):设总体 X 的概率密度为

$$f(x;\theta)=\begin{cases}\dfrac{3x^2}{\theta^3}, & 0<x<\theta\\[2mm]0, & \text{其他}\end{cases}$$

其中 $\theta\in(0,+\infty)$ 为未知参数,X_1,X_2,X_3 为来自总体 X 的简单随机样本,令 $T=\max\{X_1,X_2,X_3\}$,(1)求 T 的概率密度;(2)确定 α,使 αT 为 θ 的无偏估计。

解:(1) 因 X 的分布函数为

$$F(x)=\begin{cases}0, & x<0\\[2mm]\displaystyle\int_0^x\frac{3x^2}{\theta^3}\mathrm{d}x-\frac{x^9}{\theta^9}, & 0<x<\theta\\[2mm]1, & x\geqslant\theta\end{cases}$$

$T=\max\{X_1,X_2,X_3\}$ 的分布函数为

$$F_T(z)=F^3(z)=\begin{cases}0, & z<0\\[2mm]\dfrac{z^9}{\theta^9}, & 0<z<\theta\\[2mm]1, & z\geqslant\theta\end{cases}$$

T 的概率密度为

$$f_T(z)=\begin{cases}\dfrac{9z^8}{\theta^9}, & 0<z<\theta\\[2mm]0, & \text{其他}\end{cases}$$

(2) $E(T)=\displaystyle\int_0^\theta z\frac{9z^8}{\theta^9}\mathrm{d}z=\frac{9}{\theta^9}\int_0^\theta z^9\mathrm{d}z=\frac{9}{\theta^9}\times\frac{\theta^{10}}{10}=\frac{9}{10}\theta$,欲使 $E(\alpha T)=\theta$,当取 $\alpha=\dfrac{10}{9}$。

2017 年概率论与数理统计考研试题及解答

1. 选择题(4 分):设 A,B 为随机事件,若 $0<P(A)<1,0<P(B)<1$,则 $P(A|B)>P(A|\overline{B})$ 的充分必要条件是(   )。

(A) $P(B|A)>P(B|\overline{A})$ (B) $P(B|A)<P(B|\overline{A})$

(C) $P(\overline{B}|A)>P(B|\overline{A})$ (D) $P(\overline{B}|A)<P(B|\overline{A})$

解:选(A)。因为 $P(A|B)>P(A|\overline{B})$,所以

$$\frac{P(AB)}{P(B)}>\frac{P(A\overline{B})}{P(\overline{B})}=\frac{P(A)-P(AB)}{1-P(B)}$$

即

$$P(AB)[1-P(B)]>[P(A)-P(AB)]P(B)$$

得 $P(AB) > P(A)P(B)$，于是有

$$P(B \mid A) = \frac{P(AB)}{P(A)} > P(B) > P(B \mid \overline{A})$$

因为

$$P(B \mid \overline{A}) = \frac{P(B\overline{A})}{P(\overline{A})} = \frac{P(B) - P(AB)}{1 - P(A)} < \frac{P(B) - P(A)P(B)}{1 - P(A)} = P(B)$$

反之亦然。

2. 选择题(4 分)：设 $X_1, X_2, \cdots, X_n (n \geqslant 2)$ 为来自总体 $N(\mu, 1)$ 的简单随机样本，记 $\overline{X} = \dfrac{1}{n} \sum\limits_{i=1}^{n} X_i$，则下述结论不正确的是(　　)。

(A) $\sum\limits_{i=1}^{n} (X_i - \mu)^2$ 服从 χ^2 分布　　　(B) $2(X_n - X_1)^2$ 服从 χ^2 分布

(C) $\sum\limits_{i=1}^{n} (X_i - \overline{X})^2$ 服从 χ^2 分布　　　(D) $n(\overline{X} - \mu)^2$ 服从 χ^2 分布

解：选(B)。因为 $X_i \sim N(\mu, 1)$，$X_i - \mu \sim N(0, 1)$，$(X_i - \mu)^2 \sim \chi^2(1)$ $(1 \leqslant i \leqslant n)$，再由 $X_1, X_2, \cdots, X_n (n \geqslant 2)$ 的独立性知，

选项(A)

$$\sum_{i=1}^{n} (X_i - \mu)^2 \sim \chi^2(n)$$

选项(C)

$$\sum_{i=1}^{n} (X_i - \overline{X})^2 = (n-1)S^2 \sim \chi^2(n-1)$$

选项(D)

$$\overline{X} \sim N\left(\mu, \frac{1}{n}\right), \quad \left(\frac{\overline{X} - \mu}{1/\sqrt{n}}\right)^2 \sim \chi^2(1)$$

而选项(B)

$$X_n - X_1 \sim N(0, 2), \quad \left(\frac{X_n - X_1}{\sqrt{2}}\right)^2 \sim \chi^2(1)$$

所以应选(B)。

3. 选择题(4 分)：设 A, B, C 为三个随机事件，且 A 与 C 相互独立，B 与 C 相互独立，则 $A \cup B$ 与 C 相互独立的充分必要条件是(　　)。

(A) A 与 B 相互独立　　　　　(B) A 与 B 互不相容

(C) AB 与 C 相互独立　　　　　(D) AB 与 C 互不相容

解：选(C)。因为

$$P((A \cup B)C) = P(AC \cup BC) = P(AC) + P(BC) - P(ABC)$$
$$= P(A)P(C) + P(B)P(C) - P(ABC)$$

$$=(P(A)+P(B))P(C)-P(ABC)\xrightarrow{\text{令}}P(A\bigcup B)P(C)$$

等价于 $P(ABC)=P(AB)P(C)$，此即 AB 与 C 相互独立。

4. 填空题(4分)：设随机变量 X 的分布函数 $F(x)=0.5\Phi(x)+0.5\Phi\left(\dfrac{x-4}{2}\right)$，其中 $\Phi(x)$ 为标准正态分布函数，则 $E(X)=($ $)$。

解：$E(X)=2$。X 的密度为

$$f(x)=F'(x)=0.5\varphi(x)+0.5\varphi\left(\frac{x-4}{2}\right)\times\frac{1}{2},$$

$$E(X)=\int_{-\infty}^{+\infty}xf(x)\mathrm{d}x=\int_{-\infty}^{+\infty}x\left[0.5\varphi(x)+0.5\varphi\left(\frac{x-4}{2}\right)\times\frac{1}{2}\right]\mathrm{d}x$$

$$=0.5\int_{-\infty}^{+\infty}x\varphi(x)\mathrm{d}x+0.5\int_{-\infty}^{+\infty}x\varphi\left(\frac{x-4}{2}\right)\mathrm{d}\left(\frac{x}{2}\right)$$

$$=0+0.5\int_{-\infty}^{+\infty}(2t+4)\varphi(t)\mathrm{d}t=0.5\times0+0.5\times4=2$$

注意，

$$\int_{-\infty}^{+\infty}\varphi(x)\mathrm{d}x=\int_{-\infty}^{+\infty}\frac{1}{\sqrt{2\pi}}\mathrm{e}^{-\frac{x^2}{2}}\mathrm{d}x=1,\quad\int_{-\infty}^{+\infty}x\varphi(x)\mathrm{d}x=\int_{-\infty}^{+\infty}x\frac{1}{\sqrt{2\pi}}\mathrm{e}^{-\frac{x^2}{2}}\mathrm{d}x=0$$

5. 解答题(11分)：设随机变量 X,Y 相互独立，且

$$P\{X=0\}=P\{X=2\}=\frac{1}{2}$$

Y 的概率密度为

$$f(y)=\begin{cases}2y,&0<y<1\\0,&\text{其他}\end{cases}$$

试求：(1) $P\{Y<E(Y)\}$；(2) $Z=X+Y$ 的概率密度。

解：(1) $E(Y)=\int_{-\infty}^{+\infty}yf(y)\mathrm{d}y=\int_0^1 y\cdot2y\mathrm{d}y=\frac{2}{3}$，因为

$$f(y)=\begin{cases}2y,&0<y<1\\0,&\text{其他}\end{cases}$$

故 Y 的分布函数

$$F(y)=\begin{cases}0,&y<0\\y^2,&0\leqslant y<1,\\1,&y\geqslant1\end{cases}$$

$$P\{Y<E(Y)\}=P\left\{Y<\frac{2}{3}\right\}=\int_0^{2/3}2y\mathrm{d}y=\frac{4}{9}\left(\text{或者}=F\left(\frac{2}{3}\right)-F(0)=\left(\frac{2}{3}\right)^2\right)$$

(2) $Z=X+Y$ 的分布函数为

$$F_Z(z)=P\{Z\leqslant z\}=P\{X+Y\leqslant z\}$$

$$=P\{X+Y\leqslant z,X=0\}+P\{X+Y\leqslant z,X=2\}$$

$$= P\{X=0\}P\{Y\leqslant z\mid X=0\} + P\{X=2\}P\{Y\leqslant z-2\mid X=2\}$$

$$= \frac{1}{2}P\{Y\leqslant z\} + \frac{1}{2}P\{Y\leqslant z-2\} = \frac{1}{2}[F(z)+F(z-2)]$$

则由 Y 的分布函数 $F(y)$ 可得:

- 当 $z<0$ 时, $F(z)=F(z-2)=0$, $F_z(z)=0$;

- 当 $0\leqslant z<1$ 时, $F(z)=z^2$, $F(z-2)=0$, $F_z(z)=\frac{1}{2}z^2$;

- 当 $1\leqslant z<2$ 时, $F(z)=1$, $F(z-2)=0$, $F_z(z)=\frac{1}{2}$;

- 当 $2\leqslant z<3$ 时, $F(z)=1$, $F(z-2)=(z-2)^2$, $F_z(z)=\frac{1}{2}[1+(z-2)^2]$;

- 当 $z\geqslant 3$ 时, $F(z)=1$, $F(z-2)=1$, $F_z(z)=1$。

故 $Z=X+Y$ 的分布函数与概率密度分别为

$$F_Z(z)=\begin{cases} 0, & z<0 \\ \dfrac{1}{2}z^2, & 0\leqslant z<1 \\ \dfrac{1}{2}, & 1\leqslant z<2 \\ \dfrac{1}{2}[1+(z-2)^2], & 2\leqslant z<3 \\ 1, & z\geqslant 3 \end{cases} \quad f_Z(z)=\begin{cases} z, & 0<z<1 \\ z-2, & 2\leqslant z<3 \\ 0, & \text{其他} \end{cases}$$

6. 解答题(11分):某工程师为了解一台天平的精度,用该天平对一物体的质量做了 n 次测量,该物体的质量 μ 是已知的。设 n 次测量结果 $X_1,X_2,\cdots,X_n$ 相互独立且服从正态分布 $N(\mu,\sigma^2)$,该工程师记录的是 n 次测量的绝对误差 $Z_i=|X_i-\mu|$ ($i=1,2,\cdots,n$),利用 $z_1,z_2,\cdots,z_n$ 估计 σ。

(1) 求 $Z_i=|X_i-\mu|$ 的概率密度;(2) 利用一阶矩求 σ 的矩估计量;(3) 求 σ 的最大似然估计量。

解:(1) 因为 $X_i\sim N(\mu,\sigma^2)$, $Y_i=X_i-\mu\sim N(0,\sigma^2)$, $Z_i=|Y_i|\sim F_Z(z)$,

$$F_Z(z)=P\{Z_i\leqslant z\}=P\{|Y_i|\leqslant z\} \quad (i=1,2,\cdots,n)$$

当 $z\leqslant 0$ 时, $F_Z(z)=P\{Z_i\leqslant z\}=P\{|Y_i|\leqslant z\}=0$;

当 $z>0$ 时, $F_Z(z)=P\{Z_i\leqslant z\}=P\{|Y_i|\leqslant z\}=P\{-z\leqslant Y_i\leqslant z\}$

$$=F_Y(z)-F_Y(-z)=\Phi\left(\frac{z}{\sigma}\right)-\Phi\left(-\frac{z}{\sigma}\right)=2\Phi\left(\frac{z}{\sigma}\right)-1$$

故 $Z_i=|X_i-\mu|$ 的概率密度为

$$f_Z(z)=\begin{cases} F_Z'(z)=\dfrac{2}{\sigma}\varphi\left(\dfrac{z}{\sigma}\right)=\dfrac{2}{\sigma\sqrt{2\pi}}\exp\left(-\dfrac{z^2}{2\sigma^2}\right), & z>0 \\ 0, & z\leqslant 0 \end{cases}$$

(2)
$$E(Z) = \int_{-\infty}^{+\infty} z f_Z(z) dz = \int_0^{+\infty} z \frac{2}{\sigma\sqrt{2\pi}} \exp\left(-\frac{z^2}{2\sigma^2}\right) dz$$

$$= \sigma\sqrt{\frac{2}{\pi}} \left[-\exp\left(-\frac{z^2}{2\sigma^2}\right) \right]_0^{+\infty} = \sigma\sqrt{\frac{2}{\pi}}$$

令 $E(Z) = \overline{Z} = \frac{1}{n}\sum_{i=1}^n Z_i = \sigma\sqrt{\frac{2}{\pi}}$，解得 σ 的矩估计量为

$$\hat{\sigma} = \sqrt{\frac{\pi}{2}} \overline{Z} = \sqrt{\frac{\pi}{2}} \frac{1}{n}\sum_{i=1}^n Z_i$$

（3）由 $z_1, z_2, \cdots, z_n$ 求 σ 的最大似然估计量，则建立似然函数：

$$L(\sigma) = \prod_{i=1}^n f_Z(z_i;\sigma) = \prod_{i=1}^n \frac{2}{\sigma\sqrt{2\pi}} \exp\left(-\frac{z_i^2}{2\sigma^2}\right) = \frac{\sqrt{2/\pi}}{\sigma^n} \exp\left(-\frac{1}{2\sigma^2}\sum_{i=1}^n z_i^2\right)$$

取对数得

$$\ln L(\sigma) = \ln\sqrt{2/\pi} - n\ln\sigma - \frac{1}{2\sigma^2}\sum_{i=1}^n z_i^2$$

求导数得

$$\frac{d\ln L(\sigma)}{d\sigma} = -\frac{n}{\sigma} + \frac{2}{2\sigma^3}\sum_{i=1}^n z_i^2 \xrightarrow{\text{令}} 0$$

解上等式可得 σ 的最大似然估计值为

$$\hat{\sigma} = \sqrt{\frac{1}{n}\sum_{i=1}^n z_i^2} = \sqrt{\overline{z^2}}$$

即得 σ 的最大似然估计量为 $\hat{\sigma} = \sqrt{\frac{1}{n}\sum_{i=1}^n Z_i^2} = \sqrt{\overline{Z^2}}$。

2018 年概率论与数理统计考研试题及解答

1. 选择题（4 分）：设 $f(x)$ 为某分布的概率密度函数，$f(1-x) = f(1+x)$，$\int_0^2 f(x)dx = 0.6$，则 $P\{X < 0\} = ($ $)$。

(A) 0.2   (B) 0.3   (C) 0.4   (D) 0.6

解：选（A），由 $f(1-x) = f(1+x)$ 知，此 $f(x)$ 关于 $x = 1$ 对称，则有

$$P\{X < 0\} = P\{X > 2\}$$

而

$$1 = P\{X < 0\} + P\{0 \leqslant X < 2\} + P\{X > 2\}$$
$$= 2P\{X < 0\} + \int_0^2 f(x)dx = 2P\{X < 0\} + 0.6$$

于是得 $2P\{X < 0\} = 1 - 0.6 = 0.4$，则 $P\{X < 0\} = 0.2$。

2. 选择题(4 分)：给定总体 $X \sim N(\mu, \sigma^2)$，σ^2 已知，给定样本 $X_1, X_2, \cdots, X_n$，对总体均值 μ 进行检验，令 $H_0: \mu = \mu_0$；$H_1: \mu \neq \mu_0$，则(　　　)。

(A) 若显著性水平 $\alpha = 0.05$ 时拒绝 H_0，则 $\alpha = 0.01$ 时也拒绝 H_0

(B) 若显著性水平 $\alpha = 0.05$ 时接受 H_0，则 $\alpha = 0.01$ 时也拒绝 H_0

(C) 若显著性水平 $\alpha = 0.05$ 时拒绝 H_0，则 $\alpha = 0.01$ 时也接受 H_0

(D) 若显著性水平 $\alpha = 0.05$ 时接受 H_0，则 $\alpha = 0.01$ 时也接受 H_0

解：选(D)。因为检验 $H_0: \mu = \mu_0$；$H_1: \mu \neq \mu_0$ 的拒绝域为 $\left| \dfrac{\overline{X} - \mu_0}{\sigma / \sqrt{n}} \right| \geqslant z_{\alpha/2}$，

接受域为 $\left| \dfrac{\overline{X} - \mu_0}{\sigma / \sqrt{n}} \right| < z_{\alpha/2}$，且 $z_{0.025} < z_{0.005}$，所以当 $\alpha = 0.05$ 时，接受 H_0 即满足

$\left| \dfrac{\overline{X} - \mu_0}{\sigma / \sqrt{n}} \right| < z_{0.025} < z_{0.005}$；当 $\alpha = 0.01$ 时也接受 H_0。

3. 选择题(4 分)：已知 $X_1, X_2, \cdots, X_n$ 为来自总体 $X \sim N(\mu, \sigma^2)$ 的简单随机样本，

$\overline{X} = \dfrac{1}{n} \sum\limits_{i=1}^{n} X_i$，$S = \sqrt{\dfrac{1}{n-1} \sum\limits_{i=1}^{n} (X_i - \overline{X})^2}$，$S^* = \sqrt{\dfrac{1}{n} \sum\limits_{i=1}^{n} (X_i - \overline{X})^2}$，则有(　　　)。

(A) $\dfrac{\sqrt{n}(\overline{X} - \mu)}{S} \sim t(n)$ 　　　　　　　　(B) $\dfrac{\sqrt{n}(\overline{X} - \mu)}{S} \sim t(n-1)$

(C) $\dfrac{\sqrt{n}(\overline{X} - \mu)}{S^*} \sim t(n)$ 　　　　　　　　(D) $\dfrac{\sqrt{n}(\overline{X} - \mu)}{S^*} \sim t(n-1)$

解：选项(B)。由正态总体的样本均值的分布，可知应选(B)。

4. 填空题(4 分)：已知事件 A, B, C 相互独立，且 $P(A) = P(B) = P(C) = 1/2$，则 $P(AC | A \cup B) = ($　　　$)$。

解：1/3。因为

$$P(AC \mid A \cup B) = \frac{P(AC(A \cup B))}{P(A \cup B)} = \frac{P(AC)}{P(A) + P(B) - P(AB)}$$

$$= \frac{P(A)P(C)}{P(A) + P(B) - P(A)P(B)} = \frac{\frac{1}{2} \times \frac{1}{2}}{\frac{1}{2} + \frac{1}{2} - \frac{1}{2} \times \frac{1}{2}} = \frac{1}{3}$$

5. 填空题(4 分)：设事件 A, B 独立，A, C 独立，$BC = \varnothing$，$P(A) = P(B) = 1/2$，$P(AC | AB \cup C) = 1/4$，则 $P(C) = ($　　　$)$。

解：1/4。因为

$$P(AC \mid AB \cup C) = \frac{P(AC(AB \cup C))}{P(AB \cup C)} = \frac{P(AC)}{P(AB) + P(C) - P(ABC)} = \frac{1}{4}$$

$$= \frac{P(A)P(C)}{P(A)P(B) + P(C)} = \frac{\frac{1}{2}P(C)}{\frac{1}{2} \times \frac{1}{2} + P(C)} = \frac{1}{4}$$

解得 $P(C)=1/4$。其中 $0 \leqslant P(ABC) \leqslant P(BC)=P(\varnothing)=0$，即有 $P(ABC)=0$。

6. 解答题(11 分)：设随机变量 X,Y 相互独立，$P\{X=1\}=1/2$，$P\{X=-1\}=1/2$，Y 服从参数为 λ 的泊松分布，$Z=XY$，(1) 求 $\mathrm{Cov}(X,Z)$ (2) 求 Z 的概率分布。

解：(1) 由题设得 $E(X)=0$，$E(X^2)=1$，$Y \sim \pi(\lambda)$，$E(Y)=\lambda$，且 X,Y 相互独立，则 $E(XZ)=E(X^2Y)=E(X^2)E(Y)=\lambda$，于是得
$$\mathrm{Cov}(X,Z)=E(XZ)-E(X)E(Z)=\lambda$$

(2) 因为 $Z=XY$，$X=-1,1$；$Y=0,1,2,\cdots$，所以 $Z=XY=0,\pm1,\pm2,\cdots$，于是得

$$P\{Z=0\}=P\{X=-1,Y=0\}+P\{X=1,Y=0\}$$
$$=P\{X=-1\}P\{Y=0\}+P\{X=1\}P\{Y=0\}=P\{Y=0\}=\mathrm{e}^{-\lambda},$$
$$P\{Z=-k\}=P\{X=-1,Y=k\}=P\{X=-1\}P\{Y=k\}$$
$$=\frac{1}{2}\frac{\lambda^k}{k!}\mathrm{e}^{-\lambda}, \quad k=1,2,\cdots$$
$$P\{Z=k\}=P\{X=1,Y=k\}=P\{X=1\}P\{Y=k\}$$
$$=\frac{1}{2}\frac{\lambda^k}{k!}\mathrm{e}^{-\lambda}, \quad k=1,2,\cdots$$

7. 解答题(11 分)：已知总体 X 的密度为
$$f(x;\sigma)=\frac{1}{2\sigma}\mathrm{e}^{-\frac{|x|}{\sigma}}, \quad -\infty<x<+\infty$$

$X_1,X_2,\cdots,X_n$ 为来自总体 X 的简单随机样本，σ 为大于 0 的参数，σ 的最大似然估计量为 $\hat{\sigma}$，求(1) $\hat{\sigma}$；(2) $E(\hat{\sigma})$，$D(\hat{\sigma})$。

解：(1) 求 σ 的最大似然估计量。建立似然函数：
$$L(\sigma)=\prod_{i=1}^n f(x_i;\sigma)=\prod_{i=1}^n \frac{1}{2\sigma}\mathrm{e}^{-\frac{|x_i|}{\sigma}}=\frac{1}{2^n\sigma^n}\mathrm{e}^{-\frac{1}{\sigma}\sum_{i=1}^n |x_i|}$$

取对数得
$$\ln L(\sigma)=-n\ln 2-n\ln \sigma-\frac{1}{\sigma}\sum_{i=1}^n |x_i|$$

求导数得
$$\frac{\mathrm{d}\ln L(\sigma)}{\mathrm{d}\sigma}=-\frac{n}{\sigma}+\frac{1}{\sigma^2}\sum_{i=1}^n |x_i| \xrightarrow{\text{令}} 0$$

由上式求解得 $\hat{\sigma}=\overline{x}=\frac{1}{n}\sum_{i=1}^n |x_i|$ 为 σ 的最大似然估计值，而 σ 的最大似然估计量为
$$\hat{\sigma}=\overline{X}=\frac{1}{n}\sum_{i=1}^n |X_i|$$

(2) $E(\hat{\sigma})=E(\overline{X})=E(X)=\sigma$，其中总体均值为
$$E(X)=\int_{-\infty}^{+\infty} xf(x;\sigma)\mathrm{d}x=\int_{-\infty}^{+\infty} x\frac{1}{2\sigma}\mathrm{e}^{-\frac{|x|}{\sigma}}\mathrm{d}x=\int_0^{+\infty} x\frac{1}{\sigma}\mathrm{e}^{-\frac{x}{\sigma}}\mathrm{d}x$$

$$= -x e^{-\frac{x}{\sigma}} \Big|_0^{+\infty} + \sigma \int_0^{+\infty} \frac{1}{\sigma} e^{-\frac{x}{\sigma}} \, \mathrm{d}x = \sigma,$$

$$D(\hat{\sigma}) = D(\overline{X}) = \frac{D(X)}{n} = \frac{\sigma^2}{n}$$

其中总体方差为

$$D(X) = E(X^2) - [E(X)]^2 = 2\sigma^2 - \sigma^2 = \sigma^2$$

其中二阶原点矩为

$$E(X^2) = \int_{-\infty}^{+\infty} x^2 f(x;\sigma) \, \mathrm{d}x = \int_{-\infty}^{+\infty} x^2 \frac{1}{2\sigma} e^{-\frac{|x|}{\sigma}} \, \mathrm{d}x = \int_0^{+\infty} x^2 \frac{1}{\sigma} e^{-\frac{x}{\sigma}} \, \mathrm{d}x$$

$$= -x^2 e^{-\frac{x}{\sigma}} \Big|_0^{+\infty} + 2\sigma \cdot \int_0^{+\infty} x \frac{1}{\sigma} e^{-\frac{x}{\sigma}} \, \mathrm{d}x = 2\sigma E(X) = 2\sigma^2$$